Elektrische Kraftwerke und Netze

Von

Dr. Ing. Th. Buchhold

Professor an der Technischen Hochschule
Darmstadt

Mit 518 Abbildungen im Text
und 20 Tabellen

Springer-Verlag

Berlin Heidelberg GmbH

1938

ISBN 978-3-662-35940-2   ISBN 978-3-662-36770-4 (eBook)
DOI 10.1007/978-3-662-36770-4

Vorwort.

Das vorliegende Buch behandelt das Gesamtgebiet der elektrischen Stromerzeugung und -verteilung. Bei der Größe des Gesamtgebietes mußte, um den Umfang des Buches in gewissen Grenzen zu halten, in bezug auf ausführliche Behandlung eine Auswahl des Stoffes getroffen werden. Da es sich um eine Einführung handeln soll, wurde das rein Konstruktive knapp, das Grundsätzliche jedoch ausführlich behandelt. Bei der Bearbeitung des Stoffes wurde größter Wert auf eine einfache physikalische Behandlungsweise gelegt und angestrebt, für alle Ergebnisse, wenn irgend möglich, Beweise und Begründungen zu geben. Das Buch ist vorwiegend für den Elektrotechniker bestimmt. Deshalb wurde auch der zu den Kraftwerken gehörende maschinenbauliche Teil knapp behandelt. Es handelt sich hier mehr um einen Überblick, welcher den Elektrotechniker anregen soll, sich auch mit den für ihn wichtigen maschinenbaulichen Fragen näher zu befassen.

Da die VDE-Vorschriften heute für die Elektrotechnik von großer Bedeutung sind, wurde manche Festlegung und manches Zahlenmaterial aus ihnen übernommen. Es sei erwähnt, daß die Abbildungen von bestimmten Firmenfabrikaten keineswegs als Hinweis dahin aufzufassen sind, daß der dargestellte Gegenstand nur von der betreffenden Firma hergestellt wird, sondern die Auswahl geschah ausschließlich nach dem Grade der Anschaulichkeit der zur Verfügung stehenden Bilder.

Allen Firmen und Herren, die mich durch Überlassung von Bildern, Unterlagen und durch Unterrichtung unterstützten, danke ich bei dieser Gelegenheit. Ferner danke ich meinem Mitarbeiter Herrn Diplomingenieur Wulfo Schmidt, der das Manuskript und sämtliche Korrekturen gelesen hat und der manche gute Anregung brachte.

Ich hoffe, daß es mir möglich geworden ist, dem Studierenden und auch dem Ingenieur ein Buch mäßigen Umfanges (bezogen auf die Größe des Gebietes) zur Verfügung gestellt zu haben, welches ihn über alle grundsätzlichen Fragen der elektrischen Stromerzeugung und -verteilung unterrichtet.

Darmstadt, den 7. Mai 1938.

Th. Buchhold.

Inhaltsverzeichnis.

Inhaltsverzeichnis. V

Seite

Im Text gebrauchte Abkürzungen.

AEG	Allgemeine Elektrizitätsgesellschaft.
BBC	Brown Boveri & Cie.
ETZ	Elektrotechnische Zeitschrift.
F & G	Felten & Guilleaume Carlswerk AG.
Hescho	Hermsdorf Schomburg Isolatoren G. m. b. H.
RDK	Rheinische Draht- u. Kabelwerke G. m. b. H.
SSW	Siemens-Schuckertwerke AG.
VDE	Verband Deutscher Elektrotechniker.
V & H	Voigt & Haeffner AG.

I. Allgemeines zur Elektrizitätsversorgung.

Die Versorgung mit elektrischer Kraft erfolgt heute vorwiegend mit Dreiphasenwechselstrom von 50 Hz. Andere Stromarten werden nur noch in Ausnahmefällen gebraucht, so Gleichstrom im Straßenbahnbetrieb, für chemische Prozesse, in den Sendeanlagen des Rundfunks, Einphasenstrom niederer Frequenz ($16^2/_3$ Hz) für Vollbahnen. Gleichstrom wird kaum mehr unmittelbar erzeugt, sondern aus Drehstrom mittels Gleichrichter gewonnen. Einphasenstrom niederer Frequenz wird heute meist noch in besonderen Einphasengeneratoren erzeugt und in Einphasenleitungen fortgeleitet. Es sind jedoch auch hier Bestrebungen im Gange, diese Einphasenströme aus Drehstrom üblicher Frequenz in besonderen Umformern bzw. in Umrichtern zu erzeugen. Infolge der vorherrschenden Stellung des Dreiphasenwechselstromsystems beziehen sich unsere Betrachtungen vorwiegend auf letzteres.

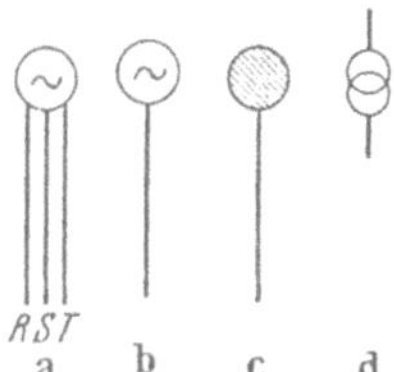

Abb.1a–d. Schematische Darstellung von Generatoren, Kraftwerken und Transformatoren. a Generator mit Leitungen, b Generator mit Leitungen symbolisch dargestellt, c Kraftwerk symbolisch, d Transformator symbolisch.

Um eine einfache Darstellung von Generatoren, Leitungen und Kraftwerken zu erhalten, seien im folgenden einige Symbole geprägt. So sei ein Generator durch einen Kreis dargestellt (s. Abb. 1a u. 1b), der im Innern ein Frequenzzeichen aufweist. Arbeitet ein solcher Generator auf eine Drehstromleitung, dann müßte streng genommen das Bild gemäß Abb. 1a aufgezeichnet werden. Es ist jedoch in der Mehrzahl der Fälle überflüssig, alle drei Leiter zu zeichnen, sondern es genügt, diese durch eine einzige Leitung entsprechend Abb. 1b zu kennzeichnen. Diese Darstellung wird auch gewählt, falls außer den drei Außenleiter noch ein Nulleiter vorhanden ist. Vollständige Kraftwerke werden im folgenden durch einen schraffierten Kreis entsprechend Abb. 1c dargestellt, Transformatoren durch zwei sich schneidende Kreise nach Abb. 1d.

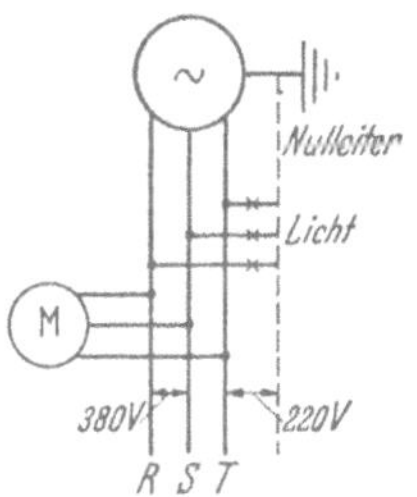

Abb. 2. Dreiphasensystem mit Nulleiter.

Die Verteilung des Drehstroms für kleinere Verbraucher und Gewerbetreibende geschieht heute vorwiegend mit einer Spannung von 220/380 V. 380 V ist dabei (s. Abb. 2) zwischen den Außenleitern R, S und T, 220 V zwischen den Außenleitern und dem geerdeten Nulleiter vorhanden. Die Lichtlast wird dann, möglichst gleichmäßig auf die einzelnen Außenleiter verteilt, zwischen Außenleiter und Nulleiter gelegt, also an eine Spannung von 220 V, während Motore M zwischen den Außenleitern, also an 380 V angeschlossen werden.

Man hat heute noch eine Reihe von Netzen, die 220 bzw. 110 V Spannung zwischen den Außenleitern besitzen, die allerdings dann im allgemeinen keinen Nulleiter haben. Diese Netze sind teurer als solche mit einer Spannung von 220/380 V.

Handelt es sich um die Versorgung eines kleinen Netzes, etwa einer Ortschaft, mit elektrischer Energie, so könnte man daran denken ein kleines Kraftwerk aufzustellen, welches das Netz unmittelbar mit 220/380 V speist. Abb. 3 zeigt ein solches Netz, wobei die Drehstromleitungen entweder als Freileitungen oder als Kabel (in Städten) längs der Straßen verlegt sind. Von diesem Netz führen Anschlußleitungen (in der Abb. 3 nicht eingezeichnet) zu den Verbrauchern. Bei geringem Verbrauch sind diese zweipolig und kommen zwischen einem Außenleiter und dem Nulleiter zu liegen.

Abb. 3. Niederspannungsnetz mit Kraftwerk.

Bei größerem Verbrauch werden die drei Außenleiter und der Nullleiter zum Verbraucher geführt. Selbstverständlich sind bei Drehstrommotoren die drei Leiter notwendig.

Die unmittelbare Speisung eines Niederspannungsnetzes durch einen besonderen Generator kommt nur selten vor. In einem solchen Falle wird der Generator meist durch einen Wärmekraftmotor (z. B. Dieselmotor) oder durch eine kleine Wasserturbine, falls eine Wasserkraft zur Verfügung steht, angetrieben. Im allgemeinen lohnt sich nicht der Bau solcher kleiner Kraftwerke, denn bei kleinen Leistungen ist der relative Preis der Maschinen, d. h. der Preis bezogen auf 1 kW installierte Leistung, sehr hoch und der Wirkungsgrad schlecht.

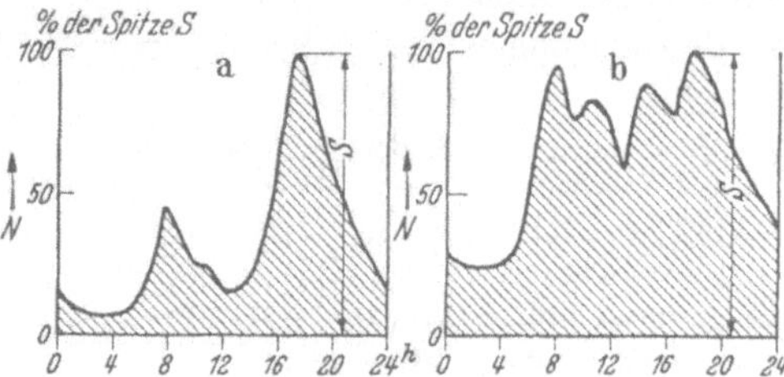

Abb. 4 a u. b. Belastungskurven. a für kleineren Bezirk, b für größeren Bezirk.

In derartigen kleinen Netzen ist außerdem der Leistungsbedarf N in kW im Laufe von 24 Stunden ein sehr unregelmäßiger (s. Abb. 4a); z. B. wird im Winter während des Tages nur wenig Leistung verbraucht, dagegen abends, wenn die Lichtlast auftritt, kurzzeitig sehr viel. Die Maschinenleistung muß jedoch, obwohl die gesamte pro Tag abgegebene Elektrizitätsmenge in kWh (Inhalt der schraffierten Fläche) eine mäßige ist, für die volle Spitzenleistung S ausgelegt sein. Ferner ist die Bereitstellung einer Maschinenreserve infolge zu hoher Kosten meist nicht möglich.

Faßt man dagegen eine Reihe derartiger Niederspannungsnetze zusammen und speist sie von einem Überlandkraftwerk aus, dann kann man dieses Kraftwerk für größere Leistung ausbauen. Die Maschinen

werden damit relativ billiger und der Wirkungsgrad besser. Da man
jetzt mehrere Maschinen hat, ist die Bereitstellung einer Maschineneinheit als Reserve wirtschaftlich tragbar. Ferner kann bei der Zusammenfassung einer größeren Zahl von Einzelnetzen, deren Spitzen sich nicht
alle addieren, sondern zeitliche Verschiebungen haben, erreicht werden,
daß die Spitzenleistung des Überlandkraftwerkes kleiner ist als der
Summe der Spitzen der Einzelnetze entspricht. Dadurch wird an
Maschinenleistung gegenüber einzelnen kleinen Ortskraftwerken gespart.
Noch günstiger wird die Ausnutzung, falls eine gleichmäßige Belastung
durch vorhandene Industrie hinzukommt, man also eine günstigere
Belastungskurve erhält (s. Abb. 4b), bei der die Ausnutzung der installierten Kraftwerksleistung (kenntlich an der Be-
lastungsfläche), wesentlich günstiger ist als im
Falle der Abb. 4a.

Ein Überlandwerk kann seinen Strom nicht
mit Niederspannung verteilen, da die Verluste
und der Spannungsabfall in den Verteilungs-
anlagen zu groß würden. Man verwendet daher
zur Verteilung eine höhere Spannung, meist
6 bis 15 kV. In den einzelnen Ortschaften
wird diese Mittelspannung in Transformatorenstationen auf die Niederspannung von 220/380 V

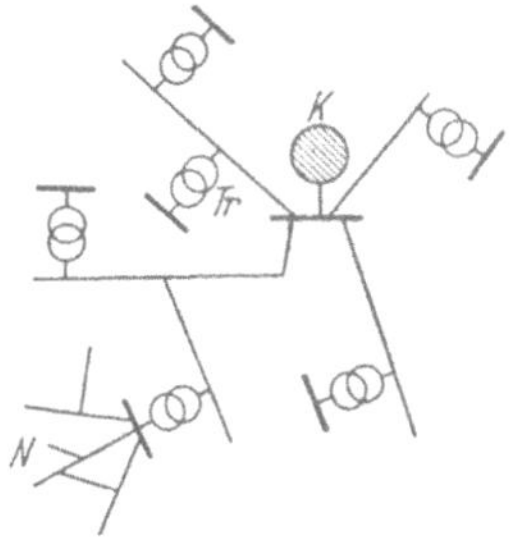

Abb. 5. Überlandwerk mit
Verteilungsnetz.

umgewandelt. In der Abb. 5 sind (abgesehen vom Netz N) die Niederspannungsnetze, deren Aufbau ähnlich der Abb. 3 ist, nicht eingezeichnet.
Unter Umständen kann es auch zweckmäßig sein für die Verteilung der
Energie noch eine weitere Spannung zu verwenden, z. B. zunächst eine
Großverteilung mit 30 bis 60 kV vorzunehmen, dann die Einzelbezirke
z. B. mit 15 kV zu speisen und diese Spannung in den einzelnen Ortschaften auf 220/380 V umzuspannen.

Man muß beachten, daß das Überlandnetz zusätzliche Kosten verursacht, so daß die durch die Zusammenfassung der Elektrizitätserzeugung
im Überlandwerk gemachten Ersparnisse etwas gemindert werden.

Hat man ein größeres Niederspannungsnetz, etwa das einer Stadt,
dann wird man, wenn hier ein Elektrizitätswerk vorhanden ist, um den
Spannungsabfall klein zu halten, die einzelnen Bezirke der Stadt zunächst
mit einer höheren Spannung versorgen, und zwar je nach Größe der
Stadt mit 3, 6, 10 bzw. 30 kV. An diesem Hochspannungsverteilungsnetz
hängen dann die einzelnen Transformatorenstationen, welche das oder
die Niederspannungsnetze speisen. In Großstädten kann unter Umständen noch eine Zwischenspannung für die Verteilung zur Verwendung
kommen (s. S. 310). Die Energieversorgung entspricht also im Aufbau
derjenigen eines Überlandgebietes.

Die Entwicklung in der Elektrizitätsversorgung hat gezeigt, daß es
nicht immer notwendig und zweckmäßig ist, daß jedes Überlandgebiet

ein eigenes Elektrizitätswerk besitzt. Vielmehr erwies es sich als richtig, Elektrizitätswerke an solchen Orten zu bauen, wo besonders günstige Bedingungen hierzu vorliegen. So wird man bei einem Steinkohlenkraftwerk auf günstigste Transportbedingungen der Kohle und auf das Vorhandensein von Kühlwasser für die Kondensation Wert legen. Ein Braunkohle verarbeitendes Kraftwerk wird man unmittelbar an der Fundstelle der Braunkohle errichten, da die Braunkohle wirtschaftlich keinen größeren Transport verträgt. Stehen Wasserkräfte zur Verfügung, dann muß das Kraftwerk unbedingt dort stehen, wo der Ausbau der Wasserkräfte am günstigsten ist. Man wird also vorwiegend solche bevorzugte, billig arbeitende Kraftwerke bauen, diese mit Hochspannungsleitungen ver-

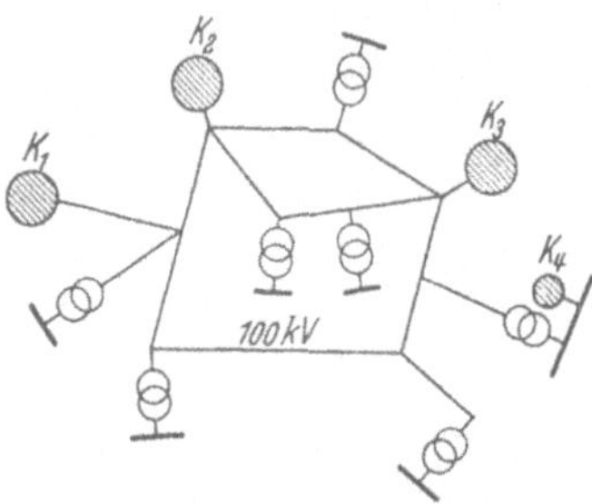

Abb. 6. Aufbau eines 100 kV-Netzes.

binden, z. B. mit 100 kV, und die Leitungen so legen, daß die Überlandversorgungen, die jetzt keine besonderen Kraftwerke mehr benötigen, von diesem Hochspannungsnetz aus gespeist werden.

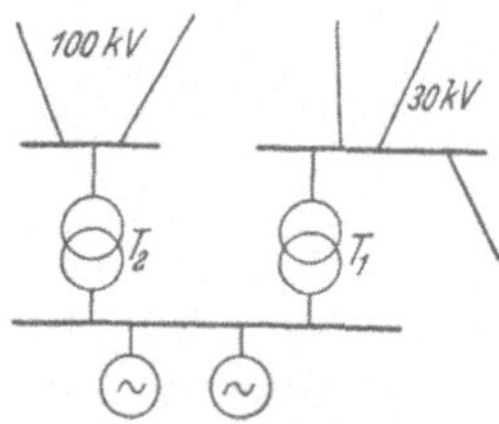

Abb. 7. Schematische Darstellung eines Kraftwerkes, dessen Energie mit zwei verschiedenen Spannungen verteilt wird.

Abb. 6 zeigt ein solches 100 kV-Netz, auf welches die Kraftwerke K_1, K_2, K_3 arbeiten. Von diesem 100 kV-Netz aus können die einzelnen Überlandgebiete über Transformatoren mit Strom versorgt werden. Innerhalb der Überlandgebiete erfolgt die Versorgung dann entsprechend der Abb. 5. Die Kraftwerke K_1, K_2 und K_3 werden über ihre Schaltanlage meist noch ein Versorgungsgebiet direkt beliefern. Die schematische Schaltung entspricht dann beispielsweise der Abb. 7. Die Generatoren arbeiten über die Transformatoren T_1 auf die Verteilung des eigenen Versorgungsgebietes, z. B. mit 30 kV, und ferner über Transformatoren T_2 z. B. auf ein 100 kV-Netz.

In ein Hochspannungsnetz nach Abb. 6 können auch Überlandkraftwerke mit einbezogen werden, wie z. B. das Kraftwerk K_4. Ist dessen Leistung für das eigene Versorgungsgebiet nicht ausreichend, dann wird zusätzliche Energie aus dem Hochspannungsnetz bezogen. Um eine solche Großversorgung möglichst wirtschaftlich zu gestalten, ist es notwendig, daß die Leistungsabgabe der einzelnen Kraftwerke von einer zentralen Lastverteilungsstelle genau geregelt wird.

Man kann noch einen Schritt weiter gehen und verschiedene solcher Großversorgungen an eine gemeinsame Hochspannungsleitung (Landessammelschiene) legen, die, da es sich jetzt um größere Entfernungen handelt, eine höhere Spannung, z. B. 200 kV, haben wird. Eine solche übergeordnete Großversorgung ist vor allem dann am Platze, wenn hierdurch sehr günstig arbeitende Großkraftwerke gebaut werden können. Abb. 8 zeigt ein solches Beispiel, bei dem die Kraftwerke K_1 bis K_4 auf eine 200 kV-Leitung arbeiten. Dabei können die Kraftwerke unmittelbar auf die 200 kV-Leitung arbeiten, bzw. können ihre Leistung falls einige Kraftwerke nicht direkt an der 200 kV-Leitung gelegen sind (Kraftwerke K_3 und K_4), zunächst mit 100 kV nach einer Schaltstation an der 200 kV-Leitung bringen und hier auf 200 kV umspannen. Es ist nicht notwendig, daß sämtliche Großversorgungen, welche an diese 200 kV-Leitung angeschlossen sind, jetzt ihren Strom restlos von der 200 kV-Leitung beziehen. Solche Großversorgungen (s. das Netz I der Abb. 8) können eigene Kraftversorgung haben, wobei nur zu gewissen Zeiten oder falls ein Maschinenschaden vorhanden ist, Energie aus dem 200 kV-Netz bezogen wird.

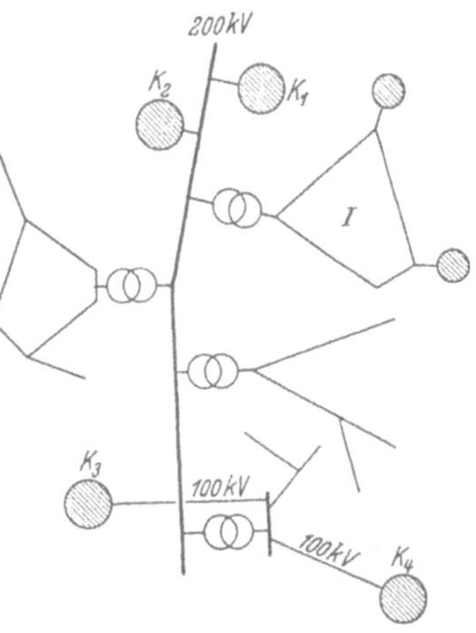

Abb. 8. Schematische Darstellung einer Großversorgung mit 200 kV.

Es sei erwähnt, daß man beim Bau von neuen Netzen versuchen soll, mit den Nennspannungen 220, 380, 6000, 15000, 30000, 60000, 100000, 200000 V auszukommen.

II. Kraftwerke.

A. Wärmekraftanlagen.

a) Allgemeines.

Die in Deutschland erzeugte elektrische Energie stammt zum größten Teil aus Wärmekraftwerken. Wärmekraftwerke können als Dampf-, Gas- oder Dieselkraftwerke ausgeführt werden. Größere Bedeutung haben jedoch nur die ersteren. Diese liefern etwa 77% des deutschen Energiebedarfs, der 1936 42 Milliarden kWh betrug. Dabei erzeugten die Braunkohlenwerke 41,5%, die Steinkohlenwerke 35,5%. Die Wasserkraftwerke lieferten etwa 15% und die noch verbleibenden 8% verteilten sich auf Diesel-, Gaskraftwerke usw.

Gaskraftwerke kommen nur dort vor, wo sehr günstig Gas, z. B. Hochofengas, zur Verfügung steht, also die eigentlichen Wärmekosten bei der Erzeugung elektrischer Energie praktisch gleich Null sind. In den Gaskraftwerken wird die im Gas enthaltene Wärmeenergie in Gaskraftmaschinen, die meist in liegender Bauart als doppeltwirkende Viertaktmotoren ausgeführt sind, in mechanische Energie umgewandelt.

Solche Gasmotoren laufen sehr langsam, meist unter 100 Umdrehungen je Minute. Es ergeben sich daher große vielpolige Generatoren. Da das Drehmoment der Gasmaschinen nicht konstant ist, müssen die in den Generatoren vorhandenen Schwungmassen besonderen Bedingungen genügen, um unerwünschte Schwingungen zu vermeiden.

Kraftwerke mit Dieselmotoren haben den Vorteil, rasch anlaßbar und regelbar zu sein (Anlaßdauer unter 5 min.). Da ferner die Anlagekosten niedrig sind, sie betragen nur etwa 70% der Kosten eines normalen Dampfkraftwerkes, eignen sich Dieselkraftwerke, obwohl die Brennstoffkosten für die erzeugte kWh höher liegen als bei normalen Dampfkraftwerken, besonders gut als Spitzenkraftwerke. Es spielen nämlich hier die hohen Brennstoffkosten nicht die ausschlaggebende Rolle, da das Spitzenkraftwerk nur kurzzeitig im Betrieb ist. Für deutsche Verhältnisse kommen Dieselkraftwerke mit Rücksicht auf den aus dem Ausland zu beziehenden Brennstoff weniger in Frage und man sieht heute als Spitzenkraftwerke (von Wasserkraftwerken sei abgesehen) ebenfalls Dampfkraftwerke vor. Da bei Spitzenkraftwerken der Wirkungsgrad etwas niedriger liegen kann als bei normalen Anlagen, kann die Kessel- und Turbinenanlage solcher Dampfkraftwerke einfacher gehalten sein, so daß die Anlagekosten sinken. Ferner kann man durch Verwendung von Spezialkesseln und geeigneten Turbinenkonstruktionen rasche Regelbarkeit und auch ein genügend rasches, nur nach Minuten zählendes Anlassen erzielen.

b) Die Dampfturbine.

In den Dampfkraftwerken kommen, von Ausnahmen abgesehen, heute nur noch Dampfturbinen mit unmittelbar gekuppelten Generatoren zur Anwendung. Diese Turbinen laufen mit 3000, bzw. bei größeren Leistungen mit 1500 U/min. Da es heute möglich ist, 3000tourige Turbinen und Generatoren für Leistungen bis etwa 100 000 kVA zu bauen, kann man für deutsche Verhältnisse, wo man heute kaum über 50 000 kW pro Turbine gehen wird, durchweg mit der 3000tourigen Type auskommen, sofern nicht besondere Gründe für die Wahl einer 1500tourigen Ausführung sprechen. Es sei erwähnt, daß man 1500tourige Turbos für Leistungen bis etwa 200 000 kVA bauen kann.

In den Dampfturbinen wird ein Teil des Wärmeinhalts des Dampfes in einer Reihe von Stufen in mechanische Arbeit umgewandelt. Eine jede Stufe besteht aus einem feststehenden Leitrad mit Leitschaufeln und einem mit der Welle verbundenen drehbaren Laufrad mit Laufschaufeln. In jedem Leitrad wird ein Teil der Wärmeenergie des Dampfes bei gleichzeitiger Abnahme des Druckes und der Temperatur in kinetische Energie umgewandelt. Aus den Schaufeln des Leitrades tritt der Dampf mit einer solchen Richtung aus, daß er auf die drehbaren Laufschaufeln möglichst stoßfrei auftrifft. In den Laufrädern wird die kinetische

Energie des Dampfes in mechanische Arbeit umgewandelt. Herrscht am Anfang und am Ende einer Laufschaufel gleicher Druck, so arbeitet die Turbine nach dem Gleichdrucksystem (Abb. 9). Erreicht man es dagegen durch geeignete Formgebung der Laufschaufeln, daß innerhalb derselben der Dampf weiter expandiert, so besteht zwischen Anfang und Ende der Laufschaufeln ein Druckgefälle. In den Laufschaufeln wird also nicht nur die anfänglich vorhandene kinetische Energie, sondern auch ein Teil der Druckenergie des Dampfes in mechanische Energie

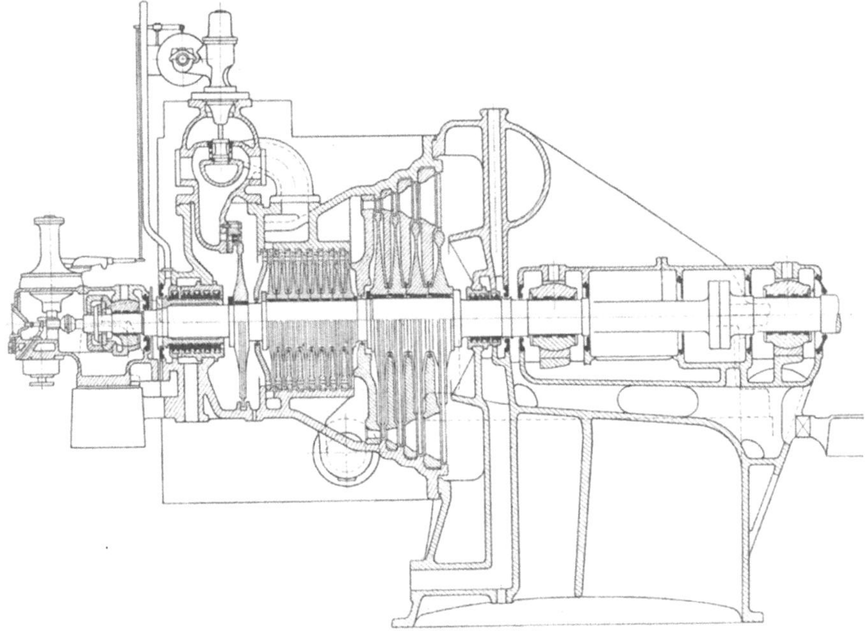

Abb. 9. Eingehäuseturbine (Gleichdrucksystem, AEG).

umgewandelt. Letzteres System heißt Überdrucksystem (Abb. 10). Beide Systeme sind, von Feinheiten abgesehen, etwa gleichwertig.

Die Dampfturbinen können als Ein- oder Mehrgehäuseturbinen ausgebildet sein. Die Eingehäuseturbine (s. Abb. 9), bei der die Umsetzung der Dampfenergie in einem Turbinengehäuse stattfindet, hat den Vorteil der großen Einfachheit. Bei großen Leistungen, also auch bei größeren Abmessungen der Turbine, sind die durch die Erwärmung (besonders beim Anlassen) bedingten Längenausdehnungen und Wärmespannungen der Turbinenwelle und des Gehäuses unangenehm. Diese Schwierigkeiten kann man vermeiden, indem man zu Mehrgehäuseturbinen (s. Abb. 10) übergeht, bei denen das gesamte Druck- und Temperaturgefälle des Dampfes unterteilt und in zwei oder drei miteinander gekuppelten kleineren Einzelturbinen verarbeitet wird (Hochdruck-, Mitteldruck- und Niederdruckteil).

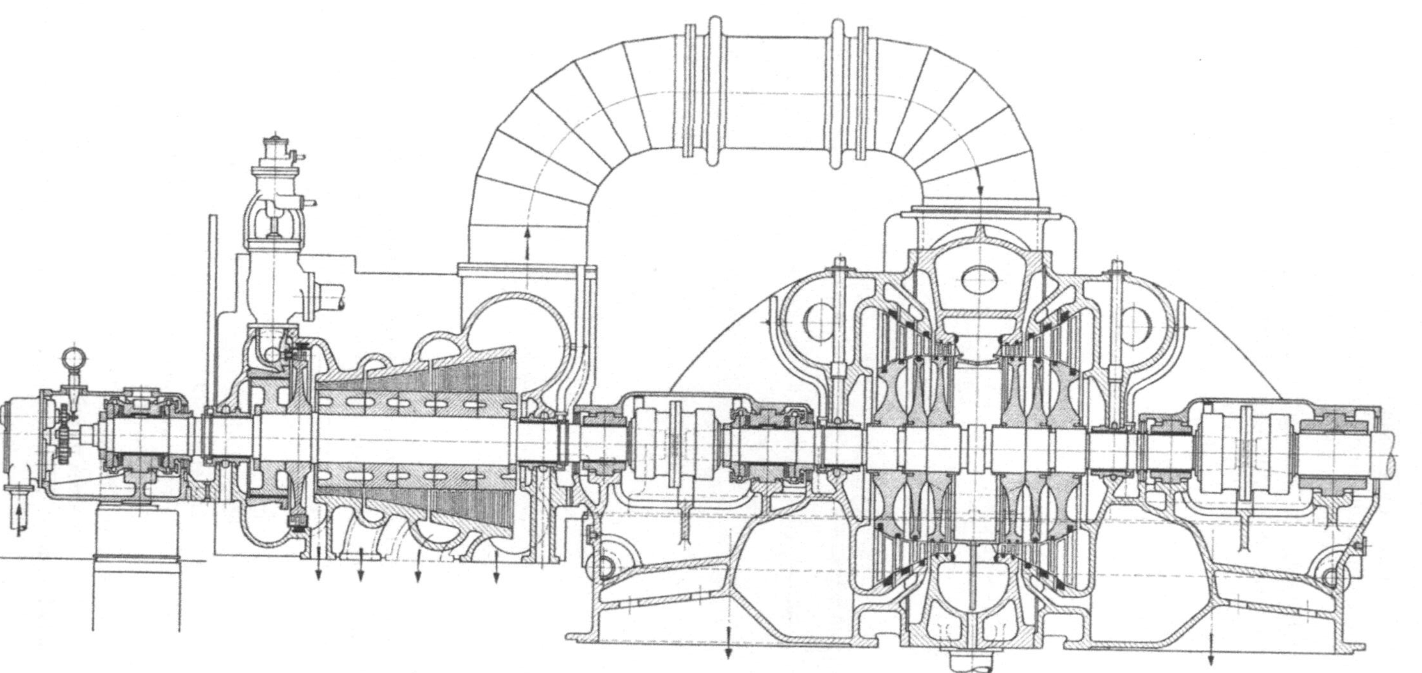

Abb. 10. Zweigehäuseturbine (Überdrucksystem, BBC).

Bei großen Leistungen, bei denen die zu verarbeitenden Dampfmengen entsprechend groß sind, ist man auch aus folgendem Grunde gezwungen, zur Mehrgehäusebauart überzugehen. Der Durchgangsquerschnitt der Schaufelreihen, somit der Durchmesser der Laufräder, wird durch das hindurchströmende Dampfvolumen bestimmt. Da nun das spezifische Dampfvolumen mit sinkendem Druck erheblich zunimmt, würden bei großen Turbinenleistungen die Dampfvolumina im Niederdruckteil derartig große Raddurchmesser erforderlich machen, wie sie wegen der auftretenden Fliehkraft aus Festigkeitsgründen nicht zugelassen werden können. Man ist daher gezwungen, im Niederdruckteil

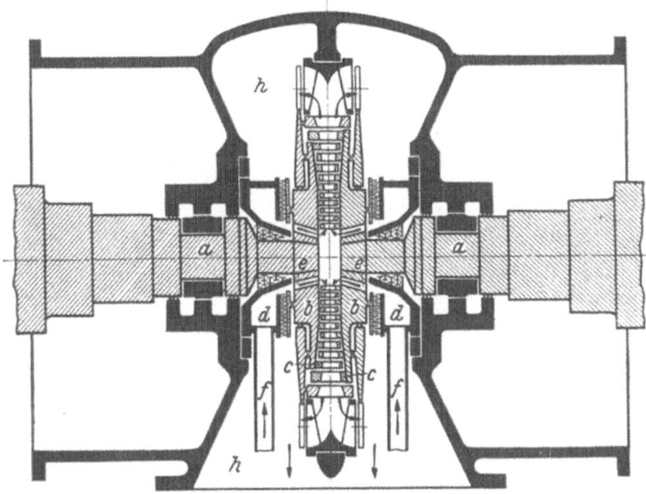

Abb. 11. Ljungström-Turbine.

die Dampfmenge zu unterteilen und in zwei getrennten Niederdruckturbinen zu verarbeiten. Man kann aber auch zur zweiflutigen Bauart übergehen, bei der der Dampf der Niederdruckturbine in der Mitte zugeführt wird und von hier aus die beiden symmetrischen Hälften der Turbine nach links und rechts durchströmt (s. Abb. 10). Diese Bauart hat noch den Vorteil, daß bei Überdruckturbinen der Axialschub wegfällt.

Bei den meist ausgeführten Turbinenkonstruktionen durchströmt der Dampf die Turbine in axialer Richtung. Es gibt aber auch eine Reihe von Bauarten, bei denen der Dampf die Turbine in radialer Richtung (SSW-Radialturbine) durchströmt. Eine besonders bemerkenswerte Ausführung dieser Art stellt die Ljungström-Turbine dar. Während bei den normalen Turbinenbauarten nur die Laufräder sich drehen und die Leitschaufeln im feststehenden Gehäuse angeordnet sind, laufen bei der Ljungström-Turbine sowohl die Lauf-, wie auch die Leitschaufeln um. Von eigentlichen Leit- und Laufschaufeln kann man im Grunde genommen bei dieser Ausführung nicht sprechen, denn die Laufschaufeln des einen Rades sind zugleich die Leitschaufeln des anderen Rades. Der grundsätzliche Aufbau einer solchen Turbine ist aus Abb. 11 zu ersehen. Auf zwei konzentrisch zueinander

gelagerten Turbinenscheiben *b* sind die Schaufelkränze derart angeordnet, daß
sich die Schaufelkränze des einen Rades in den Zwischenräumen zwischen den
Schaufelkränzen des anderen Rades bewegen. Da die beiden Scheiben mit der
gleichen Drehzahl, aber in entgegengesetztem Drehsinn umlaufen, ergibt sich
zwischen Leit- und Laufschaufel eine Relativgeschwindigkeit, die doppelt so groß
ist wie bei feststehenden Leitkränzen. Da diese Relativgeschwindigkeit maßgebend ist für das in einer Stufe mit dem gleichen Gütegrad verarbeitbare Druck-
und Temperaturgefälle, wird die Stufenzahl erheblich kleiner, d. h. man kommt
mit einer kleineren Zahl von Schaufelkränzen aus und die Turbine baut daher
wesentlich kleiner. Man ist bei der Ljungström-Bauart allerdings gezwungen, zwei

Abb. 12. Gesamtaufbau einer Ljungström-Turbine.

Generatoren zu verwenden, die mit je einer der Turbinenscheiben starr gekuppelt
sind. Die beiden Generatoren sind parallel geschaltet, so daß sie infolge der synchronisierenden Kräfte stets mit der gleichen Drehzahl umlaufen. Abb. 12 zeigt
den Gesamtaufbau eines solchen Turbosatzes einschließlich der dazugehörigen
Kondensationsanlage. Man spart bei einer solchen Gegenlaufturbine an Platz und
infolge des geringeren Gewichtes können Fundamente und Montagekran leichter
gehalten werden. Preislich stellt sich eine Ljungström-Turbine kaum anders als
eine Axialturbine. Da sie komplizierter ist als eine Axialturbine dürfte sie vorwiegend dort angebracht sein, wo Platzmangel herrscht.

Nachdem der Dampf den ausnutzbaren Teil seiner Wärmeenergie in
der Turbine in mechanische umgewandelt hat, gelangt er in den Kondensator, wo er niedergeschlagen wird. Hierbei müssen dem Dampf große
Wärmemengen entzogen werden, was erhebliche durch den Kondensator
hindurchfließende Kühlwassermengen erfordert. Je niedriger die Tempe-

ratur des Kühlwassers, um so niedriger wird die Temperatur des Kondensats und um so besser das Vakuum und damit die Ausnutzung des Dampfes. Wenn genügend Kühlwasser zur Verfügung steht (man braucht ungefähr 0,25 cbm pro erzeugte kWh), kann man ein Vakuum von etwa 0,04 bis 0,05 ata erzeugen. Ist ein Fluß für die Lieferung einer genügenden Kühlwassermenge nicht vorhanden, so muß das erwärmte Kühlwasser in besonderen Kühltürmen wieder rückgekühlt werden. Hierbei kommt das Kühlwasser nicht auf eine derart niedere Temperatur als wenn man es einem Fluß entnimmt und man erreicht dann auch nur ein geringeres Vakuum, wodurch die Ausnutzung der im Dampf enthaltenen Wärmeenergie schlechter wird. Bei der Wahl des Ortes für ein Dampfkraftwerk muß man also auch größten Wert darauf legen, genügend Kühlwasser zur Verfügung zu haben.

Um ein Bild über die Möglichkeiten der Wärmeausnutzung des Dampfes in der Turbine zu bekommen, benutzt man das JS-Diagramm (s. Abb. 13), welches sämtliche interessierenden Zustandsgrößen des Wasserdampfes enthält. Die Darstellung ist so gewählt, daß als Ordinate der Wärmeinhalt J von 1 kg Dampf, als Abszisse die Entropie S aufgetragen ist. Für unsere Zwecke genügt es von der Entropie S zu wissen, daß sie eine Zustandsgröße des Wasserdampfes ist und ihr Differential die Größe

$$(1) \qquad dS = dQ/T$$

besitzt, wobei dQ die bei einer kleinen Zustandsänderung dem Dampf zugeführte Wärmemenge in Cal und T die absolute Temperatur in $°$ C ist.

Betrachten wir als Beispiel in dem Diagramm (Abb. 13) 1 kg Dampf von 30 ata und von 400° C Temperatur. Dieser Dampf soll in einer verlustfrei arbeitenden Dampfturbine auf 0,05 ata entspannt werden. Welche Wärmemenge wird hierbei, adiabatische Zustandsänderung vorausgesetzt, in mechanische umgewandelt?

Da bei der adiabatischen Entspannung des Dampfes keine Wärmemenge zu- oder abgeführt wird, ist die Zunahme der Entropie, also dS gleich Null. Die Zustandsänderung wird daher durch eine Vertikale dargestellt, welche den Punkt ($p_1 = 30$ ata, $t_1 = 400°$ C) mit dem Punkt ($p_2 = 0,05$ ata) verbindet. Der Wärmeinhalt des Dampfes im Punkt p_1 ist

$$J_1 = 772 \text{ Cal,}$$

im Punkt p_2

$$J_2 = 504 \text{ Cal.}$$

In mechanische Arbeit ist also die Differenz, d. h.

$$J_1 - J_2 = 772 - 504 = 268 \text{ Cal}$$

umgewandelt worden. Von den verbleibenden 504 Cal befinden sich in dem Kondensat, da, wie man aus Tabellen ersehen kann, zum Sättigungsdruck 0,05 ata (Punkt p_2) $t_2 = 32°$ gehört, 32 Cal als Flüssigkeitswärme, die dem Kessel wieder zugeführt werden, während der Rest von 472 Cal im Kühlwasser abgeführt wird, also Verlust ist. Da dem Kreislauf $772 - 32 = 740$ Cal zugeführt wurden, ist der thermische Wirkungsgrad der Umwandlung

$$\eta_{th} = \frac{J_1 - J_2}{J_1 - 32} = \frac{268}{740} = 36,2\% \ .$$

36,2% der hineingesteckten Wärme können also theoretisch in mechanische Energie umgewandelt werden, während der Rest durch das Kühlwasser des Kondensators als Verlustwärme abgeführt wird.

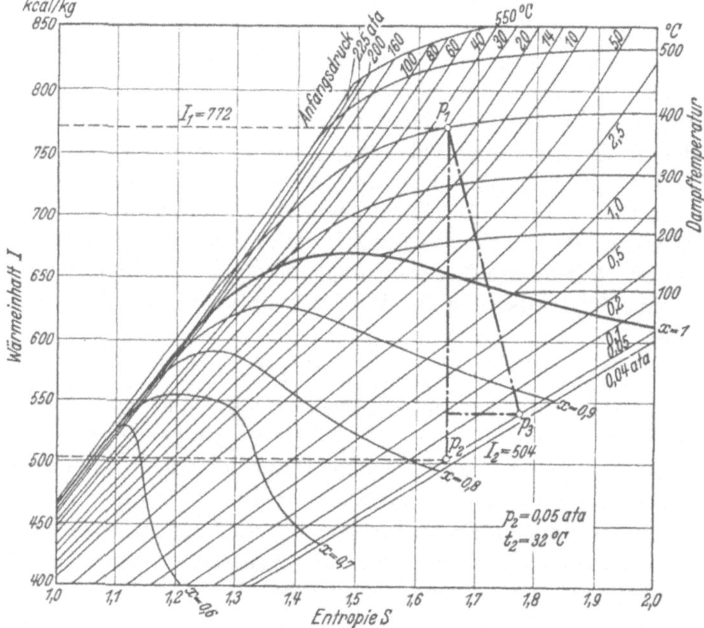

Abb. 13. Entropie-Diagramm.

Praktisch ist der Wirkungsgrad der Turbine noch schlechter, da innerhalb der Turbine durch den strömenden Dampf Reibungs- und Drosselverluste auftreten, durch welche Wärme erzeugt wird, die zwar im Dampf bleibt, aber das Wärmegefälle verschlechtert. Bei dem tatsächlichen Prozeß nimmt also die Entropie, infolge der zugeführten Verlustwärme zu, so daß die tatsächliche Zustandsänderung etwa gemäß der Linie $p_1 p_3$ verläuft. Das ausgenutzte Wärmegefälle wird dabei kleiner und beträgt bei den Verhältnissen der Abb. 13, die für eine größere Turbine gelten mögen, nur 85% des theoretischen, d. h. infolge des sog. inneren Wirkungsgrades der Turbine von 85% werden nicht 268, sondern nur

$$268 \cdot 0,85 = 228 \text{ Cal}$$

ausgenutzt. Infolge mechanischer Reibungsverluste (Lager usw.) muß mit einem mechanischen Wirkungsgrad der Turbine von etwa 98,5% gerechnet werden, so daß in unserer Turbine vom theoretischen Wert von 268 Cal nur

$$0{,}85 \cdot 0{,}985 = 84\%$$

ausgenutzt werden. Betrachtet man Turbine einschließlich Kondensator, so wird unter Beachtung des thermischen Wirkungsgrades $\eta = 36{,}2\%$ der Gesamtwirkungsgrad der Umwandlung

$$36{,}2 \cdot 0{,}84 = 30{,}4\%.$$

Es ist für einen Überblick von größtem Interesse, wie der thermische Wirkungsgrad von Temperatur und Druck abhängt. Da der Kondensatordruck durch die Kühlwasserverhältnisse gegeben ist, wollen wir im folgenden mit einem Kondensatordruck von 0,05 ata rechnen. Man kann nun durch das JS-Diagramm feststellen, wie groß bei den verschiedenen Anfangstemperaturen und -drücken der thermische Wirkungsgrad ist und findet, daß derselbe mit steigendem Anfangsdruck und steigender Temperatur zunimmt (Abb. 14). Mit der Temperatur kann man jedoch nicht viel höher als auf 500° C gehen, da oberhalb dieser Temperatur die Festigkeit der Werkstoffe stark abnimmt und außerdem

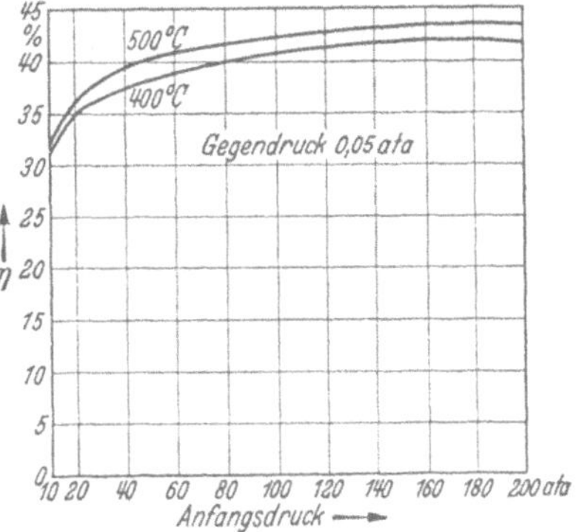

Abb. 14. Thermischer Wirkungsgrad in Abhängigkeit vom Druck.

manche Materialien bereits zu fließen anfangen, also bleibende Formänderungen erleiden. In der Mehrzahl der Fälle bleibt man unterhalb dieser Werte und verwendet Temperaturen, die, gemessen am Eintritt der Turbine, bei etwa 420° bis 485° C liegen.

Trägt man in Abhängigkeit des Druckes für die Temperaturen 400° und 500° C den thermischen Wirkungsgrad auf (s. Abb. 14), so erkennt man, daß die Kurven zunächst beachtlich ansteigen, daß jedoch von etwa 120 ata ab in bezug auf den Wirkungsgrad nicht mehr viel zu gewinnen ist. Bei höheren Drücken tritt, sofern nicht gleichzeitig die Temperatur gesteigert wird, die Schwierigkeit auf, daß der Dampf in den letzten Schaufelreihen bereits zahlreiche Wassertröpfchen mit sich führt, welche die Schaufeln angreifen. Man bezeichnet das Verhältnis des noch am Schlusse der Expansion vorhandenen Dampfgewichtes (der Rest ist zu Wassertröpfchen kondensiert) zum ursprünglichen Dampfgewicht, als spezifische Dampfmenge. Die spezifische Dampfmenge x beträgt bei dem gebrachten Beispiel im Punkte p_3 der Abb. 13 $x = 0{,}87$. Das ist eine spezifische Dampfmenge, die noch zulässig ist[1]. Erhöht

---

[1] Meist ist $x \geqq 0{,}9$.

man bei 400° C den Druck, dann rückt die Zustandskennlinie $p_1\,p_3$ allmählich nach links und kommt in Gebiete größerer Dampffeuchtigkeit, welche mit Rücksicht auf die Dampfturbinenschaufeln nicht mehr zulässig sind. Man kann sich hier dadurch helfen, daß man den Dampf, nachdem er bereits einen Teil Arbeit geleistet hat, aus der Turbine herausführt, ihn in einem Zwischenüberhitzer aufheizt und dann der Turbine wieder zuführt. Eine solche Anlage wird jedoch kompliziert. Man wird daher im allgemeinen die Drücke nur soweit (etwa 60 ata) steigern, als man ohne Zwischenüberhitzung des Dampfes auskommt.

Die Verwendung von hohen Drücken hat technisch nur Sinn bei großen Leistungen. Bei kleinen Leistungen, bei denen infolge des hohen Druckes die Dampfvolumina sehr klein sind, werden die Schaufeln der ersten Reihe sehr kurz. Solche kurzen Schaufeln verschlechtern jedoch den inneren Wirkungsgrad beachtlich. Da eine Hochdruckturbinenanlage weiterhin teurer ist als eine solche für mittlere Drücke, haben Hochdruckkraftwerke nur Sinn, falls große Leistungen vorhanden sind und diese praktisch während des ganzen Jahres gefahren werden können, was z. B. bei Grundlastkraftwerken der Fall ist.

Die Wirtschaftlichkeit einer Dampfturbinenanlage könnte wesentlich günstiger gestaltet werden, wenn der Wärmeinhalt des Abdampfes noch verwertet würde. Dies ist häufig der Fall in Industrieanlagen, welche Heizdampf benötigen. Läßt man hochgespannten Dampf zunächst in einer Turbine Arbeit leisten und benutzt dann den Abdampf für Wärmezwecke, so hat die Turbine abgesehen von den $1^1/_2$ bis 2% betragenden mechanischen Verlusten fast den Wirkungsgrad 1 und die kWh könnte somit mit dem theoretischen Wert von 860 Cal. erzeugt werden. Berücksichtigt man jedoch die Verluste, die bei der Dampferzeugung im Kessel und in den Rohrleitungen auftreten, sowie den Generatorwirkungsgrad usw., so kommt man praktisch pro erzeugte kWh auf 1100 bis 1200 Cal.

Bei der Kondensationsturbine war der gesamte Turbinenwirkungsgrad 30,4%, während in unserem Falle der Turbinenwirkungsgrad, falls die mechanischen Verluste 1,5% betragen, 98,5% beträgt. Der Brennstoffverbrauch beträgt also $30,4/98,5 = 30,9\%$ von dem einer Kondensationsturbine, so daß also Turbinen mit Verwertung des Abdampfes die kWh äußerst günstig erzeugen.

Turbinen, welche ihren gesamten Abdampf für Heizzwecke verwenden, nennt man Gegendruckturbinen. Da der Heizdampf mitunter höheren Druck haben muß (z. B. 10 ata), findet man oft bei solchen Gegendruckturbinen, um noch ein genügendes Wärmegefälle für die Stromerzeugung zur Verfügung zu haben, Drücke am Turbineneintritt von etwa 100 ata und darüber.

Häufig besteht keine Übereinstimmung zwischen der benötigten Heizdampf- und Elektrizitätsmenge. Im allgemeinen ist der Bedarf an Elektrizität größer als der an Heizdampf. In solchen Fällen wird man entweder zusätzlich eine Kondensationsturbine aufstellen oder den Zusatzstrom von einem Elektrizitätswerk beziehen. Eine andere Möglichkeit besteht in der Verwendung von sog. Entnahmeturbinen. Bei diesen wird die erforderliche Anzapfdampfmenge aus der Stufe der Turbine entnommen, in der der passende Dampfdruck herrscht, während die

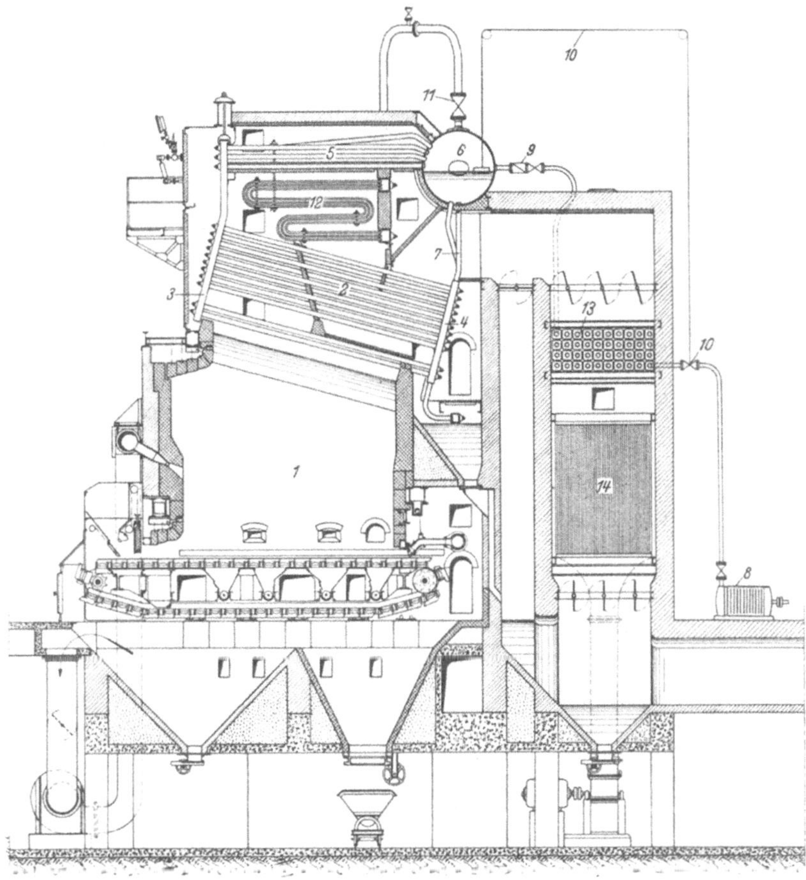

Abb. 15. Sektionalkessel mit Zonen-Wanderrost (Babcock).

restliche Dampfmenge noch in dem Niederdruckteil der Turbine Arbeit leistet, der seinerseits wiederum als Gegendruck- oder Kondensationsturbine ausgebildet sein kann. Statt einer können auch zwei Anzapfstellen mit verschiedenen Drücken angeordnet sein. Diese Entnahmeturbinen sind sehr wirtschaftlich, da der Energieinhalt des Anzapfdampfes ohne größere Verluste verwertet wird.

Von großem Interesse ist die Kenntnis der Verluste, welche in einem Kraftwerk mit Kondensationsturbinen in ihrer Gesamtheit auftreten.

Hierzu sei kurz eine Beschreibung der ersten Verlustquelle, des Dampfkessels vorausgeschickt. Die heute zur Anwendung kommenden Kessel haben, von Kohlenstaub- und Mühlenfeuerungen abgesehen, mechanische Rostbeschickung, sei es, daß Wanderroste, Schürroste oder ähnliche zur Anwendung kommen. Auf diesen Rosten findet die Verbrennung der Kohlen statt. Die entstehenden Heizgase geben im Falle der Abb. 15, welche einen Schrägrohrkessel darstellt, ihre Wärme an den Schrägrohren *2* ab. Diesen Schrägrohren fließt Wasser aus dem Kessel *6* zu. In den Schrägrohren *2* wird dieses Wasser teilweise verdampft. Die Dampfteilchen strömen schräg nach oben und nehmen das Wasser mit, welches dadurch einen Kreislauf ausführt. Die Dampfteilchen gelangen über die Rohre *5* in den Kessel *6*. In diesem Kessel befindet sich Sattdampf von dem verlangten Druck. Der Sattdampf durchströmt den Überhitzer *12*, das sind Schlangenrohre, welche von den Heizgasen bestrichen werden, kommt auf höhere Temperatur und gelangt durch Rohrleitungen zu den Turbinen. Da der Dampf Temperaturen von 400° und mehr Grad erhält, besitzen die Abgase des Kessels noch beachtlichen Wärmeinhalt. Um diesen möglichst auszunutzen, kann man z. B. das aus dem Kondensator herausgepumpte Kondensat, ehe es in den Kessel zurückgelangt, in einem Vorwärmer *13* (Ekonomiser), der durch die Abgase geheizt wird, anwärmen. Auch eine Anwärmung der Verbrennungsluft in einem Lufterhitzer *14* ist möglich. Man erreicht mit Kesseln, bei denen die Wärme der Abgase weitgehendst ausgenutzt wird, Wirkungsgrade von 80 bis 87%, bei Kohlenstaubfeuerungen sogar noch etwas höhere.

Im folgenden Beispiel sind folgende für eine größere Anlage geltende Wirkungsgrade zugrunde gelegt:

Kesselwirkungsgrad . . . . 84 %
Wirkungsgrad der Dampfleitung . . . . 97 %
Thermischer Wirkungsgrad der Turbine 36,2%
Innerer Wirkungsgrad der Turbine . . . . 85 %
Mechanischer Wirkungsgrad der Turbine 98,5%
Generatorwirkungsgrad . . . . 95 %
Wirkungsgrad zur Berücksichtigung der Hilfsbetriebe (es ist angenommen, daß diese mit elektrischen Antrieben arbeiten) . . . . 94 %

Der Wirkungsgrad der gesamten Anlage ist also:

$$0{,}84 \cdot 0{,}97 \cdot 0{,}362 \cdot 0{,}85 \cdot 0{,}985 \cdot 0{,}95 \cdot 0{,}94 = 0{,}222\,.$$

Da 1 kWh 860 Cal entsprechen, werden in unserem Falle

$$\frac{860}{0{,}222} = 3870 \ \text{Cal/kWh}$$

benötigt, das sind bei 7000 Wärmeeinheiten pro kg Steinkohle

$$\frac{3870}{7000} = 0{,}55 \ \text{kg Kohle.}$$

Zur Ermittlung des Dampfverbrauches für die Erzeugung von 1 kWh geht man von dem theoretischen Wärmegefälle $p_1 p_2$ (s. Abb. 13) aus, welches 268 Cal/kg Dampf war. Da 1 kWh 860 Cal entspricht, werden theoretisch

$$\frac{860}{268} = 3,2 \text{ kg Dampf}$$

gebraucht werden. Unter Berücksichtigung des inneren, des mechanischen, des Generatorwirkungsgrades und der Verluste infolge der Hilfsbetriebe ergibt sich der tatsächliche Dampfverbrauch zu

$$\frac{3,2}{0,85 \cdot 0,985 \cdot 0,95 \cdot 0,94} = 4,25 \text{ kg/kWh}$$

am Turbineneintritt gemessen.

Man hat die Möglichkeit, die Wirtschaftlichkeit einer Dampfkraftanlage zu verbessern, wenn man z. B. durch die Kesselabgase nicht das Speisewasser, sondern die dem Kessel zugeführte Verbrennungsluft vorwärmt. Die Vorwärmung des Kesselspeisewassers erfolgt dann durch Turbinenabdampf nach dem Regenerativverfahren. Man zapft z. B. die Turbine bei 3 ata an und·entnimmt hier Dampf zur Vorwärmung des Speisewassers. Da dieser Anzapfdampf vorher in der Turbine Arbeit geleistet hat und die Wärme des Abdampfes gegenüber einer reinen Kondensationsturbine restlos verwertet wird, kann der Gesamtwirkungsgrad der Anlage gehoben werden. Man wird im allgemeinen, um größte Wirtschaftlichkeit zu erzielen, nicht nur eine Anzapfstufe wählen, sondern deren zwei bis fünf, also beispielsweise das Speisewasser mit Dampf von 3 ata auf 120° und mit Dampf von 8 ata auf 160° vorwärmen. Mit Dampf von 3 ata allein könnte man nicht auf 160° vorwärmen. Die Gesamtvorwärmung des Speisewassers mit Dampf von 8 ata wäre wohl möglich, jedoch ist dann das für die mechanische Arbeit ausnutzbare Druckgefälle nicht so groß wie bei Mehrfachanzapfung. Infolge des Regenerativverfahrens ist es möglich, die Wirtschaftlichkeit der Anlage um 6 bis 8% zu heben. Rechnen wir mit einer Verbesserung von 6%, so würde in unserem Beispiel auf S. 16 der Wirkungsgrad der Gesamtanlage nicht 22,2 sondern

$$22,2 \cdot 1,06 = 23,6\%$$

betragen und der Kohleverbrauch wäre nicht 3870 Cal/kWh, sondern nur

$$\frac{3870}{1,06} = 3650 \text{ Cal/kWh}.$$

c) Allgemeine Anordnung eines Dampfkraftwerkes.

Bei der Planung von Dampfkraftwerken ist der Gesichtspunkt maßgebend, den Weg der Energie, also die Länge des Transportweges der Kohle, die Länge der Rohrleitung und der Kabel, so kurz wie möglich zu wählen. Abb. 16 zeigt schematisch die allgemeine Anordnung eines

Steinkohlen-Dampfkraftwerkes. Die Kohlen werden entweder mit Kähnen zu Wasser oder mit der Eisenbahn heranbefördert und in Bunkern gelagert. Die Entladung aus den Kähnen geschieht mit einer Krananlage, während die Entleerung der Wagen, sofern hier Spezialwagen zur Anwendung kommen, unmittelbar in die Bunker erfolgen kann. Aus den Bunkern wird die Kohle mittels eines Förderwerkes,

z. B. mit Förderbändern, in die Kesselhausbunker gebracht. Von hier aus gelangt die Kohle auf die Roste der Kessel. Die Bauart der Roste hängt von dem zur Verwendung kommenden Brennstoff, von der Größe und den geforderten Betriebseigenschaften des

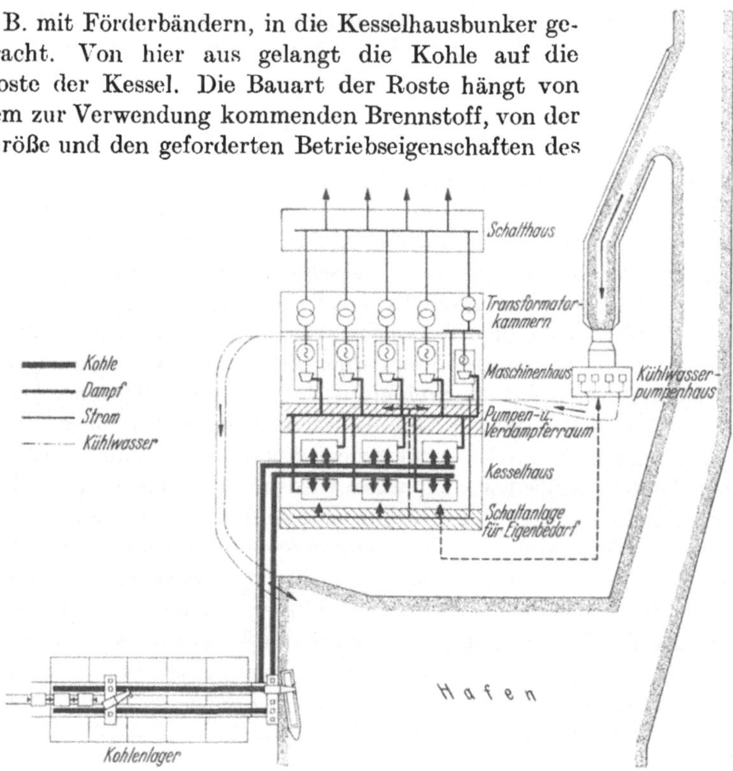

Abb. 16. Schematischer Grundriß eines Kraftwerkes.

Kessels ab. Ein für die meisten Steinkohlensorten geeigneter Rost ist der Zonen-Wanderrost (s. Abb. 17). Dieser ist im Falle der Abb. 17 in vier Verbrennungszonen n unterteilt. Jeder Zone kann eine für sich regelbare Verbrennungsluftmenge zugeführt werden. Infolge der Möglichkeit, jeder Stelle des Rostes die Luft zuzuführen, die für eine möglichst vollkommene Verbrennung der Kohle notwendig ist, können mit dem Zonen-Wanderrost die meisten Brennstoffe verbrannt werden (Leistungsfähigkeit etwa 220 kg Kohle pro m² und pro Stunde). Auch passen sich diese Roste, da deren Fördergeschwindigkeit geregelt werden kann, sehr schnell starken Laständerungen an. Hat man Braunkohle oder stark backende Steinkohle, so werden viel die

Schürroste (und zwar als Stokerroste, Vorschubroste) bzw. Muldenroste angewandt. Bei der Rostausführung (Abb. 18a u. b) wird durch hin-

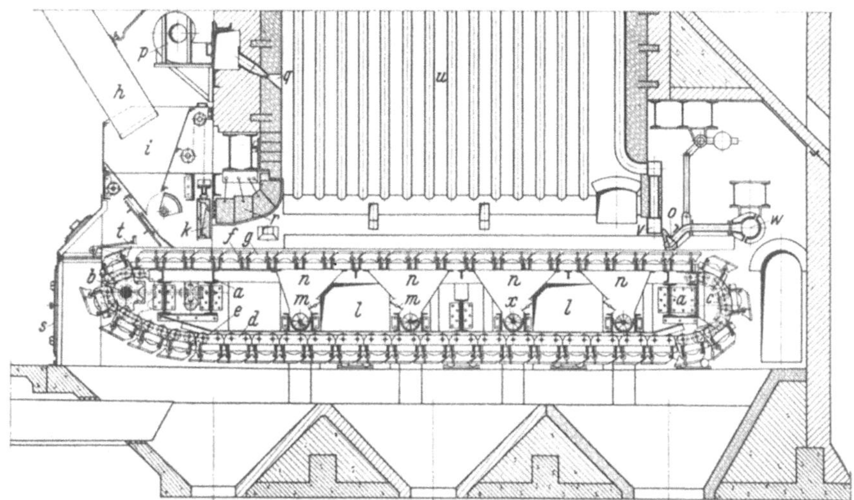

Abb. 17. Unterwind-Zonen-Wanderrost (Babcock). *i* Kohlentrichter, *k* Schichtregler, *l* Luftverteil-kästen, *m* Regelklappen, *n* Windzonen, *o* Schlackenstauer.

und hergehende Rostteile die Kohle allmählich in den Verbrennungsraum geschoben. Kraftwerke, die Braunkohle verbrennen, weisen gegenüber

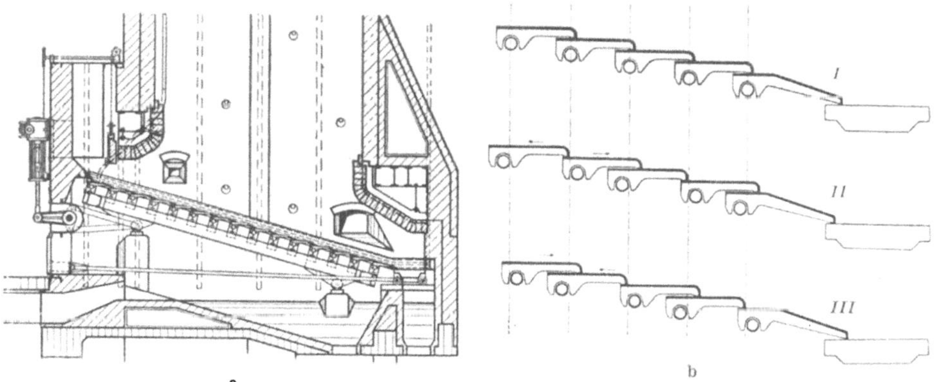

Abb. 18a u. b. Schürrost (Borsig). a Schnitt durch vollmechanischen Schürrost, b vereinfachte Darstellung der Schürbewegungen. Stellung *I* Mittelstellung, Stellung *II* Rück- und Vorschub, Stellung *III* Vor- und Rückschub.

Steinkohlenkraftwerken wesentlich größere Rostflächen auf, da Braun-kohle nur einen Heizwert von etwa 1500 bis 2500 Cal/kg besitzt gegen rd. 6000 bis 7000 Cal/kg bei Steinkohle.

Minderwertige Steinkohlensorten, die sich schlecht für Rostfeuerung eignen, z. B. solche, die stark staubhaltig sind, ferner auch Braunkohle, können bei der sog. Kohlenstaubfeuerung verarbeitet werden. Hier wird die Kohle zunächst zu Staub zermahlen, und zwar entweder in einer zentralen Mahlanlage für alle Kessel oder in einer jedem Kessel eigenen Mahlanlage. Der Kohlenstaub wird dann mittels Preßluft durch Düsen in den Verbrennungsraum eingeblasen und verbrannt. Die Kohlenstaub-

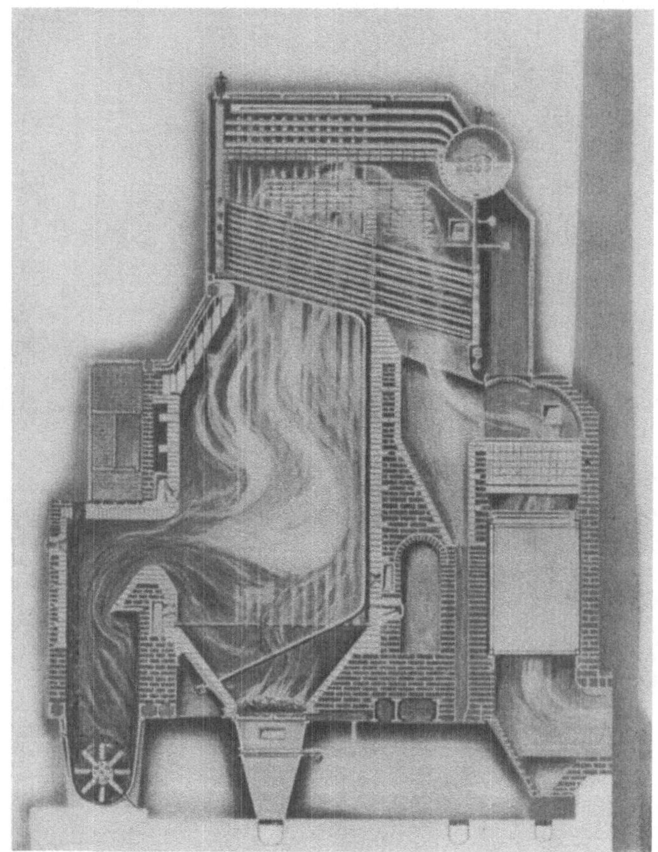

Abb. 19. Sektionalkessel mit Krämer-Mühlen-Feuerung (Babcock).

feuerung eignet sich gut für sehr große Kesselleistungen, da hier der Bau breiter Roste oft Schwierigkeiten bereitet. Ein Nachteil der Kohlenstaubfeuerung ist die Bildung von Flugasche, die mit den Verbrennungsgasen abgeht. In bewohnten Gegenden müssen deshalb besondere Staubabscheider vorgesehen werden.

Eine Fortentwicklung dieser Kohlenstaubfeuerung ist die Mühlenfeuerung nach Krämer (Abb. 19). Bei dieser Bauart gelangt die Kohle zunächst in einen kleinen, durch eine Öffnung mit dem Feuerraum in

Verbindung stehenden Vorraum und wird dort durch eine Schläger-
mühle zermahlen. Gleichzeitig tritt hier eine Trocknung des Kohlen-
staubes ein. Die zur Verbrennung notwendige Luft wird, schon vorgewärmt, durch ein Gebläse ebenfalls in diesen Vorraum gedrückt und

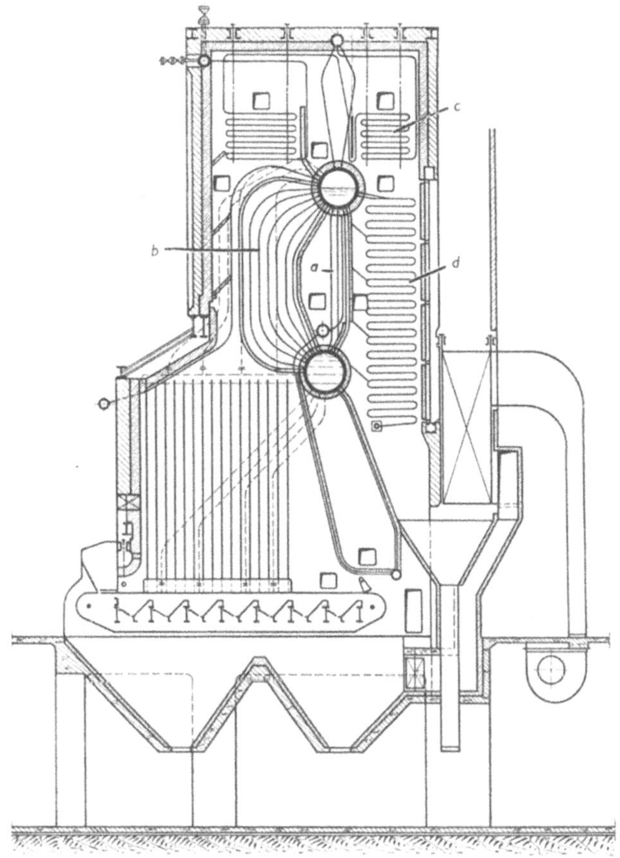

Abb. 20. Höchstdruck-Steilrohr-Kessel (Borsig). *a* Fallrohre für Wasser, *b* Steigrohre für Wasser
und Dampf, *c* Überhitzer, *d* Speisewasservorwärmer.

reißt beim Überströmen die genügend klein gewordenen Kohlenstaub-
teilchen mit in den Feuerraum. Besondere Brenner werden nicht benötigt, da diese durch die den Vorraum mit dem Feuerraum verbindende
Öffnung ersetzt werden. Solche Mühlenfeuerungen haben sich sehr gut
bei Braunkohle bewährt und führen sich auch neuerdings bei Steinkohle ein.

Die für die Verbrennung notwendige Luft kann bei Kesselanlagen
durch den natürlichen Sog der Schornsteine gefördert werden. Zweckmäßigerweise wird bei größeren Leistungen oder falls man die Schorn-

steine nicht hoch genug bauen kann, der natürliche Sog durch eine
Saugzuganlage verstärkt oder der Kessel wird mit einer Unterwindfeue-
rung ausgerüstet, bei der die Frischluft mittels eines Gebläses unter den
gekapselten Rost gedrückt wird. Es ist zweckmäßig, beide Verfahren
gleichzeitig anzuwenden, da, falls man bei einer Rostfeuerung nur ein
Oberwindgebläse hat, im Feuerraum ein solcher Unterdruck entsteht,
daß leicht ungewollte Luft in den Kessel gelangt. Bei Anwendung

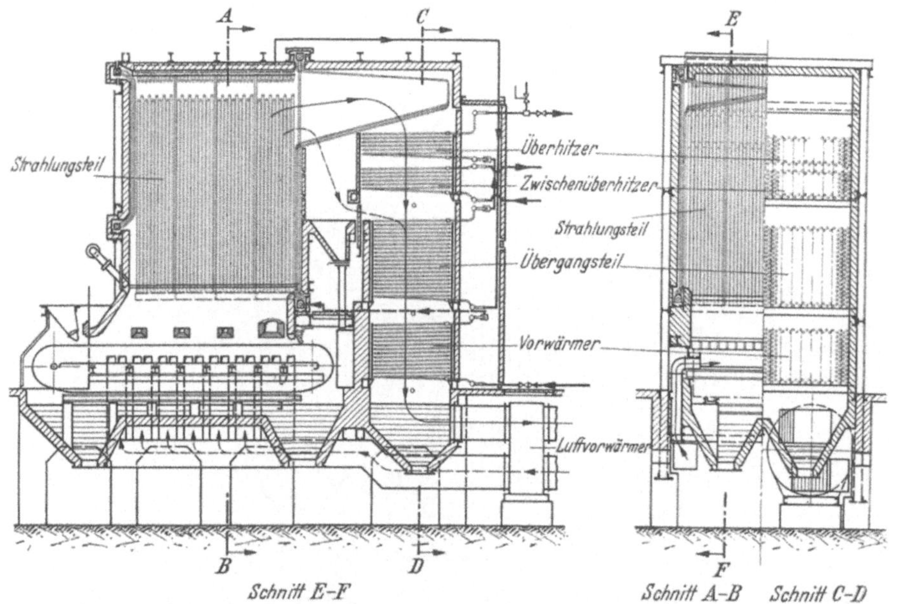

Abb. 21. Benson-Kessel mit Zonenwanderrost (Siemens).

beider Systeme ist dagegen im Feuerraum annähernd gleicher Druck
wie im Kesselhaus.

Die heute meist zur Anwendung kommenden Kessel sind Schrägrohr-
(s. Abb. 15) bzw. Steilrohrkessel (Abb. 20). Bei diesen kommen Trommeln zur Anwendung, in denen sich eine größere Wassermenge befindet.
Diese Trommeln stehen mit den Heizrohren in Verbindung, an welche
die Heizgase ihre Wärme abgeben und das darin befindliche Wasser
zur Verdampfung bringen. Der Wasserumlauf in den Heizrohren ist ein
natürlicher: Infolge der großen Wassermenge, welche diese Kessel bei
Siedetemperatur besitzen, können plötzliche kurzzeitige Belastungsstöße
gut ausgehalten werden, da dem Wasser nur die Verdampfungswärme
zuzuführen ist. Neuerdings hat man besonders für Hochdruckbetrieb
Kessel ausgebildet, bei denen diese Trommeln in Wegfall kommen. Ein
solcher Kessel ist z. B. der Benson-Kessel (s. Abb. 21), dessen Wirkungsweise darin besteht, daß durch Heizrohre zwangsläufig Wasser hindurch-

gepreßt wird und dieses innerhalb der Rohre verdampft und auch überhitzt wird. Ein solcher Kessel hat, da er im Gegensatz zu den normalen
Kesseln nur einen geringen Wasserinhalt hat, den Vorteil schneller
Regelbarkeit und bietet die Möglichkeit, aus kaltem Zustand sehr rasch
auf Dampf kommen zu können.

Von weiteren in den letzten Jahren entstandenen Kesselsystemen
seien noch der Velox-Kessel, der La Mont-, der Löffler- und der Schmidt-
Kessel genannt.

Der in den Kesseln erzeugte Dampf gelangt durch Rohrleitungen
in eine oder mehrere Sammelleitungen und von hier zu den Turbinen.
Die Rohrleitungen und Absperrschieber sind so anzuordnen, daß bei
Ausfall oder Überholung eines Kessels, einer Rohrleitung, eines
Schiebers usw. möglichst nur die
schadhaften Teile zur Abschaltung
gelangen. Zur Erfüllung dieser Forderung arbeiten z. B. die einzelnen
Kessel in einen Rohrleitungsring.
Es kommen auch Anordnungen
zustande, die weitgehend Ähnlichkeit mit den Sammelschienensystemen elektrischer Kraftwerke
haben. Abb. 22 zeigt z. B. das
Rohrleitungsschema eines Dampfkraftwerkes, bei dem die Über

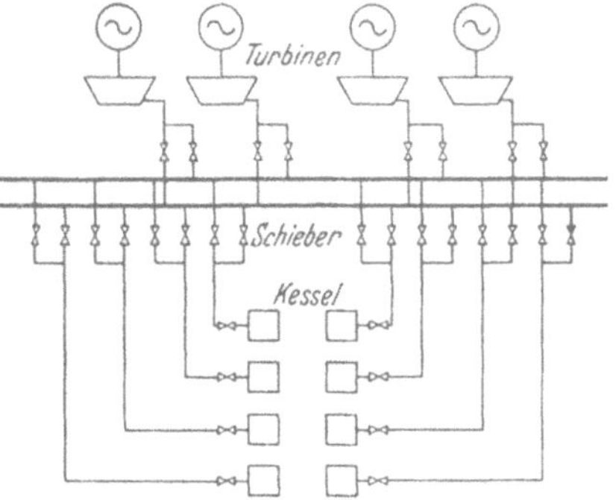

Abb. 22. Schematische Darstellung der Dampfleitungen in einem Kraftwerk.

einstimmung mit einem Doppelsammelschienensystem eine vollkommene
ist. Der in den Turbinen verarbeitete Dampf wird in den Kondensatoren, die unmittelbar unter den Turbinen angeordnet sind, niedergeschlagen (s. Abb. 23). Für die Kondensierung sind große Kühlwassermengen notwendig, die am zweckmäßigsten aus einem Fluß entnommen
werden. Im Falle der Abb. 16 ist angenommen, daß ein besonderes
Kühlwasserpumpenhaus vorhanden ist, in dem das angesaugte Kühlwasser, das durch mechanische Filter gereinigt wird, mittels Pumpen
durch die Kondensatoren der Turbinen gedrückt wird, von wo aus es
wieder dem Flußlauf zufließt.

Im Falle der Abb. 23 ist im Zugang zu den Kondensatoren a eine
durch ein Ventil b normalerweise abgeschlossene Auspuffleitung c vorgesehen. Steigt im Kondensator der Gegendruck (Kondensation arbeitet
nicht richtig) dann öffnet sich das Ventil b und die Turbine kann im Auspuffbetrieb mit stark verminderter Leistung und schlechtem Wirkungsgrad arbeiten.

Der in den Turbinen zur Verarbeitung kommende Dampf führt einen
Kreislauf durch (s. Abb. 24). Das in den Kondensatoren niedergeschlagene
Kondensat wird durch Pumpen herausgesaugt und nach geeigneter

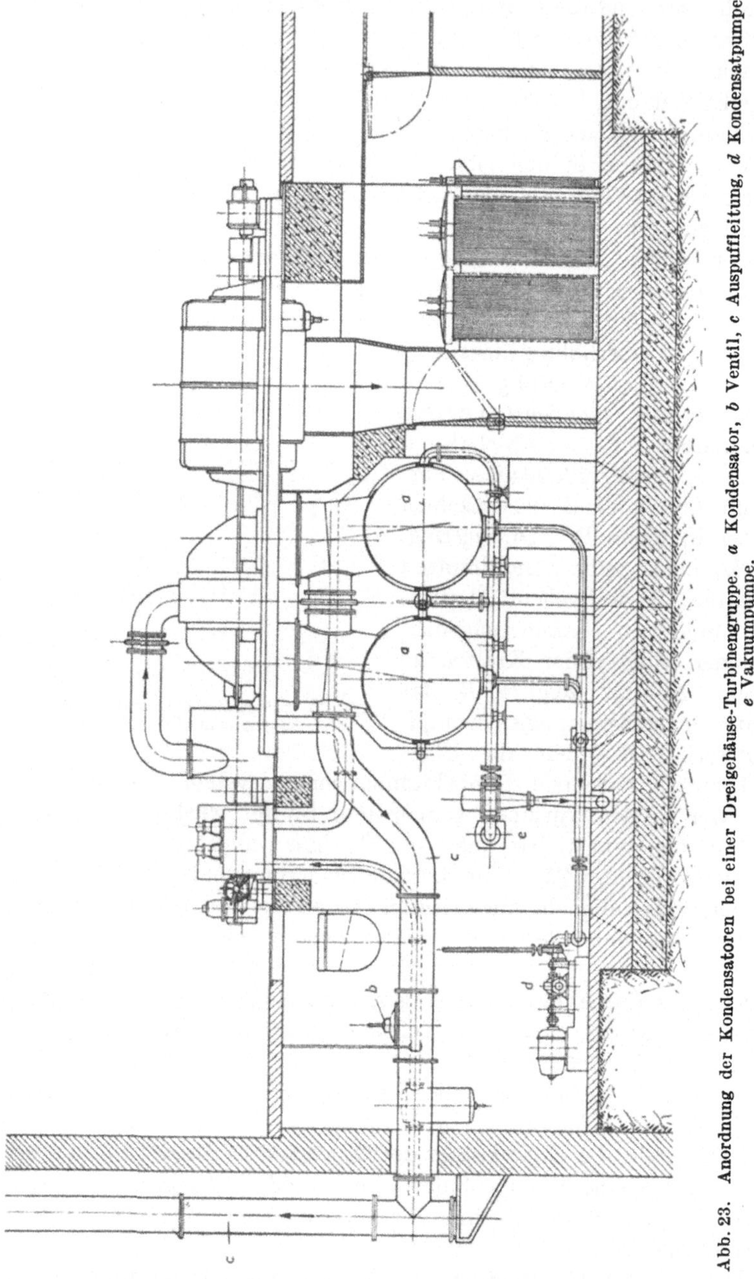

Abb. 23. Anordnung der Kondensatoren bei einer Dreigehäuse-Turbinengruppe. *a* Kondensator, *b* Ventil, *c* Auspuffleitung, *d* Kondensatpumpe, *e* Vakuumpumpe.

Vorwärmung wieder in den Kessel zurückgepumpt. Zur Aufrechterhaltung des Vakuums im Kondensator müssen ebenfalls Pumpen vorgesehen sein.

Die erforderlichen Apparate und Pumpen sind oft im zwischen Kessel-
und Maschinenhaus gelegenen Pumpen- und Verdampferraum untergebracht. Da bei dem Kreislauf infolge Undichtheiten usw. Wasser
bzw. Dampf verloren geht, muß der Verlust, der mengenmäßig in der
Größenordnung von 5% liegt, durch besonderes Zusatzspeisewasser
stetig ersetzt werden.

Um schwerwiegende Kesselschäden infolge von Kesselsteinbildung
zu vermeiden, muß dieses Zusatzspeisewasser einer sorgfältigen Aufbereitung unterzogen werden, indem die im Wasser gelösten Kesselstein-
bildner wie Kalzium, Magnesium und Silizium möglichst restlos entfernt
bzw. unschädlich gemacht werden. Diese Aufbereitung kann entweder
auf thermischem Wege durch Destillation in besonderen Verdampfern
oder auf chemischem Wege
in besonderen Reinigungs-
anlagen erfolgen. (Es sei
hierzu erwähnt, daß es
bei richtiger Wahl des
chemischen Aufbereitungs-
verfahrens heute möglich
ist, Höchstdruckkessel von
120 atü mit vollkommen
chemisch reinem Wasser zu
betreiben.) Das so vorbe-
handelte Zusatzspeisewasser

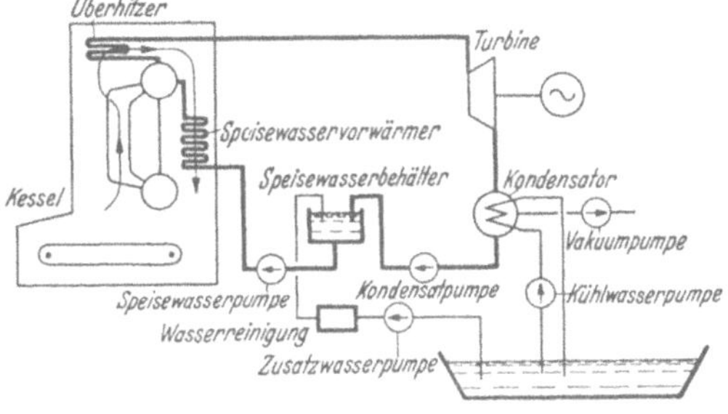

Abb. 24. Schematische Darstellung des Dampf- und
Kühlwasserkreislaufes.

wird, bevor es in den Kreislauf des Kondensators gebracht wird, noch
einer Entgasung unterzogen, durch die eine möglichst restlose Besei-
tigung des im Wasser gelösten Sauerstoffes bewirkt werden soll. Der
Restsauerstoffgehalt des Speisewassers soll bei Hochdruckkesseln unter
0,05 mg/l liegen, da sonst gefährliche Korrosionen auftreten können.

Die mit den Dampfturbinen unmittelbar gekuppelten Generatoren
erzeugen eine Spannung, die in der Mehrzahl der Fälle in Transformatoren
hochgespannt werden muß. In unserem Beispiel (Abb. 16) ist angenommen, daß die Transformatoren auf der einen Seite des Maschinen-
hauses in besonderen Kammern untergebracht sind. Oft findet man auch,
daß die Transformatoren im eigentlichen Schalthaus aufgestellt sind.

Das Schalthaus ist vom Maschinenhaus vollkommen getrennt. Diese
Trennung ist meistens notwendig, da die Forderung besteht, daß im
Schalthaus genügend natürliches Licht vorhanden sein muß und daß
die Apparate, Transformatoren usw. gut zugänglich sind und bequem
heran- und weggeschafft werden können. Wurde z. B. das Schalthaus
unmittelbar an die Transformatorenkammern angrenzen, so wäre keine
einfache Transport- und Ausbaumöglichkeit für die Transformatoren
gegeben. Auch muß genügend Platz vorgesehen werden, um mit den
Leitungen abgehen zu können.

Dampfkraftwerke verfügen im allgemeinen über einen erheblichen Eigenbedarf an elektrischer Energie, die am zweckmäßigsten in einem besonderen Schalthaus, da sowieso die eigene Bedarfsspannung meist eine andere als die Spannung im eigentlichen Schalthaus ist, verteilt wird. Die Schaltanlage für den Eigenbedarf ist im vorliegenden Beispiel auf der Rückseite des Kesselhauses vorgesehen, da dann die Kabellängen, die Hauptenergieverbraucher befinden sich im Kesselhaus, möglichst klein werden.

Es sei betont, daß das gebrachte Beispiel keine allgemeine Gültigkeit besitzt. Abb. 25 zeigt z. B. den Aufriß eines Kraftwerkes mit angebautem

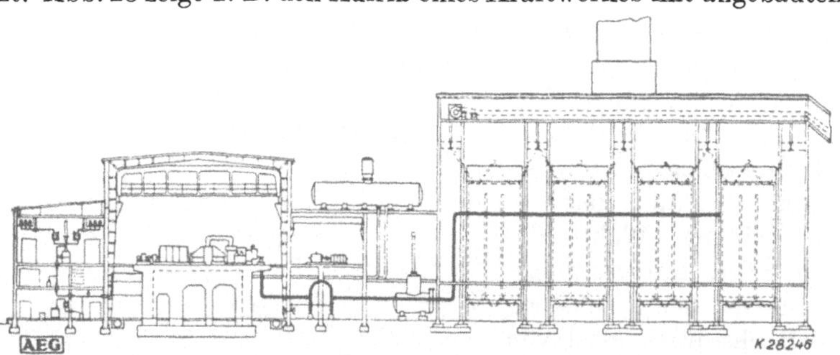

Abb. 25. Aufriß eines Kraftwerkes mit angebautem Schalthaus (AEG.).

Schalthaus. In einem bestimmten Fall wird man sich bezüglich der Anordnung von Maschinen, Kessel und Schalthaus immer den jeweiligen Verhältnissen anpassen müssen und danach trachten, durch geschickte Anordnung mit den Gesamtkosten der Anlage möglichst niedrig zu kommen. Ferner muß man bei der Planung eines Kraftwerkes darauf achten, daß eine spätere Erweiterung der Kessel- und Maschinenanlage möglich ist.

Für manche Untersuchungen ist die ungefähre Kenntnis der Kosten eines Kraftwerkes wesentlich. Die Kosten hängen stark von der Leistung des Kraftwerkes ab und betragen je ausgebautes kW bei einer Leistung von

1000 kW etwa 500,— RM./kW	25000 kW etwa 270,— RM./kW	
5000 kW ,, 350,— RM./kW	50000 kW ,, 230,— RM./kW	
10000 kW ,, 300,— RM./kW	100000 kW ,, 210,— RM./kW	

Die Kosten verteilen sich auf die einzelnen Anlageteile wie folgt:

für Gebäude einschließlich Fundament etwa 24%
Kesselanlage und Rohrleitungen etwa 33%
Turbinenanlage etwa. 25%
Schaltanlage und Transformatoren etwa 10%
Kühlwasseranlage, Bekohlung, Entaschung und Sonstiges . . 8%

Um Kraftwerke billig zu bauen, ist eine Normung der Drücke, Temperaturen, Leistungen zweckmäßig. Als Kesseldrücke sollen folgende Werte gewählt werden: 32, 40, 64, 80, 125 atü. Die zugehörigen Kesseltemperaturen sind: 425, 450, 500, 500, 500° C. Als Turbinenleistungen kommen 20000, 32000, 50000 kW in Frage.

B. Wasserkraftanlagen.
a) Allgemeines.

Für die Elektrizitätsversorgung eines Landes war der Gedanke immer verlockend, die verfügbaren Wasserkräfte auszunutzen, da deren Energie unentgeltlich zur Verfügung steht. Es zeigt sich, daß der Ausbau der in Deutschland vorkommenden Wasserkräfte meist ziemlich teuer ist und die Kosten für das ausgebaute kW eines Wasserkraftwerkes wesentlich höher liegen als bei einem Dampfkraftwerk. Die hohen Anlagekosten sind weniger durch den maschinentechnischen Teil als durch die notwendigen wasserbaulichen Arbeiten bedingt. Man wird daher nur dort Wasserkräfte ausbauen, wo infolge günstiger örtlicher Lage mit mäßigen Anlagekosten zu rechnen ist. Aber auch in solchen Fällen liegt, von Ausnahmen abgesehen, der Gestellungspreis eines Wasserkraftwerkes höher als eines Dampfkraftwerkes. Da jedoch bei Wasserkraftwerken die Energie nichts kostet, kann trotzdem die Wasserkraft, wie auf S. 42 gezeigt, wirtschaftlicher sein als die Dampfkraft.

b) Turbinen.

Steht eine Wasserkraft mit Q cbm Wasser pro Sekunde, (d. h. $1000 \times Q$ kg/sec) zur Verfügung und ist das ausnutzbare Gefälle H Meter, so ergibt sich, wenn unter η der Wirkungsgrad der Wasserkraftmaschine verstanden ist, die abgegebene Leistung in PS zu

$$(2) \qquad N_\text{PS} = \frac{1000\,Q\,H\,\eta}{75}.$$

Für Überschlagsrechnungen setzt man oft $\eta = 0{,}75$ und erhält dann die einfache Formel

$$(3) \qquad N_\text{PS} = 10\,Q\,H.$$

In Wirklichkeit ist der Wirkungsgrad moderner Wasserturbinen wesentlich höher und beträgt etwa 85 bis 92%, wobei die höheren Werte für große Leistungen gelten.

Die Wirkung der Wasserturbinen besteht darin, daß die potentielle Energie des Wassers in einer Düse oder einem feststehenden Leitrad in kinetische überführt wird und diese in einem Laufrad sich in mechanische Energie umwandelt. Es stehen je nach Anforderung verschiedene Bauarten von Wasserturbinen zur Verfügung.

Für mittlere und große Gefälle (von 350 m ab ausschließlich) kommen Freistrahlturbinen nach Pelton zur Anwendung (s. Abb. 26). Bei dieser Turbinenart wird die potentielle Energie des Wassers zunächst restlos in kinetische umgewandelt, und zwar in Form eines aus einer Düse heraustretenden Wasserstrahls, der auf die Schaufeln eines Laufrades trifft und dort seine Geschwindigkeitsenergie in mechanische umwandelt. Zur Regulierung der Turbine wird eine passend geformte

Nadel mehr oder weniger in die Düse hineingeschoben, wodurch die austretende Wassermenge verändert werden kann. Die Turbine kann mit einer oder mit mehreren Düsen ausgerüstet sein.

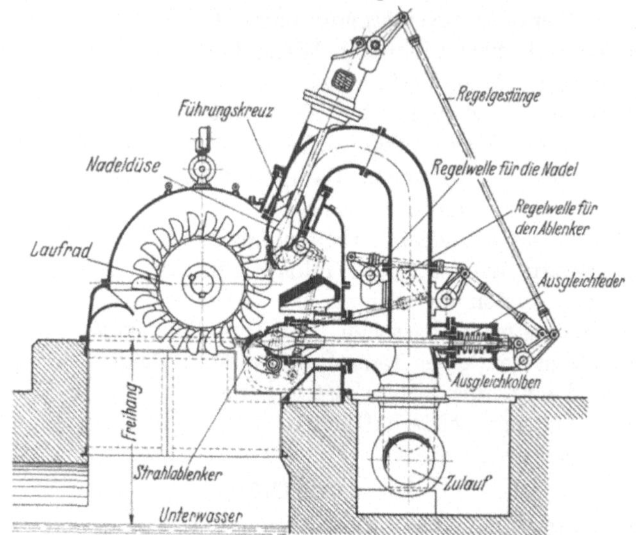

Abb. 26. Zweidüsige Freistrahlturbine (Voith).

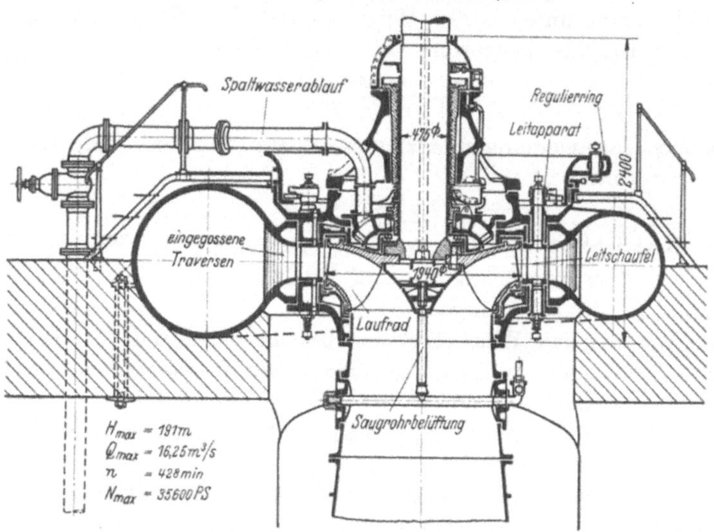

Abb. 27. Francis-Turbine.

Bei mittlerem Gefälle (bis etwa 300 m) wendet man Francis-Tur-binen an (s. Abb. 27). Bei dieser Ausführung ist das Laufrad von einem Leitapparat umgeben, dem das Wasser spiralig zufließt. Im Leitapparat befinden sich passend geformte Schaufeln, die je nach verlangter Beaufschlagung des Laufrades mehr oder weniger verdreht werden können und dadurch den Durchflußquerschnitt verändern. Im Leitapparat wird die potentielle Energie des Wassers teilweise in kinetische umgewandelt. Darauf gelangt das Wasser mit einem gewissen Überdruck (Überdruckturbine) in das Laufrad und gibt hier seine Energie ab. Im Gegensatz zur Freistrahlturbine, deren Umfang nur teilweise beaufschlagt ist, handelt es sich bei der Francis-Turbine um eine vollbeaufschlagte Turbine. Die Francis-Turbine kann in vertikaler und in horizontaler Anordnung ausgeführt werden. Für sehr große Einheiten eignet sich gut die vertikale Anordnung, bei der an Raum gespart wird. Die Generatoren müssen dann als Schirmgeneratoren ausgebildet sein, wobei das Turbinenlaufrad an der Generatorwelle hängend befestigt ist.

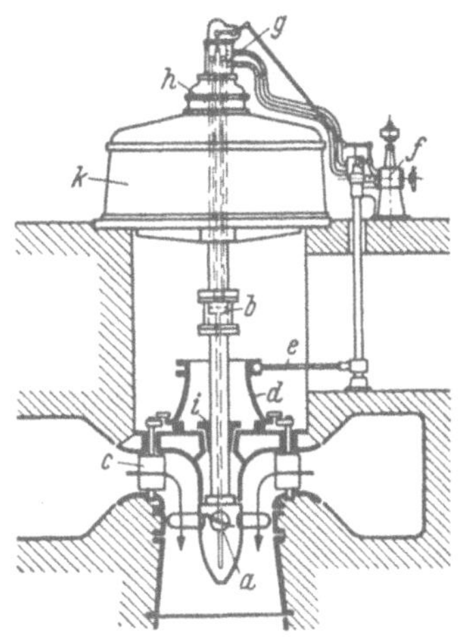

Abb. 28. Kaplan-Turbine.
a Laufrad mit Drehschaufeln, b in die Welle eingebauter Laufrad-Servomotor, c Leitradschaufeln, d Regelring, e Regelgestänge, f Doppelregler mit Leitrad-Servomotor, g Ölzuführung zum Laufrad-Servomotor, h Spurlager, i Führungslager, k Generator.

Bei niedrigen Gefällen bis etwa 30 m hat sich die Propeller-, und zwar die Kaplan-Turbine, als günstigste Ausführung erwiesen. Der Leitapparat ist ähnlich ausgebildet wie bei der Francis-Turbine, dagegen besteht hier das Laufrad aus einem wenigflüglichen Propeller. Um den Wirkungsgrad der Propeller-Turbine auch bei stark schwankendem Gefälle und bei Teilbelastung günstig zu halten, werden nach den Vorschlägen von Kaplan Leitschaufeln und Laufschaufeln drehbar ausgebildet (s. Abb. 28). Eine solche Turbine hat also eine Doppelregelung, und zwar werden die Schaufeln des Leitapparates und die des Laufrades gleichzeitig verdreht.

Wir wollen jetzt eine Turbine betrachten, die bei einem Gefälle H_0 und einer Wassermenge Q_0 die Drehzahl n_0 und die Leistung N_0 besitzt, und untersuchen, wie sich diese gleiche Turbine bei einem anderen Gefälle H verhält. Da die Geschwindigkeit v (m/sec) des austretenden Wassers nach Gesetzen der Mechanik

$$(4) \qquad v = \sqrt{2\,g\,H}\,.$$

ist ($g = 9{,}81$ m/sec²), ergibt sich die neue Drehzahl n, da diese der Geschwindigkeit proportional ist, zu

$$(5) \qquad n = n_0 \sqrt{\frac{H}{H_0}}\,.$$

Entsprechend findet sich für die hindurchtretende Wassermenge

$$(6) \qquad Q = Q_0 \sqrt{\frac{H}{H_0}}\,.$$

Bei diesen Umrechnungen wird angenommen, daß der Wirkungsgrad unverändert bleibt.

Da die Leistung proportional $Q \cdot H$ ist, ergibt sich für N

$$(7) \qquad N = N_0 \cdot \frac{H}{H_0} \cdot \sqrt{\frac{H}{H_0}}\,.$$

Die Leistungseigenschaften einer Turbine hängen also von dem Gefälle H ab.

Um verschiedene Turbinen gut miteinander vergleichen zu können, muß dies bei gleichem Gefälle geschehen. Man wählt hierfür die Größe $H = 1$ m und bezeichnet die zugehörige Leistung, Drehzahl, Wassermenge mit N_I, n_I und Q_I. Für beliebiges H gilt dann mit Rücksicht auf Gl. (5) bis (7)

$$(8) \qquad n = n_I \sqrt{H}\,, \quad Q = Q_I \sqrt{H}\,, \quad N = N_I \cdot H \sqrt{H}\,.$$

Um charakteristische Eigenschaften, z. B. die Schnelläufigkeit einer Turbine herauszuschälen, genügt es noch nicht, die Eigenschaften auf das Gefälle von 1 m zu beziehen, sondern man muß noch eine gleiche Leistungsbasis wählen und verlangt, daß die ideelle Vergleichsturbine bei 1 m Gefälle die Leistung von 1 PS hat. Hat die betrachtete Turbine bei 1 m Gefälle jedoch die Leistung N_I, so muß man, um auf 1 PS zu kommen, sich die Turbine geometrisch verkleinert denken, und zwar um den Betrag $1/\sqrt{N_I}$. Dieser Verkleinerungsfaktor ergibt sich, da, um auf 1 PS zu kommen, die Wassermenge und damit der Durchtrittsquerschnitt der Turbine mit $1/N_I$ abnehmen muß, die linearen Abmessungen also mit der Wurzel aus dieser Größe. Da bei einem Gefälle von 1 m die Geschwindigkeiten in der Turbine die gleichen bleiben, die linearen Abmessungen mit $1/\sqrt{N_I}$ abnehmen, muß die Drehzahl um den Betrag $\sqrt{N_I}$ größer werden. Bezeichnet man die Drehzahl n_s unserer ideellen Turbine, die als charakteristische Konstante unseres Turbinensystems aufzufassen ist, als die spezifische, so gilt hierfür

$$(9) \qquad n_s = n_I \sqrt{N_I}$$

Ersetzt man in dieser Gleichung die Werte n_I und N_I durch n und N nach Gl. (8), so findet man schließlich für n

$$(10) \qquad n = n_s \frac{H \cdot \sqrt[4]{H}}{\sqrt{N}}$$

Ist die spezifische Drehzahl einer Turbinenart gegeben, so läßt sich bei gegebenem Gefälle und gegebener Leistung die notwendige Drehzahl n der Turbine berechnen. Liegt dagegen umgekehrt die Drehzahl der Turbine fest, so kann die spezifische Drehzahl der Turbine bestimmt werden.

Die spezifischen Drehzahlen der verschiedenen Turbinensysteme sind bekannt, und zwar liegen dieselben je nach Konstruktion bei folgenden Werten:

Freistrahl-Turbinen	$1 - 60$
Francis-Turbinen	$50 - 500$
Propeller, Kaplan-Turbinen, usw.	$500 - 1200$

Da man aus wirtschaftlichen Gründen keine zu langsam laufende Turbinen gebrauchen kann, wird man bei kleinen Gefällen Turbinen mit großer spezifischer Drehzahl wählen, während bei größeren Gefällen, bei denen eine Turbine sowieso rascher läuft, Turbinen mit kleiner spezifischer Drehzahl genügen. Turbinen mit hoher spezifischer Drehzahl hierfür zu wählen hätte keinen Wert, da infolge der dann großen Strömungsgeschwindigkeiten die Verluste zu groß und der Wirkungsgrad zu schlecht würde.

Die größten bis jetzt in Europa gebauten Wasserturbinen haben eine Leistung von etwa 50000 kW, die in Amerika gebauten eine solche von etwa 80000 kW.

c) Lauf- und Speicherkraftwerke.

Bei Wasserkraftanlagen unterscheidet man zwischen Laufkraft- und Speicherkraftwerken. Laufkraftwerke baut man dort, wo die zur Verfügung stehende Kraft des Wassers unmittelbar in den Turbinen ausgenutzt werden muß, andernfalls das Wasser ungenutzt abläuft. Die in einem Fluß zur Verfügung stehende Wassermenge schwankt entsprechend den Jahreszeiten innerhalb eines Jahres; auch gibt es wasserreiche und wasserarme Jahre. Man kann ein Laufkraftwerk für die kleinste zur

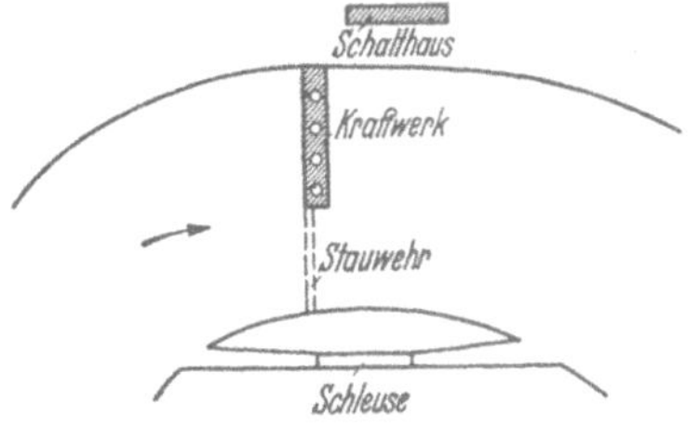

Abb. 29. Schematische Darstellung eines Laufkraftwerkes.

Verfügung stehende Wassermenge ausbauen, muß allerdings dann in Zeiten, in denen mehr Wasser zur Verfügung steht, dieses unausgenutzt ablaufen lassen, oder man kann es für die größte Wassermenge ausbauen, muß dann jedoch in Zeiten mit wenig Wasser einen Teil der Maschinenanlage unausgenutzt lassen. Das wirtschaftliche Optimum wird meist in der Mitte zwischen diesen beiden Extremen liegen.

Für eine Wasserkraft ist es mit Rücksicht auf den Elektrizitätsverbrauch am günstigsten, wenn im Winter viel Wasser zur Verfügung steht. Diese Forderung wird einigermaßen von Flüssen, die ihr Wasser aus dem Mittelgebirge bekommen, erfüllt. Hier fallen in der kühlen Jahreszeit die meisten Niederschläge, die in den Flüssen ihren Abfluß finden. Anders ist es bei Flüssen mit Zufluß aus dem Hochgebirge. Hier finden im Winter zwar auch Niederschläge statt, jedoch in Form von Schnee, der erst bei Beginn der wärmeren Jahreszeit schmilzt, so daß die Hochgebirgsflüsse im Winter wenig, im Sommer dagegen reichlich Wasser führen.

Die einfachste Anordnung eines Laufkraftwerkes ergibt sich, wenn ein Fluß mit genügendem Gefälle und steilen Ufern an geeigneter Stelle gestaut wird. Abb. 29 zeigt schematisch ein solches Staukraftwerk.

Man sieht, daß Kraftwerk ebenso wie Stauwerk quer in den Fluß hineingebaut sind. Abb. 30 zeigt, wie beispielsweise das Kraftwerk im Innern

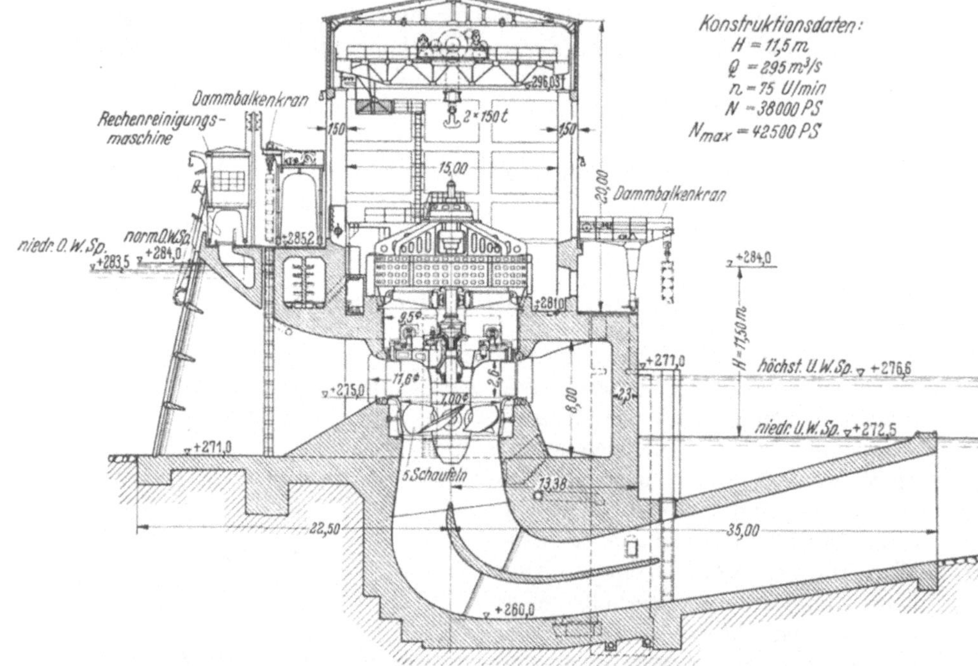

Abb. 30. Schnitt durch ein Laufkraftwerk.

beschaffen sein kann. Es kann zweckmäßig sein, die Schaltanlage nicht unmittelbar mit dem Kraftwerk zu vereinigen, sondern sie am Ufer zu

Abb. 31. Ansicht eines Laufkraftwerkes mit 7 Freiluftgeneratoren (BBC).

errichten. Soll der Fluß schiffbar sein, dann muß, wie in der Abb. 29 schematisch dargestellt, das Kraftwerk durch einen kleinen Schiffahrtskanal mit Schleuse umgangen werden. Zur Verbilligung des Wasserkraftwerkes kann man auf das Maschinenhaus verzichten, falls man die Generatoren als Freiluftgeneratoren ausführt (s. Abb. 31 rechts).

Falls das Ufergelände eines Flusses ungeeignet ist um ein reines Staukraftwerk zu bauen, muß man das Kraftwerk als Kanalkraftwerk ausführen. An geeigneter Stelle des Flusses wird ein Stauwehr errichtet und das Wasser seitlich in den Oberwasserkanal, den man mit möglichst geringem Gefälle ausbildet, geleitet. Den Abschluß des Oberwasserkanals bildet das Kraftwerk, welches das zwischen Ober- und Unterwasserkanal vor-

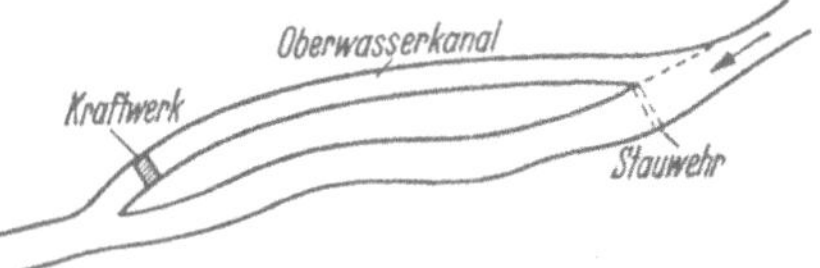

Abb. 32. Schematische Darstellung eines Laufkraftwerkes mit Oberwasserkanal.

handene Gefälle ausnutzen kann (s. Abb. 32). Um die Wasserkraft eines Gebirgsflusses auszunutzen, wird es nicht immer möglich und zweckmäßig sein, das Kraftwerk in den Fluß zu bauen oder einen Kanal vorzusehen. Man wird in diesem Falle meistens durch einen Berg einen Wasserstollen treiben müssen, der in einem Wasserschloß endet. Von hier aus wird das Wasser in Rohrleitungen dem Kraftwerk zugeführt (s. Abb. 33).

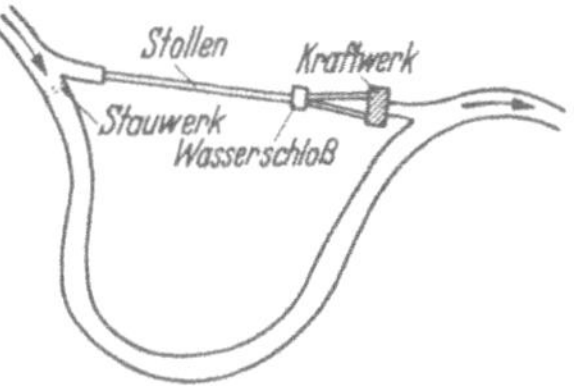

Abb. 33. Schematische Darstellung eines Hochdruckkraftwerkes mit Wasserzuführung durch Stollen.

Günstige Verhältnisse für die Elektrizitätserzeugung liegen vor, wenn ein hochgelegener See mit Zu- und Abfluß vorhanden ist. Sperrt man den Abfluß aus dem See ganz oder teilweise ab und führt das Wasser durch Stollen und Rohrleitungen zum Kraftwerk und erst von hier in den Unterlauf des Abflusses, so erhält man ein Speicherkraftwerk (s. Abb. 34). Im Gegensatz zu einem Laufkraftwerk braucht das zufließende Wasser nicht unmittelbar ausgenutzt zu werden, vielmehr kann man es in Zeiten schlechter Belastung in dem Speichersee ansammeln. Dafür kann zu Zeiten erhöhten

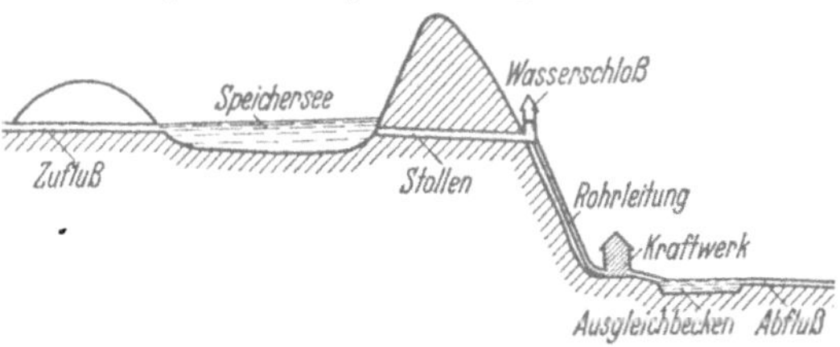

Abb. 34. Schematische Darstellung eines Speicherkraftwerkes.

Energiebedarfs mehr Wasser aus dem Speicher entnommen werden als dem normalen Zufluß entspricht. Je nach der Größe des Speicherbeckens unterscheidet man zwischen Jahres-, Monats-, Wochen- und Tagesspeicher. Da bei solchen Speicheranlagen bezüglich der Verwendung des Wassers größere Freiheit besteht, eignen sich solche Anlagen gut zur Spitzendeckung. Da bei solchen Spitzenbetrieben der Abfluß des Wassers sehr starken Schwankungen ausgesetzt ist, wird man mit Rücksicht auf die Anlieger am Unterlauf des Flusses ein Ausgleichbecken anbringen. Bei solchen Speicheranlagen, wie allgemein bei Hochdruckanlagen, muß man am Ende des Wasserstollens vor Beginn der Rohrleitungen ein Wasserschloß vorsehen. Dies ist ein Ausgleichsbehälter, in welchem, für den Fall, daß das Kraftwerk seine Turbinen abstellt, das durch den Stollen noch nachströmende Wasser emporsteigen kann. Hierdurch können unzulässige Drucksteigerungen vermieden werden. Kraftwerke in Verbindung mit Talsperren können ebenfalls als Speicherkraftwerke aufgefaßt werden.

Da die Regelorgane bei Wasserturbinen bei plötzlichen Belastungsänderungen nicht so schnell arbeiten können wie bei Dampfturbinen, müssen die Turbinen oder die Generatoren mit genügend großer Schwungmasse gebaut werden. Da ferner damit gerechnet werden muß, daß bei voller Entlastung die Absperrorgane der Turbine möglicherweise nicht schließen, z. B. infolge Versagens des Reglers, kann der Generator hohe Drehzahlen, etwa die doppelte, annehmen. Wasserkraftgeneratoren müssen also je nach Turbinen- und Regelsystem diese Überdrehzahlen mechanisch aushalten können.

Im Gegensatz zu Dampfkraftanlagen, bei denen die Anlagekosten ziemlich unabhängig von dem Ort des Kraftwerkes sind, hängen die Kosten von Wasserkraftwerken weitgehend von den örtlichen Verhältnissen ab. Die Kosten für vollständige Wasserkraftwerke liegen bei reinen Hochdruckanlagen etwa in der Größenordnung von 300,— bis 600,— RM. je ausgebautes kW, bei Niederdruck- und Talsperrenanlagen von 250,— bis 1500,— RM.

C. Der Einfluß des zeitlich veränderlichen Verbrauchs auf die Kraftwerke [1].

a) Der Belastungsfaktor.

Untersucht man für ein gegebenes Versorgungsgebiet den Verbrauch an elektrischer Energie, so findet man, daß dieser zeitlich nicht konstant ist, sondern starken Schwankungen unterliegt. Trägt man in Abhängigkeit der Zeit für einen Tag den jeweiligen Verbrauch in kW auf, so ergibt sich ein Leistungsschaubild entsprechend Abb. 35. Die größte Leistungsspitze S ist dabei wesentlich größer als die mittlere Belastung N_m des Werkes. Die insgesamt am Tag abgegebene elektrische Arbeit in kWh ist F (kWh) und gleich dem Inhalt der von der Leistungskurve begrenzten Fläche. Die mittlere abgegebene Leistung N_m ist also

$$(11) \qquad N_m = \frac{F}{24},$$

d. h. gleich der insgesamt abgegebenen kWh-Zahl geteilt durch die Zahl der Stunden.

---

[1] Siehe auch Schneider: Elektrische Energiewirtschaft. Berlin: Julius Springer 1936.

Ein Maß für die Art der Belastung ist der Belastungsfaktor m, der sich aus dem Verhältnis von mittlerer Leistung zur Spitzenleistung ergibt.

$$(12) \qquad m = \frac{N_m}{S}.$$

Es ist für ein Kraftwerk ungünstig, wenn der Belastungsfaktor klein ist, denn das Kraftwerk muß für die Spitzenleistung S ausgebaut sein und leistet trotzdem nicht mehr als z. B. ein ideal belastetes Kraftwerk, welches nur eine ausgebaute Leistung N_m hat, jedoch den ganzen Tag über voll ausgenutzt wird. Da die Kosten für die kWh nicht nur durch den Brennstoffverbrauch gegeben sind, sondern einen recht beachtlichen Teil enthalten, welcher von der Verzinsung und Abschreibung des Anlagekapitals herrührt, kann ein Kraftwerk den Strom um so billiger liefern, je größer der Belastungsfaktor m ist, d. h. aber, je besser die ausgebaute Leistung des Werkes ausgenutzt wird.

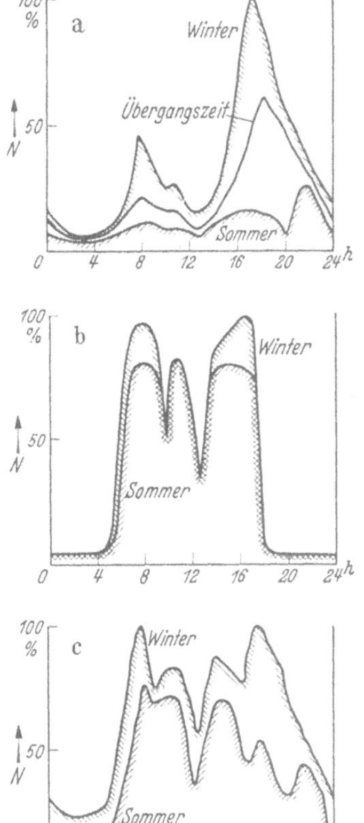

Abb. 36 a—c. Belastungskurven für eine kleinere Stadt (a), ein industrielles Werk (b), ein größeres Gebiet (c).

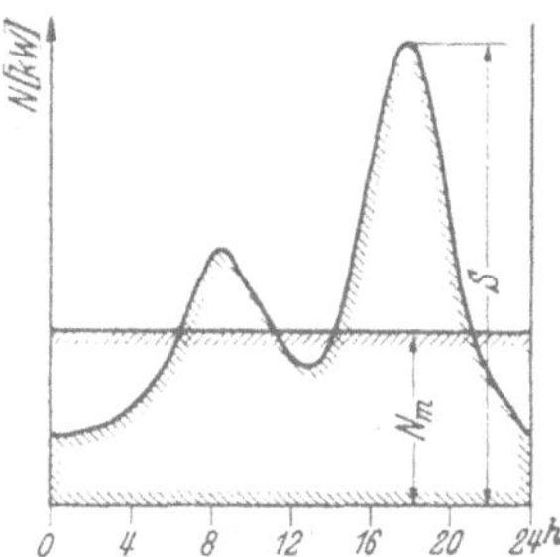

Abb. 35. Verlauf des Elektrizitätsverbrauches während eines Tages.

In der Abb. 36 sind für drei verschiedene Fälle die Belastungskurven aufgezeichnet. Abb. 36a zeigt die Belastungskurve einer kleineren Stadt, in der größere Industrie nicht vorhanden ist, als Stromabnehmer also nur kleine handwerkliche Betriebe und größtenteils Haushaltungen (Lichtlast) in Frage kommen. Die obere Kurve zeigt die Belastung für den ungünstigsten Wintertag mit der größten Spitze, die unterste Kurve dagegen die für den Tag kleinster Leistung im Sommer. Es ist noch eine mittlere Kurve eingezeichnet, welche für Frühjahr und Herbst gilt. Infolge der vorherrschenden Lichtbelastung ist an diesen Kurven die ausgeprägte Spitze in den Abendstunden im Winter und die geringe Belastung im Sommer kennzeichnend. Es handelt sich hier wegen der starken Spitzenbildung um eine für ein Elektrizitätswerk ungünstige Belastungskurve.

Abb. 36 b zeigt die Belastungskurven für ein Industriewerk, und zwar ebenfalls für Sommer und Winter. Da hier die Lichtbelastung wenig ausmacht, sind die Kurven für Sommer und Winter nicht allzusehr verschieden. An Sonn- und Feiertagen allerdings ist hier die Belastung sehr klein. Der Belastungsfaktor eines solchen Kraftwerkes ist besser als bei einem Werk, welches vorwiegend der Lichtstromerzeugung dient.

Um den Belastungsfaktor m eines Kraftwerkes zu verbessern, ist es günstig, größere Versorgungsgebiete zusammenzufassen und von einem einzigen oder einigen Kraftwerken aus zu speisen. Die Ausnutzung des einzelnen Werkes wird dann besser, denn in einem solchen größeren Bezirk kommt die Belastung für Licht, Industrie und landwirtschaftliche Zwecke zusammen. Da die Einzelspitzen nicht alle zeitlich zusammenfallen, wird die Kraftwerksspitze kleiner als die Summe der Einzelspitzen, der Belastungsfaktor somit auch günstiger.

Folgende Aufstellung [1], die innerhalb eines größeren Versorgungsgebietes gemacht wurde, zeigt, wie der Belastungsfaktor steigt, falls Elektrizitätsversorgungen zusammengefaßt werden:

Belastungsfaktor m in %:

Dörfer	7%	1 Provinz	42%
Kleinstädte	14%	3 Provinzen	46—50%
Landkreise	25%		

Die Zusammenstellung zeigt, daß bei Zusammenfassung von kleineren Versorgungen der Belastungsfaktor stark ansteigt, daß jedoch die Verbesserung des Belastungsfaktors, wenn größere Versorgungsgebiete zusammengefaßt werden, im allgemeinen nicht mehr so beträchtlich ist.

In Abb. 36 c ist die Belastung eines solchen größeren Überlandwerkes dargestellt. Sie ist verhältnismäßig günstig, denn die Belastungskurven für Sommer und Winter weichen nicht in dem Maße voneinander ab wie z. B. im Falle der Abb. 36a.

Da die Belastung eines Versorgungsgebietes auch von den einzelnen Jahreszeiten abhängig ist und sich erst nach einem Jahr wiederholt (vorausgesetzt, daß keine Verbrauchssteigerung vorhanden ist), muß man eigentlich 365 Tagesbelastungskurven für die Beurteilung zugrunde legen. Für viele Überlegungen und Rechnungen ist es günstiger, nicht mit den Tagesbelastungskurven, sondern mit der Jahresbelastungskurve zu arbeiten. Man trägt in Abhängigkeit der Zeit (in Stunden gemessen) auf, wieviel Stunden jede Leistung im Jahr vorkommt. Fängt man dabei

---

[1] Warrelmann: Neue Wege der Energieversorgung. Elektrizitätswirtsch. 34 (1935) 681.

mit der größten Leistung, d. h. in den meisten Fällen mit der Winterspitze an und trägt dann die immer kleiner werdenden Leistungen sinngemäß an, so erhält man eine geordnete Jahresbelastungskurve gemäß Abb. 37. Die Länge der Abszisse ist gleich der Stundenzahl eines Jahres, also gleich 8760 Stunden. Die schraffierte Fläche F stellt die gesamte in 1 Jahr abgegebene Zahl an kWh dar. Die mittlere Belastung N_m ist

$$(13) \qquad N_m = \frac{F}{8760}$$

und der Belastungsfaktor

$$(14) \qquad m = \frac{N_m}{S} = \frac{F}{8760\,S}\,.$$

Es hat sich in Deutschland eingebürgert nicht nur mit dem Belastungsfaktor m, sondern auch mit der Benutzungsdauer h (s. Abb. 37) zu rechnen. Man versteht unter h die Stundenzahl, während der eine Leistung gleich der Leistungsspitze S vom Kraftwerk abgegeben werden müßte, um die tatsächlich pro Jahr gelieferte Arbeit von F (kWh) zu erzeugen. Es ergibt sich also

$$(15) \qquad h = \frac{F}{S}\,.$$

Unter Benutzung der Gl. (14) kann man auch schreiben:

$$(16\,\mathrm{a}) \qquad h = m\,8760\,.$$

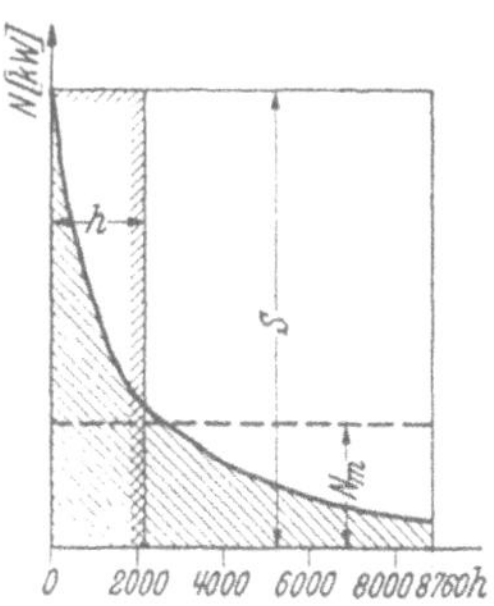

Abb. 37. Geordnete Belastungskurve.

Die Benutzungsdauer bei kleineren Städten beträgt etwa 1200 bis 2000 Stunden, bei Großstädten 2000 bis 3500 Stunden und bei Großversorgungen 3500 bis 5000 Stunden. Gelegentlich kann die Zahl der Benutzungsstunden noch größer sein, falls z. B. chemische Industrie angeschlossen ist, die Strom für Prozesse benötigt, die entweder dauernd eingeschaltet sind oder eingeschaltet werden, wenn das Kraftwerk schlecht belastet ist.

b) Die Maschinenreserve.

Es genügt nicht, ein Werk für die größte im Jahr auftretende Leistungsspitze S auszubauen, sondern man muß berücksichtigen, daß infolge Überholung oder Reparatur ein Maschinensatz ausfallen kann, also eine Reserve zur Verfügung stehen muß. Die ausgebaute Leistung N_a (s. Abb. 38) wird damit größer als die Spitzenleistung S, und zwar um den Reservefaktor r

$$(17) \qquad r = \frac{N_a}{S}\,.$$

Die ausgebaute Maschinenleistung muß außerdem größer als die Spitzenleistung sein, denn durch äußere, nicht vorauszusehende Ereignisse kann der Strombedarf ansteigen, so daß die zu erwartende Spitze überschritten wird. Im allgemeinen dürfte ein Reservefaktor von etwa 1,25 bis 1,3 genügen. Bei Großversorgungen kann er etwas kleiner sein. Es ist nicht notwendig, daß jedes Kraftwerk seine eigene Reserve besitzt. Sind mehrere Kraftwerke durch Leitungen miteinander verbunden, so kann z. B. ein Kraftwerk vollkommen ohne Reserve fahren, vorausgesetzt, daß im Falle eines Maschinenschadens es die dann fehlende Leistung von einem anderen Kraftwerk beziehen kann. Solchermaßen verfährt man vor allem bei Wasserkraftwerken, sowie auch bei hochwertigen Dampfkraftwerken, also bei Werken mit hohen Anlagekosten. Hier verzichtet man oft auf die Aufstellung einer Reserve und sieht dieselbe in einem Kraftwerk mit weniger teuren Maschinenanlagen vor. Ältere Kraftwerke, welche nicht so wirtschaftlich arbeiten wie moderne, werden oft mit ihren Maschinen für den Reservedienst gebraucht.

Gelegentlich findet man noch den Begriff des Ausnutzungsfaktor n, bei dem man die mittlere im Jahr abgegebene Leistung N_m auf die tatsächlich ausgebaute Leistung N_a bezieht, also

$$(18) \qquad n = \frac{N_m}{N_a}$$

oder unter Benutzung von Gl. (12) und (17)

$$(19) \qquad n = \frac{m}{r}.$$

Es sei erwähnt, daß man neuerdings oft die Benutzungsstundenzahl nicht auf die Jahresspitze, sondern auf die ausgebaute Leistung N_a bezieht. Diese Benutzungsstundenzahl h' ist dann gleich

$$(16\,\mathrm{b}) \qquad h' = n \cdot 8760.$$

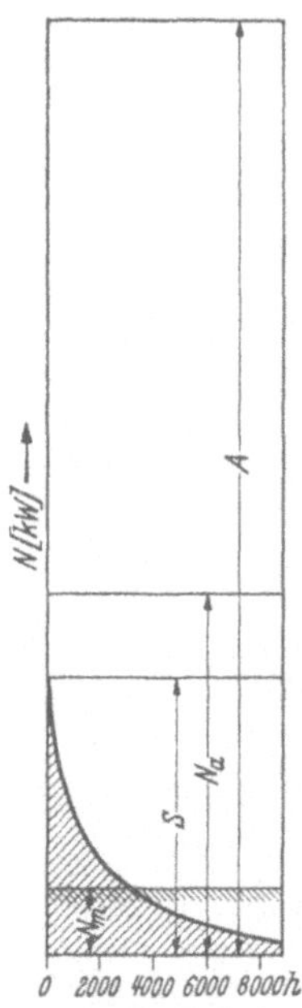

Abb. 38. Bildliche Darstellung der Leistungsspitze S, der Ausbauleistung N_a und des Anschlußwertes A.

c) Die installierte Verbraucherleistung.

Die tatsächliche bei den Verbrauchern installierte Leistung A (in kW) ist wesentlich größer als die ausgebaute Kraftwerksleistung, denn die eingebauten Lampen, Motoren usw. sind nie alle gleichzeitig im Betrieb. Zur Zeit der Spitze sind beispielsweise nur 20%, auch 30% der installierten Verbraucherleistung an der Abnahme beteiligt. Man erfaßt diese Verhältnisse durch den Gleichzeitigkeitsfaktor g.

$$(20) \qquad g = \frac{S}{A}.$$

Die Abb. 38 zeigt bildlich die Größe von N_m, S und N_a gegenüber der Größe der Anschlußleistung A. Es ist für ein Elektrizitätswerk günstig, wenn der Gleichzeitigkeitsfaktor klein ist, d. h. wenn die Stromverbraucher möglichst zu verschiedenen Zeiten ihren Strom beziehen.

d) Der Einfluß der Benutzungsdauer auf den Preis der kWh.

Um den Einfluß der Benutzungsdauer auf die Wirtschaftlichkeit, d. h. in diesem Fall auf den Strompreis, festzustellen, sei eine kurze Rechnung angestellt.

Der Gestehungspreis des Stromes ab Kraftwerk wird durch den zur Stromerzeugung notwendigen Aufwand bestimmt. Die Kosten hierfür setzen sich aus einem von der Belastung des Werkes unabhängigen Anteil, den festen Kosten, und einem belastungsabhängigen Teil, den veränderlichen Kosten, zusammen. In ersterem befinden sich vor allem die Kosten für das Kapital, für die Wartung des Kraftwerkes, für die Abschreibung von Gebäuden und Maschinen. Im belastungsabhängigen Kostenanteil treten in erster Linie die Kosten für den Brennstoff auf.

Die Anlagekosten pro kW ausgebauter Kraftwerksleistung betragen a RM. Wird das Kraftwerk für die Leistungsspitze S ausgebaut (von der Reserve sei in diesem Beispiel abgesehen), so kostet das Kraftwerk Sa RM. Dieser Betrag muß verzinst und abgeschrieben werden, ferner müssen die Kosten für Reparaturen und Bedienung Berücksichtigung finden. Man setzt diese im Jahr entfallenden Kosten proportional dem Anlagekapital und bezeichnet diesen Proportionalitätsfaktor mit p. Die jährlichen für Kapital, Abschreibung usw. aufzuwendenden Kosten, also die festen Kosten, betragen

$$(21) \qquad K_f = Sap \text{ RM.}$$

Um eine kWh zu erzeugen ist ein Aufwand von b RM. für Brennstoff notwendig. Ist die Benutzungsdauer des Kraftwerkes im Jahr h Stunden, so sind die jährlich auftretenden veränderlichen Kosten

$$(22) \qquad K_v = bhS.$$

Hieraus ergeben sich die in einem Jahr anfallenden Gesamtkosten zu

$$K = K_f + K_v = Sap + bhS.$$

Bezieht man diese Kosten auf 1 kW ausgebaute Leistung, so sind die jährlichen Kosten

$$(23) \qquad \frac{K}{S} = ap + bh.$$

Da im Jahr hS kWh erzeugt werden, sind die Gestehungskosten für die abgegebene kWh.

$$(24) \qquad k = \frac{K}{hS} = \frac{ap}{h} + b.$$

Diese Gleichung zeigt, daß die Kosten für die erzeugte kWh um so niedriger sind, je größer die Benutzungsdauer h des Kraftwerkes ist.

Um einen Überblick über die tatsächlichen Größenverhältnisse zu erhalten, sei in großen Zügen ein Beispiel durchgerechnet. Es handle sich um ein größeres Dampfkraftwerk mit Schaltanlage, bei dem die Kosten pro ausgebautes kW

$a = 210$ RM. betragen sollen. Für Verzinsung, Abschreibung usw. seien pro Jahr 14% aufzuwenden. Es ist also $p = 0{,}14$.

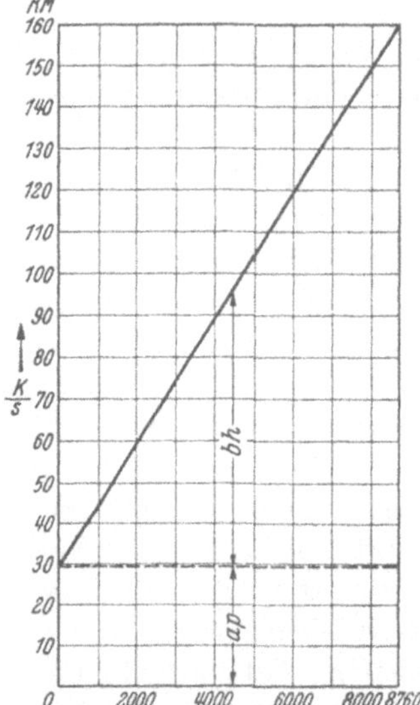

Abb. 39. Jährliche Kosten pro kW ausgebaute Kraftwerksleistung in Abhängigkeit der Benutzungsstunden.

Dabei setzt sich p z. B. wie folgt zusammen:

Verzinsung 4,5%
Abschreibung . . . . 5 %
Reparatur usw. 2,5%
Verwaltung, Bedienung usw. . . . 2 %

zusammen 14 %

Die reinen Brennstoffkosten pro kWh seien

$$b = 0{,}015 \text{ RM./kWh.}$$

Dieser Betrag kann näherungsweise wie folgt berechnet werden. Werden z. B. im Mittel für eine kWh 4500 Cal gebraucht, so entspricht dies, falls die Kohle einen Heizwert von 7000 Cal hat,

$$\frac{4500}{7000} = 0{,}643 \text{ kg Kohle.}$$

Kostet die Tonne Kohlen einschließlich Transport RM. 23,—, so ist also

$$b = \frac{0{,}643 \cdot 23}{1000} = 0{,}015 \text{ RM./kWh.}$$

Oft sind die reinen Energiekosten b kleiner als der eben errechnete Wert und kommen unter günstigen Umständen unter 0,01 RM./kWh. Um die jährlichen Kosten pro ausgebautes kW zu erhalten, setzen wir obige Werte in Gl. (23) ein und erhalten

$$\frac{K}{S} = 210 \cdot 0{,}14 + 0{,}015\, h = 29{,}4 + 0{,}015\, h\,.$$

Die Kosten für die abgegebene kWh ergeben sich nach Gl. (24) zu

$$k = \frac{29{,}4}{h} + 0{,}015\,.$$

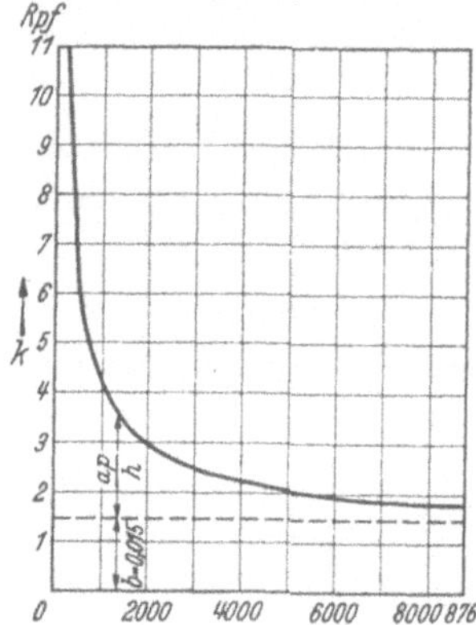

Abb. 40. Preis der kWh in Abhängigkeit der Benutzungsstunden.

Die Jahreskosten für ein kW ausgebaute Kraftwerksleistung und der Preis pro erzeugte kWh sind in Abb. 39 und 40 in Abhängigkeit der Belastungsdauer h aufgetragen. Die Abb. 39 zeigt, daß bei kleiner Belastungsdauer die Kapitalkosten $a\,p$ überwiegen, während bei größerer Belastungsdauer die eigentlichen Stromkosten $b\,h$ stärker ins Gewicht fallen. Wenn ein Elektrizitätswerk billigen Strom erzeugen soll, so ist nach Abb. 40 notwendig, daß die Zahl der Benutzungsstunden h bzw. der Belastungsfaktor m möglichst hoch ist.

Wir wollen uns jetzt vorstellen, daß für ein gegebenes Versorgungsgebiet, dessen Spitze in kW mit S und dessen Belastungsdauer mit h Stunden angenommen sei, ein Kraftwerk gebaut werden soll. Man kann ein Kraftwerk bauen das einen möglichst kleinen Energieverbrauch hat,

wobei allerdings die Anlagekosten meistens hoch sind oder man kann
ein Kraftwerk billig bauen, das dann im allgemeinen wieder höhere
Energiekosten hat. Um krasse Verhältnisse
zu schaffen, sei das eine Mal ein Wärmekraftwerk mit den Daten des vorhergehenden
Beispiels und das andere Mal ein Wasserkraftwerk untersucht, bei dem die Anlagekosten verhältnismäßig hoch, die reinen
Energiekosten für den Strom jedoch praktisch Null sind. Es sei untersucht, unter
welchen Bedingungen das eine bzw. das
andere Kraftwerk vorzuziehen ist. In Abb. 41
und 42 sind die Kurven aus den Abb. 39
und 40 für das Wärmekraftwerk nochmals
eingetragen. Die Kurven für das Wasserkraftwerk müssen noch ermittelt werden.
Die Kosten pro ausgebautes kW betragen in
unserem Falle bei einem Wasserkraftwerk
$a = 480$ RM., das Kapital sei mit $p = 0{,}11$
(einschließlich Abschreibung, Reparatur,
Bedienung usw.) zu verzinsen. Der Faktor p
ist bei dem Wasserkraftwerk niedriger eingesetzt als bei dem Dampfkraftwerk, denn
die Lebensdauer eines Wasserkraftwerkes
liegt wesentlich höher als die eines Dampfkraftwerkes. Damit erstreckt sich aber auch
die Abschreibung des Kraftwerkes über
einen größeren Zeitabschnitt, was eine Verkleinerung des Abschreibungsfaktors mit
sich bringt. Der Faktor p setzt sich in
unserem Beispiel aus folgenden Einzel-
faktoren zusammen:

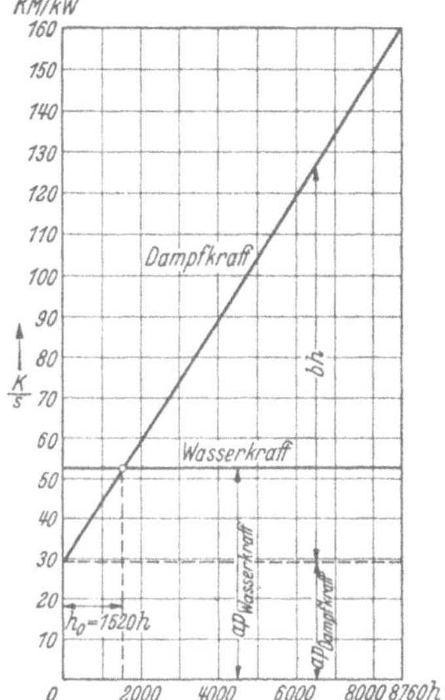

Abb. 41. Vergleich der jährlichen
Kosten pro kW ausgebaute Kraftwerksleistung zwischen einem Dampf-
kraft- und einem Wasserkraftwerk
in Abhängigkeit der
Benutzungsstunden.

Verzinsung	4,5 %
Abschreibung	2,5 %
Reparaturen usw..	2 %
Verwaltung, Bedienung usw. . .	2 %
zusammen	11 %

Die jährlichen festen Kosten pro ausgebautes kW betragen also

$$\frac{K}{S} = 480 \cdot 0{,}11 = 52{,}8 \text{ RM.}$$

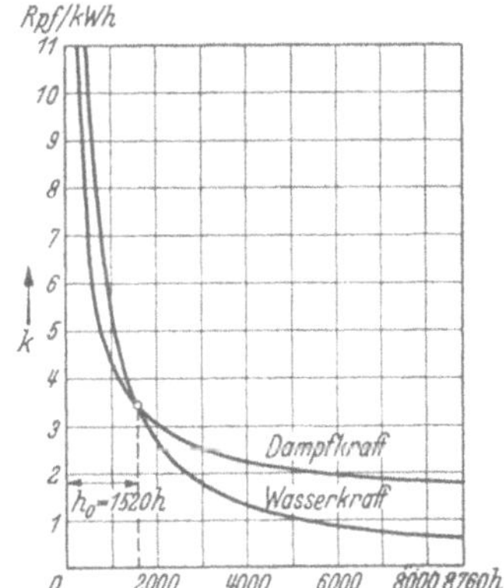

Abb. 42. Vergleich der Kosten der
kWh zwischen einem Dampfkraft-
und einem Wasserkraftwerk in Abhängigkeit der Benutzungsstunden.

Besondere Kosten für die Stromerzeugung, also veränderliche Kosten,
sind infolge der Wasserkraft nicht aufzubringen. Trägt man in Abb. 41
im Abstand 52,8 eine Horizontale auf, so wird die Kurve für das
Dampfkraftwerk bei 1520 Benutzungsstunden geschnitten. Ist die

Benutzungsdauer h des Versorgungsgebietes größer als 1520 Stunden, dann ist, wie Abb. 41 zeigt, das Wasserkraftwerk vorzuziehen, ist dagegen die Zahl der Benutzungsstunden kleiner als 1520 Stunden, so ist das Dampfkraftwerk das wirtschaftlichere. In Abb. 42 sind nochmals die Kosten für die abgegebene kWh aufgezeichnet; der Schnittpunkt der Kurven ergibt ebenfalls 1520 Stunden. Die Benutzungsdauer $h_0 = 1520$ sei im folgenden als die Grenzbenutzungsdauer für die Wirtschaftlichkeit der beiden Kraftwerke bezeichnet. Wir wollen eine allgemeine Beziehung für h_0 bei zwei Kraftwerken I und II aufstellen. Für das Kraftwerk I gilt nach Gl. (24)

$$(25) \qquad k_1 = \frac{a_1\,p_1}{h} + b_1$$

und für das Kraftwerk II

$$(26) \qquad k_2 = \frac{a_2\,p_2}{h} + b_2.$$

Um die Grenzbenutzungsdauer h_0 zu finden, bei der die Wirtschaftlichkeit beider Kraftwerke gleich ist, setzen wir $k_1 = k_2$ und erhalten

$$\frac{a_1\,p_1}{h_0} + b_1 = \frac{a_2\,p_2}{h_0} + b_2.$$

Nach kleiner Umformung ergibt sich für die Grenzbenutzungsdauer

$$(27) \qquad h_0 = \frac{a_1\,p_1 - a_2\,p_2}{b_2 - b_1}.$$

Auf Grund der Kapital- und Energiekosten kann also bei gegebener Benutzungsdauer stets festgestellt werden, welcher von zwei Vorschlägen der günstigste ist.

e) Spitzen- und Grundlastkraftwerke[1].

Der Leistungsbedarf für ein Versorgungsgebiet sei durch die Jahresbelastungskennlinie der Abb. 43 gegeben. Es bestehe die Möglichkeit, die geforderte Energie durch ein Kraftwerk, als auch durch zwei Kraftwerke zu erzeugen, wobei dann das eine Kraftwerk I kleine Kapitalkosten, jedoch höhere Brennstoffkosten und das Werk II höhere Kapitalkosten, jedoch niedrige Brennstoffkosten haben soll. Es sei untersucht, welche Lösung die günstigere ist und wie, falls zwei Kraftwerke notwendig sind, die Leistung auf die beiden Kraftwerke verteilt wird. Wir können nach Gl. (27), falls uns die Anlagekosten und Brennstoffkosten der beiden Kraftwerke bekannt sind, zunächst die Grenzbenutzungsdauer h_0 für die Kraftwerke ermitteln.

Wir ziehen in der geordneten Belastungskennlinie der Abb. 43 eine Horizontale in solcher Höhe, daß der herausgeschnittene Abschnitt gerade gleich der Grenzbenutzungsdauer h_0 ist und behaupten, daß die größte Wirtschaftlichkeit dann vorhanden ist, wenn das Werk II für eine Leistung N_2 und das Werk I für eine Leistung N_1 ausgebaut wird.

---

[1] Krohne: Die wirtschaftliche Erzeugung der elektrischen Spitzenkraft. Berlin: Julius Springer 1929.

Die gesamte Leistung bis zur Größe N_2, also die Grundlast, wird vom Werk II, das also Grundlastwerk ist, geliefert und erst wenn die verlangten Leistungen größer als N_2 sind, tritt das Werk I als Spitzenkraftwerk in Tätigkeit. Daß diese Lösung die wirtschaftlichste ist, geht aus folgender Überlegung hervor. Nehmen wir z. B. an, das Grundlastwerk wäre für die Leistung $N_2 + \varDelta N$ ausgebaut, während das Werk I jetzt nur eine Ausbaugröße von $N_1 - \varDelta N$ hat. Das Kraftwerk II hat also den schraffierten Streifen an kWh mehr und das Kraftwerk I dagegen weniger zu liefern. Da für den schraffierten Bereich die Benutzungsdauer kleiner als die Grenzbenutzungsdauer h_0 ist, wird

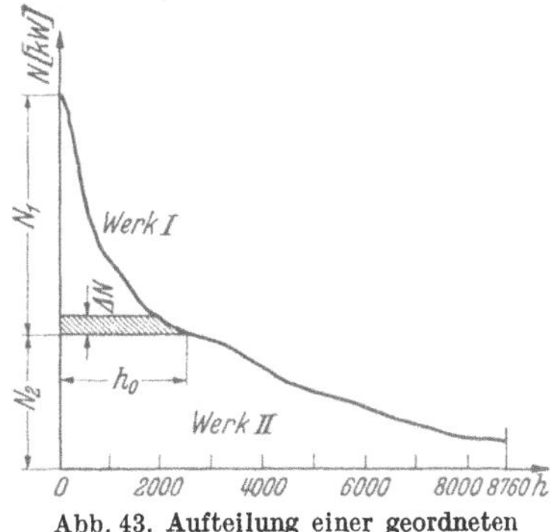

Abb. 43. Aufteilung einer geordneten Belastungskurve auf zwei Kraftwerke.

das Werk II die schraffierten kWh nur zu einem höheren Preis als das Werk I liefern können. Es wird also eine Verteuerung der Gesamterzeugung eintreten. Genau so läßt sich zeigen, daß ebenfalls eine Verteuerung eintritt, wenn N_2 um $\varDelta N$ verkleinert, N_1 dagegen um $\varDelta N$ vergrößert wird. Die kleinsten Kosten sind also tatsächlich vorhanden, falls zwei Werke gewählt werden und das Werk II als Grundlastwerk für die Leistung N_2 und das Werk I als Spitzenwerk für die Leistung N_1 ausgebaut wird[1].

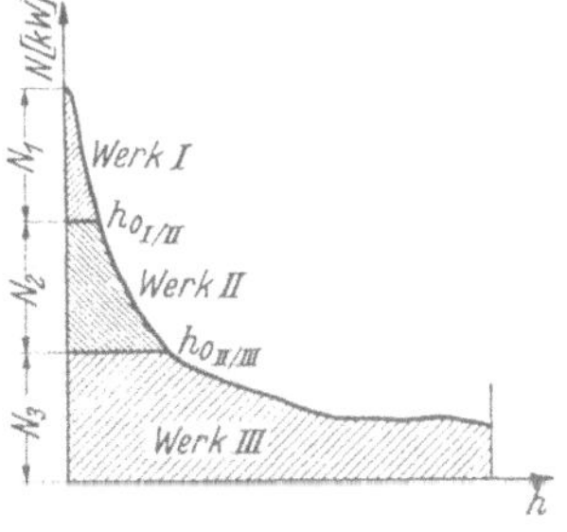

Abb. 44. Aufteilung der geordneten Jahresbelastungskurve auf drei Kraftwerke.

Die oben gebrachten Überlegungen gelten allgemein und man könnte statt 2 auch 3 oder 4 verschiedenartige Kraftwerke bauen und die Ausbauleistung nach Abb. 44 sinngemäß entsprechend den Grenzbenutzungsdauern $h_{0\,I/II}$ und $h_{0\,II/III}$ bestimmen. Man darf jedoch die Unterteilung nicht derart weit treiben, daß die Kosten der Kraftwerke pro ausgebautes kW wegen der jetzt kleineren Leistungen beachtlich ansteigen.

Es sei wieder der Fall eines Grund- und eines Spitzenkraftwerkes untersucht und angenommen, daß die Kraftwerke an der Fundstelle der Kohle, die jedoch eine gegebene Entfernung von dem eigentlichen Versorgungsgebiet besitzt, errichtet werden können. Ordnet man beide Kraftwerke an der Fundstelle an, dann muß (s. Abb. 45a) die Energie mit einer Hochspannungsleitung dem Versorgungsgebiet zugeführt werden. Man hat jedoch auch die Möglichkeit, das Spitzenkraftwerk im

---

[1] Tatsächlich sind die Verhältnisse verwickelter, so daß noch ergänzende Überlegungen angestellt werden müssen.

Versorgungsgebiet anzuordnen (s. Abb. 45 b). Letztere Anordnung ist meist die günstigere, denn die Hochspannungsleitung kann jetzt schwächer bemessen sein, da sie nur die Grundlast zu führen hat. Die Spitzenleistung ebenfalls über die Hochspannungsleitung zu übertragen, wie in der ersten Anordnung vorgesehen, bringt einen Ausbau der Leitung auf diese Leistung und damit eine wesentliche Verteuerung mit sich. Dieser Mehraufwand ist in den meisten Fällen nicht gerechtfertigt, da die Spitze nur kurzzeitig auftritt und die Leitung somit in der übrigen Zeit nicht dem Ausbau entsprechend ausgenutzt wird. Wird das Spitzenkraftwerk im Schwerpunkt des Versorgungsgebietes angeordnet, so steigen zwar die reinen Brennstoffkosten infolge des Kohlentransportes etwas an. Diese Verteuerung ist jedoch meist, weil nur eine verhältnismäßig geringe Zahl von kWh pro Jahr in Frage kommt, wesentlich geringer als die Ersparnisse, welche man durch die schwächere Bemessung der Hochspannungsleitung gewinnt. Man wird also stets den Grundsatz befolgen, daß man möglichst Hochspannungsleitungen nur mit der Grundlast betreibt, die Spitzenlast dagegen im Verbrauchszentrum erzeugt. Es sei erwähnt, daß Leitungen für größere Entfernungen, also hoher Spannung, welche Grundlast fördern, nur bei genügend großer Leistung wirtschaftlich sind[1].

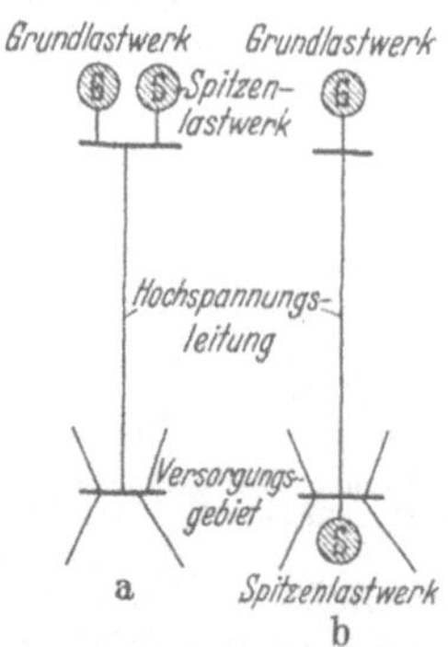

Abb. 45a u. b. Stromtransport über eine Hochspannungsleitung. a Grundlastwerk und Spitzenlastwerk an der Fundstelle der Kohle, b Grundlastwerk an der Fundstelle der Kohle, Spitzenlastwerk im Verbrauchsschwerpunkt.

D. Verhalten der Kraftwerke im Betrieb.

a) Zusammenarbeit verschiedener Kraftwerke.

Es sei durch eine Reihe von Kraftwerken ein Netz zu versorgen, dessen Belastungskurve für einen Tag in der Abb. 46 wiedergegeben ist. Um die für einen günstigen Netzbetrieb wesentlichen Eigenschaften klar zu erkennen, seien zunächst einige idealisierte Grenzfälle behandelt.

Soll die nach Abb. 46 geforderte Energie von Dampfkraftwerken, oder nehmen wir zunächst ein einziges Dampfkraftwerk an, geliefert werden, so müssen dessen Generatoren, Turbinen und Kesselanlagen für die maximale Spitze S bemessen sein. Die abgegebenen kWh sind jedoch nicht größer als bei einem Kraftwerk, das eine mittlere, jedoch konstante Belastung nach der Geraden $I-I$ hat und bei dem daher sämtliche Maschinen und Kessel wesentlich kleiner sein können. Es sei zunächst untersucht, durch welche Maßnahmen man es erreichen kann, daß durch eine Art Energiespeicherung nicht alle Anlageteile für die

---

[1] In der Verbundwirtschaft können jedoch auch andere Gründe eine Hochspannungsleitung rechtfertigen (Reservehaltung, Netzkupplung usw.).

volle Spitzenleistung bemessen zu sein brauchen. Der idealste Fall liegt vor, wenn ein Wasserkraftwerk, und zwar ein Speicherkraftwerk, die Stromversorgung durchzuführen hat. Bei einem solchen Speicherkraftwerk (s. S. 33) gelangt das zufließende Wasser zunächst in ein Speicherbecken, in der Mehrzahl der Fälle in einen vorhandenen See und von hier durch Stollen und Rohrleitungen zu den Wasserturbinen des Kraftwerks. Bei einem derartigen Speicherkraftwerk müssen selbstverständlich die Turbinen und die Generatoren für die Spitzenleistung ausgelegt sein. Für das Speicherbecken dürfte es, sofern es sich um einen vorhandenen See handelt, ziemlich unwesentlich sein, ob die Belastung eine gleichmäßige nach der Geraden $I-I$ oder eine ungleichmäßige nach der tatsächlichen Belastungskurve ist. Ein derartiges Speicher-

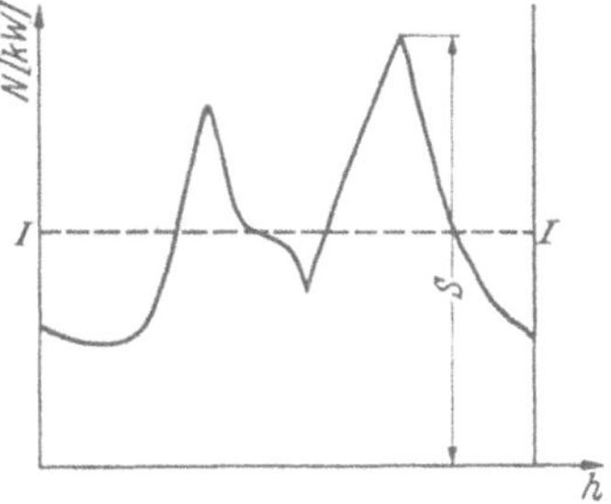

Abb. 46. Tagesbelastungskurve.

kraftwerk hat gegenüber einem normalen Dampfkraftwerk den Vorteil, daß, da die Wasserenergie jederzeit vorhanden ist, beliebig große Belastungsstöße plötzlich übernommen werden können, während dies bei einem normalen Dampfkraftwerk nicht in diesem Maße möglich ist.

Meist steht jedoch ein Speicherkraftwerk genügender Größe nicht zur Verfügung und es fragt sich, ob andere Möglichkeiten bekannt sind, damit man ein Kraftwerk nicht für die höchstauftretende Spitze ausbauen muß und das Kraftwerk selbst möglichst gleichmäßig belastet wird. Eine Lösung ist ein zusätzliches Pumpspeicherwerk (s. Abb. 47) für Tagesausgleich. Dies ist ein Wasser-

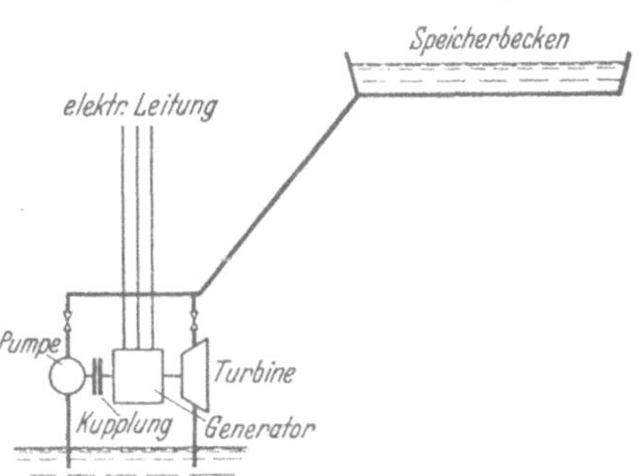

Abb. 47.
Schematische Darstellung eines Pumpspeicherwerkes.

kraftwerk, welches auf einem Berg ein oft künstlich geschaffenes Speicherbecken besitzt und bei dem jeder Maschinensatz aus einem Generator mit Wasserturbine und einer meist mit Flüssigkeitskupplung gekuppelten Wasserpumpe besteht. Turbine und Pumpe können auf dieselbe nach dem Speicherbecken gehende Rohrleitung geschaltet werden. Die Grundlast der betrachteten Belastungskurven übernimmt nun ein Laufkraftwerk oder ein Dampfkraftwerk oder beide zusammen (s. Abb. 48). Ist die Belastung größer als die Grundlast, so springt das Pumpspeicherwerk ein, es arbeitet dann im Turbinenbetrieb (bei abgekuppelten Pumpen), im umgekehrten Falle im Pumpbetrieb. Im Turbinenbetrieb fließt Wasser aus dem Speicherbecken über eine Rohrleitung den Turbinen, die die Energie zur Deckung der Spitzenlast erzeugen, zu. Im Pumpbetrieb arbeitet der Generator, von den Grundlastwerken gespeist, als Synchronmotor und treibt die jetzt mit ihm gekuppelte Pumpe an. Diese pumpt über die vorhandene Rohrleitung Wasser aus einem Tiefbecken oder einem Fluß in das Speicherbecken. Die mit dem Generator gekuppelte Wasserturbine ist von der Rohrleitung abgetrennt und läuft leer mit. Durch ein solches Pumpspeicherwerk können die übrigen, die Grundlast ausfahrenden Kraftwerke sehr gleichmäßig elektrische Energie erzeugen. Die Kosten pro kWh werden wegen der hohen Benutzungsstunden der Kraftwerke niedrig, wobei ferner zu beachten ist, daß bei gleichmäßiger Benutzung der Gesamtwirkungsgrad ein besserer ist und besonders bei Dampfkraftwerken Reparaturen bei stetig belasteten Turbinen, Kesseln und Generatoren seltener sind als bei nicht gleichmäßig belasten, bei denen leicht unerwünschte Wärmespannungen auftreten. Ein Pumpspeicherwerk kommt allerdings nur dann in Frage, wenn es in nicht allzu großer Entfernung vom Belastungsschwerpunkt liegt, längere Leitungen also nicht notwendig sind und wenn durch günstige Geländeverhältnisse die wasserbaulichen Anlagen nicht zu teuer werden. Ferner müssen die reinen Energiekosten sehr billig sein, da man wegen der doppelt zu zählenden Wirkungsgrade nur etwa 50 bis 60% der zugeführten Energie aus dem Speicher herausholen und in das Netz fördern kann. Trotz hoher Gestehungskosten kann ein Pumpspeicherwerk auf lange Sicht gesehen wirtschaftlich sein, da die teuren wasserbaulichen Anlagen eine sehr hohe Lebensdauer haben, die Abschreibungen also sehr niedrig sind.

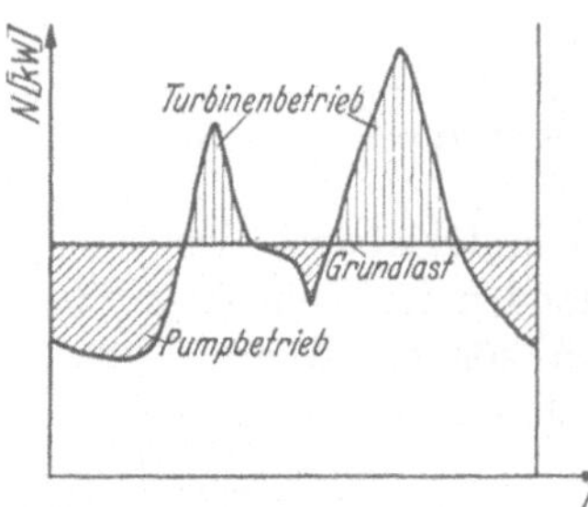

Abb. 48. Tagesbelastungskurve bei Pump- und Turbinenbetrieb.

Das Pumpspeicherwerk kann auch mit einem Speicherkraftwerk vereinigt werden. Nimmt man bei einem Speicherkraftwerk vereinfachend an, der Wasserzufluß sei konstant und die Belastungen wiederholen sich jeden Tag in derselben Größe, so muß die pro Tag gelieferte Zahl von kWh dem Wasserzufluß entsprechen. Man kann jedoch auch, falls die Maschinenleistung groß genug ist und der Speichersee genügend Wasservorrat besitzt, während einiger Stunden des Tages mehr Energie aus einem solchen Speicherkraftwerk entnehmen als dem Wasserzufluß pro Tag entspricht. Man muß jedoch dann zu belastungsschwachen Zeiten die zuviel entnommene Energie wieder zurückgeben, d. h. die Kraftwerksgeneratoren müssen als Motoren laufen, die mittels Pumpen wieder Wasser aus einem Tiefbecken in den Speichersee hineinpumpen. Bei einem solchen kombinierten Speicher- und Pumpkraftwerk müssen also einige oder alle Generatoren außer den Turbinen noch abkuppelbare Pumpen erhalten.

Ein Pumpspeicherbecken bietet auch sonst betrieblich sehr große Vorteile und kann für folgenden Betriebsfall von Nutzen sein: Eine Reihe von Laufkraftwerken (s. Abb. 49) arbeiten auf eine Leitung, in die auch mehrere Dampfkraftwerke speisen. Bei A befinde sich ein Pumpspeicherwerk. Ist der Energiefluß der Leitung z. B. von unten nach oben gerichtet und tritt infolge eines Kurzschlusses ein Auftrennen der Leitung durch den Schalter bei B ein, dann haben die Laufkraftwerke plötzlich für die erzeugte Energie keine Abnehmer mehr. Sie müßten also möglichst rasch ihre Turbinen absperren und das Wasser über die Wehre abfließen lassen. Haben die Laufkraftwerke größere Zuleitungskanäle (s. Abb. 32), dann wird der Wasserstand am Kanalanfang, also auch am Wehr zunächst nicht geändert, da längere Zeit verstreicht bis das Abstellen der Turbinen sich durch eine zurückflutende Welle am Kanalanfang, also am Wehr, bemerkbar macht. Die Wasserverhältnisse der Unterlieger werden jedoch, da hier jetzt vorübergehend Wassermangel eintritt, gestört. Dies ist besonders unangenehm, wenn dort Laufkraftwerke anderer Gesellschaften sind, die ein Anrecht auf gleichmäßige Wasserlieferung haben und plötzlich in ihrer Energieerzeugung gestört werden. Solche Störungen lassen sich vermeiden, wenn die plötzlich

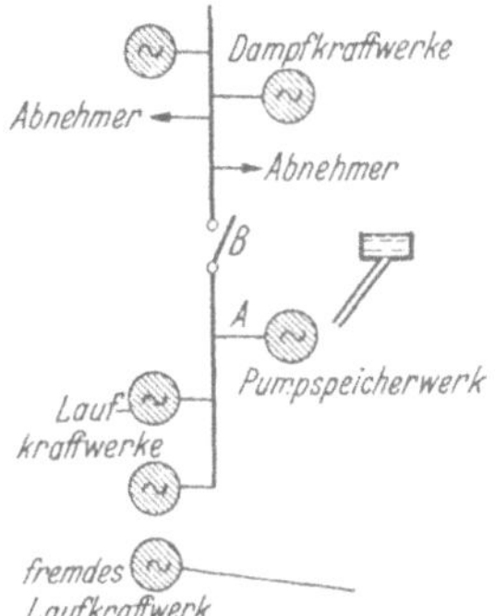

Abb. 49. Kraftversorgung mit angeschlossenem Pumpspeicherwerk.

nicht benötigte Energie der Laufkraftwerke solange in ein vorhandenes Pumpspeicherwerk geleitet werden kann, bis die Störung beseitigt ist.

Man hat in einem richtig bemessenen und nicht restlos entleerten Pumpspeicherwerk eine sehr wertvolle Momentanreserve, so daß beim Ausfall einer größeren Maschineneinheit in einem Kraftwerk das Pumpspeicherwerk in einer Zeit von höchstens 2 min mit voller Leistung einspringen kann und somit die Energielieferung nicht gestört wird. Bei einem Pumpspeicherwerk wird es nicht immer möglich sein, wie im Idealfall der Abb. 48 angenommen, daß sämtliche Spitzen vom Pumpspeicherwerk aufgenommen werden, da nicht immer die Möglichkeit besteht, ein genügend großes Pumpspeicherwerk zu bauen. Aber auch

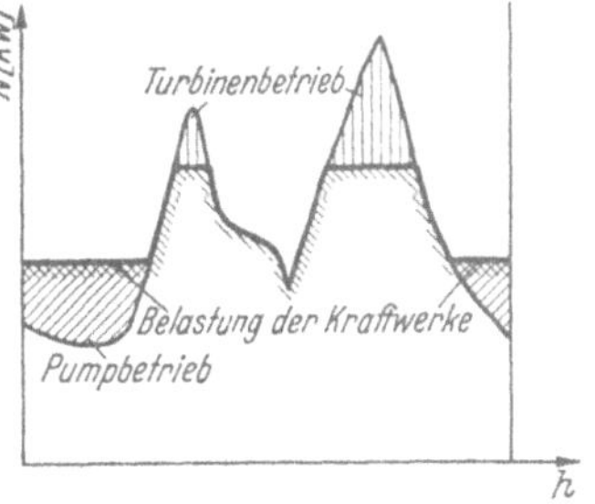

Abb. 50. Tagesbelastungskurve mit teilweisem Ausgleich durch Pumpspeicherwerk.

mit einem kleineren derartigen Kraftwerk kann man, wie die Abb. 50 zeigt, eine weitgehende Abtragung der Spitzen und eine Ausfüllung der Täler erreichen.

Es besteht auch die Möglichkeit, ein Dampfkraftwerk mit Energiespeicher, z. B. mit einem Ruths-Speicher, auszurüsten. Derartige Speicher kommen in Frage, falls ein billiges Pumpwerk infolge ungeeigneten Geländes nicht zu bauen ist. Diese Dampfspeicher eignen sich mehr für kurzzeitige Spitzen, wie sie bei den Lichtspitzen im Großstadtbetrieb vorkommen.

Abb. 51 zeigt, wie eine solche Kraftanlage mit Ruths-Speicher beschaffen sein kann. Es bedeutet a den Kessel, der über den Erhitzer b die Dampfleitung c speist. Der Dampf wird in der Turbine e verarbeitet, im Kondensator j niedergeschlagen und als Kondensat über Pumpen k und m zum Kessel zurückgepumpt. Auch die Speicherturbine d kann mit Frischdampf gespeist werden, sofern das Ventil f geöffnet und das Ventil g geschlossen ist. Hat der Kessel a Überschuß an Dampf, so wird dieser über das Ventil h in den Ruths-Speicher i gepreßt. Hier kondensiert sich der Dampf zu heißem Wasser, welches die dem Speicherdruck entsprechende Sattdampftemperatur besitzt. Übersteigt bei wachsender Belastung der Verbrauch der Turbine die Leistung der Dampfkessel, so

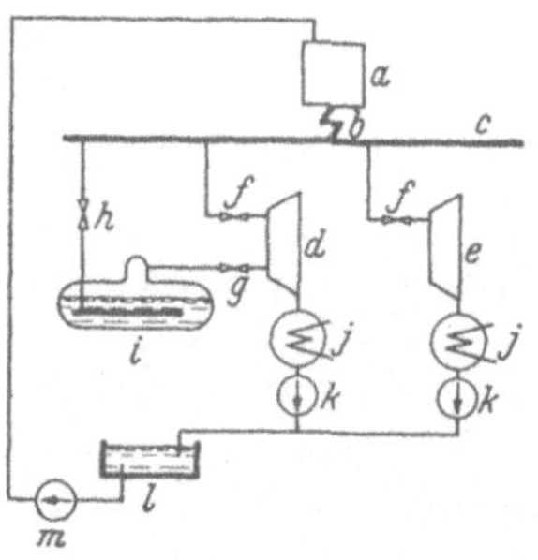

Abb. 51. Schematische Darstellung eines Dampfkraftwerkes mit Ruths-Speicher.

wird an der Speicherturbine d das Ventil f geschlossen, das Ventil g geöffnet und Dampf aus dem Ruths-Speicher bezogen. Da in der Turbine ein etwas kleinerer Druck als im Dampfspeicher herrscht, verdampft hier soviel Wasser als von der Speicherturbine Dampf benötigt wird. Je mehr Dampf aus dem Speicher entnommen wird, um so mehr sinkt dessen Druck. Der Druckabfall kann recht beträchtlich sein, z. B. von 13 bis auf 0,5 atü. Die Turbine muß also imstande sein, Sattdampf bei stark veränderlichem Druck verarbeiten zu können, was Spezialkonstruktionen bedingt.

Ein solcher Wärmespeicher läßt sich wirtschaftlich nicht für beliebige hohe Drücke bauen, die Grenze liegt etwa bei 13 atü. Hat man höhere Drücke, z. B. 30 ata, so kann man zwischen dem Kessel a und der Rohrleitung c Vorschaltturbinen vorsehen, welche den Druck von 30 bis auf 13 at verarbeiten. Die Verarbeitung des Dampfes von 13 at erfolgt dann wie in Beschreibung zu der Abb. 51 angegeben.

Prinzipiell besteht auch die Möglichkeit der elektrischen Energiespeicherung in Akkumulatoren. Diese erfordern jedoch eine Umformung des Drehstroms in Gleichstrom. Bis jetzt hat sich diese Art der Speicherung innerhalb der Drehstromerzeugung noch nicht einzuführen vermocht.

Stehen also eine Reihe von Kraftwerken zur Energieerzeugung zur Verfügung, so wird man versuchen, diese so zur Energielieferung heranzuziehen, daß größte Wirtschaftlichkeit gegeben ist. Hat man z. B. ein Wasserlaufkraftwerk I, ein Dampfkraftwerk II und ein als Spitzenkraftwerk geeignetes Dampf- oder Wasserkraftwerk III, so kann die geforderte Energieaufteilung gemäß der Abb. 52 für diese drei Kraftwerke erfolgen. Maßgebend ist bei der Aufteilung, daß Kraftwerke, welche infolge geringer Energiekosten den Strom sehr billig liefern können, d. h. hochwertige Dampfkraftwerke, ferner Laufkraftwerke, deren Wasser verloren ist, falls es nicht ausgenutzt wird, möglichst vollbelastet durchlaufen, also die Grundlast ausfahren. Da Spitzenkraftwerke nur verhältnismäßig kurz eingeschaltet sind, hat der Wirkungsgrad hier weniger Bedeutung als die Billigkeit der Anlage.

Da man von Spitzenkraftwerken rasche Regelbarkeit und schnelle Anlaßbarkeit (besonders wenn in den Spitzenkraftwerken wegen der niederen Anlagekosten Reservemaschinen aufgestellt sind) verlangt, müssen die Kessel und Turbinen in ihrer Konstruktion besonderen Bedingungen genügen, damit die bei plötzlichen Lastveränderungen auftretenden Temperaturänderungen keine unzulässigen Materialbeanspruchungen und somit Schäden herbeiführen. Auch ältere Dampfkraftanlagen, die infolge ihres größeren Kohlenverbrauchs für die Grundlast weniger geeignet sind, werden als Spitzenwerke verwendet, obwohl solche Anlagen nicht immer die heutigen Forderungen in bezug auf Regelbarkeit und Anlaßbarkeit erfüllen. Sehr gut als Spitzenkraftwerk eignen sich, wie bereits ausgeführt, Speicherkraftwerke, selbstverständlich auch Pumpspeicherwerke.

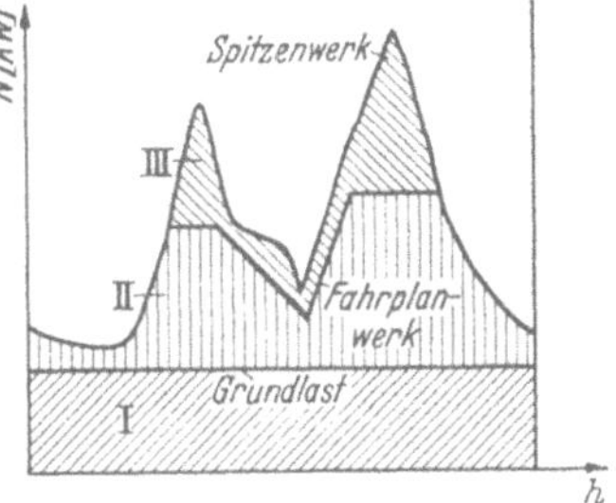

Abb. 52. Tagesbelastungskurve aufgeteilt auf drei Kraftwerke.

Man wird, da man die auftretende Belastungskurve ungefähr kennt, den einzelnen Werken von einer zentralen Kommandostelle aus einen einzuhaltenden Fahrplan angeben, während die Spitzen, sowie Abweichungen, die man nicht vorsehen kann, von dem Spitzenkraftwerk, welches ausreichende Größe besitzen muß, übernommen werden.

Es seien sämtliche Kraftwerke eines Netzes betrachtet und angenommen, daß gerade Gleichgewicht zwischen der abgegebenen und der den Turbinen zugeführten Leistung vorhanden, weiter die Frequenz genau 50 Hz sei. Tritt jetzt plötzlich eine Zusatzlast auf, so wird, falls die den Antriebsmaschinen zugeführte Energie unverändert bleibt, die Frequenz absinken, denn die für die Zusatzlast benötigte Energie kann zunächst nur aus der lebendigen Energie der Schwungmassen entnommen werden, d. h. aber, daß diese Massen jetzt verzögert werden. Dieses Absinken der Drehzahl der Generatoren kann jedoch vermieden werden, wenn das Spitzenkraftwerk, welches solche Zusatzlast übernehmen soll, die Energiezufuhr zu seinen Turbinen vergrößert. Damit das Spitzenkraftwerk merkt, daß das Netz eine Zusatzlast erhält, ist es notwendig, daß sämtliche Werke genau den ihnen angegebenen Fahrplan fahren und sich nicht um die Frequenz kümmern. Will die Netzfrequenz etwas absinken, so ist das ein Zeichen für das Spitzenkraftwerk, daß das Netz zusätzlich belastet ist und daß es zur Haltung der Frequenz mehr Energie abzugeben hat. Das Spitzenkraftwerk wird also zweckmäßigerweise, sofern nicht besondere Gründe dagegen sprechen, beauftragt, die Frequenz des Netzes zu halten. Die Rolle des frequenzführenden und die Belastungsschwankungen aufnehmenden Werkes kann dabei innerhalb eines Tages wechseln. Ist während gewisser Zeiten das Kraftwerk III (s. Abb. 52), welches als eigentliches Spitzenkraftwerk vorgesehen ist, außer Betrieb, dann muß das Kraftwerk II die Frequenz halten und Unregelmäßigkeiten der Belastungskurve aufnehmen.

b) Die Maschinenregelung in den Kraftwerken[1].

Die Regelung der Kraftmaschinen ist für ein einwandfreies Arbeiten der Kraftwerke von großer Bedeutung. Betrachten wir z. B. eine allein arbeitende Turbine, so stellen wir fest, daß bei Belastung die Drehzahl absinken, bei Entlastung steigen will. Um dies zu vermeiden, muß ein Regler eingreifen und durch Ventilbetätigung die Dampfzufuhr vergrößern bzw. verkleinern. Günstig erscheint zunächst ein Regler, der die gewünschte Drehzahl möglichst konstant hält, so daß, wenn man in Abhängigkeit der abgegebenen Leistung die

Abb. 53. Astatische Drehzahlkennlinie in Abhängigkeit der Leistung.

Frequenz oder die Drehzahl aufträgt, man eine horizontale Gerade erhält (s. Abb. 53). Derartige Regler heißen astatische Regler.

Abb. 54 zeigt als Beispiel einen solchen Regler. Es ist ein Zentrifugalpendel Z vorgesehen, das über ein Gestänge einen Steuerschieber R betätigt. Je nach Stellung des Schiebers R kann Drucköl über oder unter den Kolben K dem Zylinder S zufließen und ihn nach der einen oder anderen Seite bewegen. Kolben K und Regelventil V sind fest verbunden, so daß das Ventil die Bewegungen des Kolbens K mitmacht. Punkt C ist der feste Punkt im Gestänge.

Befindet sich die Maschine im Gleichgewicht, so nimmt der Steuerschieber R die in der Abb. 54 gezeichnete Lage ein und sperrt die beiden Zuleitungen E und F zum Zylinder S ab. Tritt plötzlich eine Entlastung

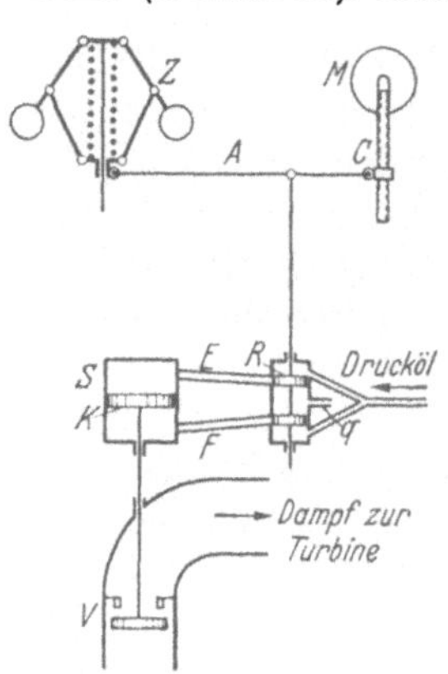
Abb. 54. Schematische Darstellung eines astatischen Reglers.

der Maschine ein, dann wird durch den Zentrifugalregler Z der Steuerschieber R etwas angehoben. Es kann jetzt Drucköl durch die Leitung F unter den Kolben K gelangen und diesen nach oben bewegen. Damit

---

[1] Siehe auch Stäblein: Die Technik der Fernwirkanlagen, S. 87f. München u. Berlin: Oldenbourg 1934.

wird die Öffnung des Ventils V verkleinert. Das aus der oberen Hälfte
des Zylinders S entweichende Öl kann über die Leitung E durch den
Steuerschieber R und eine Öffnung q in den Ölbehälter zurückfließen.
Infolge der verminderten Dampfzufuhr nimmt die Drehzahl wieder ab,
der Steuerschieber R wird nach unten bewegt und schließt die Ölzufüh-
rungen zum Zylinder S. Gleichgewicht ist wieder vorhanden, wenn die
Ausgangsdrehzahl vorhanden ist. Ein solcher astatischer Regler ist
jedoch im allgemeinen nicht brauchbar, denn nimmt man an, man hätte
zwei Maschinen, welche parallel arbeiten sollen, dann ist es unbestimmt,
wie sich die Last auf beide Maschinen verteilt. Praktisch wird, da zwei
Regler nie vollkommen übereinstimmen, die eine Maschine alles übernehmen und die andere entlastet werden. Außerdem hat ein astatischer
Regler bei plötzlichen Lastveränderungen die
Neigung zu pendeln, d. h. es finden dauernd
Über- bzw. Unterregelungen statt.

Um eine Zusammenarbeit mehrerer Maschinen zu ermöglichen, muß die beim
astatischen Regler vorhandene Unbestimmt-
heit (zu einer Drehzahl gehören beliebig viele
Leistungen) vermieden werden. Man muß
erreichen, daß einer Drehzahl bzw. einer
Frequenz nur eine Leistung zugeordnet ist.
Diese Bedingung erfüllt eine leicht abfallende,

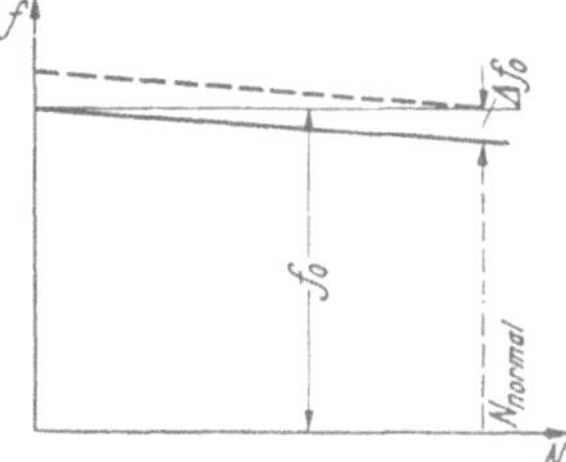

Abb. 55. Frequenzkennlinie eines
statischen Reglers.

eine sog. statische Kennlinie (s. Abb. 55). Trägt man die Frequenz bzw.
die Drehzahl in Abhängigkeit der Leistung auf, so erhält man eine
Abnahme der Frequenz mit steigender Belastung. Ein Maß für diese
Absenkung ist die sog. dauernde Drehzahländerung $d\%$. Man versteht
darunter den Betrag, um den sich die Drehzahl bzw. die Frequenz in
Prozenten ändert, falls die Belastung von Leerlauf auf Nennlast ansteigt.
Es ist also nach Abb. 55

$$(28) \qquad d\% = \frac{\Delta f_0}{f_0} \cdot 100\% \,,$$

wobei f_0 die Normalfrequenz ist. Ist die dauernde Drehzahländerung
z. B. 5% und die Frequenz bei Leerlauf genau 50, dann ist bei Vollast
die Frequenz 47,5. Man wünscht jedoch über den ganzen Belastungs-
bereich konstant die Frequenz 50. Dies kann in vorliegendem Falle nur
erreicht werden, wenn die Charakteristik stetig mit steigender Last
parallel nach oben verschoben werden kann, so daß man bei Vollast
schließlich die gestrichelte Kennlinie der Abb. 55 erhält.

Abb. 56 zeigt schematisch einen statischen Regler. Das Zentrifugalpendel Z arbeitet auf ein Gestänge A_1 und über ein weiteres
Gestänge A_2 auf den Steuerschieber R. Nimmt man an, infolge Entlastung steige die Drehzahl, so wird der Punkt B angehoben. Da der
Kolben K im Zylinder S zunächst festgehalten ist, wird der Steuerschieber

R nach oben bewegt. Jetzt kann Drucköl unter den Kolben K strömen, der nun etwas nach oben bewegt wird. Dabei wird jedoch gleichzeitig der Steuerschieber im Sinne einer Schließung betätigt. Gleichgewicht ist vorhanden, wenn der Steuerschieber R wieder die Ölzufuhröffnungen

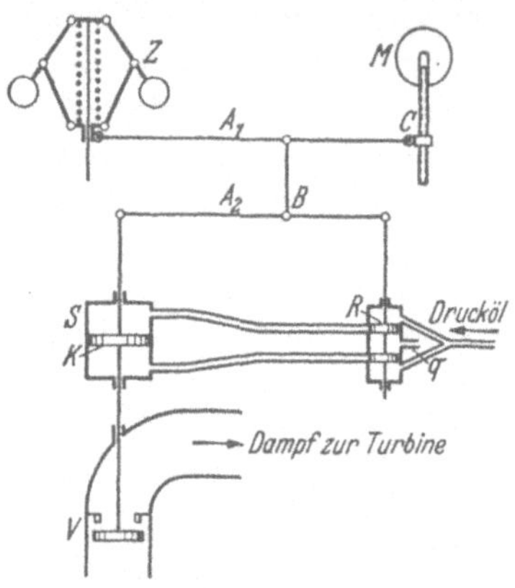

Abb. 56. Schematische Darstellung eines statischen Reglers.

abschließt. Man erkennt, daß in dieser Gleichgewichtslage jeder Stellung des Reglers Z eine bestimmte Stellung des Kolbens K zugeordnet ist, und zwar in dem Sinne, daß bei steigender Drehzahl (Regler Z geht nach oben), das Ventil V geschlossen wird (Kolben K geht nach oben). Man erreicht also die gewünschte fallende Kennlinie. Will man die Drehzahlkennlinie, wie in Abb. 55 gezeigt, parallel zu sich verschieben, beispielsweise erhöhen, dann wird der Punkt C am Gestänge A_1 durch die Spindel des Drehzahlverstellmotors M nach unten bewegt. Jetzt vermag Drucköl in den oberen Teil des Zylinders S zu strömen, damit wird das Ventil stärker geöffnet, die Drehzahl steigt, der Punkt B wird nach oben bewegt und der Steuerschieber R wieder geschlossen. Um den Frequenzabfall bei Belastungs

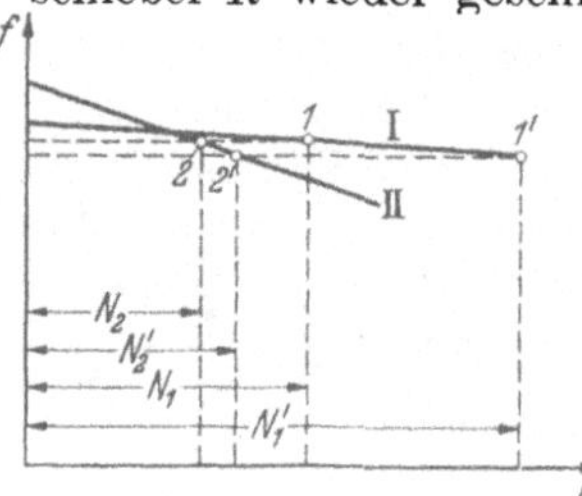

Abb. 57. Belastungsaufteilung auf zwei Maschinen verschiedener Kennlinien.

änderungen auszuregeln, kann der Drehzahlverstellmotor von Hand gesteuert werden oder auch selbsttätig, wie bei der sog. Isodromsteuerung. Diese selbsttätige Steuerung arbeitet derart, daß plötzliche Belastungsstöße auf der statischen Kennlinie aufgefangen werden, worauf dann der Frequenzabfall z. B. durch ein Frequenzmeßgerät mit dem Drehzahlverstellmotor ausgeregelt wird. Die Kennlinie für den ausgeregelten Zustand entspricht also der eines astatischen Reglers (s. Abb. 53).

Bei einer derartigen Reglung ist jedoch ein Parallelarbeiten von Maschinen möglich, da, beim Laststoß die Kennlinien statisch sind und beim folgenden selbsttätigen Ausregeln die Last, infolge Kontrollschaltungen, gleichartig auf die Maschinen verteilt wird.

Arbeiten Maschinen verschiedener Kennlinien miteinander, dann wird die Zusatzlast bei Belastungsänderung sich verschieden auf die Maschinen verteilen. Grundbedingung für das Zusammenarbeiten der Maschinen ist, daß deren Frequenz stets gleich sein muß. Die Maschine I der Abb. 57 wird daher beispielsweise die Leistung N_1 und die Maschine II die Leistung N_2 abgeben, da die Punkte 1 und 2 zur gleichen Frequenz

gehören. Steigt die Belastung etwas, dann muß die Frequenz in beiden
Maschinen gleichmäßig absinken. Man erhält die neuen Gleichgewichts-
punkte *1'* und *2'*. Man erkennt aus Abb. 57, daß die Maschine mit der
flachen Charakteristik fast die ganze Zusatzlast übernommen hat,
während die Maschine mit der stärker ab-
fallenden Charakteristik kaum Zusatzlast
übernimmt.

Ein besonderer Fall (s. Abb. 58) liegt
vor, falls die Kennlinie der einen Maschine I
horizontal liegt (Isodromregelung). In diesem
Falle übernimmt diese Maschine alle Lastschwankungen und die Maschine II ist immer
mit der Leistung N_2 belastet, es sei denn, daß
man mit dem Drehzahlstellmotor eine Parallelverschiebung der Kennlinie II vornimmt.

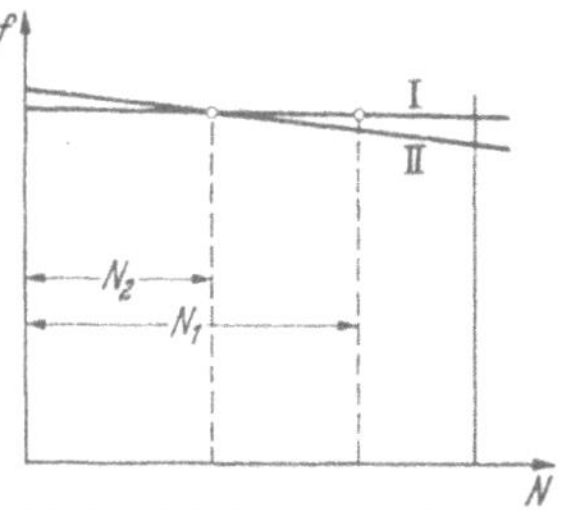

Abb. 58. Belastungsaufteilung auf
eine Maschine mit statischer und
eine mit astatischer Kennlinie.

Die gebrachten Überlegungen gelten nicht nur für parallel arbeitende
Maschinen, sondern auch für parallel arbeitende Kraftwerke. Arbeiten
mehrere Grundlastkraftwerke und ein
Spitzenkraftwerk zusammen, dann wird
man auf jeden Fall letzterem eine flache,
unter Umständen eine horizontale Charakteristik geben, damit es die Lastschwankungen übernimmt.

Es seien noch die Gesetzmäßigkeiten für
die Lastverteilung bei parallel arbeitenden
Maschinen abgeleitet. Ist die dauernde
Drehzahländerung $d\%$ jeder Maschine bekannt, so kann auch für jede Maschine

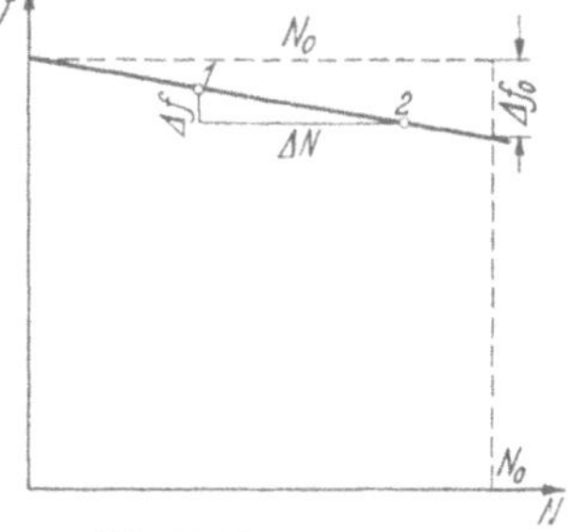

Abb. 59. Frequenzkennlinie.

die bei Nennleistung N_0 vorhandene Frequenzabsenkung Δf_0 nach Gl. (28)
ermittelt werden. Auf Grund der Abb. 59 gilt folgende Beziehung:

$$(29) \qquad \Delta N = \Delta f\, \frac{N_0}{\Delta f_0}.$$

Bezeichnet man allgemein als Leistungszahl die Größe

$$(30) \qquad L = \frac{N_0}{\Delta f_0},$$

dann geht Gleichung (29) über in

$$(31) \qquad \Delta N = L\,\Delta f.$$

Hat man mehrere Maschinen mit den Leistungszahlen L_1, L_2, L_3 und sind
die Lastzunahmen ΔN_1, ΔN_2, ΔN_3 dann gilt, da Δf für alle Maschinen
gleich sein muß

$$(32) \qquad \begin{cases} \Delta N_1 = L_1\,\Delta f \\ \Delta N_2 = L_2\,\Delta f \\ \Delta N_3 = L_3\,\Delta f. \end{cases}$$

Diese Gleichungen addiert, ergeben

$$(33) \qquad \sum \varDelta N = \left(\sum L\right) \varDelta \mathrm{f}$$

Bezeichnet man die gesamte Lastschwankung mit

$$(34) \qquad \varDelta N_r = \sum \varDelta N$$

und die resultierende Leistungszahl des ganzen Werkes mit

$$(35) \qquad L_r = \sum L = L_1 + L_2 + L_3 + \ldots$$

dann ergibt sich

$$(36) \qquad \varDelta N_r = L_r \varDelta f$$

oder

$$(37) \qquad \varDelta f = \frac{\varDelta N_r}{L_r}.$$

Setzt man den Wert von $\varDelta f$ in die Gleichungen (32) ein, dann ergibt sich

$$(38) \qquad \begin{cases} \varDelta N_1 = \dfrac{L_1}{L_r}\,\varDelta N_r, \\[2ex] \varDelta N_2 = \dfrac{L_2}{L_r}\,\varDelta N_r, \\[2ex] \varDelta N_3 = \dfrac{L_3}{L_r}\,\varDelta N_r. \end{cases}$$

Obigen Rechnungen liegt die Voraussetzung zugrunde, daß bei Lastschwankungen sämtliche im Betrieb befindlichen Maschinen an denselben teilnehmen. Es können jedoch gelegentlich auch Abweichungen von dieser Voraussetzung eintreten. In der Abb. 60 a sind zwei Kennlinien I und II von zwei Maschinen aufgezeichnet. Ist die Frequenz größer als f', dann gibt nur die Maschine I Leistung ab; ist die Frequenz dagegen kleiner, so übernehmen beide Maschinen Last. Demgemäß ist die Leistungskennlinie eine gebrochene (s. Abb. 60 b). Man kann jedoch durch Nachregelung (Parallelverschiebung der Charakteristik) erreichen, daß stets die gewünschte Zahl an Maschinen sich an der Lastübertragung beteiligen. Die gebrachten Formeln gelten auch für geknickte Kennlinien, es müssen dann nur in die Rechnungen die Maschinen eingesetzt werden, welche sich an der Lastübertragung beteiligen.

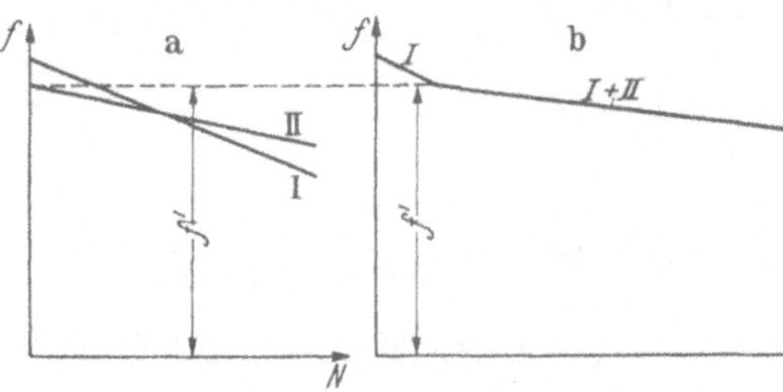

Abb. 60 a u. b. Frequenzkennlinien zweier Maschinen. a Kennlinien getrennt aufgezeichnet, b resultierende Kennlinie für beide Maschinen.

Bei Maschinen und Kraftwerken, welche Grundlast fahren bzw. ihre Leistung nach einem Fahrplan abgeben, die sich also um die Frequenz nicht zu kümmern haben, da diese von einer anderen Maschine oder einem anderen Kraftwerk gehalten wird, ist streng genommen ein Regler

überflüssig. Es braucht hier nur die Öffnung für den Energiezufluß
entsprechend dem Fahrplan verändert zu werden. Die Kennlinie ist
also (s. Abb. 61) eine vertikale Gerade $a—a$, d. h. die Leistung ist
unabhängig von Frequenzschwankungen, sie verschiebt sich jedoch
entsprechend der Ventilstellung z. B. bei kleinerer Leistung in die
Lage $b—b$.

Solche vertikalen Kennlinien haben jedoch Nachteile. Wird z. B.
infolge einer Netzstörung ein großer Teil der Last abgeschaltet, so werden
die Maschinen durchgehen wollen, bis eine übergeordnete, für die Sicherheit der Maschine notwendige Drehzahlbegrenzung, einsetzt. Zweckmäßiger ist es in diesem Betriebsfall jedoch, wenn eine Frequenzregelung
stattfindet, damit die Frequenz für die noch angeschlossenen Verbraucher
gehalten wird. Umgekehrt kann der
Fall eintreten, daß in dem Netzverband
plötzlich infolge Ausfalls einer Maschine
die Frequenz unzulässig stark sinkt. In
diesem Falle ist es erwünscht, wenn
das Kraftwerk, sofern es nicht voll belastet ist, mit einspringt, um die Frequenz
zu stützen. Obige Forderungen können
erfüllt werden durch eine Charakteristik
entsprechend Abb. 61, die bei d und e

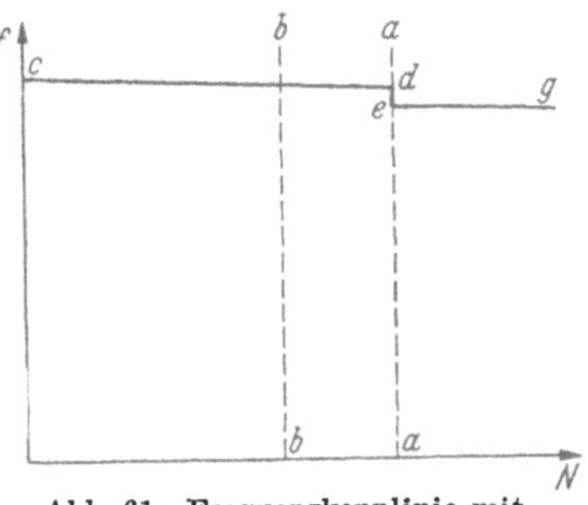

Abb. 61. Frequenzkennlinie mit
zusätzlicher Beeinflussung.

einen Knick hat. Liegen die normalen
Frequenzschwankungen in dem Bereich zwischen d und e, dann wird
das Kraftwerk unabhängig von Frequenzschwankungen auf konstant
eingestellte Leistung arbeiten. Tritt jedoch eine unzulässige Frequenzabsenkung ein, dann wird das Kraftwerk eine erhöhte Leistung abzugeben vermögen entsprechend der Geraden $e—g$. Umgekehrt wird,
falls infolge Entlastung die Frequenz stark ansteigen will, eine Begrenzung
durch den Teil $c—d$ der Kennlinie stattfinden. Die geforderte Form der
Kennlinie kann durch übergeordnete Meßgeräte, welche z. B. den Drehzahlverstellmotor des Reglers beeinflussen, erreicht werden.

Es sei erwähnt, daß die Drehzahlüberwachung nicht durch Zentrifugalregler erfolgen muß, sondern daß man hierzu auch elektrische
Frequenzmeßgeräte (welche z. B. nach dem Resonanzprinzip arbeiten)
verwenden kann, die servomotorisch die Energiezufuhr regeln. Der
vorhandene (z. B. eine größere Unempfindlichkeit besitzende) Zentrifugalregler kann in einem solchen Falle als übergeordnetes Sicherheits-
organ dienen. Die elektrischen Frequenzmeßgeräte sind empfindlicher
und arbeiten, da sie keine Trägheit besitzen, rascher als die Zentrifugalregler. Zur raschen Ausregelung läßt man sie oft unter Umgehung des
etwas langsamen Drehzahlverstellmotors unmittelbar auf einen rasch
arbeitenden hydraulichen Servomotor arbeiten, der die Energiezufuhr
regelt.

c) Über den Einsatz von Maschinen und Kraftwerken und über die richtige Lastverteilung.

In einem Kraftwerk bzw. in einem Netz müssen infolge der schwankenden Belastung Maschinen aus dem Betrieb gezogen bzw. neu eingesetzt werden. An Hand des Belastungsdiagramms kann man sich im voraus ein Bild machen, mit welcher Leistung und auf welche Zeit die betreffenden Maschinen voraussichtlich belastet sein werden. Um eine Kraftmaschine in Betrieb zu nehmen, ist eine bestimmte Zeit erforderlich, innerhalb der die Inbetriebsetzungsarbeit A_0 aufzuwenden ist. Dabei kann Energie wie Elektrizität, Dampf usw. verbraucht werden. Diese Inbetriebsetzungsarbeit kann die Wirtschaftlichkeit einer Maschine, falls sie nur kurzzeitig in Betrieb bleibt, stark beeinträchtigen. Hat man verschiedene Maschinen zur Verfügung, so können folgende Gesichtspunkte als Anhaltspunkte gelten, welche Maschinen am günstigsten eingesetzt werden. Die Inbetriebsetzungsarbeit, in kWh gemessen, sei A_0. Besteht diese nicht nur aus verbrauchter Elektrizität, sondern auch aus Dampf, so ist die Umrechnung in kWh so vorzunehmen, daß man die verbrauchte Dampfmenge gleich der Zahl von kWh setzt, die man im Betriebe damit erzeugen könnte. Ist die darauffolgende Betriebszeit T und ist die mittlere Verlustleistung des Maschinensatzes (einschließlich Kesselanlage) in kW gleich N_0, so ist die gesamte Verlustarbeit in kWh gleich

$$(39) \qquad A_0 + N_0\, T\,.$$

Uns interessieren die Verluste, bezogen auf die Zahl der erzeugten kWh, die, falls die mittlere Leistung N_m ist, den Wert $N_m T$ besitzt. Diese spezifischen Verluste

$$(40) \qquad a_s = \frac{A_0 + N_0\, T}{N_m\, T} = \frac{A_0}{N_m}\, \frac{1}{T} + \frac{N_0}{N_m}$$

sollen möglichst klein sein. Man kann für die verschiedenen zur Verfügung stehenden Maschinen die spezifischen Verluste für die in Frage kommende Betriebsdauer T und mittlere Leistung N_m berechnen und danach die Maschine auswählen, welche die kleinsten spezifischen Verluste ergibt.

Obige Betrachtungen gelten auch für Maschinen verschiedener Kraftwerke, nur muß dann berücksichtigt werden, daß die Energieerzeugungskosten in den einzelnen Kraftwerken verschieden sein können. Bei der Rechnung interessieren nur die sog. veränderlichen Energiekosten, denn die festen Kosten, die durch den Kapitaldienst, die Abschreibungen usw. sich ergeben, bleiben unverändert, einerlei, ob die eine oder andere Maschine in Betrieb gesetzt wird. Sind die veränderlichen Kosten pro kWh gleich b in RM., dann sind die spezifischen Verlustkosten gleich

$$(41) \qquad k_s = b\left(\frac{A_0 + N_0\, T}{N_m\, T}\right) = b\left(\frac{A_0}{N_m}\, \frac{1}{T} + \frac{N_0}{N_m}\right) \text{RM./kWh}\,.$$

Man kann jetzt untersuchen, bei welchem Maschinensatz diese spezifischen Kosten am kleinsten werden und wird diesen dann in Betrieb nehmen.

Bei mehreren in Betrieb befindlichen Kraftmaschinen wird der Fall selten sein, daß alle restlos ausgenutzt sind. Betrachten wir zunächst den Fall von 2 Maschinen, die z. B. zusammen eine Belastung von 100% herzugeben haben, so kann man die Belastung derart aufteilen, daß die eine z. B. mit 70% belastet wird und daß der zweiten Maschine der Rest der Belastung (30%), der wesentlich kleiner sein kann als der Leistung der Maschine entspricht, zugewiesen wird. Ferner kann man auch die Belastung gleichmäßig auf beide Maschinen verteilen. Es gibt sicher eine Verteilung der Belastung, welche die günstigste ist. Diese sei jetzt berechnet, und zwar sei die Rechnung durchgeführt für den Fall von drei miteinander arbeitenden Maschinen, welche zusammen die Leistung N herzugeben haben. Dabei sei von jeder Maschine bekannt, in welcher Weise die zugeführte Leistung L sich in Abhängigkeit der abgegebenen Leistung N ändert (s. Abb. 62a). Die gesamte

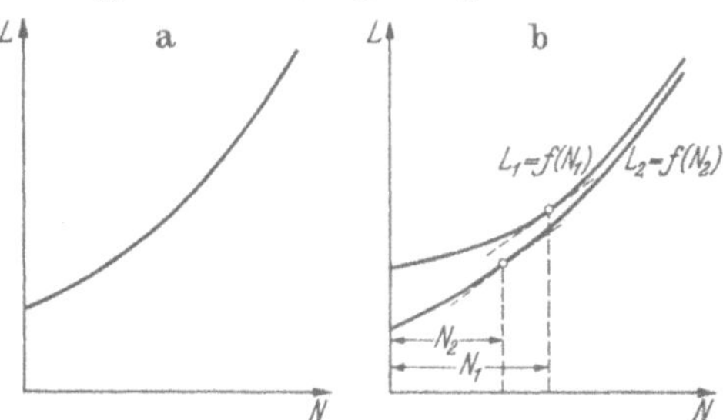

Abb. 62 a u. b. Aufgenommene Leistung in Abhängigkeit der abgegebenen, a für eine Maschine, b für zwei Maschinen.

zuzuführende Leistung ist für die drei Maschinen $L_r = L_1 + L_2 + L_3$. Diese zuzuführende Leistung soll möglichst klein sein. Weiterhin gilt, da die abgegebene Leistung konstant sein soll, die Bedingungsgleichung

$$(42) \qquad N_1 + N_2 + N_3 = N_r = \text{const.}$$

Wenn die zuzuführende Leistung L_r ein Minimum sein soll, muß das Differential dL_r gleich Null sein. Es gilt also

$$(43) \qquad dL_r = \frac{\partial L_1}{\partial N_1}\, dN_1 + \frac{\partial L_2}{\partial N_2}\, dN_2 + \frac{\partial L_3}{\partial N_3}\, dN_3 = 0\,.$$

Beachtet man, daß aus Gl. (42) die Gleichung

$$(44) \qquad dN_1 + dN_2 + dN_3 = 0$$

folgt, dann ergibt sich, daß Gl. (43) immer gleich Null wird, wenn der Bedingung

$$(45) \qquad \frac{\partial L_1}{\partial N_1} = \frac{\partial L_2}{\partial N_2} = \frac{\partial L_3}{\partial N_3}$$

genügt wird. Da keine Verwechslung eintreten kann, seien statt der partiellen die normalen Differentialquotienten benutzt, so daß auch gilt:

$$(46) \qquad \frac{dL_1}{dN_1} = \frac{dL_2}{dN_2} = \frac{dL_3}{dN_3}\,.$$

Diese Formel besagt also, daß die Zunahme der zuzuführenden Leistung in Abhängigkeit der abgegebenen Leistung bei den verschiedenen Maschinen gleich sein muß. Betrachtet man zwei Maschinen mit den Leistungskennlinien $L_1 = f(N_1)$ und $L_2 = f(N_2)$ (s. Abb. 62b). Die Bedingung

$$\frac{dL_1}{dN_1} = \frac{dL_2}{dN_2}$$

wird erfüllt für die eingezeichneten Leistungen N_1 und N_2. Würde man die Leistung auf beide Maschinen gleichmäßig verteilen, daß jede also die Leistung $\frac{N_1 + N_2}{2}$ abgeben würde, dann wäre eine größere Leistung $L_1 + L_2$ aufzuwenden, die angestrebte Wirtschaftlichkeit also nicht erreicht. Sind die vorhandenen Maschinen in ihren Kennlinien gleichartig, dann vereinfacht sich unsere Bedingung und heißt, daß die Last auf die Maschinen prozentual der Nennleistung gleichmäßig verteilt werden muß.

Wir haben unsere Wirtschaftlichkeitsbedingungen abgeleitet, indem wir das Differential dN_r gleich Null gesetzt haben. Dies ist jedoch nicht gleichbedeutend damit, daß ein Minimum vorhanden ist. Beispielsweise könnte auch ein Maximum auftreten. Ein Minimum ist jedoch auf jeden Fall vorhanden, wenn dL_1/dN_1, dL_2/dN_2 ... mit wachsendem N_1 bzw. N_2 zunimmt, d. h. die Größen

$$\frac{d^2 L_1}{dN_1^2} \quad \text{bzw.} \quad \frac{d^2 L_2}{dN_2^2}$$

positiv sind, also nicht Null oder negativ. Sollte letzterer Fall auftreten, dann sind Spezialuntersuchungen anzustellen.

III. Die Drehstromgeneratoren.
A. Allgemeines.

Der Aufbau der in den Kraftwerken zur Anwendung kommenden Drehstromgeneratoren richtet sich nach der Drehzahl ihrer Antriebsmaschinen. Liegen zum Antrieb Dampfturbinen vor, welche Drehzahlen von 1500 oder 3000 in der Minute haben, so werden die Generatoren als sog. Turbogeneratoren gebaut, die zylindrische Rotoren mit verteilter Erregerwicklung haben, also keine ausgeprägten Pole besitzen. Bei diesen hohen Drehzahlen kann man Generatorleistungen von 100000 kVA und darüber (bei $n = 3000$) bzw. von etwa 200000 kVA (bei $n = 1500$) erreichen. Diese Grenzleistungen sind vorwiegend durch die mechanischen Beanspruchungen der Rotoren gegeben. Schwierigkeit bereitet bei Turbos die Abführung der Verlustwärme durch die Kühlluft, da meistens der Anker lang gebaut ist. Zur Belüftung der Generatoren sind an den Enden des Rotors Ventilatoren angebracht, welche Kühlluft ansaugen und diese durch zahlreiche im Generator angebrachte Luft-

schlitze und Kühlkanäle hindurchpressen (s. Abb. 63). Bei sehr großen
Leistungen, von etwa 50000 kVA an aufwärts, ist es zweckmäßiger einen
besonderen außerhalb des Generators angeordneten Ventilator (s. Abb. 64)
zu verwenden. Da man jetzt hinter dem Ventilator den Kühler anordnen
kann, erhält der Generator kühlere Luft, als in dem Fall des unmittelbar angebauten Ventilators, wo der Kühler nur vor dem Ventilator
angeordnet werden kann, somit die Luft im Ventilator selbst bereits
vorgewärmt wird.

Erfolgt der Antrieb der Generatoren durch Wasserkraftmaschinen,
Diesel- oder Gasmotoren, so liegen die Drehzahlen im allgemeinen beachtlich unter 1500 Umdrehungen. Die Generatoren erhalten jetzt Polräder
mit ausgeprägten Polen. Da solche Generatoren schmaler, in ihren

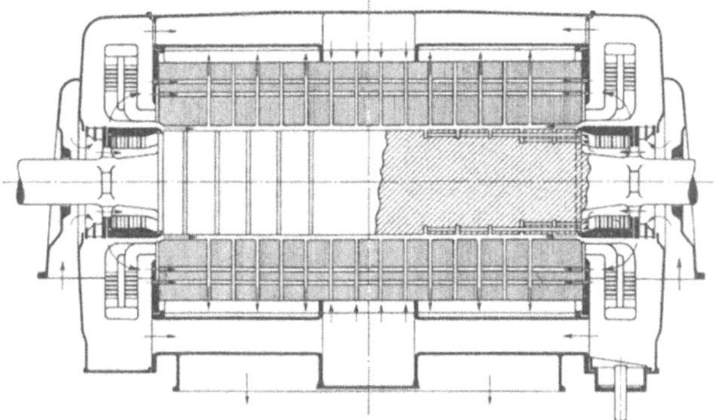

Abb. 63. Turbogenerator (SSW).

sonstigen Abmessungen jedoch größer als Turbogeneratoren sind, bereitet die Abführung der Verlustwärme weniger Schwierigkeit.

Die Kühlluft wird inner- oder außerhalb des Gebäudes angesaugt,
durchströmt den Generator und gelangt an anderer Stelle wieder ins
Freie. Diese Luftführung ist nur erlaubt, wenn vollkommen reine Luft zur
Verfügung steht, was gelegentlich bei Wasserkraftwerken der Fall ist.
Bei staubhaltiger Luft leitet man erst die Kühlluft zur Reinigung durch
Filter und schickt sie dann in den Generator. Die Filter kann man bei
der sog. Kreislaufkühlung (s. Abb. 65) vermeiden. Die den Generator
durchströmende Luft wird in einem besonderen Wasserkühler rückgekühlt und darauf dem Generator wieder zugeleitet; der Generator
kann somit nicht verunreinigt werden. Das Verfahren hat noch den
Vorteil, daß ein durch einen Generatorschaden hervorgerufener Brand
keine größere Ausdehnung annehmen kann, da die zur Verfügung stehende
Sauerstoffmenge beschränkt ist und man in den Kreislauf im Störungsfalle noch Kohlensäure einströmen lassen kann. Bei der Kreislaufkühlung werden die sonst durch das Gebäude führenden und oft stören-
den Luftkanäle gespart.

Damit bei Netzstörungen, bei denen mechanische Pendelungen der Maschinen auftreten können, die Generatoren in den Kraftwerken weniger leicht außer Tritt fallen (s. S. 84), erhalten sie zweckmäßig eine Dämpferwicklung. Diese bewirkt auch, daß bei einphasigen Lasten die Spannungskurve unverzerrt bleibt. Bei Turboläufer werden hierzu unter den Nutenkeilen des Rotors Flachkupferbänder eingelegt, die an den Enden unterhalb der Rotorkappen miteinander verbunden sind. Bei Generatoren mit ausgeprägten Polen werden durch die Polschuhe Dämpferstäbe aus Kupfer gezogen, die an den Enden durch Kupferringe verbunden sind.

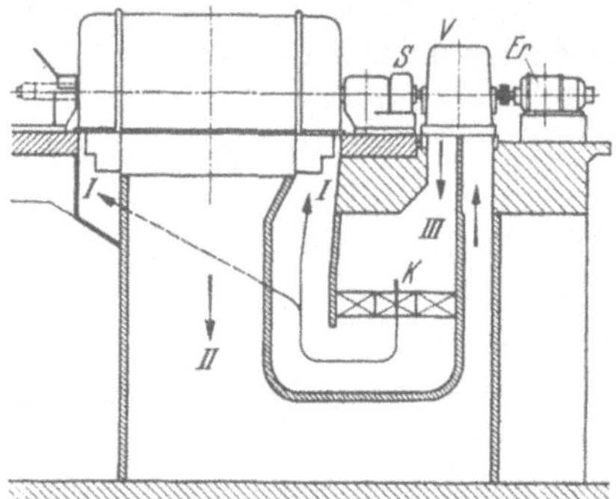

Abb. 64. Drehstromgenerator mit getrenntem Ventilator (BBC). *V* Ventilator, *K* Kühler.

Arbeiten Generatoren auf größere Gleichrichter, dann müssen die Dämpferwicklungen reichlich bemessen sein. Die Oberwellen im Strome, die beim Gleichrichterbetrieb vorhanden sind, verursachen auch Oberwellenströme in der Dämpferwicklung, die leicht zu hohen Temperaturen führen können.

Der Wirkungsgrad moderner Generatoren liegt hoch und beträgt je nach Größe der Maschine bei Vollast 94 bis 98%. Die Abhängigkeit des Wirkungsgrades von der Belastung geht aus folgenden Angaben hervor: Der Wirkungsgrad eines 20000 kVA-Generators beträgt bei $\cos \varphi = 0,8$ und $^1/_1$-Last 97,1%, bei $^3/_4$-Last 96,7%, bei $^1/_2$-Last 95,7% und bei $^1/_4$-Last 92,2%. Die Spannung unserer Generatoren beträgt heute meist

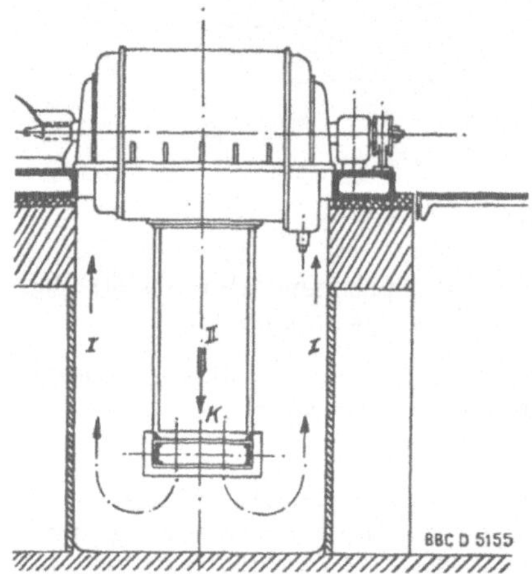

Abb. 65. Umlaufkühlung eines Turbogenerators (BBC). *K* Kühler.

6300 bzw. 10500 V. Man wählt die Nennspannung des Generators immer 5% höher als der Netzspannung entspricht (10500 V bei 10000 V Netzspannung), um den Spannungsabfall bis zum Verbraucher etwas ausgleichen zu können. Es liegt mitunter das Bestreben vor, für größere Leistungen mit den Spannungen der Generatoren noch wesentlich höher zu gehen. Wegen des erhöhten Aufwandes an Isoliermaterial stellen sich diese Generatoren meist höher im Preis. Trotzdem können unter Umständen Ersparnisse gemacht werden, wenn etwa das Hochspannungsnetz einer Großstadt von 25000 V direkt von einem 25000 V-Generator gespeist wird, denn man kann dann die Transformatoren im Kraftwerk sparen. Allerdings muß man jetzt zur Kleinhaltung der Kurzschlußströme Drosselspulen vorsehen.

B. Diagramm des Turbogenerators.

Es werde das Diagramm für den Drehstromgenerator abgeleitet, und zwar zunächst für den Turbogenerator mit zylindrischem Rotor und damit konstantem Luftspalt über den ganzen Umfang. Die Wirkungsweise der Generatoren sei als bekannt vorausgesetzt.

Wird in der in Abb. 66a schematisch dargestellten Drehstromwicklung $1—1'$, $2—2'$ und $3—3'$ Drehstrom erzeugt, so bilden die Ströme im Raume sich drehende Amperewindungen und hierdurch ein Drehfeld. Diese

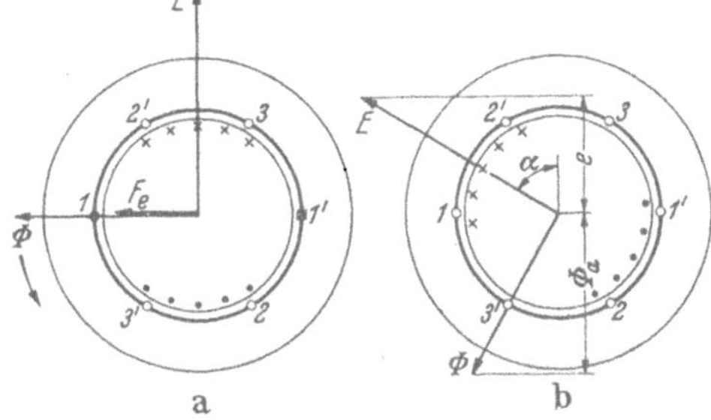

Abb. 66 a u. b. Schematische Darstellung eines Drehstromgenerators. a Flußmaximum schneidet die Wicklung $1—1'$, b Flußmaximum hat sich um den Winkel 1 gedreht.

Amperewindungen denken wir uns näherungsweise sinusförmig längs des Luftspaltes verteilt. In Abb. 67a sind die Ströme des Dreiphasensystems durch das Zeigerdiagramm dargestellt. Unser Augenmerk sei nur auf den Strom I_1 gerichtet, da es wenig Wert hat, bei einem symmetrischen Drehstromsystem alle drei Ströme zu betrachten. Dreht sich das Zeigerdiagramm im Linkssinne, so werden die erzeugten Amperewindungen sich ebenfalls im Linkssinne

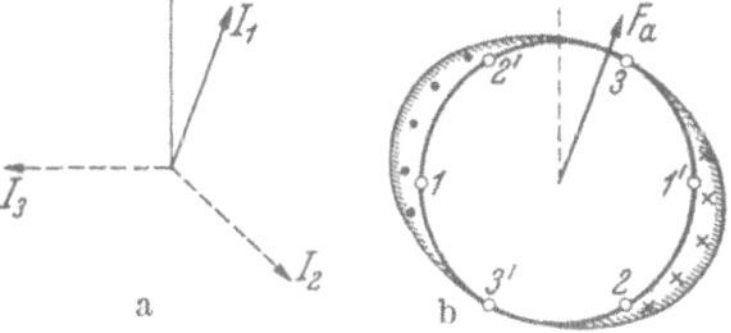

Abb. 67a u. b. Generatordiagramme. a Zeigerdiagramm der Ströme, b Lage der resultierenden Amperewindungen des Ankers.

drehen. Für den Zeitpunkt der Abb. 67a haben die räumlich sinusförmigen Amperewindungen der drei Ströme die in der Abb. 67b aufgezeichnete Verteilung und ihre Größe und Richtung läßt sich durch den Vektor F_a kennzeichnen, der die Richtung des von den Amperewindungen erzeugten Feldes angibt und proportional dem Strom I_1 ist. In unserem Zeitdiagramm ist also der Stromvektor I_1 proportional dem Drehfeld (Amperewindungen) und gibt auch dessen räumliche Lage an.

Wir wollen annehmen, der vom Läufer erzeugte, ebenfalls räumlich sinusförmig verteilte Fluß Φ habe die in der Abb. 66a dargestellte Richtung und Größe. Dreht sich das Polrad und damit der Fluß im Linkssinne, so wird in der Wicklung *1* eine Spannung erzeugt, welche in der linken Wicklungshälfte aus der Papierebene heraus-, in der rechten in die Papierebene hineingerichtet ist. Dieser EMK E ordnet man einen Vektor zu, der in dem betrachteten Augenblick senkrecht zur Spule steht und dessen Richtung mit dem Feld übereinstimmt, welche der durch diese EMK erzeugte Strom bei ohmscher Belastung und induktivitätsfreier Wicklung erzeugen würde. Obwohl in dem betrachteten Augenblick die in Wicklung *1* erzeugte EMK am größten ist, umschließt die Wicklung *1* den Fluß Null. Nach einer gewissen Zeit hat sich das Polrad um den Winkel α gedreht (s. Abb. 66 b) und der Fluß durchsetzt jetzt teilweise die Wicklung *1*. Da der Fluß sinusförmig zunimmt, kann man den Augenblickswert Φ_a des von der Wicklung *1* umschlungenen Flusses durch Projizieren des Vektors Φ auf die Vertikale erhalten. Die in Wicklung *1* erzeugte EMK hat sinusförmig abgenommen und man erhält den Augenblickswert e der EMK durch Projizieren des EMK-Vektors auf die Vertikale. Man kann also die räumlichen Vektoren Φ und E der Abb. 66 auch als Vektoren eines Zeitdiagramms auffassen, wobei der Fluß Φ der EMK um 90° voreilt. Hat man eine Maschine mit p Polpaaren, dann ist ganz allgemein der räumliche Winkel nur α/p, wenn α der zeitliche oder wie man sagt, der elektrische Winkel ist.

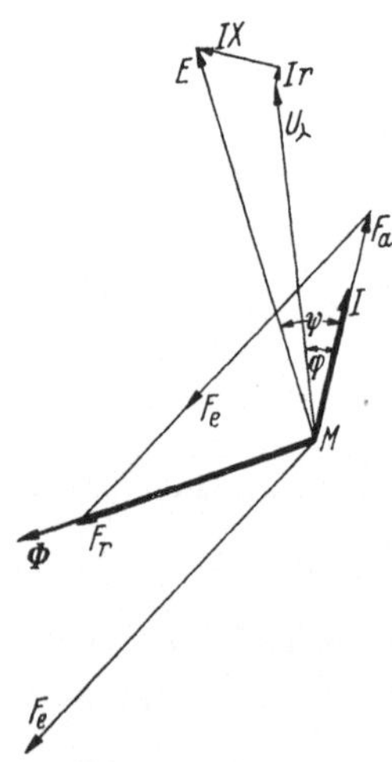

Abb. 68. Diagramm des Drehstromgenerators mit zylindrischem Rotor.

Der von der EMK erzeugte Strom I hat im allgemeinen gegen die Sternspannung $U_\curlywedge$ eine Phasenverschiebung φ. Um E zu erhalten, muß man im Zeitdiagramm, das man, wenn symmetrische Verhältnisse vorliegen, stets für eine Wicklung zeichnet (s. Abb. 68), zur Sternspannung $U_\curlywedge$ in Richtung des Stromvektors den ohmschen Spannungsabfall $I \cdot r$, senkrecht dazu den induktiven Spannungsabfall $I \cdot X$ ($X =$ Streureaktanz) des Generators auftragen. Der Stromvektor hat jetzt gegenüber dem EMK-Vektor die Phasenverschiebung ψ. Da, wie oben gezeigt, die räumliche Lage des Ankerfeldes F_a mit der Lage des Stromvektors I zusammenfällt, haben I und F_a gleiche Phasenlage.

Nun ist außer dem Ankerfeld F_a noch das ebenfalls annähernd sinusförmige Erregerfeld F_e des Polrades vorhanden. Beide setzen sich räumlich zu einem resultierenden Feld F_r zusammen, welches den Fluß Φ erzeugt und dem EMK-Vektor (auf Phase bezogen!) um 90° voreilt.

Das Diagramm der Abb. 68 gibt restlos Aufschluß über das Verhalten eines Synchrongenerators mit Walzenrotor, also nicht ausgeprägten Polen, im Betriebe. Beispielsweise kann hiermit ermittelt werden, wie groß bei gegebener Belastung die Erregung des Rotors sein muß. Allerdings müssen hierzu einige Daten der Maschine bekannt sein. Um zunächst die EMK E zu erhalten, muß zur Sternspannung $U_\curlywedge$ der induktive Spannungsabfall IX addiert werden. Den ohmschen Spannungsabfall vernachlässigt man meist, da er bei größeren Maschinen gegenüber dem induktiven klein ist. Die Streureaktanz X ist meistens indirekt durch die prozentuale Streuspannung des Generators (z. B. 15 bis 24%)

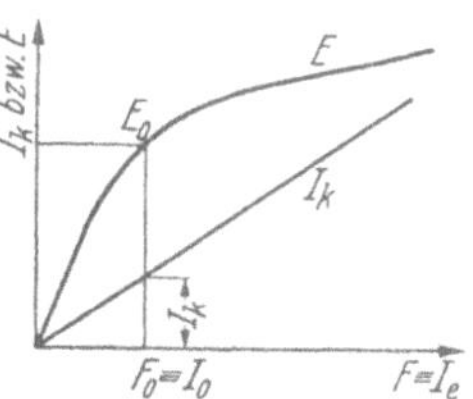
Abb. 69. Leerlauf- und Kurzschlußkennlinien in Abhängigkeit des Erregerstromes.

$$(47) \qquad \varepsilon_s\% = \frac{I_n X}{U_\curlywedge} 100 = \frac{I_n X \sqrt{3}}{U} 100$$

gegeben. Sie kann aus dieser Gleichung, in der U die Spannung zwischen zwei Außenleiter (verkettete Spannung) bedeutet, berechnet werden. Die EMK E wird durch einen (s. Abb. 68) um 90° voreilenden Fluß Φ erzeugt, dieser seinerseits durch das resultierende Feld F_r. F_r kann für eine bestimmte EMK aus der Leerlaufkennlinie des Generators (s. Abb. 69), die den Zusammenhang zwischen der EMK bei unbelastetem Generator und der Erregung bzw. des Erregerstromes I_e angibt, entnommen werden. Es empfiehlt sich, die Erregung F_r bzw. die Erregung F_e unmittelbar in Ampere-Erregerstrom zu messen. Allerdings muß dann das Ankerfeld F_a ebenfalls in Ampere-Erregerstrom gegeben sein. Um F_a für eine bestimmte Belastung zu erhalten, geht man vom dreipoligen Klemmenkurzschluß des Generators aus. Da hierbei $U_\curlywedge = 0$ ist, ist die EMK gleich der Streuspannung IX. Der Strom und damit auch das Ankerfeld F_a eilen in diesem Betriebsfall (induktive Belastung!) der EMK um 90° nach

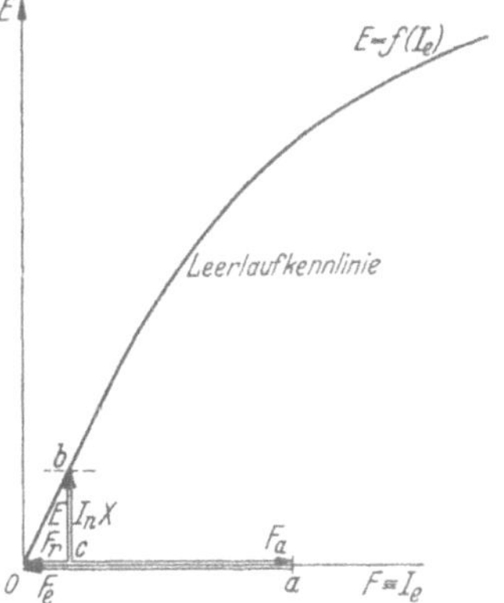
Abb. 70. Konstruktion zur Ermittlung der Ankerrückwirkung F_a.

(s. Abb. 70). F_a und die tatsächliche Erregung F_e addiert, ergeben das resultierende Feld F_r. Solange F_r und E sich im geradlinigen Teil der Charakteristik befinden (s. Abb. 70), ist der Kurzschlußstrom proportional der Erregung F_e bzw. dem Erregerstrom I_e. Der Kurzschlußstrom $I_k = f(I_e)$ ist also eine Gerade (s. Abb. 69). Es genügt, wenn ein Punkt dieser Geraden bekannt ist. Meist wird das Verhältnis I_k/I_n angegeben. Dabei bedeutet I_k den Kurzschlußstrom, der sich bei einem Erregerstrom I_0, welcher im Leerlauf die Nennspannung der Maschine erzeugt, einstellt. I_n ist der Nennstrom. I_k/I_n ist ein für den Generator charakteristisches Verhältnis und beträgt z. B. bei Turbogeneratoren etwa 0,7. Um einen Kurzschlußstrom von der Größe I_n zu erhalten, ist dann eine Erregung von der Größe

$$(48) \qquad F_e = I_e = I_0 \frac{I_n}{I_k} = \frac{I_0}{\left(\dfrac{I_k}{I_n}\right)}$$

notwendig (I_0 = Erregerstrom bei Nennspannung der Maschine im Leerlauf). Um das Ankerfeld, gemessen in Ampere-Erregerstrom, zu erhalten, macht man zunächst F_e in der Abb. 70 gleich dem F_e nach Gl. (48). Zieht man jetzt eine Horizontale im Abstand $I_n \cdot X$, so schneidet diese die Leerlaufkennlinie im Punkt b. Fällt man von b auf die Abszisse ein Lot, so wird diese im Punkte c geschnitten. Die Strecke O—c ist das resultierende Feld F_r, entsprechend einer EMK $= I_n \cdot X$, c—a ist das Ankerfeld F_a, welches beim Normalstrom I_n vorhanden ist. Für einen beliebigen Strom I kann das Ankerfeld dann durch proportionale Umrechnung erhalten werden. Da in unserem Diagramm Abb. 68 F_r und jetzt auch F_a bekannt sind, findet man die notwendige Läufererregung F_e als vektorielle Differenz der beiden Größen. F_e ergibt sich ebenfalls in Ampere-Erregerstrom.

Es sei darauf hingewiesen, daß bei belastetem Generator die Polradachse, welche mit F_e zusammenfällt, dem resultierenden Erregerfeld und damit auch dem Fluß voreilt.

C. Diagramm des Schenkelpolläufers.

Bei Generatoren mit ausgeprägten Polen trifft die Annahme konstanten Luftspaltes längs des Umfanges nicht mehr zu. Hier muß bei Aufstellung des Generatordiagramms das Vorhandensein der ausgeprägten Pole berücksichtigt werden. Ist die Generatorspannung U und hat der Strom I gegen U_λ eine Phasenverschiebung φ (induktive Belastung), so erhält man die EMK E, ebenso wie im Diagramm Abb. 68, durch geometrische Addition des ohmschen Spannungsabfalls $I \cdot r$ und des induktiven $I \cdot X$ zur Sternspannung U_λ (s. Abb. 71). Wir errichten im Nullpunkt senkrecht zur Polachse l—l (Polradmitte), deren Richtung als bekannt vorausgesetzt werde, das Lot M—q und zerlegen den Strom in zwei Komponente I_l und I_q, von denen die erste in die Richtung l—l und die zweite in die Richtung M—q fällt. Jede der beiden Stromkomponenten erzeugt für sich ein I_l und I_q proportionales Feld F_l und F_q. Da l—l die Richtung der Polachse ist, liegt das Erregerfeld F_e ebenfalls in dieser Achse, hat jedoch, wie wir noch später sehen, entgegengesetzte Richtung wie F_l. Wir untersuchen zunächst das von I_q erzeugte Feld, das sog. Querfeld F_q. In der Abb. 72a sind die Pole eines Schenkelpolgenerators aufgezeichnet, ferner die dem Querfeld F_q entsprechenden Amperewindungen eingetragen. Da F_q der Polradmitte um 90° nacheilt (Abb. 71), muß das von F_q erzeugte Magnetfeld dem Magnetfeld der Pole ebenfalls um 90° nacheilen (Abb. 72a). Wie man aus der Abbildung ersieht, schließen sich die vom Ankerquerfeld erzeugten Kraftlinien über die Polschuhe und verzerren durch Überlagerung den vom Pol ausgesandten Erregerfluß. Die Größe der Grundwelle des Flusses, auf die es vor allem ankommt, bleibt, wie die Erfahrung zeigt, trotz des Einflusses der Sättigung hierbei nahezu unverändert. Da die Kraftlinien des Querfeldes die Grundwelle des Nutzflusses praktisch nicht verändern, kann man sie als Streulinien auffassen, welche vom Querstrom I_q erzeugt werden. Die hierdurch bedingte Reaktanz, Querreaktanz genannt, werde mit X_q bezeichnet. Der Strom I_q ruft in X_q eine Streuspannung $I_q \cdot X_q$ hervor, welche dem Strom I_q um $90°$ voreilt und ihm proportional ist, da die Streulinien vorwiegend durch Luft verlaufen. Wir müssen also an die EMK E im Punkt P die Querstreuspannung $I_q X_q$ senkrecht zu I_q antragen. Der Endpunkt dieser Streuspannung ergibt auf

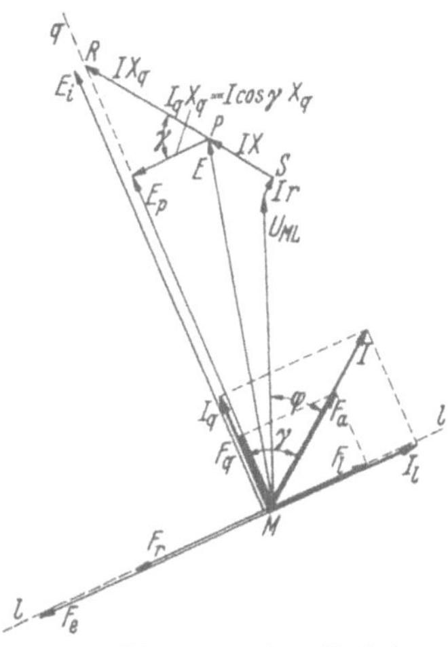

Abb. 71. Diagramm eines Drehstromgenerators mit ausgeprägten Polen.

der Geraden $M{-}q$ die tatsächliche Polrad-EMK E_p, welche in die Richtung $M{-}q$ fällt, da sie dem Fluß Φ, also F_r um $90°$ nacheilt.

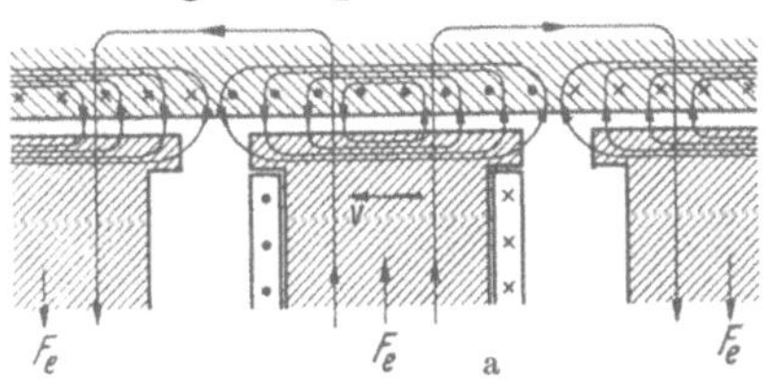

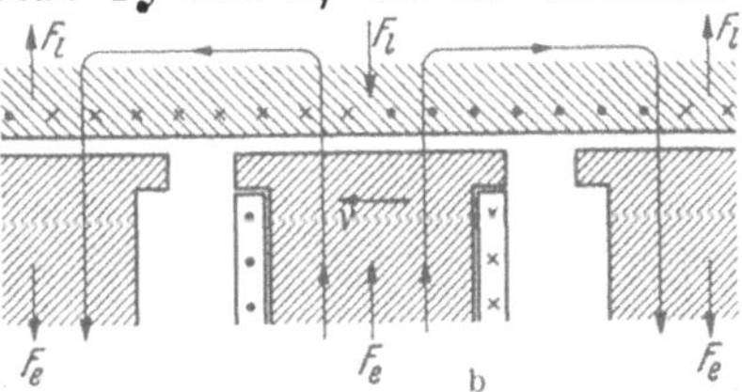

Abb. 72a u. b. Ankerrückwirkung bei einem Generator mit ausgeprägten Polen. a Es sind nur Queramperewindungen vorhanden, b es sind nur Gegenamperewindungen vorhanden.

Bezeichnet man den Winkel zwischen dem Strom I und der Richtung $M{-}q$ mit γ, so ist $I_q X_q$ auch gleich $(I \cos \gamma) X_q$. Da im Punkt P der Winkel γ ebenfalls vorkommt, muß die Verlängerung von der Streuspannung $I \cdot X$ über den Punkt P hinaus bis zum Punkt R gleich $I X_q$ sein. Man kann also die Größe der Polrad-EMK erhalten, indem man senkrecht zum Strom I im Punkt S $I(X + X_q)$ aufträgt, damit die Strecke $M{-}R$ erhält und auf diese vom Punkt P ein Lot fällt. Dieses Lot schneidet aus der Strecke $M{-}R$ die Polrad-EMK E_p aus. Die Strecke $M{-}R$ kann man als eine Art fiktive Polrad-EMK E_i auffassen, da sich, wenn man von ihr die Querfeldspannung $I \cdot X_q$, die Streuspannung und den ohmschen Spannungsabfall geometrisch abzieht, die Klemmenspannung U_λ ergibt. Tatsächliche Bedeutung hat allerdings nur die Polradspannung E_p.

Es seien jetzt in der Abb. 72b schematisch die Amperewindungen des Längsfeldes F_l aufgezeichnet. Das Längsfeld F_l bleibt gegenüber dem Feld F_q um 90° zurück. Man muß sich also in Abb. 72b das Längsfeld F_l so einzeichnen, daß es gegenüber dem Querfeld F_q der Abb. 72a um 90° zurückbleibt. Man erkennt auf Grund der Abb. 72b, daß das Ankerlängsfeld dem tatsächlichen Erregerfeld F_e entgegengesetzt gerichtet ist.

Um die Größe des Erregerfeldes F_e zu erhalten, stellt man auf Grund der Leerlaufkennlinie fest, welche resultierende Erregung F_r zur Polradspannung E_p gehört. Diese resultierende Erregung F_r muß nun sein:

$$F_r = F_e - F_l$$

also

$$(49) \qquad F_e = F_r + F_l.$$

Da $F_l = F_a \sin \gamma$ und das dem Ankerstrom I proportionale F_a berechenbar ist, ist es möglich, das Erregerfeld F_e zu bestimmen.

Zur Aufstellung des Diagramms eines Schenkelpolgenerators muß die Größe der Querfeldstreuung X_q bekannt sein. Meist ist der prozentuale Querfeld-Streuspannungsabfall ε_q gegeben. Für größere Schenkelpolgeneratoren liegt dieser in der Größenordnung

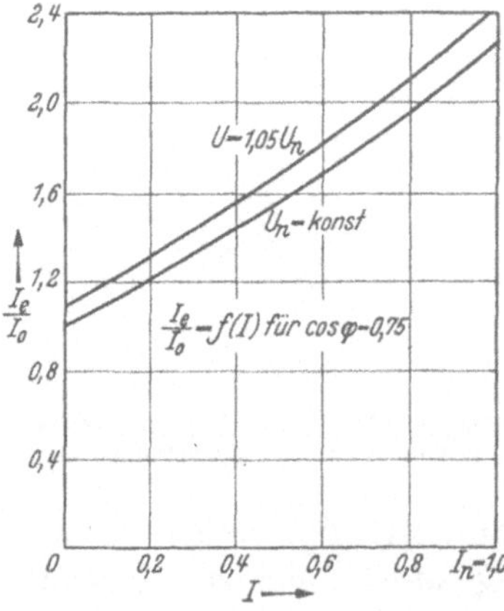

Abb. 73. Erregerstrom I_e bezogen auf Leerlauferregerstrom I_0 in Abhängigkeit der Belastung.

$$(50) \qquad \varepsilon_q \% = 45, \text{ wobei } \varepsilon_q = \frac{I_n X_q}{U_\curlywedge} = \frac{I_n X_q \sqrt{3}}{U}.$$

Hieraus läßt sich X_q berechnen.

Es muß natürlich auch möglich sein, das jetzt abgeleitete allgemeinere Diagramm auf Turbogeneratoren anzuwenden. Hierbei ist jedoch das Querfeld und damit auch die Querfeldstreuspannung wesentlich größer, da die Pollücke wegfällt. ε_q eines derartigen Generators hat etwa den doppelten Wert wie bei Schenkelpolläufern.

Mit Hilfe der Diagramme Abb. 68 und 71 kann man sämtliche interessierenden Kurven der Generatoren aufstellen.

Besonders wichtig für die Regelung der Generatoren ist die Kurve $I_e = f(I)$, die zeigt, welchen Erregerstrom man bei veränderlicher Belastung, jedoch konstanter Spannung braucht. In der Abb. 73 ist diese Kurve aufgezeichnet, und zwar ist I_e auf den Leerlauferregerstrom I_0 bezogen. Die Kurve I_e/I_0 ist einmal aufgetragen für Nennspannung, das andere Mal für einen um 5% höheren Wert, wobei in beiden Fällen ein $\cos\varphi$ von 0,75 angenommen ist.

D. Die Erregung der Generatoren.

Neuzeitliche Wechselstromgeneratoren beziehen, von Ausnahmen abgesehen, ihren Erregerstrom von unmittelbar angebauten, bzw. über Getriebe angetriebenen (Wasserkraftgeneratoren!) Erregermaschinen, die als selbsterregte Nebenschlußmaschinen ausgeführt sind. Die Regelung des Feldstromes I_e der Drehstromgeneratoren erfolgt durch Widerstände im Nebenschlußfeld des Erregergenerators. Man hatte früher unmittelbar im Feldstromkreis des Drehstromgenerators die Widerstände, hat jedoch heute diese Regelart verlassen, da die Widerstände groß sein müssen und somit erhebliche Verluste verursachen.

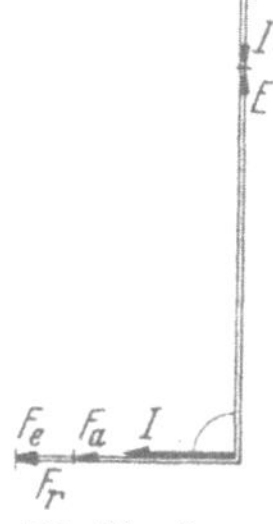

Abb. 74. Generatordiagramm bei rein kapazitiver Belastung.

Von einer brauchbaren Erregermaschine verlangt man einen genügend großen und stabilen Regelbereich. Ist der Feldstrom bei unbelastetem Generator und bei Nennspannung gleich I_0, so folgt aus den Kurven der Abb. 73, daß bei voller Belastung und um 5% erhöhter Spannung, der Feldstrom auf den 2,5fachen Wert ansteigen muß, in ungünstigen Fällen sogar auf den 3,5fachen Wert des Leerlauffeldstromes. Da dieser Strom der Spannung der Erregermaschine proportional ist, muß diese ebenfalls über den gleichen Bereich regelbar sein. Gelegentlich muß der Erregerstrom auch unter I_0 geregelt werden, z. B. wenn der Generator nachts auf unbelastete längere Hochspannungsfreileitungen oder Kabel arbeitet. Dies geht aus Abb. 74 hervor, in der das Generatordiagramm für rein kapazitive Belastung, in dem betrachteten Betriebsfall handelt es sich angenähert, um eine solche, aufgezeichnet ist. Der Strom eilt der Sternspannung $U_\curlywedge$ um 90° vor. Addiert man zu $U_\curlywedge$ die Streuspannung $I \cdot X$, diese eilt wiederum dem Strom um 90° vor, so ergibt sich die EMK E, welche in diesem Falle kleiner als die Sternspannung $U_\curlywedge$ ist. Da das Ankerfeld F_a gleiche Richtung wie der Strom hat, ist das notwendige Erregerfeld $F_e = F_r - F_a$, also kleiner wie im Fall des Leerlaufes.

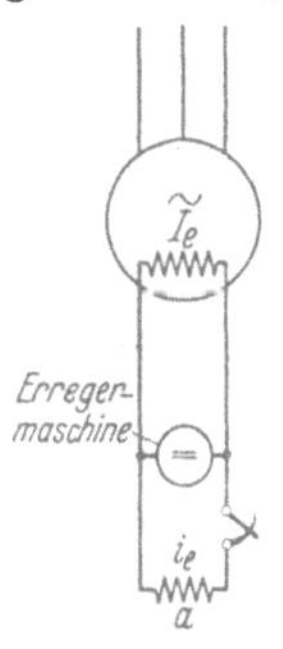

Abb. 75. Drehstromgenerator mit angebauter Erregermaschine.

Es sei in folgendem die Regelfähigkeit einer normalen Erregermaschine (Abb. 75) untersucht. Die Leerlaufcharakteristik der Erregermaschine zeigt Abb. 76. Selbsterregung ist möglich, wenn die unter dem Neigungswinkel tg $\alpha = R$ verlaufende Gerade $i_e R$ mit der Leerlaufcharakteristik einen Schnittpunkt S bildet. Dabei bedeutet i_e den Erregerstrom des Erregergenerators und R den Gesamtwiderstand im Anker- und Erregerkreis a. Sieht man annäherungsweise vom inneren Widerstand des Erregergenerators ab, so hat man mit dem Schnittpunkt auch die Klemmenspannung der Erregermaschine und damit den durch den Drehstromgenerator fließenden

Erregerstrom I_e. Um eine kleinere Klemmenspannung an der Erregermaschine zu erzielen, muß der Widerstand im Erregerkreis a der
Erregermaschine vergrößert werden. Die Widerstandsgerade wird dann
steiler und kann mit dem geradlinigen Teil der EMK-Kurve zusammenfallen (Abb. 76), d. h. es sind jetzt überhaupt keine stabilen Verhältnisse mehr vorhanden. Eine Erregercharakteristik nach Abb. 76 kann

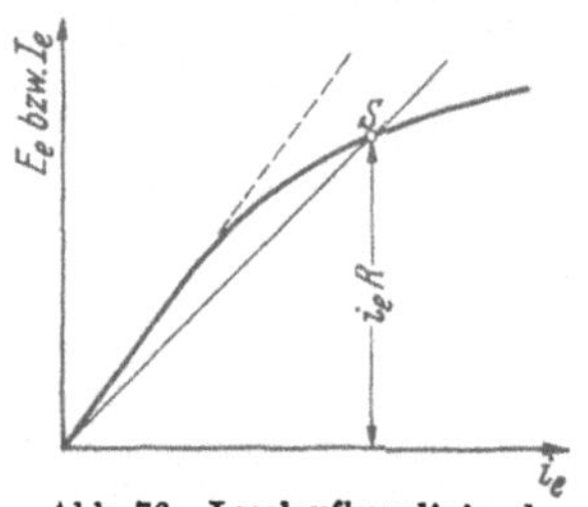

Abb. 76. Leerlaufkennlinie der
Erregermaschine.

Abb. 77. Regulierpol einer
Erregermaschine mit
Querschlitz.

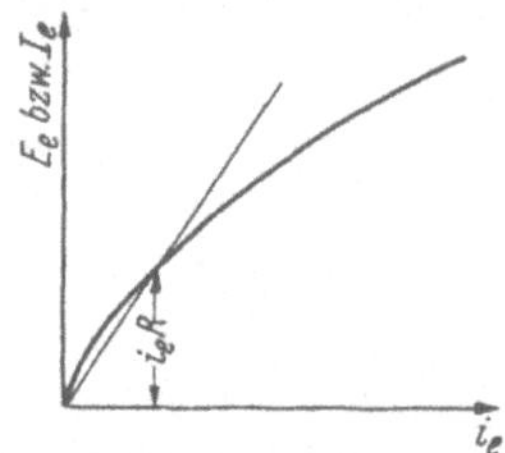

Abb. 78. Leerlaufkennlinie
einer Erregermaschine mit
Regulierpolen.

also nur Verwendung finden, wenn der Regelbereich der Erregermaschine klein ist und man stets im gekrümmten Teil der EMK-Kurve
arbeitet. Um die Regelfähigkeit zu verbessern, baut man Erregermaschinen, bei denen die Pole durch besondere Maßnahmen schon bei

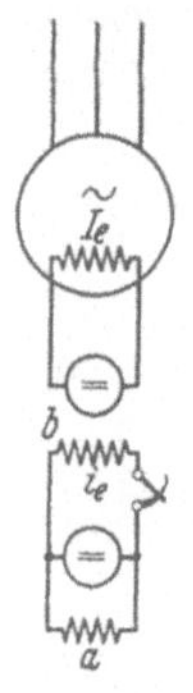

Abb. 79. Dreh-
stromgenerator
mit Haupt- und
Hilfserreger-
maschine.

kleinen Strömen i_e in den Sättigungsbereich gelangen;
z. B. kann man in die Pole (Regulierpole) Schlitze anbringen wie in Abb. 77. Man erhält damit eine EMK-
Kurve, die schon bei kleinen Erregerströmen gekrümmt
ist (s. Abb. 78) und auch für kleinere Spannungen Schnitt-
punkte mit der Widerstandsgeraden liefert. Wenn auch
mit solchen Spezialpolen die meisten in der Praxis vorkommenden Regelforderungen erfüllbar sind, so sind
doch in Fällen, in denen wegen kapazitiver Belastung der
Erregerstrom auf sehr kleine Werte gebracht werden muß,
die Erregermaschinen mit Regulierpolen nicht genügend
stabil, denn die Schnitte mit der EMK-Kurve sind im
niederen Bereich verhältnismäßig flach.

Eindeutige Regelverhältnisse erhält man, wenn die
Erregermaschine durch einen Hilfserreger mit konstanter
Spannung fremderregt wird (s. Abb. 79). Wird dann im Erregerkreis b
des Haupterregers der Feldstrom i_e durchWiderstände geregelt, so kann
die Erregerspannung für den Drehstromgenerator von Null bis auf
vollen Wert stabil geregelt werden.

Man wendet gelegentlich auch Hilfserregermaschinen an, wenn die
Erregerleistungen sehr groß sind, so daß empfindliche Regulierapparate,
wie z. B. Spannungsschnellregler, die Erregerströme nicht mehr bewältigen können. Man legt in solchen Fällen den Regler in den Erregerkreis des Hilfsgenerators, wo er kleinere Ströme vorfindet. Dieses

Verfahren hat allerdings mit der Regulierung nach Abb. 79 nichts zu tun, da dort das Feld *b* des Haupterregers geregelt wird.

Für große Regelbereiche gibt es noch eine Spezialerregermaschine, die von Prof. Osanna angegeben wurde und welche die Regelung stabil von einem Größtwert bis zu Null und gegebenenfalls sogar ins negative Gebiet gestattet. Diese Erregermaschine ist in Abb. 80 schematisch aufgezeichnet. Sie besitzt zwei Polpaare *I* und *II*. Auf dem Kommutator schleifen die beiden Hauptbürsten *A* und *B* und die Hilfsbürste *b*. Die Pole *I* liegen zwischen *A* und *b*, vermögen sich selbst zu erregen und erzeugen zwischen *A* und *b* eine konstante Klemmenspannung. Diese wird über einen Stromwender *c* an die Polpaare *II* gelegt. In diesem Stromkreis ist ein Regelwiderstand *r* eingeschaltet. Man kann durch Beeinflussung desselben das Erregerfeld *II* und damit die Spannung zwischen *b* und *B* weitgehendst ändern. Da sich außerdem mit dem Stromwender *c* die Flußrichtung in den Polen *II* umkehren läßt, ist es möglich, die zwischen *b* und *B* erzeugte Spannung zu der zwischen *A* und *b* erzeugten Spannung zu addieren bzw. zu subtrahieren.

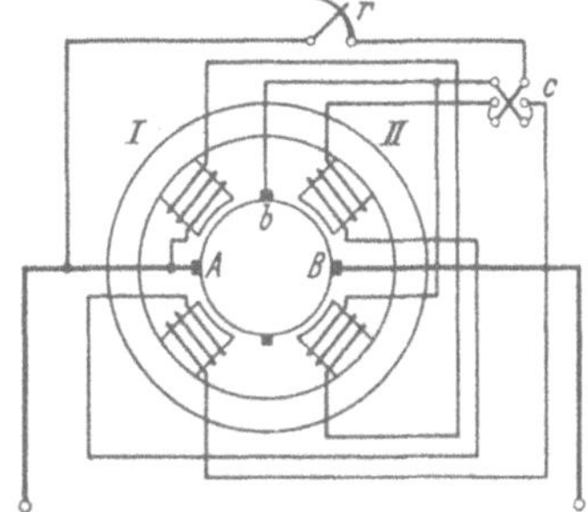

Abb. 80. Erregermaschine nach Osanna.

Man kann also zwischen *A* und *B* stabile Spannungen, die sich von einem Größtwert bis zu Null erstrecken, erzeugen. Auch kann man es erreichen, wenn der Fluß der Pole *II* stark genug gewählt wird, daß man ins negative Gebiet der Spannung kommt.

Der Vorteil der Osanna-Maschine liegt darin, daß sie diese gute Regelbarkeit mit nur einer einzigen Erregermaschine, die streng genommen die Vereinigung zweier Generatoren darstellt, erzielt.

E. Die Schnellregelung der Generatorspannung.

Von den Generatoren in den Kraftwerken verlangt man, daß sie weitgehendst die Spannung gleich halten. Da die Belastung der Generatoren dauernden Schwankungen unterworfen ist, wird eine fortwährende Regelung der Erregung notwendig. Um diese möglichst zu beschränken, baute man früher Generatoren mit kleiner Streureaktanz und kleiner Ankerrückwirkung (großer Luftspalt). Diese Generatoren hatten sehr große Kurzschlußströme. Um diese klein zu halten, baut man heute Generatoren mit großer Streureaktanz und kleinerem Luftspalt, damit größerer Ankerrückwirkung, sog. weiche Maschinen, bei denen allerdings bei schwankender Belastung die Erregung wesentlich mehr geändert werden muß. Da diese Spannungsregelung von Hand unvollkommen ist und um das Personal zu entlasten, hat man automatische

Vorrichtungen, sog. Schnellregler, gebaut, welche bei Belastungsschwankungen möglichst rasch die Erregung den neuen Belastungsverhältnissen anpassen.

Betrachten wir einen vollbelasteten Generator, dessen Belastung plötzlich zurückgeht. Wenn die Klemmenspannung konstant bleiben soll, muß der Erregerstrom des Generators verkleinert werden, d. h. man muß in den Feldkreis a des Erregergenerators (Abb. 75) Widerstand einschalten. Der Strom im Feldkreis ändert jedoch nicht sofort seinen Wert, sondern strebt wegen der in der Feldwicklung vorhandenen Induktivität nur langsam seinem Endwert zu. Entsprechend langsam sinkt auch die Spannung an der Erregermaschine. Dadurch treten vorübergehend am Drehstromgenerator hohe Spannungen auf. Durch verschiedene Maßnahmen kann man die durch die Erregermaschine bedingte Trägheit bei der Spannungsregelung verkleinern.

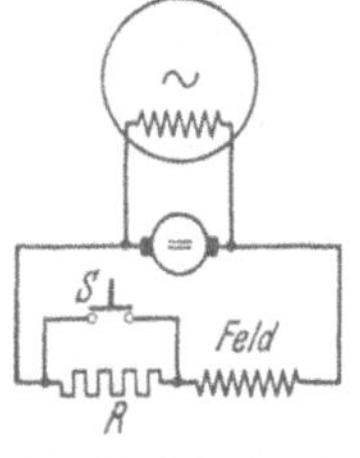

Abb. 81. Prinzip der Schnellregelung nach Tirrill.

Es sei zunächst das Prinzip erörtert, auf welchem der Tirrill-, der Fuß- und der SSW-Regler beruhen. Zur Verwendung kommt eine Erregermaschine (s. Abb. 81), in deren Erregerkreis ein besonderer Widerstand R liegt, der durch einen Schalter S kurzgeschlossen werden kann.

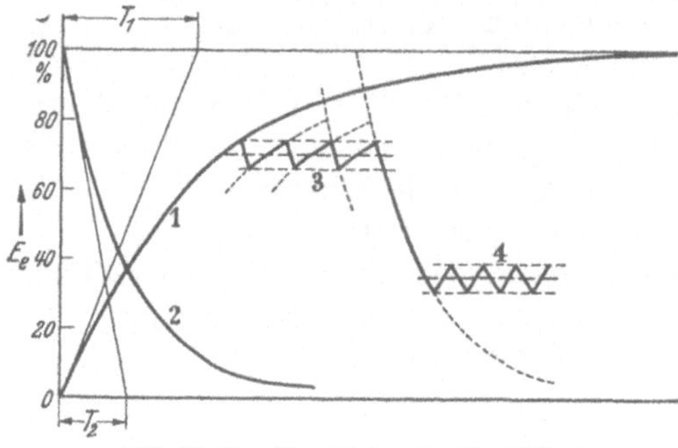

Abb. 82. Regelkennlinien des Tirrill-Reglers.

Für diesen Fall (kein Widerstand im Feldkreis) zeigt die Kurve 1 der Abb. 82 wie der Fluß (bzw. die EMK) der Erregermaschine nach dem Einschalten dem Endwert zustrebt. Die Zeitkonstante T_1 ist dabei verhältnismäßig groß. Wird der Widerstand R eingeschaltet, so wird die Zeitkonstante des Kreises kleiner und die Spannung der Erregermaschine nimmt gemäß der Kurve 2 wesentlich rascher ab. Das Wesen der Schnellregulierung besteht in dem dauernden Ein- und Ausschalten des Widerstandes R, so daß man für die EMK bzw. Flußkurve die Zickzackkurve 3 der Abb. 82 erhält. Infolge der Induktivität der Erregerwicklung des Drehstromgenerators wird der dort fließende Strom I_e praktisch konstant sein, sofern das Tempo der Schwankungen genügend schnell ist. Wird jetzt die Maschine entlastet, so wird sehr rasch, da man für den Übergang den steilen Teil der Kurve 2 ausnutzt, die dem neuen Beharrungszustand entsprechende Zickzackkurve 4 erreicht und zu hohe Spannung am Generator vermieden. Um schnelle Regelfähigkeit zu erzielen, ist es notwendig, daß die vorkommenden Erregerspannungen in einem

Bereich genügender Steilheit der Kurven 1 und 2 liegen, d. h. die Erregermaschine muß überbemessen sein.

Abb. 83 zeigt, in welcher Weise beim Tirrill-Regler das periodische Öffnen und Schließen des Kontaktes S der Abb. 81 erreicht wird. Es bedeutet a einen Spannungsmagneten, der an der erzeugten Drehstromspannung liegt. Es ist b ein Magnet, der von der Erregerspannung gespeist wird. Mit den Magneten a und b sind drehbar gelagerte Hebel c und d verbunden, die die Kontakte K_1 und K_2 tragen. Denkt man sich zunächst den Hebel c als nicht vorhanden und betrachtet den Magneten b, dann wird sich mit zunehmender Erregerspannung der Anker nach unten bewegen, wobei stets Gleichgewicht zwischen Magnetkraft und der Kraft der Feder F_2 vorhanden ist. Umgekehrt wird bei abnehmender Erregerspannung die Federkraft F_2 überwiegen, den Anker nach oben und den Kontakt K_2 nach unten bewegen. Nimmt man jetzt an, daß sich der Hebel c des Magneten a, infolge konstanter Generatorspannung in Ruhe befindet, dann werden sich bei abnehmender Erregerspannung (der Widerstand R sei im Erregerkreis eingeschaltet) die Kontakte K_1 und K_2 berühren und den

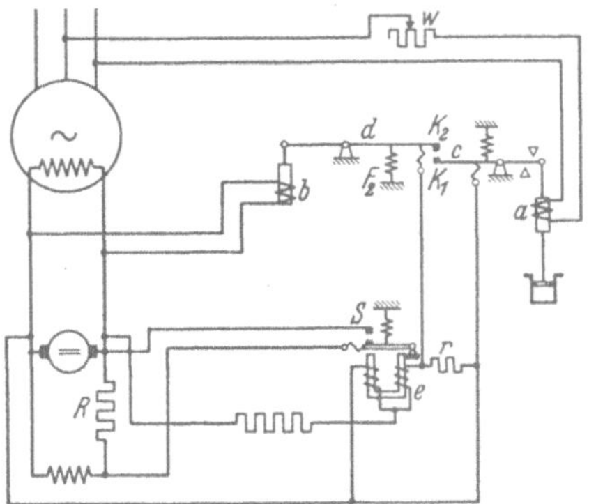

Abb. 83. Schaltung des Tirrill-Reglers (AEG).

Widerstand r des Differentialrelais e kurzschließen. Das Differentialrelais e, welches angezogen war, da die Amperewindungen des linken Schenkels die Amperewindungen des rechten überwogen, wird jetzt infolge des Amperewindungsgleichgewichtes abfallen und dabei durch den Kontakt S den Widerstand R im Erregerkreis des Erregergenerators kurzschließen. Die Folge ist, daß die Spannung am Erregergenerator steigt. Damit wird der Anker des Magneten b nach unten gezogen, die Kontakte K_1 und K_2 unterbrechen den Kurzschluß des Widerstandes r, das Differentialrelais e zieht seinen Anker an, öffnet den Kontakt S, der Widerstand R ist im Erregerkreis wieder eingeschaltet, die Erregerspannung nimmt wieder ab und das Spiel beginnt von Neuem. Auf diese Weise findet ein dauerndes Öffnen und Schließen der Kontakte K_1, K_2 und S statt, wodurch eine Kurve entsprechend der Zickzacklinie 3 der Abb. 82 erzeugt wird. Prinzipiell könnte man durch die Kontakte K_1 und K_2 den Erregerwiderstand R kurzschließen. Der durch diese Kontakte fließende Strom wäre jedoch, da es sich nur um kleine Kontaktöffnungen handelt, für diese zu groß, so daß es besser ist, durch K_1 und K_2 ein besonderes Relais e zu steuern.

Nimmt man jetzt eine Entlastung der Maschine an, so hat die Maschinenspannung zunächst das Bestreben anzusteigen, die Kraft des

Spannungsmagneten a wächst und der Kontakt K_1 wird nach unten bewegt. Nimmt man an, daß die Kontakte K_1 und K_2 und damit auch der Kontakt S unterbrochen waren, so muß jetzt die Erregerspannung auf einen tieferen Wert herabsinken, ehe der Kontakt K_2 des Magneten b mit K_1 Berührung erhält. In der neuen Gleichgewichtslage wird der Kontakt K_1 dauernd etwas tiefer liegen, d. h. die regulierte Erregerspannung wird kleiner sein und gemäß der Kurve 4 in Abb. 82 verlaufen.

Soll aus irgendwelchen Gründen die zu regulierende Spannung etwas verändert werden, so kann dies z. B. durch einen Vorschaltwiderstand w zum Spannungsmagneten a oder durch andere ähnliche Mittel erfolgen.

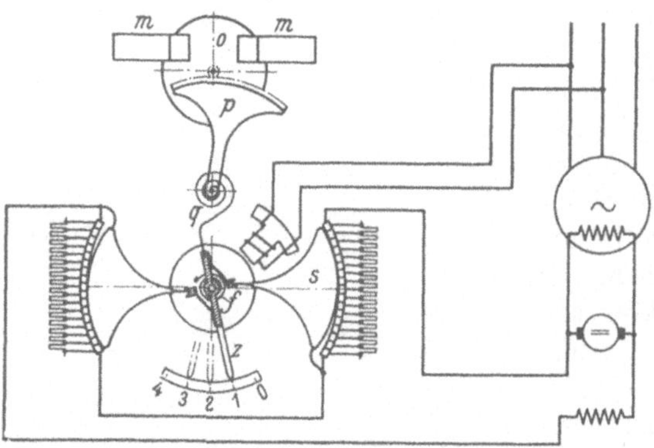

Abb. 84. Schema des Wälzsektorenreglers (BBC).

Bei der bis jetzt beschriebenen Regelart handelt es sich um einen Apparat, bei dem 2 Relais dauernd in Bewegung sind, auch wenn keine eigentliche Regelung stattfindet. Es gibt aber auch Schnellregler, die nur bei Abweichung der Spannung vom Sollwert arbeiten, sonst dagegen in Ruhe sind. Ein solcher Regler ist z. B. der Wälz-Sektoren-Regler der Firma BBC, der in Abb. 84 schematisch aufgezeichnet ist. Er besteht aus einer Aluminiumtrommel, auf die von einem an der Generatorspannung liegenden Spannungssystem nach dem Ferraris-Prinzip ein Drehmoment ausgeübt wird. Diesem Drehmoment wirkt eine Feder f entgegen, die mit ihrem einen Ende im Raum und mit ihrem anderen Ende an der Trommel befestigt ist. Mit der Trommel stehen außerdem zwei Wälzsektoren s in Verbindung, die bei Rechtsdrehung Widerstand in den Erregerkreis des Erregergenerators einschalten. Mit der Trommel ist ferner ein Zeiger verbunden, der angibt, wie der Regler steht, sowie eine Feder q, die mit einem Zahnsegment p in Verbindung steht, welches auf eine Aluminiumscheibe arbeitet, die von permanenten Magneten m abgedämpft wird.

Befindet sich der Regler in der Stellung 1 im Gleichgewicht und wird der Generator entlastet, so wird das vom Ferraris-Motor ausgeübte Drehmoment größer, da die Spannung ansteigen will, und überwiegt gegenüber der Federkraft f. Die Trommel will sich in ihre Endlage bewegen, wird jedoch durch die sich allmählich spannende Feder q daran gehindert, weil infolge der in der Scheibe o erzeugten Dämpfungskraft das Zahnsegment p nicht so rasch zu folgen vermag. Die unmittelbar nach der Entlastung erreichte Stellung der Sektoren wird etwa bei

Zeigerstellung *3* liegen. Der Generator vermindert jetzt infolge der geringeren Erregung seine Spannung und das auf den Ferraris-Motor ausgeübte Drehmoment nimmt ab, die Trommel bewegt sich im Linkssinne etwas zurück. In der Zwischenzeit ist außerdem das Zahnsegment *p* nachgekommen, die Feder *q* entspannt sich und mit der Zeigerstellung *2* wird die neue Gleichgewichtslage etwa erreicht sein. Das Charakteristische an dieser Regelung ist die im ersten Moment erfolgende Überregulierung bis in Stellung *3*, durch die eine rasche Feld- und EMK-Änderung erzwungen wird.

Man kann bei solchen Reglern unterscheiden zwischen einer astatischen und einer statischen Einstellung. Bei der astatischen Einstellung muß das Federsystem *f* so abgeglichen sein, daß bei konstanter Regelspannung das System sich in allen Lagen im Gleichgewicht befindet, d. h. der Regler reguliert auf genau konstante Spannung unabhängig von der Belastung, d. h. auch unabhängig von der Stellung des Reglers.

Bei einem Regler mit statischer Kennlinie ist die Federung so bemessen, daß, um die Trommel im Rechtssinne zu drehen, eine allmähliche etwas ansteigende Spannung notwendig ist. Da dabei jedoch Widerstand eingeschaltet wird, bedeutet dies, daß mit kleiner werdender Belastung des Generators, die Spannung etwas steigt, mit zunehmender Belastung dagegen etwas fällt.

Die statische Einstellung ist notwendig, wenn mehrere Generatoren mit je einem Regler parallel auf das gleiche Sammelschienensystem arbeiten, was bei astatischer Regelung nicht möglich ist. Betrachtet man z. B. zwei parallel geschaltete Generatoren. Ist infolge Ungenauigkeiten der astatischen Regler der eine auf eine etwas höhere Spannung als der andere eingestellt, so wird sich die Sammelschienenspannung auf einen mittleren Wert einstellen, der für den ersten Regler zu niedrig und für den zweiten Regler zu hoch ist. Der erste Regler wird versuchen, die Spannung zu erhöhen, während der zweite Regler versuchen wird, dieselbe zu erniedrigen. Beide Regler arbeiten falsch, denn der eine Regler wird schließlich allen Widerstand kurzschließen und der andere allen Widerstand vorschalten, so daß zwischen beiden Maschinen große wattlose Ströme fließen werden. Eine Spannungsregelung findet dabei überhaupt nicht mehr statt.

Oft findet man die Lösung, daß von mehreren Generatoren nur einer einen astatischen Regler erhält, also die ganze Spannungsregelung übernimmt. Steigt die Belastung des Netzes, dann muß der Generator seine Erregung verstärken. Seine Blindstromerzeugung steigt, die der anderen Generatoren fällt, da diese sonst nicht die Spannung halten können. Sind die Unterschiede zu groß, dann muß die Erregung der nicht geregelten Generatoren von Hand nachgestellt werden.

Sind die Regler statisch eingestellt, so verläuft die Spannung in Abhängigkeit der Reglerstellung für den Regler *1* nach der Kurve *I* und für den Regler *2* nach der Kurve *II* (s. Abb. 85). Da die Sammelschienenspannung für beide Regler dieselbe ist, wird der Gleichgewichtszustand durch die Punkte a und b gegeben sein, die Reglerstellungen werden also etwas verschieden sein. Der Unterschied ist jedoch um so geringer, je genauer die beiden Regler eingestellt sind und je größer die Statik des Systems ist.

Gelegentlich ist die abfallende Charakteristik des statischen Reglers nicht erwünscht. Man kann dann die Charakteristik nach der Schaltung Abb. 86 ganz oder teilweise kompensieren. Bei dieser Schaltung wird das Spannungssystem des Reglers durch einen Spannungswandler S gespeist. Dem Spannungssystem des Reglers sind zwei Widerstände R und R_0 vorgeschaltet. An die Anzapfung a der Widerstände R und R_0 ist die eine Zuleitung des Stromwandlers St angeschlossen. Die dem Spannungssystem aufgedrückte Spannung ist durch den Vektor U_{12}

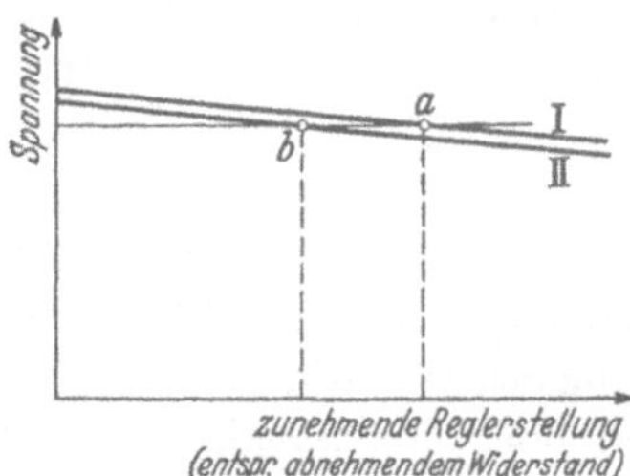

Abb. 85. Kennlinien zweier Regler in Abhängigkeit der Reglerstellung.

gegeben (s. Abb. 87a). Hat der vom Generator abgegebene Strom I_1 die Phasenverschiebung Null, dann weist er gegen die Spannung U_{12} eine Phasenverschiebung von 30° auf (s. Abb. 87a). Wird I_1 nacheilend, dann wächst die Phasenverschiebung gegen U_{12}. Beispielsweise ist bei einer Phasenverschiebung des Stromes gegenüber der Spannung U_1 von 60°, die Phasenverschiebung gegen die Spannung U_{12} 90°. Bei einem $\cos \varphi = 1$ hat die vom Stromwandler am Widerstand R_0 erzeugte Spannung die Größe $I_1 R_0$ (s. Abb. 87b). Der durch die Spannungsspule des Reglers fließende Strom ist, wenn R_0 klein gegen R ist, annähernd durch die Spannungsdifferenz U' (s. Abb. 87b) gegeben.

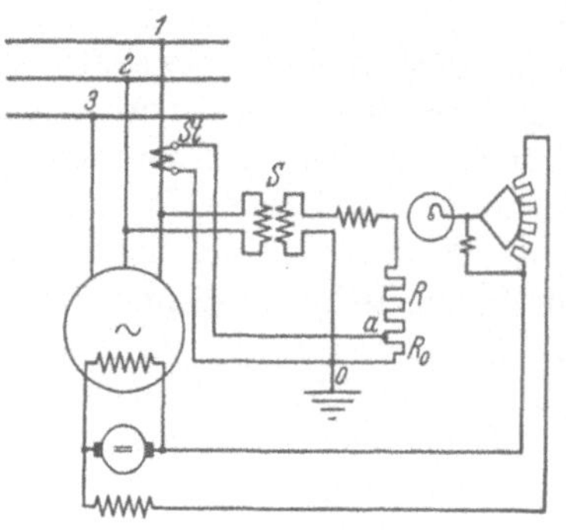

Abb. 86. Wälzsektorenregler mit zusätzlicher Kompoundierung.

Da U' und damit der Spulenstrom, also auch das Reglermoment, mit wachsendem I kleiner wird, wird der Regler Widerstand abschalten, also auf höhere Spannung regeln, d. h. eine Kompoundwirkung ausüben. Dadurch kann die Statik des Reglers kompensiert werden. Besitzt der Strom etwa eine Phasenverschiebung von 60° (s. Abb. 87c), dann ist U' etwas größer als U_{12} geworden, die vom Regler eingestellte Spannung wird also etwas tiefer liegen als durch die Statik bedingt. Im allgemeinen wird man die Kompensierung der Spannung für einen mittleren $\cos \varphi$, z. B. 0,8, durchführen und hat dann bei schlechterem $\cos \varphi$ eine Spannungssenkung. Diese Eigenschaft ist für den Parallelbetrieb mehrerer Generatoren sehr günstig.

Sollte z. B. ein Generator zu stark erregt sein, so bedeutet dies, da die Wirkleistung durch den Drehzahlregler der Antriebsmaschine eindeutig gegeben ist, daß.die Maschine erhöhte Blindleistung abgibt. Da hierbei ein schlechterer $\cos\varphi$ vorhanden ist, wird die Kompoundierung weniger wirksam, der Regler verkleinert die Erregung und der $\cos\varphi$ wird wieder besser. Man erreicht also bei statischen Reglern mit einer $\cos\varphi$-abhängigen Kompoundierung, außer der Spannungsregelung, daß der $\cos\varphi$ der einzelnen Maschinen untereinander gleich bleibt.

Es sei erwähnt, daß bei den bis jetzt behandelten Reglern die Größe der zu regulierenden Erregerströme begrenzt ist, so daß man bei sehr großen Erregerströmen, wie sie z. B. bei großen, langsam laufenden Wasserkraftgeneratoren gelegentlich vorkommen, Hilfserregermaschinen anwenden muß.

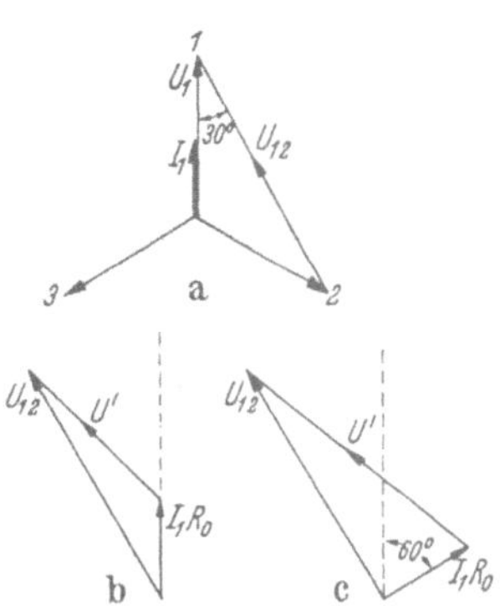

Abb. 87 a—c. Diagramm für zusätzliche Kompoundierung des Wälzsektorenreglers.

Man kann auch größere Erregerleistungen unmittelbar bewältigen, wenn man Regler verwenden, die auf dem Servo-Prinzip beruhen, wie z. B. der Öldruckregler. Hier (s. Abb. 88) arbeitet eine Spannungsspule a auf einen Ölschieber b, welcher in der gezeichneten Mittellage die beiden Ölleitungen c und d absperrt. Der Schieber b befindet sich in einem Gehäuse, dessen unteres und oberes Ende mit der Druckölleitung in Verbindung steht. Nimmt man an, die Spannung steigt, dann wird die Spannungsspule a ihren Kern etwas anziehen und den Steuerschieber b dabei nach oben bewegen. Es vermag jetzt Drucköl in die

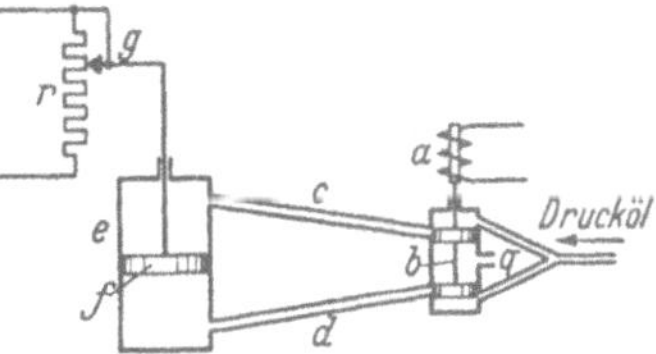

Abb. 88. Schematische Darstellung eines Öldruckreglers.

Leitung d zu strömen, wodurch der Kolben f im Zylinder e nach oben bewegt wird. Das aus der oberen Zylinderhälfte durch die Rohrleitung c entweichende Öl kann durch die Abflußöffnung q in einen Ölsammelbehälter fließen, von wo aus es durch eine Druckpumpe wieder in die Druckölleitung gefördert werden kann. Da der Kolben f sich nach oben bewegt, wird er mit einem Schleifkontakt g solange Widerstand zuschalten bis die Nennspannung wieder erreicht ist und der Schieber b die Ölleitung c und d absperrt.

Im Prinzip ist dieses Steuerverfahren identisch mit dem Verfahren, welches bei den Drehzahlreglern (s. S. 50) zur Anwendung kam, nur wurde dort der Steuerschieber nicht durch eine Steuerspule, sondern durch ein Zentrifugalpendel betätigt.

F. Pendelungen von Synchronmaschinen in Netzen.

a) Allgemeines.

Synchrongeneratoren vermögen mechanische, z. B. durch Laststöße ausgelöste Schwingungen auszuführen, welche sich der Drehbewegung der Maschine überlagern. Um Einblick in diese Schwingungen und ihre Auswirkungen zu gewinnen, werde von dem auf S. 65 behandelten Generatordiagramm ausgegangen: Die Phasenspannung sei $U_\curlywedge$, der Strom I besitze die Phasenverschiebung φ (s. Abb. 71). Senkrecht zum Strom I wird an $U_\curlywedge$ die Streuspannung $I X_s$ und die Querspannung $I X_q$ aufgetragen ($I \cdot r$ werde vernachlässigt). Man erhält als resultierenden Vektor die EMK E_i, welche eine gedachte innere EMK des Generators ist. Die Leistung, welche der Drehstromgenerator abgibt, ist

$$(51) \qquad N = 3\,U_\curlywedge \cdot I \cos \varphi = \frac{3\,I\,(X_s + X_q)}{(X_s + X_q)}\,U_\curlywedge \cos \varphi,$$

wobei im letzten Ausdruck Zähler und Nenner mit $(X_s + X_q)$ erweitert sind.

Zur Berechnung des Drehmoments des Generators sei noch vorausgeschickt: Ist die Kreisfrequenz des Wechselstromes ω, so ist die Winkelgeschwindigkeit unseres Generators ebenfalls gleich ω, sofern die Maschine zweipolig ausgeführt ist. Bei $2p$-poliger Ausführung müssen wir uns die Generatoren stets auf die zweipolige Type, bei der elektrische und mechanische Winkelgeschwindigkeit übereinstimmen, reduziert denken.

Die mechanische Leistung in mkg/sec ist gleich Drehmoment mal Winkelgeschwindigkeit, also $M \cdot \omega$ und muß gleich der elektrisch abgegebenen Leistung sein, sofern wir die Verluste vernachlässigen. Da die Leistung N in Watt gegeben ist, muß diese Größe noch durch $g = 9{,}81$ m/sec^2 geteilt werden, um sie in mkg/sec zu erhalten. Es gilt also die Beziehung:

$$M\,\omega = N/g$$

oder

$$(52) \qquad M = \frac{N}{g \cdot \omega} = \underbrace{\frac{3}{(X_q + X_s)g \cdot \omega}}_{c_i} \cdot \underbrace{I\,(X_q + X_s)}_{x} \cdot \underbrace{U_\curlywedge \cos \varphi}_{h}.$$

Trennt man diese Gleichung in der ausgeführten Weise auf, so kann man sie auch unter Benutzung der Abkürzungen wie folgt schreiben:

$$(53) \qquad M = (c_i\,x) \cdot h.$$

Diese Gleichung stimmt im Aufbau mit dem Satz aus der Mechanik: Drehmoment = Kraft $(c_i\,x)$ × Hebelarm (h) überein und gestattet, den Generator durch ein einfaches mechanisches Modell zu ersetzen (s. Abb. 89 b). Man wird bald erkennen, daß dieses Modell in anschaulicher Weise Aufschluß über manche komplizierten Vorgänge geben kann.

Um die Verbindung zwischen Generator und dem mechanischen Modell (Abb. 89 b) herzustellen, denken wir uns den Vektor E_i, der der Polmitte des Läufers um 90° nacheilt, fest mit dem Polrad des Generators verbunden, so daß er sich auch 50mal je sec dreht. Der Netzvektor U_λ, der die gleiche Drehzahl hat, bleibt gegenüber dem Vektor E_i um den Polradwinkel ϑ zurück. Wir wollen annehmen, daß der Generator auf ein großes Netz arbeite, so daß der Spannungsvektor U_λ, der zu diesem Netz gehört, in seiner Größe konstant ist und auch mit konstanter Geschwindigkeit rotiert. (Mitunter ist es zweckmäßig, von dieser gleichmäßigen Bewegung der beiden Vektoren abzusehen und nur die Bewegung der Vektoren gegeneinander zu beachten.) Um vom Generator Leistung ins Netz liefern zu können, denken wir uns den Endpunkt des Vektors E_i mit dem Endpunkt des Vektors U_λ durch eine Feder verbunden, welche in ungespanntem Zustand (es wird keine Leistung übertragen) die Länge Null besitzt. Ist ihre Federkonstante gleich c_i, so ist die von

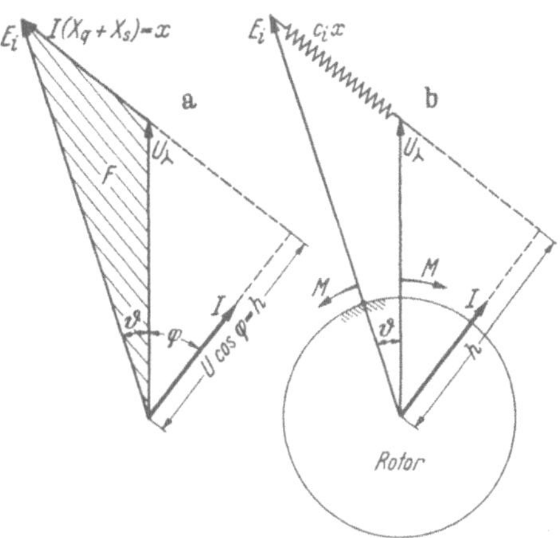

Abb. 89a u. b. a Generatordiagramm. b Mechanisches Modell für einen Generator.

der Feder ausgeübte und somit übertragene Kraft, wenn die Feder auf die Länge x gereckt ist, gleich $c_i x$. Um diese Kraft ausüben zu können, muß der Generator durch ein Drehmoment angetrieben werden, welches gleich Kraft $\times$ Hebelarm ist, also die Größe $M = (c_i x) h$ besitzt. Da Übereinstimmung mit der Gl. (53) besteht, ist unser Modell in Ordnung. Man erkennt auf Grund dieses Modells, daß, je mehr Drehmoment dem Generator zugeführt wird, also auch je größer die abgegebene Leistung ist, der E_i-Vektor dem Spannungsvektor immer mehr und mehr vorcilt, das größte Drehmoment, damit auch die größte abgegebene Leistung bei einem Winkel $\vartheta = 90°$ erreicht wird, daß, falls ϑ größer als 90° wird, das Drehmoment wieder abnimmt und bei ϑ größer als 180° sogar negativ wird.

Die Größe E_i ist streng genommen keine Konstante, sondern müßte für jeden Belastungsfall neu ermittelt werden. Um aber keine komplizierten Gleichungen zu erhalten, soll im folgenden näherungsweise angenommen werden, daß E_i als konstant zu betrachten ist. Dabei ist E_i um so größer, je stärker der Generator erregt wird, auch hängt E_i von den bei Polradpendelungen in der Erreger-, bzw. Dämpferwicklung induzierten Strömen ab.

Beachtet man, daß $I(X_q + X_s)\,U_\lambda \cos\varphi$ gleich dem doppelten Flächeninhalt F des in Abb. 89a schraffierten Dreiecks ist, so kann man die übertragene Leistung nach Gl. (51) auch schreiben

$$(54) \qquad N = \frac{6\,F}{X_s + X_q}$$

oder, da $F = \dfrac{E_i U_\lambda \sin\vartheta}{2}$ ist (ϑ gleich Winkel zwischen U_λ und E_i),

$$(55) \qquad N = \frac{3\,E_i\,U_\lambda \sin\vartheta}{X_q + X_s}\,.$$

Desgleichen gilt:

$$(56) \qquad M = \frac{3}{\omega\,g}\,\frac{E_i\,U_\lambda}{X_q + X_s}\,\sin\vartheta\,.$$

Multipliziert man Zähler und Nenner mit dem Nennstrom I_n und bezeichnet die Streuspannung und die Querspannung, die beim Normalstrom vorhanden ist, mit E_{s_0} und E_{q_0} und $3\,U_\lambda\,I_n$ mit N_0 (Nennleistung in VA), dann ergibt sich die elektrisch abgegebene Leistung zu

$$(57) \qquad N = \frac{E_i}{E_{s_0} + E_{q_0}}\,N_0 \sin\vartheta\,.$$

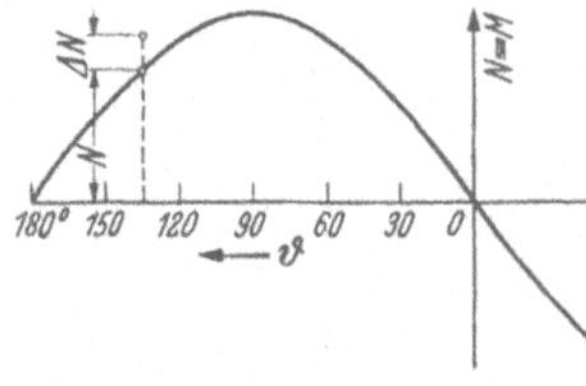

Abb. 90.
Die Leistung bzw. das Drehmoment
in Abhängigkeit des Polradwinkels.

Diese Gleichung ist in Abb. 90 graphisch wiedergegeben. Dabei ist, um gleiche Winkelrichtung mit der Abb. 89b zu erhalten, die ϑ-Achse nach links aufgetragen.

Steigt die Leistung N des Generators, dann muß der Polradwinkel ϑ nach Gl. (57) größer werden. Es besteht jedoch keine Proportionalität, sondern die Leistung nimmt nach einem Sinusgesetz zu. Die größte elektrische Leistung wird bei einem Polradwinkel von 90° übertragen. Bei einem größeren Polradwinkel nimmt die elektrisch abgebbare Leistung wieder ab. Stabil ist nur der erste ansteigende Ast der Leistungskurve, der zweite ist unstabil. Dies erkennt man, wenn man annimmt, daß in einem Punkt auf dem abnehmenden Ast der Leistungskurve gerade Gleichgewichtszustand zwischen Antriebsleistung und abgegebener elektrischer Leistung vorhanden ist. Steigt aus irgendeinem Grunde die Antriebsleistung um den Betrag $\varDelta N$, so wird, da bei dem vorhandenen Polradwinkel nur die elektrische Leistung N abgegeben werden kann, das Polrad im Sinne einer Vergrößerung seines Polradwinkels durchgedreht werden. Damit wird aber die elektrische Leistung verkleinert, das Antriebsmoment findet kein entsprechendes Gegenmoment, das Polrad wird sich infolgedessen überschlagen.

Arbeitet ein Generator über eine Leitung mit größerem ohmschen Widerstand auf ein Netz mit konstanter Spannung, dann wird durch den ohmschen Widerstand die maximal übertragbare Leistung verkleinert, wie man aus dem Diagramm der Abb. 89 ersieht, wenn man es für $\vartheta = 90°$ aufzeichnet. Ohne Beachtung des ohmschen Spannungsabfalles hätte der Strom relativ zur Spannung $U_{\wedge}$ eine Voreilung von $45°$ (falls $E_i = U_{\wedge}$). Unter Berücksichtigung des Widerstandes wird die Voreilung größer und der Strom kleiner, d. h. die übertragbare Leistung kleiner.

Es interessiert oft, welcher Polradwinkel, etwa bei Nennlast, vorhanden ist. Für den folgenden Rechnungsgang sei eine schwache Erregung, z. B. Leerlauferregung vorausgesetzt. Es ist dann $E_i = 100\%$; ferner sei E_{s_0} zu 15% und E_{q_0} zu 50% angenommen. Es ergibt sich nach Gl. (57)

$$(57a) \qquad N = \frac{1}{0{,}65} N_0 \sin \vartheta = 1{,}54 \, N_0 \sin \vartheta .$$

Ist $N = N_0$, dann wird $\sin \vartheta = 0{,}65$, d. h. der Polradwinkel $\vartheta = 40°30'$. Aus der Gl. (57a) folgt, daß im äußersten Falle ($\sin \vartheta = 1$) die Belastung um 54% über Normallast statisch gesteigert werden könnte, in Wirklichkeit jedoch wegen des dynamischen Verhaltens der Synchronmaschine (s. S. 84) nicht in diesem Maße.

Es sei jetzt untersucht, was für Eigenschwingungen der an einem starren Netz hängende Generator ausführen kann, wenn er den in der Abb. 89b gezeichneten Polradwinkel ϑ inne hat und er durch einen Stoß, bedingt etwa durch eine schroffe Laständerung, aus seiner Gleichgewichtslage ausgelenkt wird. Zu diesem Zweck sei noch die sog. synchronisierende Leistung N_s berechnet. Unter N_s sei der Betrag verstanden, um den die Leistung anwächst, wenn der Winkel ϑ um die Einheit vergrößert wird, also differentiell ausgedrückt

$$(58) \qquad N_s = \frac{dN}{d\vartheta} .$$

Man findet nach Gl. (57)

$$(59) \qquad N_s = \frac{E_i}{E_{s_0} + E_{q_0}} N_0 \cos \vartheta .$$

Da Leistung und Drehmoment einander proportional sind, ergibt sich analog für das synchronisierende Drehmoment M_s

$$(60) \qquad M_s = \frac{dM}{d\vartheta} = \frac{N_s}{g\,\omega} .$$

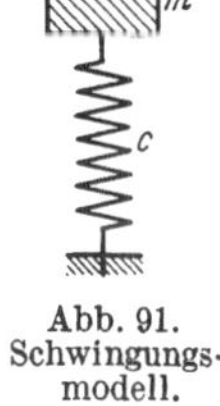

Abb. 91.
Schwingungsmodell.

Zur Ableitung der Schwingungsgleichung des Generators bedient man sich des mechanischen Modells (Abb. 91): Greift eine Masse m an einer Feder mit der Federkonstanten c (Zunahme der Federkraft bei einer Federauslenkung von 1 cm) an, so gilt für die Kreisfrequenz ν dieses schwingungsfähige System (Abb. 91) wie aus der Mechanik bekannt:

$$(61) \qquad \nu = \sqrt{\frac{c}{m}} .$$

Auf den Synchrongenerator übertragen entspricht der Federkonstante c das synchronisierende Moment M_s, der Masse m das Trägheitsmoment Θ'. Dabei ist zu beachten, daß, falls der Generator $2p$-polig ist, sein

Trägheitsmoment Θ auf das einer zweipoligen Maschine, also auf Θ' reduziert werden muß. Man geht hierbei von der Überlegung aus, daß die lebendige Energie der gedachten zweipoligen Maschine genau so groß sein muß, wie die Energie der vorhandenen $2p$-poligen. Es gilt also

$$(62) \qquad \frac{1}{2}\,\Theta'\,\omega^2 = \frac{1}{2}\,\Theta\left(\frac{\omega}{p}\right)^2$$

oder

$$(63) \qquad \Theta' = \frac{\Theta}{p^2}\,.$$

Wir erhalten damit für die Kreisfrequenz der Generatorschwingungen unter Anlehnung an die Gl. (60), (61) und (63) folgende Beziehung

$$(64) \qquad \nu = \sqrt{\frac{N_s}{g\,\omega\,\dfrac{\Theta}{p^2}}}\,.$$

Bezeichnet man die Eigenschwingungszahl des Generators pro sec mit z und die Schwingungsdauer mit T, dann gelten folgende Beziehungen

$$(65) \qquad \nu = 2\,\pi\,z, \quad z = \frac{1}{T}\,; \quad T = \frac{2\,\pi}{\nu}\,.$$

Aus der Gl. (64) geht hervor, daß die Frequenz und damit die Schwingungsdauer keine Konstante der Maschine ist, sondern sich mit N_s, der synchronisierenden Leistung, welche wiederum nach Gl. (59) keine Konstante ist, verändert. Konstant ist die Schwingungsdauer nur für einen bestimmten Belastungsfall, also einem gegebenen ϑ und unter Annahme, daß die auftretenden Schwingungen klein sind, die Größe von ϑ sich nicht wesentlich ändert. Größenordnungsmäßig liegt die Schwingungsdauer der Generatoren bei etwa $T = 1{,}25$ sec. Die durch irgendeine Ursache hervorgerufenen Schwingungen werden durch die an sich vorhandene Reibung und durch die auftretenden Verluste gedämpft. Diese Dämpfung kann wirksam durch eine auf dem Polrad angebrachte Dämpferwicklung, in der bei Verschiedenheit zwischen der Umlaufgeschwindigkeit des Läufers und des Netzvektors Ströme induziert werden und damit Verluste auftreten, welche die Schwingung mindern, vergrößert werden. In unserem mechanischen Ersatzbild kann der Einfluß der Dämpferwicklung durch eine Reibungsdämpfung, die zwischen $U_{\wedge}$-Vektor und E_i-Vektor angebracht ist und welche proportional der Relativgeschwindigkeit zwischen beiden Vektoren ist, berücksichtigt werden.

Wird ein Generator durch einen Diesel- oder Gaskraftmotor angetrieben, so ist das Antriebsmoment nicht konstant, sondern enthält übergelagerte höhere Harmonische. Ist eine dieser Harmonischen in Resonanz mit der Eigenschwingungszahl des Generators, dann können bei genügender Größe der Harmonischen unangenehme Polradschwingungen auftreten, welche mit starken Leistungsschwankungen verbunden sind. Ein solcher Resonanzfall muß vermieden werden.

b) Das Synchronisieren
und die dabei auftretenden Pendelungen.

Ein Generator, der zunächst noch leer läuft, soll auf ein Netz mit der Spannung U_λ geschaltet werden. Da zwischen dem Generator und dem Netz noch keine Verbindung besteht, darf auch im Ersatzbild (Abb. 92a) die federnde Verbindung noch nicht eingezeichnet werden. Man kann sich vorstellen, daß die Feder die in Abb. 92a eingezeichnete Lage hat. Wird nun zwischen Generator und Netz der Schalter eingelegt, so ist das gleichbedeutend, daß die Feder plötzlich E_i und U_λ verbindet (s. Abb. 92b). Wird vorausgesetzt, daß in diesem Augenblick die Polradgeschwindigkeit und die Netzgeschwindigkeit gleich sind, daß also vor dem Parallelschalten nur eine Phasendifferenz ϑ_0 vorlag, so werden Pendelungen mit dem Maximalwinkel ϑ_0 um den Vektor U_λ stattfinden. Besitzt dagegen in dem gezeichneten Augenblick der E_i-Vektor eine Relativgeschwindigkeit gegen U_λ, so wird infolge der lebendigen

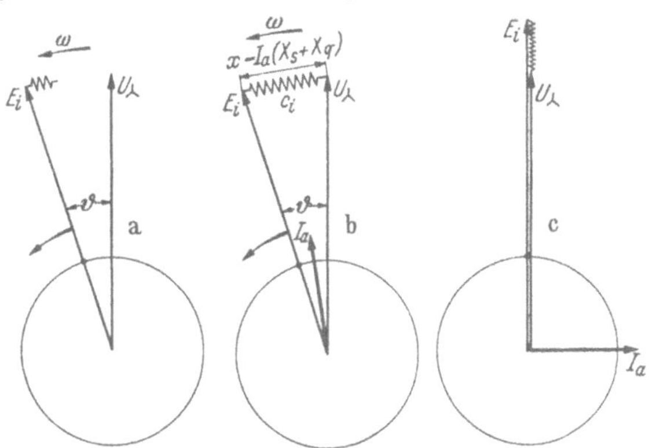

Abb. 92a–c. Schwingungsmodell beim Synchronisieren; a vor dem Synchronisieren, b beim Synchronisieren, c falls EMK und Sammelschienenspannung verschieden groß, jedoch in Phase sind.

Energie der Generatormasse zunächst ein Weiterschwingen stattfinden, also ϑ größer als ϑ_0 werden und erst bei einem größeren Winkel ϑ_0' eine Umkehr der Schwingung erfolgen. Unter Umständen braucht eine Schwingungsumkehr überhaupt nicht zu erfolgen, d. h. dann, daß der Generator sich überschlägt. Wie aus der Abb. 92b erkenntlich ist, tritt dies ein, wenn $\vartheta_0' > 180°$ wird, da dann die Feder das Polrad in gleichem Sinne weiterzieht.

Wenn man elektrisch stoßfrei synchronisieren will, muß man die mechanischen Pendelungen des Generators vermeiden, da diese elektrische Leistungspendelungen durch Ausgleichströme I_a erzeugen, die proportional der Größe x in unserem Netzmodell (s. Abb. 92b) sind. Man muß also darauf achten, daß im Moment des Synchronisierens der Winkel ϑ und die relative Geschwindigkeit zwischen beiden Vektoren klein ist.

Das Synchronisieren kann von Hand oder auch durch automatisch arbeitende Synchronisiergeräte erfolgen. Bei letzteren wird man fordern, daß ein Parallelschalten erst dann erfolgt, wenn erstens der Vektor E_i und die Spannung U_λ sich, wie die Erfahrung lehrt, um weniger als 7°

voneinander unterscheiden, zweitens der Schlupf, d. h. die Frequenz-
differenz nicht mehr als 0,2% beträgt, und drittens die Maschinenspannung gleich der Netzspannung ist. Letztere Bedingung braucht
jedoch nicht so genau eingehalten zu werden, da Abweichungen hiervon

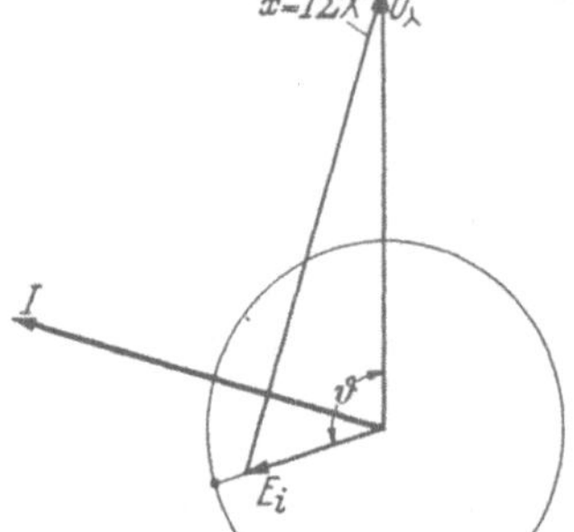

Abb. 93. Synchronisierung bei
schwacher Erregung.

(s. Abb. 92c) nur wattlose Ströme, jedoch
keine Pendelungen hervorrufen.

Die oben geschilderte Feinsynchroni-
sierung, die an und für sich erstrebenswert ist, kann mitunter schwierig durchzuführen sein. Ja es kann vorkommen,
daß bei automatischen Synchronisiereinrich-
tungen ein Parallelschalten überhaupt nicht
stattfinden kann, z. B. wenn ein Netz
gestört ist und die Frequenz dauernd
schwankt. Hier ist unter Umständen eine
Synchronisierung von Hand eher möglich,
da man besser ab- und zugeben kann. In
solchen Betriebsfällen nimmt man die durch
die im Moment des Synchronisierens noch vorhandenen Unstimmig-
keiten hervorgerufenen Pendelungen und Stromstöße in Kauf.

Wenn man größere Stromstöße beim Synchronisieren zuläßt, kann
man zu sehr einfachen Synchronisierungsmöglichkeiten kommen. Man

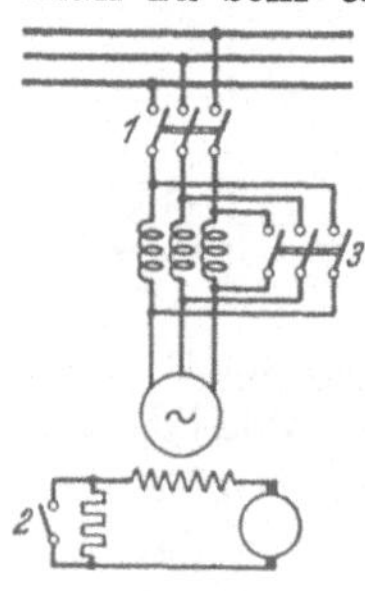

Abb. 94.
Schaltung für Grob-
synchronisierung.

wird den Generator schwach erregen, so daß der
EMK-Vektor E_i klein ist (s. Abb. 93). Wird jetzt die
Maschine auf das Netz geschaltet, so ist die Größe des
Ausgleichstromes proportional x (s. Abb. 93). Da x bei
kleinem E_i ziemlich unabhängig von dem Winkel ϑ
ist, braucht beim Parallelschalten auf die Phasenlage,
also auf ϑ nicht geachtet zu werden. Man muß jedoch
dafür sorgen, daß der Generator durch seine Antriebsmaschine angenähert auf Netzfrequenz gebracht wird,
damit das Fangen des Polrades, also das Synchronisieren, rasch erfolgt. Im Modell fangen sich die beiden
Netzvektoren wie folgt: Durch die Dämpfung, die

proportional der Geschwindigkeitsdifferenz beider Vektoren ist, werden
diese auf etwa gleiche Geschwindigkeit gebracht. Synchronismus kann
hierdurch allein jedoch nicht erreicht werden, da Lager und Luftreibung
stets einen gewissen Schlupf bedingen. Erst die gedachte Feder, welche
E_i und U_λ verbindet, bringt das Polrad in den synchronen Lauf und
macht den Schlupf zu Null. Im Moment des Parallelschaltens (s. Abb. 94,
Schalter 1) verhält sich der Generator ähnlich wie ein Asynchronmotor.
Gelangt er in die Nähe der synchronen Drehzahl, so wird er durch die
schwache Polraderregung in Synchronismus gebracht. Nachdem der
Synchronismus erreicht ist, wird die Erregung voll eingeschaltet, E_i wird

also vergrößert (s. Abb. 94, Schalter *2*) und die großen wattlosen Ströme, die vorher dem Generator aus dem Netz zugeflossen sind, kommen, da die Maschine ihre Erregung nun selbst restlos liefert, in Wegfall. Um die Stromstöße im Moment des Parallelschaltens klein zu halten, kann man dem Generator eine Drosselspule vorschalten. Dies ist gleichbedeutend mit einer Vergrößerung von X_s. Bei einer gegebenen Abweichung der beiden Vektoren voneinander (s. Abb. 93) ist der Ausgleichstrom um so kleiner, je größer die Gesamtreaktanz ist. Man kann also durch eine solche Drosselspule die Ausgleichströme verkleinern, die Maschine weicher machen. Dabei wird allerdings auch das die Synchronisierung besorgende Moment kleiner. Ins Modell übertragen bedeutet das Zuschalten der Drossel die Verwendung einer weicheren Feder. Selbstverständlich wird man, nachdem die Maschine sich gefangen hat und die Erregung verstärkt worden ist, die Fangdrossel (s. Abb. 94, Schalter *3*) kurzschließen. Solche Grobsynchronisierung wird dann oft angewandt, wenn Generatoren automatisch rasch synchronisiert werden sollen[1].

c) Pendelungen der Generatoren durch Belastungsänderungen.

Ändert sich bei einer Synchronmaschine plötzlich die Belastung, so treten Schwingungen des Polrades auf, die unter Umständen zu einem Außertrittfallen des Generators führen können. Abb. 95 zeigt die Leistungskurve, die bekanntlich der Drehmomentenkurve proportional sein muß, in Abhängigkeit vom Polradwinkel ϑ. Die zunächst vorhandene Belastung entspreche auf der Kurve dem Punkt *1* und habe die Größe N_0. Wird die Antriebsleistung plötzlich um ΔN erhöht, etwa dadurch, daß die Dampfzufuhr zur Turbine vergrößert wird, so ergibt sich der neue Gleichgewichtszustand im Punkt *2* der Leistungskurve. Der Übergang vom Punkt *1* zum Punkt *2* erfolgt nicht allmählich, sondern in Form von Schwingungen. Dies geht aus folgendem hervor: Wenn im Zustand *1* die Leistung plötzlich um ΔN vergrößert wird, so ist zunächst die Antriebsleistung größer als die elektrisch abgegebene, und zwar entspricht dem Energieüberschuß die senkrecht schraffierte Fläche (Arbeit = Drehmoment × Winkel in Bogenmaß). Dieser Überschuß wird das Polrad beschleunigen und eine zusätzliche Geschwindigkeit erteilen, welche sich der an und für sich vorhandenen Drehgeschwindigkeit des Polrades überlagert. Wenn der Punkt *2* erreicht wird, stimmt zwar die zugeführte Leistung mit der elektrisch abgegebenen überein, das Polrad besitzt jedoch infolge seiner erhöhten Geschwindigkeit noch zusätzliche kinetische Energie, die es über den Gleichgewichtszustand bis zum Punkt *3* hinausschwingen läßt. Hierbei wird die zusätzliche kinetische Energie in

---

[1] Siehe auch G. Meiners: Die Technik selbsttätiger Steuerungen und Anlagen. München u. Berlin: R. Oldenburg 1936.

6*

potentielle Energie umgewandelt, da nach Überschwingen des Punktes *2* das elektrische Gegenmoment (entsprechend der abgegebenen elektrischen

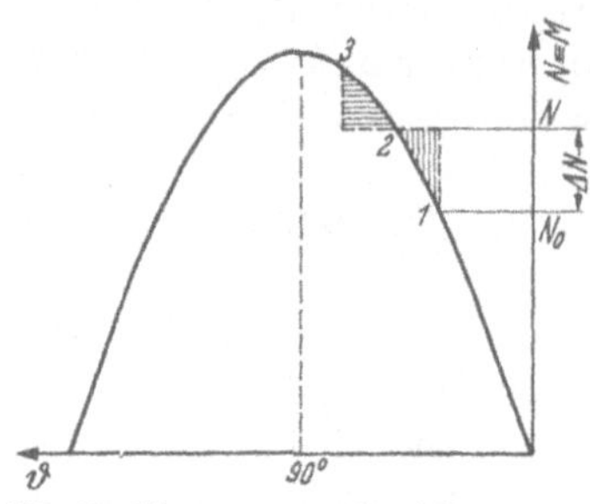

Abb. 95. Diagramm zur Ermittlung des Überschwingens des Polrades.

Leistung) größer wird als das Antriebsmoment. Im Punkt *3* ist die gesamte zusätzliche kinetische Energie in potentielle Energie umgewandelt. In diesem Punkt ist aber die elektrisch abgegebene Leistung größer als die mechanisch zugeführte. Das Polrad wird also abgebremst und schwingt damit wieder zurück und so fort. Unter Vernachlässigung aller Verluste wird in Abb. 95 die waagrecht schraffierte Fläche gleich der vertikal schraffierten. Liegt die Ausgangsleistung N_0 etwas tiefer, etwa wie in Abb. 96, so kann der Fall eintreten, daß beim Überschwingen, falls der Punkt *4* überschritten wird (da dann Antriebsleistung > als elektrisch abgegebene Leistung) ein Rückschwingen des Polrades nicht mehr möglich ist, das Polrad durchrutscht und damit der Synchronismus verloren geht.

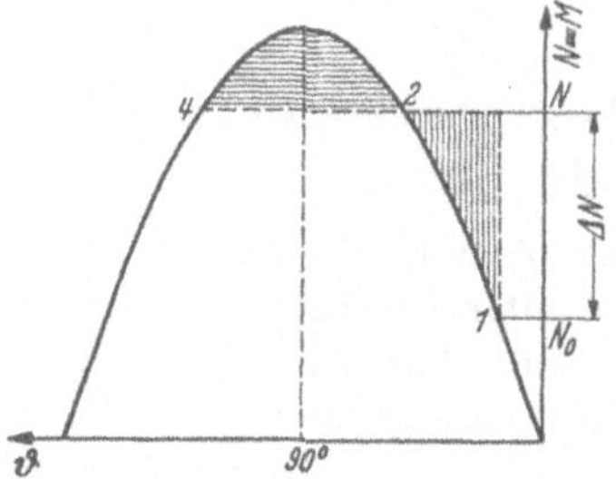

Abb. 96. Diagramm zur Feststellung des Außertrittfallens.

Solche Fälle des Überschwingens sind im Kraftwerksbetrieb immer möglich. Hierfür ein Beispiel: Ein Kraftwerk beliefere über eine Doppelleitung ein anderes Kraftwerk, dessen Spannung U_λ sei. Durch Abschalten der einen Leitung wird plötzlich die Leitungsinduktivität und damit die Gesamtinduktivität $X_q + X_s + X_L$, welche diesmal in Gl. (55) einzusetzen ist, um N zu erhalten, vergrößert. War die ursprüngliche Leistungskurve *I* (s. Abb. 97), so wird sie nach dem Schaltvorgang etwas niedriger liegen [s. Kurve *II*, Abb. 97 und Gl. (55)]. Da die Antriebsleistung N_0 der Maschine im ersten Augenblick unverändert ist und in der Kurve *II* dieser Leistung ein größerer Polradwinkel ϑ_2 entspricht, wird die neue Gleichgewichtslage

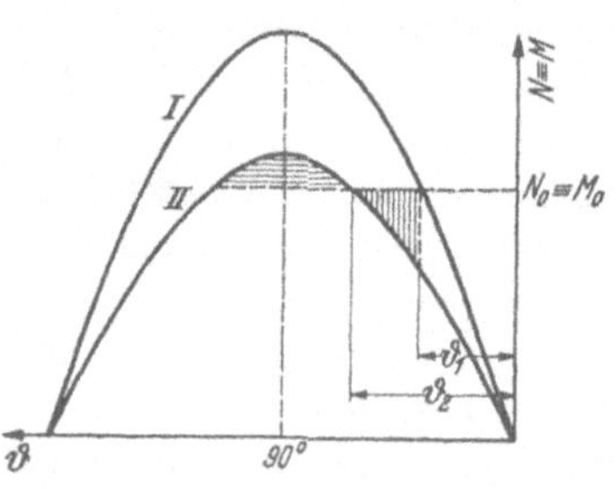

Abb. 97. Diagramm zur Feststellung der Polradschwingungen bei plötzlichen Vergrößerungen der Induktivität.

auch nur mittels Schwingungen erreichbar sein, wobei unter ungünstigen Verhältnissen ein Außertrittfallen möglich ist.

Ein anderer Fall: Zwei Kraftwerke I und II sind miteinander durch eine Kuppelleitung verbunden und speisen einen etwa in der Mitte der Leitung befindlichen Abnehmer A (Abb. 98a) mit der Spannung U_λ.

Die Lage der Polräder ist durch E_{i1} und E_{i2} in Abb. 98b gegeben. Erfolgt jetzt bei dem Abnehmer A ein Kurzschluß ($U_\lambda = 0$), dann besteht zwischen den beiden Kraftwerken keine ·synchronisierende Kraft mehr. Beide Kraftwerke werden, da die Spannung zusammenbricht und sie nur Blindleistung in den Kurzschluß hineinpumpen, praktisch entlastet. Im ersten Moment des Kurzschlusses steht (solange die Regler der Kraftmaschinen noch nicht ausgeregelt haben) weiterhin die volle Antriebsleistung zur Verfügung. Die Folge ist, daß die Polräder sich beschleunigen und hierbei nach einer gewissen Zeit eine größere Abweichung gegeneinander erhalten können (er-

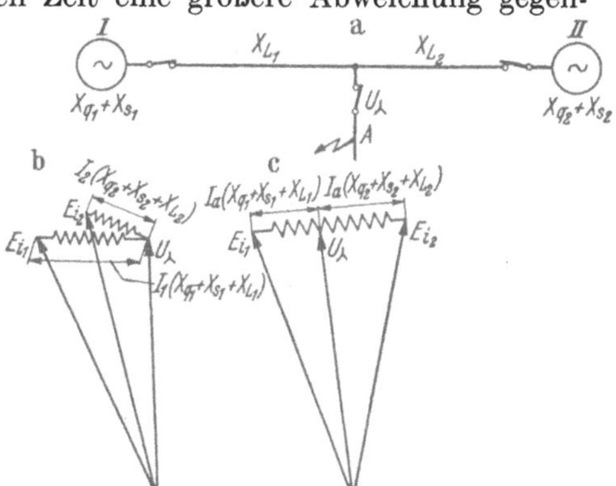

kenntlich durch E_{i1} und E_{i2} in Abb. 98c). Wird dann der Kurzschluß durch den Schalter S abgeschaltet, so werden die beiden Polräder wieder durch eine gedachte Feder miteinander verbunden. Im Gegensatz zu Abb. 98b, in der, wegen der nach A abgegebenen Leistung, E_{i1} und E_{i2} im Modell ein Drehmoment auf den Vektor U_λ übertragen, ist dies, da A jetzt abgeschaltet ist, in Abb. 98c nicht der Fall.

Abb. 98a–c. a Zwei Kraftwerke arbeiten auf einen Verbraucher, b Lage der EMK-Vektoren vor dem Kurzschluß, c Lage der EMK-Vektoren nach Abschaltung des Kurzschlusses.

U_λ stellt sich hier entsprechend der induktiven Abfälle $I_a (X_{q1} + X_{s1} + X_{L1})$ und $I_a (X_{q2} + X_{s2} + X_{L2})$ ein.

Das synchronisierende Moment in Verbindung mit der Dämpfung wird versuchen, die E_i-Vektoren miteinander in Übereinstimmung zu bringen. Hierbei treten Schwingungen der beiden Polräder mit den zugehörigen Vektoren E_{i1} und E_{i2} gegeneinander auf. Dabei können je nach der augenblicklichen Lage von E_{i1} und E_{i2} die Ausgleichströme I_a derart groß sein, daß der Überstromschutz in den Kraftwerken I und II zum Ansprechen kommt und ein Abschalten bewirkt, obwohl die Strecke I—II gesund ist und die Generatoren sich fangen würden. Der Überstromschutz sollte gegen solche Pendelungen unempfindlich sein, was jedoch nicht immer der Fall ist.

Es sei jetzt untersucht, in welcher Zeit ein Kurzschluß abgeschaltet werden muß, damit noch ein rasches und sicheres Fangen der Generatoren nach Abschalten des Kurzschlusses erfolgt. Zur Untersuchung seien wiederum zwei durch eine Kuppelleitung miteinander verbundene Kraftwerke (s. Abb. 99), die mit ihrer Nennleistung belastet seien, betrachtet. Es trete beim Kraftwerk II ein Kurzschluß auf (ungünstigster Fall für unsere Betrachtung). Die Spannung am Kraftwerk II bricht

zusammen, während, wenn die Kuppelleitung lang ist, die Spannung im
Kraftwerk I ziemlich erhalten bleibt und das Kraftwerk I seine Verbraucher weiter mit Strom beliefern kann. Da die Belastung des Kraftwerks I also unverändert bleibt, können wir näherungsweise annehmen,
daß sein Polrad sich mit konstanter Geschwindigkeit weiterdreht, während das Polrad des Kraftwerks II, da es entlastet ist, sich beschleunigen
wird. Hatte vor dem Kurzschluß das Polrad des Kraftwerks II gegenüber dem Vektor U_λ der Klemmenspannung eine Lage inne, welche durch
den Vektor $E_{i\,0}$ gekennzeichnet ist, dann wird nach einer Zeit t das Polrad sich um den Winkel ϑ vorgedreht haben. Da das Kraftwerk II vor
dem Kurzschluß Nennlast haben sollte, so wird auch nach Kurzschlußbeginn (solange der Regler nicht eingegriffen hat) zunächst noch das

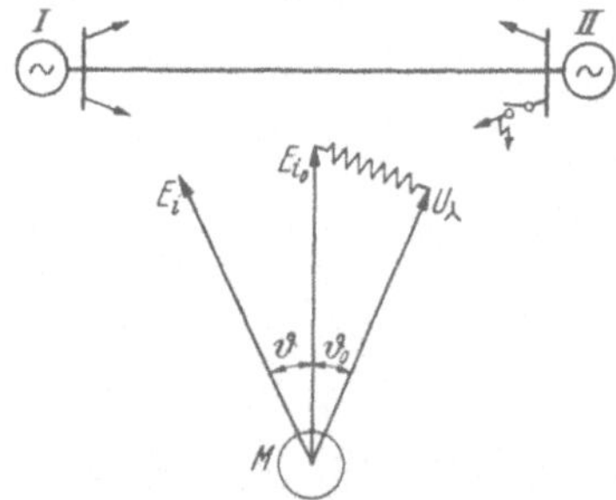

Abb. 99. Zwei Generatoren sind durch eine
Kuppelleitung verbunden und am Ende
der Kuppelleitung erfolgt ein Kurzschluß.

normale Moment für die Beschleunigung
zur Verfügung stehen. Für die weitere
Betrachtung sei noch der Begriff der
Anlaufzeit T_a, worunter die Zeit verstanden sein soll, die das Polrad benötigt,
um bei normalem Antriebsmoment von
Null auf Synchronismus zu kommen,
eingeführt. Die Winkelbeschleunigung b,
welche in diesem Fall vorhanden ist,
hat die Größe

$$(66) \qquad b = \frac{\omega}{T_a}.$$

Da diese Beschleunigung auch in unserem Fall vorhanden ist, ergibt sich
für die überlagerte Winkelgeschwindigkeit

$$(67) \qquad v = b \cdot t$$

oder

$$(68) \qquad v = \frac{\omega}{T_a} \cdot t$$

und demgemäß für den Winkel ϑ im Bogenmaß

$$(69) \qquad \vartheta = \frac{1}{2}\,b\,t^2 = \frac{1}{2}\,\frac{\omega}{T_a}\,t^2.$$

Berechnet man für verschiedene Zeiten den Winkel ϑ in Grad, so erhält
man z. B. bei einer Anlaufzeit T_a von 10 sec folgende Werte:

$$t = 0{,}1 \qquad 0{,}2 \qquad 0{,}3 \qquad 1 \text{ sec}$$
$$\vartheta = 9° \qquad 36° \qquad 81° \qquad 900°.$$

Berücksichtigt man, daß der Winkel ϑ_0 bei Normallast etwa schon 40°
beträgt, dann wird z. B. eine Zeit von 0,3 sec schon einen Polradwinkel
von über 120° gegenüber dem gleichmäßig rotierenden Vektor U_λ ergeben.
Da außerdem das Polrad infolge seiner Beschleunigung eine zusätzliche
Geschwindigkeit erhält, wird der Winkel $\vartheta + \vartheta_0$ sich noch zu vergrößern
suchen. Wird also erst nach 0,3 sec der Kurzschluß abgeschaltet, so ist

mit einem sofortigen Fangen der Kraftwerke nicht zu rechnen. Man wird also, wenn sofortiges Wiederfangen eintreten soll, die Zeit, innerhalb welcher der Kurzschluß abgeschaltet werden muß, möglichst unter 0,2 sec zu wählen haben. Man ersieht, daß bei den verhältnismäßig großen Abschaltzeiten, welche die Schalter einschließlich Selektivschutz meist noch haben, mit einem Außertrittfallen der Kraftwerke bei ungünstiger Lage des Kurzschlußortes zu rechnen ist. Die Kraftwerke laufen dann asynchron und es treten zwischen ihnen kurzschlußartige Ausgleichsströme auf. Ob dann, vorausgesetzt der Überstromschutz spricht nicht an, von selbst infolge der Dämpfung und der synchronisierenden Kräfte all-

mählich ein Fangen eintritt, läßt sich ohne Kenntnis der Einzelheiten nicht beantworten. Es ist daher wichtig, Leistungsschalter und Selektivschutz mit möglichst kleinen Abschaltzeiten zu entwickeln. Da die meisten Kurzschlüsse nicht als Klemmenkurzschlüsse zu werten sind, können die Abschaltzeiten etwas größer als 0,1 bis 0,2 sec sein. Er-

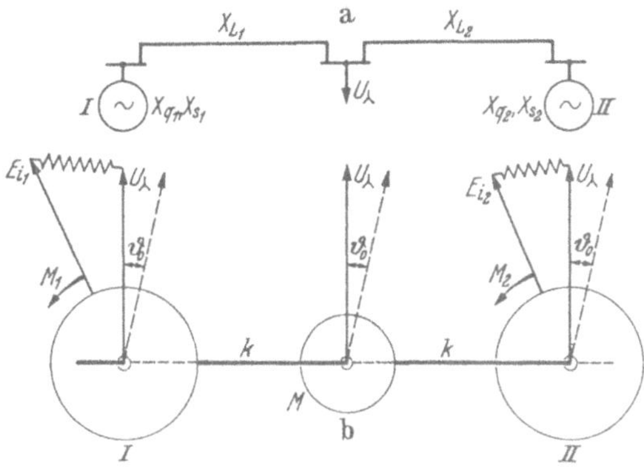

Abb. 100a u. b. a Zwei Kraftwerke arbeiten über je eine Leitung auf einen Verbraucher, b Vektorendiagramme.

reicht man Abschaltzeiten von 0,25 bis 0,3 sec, so dürfte ein Auseinanderfallen der Kraftwerke nur selten zu erwarten sein.

Es seien wieder zwei Kraftwerke I und II betrachtet, welche über je eine Kuppelleitung einen Abnehmer, dessen Spannung U_λ annähernd konstant sei, mit Strom versorgen (Abb. 100a). Auf diesen Vektor U_λ sei die EMK E_{i1} des Kraftwerks I und der Vektor E_{i2} des Kraftwerks II bezogen. Da es oft unübersichtlich ist in einem einzigen Schaltbild das Verhalten von mehreren Kraftwerken zu betrachten, sei das Diagramm für das Kraftwerk I links und das für das Kraftwerk II rechts in der Abb. 100b angegeben. Der Netzvektor U_λ auf den wir beide Kraftwerke beziehen wollen, ist in der Mitte ebenfalls aufgezeichnet. Da die 3 U_λ-Vektoren identisch sind, kann man sich in Abb. 100b vorstellen, daß sie durch eine starre Welle k, auf der die Polräder I und II lose lagern, miteinander verbunden sind. (Die Abb. 100b ist verzerrt gezeichnet, da die Polräder mit den Diagrammen senkrecht zur Welle k liegen.) Dadurch wird ihre Lage zueinander, auch wenn man sich vorstellt, daß sie sich 50mal in der Sekunde drehen, gewährleistet. Bei Bestimmung der im Modell vorzusehenden Federung zwischen dem Vektor U_λ und den Vektoren der Kraftwerke I und II ist zu beachten, daß zu den Streu-

und Querreaktanzen des jeweiligen Kraftwerks auch die zugehörige Leitungsimpedanz bis zum Abnehmer hinzuzuschlagen ist. Wenn die Kraftwerke I und II Leistung abgeben, werden die zugehörigen Polradvektoren E_i die in der Abb. 100b aufgezeichnete Lage einnehmen. Die Leistung wird auf den in der Mitte der Abbildung gezeichneten $U_\perp$-Vektor übertragen. Man muß sich vorstellen, daß von der Welle dieses Vektors mechanische Leistung abgenommen wird (z. B. durch mechanische Abbremsung), welche gleich der elektrisch aufgenommenen Leistung ist. Tritt jetzt im Netz eine Zusatzbelastung ΔN auf, dann muß aus den Generatoren größere Leistung herausgeholt werden, wobei jedoch im ersten Moment, da die Regler an den Antriebsmaschinen noch nicht angesprochen haben, die zur Verfügung stehende Antriebsleistung unverändert geblieben ist. Größere Leistung kann aus den Generatoren nur herausgeholt werden, wenn die Polräder verzögert werden, also ein Teil ihrer kinetischen Energie zur Deckung der zusätzlichen Leistung verwandt wird. Die Folge ist ein Absinken der Netzfrequenz. Hierauf sprechen die Regler der Antriebsaggregate an und bewirken eine entsprechende Steigerung der Antriebsleistung.

Tritt die Zusatzlast plötzlich auf, so ist dies gleichbedeutend [falls man von der Drehbewegung der Vektoren absieht und annimmt, daß im Netz keine Massen (Motoren) vorhanden sind, die Netzbelastung also durch Widerstände (Lampen) erfolgt], daß die $U_\perp$-Vektoren um einen Winkel ϑ_0 plötzlich nach rechts gedreht werden (Abb. 100b) bis Gleichgewicht zwischen der zusätzlichen Last und den erhöhten Federspannungen der einzelnen Vektoren vorhanden ist. Die Polräder können wegen ihrer Masse im ersten Augenblick ihre Lage nicht ändern. Ist der Verdrehungswinkel des $U_\perp$-Vektors ϑ_0, dann wird die zusätzliche vom Kraftwerk I abgegebene Leistung entsprechend Gl. (58) gleich

$$(70) \qquad\qquad \Delta N_1 = N_{s1}\vartheta_0$$

und die vom Kraftwerk II gleich

$$\Delta N_2 = N_{s2}\vartheta_0 .$$

Addiert man die Gleichungen, dann ergibt sich verallgemeinert für beliebig viele Kraftwerke

$$(71) \qquad \left\{ \begin{aligned} \Delta N &= \Delta N_1 + \Delta N_2 + \Delta N_3 + \ldots \\ &= \vartheta_0 (N_{s1} + N_{s2} + N_{s3} + \ldots) \\ &= \vartheta_0\, \Sigma N_s . \end{aligned} \right.$$

Das auf das Polrad I ausgeübte zusätzliche Moment ist dann

$$(72) \qquad\qquad \Delta M_1 = \frac{\Delta N_1}{g\,\omega} = \frac{\vartheta_0 N_{s1}}{g\,\omega} = \frac{\Delta N}{\Sigma N_s}\cdot\frac{N_{s1}}{g\,\omega} .$$

Durch dieses Moment wird das Kraftwerk I mit

$$(73) \qquad\qquad b_1 = \frac{\Delta N}{\Sigma N_s}\cdot\frac{N_{s1}}{g\,\omega}\cdot\frac{1}{\Theta_1/p_1^2}$$

verzögert, während die Verzögerung des Kraftwerks II den Wert

$$(74) \qquad b_2 = \frac{\Delta N}{\Sigma N_s} \cdot \frac{N_{s\,2}}{g\,\omega} \cdot \frac{1}{\Theta_2/p_2^2}$$

aufweist. Diese im ersten Moment vorhandenen und im allgemeinen verschiedenen Verzögerungen, werden nach einer gewissen Zeit in eine konstante Verzögerung b_0 übergehen, denn die beiden Kraftwerke müssen infolge der synchronisierenden Kräfte, wenn man von überlagerten Ausgleichsschwingungen absieht, sich gleichmäßig verzögern. Diese Verzögerung ergibt sich, da die Gesamtmasse gleich $(\Theta_1/p_1^2 + \Theta_2/p_2^2)$ ist, zu

$$(75) \qquad b_0 = \frac{\Delta N}{g\,\omega} \cdot \frac{1}{\Theta_1/p_1^2 + \Theta_2/p_2^2} = \frac{\Delta N}{g\,\omega}\,\frac{1}{\Sigma\,\Theta/p^2}.$$

Der Übergang von den Anfangsverzögerungen b_1 und b_2 zur Verzögerung b_0 erfolgt, wie erwähnt, durch Schwingungen. Solche Schwingungen sind unangenehm, da dabei leicht der eine oder andere Generator außer Tritt fallen kann. Hat man z. B. mehrere Generatoren mit einem verhältnismäßig schwachen Generator dabei, der ein ziemlich hohes Trägheitsmoment besitzt, so wird bei der auftretenden Verzögerung das Polrad wegen seiner großen Masse das Bestreben haben, seine Geschwindigkeit möglichst wenig zu verkleinern und da die synchronisierende Kraft klein ist, kann in einem solchen Falle ein Außertrittfallen stattfinden. Am besten ist es und man kann hierdurch Polradschwingungen vermeiden, wenn die im ersten Moment vorhandenen Beschleunigungen b_1, b_2 usw. einander gleich, also auch gleich b_0, sind. In unserem Falle ist dies der Fall, falls

$$\frac{N_{s\,1}}{g\,\omega\,\dfrac{\Theta_1}{p_1^2}} = \frac{N_{s\,2}}{g\,\omega\,\dfrac{\Theta_2}{p_2^2}}$$

d. h. aber nach Gl. (64), daß die Eigenfrequenzen der verschiedenen Generatoren einander gleich sein sollen.

Wir wollen unser Ersatzbild noch für den Fall erweitern, daß unser Netz in größerem Maße durch Asynchronmotoren belastet sei. Diese haben, vom Schlupf abgesehen, praktisch gleiche Drehzahl wie das Netz. Sinkt die Netzfrequenz, dann wird auch die Drehzahl dieser Asynchronmotoren abnehmen. Man kann sich also die Wirkung der Asynchronmotoren durch eine Masse M (Abb. 100 b) ersetzt denken, welche mit dem mittleren Netzvektor U_λ verbunden ist. Man erkennt also, daß Generatoren sowie Motoren miteinander schwingungsfähige Systeme bilden, die die mannigfaltigsten Schwingungen gegeneinander ausführen können, wobei auch der Netzvektor U_λ, der streng genommen in seiner Größe nicht konstant ist, sondern ebenfalls Schwankungen unterliegt, sich an diesen Schwingungen mitbeteiligen kann.

G. Asynchrongeneratoren.

Drehstrom kann man, statt wie üblich durch Synchrongeneratoren, auch durch Asynchrongeneratoren erzeugen. Diese entsprechen in ihrem elektrischen Aufbau den Drehstrom-Asynchronmotoren, werden jedoch von außen mit einer Drehzahl, die etwas oberhalb der synchronen liegt, angetrieben. Man muß beachten, daß ein solcher Asynchrongenerator Wirkleistung an das Netz abzugeben vermag, daß er jedoch vom Netz, also von vorhandenen Synchronmaschinen aus, erregt werden muß und damit Blindleistung verbraucht. Asynchrongeneratoren können also nur zur Anwendung kommen, wenn ihre Leistung klein ist im Vergleich zu den im Netz vorhandenen Synchronmaschinen und wenn von ihnen nicht gefordert wird, daß sie einen selbständigen Betrieb führen müssen. Der Vorteil des Asynchrongenerators liegt in der einfachen Bauart und daß ein besonderes Synchronisieren beim Schalten auf das Netz in Wegfall kommt, da der Generator nur auf angenäherten Synchronismus gebracht werden muß, was ihn zum Einbau in ferngesteuerte Kraftwerke besonders geeignet macht. Die Einschaltstromstöße können trotz alledem beachtlich sein, wenn der Einschaltmoment zeitlich ungünstig liegt und wenn der Schlupf im Einschaltmoment ein zu großer ist.

Sehr lästig bei Asynchronmaschinen ist, wie bereits erwähnt, die beachtliche Blindleistungsaufnahme, welche vom Netz gedeckt werden muß. Es gibt zwar Asynchrongeneratoren, welche ihre Blindleistung unmittelbar von einem Kompensator erhalten, etwa von einer auf gleicher Welle sitzenden Drehstrom-Erregermaschine, die in den Läuferkreis des Asynchrongenerators den Blindstrom liefert, der sonst vom Netz gedeckt werden müßte, aber durch eine solche besondere Erregermaschine verliert der Asynchrongenerator den Vorzug der Einfachheit.

Da man heute auch Synchrongeneratoren mit Fernsteuerung sehr schnell durch Grobsynchronisierung (s. S. 82) auf das Netz schalten kann, wird man in der Mehrzahl der Fälle auch bei ferngesteuerten Kraftwerken Synchrongeneratoren verwenden. Nur wenn durch besondere örtliche Verhältnisse bedingt, die Verwendung von Asynchrongeneratoren schaltungstechnisch bzw. betriebstechnisch Vorteile bringt, sind letztere zu wählen. Hauptsächlich wurden bisher Asynchrongeneratoren in kleinen ferngesteuerten Wasserkraftwerken eingebaut.

IV. Die Transformatoren.
A. Allgemeines.

Da die von den Generatoren erzeugte Spannung für eine wirtschaftliche Energieverteilung zu niedrig ist, benötigt man in den Kraftwerken außer den Drehstromerzeugern noch Umspanner. Die durch die Transformatoren in den Kraftwerken erzeugte hohe Verteilungsspannung muß in den Verbraucherzentren wieder auf niedere Werte heruntergespannt werden. Es werden also sowohl in den Kraftwerken als in den Netzen in großer Zahl Transformatoren benötigt, so daß die Kenntnis ihrer Eigenschaften wesentlich ist. Für die folgenden Betrachtungen sei die Wirkungsweise und der Aufbau des Transformators als bekannt vorausgesetzt.

Drehstromtransformatoren können in vielerlei Weise geschaltet werden, etwa in Stern-Stern, in Dreieck-Dreieck, in Dreieck-Stern bzw. umgekehrt, usw. (s. Abb. 101). Trotz der verschiedenen Schaltmöglichkeiten gibt es sicher für jeden Verwendungszweck eine richtigste. Um diese jeweils erkennen zu können, sollen die Eigenschaften der verschiedenen Schaltungen im folgenden genauer betrachtet werden.

Bei einer im Stern geschalteten Wicklung ist die Phasenspannung $U_\curlywedge$, wenn die verkettete Spannung U gegeben ist, $U_\curlywedge = U/\sqrt{3}$, also kleiner als diese. Bei der Dreieckschaltung stimmen dagegen Phasenspannung und verkettete Spannung überein. Es besteht also zwischen der Stern- und der Dreieckschaltung der Unterschied, daß die erstere für eine $1/\sqrt{3}$-fach kleinere Phasenspannung bemessen und isoliert zu werden braucht. Da bei gegebenem Fluß bei der Sternschaltung die Zahl der Windungen ebenfalls $1/\sqrt{3}$ kleiner ist, hat man bei dieser Schaltung bei gleicher Leistung und gleicher verketteter Spannung $\sqrt{3}$-mal kräftigere Quer-

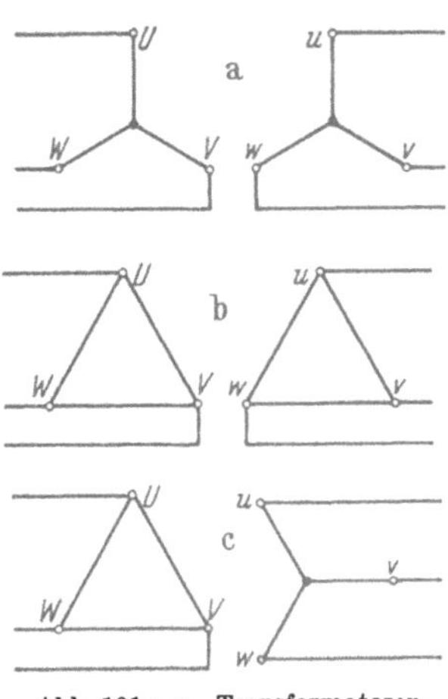

Abb. 101a—c. Transformatorenschaltungen. a Stern-Sternschaltung, b Dreieck-Dreieckschaltung, c Dreieck-Sternschaltung.

schnitte (gleiche Stromdichte). Es ist bekannt, daß Wanderwellen die Eingangswindungen stark beanspruchen und man diese daher oft verstärkt isoliert. Bei der Sternschaltung hat man pro Phase nur einmal stärker zu isolierende Eingangswindungen, bei der Dreieckwicklung dagegen deren zwei, und zwar je eine an jedem Ende. Die Sternschaltung wird also vorwiegend bei höheren Spannungen am Platze sein. Die Dreieckwicklung findet dagegen bei nicht zu hohen Spannungen und bei größeren Strömen Verwendung. Wird z. B. bei der Sternwicklung, infolge zu großen Stromes, der Querschnitt zu groß, so daß man gezwungen wird, die Wicklung in zwei parallele Gruppen zu unterteilen, so kann unter Umständen beim Übergang auf Dreieckwicklung die Unterteilung vermieden werden.

Der in Stern-Stern geschaltete Transformator der Abb. 101a liege primärseitig an Spannung, die Sekundärwicklung sei jedoch unbelastet, so daß die Primärwicklung nur den Magnetisierungsstrom aufzunehmen hat. Bei einem (Einphasen-) Transformator muß bei zugeführter sinusförmiger Spannung der Fluß ebenfalls sinusfösmig sein (allerdings 90°

phasenverschoben). Der Magnetisierungsstrom I (s. Abb. 102a) ist jedoch wegen der Eisensättigung nicht sinusförmig, sondern verzerrt. Wie eine Zerlegung der Stromkurve in die einzelnen Harmonischen zeigt, enthält sie außer der Grundwelle noch sämtliche ungeradzahligen Harmonische, deren Größe mit wachsender Ordnungszahl sinkt. Dabei ist (s. Abb. 102b) die 3. Harmonische negativ, die 5. positiv, die 7. negativ usw.

Für die 3. Harmonische, ebenso für alle durch 3 teilbaren Harmonischen, ergibt sich im Falle des Drehstromtransformators, daß die Ströme dreifacher Frequenz in den 3 Phasen folgende Größen haben müßten:

$$(76) \quad \begin{cases} i_{III_1} = I_{III} \sin 3\,\omega\,t \\ i_{III_2} = I_{III} \sin (3\,\omega\,t - 120) = I_{III} \sin 3\,\omega\,t \\ i_{III_3} = I_{III} \sin (3\,\omega\,t - 240) = I_{III} \sin 3\,\omega\,t, \end{cases}$$

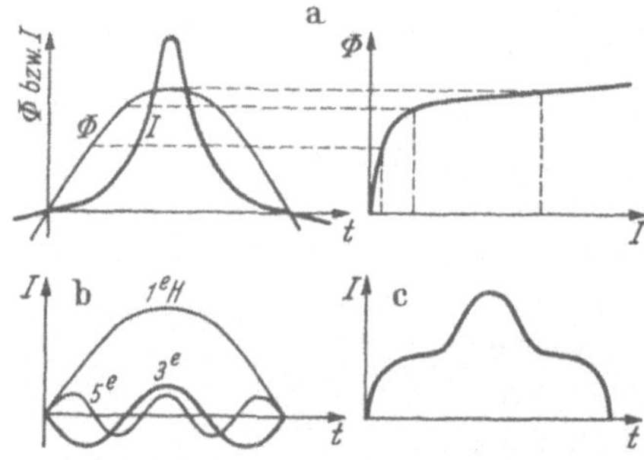

Abb. 102a–c. Ströme und Flüsse bei Sättigung des Transformators (Remanenz vernachlässigt).
a Strom und Fluß in Abhängigkeit der Zeit,
b Magnetisierungsstrom zerlegt in Grund- und Oberwellen, c Magnetisierungsstrom mit fehlender 3. Harmonischen.

d. h. aber, daß alle drei Phasenströme dreifacher Frequenz der Größe und Phase nach gleich sind. Da sie sich im Sternpunkt des primärseitig in Stern geschalteten Transformators nicht zu Null ergänzen können, vermögen sie in einem nicht geerdeten Drehstromsystem überhaupt nicht zu fließen. Hierbei ist vorausgesetzt, daß die drei Schenkel des Transformators magnetisch gleich sind. Da jedoch der Fluß im mittleren Schenkel einen kleineren magnetischen Widerstand (nur Widerstand des Schenkels) hat als der in den beiden äußeren (Widerstand von Schenkel und Joch), sind die Magnetisierungsströme in den drei Phasen nicht gleich. Es vermag jetzt, da Gl. (76) nicht mehr genau gilt, eine kleine 3. Harmonische zu fließen. Entsprechendes gilt für sämtliche durch 3 teilbaren höheren Harmonischen. Um diese Harmonischen möglichst zu beseitigen, empfiehlt es sich, die Anschlüsse der einzelnen Transformatoren an die Phasen R, S und T nicht gleich, sondern zyklisch vertauscht, vorzunehmen.

Wie erwähnt, vermag, falls man von der Unsymmetrie der drei Kraftlinienwege absieht, im Magnetisierungsstrom bei Sternschaltung keine 3. Harmonische zu fließen. Wir wollen, um einen sinusförmigen Fluß zu ermöglichen, annehmen, diese 3. Harmonische sei zunächst vorhanden, wobei wir sie jedoch wieder kompensieren wollen, indem wir zusätzlich auf jedem Schenkel die Amperewindungen einer 3. Harmonischen gleicher Größe, jedoch entgegengesetzter Richtung, annehmen.

Untersuchen wir zunächst einen Dreischenkeltransformator, so können die zusätzlichen Amperewindungen, die in den drei Schenkeln gleichphasig sind, keinen im Eisen geschlossenen Hauptfluß erzeugen, sondern nur einen Streufluß, der von den Jochen ausgeht und sich über die Luft und die Kesselwände schließt. Im großen und ganzen bleibt der Fluß pro Schenkel sinusförmig und erhält nur eine durch die Jochstreuung bedingte kleine Flußkomponente dreifacher Frequenz, die in der Phasenspannung eine EMK dreifacher Frequenz erzeugt, die sich jedoch bei Bildung der verketteten Spannung heraushebt. Da der Fluß ziemlich sinusförmig geblieben ist, enthält der zufließende Magnetisierungsstrom dieselbe positive 5. Harmonische, welche die Abb. 102c zeigt. (Die 7., 11., 13. usw. Harmonischen müssen bei genauer Betrachtung auch berücksichtigt werden.)

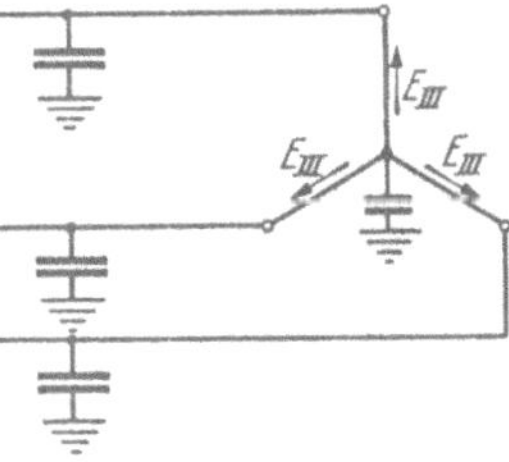

Abb. 103a u. b. Fluß und Strom beim Transformator mit magnetischem Rückschluß. a Flußkurve in Abhängigkeit der Zeit, b Stromkurve in Abhängigkeit der Zeit.

Anders liegen die Verhältnisse, falls man drei im Stern geschaltete Einphasentransformatoren, von denen jeder einen magnetischen Rückschluß hat, oder einen Dreiphasentransformator mit 4. bzw. 5. Schenkel als Rückschluß untersucht. Jetzt vermögen die noch vorhandenen Zusatzamperewindungen dreifacher Frequenz, welche beim Dreischenkeltransformator nur einen kleinen Streufluß erzeugen konnten, sich infolge des magnetischen Rückschlusses auszuwirken, so daß der Fluß im Maximum geschwächt wird, also nicht mehr sinusförmig ist, sondern eine starke 3. Harmonische entsprechend Abb. 103a besitzt. Der Fluß kann nur durch 3 teilbare Harmonische haben, weil dann die hierdurch bedingten elektromotorischen Kräfte, welche in den drei Wicklungen gleichphasig sind, bei Bildung der verketteten Spannung, die ja sinusförmig sein soll, sich herausheben. Die Flußkurve der Abb. 103a muß von einem

Abb. 104. Zuleitungs- und Sternpunktskapazitäten eines Transformators.

Magnetisierungsstrom erzeugt werden, der außer der Grundwelle eine 5., 7. usw. Harmonische hat, dem jedoch die durch 3 teilbaren Harmonischen fehlen. Der Magnetisierungsstrom wird, falls wir uns auf die 5. Harmonische beschränken, etwa die in der Abb. 103b gezeichnete Form haben. Die 5. Harmonische ist nach dieser Abbildung diesmal nicht positiv, sondern negativ.

Die 3. Harmonischen in der Phasenspannung bewirken, daß das Potential des Sternpunktes gegen Erde nicht die Größe Null, sondern annähernd den Wert der Phasenspannung dreifacher Frequenz hat. Dies erkennt man aus der Abb. 104. Die speisende Leitung, wie auch der

Sternpunkt, besitzen Kapazität gegen Erde. Die Kapazität des Sternpunktes gegen Erde ist jedoch wesentlich kleiner als die der Leitung. Für die elektromotorischen Kräfte E_{III} dreifacher Frequenz besteht über die Kapazitäten ein geschlossener Stromkreis. Da die Leitungskapazitäten jedoch bedeutend größer sind, als die Kapazität des Nullpunkts gegen Erde, wird letztere praktisch die Spannung der 3. Harmonischen gegen Erde annehmen. Diese Spannung ist bei einem Fünfschenkeltransformator wesentlich größer als bei einem Dreischenkeltransformator, da bei der Ausführung des Fünfschenkeltransformators eine kräftige 3. Harmonische in der Phasenspannung vorhanden ist.

Es sei jetzt die Magnetisierung eines Transformators mit einer primären Dreieckwicklung untersucht. Auch hier zeigt sich das Bestreben, daß bei sinusförmiger Klemmenspannung jede Phase einen sinusförmigen Fluß ausbilden will, damit aber auch einen Magnetisierungsstrom dreifacher Frequenz aufnehmen muß. Dieser Strom, der in jeder Phase gleichphasig ist, kann, wie Abb. 105 zeigt, in der Dreieckwicklung fließen. Die Ströme der 1., 5., 7. Harmonischen werden über die drei Zuleitungen den drei Phasen zugeführt. Da also bei der Dreieckwicklung der Fluß praktisch sinusförmig ist und alle Harmonischen des Stromes bekommt, die er braucht, sagt man, seine Magnetisierung sei eine natürliche und keine erzwungene, wie bei der Sternschaltung. Hierbei ist es gleich, ob die Sekundärseite im Dreieck oder im Stern geschaltet ist.

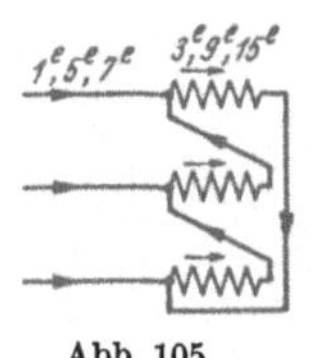

Abb. 105.
Dreieckschaltung.

Ist der Transformator primärseitig im Stern, sekundärseitig dagegen im Dreieck geschaltet, so ist die Magnetisierung ebenfalls eine natürliche. Es werden jetzt primärseitig dem Transformator die Harmonischen des Magnetisierungsstromes zufließen, die nicht durch 3 teilbar sind, während die durch 3 teilbaren Harmonischen in der sekundären Dreieckwicklung als Kurzschlußstrom zum Fließen kommen. (Dieser Kurzschlußstrom wird durch die durch 3 teilbaren Harmonischen im Fluß, die durch das Fehlen dieser Harmonischen im Magnetisierungsstrom bedingt sind, erzeugt. Die Flußharmonischen sind jedoch sehr klein, da sie nur die Kurzschlußströme erzeugen müssen.)

Auch bei einem Stern-Sterntransformator kann die erzwungene Magnetisierung zu einer natürlichen gemacht werden, wenn man eine dritte in sich kurzgeschlossene Dreieckwicklung aufbringt. In dieser sog. Tertiärwicklung können die durch 3 teilbaren Harmonischen, welche für eine natürliche Magnetisierung gebraucht werden, fließen. Dadurch treten auch die sonst bei Stern-Sternschaltung vorhandenen Streuflüsse und Nullpunktsspannungen dreifacher Frequenz nicht auf.

Die Größe des Magnetisierungsstromes eines Transformators hängt von der Größe des Transformators und von der Spannung ab. Je größer der Transformator ist, um so relativ kleiner ist bei gegebener Spannung der Magnetisierungsstrom. Je größer jedoch die Spannung wird, um so größer wird bei gegebener Leistung der Magnetisierungsstrom, da die Abmessungen des Transformators wachsen (erhöhte Isolation, größere Spannungsabstände). Bei Mittelspannungstransformatoren beträgt der Magnetisierungsstrom etwa 4 bis 7%, bei Hochspannungstransformatoren dagegen 5 bis 9% des Normalstromes.

Oft wird von den Transformatoren Nullpunktbelastbarkeit verlangt, z. B. wenn eine Erdschlußspule angeschlossen werden soll (s. S. 278) oder bei Niederspannungstransformatoren, bei denen die Lichtlast zwischen Außenleiter und Nulleiter geschaltet wird. Wenn man im letzten Falle auch bestrebt ist, die drei Phasen möglichst gleichmäßig zu belasten, wird man trotzdem mit Nulleiterströmen zu rechnen haben. Wir wollen den Fall betrachten, daß nur eine Phase über den Nullpunkt belastet und der Dreischenkeltransformator in Stern-Stern geschaltet sei (s. Abb. 106a). Die sekundären Amperewindungen werden dann primäre Gegenamperewindungen erzwingen, so daß keinerlei ganz im Eisen geschlossene zusätzlichen Flüsse entstehen, was mit der konstanten angelegten verketteten Spannung, nicht vereinbar wäre. Dies ist aber nur möglich, wenn die resultierenden Amperewindungen der drei Schenkel in Größe und Richtung gleich sind. Es werden also primärseitig, falls man das

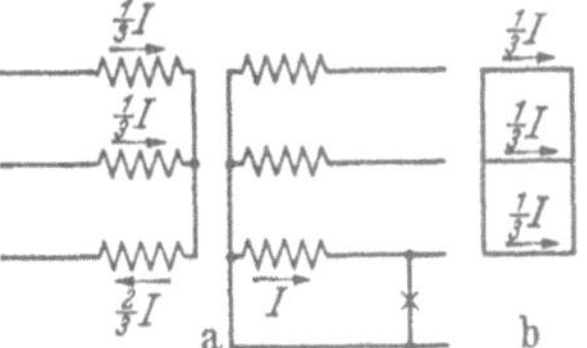

Abb. 106a u. b. Einphasig belasteter Stern-Sterntransformator. a Stromverlauf, b Restamperewindungen.

Windungsverhältnis 1 : 1 annimmt, in der belasteten Phase der Strom $\frac{2}{3} I$ und in den unbelasteten je $\frac{1}{3} I$ fließen (s. Abb. 106a), pro Schenkel werden dann gleichgerichtete $I/3$ Amperewindungen vorhanden sein (s. Abb. 106b). Da diese im Falle des Dreischenkeltrafos im Eisen sich schließende Flüsse nicht erzeugen können, werden Streuflüsse durch die Luft entstehen, welche sowohl unzulässige Erwärmungen in benachbarten Metallteilen hervorrufen, als auch erhebliche Spannungsabfälle verursachen. Eine nennenswerte Nullpunktsbelastbarkeit besitzt demgemäß ein in Stern-Stern geschalteter Transformator nicht, und man wird im allgemeinen keinen Nullpunktstrom zulassen, der größer als 10% des Nennstromes ist. Besitzt der Transformator einen 4. oder 5. Schenkel, dann ist er überhaupt nicht nullpunktsbelastbar. Die nicht kompensierten Amperewindungen der Abb. 106b vermögen jetzt über den 4. und 5. Schenkel einen derartigen Fluß zu treiben (kleiner magnetischer Widerstand!), der bewirkt, daß die Spannung an der belasteten Phase zusammenbricht.

Die Dreieck-Dreieckschaltung scheidet bei diesen Betrachtungen aus, da sie keinen Nullpunkt hat, der belastet werden könnte. Die Dreieck-Sternschaltung ist auf der Sternseite nullpunktbelastbar (s.

Abb. 107), da die Amperewindungen der Belastung unmittelbar an Ort und Stelle durch primäre Gegenamperewindungen kompensiert werden können. Zusätzliche aus dem Joch heraustretende Streuflüsse werden hier also nicht auftreten. Man kann auch die Stern-Sternschaltung

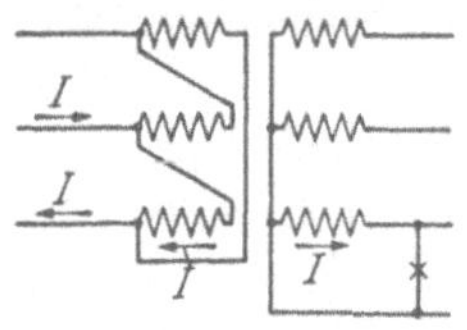

Abb. 107. Dreieck-Sterntransformator bei einphasiger Belastung.

nullpunktbelastbar machen, indem man eine besondere tertiäre Wicklung anordnet. In dieser wird jetzt ein Strom von der Größe $\frac{I}{3}$ ($\ddot{u} = 1 : 1$) fließen (s. Abb. 108), um die bei der Stern-Sternschaltung der Abb. 106 den Streufluß ausbildenden Amperewindungen zu kompensieren.

Wir kennen noch eine weitere Schaltung, welche voll nullpunktbelastbar ist, nämlich die Stern-Zickzackschaltung (s. Abb. 109). Auf der Sekundärseite ist die pro Phase vorhandene Wicklung in zwei Gruppen unterteilt. Die eine Gruppe

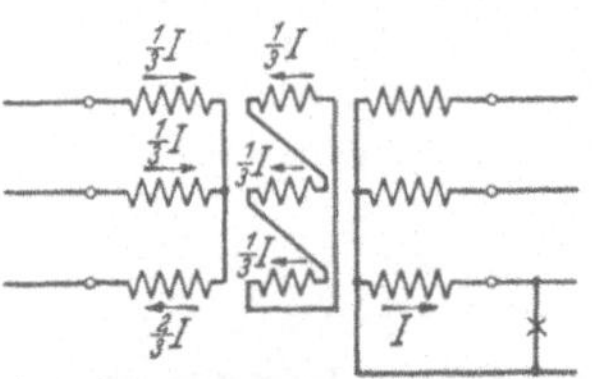

Abb. 108. Stern-Sterntransformator mit Tertiärwicklung einphasig belastet.

des Schenkels *1* (EMK E_I) ist mit der zweiten Gruppe des Schenkels *2* (EMK E_{II}) so verbunden, daß die elektromotorischen Kräfte sich geometrisch subtrahieren, die Phasenspannung also $E_1 = E_I \bigtriangleup E_{II}$ ist (s. Abb. 109 b u. c). Es ist

$$(77) \qquad E_1 = \sqrt{3}\, E_I$$

oder da $E_I = E/2$ ist, wobei E die Phasenspannung ist, wenn die zwei Gruppen einer Phase in normaler Weise hintereinander geschaltet sind, ergibt sich

$$(78) \qquad E_1 = \frac{\sqrt{3}}{2} E = 0{,}866\, E\,.$$

Die Sekundärspannung wird also in der Zickzackschaltung um etwa 14% kleiner, als wenn man bei gleicher Windungszahl die normale

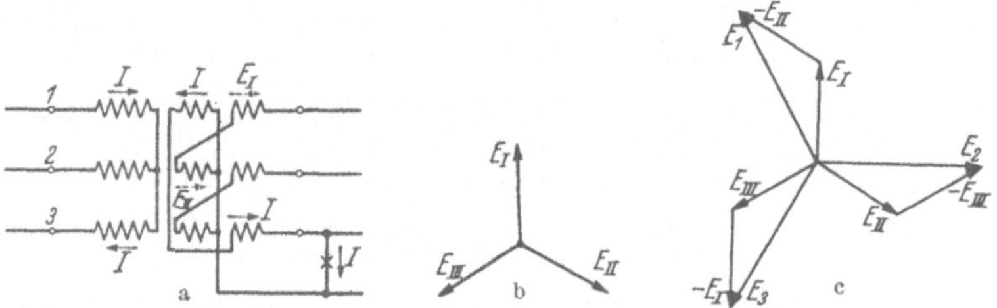

Abb. 109a—c. a Stern-Zickzacktransformator bei einphasiger Belastung. b Diagramm der je Wicklungshälfte erzeugten elektromotorischen Kräfte. c Diagramm der Stern-Zickzackschaltung.

Sternschaltung gewählt hätte. Man braucht in der Sekundärwicklung also etwa 14% mehr Kupfer, da man rd. 14% mehr Windungen aufbringen muß, um gleiche Spannung wie bei Sternschaltung zu erzeugen.

Denkt man sich den Transformator auf der Sternseite an Spannung gelegt, so ist die Magnetisierung erzwungen. Auf der Sekundärseite besitzt jedoch im Gegensatz zu der normalen Sternwicklung der Sternpunkt gegen Erde das Potential Null, denn die in den Wicklungshälften der Schenkel 1 und 2 erzeugten 3. Harmonischen, die gleichphasig sind, verschwinden in der Phasenspannung, da ja diese Wicklungshälften gegeneinander geschaltet sind. Fließt der einphasige Strom I, dann können sich die Amperewindungen entsprechend Abb. 109a an Ort und Stelle aufheben. Die Stern-Zickzackschaltung ist daher beliebig nullpunktbelastbar.

Auf Grund der bisherigen Überlegungen kommen wir bezüglich der Verwendbarkeit der einzelnen Schaltungen zu folgendem Ergebnis: Wenn in Kraftwerken Generatoren über Transformatoren auf ein Hochspannungsnetz arbeiten, wird man meistens die Transformatoren Dreieck-Stern schalten. An der Dreieckschaltung liegt dabei die niedere, an der Sternschaltung die höhere Spannung. Man erreicht durch die Dreieckwicklung eine natürliche Magnetisierung, durch die hochspannungsseitige Sternschaltung die isoliertechnisch günstigste Ausführung. Der Transformator ist außerdem nullpunktbelastbar, was gefordert werden muß, wenn auf der Hochspannungsseite Erdschlußspulen vorgesehen werden.

Die Stern-Sternschaltung ist aus isoliertechnischen Gründen zweckmäßig, wenn zwei Hochspannungsnetze miteinander über einen Transformator gekuppelt sind. Diese Schaltung kann ferner notwendig sein, wenn beide Seiten des Transformators Erdschlußspulen erhalten sollen. Um Streuflüsse aus den Jochen zu vermeiden und um den Transformator im Nullpunkt durch die Erdschlußspulen voll belasten zu können, wird man dann noch eine Tertiärwicklung vorsehen.

Transformatoren in Dreieck-Dreieckschaltung kommen praktisch kaum vor.

Transformatoren, deren Sekundärseiten auf 220/380 V geschaltet sind, d. h. Ortsnetz-Transformatoren, werden mit Dreieck-Sternschaltung und Stern-Zickzackschaltung ausgeführt, da beide voll nullpunktbelastbar sind. Welche Schaltung im einzelnen angewandt wird, das entscheiden wirtschaftliche Erwägungen. Es zeigt sich, daß bei kleineren Leistungen, bei denen die Hochspannungsdrähte verhältnismäßig dünn sind, man besser die Hochspannungswicklung in Stern schaltet und auf der Niederspannungsseite lieber rd. 14% mehr Kupfer für die Zickzackschaltung aufwendet, als den Transformator in Dreieck-Stern zu schalten. Deswegen sind die meisten Ortsnetztransformatoren in Stern-Zickzack geschaltet. Bei größeren Leistungen ist die Dreieck-Sternschaltung wieder günstiger.

Bei Transformatoren können beim Einschalten Überstromerscheinungen auftreten. Um diese zu erklären, sei zunächst für den normalen

Betrieb der Verlauf von Fluß Φ und Spannung U in Abb. 110a aufgezeichnet. Wird ein beispielsweise leerlaufender Transformator, beim
Nulldurchgang der Spannung (Zeit $t = 0$) eingeschaltet, so müßte der
Fluß plötzlich vollen negativen Wert haben. Dies ist physikalisch unmöglich, denn ein endlicher Fluß kann nicht in unendlich kurzer Zeit
entstehen. Es wird sich deshalb eine Flußkurve Φ_I ausbilden, bei der
die Gestalt der ursprünglichen Flußkurve unverändert bleibt, im Ein-
schaltzeitpunkt der Fluß jedoch durch Null geht. Da die neue Flußkurve
gleichen Differentialquotienten besitzt wie die ursprüngliche, ist die
Klemmenspannung, welche proportional $d\Phi/dt$ ist, unverändert geblieben.
Da die Flußkurve Φ_I gegenüber der Kurve Φ (Widerstand der Wicklung

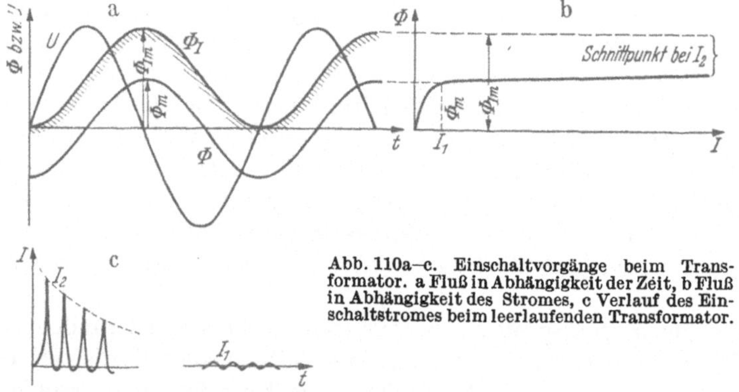

Abb. 110a—c. Einschaltvorgänge beim Transformator. a Fluß in Abhängigkeit der Zeit, b Fluß
in Abhängigkeit des Stromes, c Verlauf des Ein-
schaltstromes beim leerlaufenden Transformator.

vernachlässigt) einen doppelt so großen Maximalwert besitzt, ist ein
riesenhafter Magnetisierungsstrom notwendig. In der Abb. 110b ist die
Magnetisierungskurve des Transformators aufgezeichnet. Um den Maximalwert des normalen Flusses Φ_m zu erzeugen, genügt ein Maximalwert
des Magnetisierungsstromes von der Größe I_1, um dagegen den Maximalwert Φ_{Im} der gehobenen Flußkurve Φ_I zu erzeugen, gehört ein maximaler Stromwert von der Größe I_2, der wegen der hohen Sättigung
ein Vielfaches des Magnetisierungsstromes und auch des Nennstromes
des Transformators sein kann. Zeitlich gesehen hat der Magnetisierungsstrom beim Einschalten den Verlauf der Abb. 110c. Infolge der im Stromkreis vorhandenen Widerstände klingt der Strom allmählich auf den
normalen Magnetisierungsstrom ab. Man kann die hohen Stromspitzen
beim Einschalten vermeiden (abgesehen vom zufälligen Einschalten im
Maximalwert der Spannung), falls ein Widerstand kurzzeitig vorgeschaltet
und dann nach einigen Perioden kurzgeschlossen wird. Eine solche
Schaltapparatur ist jedoch kompliziert, so daß man sie, wenn irgend
möglich, vermeidet. Im Kraftwerk, wo Generator und Transformator
meist eine Einheit bilden, spielt die beschriebene Erscheinung keine
Rolle, da man den Transformator mit dem Generator gemeinsam hoch-
fährt.

Es sei noch auf folgendes hingewiesen: Arbeitet ein Transformator z. B. von einem 6 kV auf ein 380 V-Netz, so wird das Übersetzungsverhältnis nicht 6000/380 gewählt, sondern 6000/400. Man wählt normalerweise die Sekundärspannung um 5% höher als die Netzspannung, um den im Transformator und im Netz bei Belastung auftretenden Spannungsabfall etwas auszugleichen.

B. Der Transformator als Leitungselement.

a) Zweiwicklungstransformator.

In den Leitungsnetzen unserer Kraftversorgung kommen in großer Zahl Transformatoren vor. Es soll gezeigt werden, daß man sich für Netzberechnungen die Transformatoren durch Induktivitäten und Widerstände ersetzt denken kann.

Wir gehen von dem einphasig aufgezeichneten Transformator der Abb. 111 aus. Die Primärseite habe w_1 und die Sekundärseite w_2 Windungen, also ist das Übersetzungsverhältnis gleich $\ddot{u} = w_1/w_2$. Primär- und Sekundärwicklung haben ohmschen und induktiven Widerstand, der in der Abb. 111 eingetragen ist. Abb. 112 zeigt das bekannte einphasig durchgeführte Transformatordiagramm für Primär- und Sekundärseite. Dabei ist die primäre Spannung U_1, die sekundäre U_2. Um das Transformatordiagramm aufzustellen, gehen wir von der Tatsache aus, daß der Magnetfluß Primär- und Sekundärwicklung durchdringt und hier elektromotorische Kräfte E_1 bzw. E_2 erzeugt, die sich zueinander wie die Windungszahlen verhalten und gleichphasig sind.

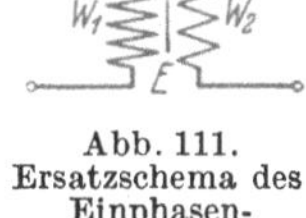
Abb. 111.
Ersatzschema des Einphasentransformators.

$$(79) \qquad \frac{E_1}{E_2} = \frac{w_1}{w_2} = \ddot{u}, \qquad E_1 = E_2 \ddot{u}.$$

Wir gehen von der EMK E_2 der Sekundärwicklung aus. Zieht man von dieser den induktiven und ohmschen Spannungsabfall, also $I_2 X_2$ und $I_2 r_2$, geometrisch ab, so erhält man die Klemmenspannung U_2. Wir wollen U_2, E_2 sowie $I_2 X_2$ und $I_2 r_2$ mit dem Faktor $\ddot{u}$ multipliziert auftragen (s. Abb. 112). Man hat dann den Vorteil, daß $E_2 \ddot{u}$ auch gleich E_1 ist. Der Strom J_2 eilt der Spannung U_2 um den Winkel φ nach. Sieht man vom Magnetisierungsstrom ab, dann müssen die primären und sekundären Amperewindungen sich aufheben, wobei

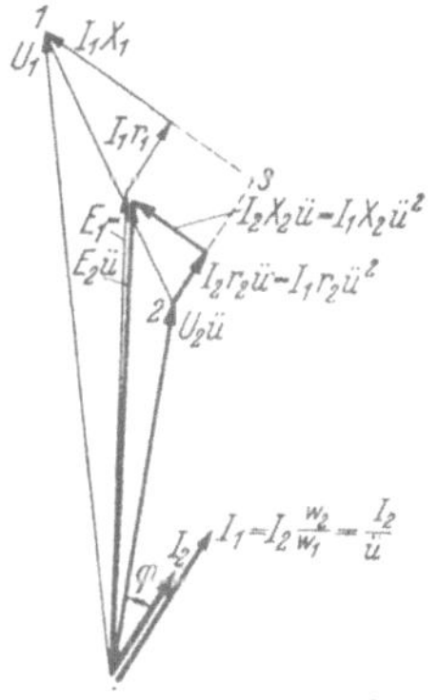
Abb. 112. Diagramm des Transformators.

$$(80) \qquad I_1 w_1 = I_2 w_2 \qquad \text{oder} \qquad I_1 = I_2/\ddot{u}$$

ist. Bei der in der Abb. 111 als positiv angegebenen Stromrichtung von I_1 und I_2 ist das Amperewindungsgleichgewicht vorhanden, falls I_1 und

I_2 gleichphasig sind. Die mit $\ddot{u}$ multiplizierten Ohmschen Spannungsabfälle der Sekundärseite lassen sich unter Benutzung der Gleichung
$I_1 = I_2/\ddot{u}$ wie folgt schreiben.

$$I_2 \ddot{u} r_2 = I_1 \ddot{u}^2 r_2 \quad \text{und} \quad I_2 \ddot{u} X_2 = I_1 \ddot{u}^2 X_2.$$

Diese auf die Primärseite überführten sekundären Spannungsabfälle
haben gleiche Phasenlage wie die entsprechenden primären $I_1 r_1$ und

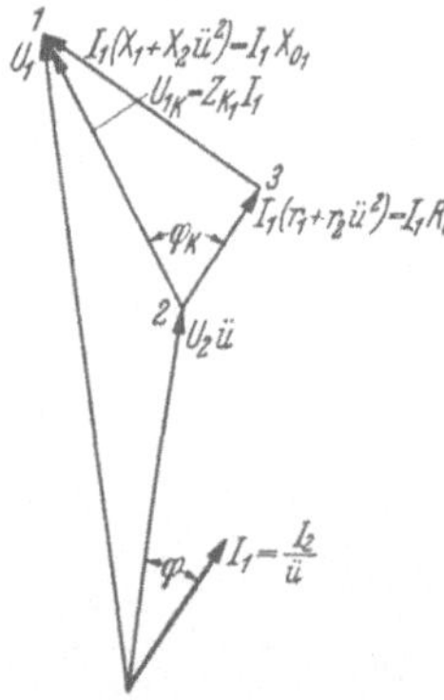

Abb. 113. Vereinfachtes
Transformatordiagramm.

$I_1 X_1$ (Magnetisierungsstrom vernachlässigt), die
man zu $E_1 = E_2\,\ddot{u}$ addieren muß, um U_1 zu erhalten (s. Abb. 112). Addiert man den überführten sekundären und primären ohmschen Spannungsabfall, so ist deren Summe $I_1\,(r_1 + \ddot{u}^2 r_2)$
im Diagramm durch die Strecke *2—3*, die Summe
der induktiven Spannungsabfälle $I_1\,(X_1 + \ddot{u}^2 X_2)$
durch die Strecke *3—1* dargestellt.

Die Abb. 113 zeigt das gleiche Transformatordiagramm, nur sind die nicht mehr benötigten
Vektoren weggelassen und die ohmschen und
induktiven Spannungsabfälle zusammengezogen
worden. Für die Rechnung ist es zweckmäßig,
die ohmschen und induktiven Widerstände auf
primärer und sekundärer Seite in einem einzigen Ersatzwiderstand R_{01}
und einer einzigen Ersatzreaktanz X_{01} auf einer Seite des Transformators,
in diesem Fall auf der Primärseite, zusammenziehen. Es gilt dann:

(81) $$R_{01} = r_1 + \ddot{u}^2 r_2 \quad \text{und} \quad X_{01} = X_1 + \ddot{u}^2 X_2.$$

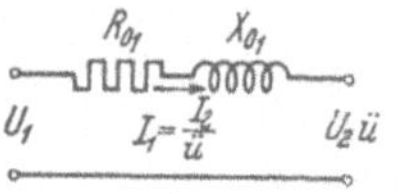

R_{01} X_{01}
U_1 $I_1=\dfrac{I_2}{\ddot{u}}$ $U_2\ddot{u}$

Abb. 114. Ersatzschal-
tung des Transformators.

Das Vektordiagramm der Abb. 113 zeigt, daß man für
den Transformator ein einfaches Ersatzbild entsprechend Abb. 114 aufzeichnen kann, denn man
erhält die auf die Primärseite bezogene Spannung $\ddot{u} U_2$,
falls man annimmt, daß R_{01} und X_{01} vom Strom
$I_1 = I_2/\ddot{u}$ durchflossen sind und man von U_1 die
Spannungsabfälle $I_1 R_{01}$ und $I_1 X_{01}$ geometrisch abzieht. Man kann also
zur Rechnung einen Transformator, indem man sämtliche Größen auf die
Primärseite bezieht, durch einen Ersatzwiderstand R_{01} und eine Ersatz-
reaktion X_{01} ersetzen. In gleicher Weise kann man auch, falls es zweckmäßig ist, alle Größen auf die Sekundärseite übertragen (R_{02} und X_{02}).

Das Transformatorersatzbild gilt auch für den symmetrisch belasteten
Drehstromtransformator beliebiger Schaltung, sofern man dort alles auf
die Phase bezieht, den Transformator sich also gedanklich in Stern-Sternschaltung umgewandelt denkt.

Das in den Abb. 112 und 113 mit *1—2—3* bezeichnete Dreieck, auch
Kurzschlußdreieck genannt, hat eine besondere Bedeutung. Schließt
man die Sekundärseite des Transformators kurz und führt man primärseitig eine solche Spannung U_{1K} (bei Drehstrom $U_{\curlywedge 1K}$) zu, daß der

Strom I_1 fließt, dann erhält man das Diagramm nach Abb. 115, das dem Kurzschlußdreieck entspricht. Die Spannung U_{1K} für einen Kurzschlußstrom $I_K = I_n$ heißt die Kurzschlußspannung des Transformators und ist auch gleich $I_n \cdot z_{K1}$, wobei z_{K1} die auf die primäre Seite bezogene Kurzschlußimpedanz des Transformators ist. U_K wird meist in Prozenten der Nennspannung, also als $U_K\%$ angegeben. $U_K\%$ ist unabhängig davon, ob der Kurzschlußversuch von der Primär- oder Sekundärseite des Transformators aus durchgeführt wird, ferner ob die Bezugnahme auf die verkettete oder Phasenspannung erfolgt. Es ist also, falls der Index 1 und 2 die Primär- und Sekundärseite kennzeichnet,

$$(82) \qquad U_K\% = \frac{U_{1K_1}}{U_1} \cdot 100 = \frac{U_{2K}}{U_2} \cdot 100 = \frac{U_{\lambda 1 K}}{U_{\lambda 1}} \cdot 100 = \frac{U_{\lambda 2 K}}{U_{\lambda 2}} \cdot 100.$$

Beim Kurzschlußversuch, den man bei Nennstrom durchführt, wird die zugeführte Leistung N_K gemessen, die gleich den Kupferverlusten der Wicklung ist, da die Eisenverluste wegen der geringen Kraftliniendichte infolge der kleinen Kurzschlußspannung U_{1K} vernachlässigt werden können. Die Kurzschlußverluste N_K werden meist in Prozent, als $N_K\%$, angegeben. Mit diesen durch den Kurzschlußversuch erhaltenen Werten lassen sich weitere Größen des Transformators ermitteln. Der Winkel φ_K im Kurzschlußdreieck ergibt sich zu:

$$(83) \qquad \cos \varphi_K = \frac{I_1 R_{01}}{U_{1K}} = \frac{I_1^2 R_{01}}{I_1 U_1 \left(\dfrac{U_{1K}}{U_1}\right)} = \frac{N_K\%}{U_K\%}.$$

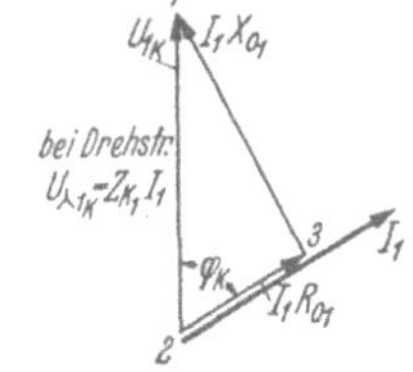

Abb. 115.
Kurzschlußdreieck des Transformators.

Diese Gleichung gilt sowohl für den Einphasen-, als auch den Drehstromtransformator. Für die auf die Primärseite bezogene Kurzschlußimpedanz z_{K1} (das ist der Gesamtwiderstand des Transformators im Kurzschluß) erhält man beim Drehstromtransformator, falls U_1 dessen verkettete Primärspannung ist und der Index λ angibt, daß die betreffende Spannung auf die Phase bezogen ist,

$$(84 a) \qquad z_{K1} = \frac{U_{\lambda 1 K}}{J_1} = \frac{\dfrac{U_K\%}{100} \cdot \dfrac{U_1}{\sqrt{3}}}{J_1} = \frac{U_K\% \, U_1}{100 \cdot \sqrt{3} \cdot J_1}.$$

Wie aus Abb. 115 hervorgeht, gilt

$$J_1 R_{01} = U_{\lambda 1 K} \cos \varphi_K$$

oder

$$(85 a) \qquad R_{01} = z_{K1} \cos \varphi_K.$$

Entsprechend ergibt sich für X_{01}

$$(86 a) \qquad X_{01} = z_{K1} \sin \varphi_K.$$

Rechnet man mit der symbolischen Methode, so muß man, falls $j = \sqrt{-1}$ ist, für die Kurzschlußimpedanz $\mathfrak{z}_{K1}$ den Wert einsetzen

$$(87) \qquad \mathfrak{z}_{K1} = z_{K1} (\cos \varphi_K + j \sin \varphi_K).$$

In der Abb. 116 ist etwas ausführlicher gezeigt, wie die Berechnung eines Netzes mit Transformatoren durchgeführt werden kann. Es sei ein Generator mit der Spannung U_1 vorhanden, der über ein Leitungsnetz mit dem ohmschen Widerstand r_1 und der Induktivität X_1 und über einen Transformator ein weiteres Netz speist. An den Stellen I und II werden die Ströme I_I und I_{II} abgenommen. Zur Berechnung der Spannung U_I und U_{II} kann man z. B. alle Widerstände, Spannungen und Ströme der Sekundärseite auf die Primärseite überführen. Dabei müssen nach Gl. (81) die sekundären Widerstände mit $\ddot{u}^2$, die Spannungen nach Gl. (79) mit $\ddot{u}$ und die Ströme nach Gl. (80) mit $1/\ddot{u}$ multipliziert werden. Für den Transformator berechnet man R_{01} und X_{01} und kann dann das

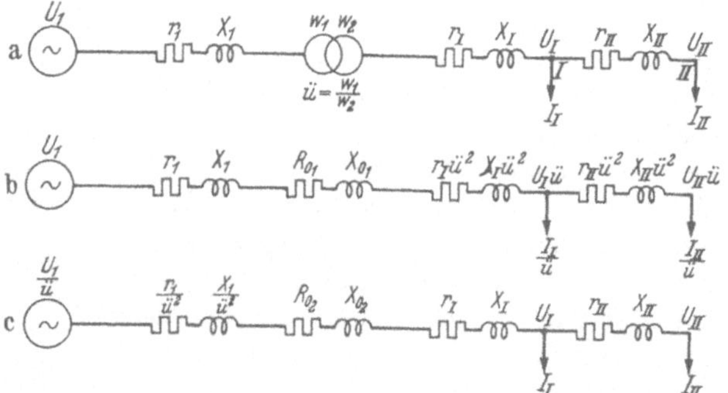

Abb. 116a–c. Überführung zweier durch einen Transformator gekuppelter Netze auf ein einfaches Schaltbild. a Anordnung der beiden Netze, b Ersatzbild bei Überführung der Sekundärseite auf die primäre, c Ersatzbild bei Überführung der Primärseite auf die sekundäre.

Ersatzbild der Abb. 116b aufzeichnen. Es ist jetzt möglich, in bekannter Weise (s. S. 356) $U_I\ddot{u}$ und $U_{II}\ddot{u}$, damit aber auch U_I und U_{II}, zu berechnen.

In der Abb. 116 können sowohl die Phasen, als auch die verketteten Spannungen eingetragen sein. Die Spannungsabfälle dürfen jedoch, da in ihnen die Phasenwiderstände bzw. Phasenreaktanzen enthalten sind, im Diagramm nur zu den Phasenspannungen addiert bzw. abgezogen werden. Zur Vereinfachung denkt man sich oft diese Diagramme mit $\sqrt{3}$ multipliziert. Dann kann man die Phasenspannungen zahlenmäßig gleich den verketteten Spannungen einführen, muß jedoch alle Widerstände und Reaktanzen $\sqrt{3}$-mal größer einsetzen.

Statt die sekundären Leitungsdaten auf die Primärseite zu überführen, kann man auch die primärseitigen Größen auf die Sekundärseite überführen entsprechend Abb. 116c. Die sekundärseitigen Widerstände, Spannungen und Ströme bleiben jetzt unverändert. Für den Transformator muß jetzt im Ersatzbild

(85b) $$R_{02} = z_{K2} \cos \varphi_K$$

und

(86b) $$X_{02} = z_{K2} \sin \varphi_K$$

eingesetzt werden, wobei, falls U_2 die verkettete Sekundärspannung ist,

$$(84\,\mathrm{b}) \qquad z_{K\,2} = \frac{U_K\%\ U_2}{100 \cdot \sqrt{3} \cdot J_2}.$$

Die Generatorspannung U_1 muß mit $1/\ddot{u}$, der Widerstand r_1 und die Reaktanz X_1 mit $1/\ddot{u}^2$ multipliziert werden, um sie auf die Sekundärseite überführen zu können. Ob man die Überführung auf die Sekundärseite (nach Abb. 116c) oder auf die Primärseite (nach Abb. 116b) vornimmt, ist eine Frage der Zweckmäßigkeit. Im vorliegenden Falle macht es etwas weniger Rechenarbeit, wenn man alle Größen auf die Sekundärseite bezieht.

Da es möglich ist, einen Transformator durch eine Induktivität und durch einen ohmschen Widerstand zu ersetzen, kann man auch den im Transformator auftretenden Spannungsabfall ΔU berechnen. Zeichnet man das Transformatordiagramm als Prozentdiagramm auf, so erhält man nach Abb. 117 für den Spannungsabfall ΔU in Prozenten,

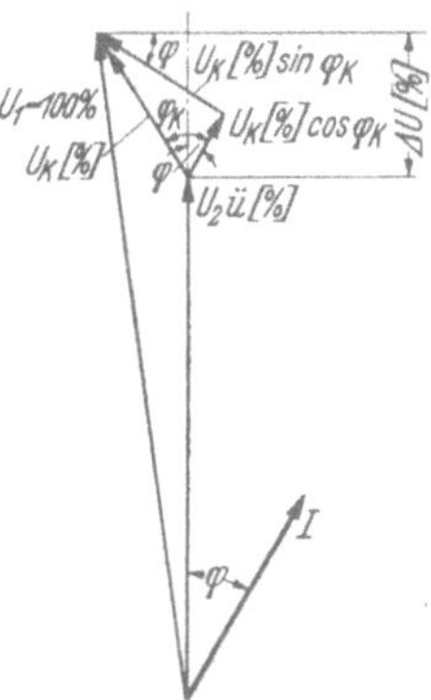

Abb. 117. Diagramm zur Ermittlung des Spannungsabfalls im Transformator.

$$(88) \qquad \Delta U\% = U_K\% \left(\cos\varphi \cos\varphi_K + \sin\varphi \sin\varphi_K\right).$$

Man erkennt aus dieser Gleichung, daß der im Transformator auftretende Spannungsabfall um so größer ist, je höher die Kurzschlußspannung ist. Soll der Spannungsabfall kleine Werte haben, was z. B. bei Verteilungstransformatoren, welche auf Niederspannungsnetze arbeiten, erwünscht ist, so muß $U_K\%$ klein gehalten werden (etwa 3 bis 5%). Bei größeren Transformatoren, bei denen man die Spannungsabfälle im Transformator durch besondere Einrichtungen ausregeln kann (s. S. 109), wählt man die Kurzschlußspannung größer, etwa bis 10%,

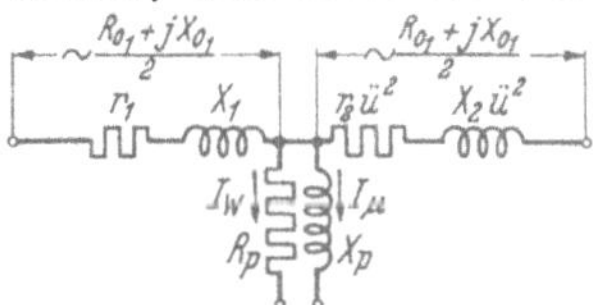

Abb. 118. Schematische Transformatordarstellung bei Berücksichtigung des Leerlaufstromes.

da dann bei Kurzschlüssen im Netz die auftretenden Kurzschlußströme und ihre Auswirkungen kleiner bleiben.

Bei den bisherigen Betrachtungen wurde der Magnetisierungsstrom im Transformator vernachlässigt. Bei den meisten Rechnungen, die für volle Strombelastung durchgeführt werden, spielt er tatsächlich nur eine untergeordnete Rolle.

Es soll jedoch, um auch schwachbelastete Leitungen berechnen zu können, gezeigt werden, wie er in die Rechnung eingesetzt werden kann. Das Ersatzdiagramm für den Transformator muß dann, wenn es einpolig aufgezeichnet wird, die in Abb. 118 aufgezeichnete Form haben. Den Magnetisierungsstrom I_0 kann man sich (s. Abb. 119) (von den höheren Harmonischen sei abgesehen) in einen Wirkstrom I_w, der durch die Hysteresis- und Wirbelstromverluste bedingt ist, und in einen reinen Magnetisierungsstrom I_μ, welcher der Spannung um 90° nacheilt, zerlegt denken. Der Strom I_w fließt im Ersatzbild für den Transformator durch einen parallel geschalteten Widerstand R_p, I_μ durch eine Induktivität X_p, und von hier über einen widerstandslos gedachten Nulleiter zurück.

Durch den Leerlaufversuch erhält man den Magnetisierungsstrom I_0 und die Leerlaufverluste N_0 des Transformators. Meist wird I_0 in Prozenten des Normalstromes, also als $I_0\%$, und N_0 in Prozenten der Nennleistung als $N_0\%$ angegeben. Den Winkel φ_0, den I_{01} gegen die Spannung $U_{\lambda 1}$ bildet (s. Abb. 119), kann man berechnen zu:

$$\cos \varphi_0 = \frac{I_{w1}}{I_{01}} = \frac{I_{w1}\, U_1\, \sqrt{3}}{I_1 U_1 \sqrt{3}\left(\dfrac{I_{01}}{I_1}\right)}$$

oder

$$(89) \qquad \cos \varphi_0 = \frac{N_0\%}{I_0\%}.$$

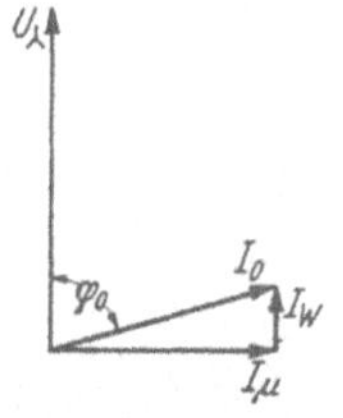

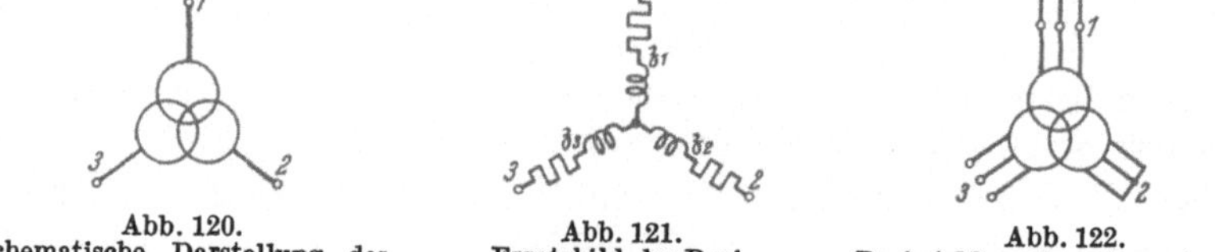

Abb. 119. Diagramm für Leerlaufstrom.

(Diese Gleichung gilt auch für Einphasentransformatoren.) Im Falle des Drehstromes gilt für R_p und X_p

$$(90) \qquad R_p = \frac{U_1}{\sqrt{3}\, I_{w1}} = \frac{U_1}{\sqrt{3}\, I_{01} \cos \varphi_0}$$

$$(91) \qquad X_p = \frac{U_1}{\sqrt{3}\, I_{\mu 1}} = \frac{U_1}{\sqrt{3}\, I_{01} \sin \varphi_0}$$

oder meist annähernd

$$(92) \qquad X_p = \frac{U_1}{\sqrt{3}\, I_{01}}$$

Zur Berechnung der Ersatzgrößen eines Transformators wird $N_K\%$ und $N_0\%$ gebraucht. $N_K\%$ liegt bei kleineren Transformatoren etwa bei 4% und erreicht bei Großtransformatoren Werte, die etwas unter 1% liegen. $N_0\%$ ist kleiner, die entsprechenden Werte sind etwa 1,5 bis 0,2%. Wegen dieser geringen Verluste kann man bei Großtransformatoren auf Wirkungsgrade kommen, die 99% übersteigen.

b) Dreiwicklungstransformator.

Oft liegt das Bedürfnis vor, die Energie in Kraftwerken oder Umspannstationen mit mehreren Spannungen zu verteilen. Früher sah man

Abb. 120.
Schematische Darstellung des Dreiwicklungstransformators.

Abb. 121.
Ersatzbild des Dreiwicklungstransformators.

Abb. 122.
Dreiwicklungstransformator mit kurzgeschlossener Wicklung 2.

in einem derartigen Fall mehrere Transformatoren vor, heute hingegen aus Ersparnisgründen oft nur einen Transformator mit einer Wicklungszahl größer als zwei. Hat die im Kraftwerk erzeugte Spannung 10 kV und soll die Energie etwa mit 60 und 100 kV verteilt werden, so bringt man auf dem Eisenkern Wicklungen für 10, 60 und 100 kV an. Abb. 120 zeigt schematisch einen solchen Dreiwicklungstransformator einpolig gezeichnet.

Es ist naheliegend für einen Dreiwicklungstransformator ein Ersatzbild nach Abb. 121 zu zeichnen, welches aus den Impedanzen $\mathfrak{z}_1$, $\mathfrak{z}_2$ und $\mathfrak{z}_3$ besteht. Bei einem Dreiwicklungstransformator kann man drei Kurzschlußversuche durchführen. Man schließt z. B. (s. Abb. 122) die Transformatorwicklung 2 kurz und führt der Wicklung 1 eine Spannung zu, während die Wicklung 3 offen ist. Man kann dann auf Grund des Versuches eine Kurzschlußimpedanz $\mathfrak{z}_{12}$ in bekannter Weise ermitteln. Führt man dagegen der Wicklung 2 Spannung zu und schließt die Wicklung 3 kurz, dann ergibt sich eine Kurzschlußimpedanz $\mathfrak{z}_{23}$. In ähnlicher Weise kann auch eine Kurzschlußimpedanz $\mathfrak{z}_{31}$ bestimmt werden. (Alle Impedanzen werden auf eine Seite bzw. eine Verteilungsspannung bezogen!) Wenn das Ersatzdiagramm (Abb. 121) richtig ist, muß gelten:

$$(93) \qquad \begin{cases} \mathfrak{z}_{12} = \mathfrak{z}_1 + \mathfrak{z}_2 \\ \mathfrak{z}_{23} = \mathfrak{z}_2 + \mathfrak{z}_3 \\ \mathfrak{z}_{31} = \mathfrak{z}_3 + \mathfrak{z}_1 \end{cases}$$

Aus diesen drei Gleichungen ergeben sich $\mathfrak{z}_1$, $\mathfrak{z}_2$ und $\mathfrak{z}_3$. Es ist:

$$(94) \qquad \begin{cases} \mathfrak{z}_1 = \dfrac{\mathfrak{z}_{12} + \mathfrak{z}_{31} - \mathfrak{z}_{23}}{2} \\[2mm] \mathfrak{z}_2 = \dfrac{\mathfrak{z}_{23} + \mathfrak{z}_{12} - \mathfrak{z}_{31}}{2} \\[2mm] \mathfrak{z}_3 = \dfrac{\mathfrak{z}_{31} + \mathfrak{z}_{23} - \mathfrak{z}_{12}}{2} \end{cases}$$

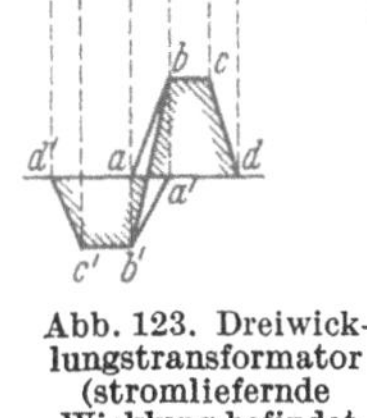

Abb. 123. Dreiwicklungstransformator (stromliefernde Wicklung befindet sich in der Mitte).

Damit sind die Impedanzen für das Ersatzbild des Dreiwicklungstransformators berechnet.

Bei einem Dreiwicklungstransformator ist anzustreben, falls 1 die stromliefernde und 2 und 3 die stromverteilenden Wicklungen sind, daß schwankende Strombelastungen in der Wicklung 3 möglichst keine Spannungsschwankungen in der Wicklung 2 bedingen. Dies wird erreicht, wenn die stromliefernde Wicklung zwischen den beiden stromabgebenden Wicklungen eingebaut ist. Abb. 123 zeigt die drei Wicklungen im Schnitt.

Es seien nur die Wicklungen 1 und 2 in Betrieb und die Ströme in der Wicklung 2 sollen in die Papierebene hinein (dünne Kreuze) und in der Wicklung 1 aus der Papierebene heraus (dünne Punkte) gerichtet sein. Das Streufeld zwischen der Wicklung 1 und 2, welches, falls der ohmsche Widerstand der Wicklungen klein ist, den Spannungsabfall zwischen 1 und 2 verursacht, ist durch die Kurve $abcd$ gegeben.

Ist jetzt die Wicklung 2 unbelastet, dagegen die Wicklungen 1 und 3 belastet (dicke Punkte in der Wicklung 1 und dicke Kreuze in der Wicklung 3), so wird der Streufluß zwischen der Wicklung 1 und 3 durch den Linienzug $a'b'c'd'$ gegeben sein.

Sind jetzt die Wicklungen 2 und 3 gemeinsam in Betrieb, dann bildet sich das resultierende Streufeld $d'c'b'bcd$ aus. Aus der Abb. 123 ersieht man, daß sich das Streufeld zwischen den Wicklungen 1 und 2 und zwischen den Wicklungen 1 und 3, damit auch der Spannungsabfall sich nur wenig geändert, und zwar etwas verkleinert hat. Die Anordnung der Wicklung ist sicher günstig. Wäre dagegen die stromliefernde Wicklung 1 (s. Abb. 124) außen angeordnet, dann würde sich, falls nur die Wicklungen 1 und 2 stromdurchflossen sind, das Streufeld $abcd$ ergeben. Arbeitete dagegen nur die Wicklung 1 und 3 dann würde das Streufeld $ab'c'd'$ gelten. Wären sämtliche Wicklungen gleichzeitig im Betrieb, dann würde das resultierende Streufeld gleich $aefgc'd'$ sein. Jetzt wäre der Streufluß zwischen der Wicklung 1 und 2 ganz erheblich vergrößert worden, d. h. daß Stromschwankungen in der Wicklung 3, Spannungsschwankungen in der Wicklung 2 hervorriefen. Die Anordnung der Abb. 124 ist also möglichst zu vermeiden. Da Dreiwicklungstransformatoren meist Transformatoren großer Leistung sind, bei denen in erster Linie die induktiven Widerstände maßgebend sind, kann man im Ersatzbild auf die ohmschen Widerstände im allgemeinen verzichten. Man kann dann näherungsweise die Impedanzen gleich den Reaktanzen setzen. Es gilt dann:

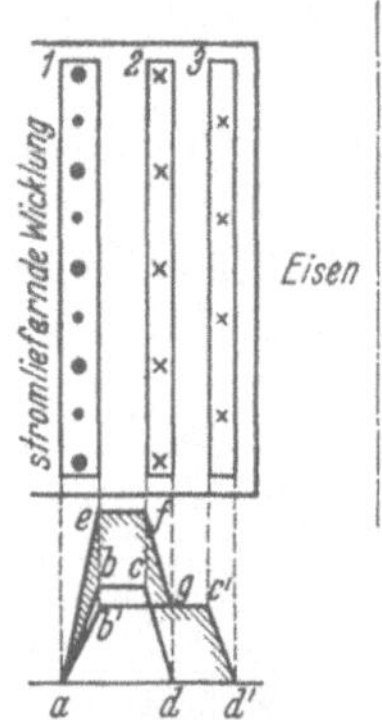

Abb. 124. Dreiwicklungstransformator (stromliefernde Wicklung befindet sich außen).

$$(95) \quad \begin{cases} X_1 = \dfrac{X_{12} + X_{31} - X_{23}}{2} \\[2mm] X_2 = \dfrac{X_{23} + X_{12} - X_{31}}{2} \\[2mm] X_3 = \dfrac{X_{31} + X_{23} - X_{12}}{2} \end{cases}$$

Abb. 125a u. b. Dreiwicklungstransformator für Rechenbeispiel. a Leistungsverteilung, b Ersatzschema.

Beispiel: Es sei ein Dreiwicklungstransformator nach Abb. 125 gegeben, der bei Nennleistung in der Wicklung 1 30000 kVA aufnimmt und diese durch die Wicklung 2 mit 20000 kVA und durch die Wicklung 3 mit 10000 kVA verteilt. Die Wicklung 1 hat 100 kV, die 2. Wicklung 60 kV, und die 3. Wicklung 30 kV. Für die Kurzschlußspannungen gelten folgende Werte:

$$U_{K12} = 10 \ \% \ \text{bei } 20000 \text{ kVA},$$
$$U_{K13} = \ 4,5\% \ \text{bei } 10000 \text{ kVA},$$
$$U_{K23} = 10,5\% \ \text{bei } 10000 \text{ kVA}.$$

Beziehen wir unser Ersatzbild auf 100 kV, dann ergeben sich folgende Normalströme:

$$I_{12} = \frac{20000}{\sqrt{3} \cdot 100} = 115 \text{ A},$$
$$I_{13} = \frac{10000}{\sqrt{3} \cdot 100} = 57,5 \text{ A},$$
$$I_{23} = \frac{10000}{\sqrt{3} \cdot 100} = 57,5 \text{ A}.$$

Mit diesen Strömen und den bekannten Kurzschlußspannungen können die auf 100 kV bezogenen Kurzschlußreaktanzen [nach Gl. (84)] wie folgt berechnet werden:

$$X_{12} = \sim z_{12} = \frac{0{,}1 \cdot 100000}{\sqrt{3} \cdot 115} = 50\,\Omega,$$

$$X_{13} = \sim z_{13} = \frac{0{,}045 \cdot 100000}{\sqrt{3} \cdot 57{,}5} = 45\,\Omega,$$

$$X_{23} = \sim z_{23} = \frac{0{,}105 \cdot 100000}{\sqrt{3} \cdot 57{,}5} = 105\,\Omega.$$

Unter Benutzung der Gl. (95) bekommen wir für die Reaktanzen unseres Ersatzschaltbildes (Abb. 125 b):

$$X_1 = \frac{50 + 45 - 105}{2} = -5\,\Omega,$$

$$X_2 = \frac{105 + 50 - 45}{2} = 55\,\Omega,$$

$$X_3 = \frac{45 + 105 - 50}{2} = 50\,\Omega.$$

Interessanterweise ergibt sich bei dieser Rechnung X_1 negativ, so daß es also den Charakter einer Kapazität hat. Physikalisch ist dies darauf zurückzuführen, daß, falls die Wicklung 1 und 2 stromdurchflossen sind und dann die Wicklung 3 hinzukommt, der verkettete Fluß zwischen 1 und 2 etwas abnimmt und damit auch der Spannungsabfall zwischen 1 und 2.

C. Kühlung der Transformatoren.

Die im Transformator erzeugte Verlustwärme muß aus dem Ölkessel, in dem die Wicklung sitzt, abgeführt werden. Bei kleineren Leistungen genügt die Wärmeabfuhr unmittelbar aus der Oberfläche des Transformatorkessels, wobei man die Oberfläche durch Wellblech und ähnliche Mittel vergrößern kann. Um die Wärmeabfuhr durch natürliche Lüftung noch zu verbessern, versieht man die Ölkessel mit Kühlrohren oder auch Radiatoren, welche seitlich am Transformator angeordnet sind und oben und unten mit dem Kessel in Verbindung stehen (s. Abb. 126). In den Kühlrohren, die von der aufsteigenden Luft gekühlt werden,

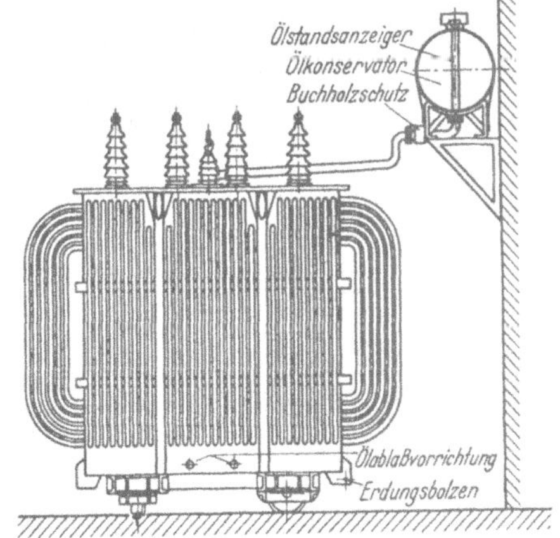

Abb. 126. Transformator mit Kühlrohren.

wird dem Öl Wärme entzogen. Das abgekühlte Öl ist spezifisch schwerer als das wärmere Öl im Innern des Kastens. Dadurch bewegt sich das Öl in den Kühlrohren von oben nach unten und es entsteht eine dauernde

Ölumwälzung, mit der eine gute Wärmeabgabe an die Umgebung verbunden ist. Man kann Transformatoren mit natürlicher Kühlung bis etwa 30 000 kVA bauen. Wenn selbstgekühlte Transformatoren im Innern von Gebäuden, z. B. in Transformatorenkammern untergebracht sind, muß Kühlluft an einer tiefgelegenen Stelle des Raumes ein-, an einer hochgelegenen Stelle austreten können. Man braucht ungefähr pro kW-Verlust sekundlich $^1/_{24}$ m³ Frischluft (s. Abb. 311). Wenn der natürliche Luftzug nicht ausreicht, um die benötigte Luft zu fördern, müssen besondere Ventilatoren eingebaut werden. Transformatoren mit natürlicher Kühlung werden sehr viel in Freiluftanlagen angewandt.

Da die elektrischen Festigkeitseigenschaften des Transformatoröles (Durchschlagsfestigkeit von aufbereitetem Öl 125 kV/cm und mehr) leiden, wenn das Öl warm und großflächig mit der Luft in Berührung kommt, versieht man die Öltransformatoren mit einem Ölkonservator. Dies ist ein Gefäß, welches über dem Transformator angeordnet und durch eine Rohrleitung mit diesem verbunden ist (Abb. 126).

Abb. 127. Transformator mit zusätzlicher Belüftung der Kühlrippen (SSW).

Man erreicht hierdurch, daß das im Transformator befindliche Öl kaum mit der Luft in Berührung kommen kann, andererseits bei Erwärmung sich auszudehnen vermag. Das im Ölkonservator befindliche Öl, das nur kleinflächig mit der Luft in Berührung kommt, schützt gewissermaßen das im Transformator befindliche Öl.

Man kann die Kühlung eines Transformators verbessern, indem man außen am Kessel Ventilatoren anordnet (Abb. 127), welche zusätzlich Luft auf die Kühlrohre bzw. Kühlrippen blasen. In der kalten Jahreszeit bzw. bei schwacher Belastung stehen diese Ventilatoren still, während sie in der warmen Jahreszeit und bei größerer Belastung laufen müssen.

Mit dieser Verbesserung lassen sich Transformatoren über 50000 kVA bauen. Bei großen Leistungen wird man oft die Verlustwärme in einem besonderen Kühler, der nicht unmittelbar beim Transformator angeordnet zu sein braucht, abführen. Jetzt kann man den Transformator kleiner bauen, da die Kühlrohre wegfallen und einen glatten Kessel anwenden. Dadurch wird auch an Öl gespart. Man braucht jetzt jedoch eine Ölpumpe, welche das warme Öl am oberen Teil des Kessels absaugt, durch den Kühler preßt und es an einer tiefer gelegenen Stelle wieder hineindrückt. Damit eine wirksame Wärmeabfuhr aus dem Öl stattfindet, muß der Kühler mit einem Kühlmittel bespült werden. Das einfachste Mittel ist Frischluft, die man mittels Ventilatoren durch den Kühler bläst. Diese Ausführung findet man in Freiluftanlagen. Allerdings benötigt die Anordnung viel Platz. Bei Platzmangel, besonders in Gebäuden, kann der Kühler wesentlich verkleinert werden, wenn dem Öl durch Kühlwasser, welches durch den Kühler gepumpt wird, die Wärme entzogen wird. Eine andere billigere, jedoch mehr Platz benötigende Anordnung, verwendet als Ölkühler Schlangenrohre, die in einem mit Wasser gefüllten Becken angeordnet sind. Dem Becken muß dauernd soviel Wasser zu- bzw. abgeführt werden, als Kühlwasser zur Abführung der Verlustwärme nötig ist.

Transformatoren sind in ihrer Größe nur durch die Transportmöglichkeit beschränkt.

D. Regelung der Transformatoren.

In den Hochspannungsnetzen treten oft Spannungsabfälle von über 10% auf, die an geeigneter Stelle wieder ausgeregelt werden müssen. Hierzu hat man früher bei kleineren Leistungen Induktionsregler angewandt. Diese sind jedoch teuer, haben großen Magnetisierungsstrom, sind nicht kurzschlußfest und lassen sich für höhere Spannungen nicht bauen. Sie wurden daher durch regelbare Zusatztransformatoren verdrängt. Das Prinzip dieser Transformatoren zeigt die Abb. 128. Man verwendet einen Transformator in Sparschaltung, dessen primäre

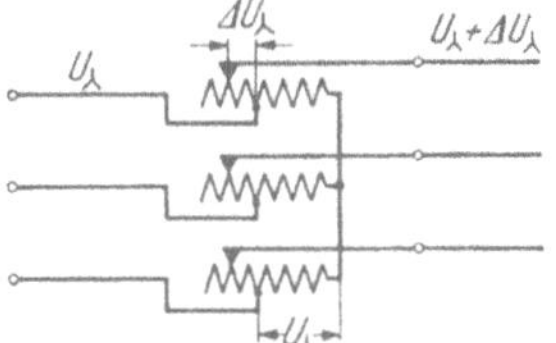

Abb. 128. Regeltransformator in Sparschaltung.

Phasenspannung U_λ sei. Die Windungszahl für die Sekundärspannung ist nach oben und unten innerhalb gewisser Grenzen regelbar. Gemäß der Abb. 128 ist die geregelte, abgehende Phasenspannung $U_\lambda + \Delta U_\lambda$. Die primäre Eingangsspannung ist also um den Betrag ΔU_λ vergrößert worden.

Bis 100 kV vermeidet man meist diese Zusatztransformatoren, indem man die Leistungstransformatoren selbst als Regeltransformatoren ausbildet (Abb. 129), d. h. man schafft die Möglichkeit, z. B. die Sekundärwicklung in ihrer Windungszahl durch Windungsanzapfungen z. B. um

$\pm 10\%$, unter Umständen auch $\pm 20\%$ in Stufen verändern zu können. Letztere Anordnung ist billig und die durch die Regelung bedingten zusätzlichen Verluste sind klein. Man kann selbstverständlich nicht, wie nach der schematischen Darstellung vermutet werden könnte, bei größeren Leistungen die Wicklung feinstufig abtasten, sondern man kann nur eine Reihe von Anzapfungen vorsehen, die nacheinander eingeschaltet werden. Die Umschaltung von einer zur nächsten Stufe muß ohne Leistungsunterbrechung erfolgen. Abb. 130 zeigt schematisch wie beispielsweise solche Umschaltungen vorgenommen werden können. Es ist in der Abbildung eine Phase der zu regelnden Wicklung

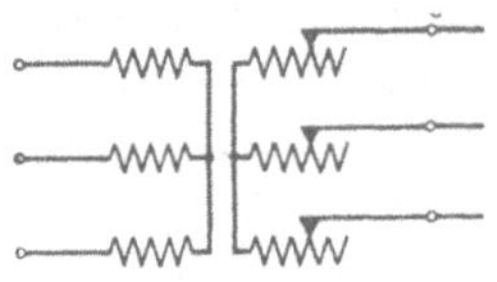

Abb. 129. Transformator mit Regelwicklung.

mit drei Anzapfungen eingezeichnet. In Wirklichkeit wird man mehr Anzapfungen vorsehen. Wenn z. B. um 10% geregelt werden soll, und pro Stufe 2% Spannungsunterschied zugelassen wird, werden fünf Anzapfungen notwendig sein. Es sind zwei Schienen I und II vorgesehen, auf denen zwei Bürsten 1 und 2 schleifen. Ferner sind zwei Lastschalter A und B und ein Vorschaltwiderstand r, der notwendig ist, um beim Schalten nicht einen Teil der Wicklung kurzzuschließen, vorhanden. Ist zunächst nur der Lastschalter B geschlossen, dann ist (s. Abb. 130 a) die unterste Anzapfung a über die Bürste 2, der Schiene II und dem Schalter B mit dem Netz verbunden. Soll um eine Stufe hochgeschaltet werden, so wird der Schalter A geschlossen. Die Bürste 1, die höheres Potential hat als die Bürste 2 wird jetzt maßgebend an der Stromabgabe beteiligt, wobei die Größe des Stromes durch den vorgeschalteten Widerstand r bestimmt ist. Wird jetzt der Schalter B geöffnet, so muß der gesamte ins Netz fließende Strom von der Anzapfung b über die Bürste 1, den Widerstand r

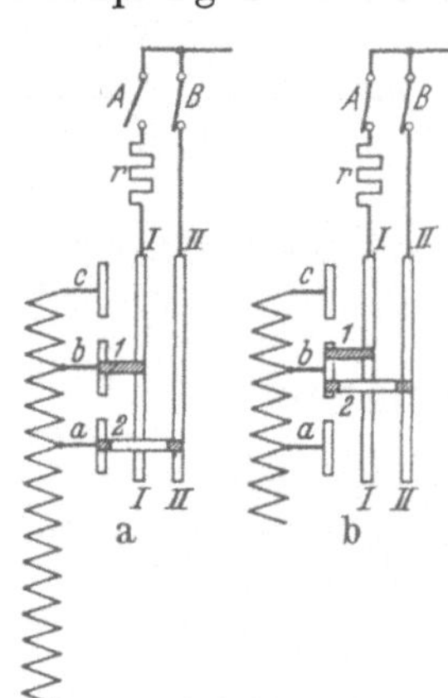

Abb. 130a u. b. Regeltransformator, in a und b sind verschiedene Stellungen der Schalter dargestellt.

und den Lastschalter A fließen. Die Bürste 2, welche stromlos ist, wird jetzt auf den Kontakt b bewegt. Wird jetzt der Schalter B geschlossen (s. Abb. 130b), dann fließt der Netzstrom über die Bürste 2 und den Schalter B. Der Schalter A kann geöffnet werden, die Hilfsbürste 1 ist spannungslos und kann auf den Kontakt c stromlos verschoben werden. Damit ist eine Stufenumschaltung beendet. Für die Regelung braucht man also einen Stufenschalter zu dem die Transformatoranzapfungen geführt sind. Diese werden durch zwei Bürsten, die keinerlei Strom zu schalten haben, mit dem Netz verbunden. Die notwendigen Abschaltungen erfolgen durch zwei Lastschalter. Diese Umschaltungen wird man verhältnismäßig rasch erfolgen lassen, damit der Widerstand r, welcher Verluste verursacht und der bei längerer Einschaltung unzulässig erwärmt wird, nur kurzzeitig eingeschaltet ist. Der Antrieb eines solchen Stufenschalters und der Lastschalter erfolgt über einen Elektromotor mittels einer geeignet ausgebildeten Kinematik. Dabei müssen Verriegelungen vorgesehen werden, daß eine einmal eingeleitete

Abb. 131. Regeltransformator (BBC).

Schalthandlung unbedingt bis zum Ende durchgeführt wird, daß also ein Stehenbleiben zwischen zwei Stufen ausgeschlossen ist. An Stelle des Widerstandes r der Schaltung (Abb. 130), der auch anders schaltbar ist, kann man auch eine Drosselspule vorsehen[1].

Bei den ersten Ausführungen von Regeltransformatoren ordnete man den Stufenschalter außerhalb des Transformators an und mußte aus dem Transformator die einzelnen Anzapfungen zum Stufenschalter führen. Dies war sehr umständlich. Heute befinden sich die Stufenschalter der Regeltransformatoren innerhalb der Ölkessel (z. B. in seitlichen Fortsetzungen Abb. 131) und nach außen geführt sind pro Phase nur die zwei Zuleitungen, welche mit den Schienen I und II der Abb. 130 in

---

[1] Siehe Jansen: 10 Jahre Regeltransformatoren mit Jansen-Schalter. ETZ 1937 S. 874.

Verbindung stehen und zu den Lastschaltern, die selbstverständlich wegen des auftretenden Schaltfeuers außerhalb des Transformators angeordnet sein müssen, führen. Da die beiden zu den Schaltern A und B führenden Leitungen zwar hohes Potential gegen Erde, aber gegeneinander nur mäßige Spannungsunterschiede besitzen, können sie durch einen gemeinsamen Durchführungsisolator, auf dessen Kappe die beiden Lastschalter angebracht sind (Abb. 131), geführt werden. Man

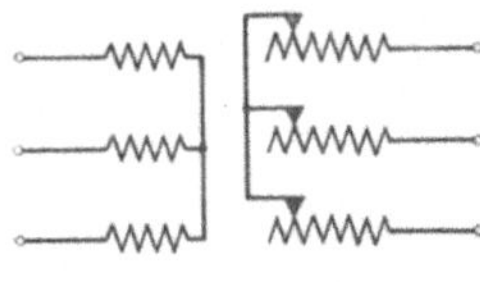

Abb. 132. Transformator mit Regelung am Nullpunkt.

ordnet den Stufenschalter nicht, wie in den schematischen Abbildungen dargestellt, langgestreckt, sondern kreisförmig an. Abb. 131 zeigt einen Regeltransformator, wobei in den drei rechten Ausbauchungen des Transformators die drei Stufenschalter der drei Phasen untergebracht sind.

Statt die drei Windungseingänge zu regeln, kann man, falls die Wicklung im Stern geschaltet ist, die Regelung auch im Nullpunkt vornehmen. Abb. 132 zeigt das Prinzipbild. Die Zahl der notwendigen Kontakte bleibt unverändert, jedoch können die drei Stufenschalter für die drei

Abb. 133. Wandertransformator mit Nullpunktschalter (SSW).

Phasen, da sie gegeneinander nur mäßige Potentialunterschiede haben, benachbart angeordnet werden, so daß man also in isoliertechnischer Beziehung spart. Ein solcher, viel angewandter Nullpunktschalter ist der sog. Jansen-Schalter, bei dem durch den Antriebsmotor zunächst ein Federspeicher gespannt wird, der die Umschaltung dann plötzlich vornimmt, so daß ein Stehenbleiben in Zwischenstufen nicht möglich ist. Bei Transformatoren mit Nullpunktregelung wird man die Stufenschalter der drei Phasen seitlich vom Transformator anordnen, und die dreimal zwei Lastschalter auf einem besonderen Durchführungsisolator anbringen. Dieser muß für Hochspannung bemessen sein, da im Erdschluß der Nullpunkt Phasenspannung gegen Erde hat. Ein solcher Transformator wird im Grundriß länger als ein normaler, während ein

Transformator mit Eingangsregelung, bei dem die Stufenschalter vor dem Kern angeordnet sind, breiter, unter Umständen auch etwas höher wird. Gelegentlich kann die erste Anordnung (Nullpunktregelung) mit Rücksicht auf den Transport durch Eisenbahnwagen notwendig sein. Abb. 133 zeigt einen solchen Transformator, bei dem man bestrebt war, einerseits eine große Leistung unterzubringen, andererseits ihn jedoch transportfähig zu bauen. Aus diesem Grunde sind die Hochspannungsklemmen seitlich angebracht. Diese Anordnung hat den Vorteil, daß die Hochspannungsklemmen mit Rücksicht auf das Bahnprofil beim Transport nicht abgenommen zu werden brauchen, somit auch das in der Fabrik eingefüllte Öl nicht mehr mit der Luft in Berührung kommt. Der Transformator ist somit stets anschlußbereit (Wandertransformator). Der Nullpunktsschalter ist rechts vom Kessel angeordnet.

Man wird bei Dreiwicklungstransformatoren zweckmäßig Nullpunktschalter verwenden, falls zwei Wicklungen geregelt werden. Der eine Nullpunktschalter wird dann rechts, der andere links vom Kern im Transformatorkessel angeordnet, so daß der Transformator länger wird.

E. Parallelschaltung und Erwärmung von Transformatoren.

In den Schaltanlagen der Kraftwerke und Umspannstationen findet man vielfach parallel geschaltete Transformatoren. Diese Anordnung hat den Vorteil, daß bei kleiner Last ein Teil der Transformatoren abgeschaltet und bei Ausfall einer Einheit der Betrieb von den verbleibenden Transformatoren weitergeführt werden kann. Auch ist bei der Unterteilung der Transformatorleistung in mehrere Einheiten eine Reservehaltung billiger. Im folgenden seien die Bedingungen untersucht, unter denen ein einwandfreier Parallellauf mehrerer Transformatoren möglich

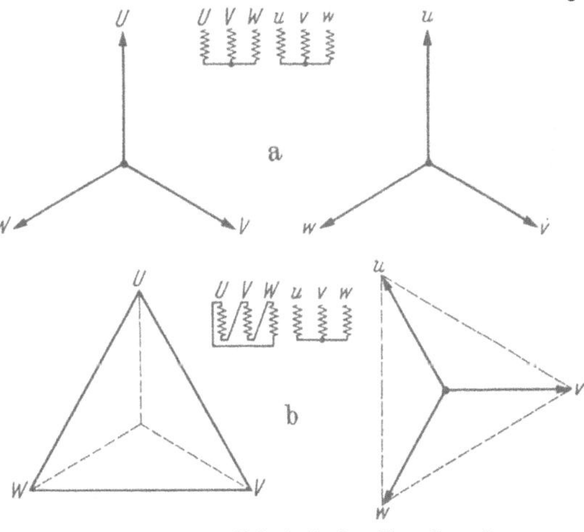

Abb. 134 a u. b. Parallelarbeit der Transformatoren. a Stern-Sternschaltung, b Dreieck-Sternschaltung.

ist. Zunächst müssen bei gleicher Primärspannung die Transformatoren gleiche Sekundärspannung aufweisen, d. h. also, daß die Übersetzungsverhältnisse parallel geschalteter Transformatoren gleich sein müssen. Diese Bedingung allein genügt jedoch noch nicht. Haben wir z. B. zwei

Transformatoren (s. Abb. 134), die Stern-Stern bzw. Dreieck-Stern geschaltet sind, dann sind bei gleichen Primärspannungen, wie aus den Diagrammen (Abb. 134 a u. b) hervorgeht, die Spannungen auf der Sekundärseite der Größe nach, jedoch nicht der Phasenlage nach, gleich. Die beiden sekundären Sterne sind gegeneinander um 30° verdreht, so daß also eine Parallelschaltung unmöglich ist. Man muß daher auch die Schaltung der miteinander parallel zu schaltenden Transformatoren untersuchen. In den VDE-Vorschriften sind in einer Zusammenstellung (Abb. 135) Transformatoren verschiedener Schaltung in Gruppen eingeteilt, die, gleiche Übersetzungsverhältnisse vorausgesetzt, parallel geschaltet werden dürfen. Transformatoren verschiedener Gruppen dürfen nicht miteinander parallel geschaltet werden. Sehr viel zur Anwendung kommt die Gruppe C. Es sei erwähnt, daß Transformatoren der Schaltgruppe C und D parallel geschaltet werden können, wenn die Verbindung ihrer Klemmen nach folgendem Schema erfolgt[1]:

Sammelschienen	RST	rst
Anschluß der	Oberspannung	Unterspannung
Schaltgruppe $C_1 C_2 C_3$	UVW	uvw
$D_1 D_2 D_3$ { oder	UWV WVU	wvu vuw
oder	VUW	uwv

Auf S. 100 wurde gezeigt, daß in einem Ersatzschema ein Transformator durch eine Induktivität und einen Widerstand ersetzt werden kann. Sehen wir zunächst der Einfachheit halber vom ohmschen Widerstand ab, dann gilt für zwei parallel geschaltete Transformatoren (Abb. 136a) das Ersatzbild der Abb. 136b. Die beiden Transformatoren werden sich an der Lastverteilung im umgekehrten Verhältnis ihrer Reaktanzen beteiligen. Hat der eine Transformator eine sehr große, der andere eine kleine Reaktanz, so wird durch ersteren praktisch kein Strom, durch den zweiten Transformator dagegen der gesamte Strom fließen, d. h. also, daß dieser Transformator überlastet wird. Anzustreben ist eine Stromverteilung entsprechend der Nennleistung der Transformatoren. Dies ist jedoch nur dann der Fall, wenn die beiden Reaktanzen umgekehrt proportional der zugehörigen Transformatorleistung sind oder, was gleichbedeutend ist, daß die Kurzschlußspannungen, in Prozenten ausgedrückt, gleich sind. Dabei ist, ohne daß die richtige Stromverteilung nennenswert gestört wird, eine Abweichung der Kurzschlußspannungen von 10% zulässig.

Streng genommen ist das Ersatzbild unserer Transformatoren unter Berücksichtigung der ohmschen Widerstände das der Abb. 137. Unsere Forderung müßte also heißen, daß die Impedanzen sich in ihrer Größe umgekehrt verhalten wie die zugehörigen Leistungen. Dies ist ebenfalls gleichbedeutend mit einer Übereinstimmung der Kurzschlußspannungen. Außerdem sollte der Impedanzwinkel bei beiden Transformatoren gleich sein. Hat man jedoch Transformatoren, die in ihrer Leistung nicht

---

[1] Nach VDE 0532/1934.

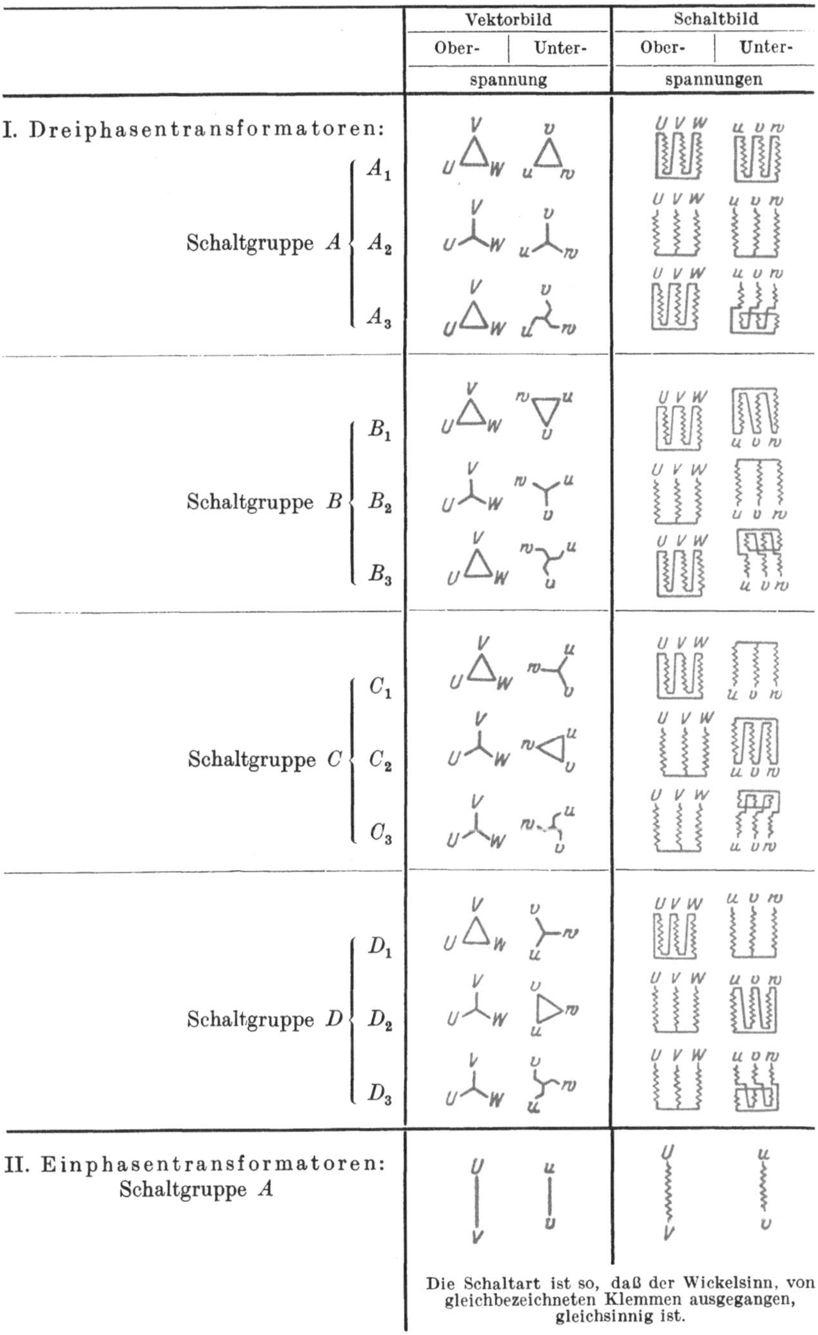

	Vektorbild		Schaltbild	
	Ober-	Unter-	Ober-	Unter-
	spannung		spannungen	
I. Dreiphasentransformatoren:				
Schaltgruppe A A_1				
A_2				
A_3				
Schaltgruppe B B_1				
B_2				
B_3				
Schaltgruppe C C_1				
C_2				
C_3				
Schaltgruppe D D_1				
D_2				
D_3				
II. Einphasentransformatoren: Schaltgruppe A				

Die Schaltart ist so, daß der Wickelsinn, von gleichbezeichneten Klemmen ausgegangen, gleichsinnig ist.

Abb. 135. Parallelschaltmöglichkeiten der verschiedenen Schaltgruppen. (Nach VDE 0532/1934.)

gar zu sehr abweichen, dann sind auch die Impedanzwinkel nicht allzu verschieden und es genügt im allgemeinen die Forderung, daß die Kurzschlußspannungen gleich sind. Man soll jedoch möglichst anstreben, daß die Leistungen parallel zu schaltender Transformatoren nicht mehr als 3 : 1 abweichen, da sonst kleine Unterschiede in der Kurzschlußspannung den schwächeren Transformator schon beachtlich überlasten können.

Was die Größe der auszuwählenden Transformatoren anbetrifft, so liegen die Verhältnisse bei Kraftwerkstransformatoren einfach. Ist hier

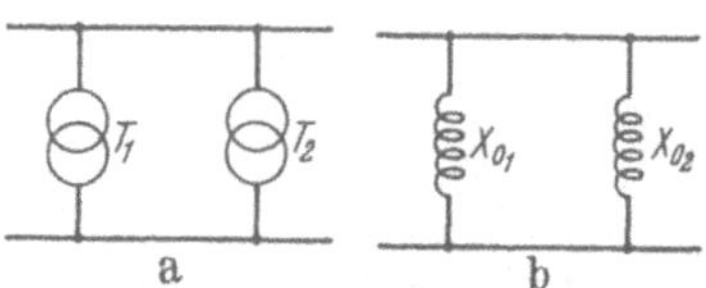

z. B. ein Generator und ein Transformator zu einer Einheit zusammengekuppelt, so muß die Nennleistung des Transformators, sofern man von den kleinen Verlusten im Transformator absieht, praktisch gleich der des zugehörigen Generators sein. Man könnte mit Rücksicht auf die Erwärmung daran denken, falls die Belastung nicht gleichmäßig ist, sondern eine Spitze hat, den Transformator in seiner Leistung kleiner als die Leistungsspitze zu wählen, da der Transformator eine große Zeitkonstante bezüglich der Erwärmung (s. Kap. XX) hat. Diese Lösung ist jedoch nicht empfehlenswert, da der Fall eintreten kann, daß durch außergewöhnliche Verhältnisse die Höchstleistung während längerer Zeit gefahren werden muß.

Abb. 136a u. b. Parallelschaltung der Transformatoren; a schematische Darstellung, b Ersatzschaltung.

Schwieriger liegen die Verhältnisse bei Netztransformatoren. Ist der Belastungsverlauf gegeben, so kann nach den Methoden in Kap. XX ermittelt werden, ob eine zunächst geschätzte Transformatorleistung in bezug auf Erwärmung ausreichend ist. Man sollte jedoch auf keinen Fall die Transformatoren zu knapp wählen, da oft im Laufe der Zeit die Netzbelastung größer wird, ohne daß zunächst ein neuer Transformator aufgestellt werden kann. Die Auswahl der richtigen Transformatorleistung ist hier sehr stark eine Sache des richtigen Gefühls.

Abb. 137. Ersatzschaltung zweier parallel arbeitender Transformatoren unter Berücksichtigung der ohmschen Widerstände.

Für Verteilungstransformatoren, welche auf Niederspannung herabspannen, hat es sich, besonders für ländliche Gebiete, als empfehlenswert gezeigt eine besondere Ausführung zu schaffen, die sehr stark überlastbar ist. In ländlichen Gebieten ist meist während des ganzen Jahres die Belastung eines Transformators, falls es sich vorwiegend um Lichtversorgung handelt, eine mäßige und nur zur Zeit der Dreschperiode steigt die Belastung wesentlich an. Die für derartige Verhältnisse geschaffenen Spezialtransformatoren sind so ausgelegt, daß bei Nennleistung die Eisenverluste die gleichen sind, wie bei der Normaltype, daß sie jedoch gegenüber letzterer stark überlastbar sind. Ohne daß die zulässige Übertemperatur der Wicklung von 70° C und des Öles von 60° C überschritten wird, können Transformatoren der landwirtschaftlichen Type dauernd 60%ige Überlast vertragen. Man hat ferner zugelassen, daß diese Transformatoren, falls die Überlastungszeit im Jahr nicht mehr als 500 Stunden beträgt, pro Tag 12 Stunden mit doppelter Nennleistung betrieben werden dürfen. Hierbei hat man eine weitere Temperaturerhöhung von 10° zugelassen. Damit aber die Lebensdauer nicht merklich verkleinert wird, wurde die Überlastungszeit auf 500 Stunden im Jahr beschränkt.

Ein Transformator arbeitet bei Nennleistung mit günstigstem Wirkungsgrad, wenn der Transformator so ausgelegt ist, daß die Kupferverluste und Eisenverluste gleich sind. Transformatoren in Stadtnetzen mit vorwiegender Lichtlast laufen jedoch längere Zeit am Tage praktisch leer und werden nur kurzzeitig voll belastet. Mit Rücksicht auf den Gesamtjahreswirkungsgrad ist es günstig, wenn diese (Licht-) Transformatoren so ausgeführt werden, daß die Eisenverluste klein bleiben. Dies bedingt aber, da die Transformatoren nicht verteuert werden dürfen, ein Anwachsen der Kupferverluste, was jedoch auf den Jahreswirkungsgrad wenig ausmacht, da die Transformatoren, wie vorausgesetzt, nur kurzzeitig mit Vollast arbeiten.

F. Quertransformatoren.

Bei den normalen Regel- bzw. Zusatztransformatoren wird die Phasen- bzw. verkettete Spannung vergrößert oder verkleinert. Die Phasenlage sowohl der Phasen-, als auch der verketteten Spannung ändert sich bei der Regelung nicht. Es handelt sich also nur um eine Vergrößerung bzw. Verkleinerung des Spannungssterns.

In Ringnetzen (s. Kap. XVIII, N), welche von Kraftwerken gespeist werden und die Strom an Verbraucher liefern, tritt gelegentlich der Fall ein, daß die Stromverteilung innerhalb des Leitungsringes, die sich entsprechend den vorhandenen ohmschen und induktiven Widerständen einstellt, nicht den Forderungen des Betriebs entspricht. Um die Stromverteilung zu beeinflussen, muß in den Ring eine elektromotorische Kraft eingeschaltet werden, die einen im Ring fließenden Zusatzstrom erzeugt, der sich den ursprünglichen Strömen überlagert und die gewünschte Stromverteilung herstellt.

Nehmen wir an, die durch den Ring den Abnehmern zufließenden Ströme seien vorwiegend Wirkströme, dann muß, wenn der Zusatzstrom die gleiche Phasenlage haben soll, die Zusatzspannung annähernd 90° voreilen, sofern der induktive Widerstand gegenüber dem ohmschen Widerstand der Leitung vorherrscht. Es fragt sich, in welcher Weise eine der Phasenspannung um annähernd 90° voreilende Zusatzspannung erzeugt werden kann. Abb. 138 zeigt im Prinzip die Schaltung. Die Primärwicklung des Zusatztransformators ist im Dreieck geschaltet. Die Spannung U_{23} besitzt gegenüber der Phasenspannung $U_{\lambda 1}$ eine

Nacheilung von 90°. Bringt man auf dem Schenkel 2 des Transformators eine Sekundärwicklung auf und schließt diese so an, daß die in ihr induzierte EMK umgekehrt gerichtet wie die Spannung U_{23}, so hat diese neue Spannung eine Phasenvoreilung von 90° gegenüber der Spannung $U_{\lambda 1}$. Entsprechende Überlegungen gelten für die anderen Phasen. (Die in der Abbildung eingetragenen Pfeile geben die positive Richtung der EMK

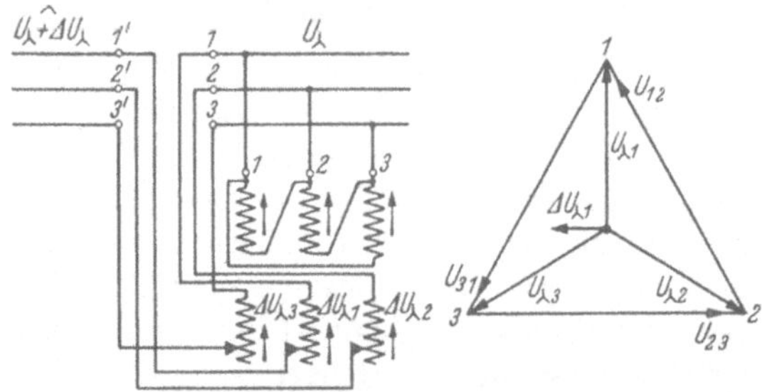

Abb. 138. Quertransformator mit Querkomponente senkrecht zur Phasenspannung.

an.) Abb. 138 zeigt wie die Schaltung für die drei Phasen durchgeführt werden muß. Man wird an der Sekundärwicklung Anzapfungen vorsehen, damit man je nach den betrieblichen Anforderungen die Zusatzspannung regeln kann. Durch eine nicht eingezeichnete Wicklungsumschaltung kann der Zusatzspannung auch entgegengesetzte Phasenlage gegeben werden. Ein solcher Transformator heißt Quertransformator im Gegensatz zu den normalen Regeltransformatoren, die oft Längstransformatoren genannt werden.

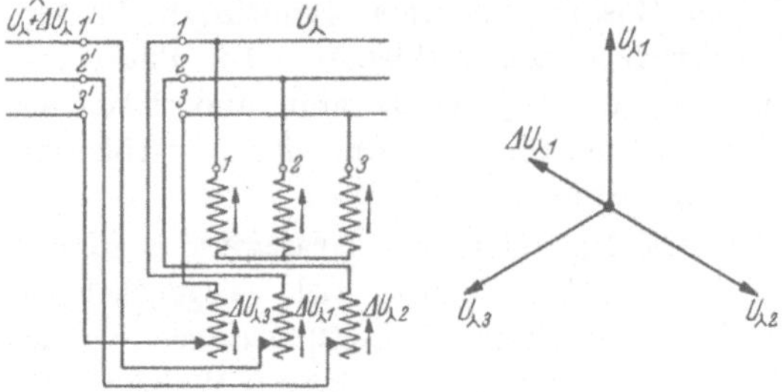

Abb. 139. Quertransformator mit Querkomponente 60° zur Phasenspannung.

In der Mehrzahl der Fälle wird es mit Rücksicht auf die ohmschen Leitungswiderstände nicht notwendig sein, daß die Zusatzspannung um 90° der Phasenspannung vorgeschwenkt wird, sondern es genügt eine Voreilung von etwa 60°. In einem solchen Falle wird man die Primärwicklung im Stern schalten und muß die Zusatzwicklung für die Phase 1 auf dem Schenkel 2 im umgekehrten Schaltsinne anordnen, um die gewünschte Phasenvoreilung zu erhalten (s. Abb. 139).

Es muß darauf aufmerksam gemacht werden, daß ein Zusatztransformator für Querregelung größer ausfällt als ein Transformator für Längsregelung, da bei Längsregelung der Transformator als Spartransformator ausgebildet werden kann, was im Falle der Querregelung nicht möglich ist. Während normale Regeltransformatoren einen Regelbereich von ± 10 %, unter Umständen ± 20 % haben, zeigt es sich, daß in größeren Ringnetzen eine wirksame Beeinflussung der Stromverteilung oft nur erzielt werden kann durch eine Querkomponente zur Phasenspannung, die wesentlich größer ist als die entsprechenden Werte bei Längstransformatoren.

V. Generatorenschutz.

A. Allgemeines.

Die Generatoren in den Kraftwerken stellen große Werte dar und müssen deshalb so geschützt werden, daß beim Auftreten irgendwelcher Fehler Schutzapparate ansprechen, welche die sofortige Abschaltung des Generators veranlassen. Erfolgt dies frühzeitig genug, dann wird in der Mehrzahl der Fälle die Zerstörung klein bleiben, so daß mit mäßigen Kosten und in kürzester Zeit der Generator wieder hergestellt werden kann. Die Generatoren können durch folgende Fehler gefährdet werden:

1. Wicklungsschluß. Zwischen zwei verschiedenen Phasen findet ein Überschlag statt, wodurch ein Wicklungsschluß entsteht (s. Abb. 140a).

2. Windungsschluß. Benachbarte Windungen derselben Phase können gegeneinander Schluß bekommen. Es liegt dann der sog. Windungsschluß vor (s. Abb. 140b).

3. Gestellschluß. Die Wicklung kann infolge beschädigter Isolation an einer Stelle Schluß mit dem Ständer erhalten (s. Abb. 140c). Man spricht dann von einem Gestellschluß.

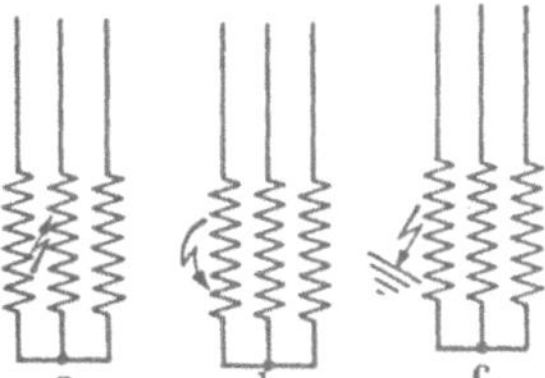

Abb. 140a—c. Fehlerarten beim Generator. a Wicklungsschluß, b Windungsschluß, c Gestellschluß.

4. Gefährdung durch Überstrom. Außer bei inneren Fehlern muß der Generator beim Auftreten von Überströmen, z. B. bei Kurzschluß an den Sammelschienen, abgeschaltet werden.

B. Auslöser und Relais.

Spricht bei einem Generator der Überstromschutz oder ein Schutz gegen innere Fehler an, so muß der Generator zunächst durch einen Schalter vom Sammelschienensystem abgetrennt werden. Das Auslösen des Schalters bewirken Auslöser bzw. Relais, die im folgenden für den Fall eines Überstromschutzes behandelt werden sollen. Die Übertragung der Überlegungen auf andere Schutzarten ergibt sich dann von selbst. Abb. 141 zeigt einen Generator mit einem Schalter, der in seiner Einschaltstellung verklinkt ist. Zwei Phasen des Generators sind übermagnetische Auslöser A_1 und A_2 geführt. Entsteht ein unzulässig hoher Strom, so sprechen der eine oder auch beide Auslöser A_1 und A_2 je nach Ursache und Art des Überstromes an und lösen die Verklinkung des Schalters, der nun durch Federkraft auslösen kann. Prinzipiell genügt im Drehstromnetz die Verwendung von zwei Auslösern in zwei Phasen. Sehr oft wird man jedoch aus Gründen der Sicherheit in allen drei Phasen Auslöser vorsehen. Die in der Abb. 141 gezeigten Auslöser sind sog. Primärauslöser, da sie vom primären, d. h. vom Hauptstrom durchflossen sind. Diese Primärauslöser wird man nur bei kleineren Leistungen und nicht allzu hohen Spannungen anwenden. Liegen höhere Betriebsspannungen vor oder besteht die Gefahr großer Kurzschlußströme, so daß an

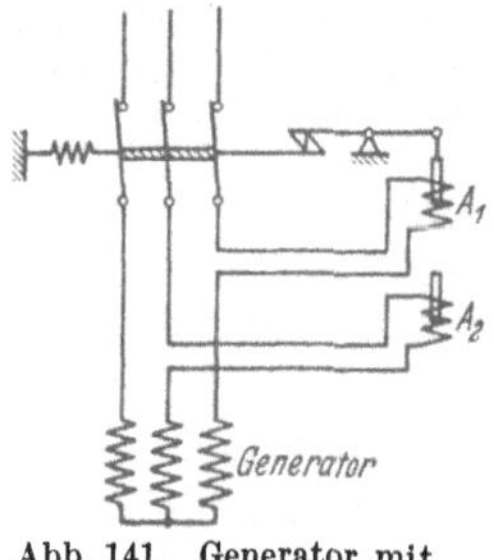
Abb. 141. Generator mit Primärauslöser.

den Auslösern Schäden auftreten können, sei es, daß sie infolge zu großer Erwärmung verbrennen oder daß sie durch die beim Kurzschluß auftretenden Kräfte zerstört werden, dann ist es richtiger, mit Sekundärauslösern zu arbeiten. Man sieht, wie Abb. 142 einpolig zeigt, einen Wandler W vor, der auf den Sekundärauslöser A arbeitet. Am Auslöser selbst sind jetzt keine hohen Spannungen und man kann es bei größeren Kurzschlußströmen durch Sättigung des Wandlers erreichen, daß die im Auslöser fließenden Ströme thermisch und dynamisch beherrschbar sind. Der Wandler muß verhältnismäßig kräftig ausgebildet sein, da er den Strom liefern muß, um

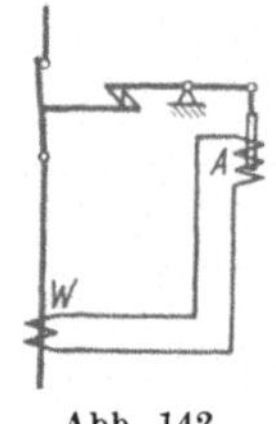
Abb. 142. Sekundärauslöser.

die Auslöseklinke zu betätigen. Günstiger wird die Anordnung noch, wenn man außer einem Stromwandler W (s. Abb. 143) ein Auslöserelais R verwendet, welches einen Kontakt betätigt, durch den von einer Betätigungsbatterie aus Strom zu dem Auslöser A fließt. Man hat dann den Vorteil, daß das Relais R, welches nur den Kontakt zu schließen hat, also nur kleine Kräfte auszuüben braucht, klein und empfindlich ausgebildet werden kann, auch kann der Wandler für eine kleinere Leistung bemessen sein. Die für den Auslöser notwendigen Energien werden in beliebiger Größe von der Gleichstromquelle geliefert. Diese Anordnung kommt heute in wichtigen Anlagen meistens vor.

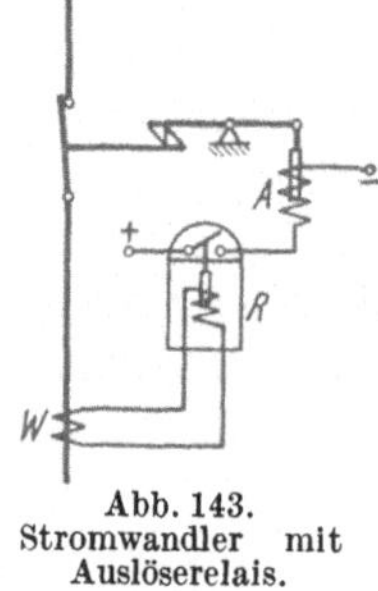
Abb. 143. Stromwandler mit Auslöserelais.

Man verlangt von einem Auslöser bzw. von einem Relais, daß es innerhalb eines gewissen Bereiches auf einen bestimmten Auslösestrom einstellbar ist. Dieser Bereich liegt meistens zwischen dem 1,2- bis 2fachen Nennstrom. Die Veränderung der Einstellung der Ansprechstromgröße kann etwa derart vorgenommen werden, daß die Feder, die den Magnetanker in der Ausschaltstellung hält, verschieden stark gespannt wird.

Sehr oft verlangt man, daß erst nach einer bestimmten, einstellbaren Zeit nach Auftreten des Überstromes der Schalter ausgelöst wird. Im Falle der Abb. 143 darf dann durch den Anker des Relais R der Auslösekontakt nicht unmittelbar betätigt werden, sondern muß zunächst ein Zeitglied freigegeben werden, welches nach einer gewissen Zeit den Auslösekontakt schließt. Dieses Zeitglied kann aus einem Uhrwerk, einem Hemmwerk oder einem kleinen Synchronmotor, der nach seiner Freigabe durch das Relais vom Relaisstrom angetrieben wird, bestehen. Solche Relais, welche erst nach einer gegebenen einstellbaren Zeit ansprechen, heißen Zeitrelais.

Nimmt man an, es trete ein Strom auf, der etwas oberhalb des Ansprechstromes liegt, so wird der Primärauslöser bzw. das Relais ansprechen und das Zeitglied freigeben. Verschwindet vor Ablauf des Zeitwerkes der Überstrom, so muß das Relais wieder in seine Ausgangsstellung zurückgehen ohne auszulösen. Hat der Auslösestrom des Relais die Größe I_a, so wird der Strom, bei dem das Relais wieder abfällt, der sog. Rückfallstrom I_r, etwas tiefer liegen. Ideal wäre, wenn das Abfallverhältnis $I_r/I_a = 1$ wäre. Dieses Verhältnis wird jedoch im allgemeinen nicht erreicht. I_r/I_a liegt praktisch bei etwa 0,85 bis 0,95.

Von einem Primärauslöser bzw. Relais ist wesentlich zu wissen, welcher Strom im Kurzschlußfalle über eine gewisse Zeit ausgehalten werden kann. Auskunft hierüber gibt der Einsekundenstrom, der auch thermischer Grenzstrom I_{therm} genannt wird. Man versteht darunter den Strom, der während einer Sekunde ausgehalten werden kann, ohne daß die Wicklung zu heiß wird. Ist der Schaltverzug (Zeit vom Beginn des Kurzschlusses bis Öffnen der Kontakte) infolge der Zeiteinstellung t Sekunden und der thermische Grenzstrom gleich I_{therm}, dann kann als größter beim Kurzschluß in der Wicklung auftretende Strom $I = I_{\text{therm}}/\sqrt{t}$ zugelassen werden. Es tritt dann gleiche Erwärmung auf wie beim thermischen Grenzstrom (Wärmeabstrahlung ist hierbei vernachlässigt). I_{therm} kann z. B. das 100- bis 200fache des Nennstromes betragen.

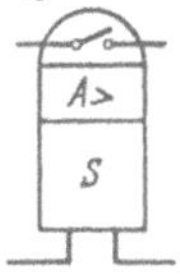

Abb. 144. Symbolische Darstellung eines Überstromzeitrelais.

Die bis jetzt gebrachten Überlegungen gelten für Auslöser und Relais. Bei Primärauslöser ist noch besonders die Angabe notwendig, welcher Strom im Kurzschlußfall mechanisch ausgehalten werden kann. Dieser dynamische Grenzstrom kann je nach Bauart das 500- bis 1000fache des Nennstromes betragen.

Wie gezeigt wurde, besteht ein Zeitrelais aus einem Ansprechglied, das auf die Störung, z. B. auf den Überstrom, anspricht und einem Zeitglied, das vom Ansprechglied zum Ablauf freigegeben wird und nach einer gewissen Zeit den Auslösebefehl gibt. Abb. 144 zeigt schematisch, wie bei genauerer Darstellung ein Zeitrelais mitunter aufgezeichnet wird. Der mit A bezeichnete Teil gibt das Ansprechglied an, während der mit s bezeichnete Teil das Zeitglied darstellt.

Es ist nicht unbedingt notwendig, daß das Relais R der Abb. 143 die Zeitverzögerung enthalten muß, vielmehr kann das Relais R zunächst einen Hilfsstromkreis schließen, durch den elektrisch ein besonderes Zeitglied freigegeben wird, welches erst nach Ablauf einen Kontakt schließt, der den Auslöser des Schalters speist.

Um ein selektives Abschalten zu erzielen, gebraucht man gelegentlich Relais, welche wattmetrisch arbeiten. Ein derartiges Relais, welches geeignet geschaltete Strom- und Spannungsspulen besitzt, spricht nur an, falls ein Überstrom in der einen Richtung, nicht jedoch in der anderen fließt.

Primärauslöser stellen im Leitungszuge Induktivitäten dar, an denen beim Auftreffen von Wanderwellen Überspannungen entstehen können. Sie müssen deshalb dagegen geschützt werden z. B. durch Parallelschaltung von Widerständen.

C. Überstromschutz.

In Abb. 145 ist gezeigt, in welcher Weise der Überstromschutz eines Generators ausgebildet sein kann. In den drei Phasen, und zwar benachbart dem Sternpunkt, sind drei Stromwandler eingebaut, welche in vorliegendem Falle auf drei Überstromzeitrelais arbeiten. Wenn ein Überstrom, etwa infolge eines Sammelschienenkurzschlusses, fließt, sprechen diese Relais an und schließen nach einer eingestellten Zeit Hilfskontakte, so daß von einer Gleichstromquelle über diese ein Strom zur Auslösespule des Generatorschalters zu fließen vermag und den Schalter auslöst. Fließt ein Überstrom infolge eines Netzkurzschlusses, so soll dieser von dem benachbarten Netzschalter abgeschaltet werden. Der Generatorschalter spricht nicht an, wenn seine Auslösezeit größer ist als die längste Auslösezeit der im Netz eingebauten Schalter. Hat man im Netz unabhängige Zeitrelais, die gegeneinander zeitlich gestaffelt sind (s. S. 253) so kann man unter Umständen am Generator auf Zeiten von 5 (bis 10) sec

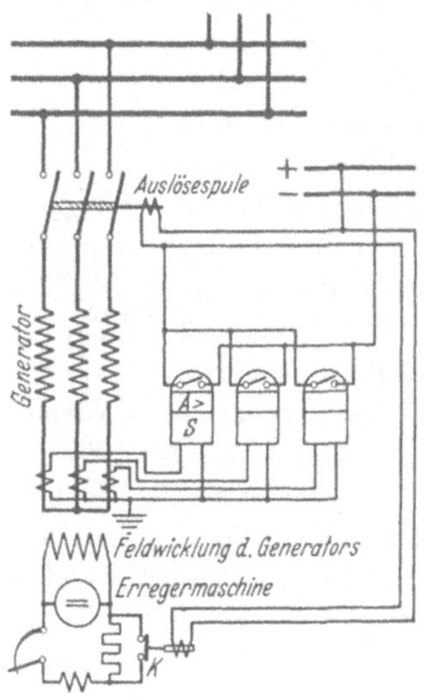

Abb. 145. Überstromschutz eines Generators.

kommen, während welcher der Generator den vollen Kurzschlußstrom führt. Sollte einmal der vorletzte Netzschalter versagen, dann wird nach der eingestellten Zeit der Generatorschalter abschalten. Der Überstromschutz des Generators bildet also eine Art Reserve. Wenn im Generator selbst ein Kurzschluß, d. h. ein Wicklungsschluß zwischen zwei Phasen entsteht, dann sprechen die Überstromrelais an, lösen jedoch erst nach längerer Zeit den Schalter aus. Da in dieser langen Zeit größere Zerstörungen im Generator stattfinden können, ist dieser Schutz nicht gegen innere Schäden geeignet. Arbeiten mehrere Generatoren parallel auf ein Netz und tritt in einer Maschine ein innerer Fehler auf, so werden alle

Generatoren auf die Fehlerstelle arbeiten und somit Überstrom führen. Es kann, wenn nur Überstromrelais vorgesehen sind, der Fall eintreten, daß auch die gesunden Generatoren abgeschaltet werden, was aber nicht erwünscht ist. Man muß also nach anderen Schutzarten suchen, die rascher und selektiver abschalten. Der vorhandene Überstromschutz kommt daher praktisch nur in Frage zum Schutz gegen Sammelschienen-Kurzschlüsse oder als Reserveschutz, falls der vorletzte Netzschalter oder der noch zu behandelnde Fehlerschutz des Generators versagt.

Prinzipiell kann man die drei Stromwandler auch vor die Wicklung des Generators legen. Nur wird dann bei einem Fehler im Generator durch die Stromwandler, falls der Generator allein auf das Netz arbeitet, kein Strom fließen und der Überstromschutz kann nicht als Reserve wirken.

D. Entregung des Generators.

Bei der Schaltung nach Abb. 145 wird beim Ansprechen der Auslöse-relais der Hauptschalter und durch eine weitere Auslösespule der

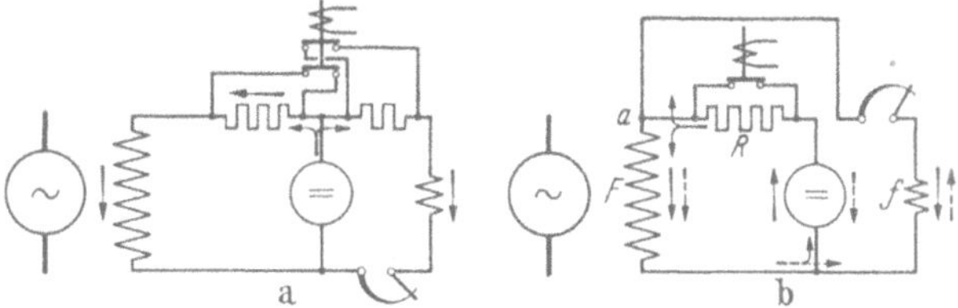

Abb. 146a u. b. Entregungsschaltungen bei Generatoren. a Einschaltung von Widerständen, b Schnellentregung (SSW).

Kontakt K an der Erregermaschine geöffnet und Widerstand in den Erregerkreis geschaltet. Dadurch soll nach Abschalten des Generators die Erregung des Generators möglichst schnell beseitigt werden. Diese sog. Entregung kann gegebenenfalls beim Überstromschutz weggelassen werden, wenn der Schnellregler rasch genug die zu hohe Spannung erniedrigt. Von großer Bedeutung ist die Entregung jedoch bei inneren Fehlern im Generator. Selbst wenn der Generator sehr rasch vom Netz getrennt wird, behält der Generator infolge der weiterhin vorhandenen Erregung die Spannung und an der Fehlerstelle können hierdurch größere Zerstörungen angerichtet werden. Deshalb muß die Erregung so schnell wie irgend möglich vernichtet werden. Oft ist die Entregung nach Abb. 145 nicht rasch genug. Die schnellste Entregung wäre die Unterbrechung des Erregerstromes des Generators. Hierbei können jedoch, sofern nicht eine vorzügliche Dämpferwicklung vorhanden ist, hohe Überspannungen in der Erregerwicklung auftreten. Günstiger bezüglich Überspannungen ist die Anordnung nach Abb. 146a, bei der im Falle der Entregung ein Widerstand in den Erregerkreis des Generators, wie auch der Gleichstrom-maschine geschaltet wird. Hierbei wird jedoch in dem Maße, in dem man Überspannungen vermeiden will, die Zeit für das Abklingen des Erregerstromes vergrößert. Bei einer weiteren Schaltung wird parallel zum Hauptfeld ein Widerstand gelegt und dann das Hauptfeld von der Erregermaschine abgetrennt.

Sehr gut arbeitet die Schnellentregung der SSW, die in Abb. 146b aufgezeichnet ist. Auch hier wird der Erregermaschine ein Widerstand, der normalerweise kurzgeschlossen ist, vorgeschaltet. Wird für die Entregung dieser Widerstand geöffnet, so hat der Strom im Feld F des Drehstromgenerators das Bestreben, weiter zu fließen. Da der vorgeschaltete Widerstand groß ist, wird in der Feldwicklung eine hohe EMK entstehen, welche das Potential des Punktes a so erniedrigt, daß der durch die Feldwicklung f des Erregergenerators fließende Strom abgebremst wird und seine Richtung umkehrt (gestrichelter Pfeil). Hierdurch wird sich die EMK des Erregergenerators umpolen und wird mithelfen, den in der Feldwicklung F fließenden Strom zum Verschwinden zu bringen. Da zu diesem Zeitpunkt im Feld f ein Strom fließt, der sich über den Widerstand R und den Anker schließt, wird infolge der negativen EMK des Ankers der Strom

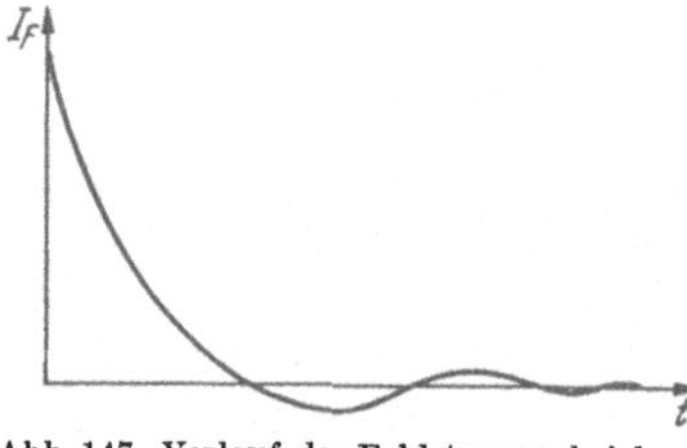

Abb. 147. Verlauf des Feldstromes bei der Schnellentregung.

im Feld F schließlich negativ. Dieser Strom wird in Form von Schwingungen entsprechend Abb. 147 zu Null, wobei die Remanenz verschwindet, was im Gegensatz zu den anderen Entregungsschaltungen steht und sehr günstig ist. Bei letzteren bleibt eine Remanenz und damit eine EMK erhalten, die auf die Fehlerstelle arbeitet. Bei der neuen Schaltung wird außerdem meistens beim ersten Nulldurchgang des Erregerstromes ein möglicherweise bestehender Lichtbogen an der Fehlerstelle erlöschen und dann nicht mehr zünden können.

Man kann die Entregung noch mit einem Brandschutz verbinden. Hat man z. B. einen Generator mit Kreislaufkühlung, dann wird man bei einem inneren Fehler gleichzeitig mit der Entregung aus Stahlflaschen Kohlensäure in den Luftkreislauf strömen lassen, wodurch der Brand erstickt wird.

E. Wicklungsschlußschutz.

Zur Feststellung eines Wicklungsschlusses eignet sich am besten der Differentialschutz (s. Abb. 148). Bei diesem sind in jeder Phase an beiden Wicklungsenden Stromwandler angeordnet, die gleichsinnig miteinander verbunden sind. Von den Verbindungen führen drei Leitungen, wie aus der Abb. 148 ersichtlich, zu einem Differentialrelais und von hier eine vierte Leitung zur Erde. Bei normalem Betrieb des Generators fließen

in den Stromwandlern vor und hinter der Wicklung gleiche Ströme.
An den drei Zuleitungen zum Differentialrelais herrscht also die Spannung 0 und es wird kein Strom zum Differentialrelais fließen. Tritt jedoch
in der in Abb. 148 gekennzeichneten Weise zwischen den Phasen 1 und 2
ein Wicklungsschluß auf, dann werden Ströme in der gestrichelten Pfeilrichtung durch den Stromwandler fließen. Da ferner die parallel arbeitenden Generatoren in die Fehlerstelle hineinspeisen, werden die oberen
Stromwandler der kranken Phase sogar in umgekehrter Richtung vom
Strom durchflossen sein. Die in den Stromwandlern erzeugten Ströme
sind nun nicht mehr gleich, die Differenz beider Wandlerströme muß

durch das Differentialrelais fließen.
Damit wird das Relais ansprechen,
den Schalter zur Auslösung bringen
und die Entregung einleiten. An und
für sich soll das Differentialrelais
möglichst ohne Zeitverzögerung arbeiten. Dann muß allerdings der
Schalter den vollen Kurzschlußstrom
abschalten. Deswegen wird man oft,
um den Kurzschlußstrom etwas abklingen zu lassen, eine Zeitverzögerung von 0,25 bis 1 sec vorsehen.

Der Differentialschutz darf mit
Rücksicht auf Falschauslösungen
nicht zu empfindlich eingestellt sein.
Im allgemeinen wird bei einem

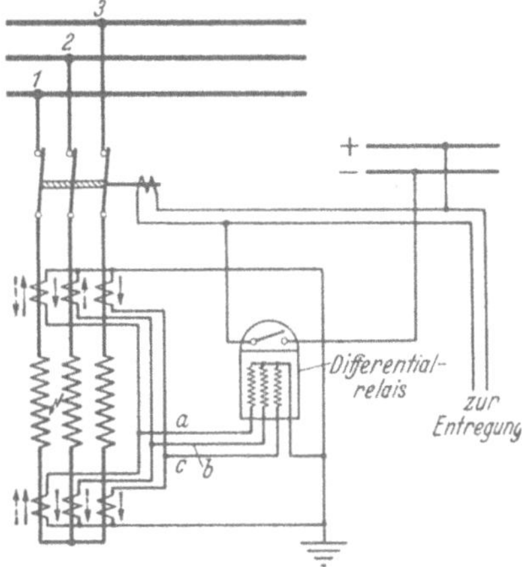

Abb. 148. Generator mit Differentialschutz.

Fehlerstrom von 30% des Nennstromes das Differentialrelais auslösen.
Dieser Betrag erscheint zunächst ziemlich hoch, ist jedoch durch die
Forderung bedingt, daß bei Netzkurzschlüssen der Differentialschutz
nicht anspringen soll. Da die hierbei fließenden Kurzschlußströme
den Nennstrom unter Umständen um das 15fache übertreffen, können
infolge nicht ganz gleicher Sättigungserscheinungen die Stromwandler
prozentual etwas gegeneinander abweichen. Bei diesen großen Strömen
bedeuten jedoch prozentuale kleine Abweichungen schon beachtliche
Ströme im Differentialrelais, die unter Umständen den Schalter zur Auslösung bringen können, obwohl kein Generatorfehler vorliegt. Eine
kleine Zeitverzögerung kann daher auch aus diesem Grunde recht günstig
sein. Um solche Falschauslösungen zu vermeiden, kann man bei nicht
im Generator liegenden Kurzschlüssen das Differentialrelais (s. S. 136)
blockieren. Schaltungstechnisch die einfachste Lösung ist allerdings die
Verwendung genau abgeglichener Stromwandler. Statt ein Differentialrelais nach Abb. 148 zu verwenden, findet man gelegentlich auch Anordnungen, bei denen in jeder der Leitungen *a*, *b* und *c* ein besonderes
Differentialrelais eingeschaltet ist.

Eine andere Schaltung des Differentialschutzes zeigt Abb. 149. Hier sind Anfang und Ende jeder Wicklung durch einen Stromwandler geführt. Ist kein Fehler im Generator vorhanden, dann sind die im Stromwandler erzeugten Amperewindungen Null und im Differentialrelais fließt kein Strom. Ein Stromfluß ist erst bei einem Fehler im Generator möglich, z. B. wenn die Phasen 1 und 2 Wicklungsschluß haben. Diese Anordnung benötigt nur drei Stromwandler, die allerdings dann in Spezialausführung geliefert werden müssen.

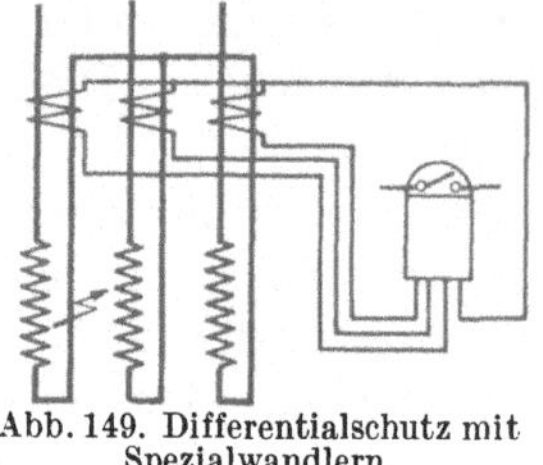

Abb. 149. Differentialschutz mit Spezialwandlern.

Der Differentialschutz läßt sich auch anwenden, wenn Generator und Transformator eine Einheit bilden. Hierbei kann der Transformator mitgeschützt werden. Dieser Schutz ist in Abb. 150 aufgezeichnet und zeigt, daß die Stromwandler einmal auf der Transformator- und das andere Mal auf der Generatorseite eingeschaltet sind. Da im normalen Betrieb die auf der Oberspannungsseite und auf der Generatorseite vorhandenen Stromwandler meist nicht gleiche Wandlerströme erzeugen, ist in solchen Fällen ein Zwischenwandler notwendig, dessen dritte Wicklung zu einem Differentialrelais führt. Bei dem Differentialschutz muß auch berücksichtigt werden, daß der Transformator im Dreieck-Stern geschaltet ist, d. h. der oberspannungsseitig vorhandene Spannungsstern ist gegenüber dem Spannungsstern des Generators in der Phase verschoben. Damit die Wandlerströme mit ihren Amperewindungen auf dem Zwischenwandler im normalen Betrieb sich zu Null ergänzen, muß diese Verschiebung beseitigt werden, z. B. indem die dem Generator zugehörigen Wandlerwicklungen ebenfalls im Dreieck geschaltet werden. Ganz zu Null werden sich die Amperewindungen nicht ergänzen, da der Magnetisierungsstrom des Transformators wie ein kleiner Fehlerstrom, auf den jedoch das Differentialrelais nicht ansprechen darf, wirkt.

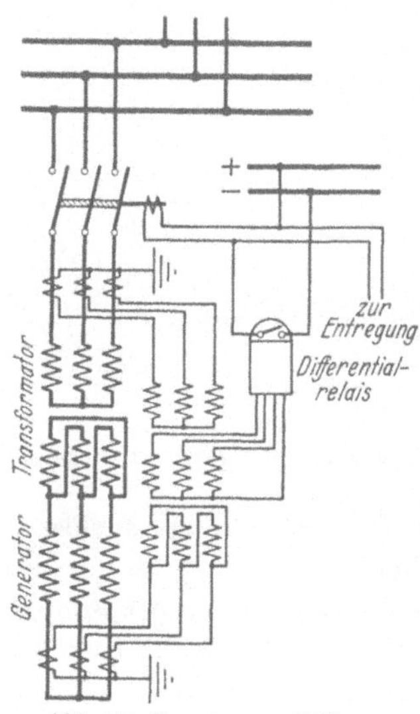

Abb. 150. Gemeinsamer Differentialschutz für Generator und Transformator.

F. Windungsschlußschutz.

Tritt innerhalb der Phase ein Windungsschluß auf, so spricht der Differentialschutz leider nicht an. Bei einem Windungsschluß wird die betroffene Phase in der Spannung verkleinert, etwa wie in Abb. 151 b gezeigt. Unter Ausnutzung dieser Spannungsabsenkung kann man mit der in Abb. 152 dargestellten Schaltung einen Windungsschlußschutz ausbilden. Es wird an die drei Phasen des Generators ein Spannungswandler S angeschlossen, dessen Sternpunkt mit dem Sternpunkt des Generators in Verbindung steht. Bei Windungsschluß ist die geometrische Summe der drei Spannungen im Spannungswandler nicht mehr gleich Null (s. gestrichelte Pfeile in Abb. 151 b), es wird also in der offenen Dreieckwicklung des Wandlers, welche die Phasenspannungen addiert, eine Restspannung U_r auftreten, welche das Windungsschlußrelais zum Auslösen bringt. Um zu vermeiden, daß im normalen Betrieb durch höhere Harmonische in der Phasenspannung des Generators (3. und alle durch 3 teilbaren Harmonischen) Falschauslösungen stattfinden können, ist ein Sperrkreis in den Relaiskreis geschaltet.

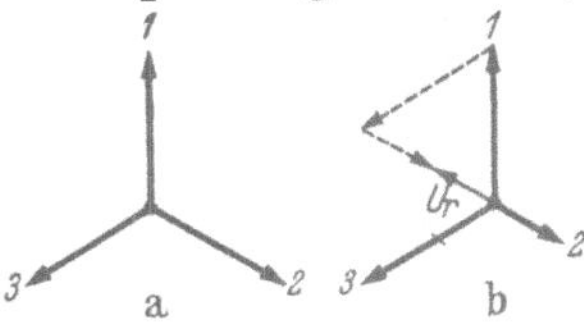

Abb. 151 a u. b. Diagramme für Windungsschluß. a Normalbetrieb, b Windungsschluß in Phase 2.

Sehr einfach kann der Windungsschlußschutz bei Ljungström-Generatoren gehalten werden. Es handelt sich hier (s. S. 9) um zwei von einer Turbine angetriebene Generatoren, die immer parallel geschaltet sind. Werden die Nullpunkte (s. Abb. 153) durch eine Leitung, in welcher ein Wandler liegt, miteinander verbunden, so wird normalerweise diese Verbindung stromlos sein.

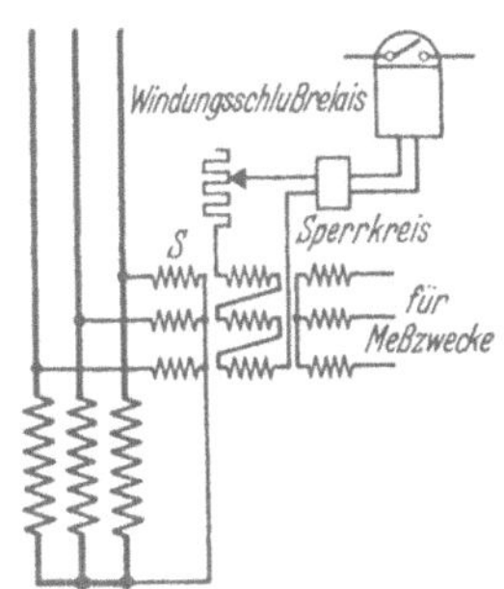

Abb. 152. Windungsschlußschutz.

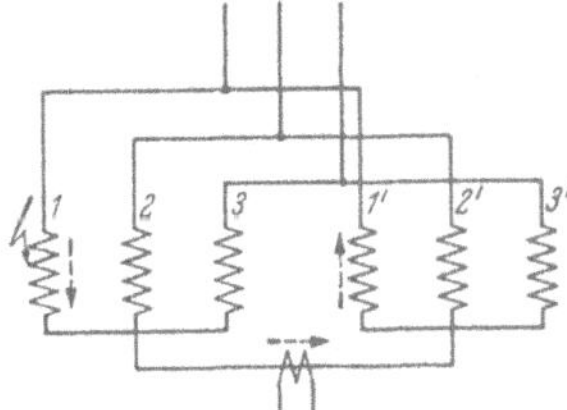

Abb. 153. Windungsschlußschutz bei Ljungström-Generatoren.

Ist jedoch in der Phase 1 ein Windungsschluß vorhanden, so wird hier die Spannung kleiner und es vermag jetzt in der gestrichelten Weise ein Ausgleichstrom zu fließen, so daß der Wandler stromdurchflossen ist und die Abschaltung des Generators bewirken kann.

G. Gestellschlußschutz.

a) Schutz des Ständers.

Sehr viele Fehler in Generatoren haben ihre Ursache in Erdschlüssen, die innerhalb des Generators sich ausbilden und die dann unter Umständen in einen Doppelerdschluß, d. h. meist in einen Wicklungskurzschluß übergehen. Es muß also ein Schutz vorgesehen werden, daß, wenn irgendein Teil der Wicklung infolge beschädigter Isolation mit dem Stator in Berührung kommt, also ein Gestellschluß vorhanden ist, der Generator abgeschaltet und entregt wird. Wir wollen zunächst annehmen, daß der Erdschluß in einer Phase nicht unmittelbar am Nullpunkt, sondern mehr benachbart dem Phasenende liegt (bei A in Abb. 154). Arbeitet der Generator auf ein großes Netz mit genügender Kapazität, dann vermag, genau wie bei einem sonstigen Erdschluß, ein kapazitiver Erdschlußstrom zu fließen, der sich über die Fehlerstelle im Generator schließt. Man könnte daran denken, einen Gestellschluß durch den Differentialschutz mitzuerfassen. Prinzipiell wäre dies möglich, praktisch

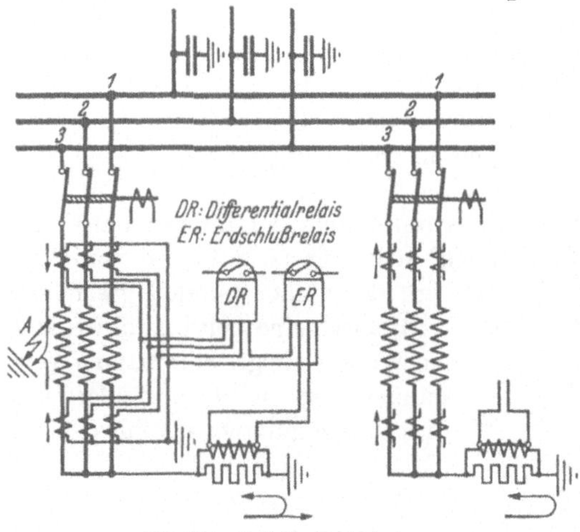

Abb. 154. Gestellschlußschutz.

jedoch meist nicht, da der Differentialschutz mit Rücksicht auf Kurzschlüsse (s. S. 125) nicht zu empfindlich eingestellt werden darf und die Erdschlußströme meistens nicht einen solchen Betrag erreichen, daß das Differentialrelais zum Ansprechen gelangt. Sehr oft sind die durch die Anlage gegebenen Erdschlußströme zu klein, besonders wenn das Netz durch Erdschlußspulen kompensiert ist oder wenn der Generator über einen Transformator auf ein Netz arbeitet (hier kommt nur die verhältnismäßig kleine Kapazität der Zuleitungen und der Wicklungen in Frage), so daß der Erdschlußstrom allein für einen Schutz nicht ausreicht. Man muß ferner bedenken, daß, je näher die Erdschlußstelle an den Wicklungsnullpunkt gelangt, um so kleiner die auf den Erdschluß wirkenden Spannungen, also auch die Fehlerströme, werden. Im allgemeinen muß man, um einen brauchbaren Erdschlußschutz zu schaffen, den Erdschlußstrom vergrößern, etwa daß nach Abb. 154 der Generator über einen Widerstand geerdet wird. Die Größe des Widerstandes ergibt sich aus der Forderung, daß bei Erdschluß am Wicklungsende, bei dem der größte Erdschlußstrom fließt, dieser nur solche Werte erreicht, daß keinerlei beachtliche Zerstörungen durch den Erdschlußstrom hervorgerufen werden. Dieser Wert liegt etwa bei 10 bis 20 A. Je näher der Fehler nach dem Wicklungsnullpunkt rückt, um so kleiner wird der durch den Widerstand fließende Strom, um bei einem Fehler im Nullpunkt Null zu sein. Bei der Schaltung nach Abb. 154 arbeitet ein zum Widerstand parallel liegender Spannungswandler auf ein

Erdschlußrelais. Dieses ist, um ein selektives Abschalten zu erhalten, wattmetrisch ausgebildet. Das Erdschlußrelais muß also außer von dem durch die Spannung am Erdungswiderstand bedingten Strom noch von einem weiteren Strom durchflossen werden. Diesen Strom liefert der an und für sich vorhandene Differentialschutz. Bei einem Erdschluß im Generator heben sich die in den Stromwandlern des Differentialschutzes fließenden Ströme nicht auf, sondern erzeugen Restströme, die zunächst durch das Differentialrelais fließen, welches infolge der unempfindlichen Einstellung aber nicht anspringen wird. Läßt man jedoch diesen Reststrom weiter durch das Erdschlußrelais fließen, so wird dieses im Falle des Gestellschlusses ansprechen, die Schalter und die Entregung auslösen. Je weiter der Erdschluß nach dem Wicklungsnullpunkt zu rückt, um so kleiner wird das Drehmoment des Erdschlußrelais und zwar nimmt es quadratisch ab, da es proportional dem Fehlerstrom und der Spannung am Widerstand ist. Normalerweise wird man etwa 70% der Wicklung durch eine solche Anordnung schützen können.

Tritt in einem Generator ein Erdschluß auf, dann wird, wenn ein weiterer Generator parallel geschaltet ist, dieser ebenfalls auf die Erdschlußstelle arbeiten und hier den Fehlerstrom vergrößern. Auslösen wird jedoch das Relais des anderen Generators nicht, da dessen Differentialschutz dem Erdschlußrelais keinen Strom liefern kann.

Ist im Netz ein Erdschluß vorhanden, so wird über jeden der Generatoren ein zusätzlicher Strom über die Erdschlußstelle fließen, der sich über die Widerstände schließt. Zur Auslösung kommt es jedoch wieder nicht, da kein Reststrom im Differentialschutz erzeugt wird.

Um die Erwärmung des Erdungswiderstandes und die Beanspruchungen der Spannungsspule des Erdschlußrelais zu begrenzen, ist es günstig, wenn die Widerstände aus Eisen, dessen Widerstand mit steigender Temperatur, also steigendem Strom zunimmt, bestehen. Die Empfindlichkeit des Erdschlußschutzes kann nach Vorschlägen von Dr. Bütow noch wesentlich vergrößert werden, wenn Eisenwasserstoffwiderstände verwendet werden. Man kann dann mit der Temperatur sehr hoch gehen, da die Widerstände in Wasserstoff eingeschlossen sind, also nicht oxydieren können, ferner sind die Widerstände hoch belastbar, da Wasserstoff die Wärme gut ableitet. Bei kleinen Erdschlußströmen, also geringer Erwärmung, haben diese Widerstände einen kleinen Widerstand, erhöhen also die Empfindlichkeit des Relais, während bei großen Erdschlußströmen die Empfindlichkeit sehr stark vermindert wird. Man kann durch diese Anordnung über 90% der Wicklung schützen. Es gibt auch Lösungen, bei denen zur Erhöhung der Empfindlichkeit der Widerstand auf einen kleineren Wert umgeschaltet werden kann, falls der Fehler nahe dem Nullpunkt liegt.

Statt den Widerstand direkt zwischen Nullpunkt und Erde zu legen, kann man denselben auch über einen Wandler W (s. Abb. 158) anschließen.

Diese Lösung wird man wählen, falls der Widerstand nicht für höhere Spannungen ausgelegt werden kann, wie z. B. die Eisenwasserstoff-Widerstände. Der Wandler wird jetzt allerdings größer gegenüber den Fällen (Abb. 154), in denen nur Leistung zur Relaisbetätigung zu übertragen ist.

Durch die Anordnung nach Abb. 154 kann die Wicklung in unmittelbarer Nähe des Generatornullpunktes nicht geschützt werden. Es vermögen jedoch in seltenen Fällen auch hier Erdschlüsse aufzutreten. Beispielsweise können, falls der Generator unmittelbar auf ein Netz arbeitet, durch auftreffende Wanderwellen am Nullpunkt der Wicklung höhere Spannungen auftreten und die Isolation durchschlagen. Ein Schutz des Nullpunktes kann mit einer Schaltung nach Abb. 155a erreicht werden, bei der in Reihe mit dem Widerstand ein Hilfstransformator geschaltet wird, dessen Primärwicklung an zwei Phasen angeschlossen wird. Durch diesen Hilfstransformator wird der Sternpunkt A um einen kleinen Betrag gehoben, so daß er normalerweise eine Spannung gegen Erde

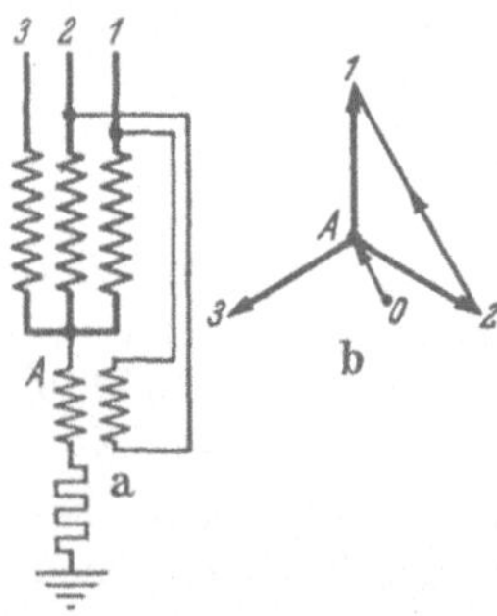

Abb. 155a u. b. Gestellschlußschutz zur Erfassung des Wicklungsnullpunktes. a Schaltung, b Spannungsdiagramm.

von der Größe $O—A$ (s. Abb. 155b) hat. Tritt jetzt in der Nähe des Nullpunktes ein Erdschluß auf, so vermag der Erdschlußschutz anzusprechen.

Prinzipiell kann beim Erdschlußschutz auch ein Spezialstromwandler verwendet werden, durch dessen Sekundärwicklung dann die drei Zuführungen des Generators und die Erdleitung hindurchgeführt werden müssen (Abb. 156). Bei einem Erdschluß in der Wicklung werden sowohl der Stromwandler S, als auch der Spannungswandler W stromdurchflossen sein und können damit ein wattmetrisches Erdschlußrelais zum Ansprechen bringen.

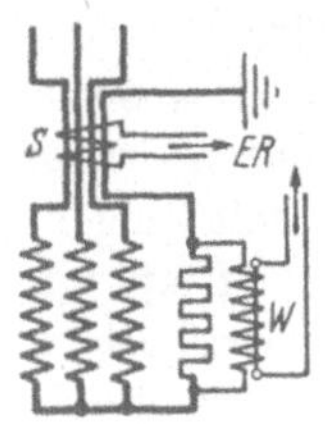

Abb. 156. Gestellschlußschutz mit Spezialwandler.

Bei den bis jetzt behandelten Schaltungen war der durch die Erdschlußstelle fließende Strom um so größer, je mehr Generatoren parallel geschaltet waren.

Die Größe des Erdschlußstromes kann jedoch durch die Schaltung nach Abb. 157a unabhängig von der Zahl der parallel geschalteten Generatoren gemacht werden. Hierzu wird der Generatornullpunkt nicht geerdet, jedoch kommt ein geerdeter Spannungswandler (Fünfschenkelwandler) zur Anwendung, dessen eine Wicklung im offenen Dreieck geschaltet ist und auf einen Widerstand arbeitet. Ist beispielsweise an der Stelle A ein Erdschluß, so hat der Punkt 3 am Spannungswandler das Potential Null[1] und die Spannungen in den Wicklungen $0—1$ und $0—2$ des Spannungswandlers haben die in der Abb. 157b dargestellte Richtung und Größe. Da die Sekundärwicklung die Summe

---

[1] A liege am Wicklungsanfang.

der Spannungen mißt, wird hier ein dem Vektor *3—P* proportionaler Strom fließen. Da im Wandler Amperewindungs-Gleichgewicht herrschen muß, werden durch die Primärwicklung Ströme nach der Fehlerstelle fließen. Da für sämtliche parallel arbeitende Generatoren nur ein einziger Spannungswandler zur Anwendung kommt, wird die Größe des Erdschlußstromes durch die Zahl der parallel arbeitenden Generatoren nicht beeinflußt.

Bei den bisher gebrachten Schaltungen kamen Differentialstromwandler zur Anwendung. Diese Stromwandler müssen sehr genau abgeglichen werden, weil sonst unter Umständen bei einem Doppelerdschluß (s. S. 247) im Netz eine Auslösung des Gestellschlußschutzes erfolgt. Bei einem Doppelerdschluß im Netz liefert der

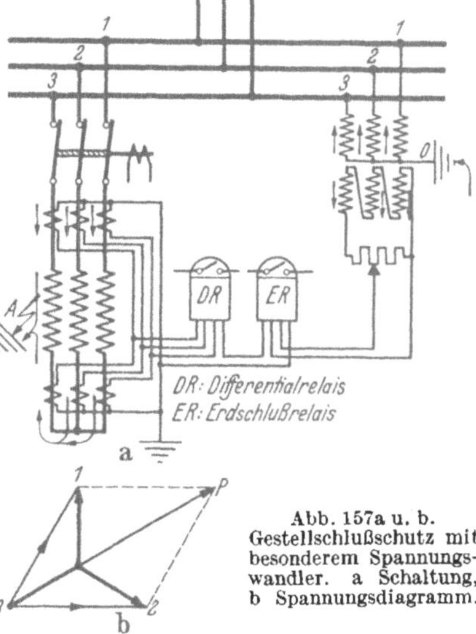

Abb. 157a u. b. Gestellschlußschutz mit besonderem Spannungswandler. a Schaltung, b Spannungsdiagramm.

Generator Kurzschlußströme, außerdem fließen über den Widerstand Erdschlußströme, so daß der Erdschlußschutz ansprechen kann, falls durch die Überströme Unsymmetrien in den Stromwandlern entstehen, also Restströme aus dem Differentialsystem in das Erdschlußrelais fließen. Durch Sperrelais nach Abb. 167 und Abb. 168 lassen sich solche Falschauslösungen vermeiden.

Ein Schutz gegen Falschauslösung bei nicht genau abgestimmten Stromwandlern kann ferner gemäß der Schaltung Abb. 158, bei der der Erdschlußschutz vom Differentialschutz vollständig getrennt ist, erzielt werden. Am Wicklungsanfang sind drei Stromwandler vorgesehen, deren Enden verbunden und an ein Erdschlußrelais angeschlossen sind. Im Erdkreis des Generators ist ein Spannungswandler *W* vorhanden, dessen Sekundärseite auf einen Widerstand arbeitet, der angezapft und mit der Spannungsspule des Erdschlußrelais verbunden ist. In Reihe mit dem Spannungswandler ist ein Stromwandler S_0 geschaltet,

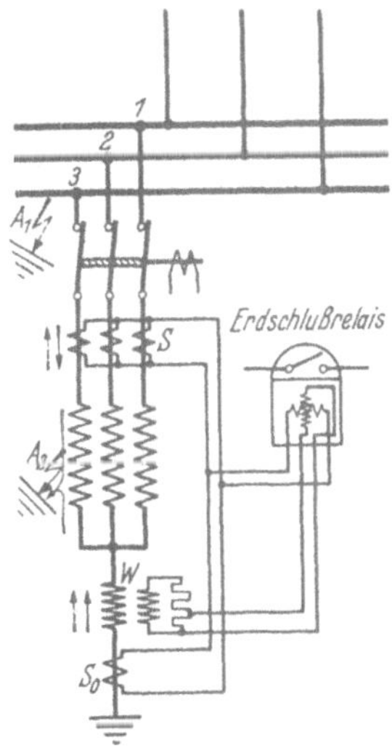

Abb. 158. Gestellschlußschutz.

dessen Wicklung mit den Wicklungsenden der übrigen drei Stromwandler *S* in Verbindung steht. Nimmt man zunächst an, es sei ein

9*

äußerer Erdschluß bei A_1 vorhanden, so werden der Stromwandler S_0 und der Spannungswandler am Wicklungsnullpunkt stromdurchflossen sein und das Erdschlußrelais zum Ansprechen bringen wollen. Der Erdschlußstrom (gestrichelt gezeichnet) durchfließt jedoch auch den einen der Wandler S am Wicklungsanfang und man kann es so einrichten, daß der hierdurch erzeugte Strom den Strom des Stromwandlers S_0 kompensiert oder sogar überkompensiert. Beispielsweise kann man die Relaiskräfte so wählen, daß bei einem im Netz liegenden Erdschluß die Stromwandler S am Erdschlußrelais eine sperrende Wirkung ausüben, welche die ansprechende Wirkung des Stromwandlers S_0 z. B. um 20%

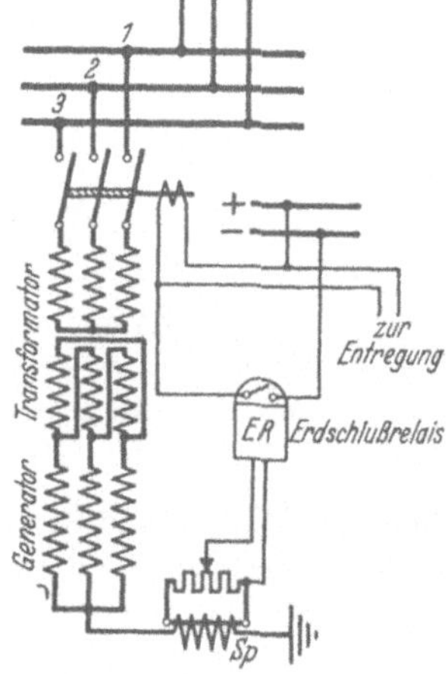

Abb. 159. Gestellschlußschutz falls Generator über Transformator auf Sammelschiene arbeitet.

übersteigt. Man erreicht dann, daß bei Doppelerdschlüssen im Netz keine Fehlauslösung des Erdschlußrelais stattfindet. Ist im Innern der Wicklung ein Erdschluß vorhanden, z. B. an der Stelle A_2, dann kommt sowohl der Stromwandler S_0 als auch der Wandler S, die beide im entgegengesetzten Sinne stromdurchflossen (ausgezogene Pfeile) sind, am Erdschlußrelais E gleichsinnig zur Wirkung, so daß eine Auslösung stattfindet.

Bis jetzt war immer angenommen, daß der Generator mit anderen Generatoren zusammen unmittelbar auf ein Netz arbeitet. Die Verhältnisse werden jedoch günstiger, wenn die Generatoren auf ein Sammelschienensystem arbeiten und von hier aus erst über Transformatoren auf das Netz. Äußere Erdschlüsse vermögen dann die Schutzsysteme infolge der elektrischen Trennung praktisch nicht zu beeinflussen, auch fallen Falschauslösungen durch im Netz vorhandene Doppelerdschlüsse weg. Am günstigsten läßt sich der Schutz durchbilden, wenn Generator und Transformator eine Einheit bilden, entsprechend Abb. 159. Hier ist am Nullpunkt des Generators ein Spannungswandler Sp eingeschaltet, der auf einen Widerstand arbeitet. Vom Widerstand wird eine Teilspannung abgegriffen, die einem einfachen Erdschlußrelais zugeführt wird. Wattmetrische Relais, die bei den anderen Schaltungen notwendig waren, um Selektivität gegen nicht im Generator befindliche Erdschlüsse zu bekommen, sind in diesem Fall nicht erforderlich. Verwendet man bei diesen Schaltungen Eisenwasserstoffwiderstände, so kann die Empfindlichkeit des Relais sehr hoch getrieben werden. Der Empfindlichkeitssteigerung sind jedoch Grenzen gesetzt durch möglicherweise auftretende Falschströme. So besitzt die Oberspannungswicklung gegen die Unterspannungswicklung Kapazität, die zwar im normalen Betrieb praktisch keine Auswirkung zeigt, die jedoch bei einem Erdschluß auf der Oberspannungsseite, da das Potential der Oberspannungsseite um die Phasenspannung gehoben wird, kapazitive Ströme von der Oberspannungsseite über den Generator zur Erde abfließen läßt. Auch vermögen im normalen Betrieb über die Erde Ströme dreifacher Frequenz zu fließen, welche ihre Rückleitung über die Kapazität der zum Transformator führenden Leitungen und über die Wicklungskapazitäten finden. Bei hohen Anforderungen an die Empfindlichkeit des Schutzes müssen diese Fehlerquellen ausgeschaltet werden.

b) Schutz des Läufers.

Auch im Läufer kann sich ein Schluß zwischen der Erregerwicklung und dem Eisen ausbilden. Wenn auch ein solch einfacher Schluß zunächst nichts ausmacht, so wird, falls noch ein zweiter Schluß hinzukommt, ein Teil der Erregerwicklung kurzgeschlossen. Die einzelnen Pole der Maschine werden dann nicht mehr gleiche Amperewindungen haben, damit werden auch die Flüsse der einzelnen Pole verschieden sein. Hierdurch treten einseitige radiale Kräfte am Rotor auf, welche diesen zu

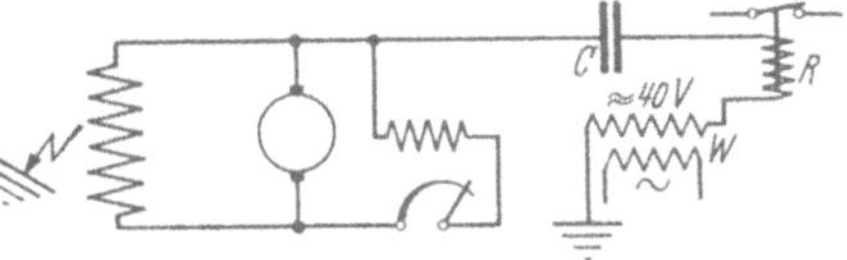

Abb. 160. Schutz des Rotors.

starken Vibrationen bringen können und ihn gefährden. Solche Gefahren kann man vermeiden, falls man ein Relais vorsieht, welches auf einen Rotorschluß anspricht. Die Abb. 160 zeigt die Ausführung. Auf den Erregerkreis wirkt über einen Spannungswandler W und eine Kapazität C eine Wechselspannung. Ist kein Schluß im Rotor, dann wird durch die Kapazität C praktisch kein Strom fließen und das Relais R nicht ansprechen. Tritt jedoch im Rotor ein Schluß auf, so vermag über die Kapazität C ein Strom zu fließen, der sich über die Fehlerstelle und die Erde schließen kann. Das Relais spricht jetzt an und kann ein Warnungszeichen ertönen lassen. Es sei erwähnt, daß bei größeren Generatoren die Ständerwicklung meist, der Rotor dagegen seltener gegen Erdschluß geschützt wird.

VI. Transformatorenschutz.

Genau wie die Generatoren müssen auch die Transformatoren gegen Zerstörung durch innere Fehler geschützt werden. Der Schutz der Transformatoren ist mit einfacheren Mitteln möglich als der von Generatoren. Da sämtliche größeren Transformatoren Öltransformatoren sind, werden sich bei einem inneren Fehler des Transformators durch die dabei erzeugte Wärme Ölgase bilden, deren Vorhandensein für die Auslösung eines Schutzes benutzt werden kann. Dieser Schutz, der nach seinem Erfinder Buchholz-Schutz heißt, arbeitet folgendermaßen:

Auf dem Transformator wird in die Verbindungsleitung zum Ölkonservator das Buchholz-Relais eingebaut (s. Abb. 161). Das Relais
enthält im Innern (s. Abb. 162) z. B. zwei Schwimmer. Normalerweise
ist das Relais restlos mit Öl gefüllt und die Schwimmer haben infolge
ihres Auftriebes die gezeichnete Lage inne. Werden infolge eines inneren
Fehlers Gasblasen gebildet, so steigen diese nach oben und gelangen in
das Buchholz-Relais, in welchem sie allmählich die
Flüssigkeit verdrängen. Dadurch nimmt der Auftrieb des obersten Schwimmers ab, er kippt nach
unten und eine im Innern befindliche Glaskugel
kann nach unten rollen. In ihrer Endlage schließt
diese Glaskugel einen Kontakt, durch den ein Signal
ausgelöst werden kann. Das Personal wird damit
gewarnt und kann versuchen, die Ursache des An-

Abb. 161. Schemati-
sche Anordnung des
Buchholz-Schutzes.

sprechens zu ergründen und gegebenenfalls den Transformator zwecks
näherer Untersuchung abschalten.

Kurzschlüsse im Innern des Transformators werden stets mit einer
heftigen Gasentwicklung verbunden sein. Hierdurch wird das Öl stoßartig
in den Konservator gepreßt und der untere Schwimmer durch die kräftige
Ölströmung nach unten gekippt. Die hiermit
verbundene Kontaktgabe löst unmittelbar die
Leistungsschalter aus.

Bei einem Transformator müssen sowohl auf
der Ober-, als auch auf der Unterspannungsseite je ein Schalter vorgesehen sein und stets
müssen beide Schalter zur Auslösung gebracht
werden. Eine Ausnahme liegt vor, wenn Generator und Transformator eine Einheit bilden,
dann genügt ein Schalter auf der Hochspannungsseite (s. S. 138).

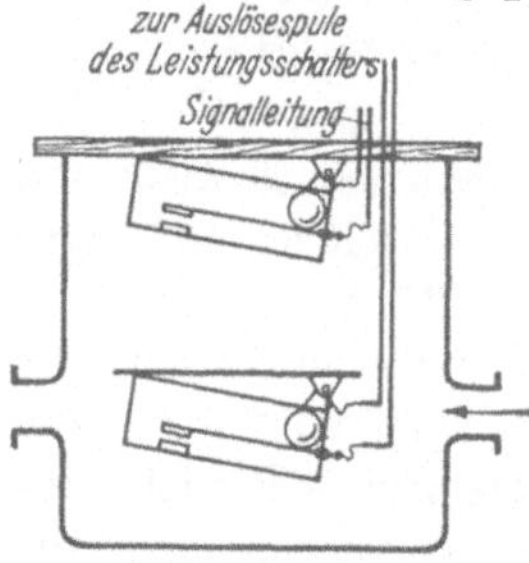

Abb. 162. Buchholz-Relais.

In dem Buchholz-Schutz hat man einen sehr empfindlichen Über-
wachungsapparat vor sich, der auf alle inneren Fehler anspricht und
diese schon beim Entstehen meldet. Bei großen Transformatoren wird
man unter Umständen den Buchholz-Schutz noch durch einen Differentialschutz ergänzen. Wenn auch durch den Buchholz-Schutz die
inneren Fehler erfaßt werden, sind doch auch äußere Fehler denkbar,
die eine rasche Abschaltung erfordern. Ein Klemmenüberschlag am
Transformator wird z. B. durch den Buchholz-Schutz nicht erfaßt,
jedoch durch einen Differentialschutz. Ferner kann man, wenn man
die Stromwandler unmittelbar hinter die Schalter legt mit dem Differentialschutz auch die Zuleitungen zum Transformator erfassen. Der
Differentialschutz kann gemäß Abb. 163 ausgebildet sein. Da die
Stromwandler auf der Ober- und der Unterspannungsseite nicht immer
gleichen Sekundärstrom ergeben, wird man einen Zwischenwandler

vorsehen müssen, dessen dritte Wicklung dann das Differentialrelais, das beim Ansprechen den Leistungsschalter auslöst, speist.

Beim Differentialschutz ist eine Zeitverzögerung in der Größenordnung von 1 sec notwendig, da beim Einschalten des Transformators im ungünstigen Augenblick einseitig ein sehr hoher Magnetisierungsstrom auftreten kann (s. S. 98), durch den eine Auslösung des Differentialschutzes eintreten könnte. Der Differentialschutz darf nicht zu empfindlich eingestellt sein, da der Magnetisierungsstrom immer als Differenzstrom vorhanden ist. Das Differentialrelais wird auf etwa 30% des Nennstromes eingestellt. Man hatte früher Wert darauf gelegt, den Differentialschutz empfindlicher zu gestalten, indem man ihn als Differentialwattschutz ausbildete. Diese große Empfindlichkeit ist jedoch, falls der Transformator einen Buchholz-Schutz hat, nicht notwendig, da Fehler im Transformator durch diesen erfaßt werden und Fehler

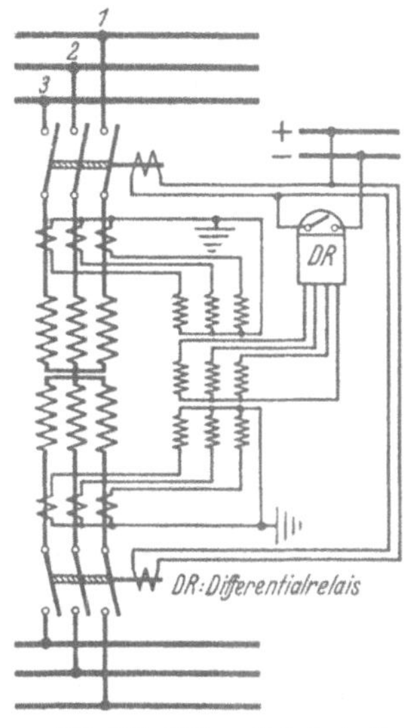

Abb. 163. Differentialschutz für Transformator.

außerhalb des Transformators derartig große Ströme zur Folge haben, daß auch ein unempfindlicher Differentialschutz sicher anspricht.

Transformatoren können auch gegen Überlastung geschützt werden, etwa dadurch, daß man unter dem Deckel einen Bimetallstreifen anbringt, der sich bei Erwärmung des Transformators durchbiegt (s. Abb. 164). Der Bimetallstreifen kann bei zu großer Erwärmung des

Abb. 164. Bimetallrelais für Transformator.

Transformators einen Kontakt schließen, der das Personal warnt. Bei unbewachten Transformatoren kann ein solches Bimetallrelais auch unmittelbar die Abschaltung des Transformators bewirken.

Der normale Differentialschutz versagt bei Transformatoren, deren eine Wicklung geregelt wird, so daß sich das Übersetzungsverhältnis der Transformatoren nach Regelgrad innerhalb gewisser Grenzen verändert (s. S. 109). Bei einem normalen Differentialschutz spricht das

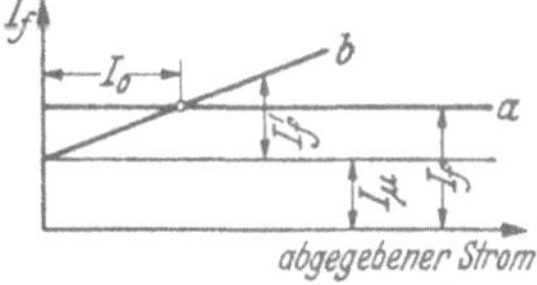

Abb. 165. Fehlerkurve und Ansprechkurve in Abhängigkeit des Stromes.

Relais (s. Gerade a Abb. 165) bei einem bestimmten Fehlerstrom I_f an. Bei einem Transformator ohne Regelbarkeit wird man I_f so wählen, daß I_f mit genügender Sicherheit über dem Fehlerstrom I_μ, der durch den

Magnetisierungsstrom des Transformators und durch Wandlerfehler bei hohen Strömen bedingt ist, liegt. Wird die Wicklung geregelt, so verändert sich das Übersetzungsverhältnis, und da die Differentialwandler in ihrem Übersetzungsverhältnis unverändert bleiben, wird sich jetzt ein Fehlerstrom, der durch das Differentialrelais fließt, ergeben. Dieser zusätzliche Fehlerstrom I_f' wird (konstante Anzapfung vorausgesetzt) proportional dem abgegebenen Strom ansteigen (Gerade b) und bei einer Stromstärke, die größer als I_0 ist (s. Abb. 165), wird das Differentialrelais ansprechen, obwohl kein Fehler vorliegt. Günstiger wäre eine Charakteristik des Differentialrelais wie in Abb. 166 (Gerade a), d. h. der Auslösestrom soll mit wachsendem abgegebenen Strom ebenfalls zunehmen. Zeichnet man in dieser Abbildung den durch den Magnetisierungsstrom und das veränderte Übersetzungsverhältnis bedingten Fehlerstrom ein (Gerade b), so erkennt man, daß sich zwischen den beiden Geraden a und b kein Schnittpunkt mehr ergibt.

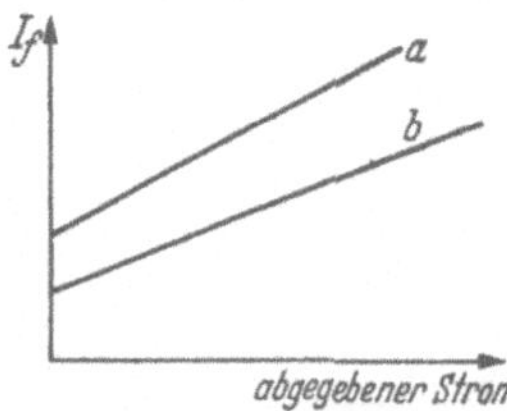

Abb. 166. Gewünschte Ansprechkurve in Abhängigkeit des abgegebenen Stromes.

Das Differentialrelais wird also nicht ansprechen, sofern nicht ein großer Fehlerstrom auftritt, der durch einen Fehler im Transformator hervorgerufen wird. Die ansteigende, wenn auch nicht immer geradlinige Charakteristik a erhält man, indem mit dem Anker des Differentialrelais R der Anker eines zweiten Relais Z verbunden wird, welches von einem Strom durchflossen wird, der dem Leitungsstrom entspricht (Abb. 167). Die Kräfte von Z und R sind einander entgegengesetzt gerichtet. Steigt der Leitungsstrom, dann nimmt die Kraft der Spule Z, welche den Anker in der Ruhelage halten will, zu. Es ist jetzt ein größerer Fehlerstrom, der durch das Differentialrelais R fließen muß, notwendig, um ein Ansprechen herbeizuführen.

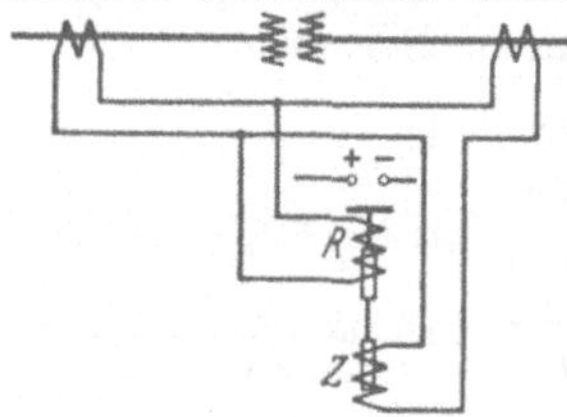

Abb. 167. Differentialschutz mit zusätzlicher Haltewicklung.

Man hat also durch ein solches stabilisiertes Differentialrelais mit zusätzlicher Haltewicklung den Vorteil, auch Regeltransformatoren schützen zu können. Selbstverständlich ist ein Differentialrelais mit Haltespule auch brauchbar, um bei einem Differentialschutz für einen Generator das genaue Abgleichen der Wandler vermeiden zu können, da bei einem außerhalb des Generators liegenden Kurzschluß die durch Ungenauigkeiten der Wandler hervorgerufenen Fehlerströme jetzt keine Falschauslösungen hervorrufen können.

Eine andere oft mit Vorteil anzuwendende Lösung läßt sich mit dem Sperrelais der Abb. 168 b durchführen. Man hat zwei Spulensysteme, die von den Strömen I_1 und I_2, welche gleichphasig angenommen sind, durchflossen werden. Ist der Anker in der Mitte des Luftspaltes, dann wirken (Windungszahl $= 1$ gesetzt) beispielsweise auf den linken Luftspalt $I_1 + I_2$ und auf den rechten $I_1 - I_2$ Amperewindungen. Sieht man von der Sättigung ab, dann ist die nach links wirkende Kraft proportional $(I_1 + I_2)^2$ und die nach rechts $(I_1 - I_2)^2$. Resultierend wirkt auf den Anker $(I_1 + I_2)^2 - (I_1 - I_2)^2 = 4\,I_1 I_2$. Der Anker kippt nach links, falls die Kraft größer ist als die Haltekraft einer Feder. Die Ansprechkurve $I_2 = f(I_1)$ müßte also eine Hyperbel sein. Praktisch (falls der Anker in der Ruhelage etwas rechts der Mitte liegt) ergeben sich die Ansprechkurven der Abb. 168c. Betrachten wir den mit dem Differentialrelais R versehenen Transformator der Abb. 168a und denken wir uns die Spulen I und II des Sperrelais der Abb. 168b von den Wandlerströmen I_1 und I_2 durchflossen, so können I_1 und I_2 etwas verschieden sein, das Sperrelais wird, solange die Ströme gleichphasig und genügend

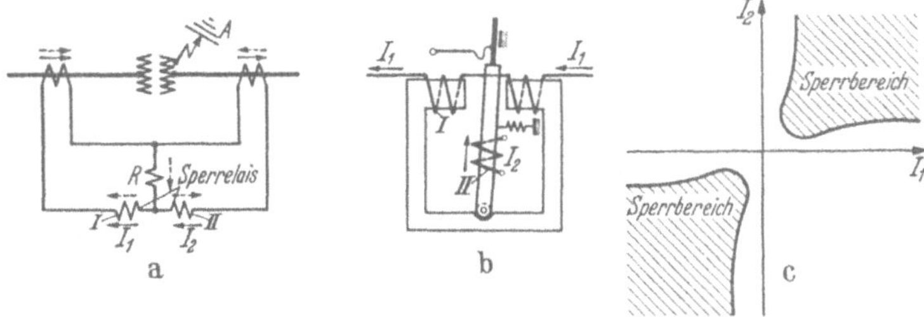

Abb. 168a—c. Sperrelais für Differentialschutz (SSW). a Schaltung, b Relais, c Ansprechbereich.

groß sind, ansprechen. Es vermag zwar in diesem Falle durch das Differentialrelais ein Strom zu fließen, so daß es anspricht, die Schalter werden jedoch nicht ausgelöst, da die Auslöseleitung über den jetzt offenen Kontakt des Sperrelais Abb. 168b geführt ist.

Ist jedoch im Transformator bei A ein Fehler, so fließen die gestrichelten Ströme. Das Differentialrelais R spricht an, das Sperrelais (welches jetzt von entgegengesetzten Strömen durchflossen wird) bleibt in Ruhe, so daß diesmal die Schalter ausgelöst werden.

VII. Die Schaltung von Kraftwerken und Umspannwerken[1].

Zur Verteilung der in den Kraftwerken erzeugten elektrischen Energien dienen die Schaltanlagen, deren grundsätzliche Schaltung im folgenden behandelt werden soll. Im einfachsten Falle arbeiten mehrere Generatoren auf ein Sammelschienensystem, von dem eine Reihe von Leitungen zu

---

[1] Siehe auch Waltjen: Schaltanlagen für Drehstromkraftwerke. Berlin: Julius Springer 1929.

Umspannwerken oder zu größeren Verbrauchern führen. In der Abb. 169 erfolgt die Verteilung mit der Generatorspannung. Jedem Generator muß ein Leistungsschalter vorgeschaltet sein, ferner muß jeder Abzweig einen solchen besitzen. Vor den Generatorschaltern sind Trennmesser notwendig, um bei abgeschaltetem Generator den Leistungsschalter spannungslos untersuchen zu können. Ohne Trennmesser würde der eine Kontakt des Leistungsschalters von der Sammelschiene Spannung erhalten. In den Abzweigen wird meist beidseitig des Leistungsschalters je ein Trennmesser vorgesehen. Wenn es sich um Ausläuferleitungen handelt, die also nicht von der anderen Seite her gespeist werden können, kann wie in der Abb. 169 links oben dargestellt, der der Leitung zugekehrte Trennschalter wegfallen. Oft wird jedoch auch hier,

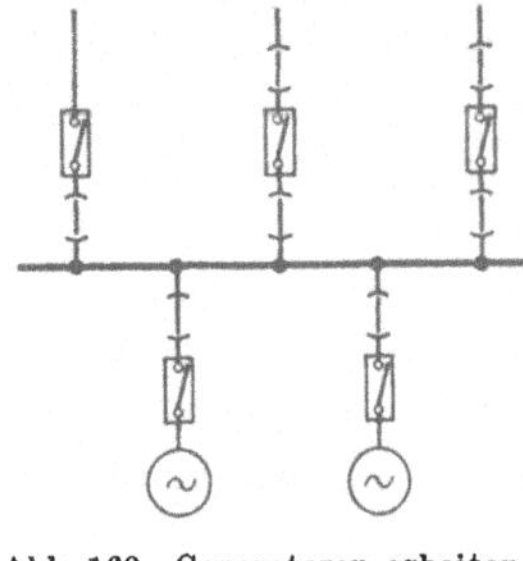

Abb. 169. Generatoren arbeiten auf Einfachsammelschiene.

soweit es sich um Freileitungen handelt, ein Trennschalter vorgesehen, da die abgeschaltete Leitung durch atmosphärische Beeinflussungen elektrisch aufgeladen werden kann und man daher die Möglichkeit haben sollte, bei Untersuchung des Leistungsschalters diesen durch einen davorliegenden Trennschalter von der Leitung abtrennen zu können.

Wenn die Verteilungsspannung eine höhere als die Generatorspannung ist, wird man jedem Generator einen Transformator zuordnen (s. Abb. 170). Generator und Transformator bilden eine Einheit und es ist nicht notwendig, zwischen Generator und Transformator einen Leistungsschalter zu legen, sondern es genügt, wenn der Leistungsschalter auf der Oberspannungsseite des Transformators vorgesehen wird. Diese Anordnung hat den großen Vorteil, daß bei einem Sammelschienen-Kurzschluß die Kurzschlußströme durch die

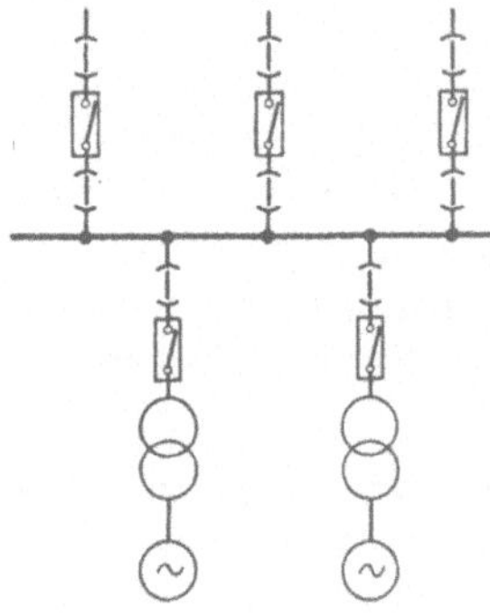

Abb. 170. Generatoren arbeiten über Transformatoren auf Einfachsammelschiene.

Streuinduktivitäten der den Generatoren vorgeschalteten Transformatoren gedämpft werden.

Gelegentlich ist es notwendig, daß in einem Kraftwerk die Energie mit zwei verschiedenen Spannungen verteilt werden muß. Beispielsweise arbeiten die Generatoren in einem an einer Stadt liegenden Werk mit einer Spannung von 6000 V. Mit dieser Spannung werden die Transformatorenstationen in der Stadt gespeist, während die Leitungen, welche zu einem benachbarten Überlandwerk gehen, eine höhere Spannung, z. B. 60 kV, besitzen (s. Abb. 171). Wenn sehr viele Generatoren unmittelbar auf ein Sammelschienensystem wirken, können bei großen

Leistungen unangenehme Kurzschlußströme auftreten. Man unterteilt deswegen gelegentlich die Sammelschienen in zwei Sammelschienen-systeme und fährt bei voller Belastung mit getrennten Hälf-ten. Wenn jetzt ein Kurz-schluß an einer Sammelschiene auftritt, ist der Kurzschluß-strom in diesem Falle nur etwa $1/2$ so groß. In der Abb. 171 ist ein Reservegenerator vor-gesehen, der, wenn benötigt, sowohl auf das rechte, als auch auf das linke System geschaltet werden kann. Sind bei geringer Belastung insgesamt z. B. nur zwei Generatoren eingeschal-tet, dann kann es notwendig sein, die Sammelschienen zu kuppeln.

In Fällen, in denen die Verteilung mit zwei verschie-

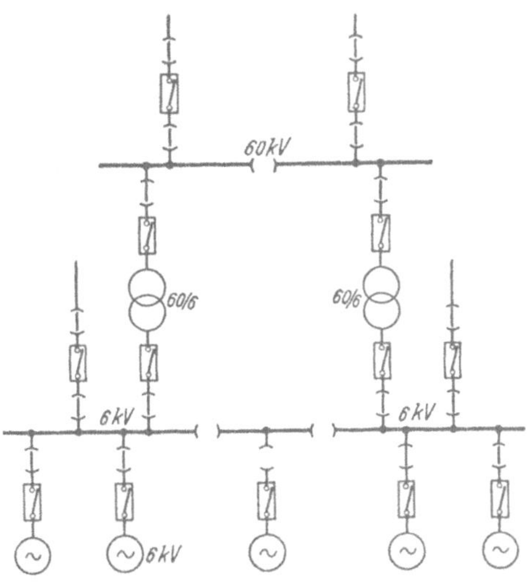

Abb. 171. Zwei Sammelschienensysteme zur Verteilung der elektrischen Energie mit 2 Spannungen.

denen Spannungen erfolgt, wobei jedoch die Spannungen höher als die Generatorenspannung sind, empfiehlt sich die Verwendung von Drei-wicklungstransformatoren (s. Abb. 172). Während bei der Schaltung nach Abb. 170 zwischen den Generatoren und Transformatoren keine Leistungs-schalter notwendig waren, sind sie jetzt erforder-lich. Es besteht so die Möglichkeit, daß bei defek-tem oder abgeschaltetem Generator der zugehörige Transformator trotzdem in Betrieb bleibt und beispielsweise Energie von dem Sammelschienen-system *I* nach dem Sammelschienensystem *II* bzw. umgekehrt überträgt.

Bei den bis jetzt behandelten Systemen war der Einfachheit halber angenommen, daß nur ein Sammelschienensystem vorhanden war. Man wird jedoch stets, wenn es sich um wichtige Anlagen handelt, Doppelsammelschienensysteme anwenden. Die Vorteile dieser Doppelsammelschienensysteme seien an einem einfachen Beispiel (Abb. 173) er-

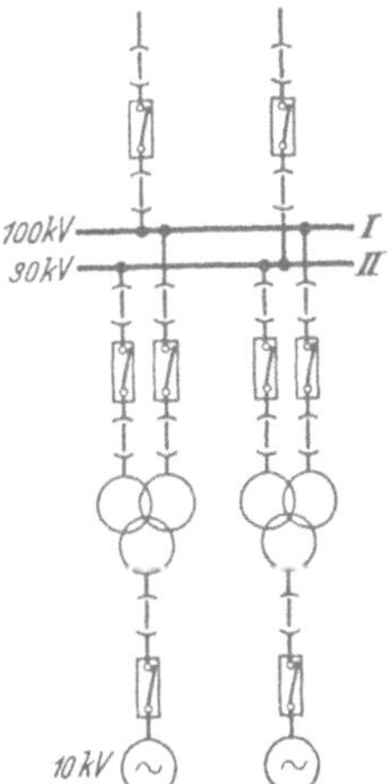

Abb. 172. Generatoren ar-beiten über Dreiwicklungs-transformatoren auf 2 Sammelschienen.

läutert. In der Abb. 173 ist angenommen, daß das obere Sammelschienensystem in Betrieb ist, während das untere als Reserve dient. Entsprechend dem doppelten Sammelschienensystem ist jetzt die doppelte Anzahl von Trennschaltern notwendig, von denen jedoch nur jeweils die eine Hälfte eingeschaltet ist, in diesem Falle die rechte. Sollen an dem Sammelschienensystem *I* Arbeiten vorgenommen werden (z. B. Reinigen der Isolatoren), dann kann das Sammelschienensystem *II* in Betrieb genommen werden, indem jetzt sämtliche linken Trennschalter eingelegt und dann die rechten abgeschaltet werden.

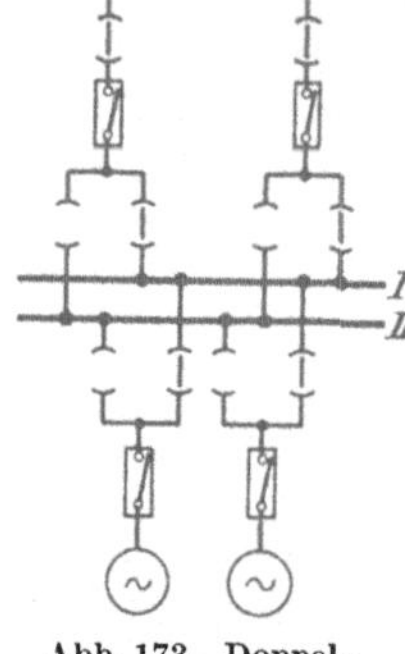

Abb. 173. Doppelsammelschienensystem.

Das Doppelsammelschienensystem bietet ferner die Möglichkeit, mit getrennten Stromkreisen zu fahren. Abb. 174 zeigt, daß die linken Generatoren auf das obere Sammelschienensystem *I* und die rechten auf das untere Sammelschienensystem *II* arbeiten, weiter ist der linke Abzweig mit dem oberen Sammelschienensystem und der rechte mit dem unteren verbunden. Durch die Trennung der Systeme werden einmal die Kurzschlußströme verkleinert und außerdem kann man beide Systeme, um verschiedene Spannungsabfälle in den abgehenden Leitungen gegebenenfalls auszugleichen, mit verschiedener Spannung betreiben. Ob man diese Möglichkeit ausnutzt, ist eine Frage, die von Fall zu Fall zu entscheiden ist.

Günstig ist bei Doppelsammelschienensystemen die Verwendung eines Kuppelschalters (s. Abb. 175 a). Mit diesem kann man den Übergang von einem Sammelschienensystem auf das andere etwas einfacher gestalten. Man wird jetzt so vorgehen, daß man den Kuppelschalter und in jedem Abzweig den offenen Trennschalter einlegt und hierauf den geschlossenen herausnimmt. (Man kann die Trennschalter auch wie früher geschildert einlegen.) Anschließend wird der Kuppelschalter wieder geöffnet. Die bei der Anordnung nach Abb. 173 erforderliche Reihenfolge der Schalthandlungen, bei deren Nichtbefolgen gelegentlich Trennmesser unter Last gezogen werden, braucht hierbei nicht eingehalten zu werden.

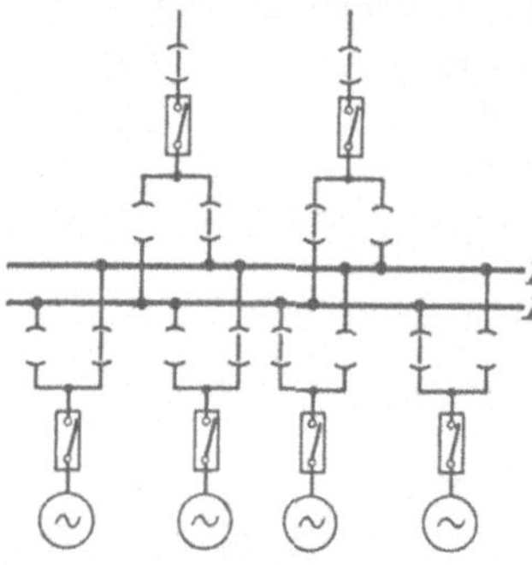

Abb. 174. Doppelsammelschienensystem; jede Sammelschiene arbeitet auf je einen Abzweig.

Der Kuppelschalter bietet im Falle des Fahrens mit zwei getrennten Systemen die Möglichkeit, beide Systeme, sofern Frequenzverschiedenheiten vorhanden sind, wieder zu synchronisieren.

Der Kuppelschalter kann außerdem als Hilfsschalter dienen, wenn in einem Abzweig ein Leistungsschalter beschädigt sein sollte. In der Abb. 175 b ist angenommen, dies sei mit dem rechten Leistungsschalter *S* der Fall. Der Leistungsschalter *S* wird dann überbrückt, der Abzweig an das freie Sammelschienensystem gelegt und der Kuppelschalter eingelegt. Der Abzweig wird jetzt über den Kuppelschalter gespeist und bei einem Kurzschluß auf der Strecke wird der Kuppelschalter auslösen. In diesem Falle müssen alle Generatoren auf eine Sammelschiene arbeiten.

Abb. 176 zeigt ein Doppelsammelschienensystem, bei dem noch eine 3. Hilfsschiene vorgesehen ist. Hierdurch soll erreicht werden, daß in

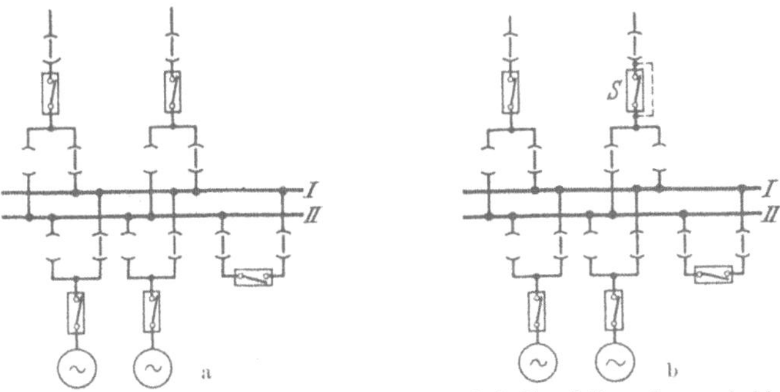

Abb. 175a u. b. a Doppelsammelschienensystem mit Kuppelschalter. b Doppelsammelschienensystem bei schadhaftem Leistungsschalter.

jedem beliebigen Abzweig jeder Leistungsschalter außer Betrieb genommen und nachgesehen werden kann, ohne daß eine Unterbrechung der Leistungsabgabe stattfindet. Hierzu ist ein Umgehungsschalter S notwendig, der die Verbindung zwischen den Hauptsammelschienen und der Hilfsschiene herstellt. Soll etwa der im rechten Abzweig befindliche Leistungsschalter nachgesehen werden und ist das Sammelschienensystem I in Betrieb, dann müssen die Trennschalter T_1, T_2 und T_3 und dann der Umgehungsschalter S eingeschaltet werden. Jetzt kann der zu untersuchende Leistungsschalter, sowie die zugehörigen Trennmesser abgeschaltet werden, ohne daß eine Leistungsunterbrechung eintritt.

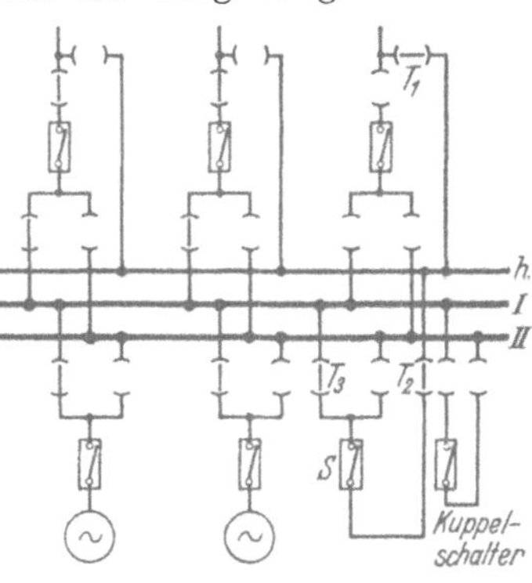

Abb. 176. Doppelsammelschienensystem mit zusätzlicher Hilfsschiene h.

Abb. 177 zeigt ein Doppelsammelschienensystem, wie es bei größeren Kraftwerken mit großen Kurzschlußströmen zur Anwendung kommen kann. Die Sammelschienen sind in mehrere Gruppen unterteilt (in diesem Falle in drei), und die einzelnen Gruppen können widerstandslos bzw. über Drosselspulen miteinander verbunden werden.

Man wird im allgemeinen versuchen bei Schaltanlagen ohne Drosselspulen auszukommen und die notwendige Induktivität zur Begrenzung des Kurzschlußstromes in die Streuung der Transformatoren hineinzulegen. Bei größeren Leistungen und mittleren Spannungen z. B.

30 kV genügen diese Mittel nicht immer und man muß zur Begrenzung der Kurzschlußströme Kurzschlußdrosselspulen vorsehen. Normalerweise, wenn die drei Sammelschienenabschnitte durch die zugehörigen Generatoren gespeist werden, sind die drei Abschnitte durch die Schalter S_1 über die Drosselspulen miteinander verbunden. Die Drosselspulen können genügend Induktivität erhalten, da durch sie meist nur ein unbedeutender Ausgleichsstrom fließt, der nur einen kleinen Spannungsabfall bedingt. Tritt jedoch in einem der Sammelschienenabschnitte ein Kurzschluß auf, dann begrenzen diese Drosselspulen wirksam die zufließenden Kurzschlußströme und die nicht vom Kurzschluß betroffenen Sammelschienen-

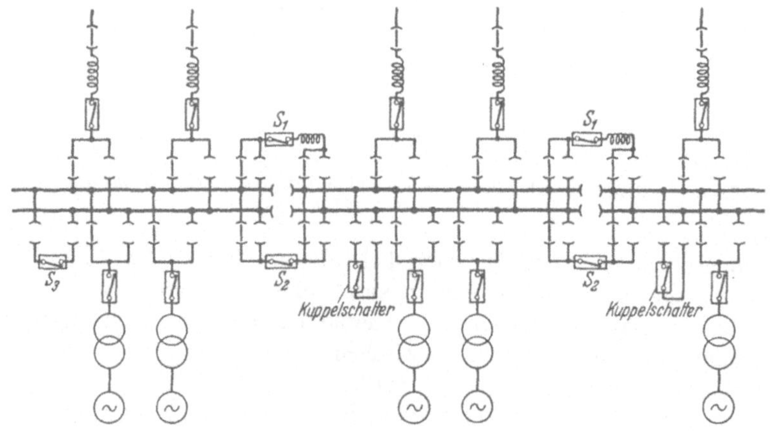

Abb. 177. Unterteiltes Doppelsammelschienensystem mit Drosselspulen zur Kurzschlußstrombegrenzung.

abschnitte erfahren nur eine mäßige Spannungsabsenkung, so daß die zugehörigen Generatoren nicht außer Synchronismus geraten.

Sollten aus betrieblichen Gründen in das linke Sammelschienensystem von den rechten Sammelschienen aus beachtliche Ströme fließen, so würde durch die Drosselspulen der Spannungsabfall zu groß werden. Man wird deshalb einen Überbrückungsschalter S_2 einlegen, der die Sammelschienensysteme widerstandslos verbindet. Dieser Schalter wird so eingestellt, daß er im Störungsfall augenblicklich schaltet. Tritt in einem Abzweig des linken Sammelschienensystems ein Kurzschluß auf, so wird der Schalter S_2 sehr rasch auslösen und beide Sammelschienensysteme sind jetzt nur über die Drosseln miteinander verbunden. Im gesunden System wird damit die Spannung einigermaßen gehalten und die in das kranke System hineinfließenden Kurzschlußströme werden stark durch die Drosselspule begrenzt. Außerdem wird dann der Schalter im kranken Abzweig nach einiger Zeit den Kurzschluß abschalten. Der Überbrückungsschalter S_2 muß sehr leistungsfähig ausgebildet sein, denn er schaltet sehr schnell ab und hat demgemäß einen hohen Kurzschlußstrom, der noch nicht auf die Größe des Dauerkurzschußstromes abgeklungen ist, abzuschalten. Handelt es sich um einen Sammelschienenkurzschluß im linken System, dann wird nicht nur der Überbrückungsschalter S_2 auslösen, sondern auch der zur Drosselspule gehörende Schalter S_1 und das linke kranke System abtrennen.

Man kann die in einem Abzweig auftretenden Kurzschlußströme sehr stark verkleinern, wenn auch hier Drosselspulen eingebaut werden. Diese können verhältnismäßig große Induktivität haben, ohne daß bei Nennstrom der Spannungsabfall zu groß wird, da durch sie ja nur die im Verhältnis zur

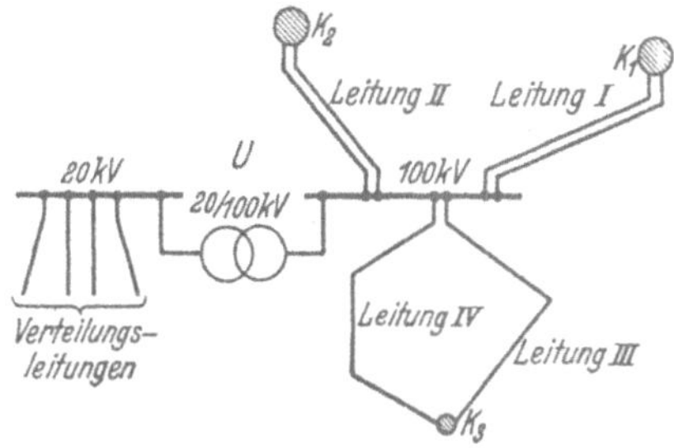

Abb. 178. Umspannwerk, Lageplan.

Kraftwerksleistung kleine Leistung des Abzweiges fließt. Die in den Abzweigleitungen gelegenen Drosselspulen erzeugen bei Nennstrom eine induktive Spannung in der Größenordnung von 3 bis 8% der Sammel-

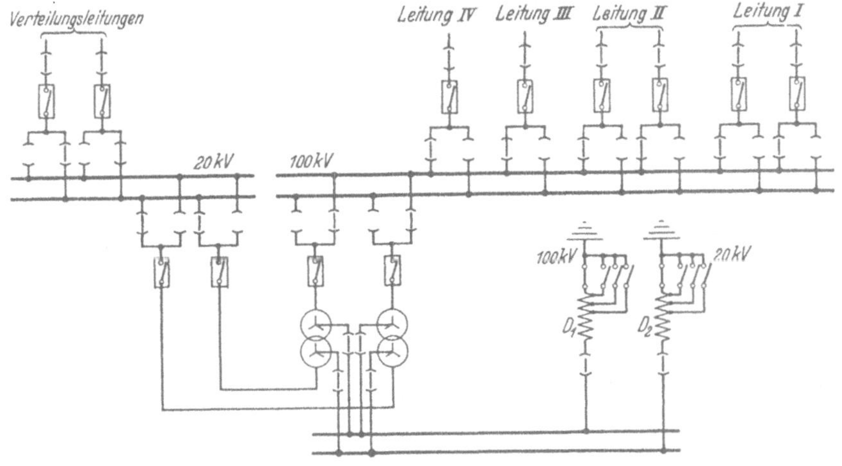

Abb. 179. Schaltung des Umspannwerkes.

schienenspannung. Der durch sie bedingte Spannungsabfall ist jedoch wesentlich kleiner, da der induktive Spannungsabfall geometrisch von der Sammelschienenspannung abgezogen werden muß.

In ähnlicher Weise wie bei Kraftwerken erfolgt die Ausbildung der Schaltanlagen bei Umspannwerken. Abb. 178 zeigt schematisch das Umspannwerk U, welches von den Kraftwerken K_1 und K_2 mit 100 kV über je eine Doppelleitung gespeist wird. An das Umspannwerk weiterhin angeschlossen ist eine 100 kV-Ringleitung mit einem Kraftwerk K_3. In der Umspannstation soll die Spannung beispielsweise auf 20 kV erniedrigt und mit dieser Spannung die Umgebung mit Strom versorgt werden. Abb. 179 zeigt die Schaltung. Das 100 kV-System ist von dem 20 kV-System getrennt angeordnet, beide werden miteinander durch zwei Transformatoren verbunden. Im Schaltbild ist sowohl auf der 100 kV-, als auch auf der 20 kV-Seite eine Erdschlußlöschung (s. S. 278) durch Erdschlußspulen D_1 und D_2 vorgesehen. Hierzu sind die Sternpunkte der Transformatoren mit den Erdschlußspulen verbunden. Die Erdschlußspulen haben Anzapfungen, die gestatten, bei Veränderungen des Netzes durch Wahl der richtigen Anzapfung jeweils den günstigsten Kompensationsgrad zur Erdschlußlöschung einzustellen.

VIII. Die Eigenbedarfsanlagen von Kraftwerken.

Moderne Dampfkraftwerke haben infolge der zahlreichen zum Betriebe des Kraftwerkes notwendigen Hilfsanlagen einen erheblichen Eigenbedarf an Energie (etwa 5% der Kraftwerksleistung). Zu diesen Energieverbrauchern im Kraftwerk gehören die Antriebe, welche für die Bekohlung und die Entaschung notwendig sind, die Antriebe für die Kessel, für die Lüfter, für die Kesselspeisepumpen, sowie für die verschiedenen Pumpen, welche in der Kondensationsanlage erforderlich sind[1]. Am idealsten ist die restlose Verwendung von elektrischen Antrieben für alle diese Hilfsbetriebe und der Gedanke ist naheliegend, diese Hilfsbetriebe mit der von den Generatoren erzeugten Energie zu speisen. Es muß jedoch bei Störungen, z. B. Kurzschlüssen, damit gerechnet werden, daß die Spannung im Kraftwerk wegbleiben kann. Damit verlieren die Hilfsbetriebe ihre Antriebskraft und es fragt sich, ob hierdurch nicht Schwierigkeiten auftreten. Leider ist dies für eine Reihe von Antrieben der Fall, so müssen z. B. die Antriebe für die Kesselroste auch beim Wegbleiben der Spannung betriebsfähig bleiben. Gleiches gilt für die Kondensationspumpen und die Kesselspeisewasserpumpen, deren Antrieb auf jeden Fall sichergestellt sein muß. Es muß daher die Möglichkeit gegeben sein, daß in einem Störungsfalle und dem dadurch bedingten Wegbleiben der Spannung, die Hilfsbetriebe oder zum mindesten die wichtigsten davon, von einer anderen Stromquelle gespeist werden können. Oft wird eine besondere Leitung zu einem benachbarten Kraftwerk gezogen, die in einem solchen Falle auf die Sammelschienen der Hilfsbetriebe geschaltet werden kann und diese speist.

Eine andere wichtige Möglichkeit, die Hilfsbetriebe mit elektrischer Energie zu versorgen, bietet eine Notturbine (oder auch ein Notdiesel) mit Generator, die im Störungsfalle (zweckmäßigerweise selbsttätig)

---

[1] Titze: Die elektrischen Einrichtungen für den Eigenbedarf großer Kraftwerke. Berlin: Julius Springer 1927.

angelassen wird. Um deren Größe klein zu halten, kann man die Hilfsbetriebe unterteilen in solche, die unbedingt laufen müssen und in
solche, die vorübergehend aussetzen können. Nur die ersteren wird man
durch die Notturbine speisen.

Eine gewisse Sicherheit bietet auch die Schaltung nach Abb. 180, bei
der die Hauptsammelschiene unterteilt ist (Haupt- und Hilfsbetriebs-
sammelschiene sind in Wirklichkeit als Doppelsammelschiene ausgebildet). Tritt eine Störung in einem Sammelschienensystem auf, so
müssen die Hilfsbetriebe von dem Hilfsbetriebstransformator des anderen
Sammelschienensystems gespeist werden. Falls beide Sammelschienen
defekt sein sollten, ist die Anlage nicht mehr betriebsfähig. Eine weitere
Lösung besteht darin, daß die wichtigsten Hilfsbetriebe (Kesselspeisepumpen, Kondensationspumpen usw.) außer dem elektrischen Antrieb
noch einen Antrieb durch eine kleine
Dampfturbine erhalten, die im Störungsfalle einspringen kann, da Dampf auch
bei elektrischen Störungen vorhanden
ist. Man kann auch die wichtigen Motoren der Hilfsbetriebe als Gleichstrom-
motoren von einem Gleichstromnetz
speisen lassen. Da der Gleichstrom jedoch auch durch einen von der Wechselstromseite gespeisten Umformer, Gleichrichter usw. erzeugt wird, muß durch

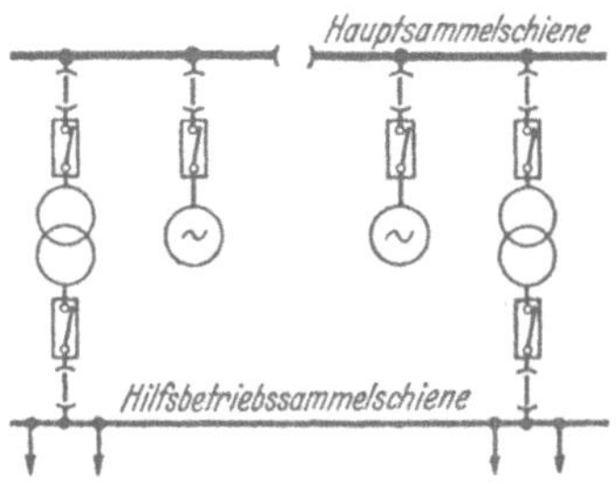

Abb. 180. Kraftwerk mit besonderer
Sammelschiene für Hilfsbetriebe.

eine Batterie dafür gesorgt werden, daß im Störungsfalle die Strom-
lieferung weiter erfolgen kann. Eine Betätigungsbatterie hat jedes
Kraftwerk. Von dieser werden normalerweise die Relais, die Signal-
lampen, die Drehzahlverstellmotoren der Antriebsturbinen, sowie die
Betätigungsspulen der Leistungsschalter gespeist. Da diese Batterie
wesentlich vergrößert werden muß, falls Antriebsmotoren, wenn auch
nur kurzzeitig, von ihr gespeist werden müssen, wird man bestrebt sein,
von dieser Möglichkeit nur wenig Gebrauch zu machen.

Bei einem Kraftwerk muß von vornherein bekannt sein, ob dasselbe
aus eigener Kraft von Stillstand aus in Betrieb gesetzt werden kann oder
ob es infolge einer Kupplung mit anderen Kraftwerken von diesen zum
Zwecke der Inbetriebsetzung Strom beziehen kann. Im ersten Falle
müssen einige Antriebe, da bei Inbetriebsetzung zunächst noch keine
Spannung vorhanden ist, im allgemeinen jedoch schon Dampf in geringen
Mengen erzeugt werden kann, durch Dampfturbinen erfolgen, z. B. die
der Kondensations- und der Kesselspeisepumpen. Ist das Kraftwerk
im Betrieb, dann können diese Dampfturbinen abgeschaltet und durch
Elektromotoren, die betrieblich angenehmer sind und auch mit einem
besseren Wirkungsgrad arbeiten, ersetzt werden. Wenn aus solchen
Gründen ein Dampfantrieb zur Verfügung steht, kann derselbe natürlich

auch bei einem Störungsfalle benutzt werden. Es sei erwähnt, daß aus Sicherheitsgründen bei den Kesselspeisepumpen zwei Pumpenaggregate vorgeschrieben sind, von denen man zweckmäßig das eine mit elektrischem und das andere mit Dampfantrieb versieht.

Die sicherste Lösung der Frage der Eigenstromerzeugung ist die Verwendung einer besonderen Hausturbine und eines Hausgenerators, der sämtliche Eigenbedarfsanlagen speist und der unabhängig von Kurzschlüssen in der Hauptverteilung ist. Jetzt kann man, abgesehen von einigen Dampfantrieben zum Inbetriebsetzen der Hausturbine, restlos zu elektrischen Antrieben übergehen. Zweckmäßig wird man eine solche Anlage so auslegen, daß die Eigenbedarfssammelschienen auch, wenn Not, von der Hauptsammelschiene des Werkes oder, falls möglich, von einem fremden Werk gespeist werden kann.

Um sicher zu gehen, wird man bei größeren Werken nicht nur eine Hausturbine, sondern deren zwei vorsehen, damit bei einem Fehler oder einer Überholung an der einen, die andere einspringen kann. So brauchbar technisch die Verwendung von Hausturbinen mit Hausgeneratoren ist, so läßt sie sich jedoch wirtschaftlich nur bei sehr großen Kraftwerksleistungen ausführen, da Hausaggregate kleiner Leistungen ungünstig arbeiten und auch verhältnismäßig teuer sind.

Man hat im Ausland oft versucht, eine Verbilligung zu erreichen, indem man auf die Hausturbinen verzichtete und jede Hauptturbine außer mit dem zugehörigen Generator noch mit einem kleineren Hausgenerator kuppelte. Bei dieser Lösung und bei restloser Verwendung elektrischer Antriebe ist jedoch noch eine zusätzliche Anlaßturbine mit Anlaßgenerator notwendig, falls keine Möglichkeit des Strombezuges von einem anderen Kraftwerk besteht, denn wenn das ganze Werk einmal stillgesetzt sein sollte, nutzen auch die unmittelbar gekuppelten Hausgeneratoren nichts, denn für das Anlassen der verschiedenen Kondensationsanlagen ist zunächst Spannung notwendig, welche von einer Anlaßturbine und ihrem Generator geliefert werden muß.

In Abb. 181 ist eine Eigenbedarfsanlage vereinfacht dargestellt. Es ist dabei nicht eingezeichnet, wie im Störungsfalle die Umschaltung auf eine fremde Stromquelle (Leitung von anderem Kraftwerk bzw. Notturbine mit Generator) erfolgt; auch ist nur eine Einfachsammelschiene vorgesehen, obwohl bei wichtigen Anlagen Doppelsammelschienen gewählt werden. Im normalen Betrieb werden die Hilfsbetriebe von der 10 kV-Sammelschiene (es ist angenommen, daß eine Reihe von Generatoren unmittelbar auf diese Sammelschiene arbeiten), über zwei Haustransformatoren und die Eigenbedarfssammelschiene gespeist. Die Eigenbedarfsspannung wird von der Größe des Kraftwerkes abhängig sein und bei größeren Kraftwerken bei etwa 3000 oder höchstens 6000 V liegen. Da man Motore für 3000 V nur von etwa 30 kW ab bauen wird, in einem Kraftwerksbetrieb aber auch kleinere Motoren vorkommen und man aus vielen anderen Gründen auch Niederspannung benötigt, sind noch zwei weitere Transformatoren vorhanden, welche eine Spannung von 220/380 V liefern.

Rechnet man bei großen Kraftwerken die Kurzschlußströme nach, welche in der Eigenbedarfsanlage auftreten können, so sind diese derart groß, daß manche Kabel wegen der Erwärmung für wesentlich größere Querschnitte und manche Schalter für größere Leistungen ausgelegt werden müssen, als es mit Rücksicht auf die Nennleistung der zu beliefernden elektrischen Apparate und Maschinen notwendig wäre. Zur Milderung der Kurzschlußströme kann man den Transformatoren daher Drosselspulen vorschalten. Man kann ferner versuchen, die Motoren in solche größerer und kleinerer Leistung zu unterteilen und zwischen die beiden Gruppen eine weitere Drosselspule legen. Trotz dieser Schutzmaßnahme wird noch in vielen Fällen die Dimensionierung der abgehenden Leitungen sich nicht nach der Nennstromstärke der Motore, sondern nach den auftretenden Kurzschlußströmen richten müssen. Abgesehen von den Kabeln sind durch die Kurzschlußströme die Schalter und vor allem deren Primär

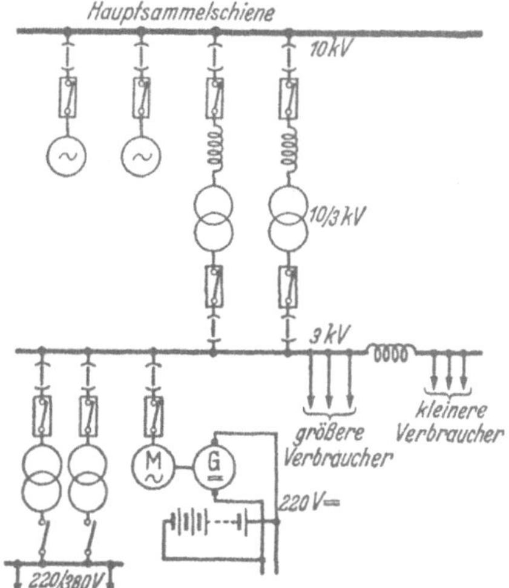

Abb. 181. Schaltung der Eigenbedarfsanlage eines Kraftwerkes.

auslöser gefährdet. Wenn durch einen Primärauslöser ein zu großer Strom fließt, kann er thermisch bzw. dynamisch beschädigt werden, so daß er den zugehörigen Schalter nicht mehr auslöst. Deswegen sind für die Primärauslöser die Angaben über den thermischen und dynamischen Grenzstrom (s. S. 121) genauestens zu beachten. Rechnet man praktische Fälle durch, so findet man, daß speziell bei kleineren Anschlüssen und kleineren Motoren die erforderliche Nennstromstärke des Auslösers häufig nicht ausführbar ist und deshalb größer gewählt werden muß als der Stromstärke der zu schützenden Apparate angemessen wäre. Man kann deswegen gezwungen sein, statt Primärauslöser Sekundärauslöser, welche über bei Kurzschlüssen sich sättigende Stromwandler gespeist werden, zu verwenden. Aus diesen Überlegungen folgt, daß der Einfluß der Kurzschlußströme auf die Hausverteilungsanlage von ausschlaggebender Bedeutung ist und deren Dimensionierung maßgebend beeinflußt.

In der Abb. 181 ist weiter vorgesehen, daß durch einen Motorgenerator (auch ein Gleichrichter ist möglich) die benötigte Gleichspannung erzeugt wird. Bei Wegbleiben der Spannung muß die Batterie einspringen, um mindestens alle Steuerorgane, Auslöser usw. speisen zu können. Die Anordnung nach Abb. 181 kann gewählt werden, falls die Sammelschienenspannung keine allzu hohe ist. Wenn jedoch die Generatoren über Transformatoren unmittelbar auf eine Hochspannungssammelschiene von z. B. 100 kV arbeiten, dann würden die an und für sich kleinen Haustransformatoren sehr teuer, da sie für 100 kV gebaut werden müßten. Hier kann unter Umständen eine Schaltung nach Abb. 182 zur Anwendung kommen, bei der von den Generatorklemmen je ein Haustransformator mit vorgeschalteter Drosselspule abgezweigt wird und auf die Eigenbedarfssammelschiene arbeitet.

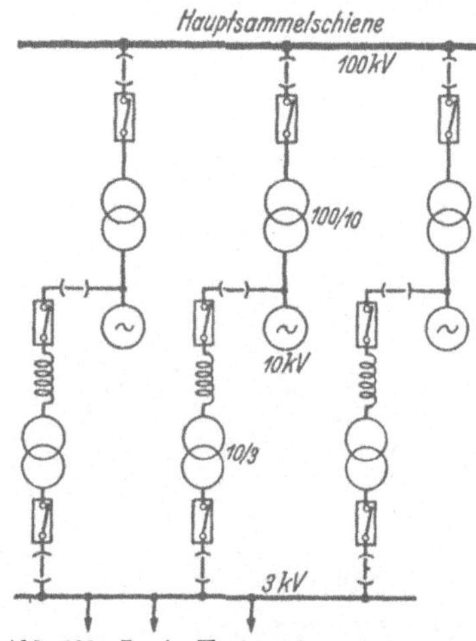

Abb. 182. Je ein Kraftwerksgenerator arbeitet über einen Haustransformator auf die Hilfsbetriebs-Sammelschiene.

Die im Vorstehenden gebrachten Überlegungen über die Ausbildung der Hilfsbetriebe in Dampfkraftwerken lassen sich natürlich sinngemäß auch auf Wasserkraftwerke übertragen. Hier sind allerdings die für die Hilfsbetriebe benötigten Leistungen wesentlich kleiner (größenordnungsmäßig 0,5—1% der Kraftwerksleistung), da die beim Dampfkraftwerk, besonders im Kesselhaus, benötigten vielen Antriebe in Wegfall kommen. Für die Erzeugung des Eigenbedarfes eines Wasserkraftwerkes kennt man ebenfalls Hausturbinen und besondere mit den Hauptturbinen gekuppelte Hausgeneratoren, sowie die Sicherstellung des Strombezuges für die Hilfsbetriebe durch Kuppelleitungen mit fremden Netzen.

IX. Die Kabel.

A. Gummikabel.

In unseren Kraftwerken und Kraftverteilungsanlagen kommen in erheblichem Maße zur Fortleitung der elektrischen Energie Kabel zur Anwendung. Man kann die Kabel je nach Isolierung in Papier- und Gummikabel unterteilen. Während die Papierkabel vorwiegend für höhere Spannungen zur Anwendung kommen, ist den Gummikabeln das Gebiet der niederen Spannungen vorbehalten. Letztere sollen zunächst behandelt werden.

Die Gummikabel sind durch die VDE-Vorschriften normalisiert und in ihren wichtigsten Abmessungen niedergelegt. Die einfachsten Gummikabel für Leitungsverlegungen sind die sog. NGA-Kabel, die bis zu

Nennspannungen von 750 V angewandt werden dürfen. Bei diesen Kabeln wird der Kupfer-, gegebenenfalls der Aluminiumleiter durch einen isolierten Gummimantel umgeben. Der Leiter kann eindrähtig, bei größeren Querschnitten dagegen muß er, um genügende Biegsamkeit zu bekommen, mehrdrähtig ausgebildet sein. Bei Verwendung von Kupferleitern müssen diese verzinnt sein, da bei unmittelbarer Berührung von Kupfer und Gummi, letzteres allmählich zerstört werden würde. Um größtmöglichste Sicherheit in der Isolierung zu erhalten, wird in den VDE-Vorschriften verlangt, daß der Mantel aus zwei Lagen Gummi hergestellt sein muß. Um die beiden Lagen leicht nachprüfen zu können, müssen diese aus Gummi verschiedener Färbung hergestellt sein (s. Abb. 183). Die äußere Gummihülle ist mit einem gummierten Baumwollband umwickelt, hierüber befindet sich als Schutz gegen Feuchtigkeit und gegen normale chemische Beeinflussung des Gummis eine Beflechtung aus Baumwolle, Hanf oder einem ähnlichen Stoff, die in geeigneter Weise getränkt ist.

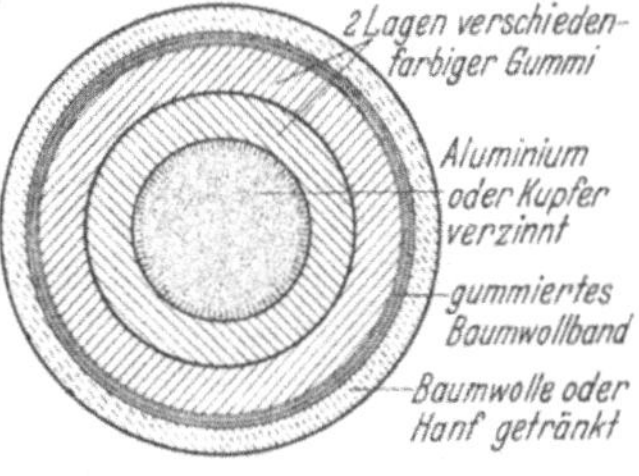

Abb. 183. Aufbau eines NGA-Kabels.

Die NGA-Leitungen sind bis zu 1000 mm² Querschnitt normalisiert. Werden mehrere NGA-Leitungen zu einem Kabel zusammengefaßt, dann braucht die äußere Beflechtung nur einmal für alle Adern vorgesehen sein.

Will man die NGA-Leitungen besonders wetterfest ausbilden, dann wird zwischen dem gummierten Baumwollband und der Beflechtung eine Bewicklung aus Papierband gelegt. Außerdem muß die Umflechtung mit besonders wetterfesten Stoffen getränkt sein. Diese Leitungen heißen dann NGAW und werden z. B. bei Niederspannungsfreileitungen benutzt, falls diese wegen Berührungsgefahr (in Höfen) isoliert sein müssen.

Die NGA-Leitungen werden für alle möglichen Installierungen verwandt, z. B. auch für Hausinstallierungen. Da diese Leitungen keinen besonderen mechanischen Schutz haben, müssen sie, wenn die Gefahr der Beschädigung vorliegt, etwa durch Rohre, geschützt werden. Meist kommen sog. Isolierrohre zur Anwendung, die man bei Neuanlagen unter Putz verlegt. In Werkstätten, in denen eine offene Verlegung notwendig ist und das normale Isolierrohr keinen genügenden Schutz bietet, werden die NGA-Leitungen in Stahlpanzerrohren verlegt. Das sind verhältnismäßig kräftige Stahlrohre, die sich jedoch noch biegen lassen, durch welche die Leiter hindurchgezogen werden. Diese Stahlpanzerrohre besitzen im Innern einen Isoliermantel, der aber oft, um Platz zu gewinnen, bei der Verlegung entfernt wird. Bei Verlegung der Leitungen in Stahlpanzerrohren ist darauf zu achten, daß Hin- und Rückleitung im gleichen Rohr verlegt werden, da sonst durch die Magnetisierung des

Eisenmantels ein erhöhter Spannungsabfall, zusätzliche Verluste und bei
größeren Strömen eine starke Erwärmung des Rohres sich einstellt.

Wenn die NGA-Leitungen von außen nicht beschädigt werden können,
ist es auch zulässig, diese offen auf isolierter Unterlage zu verlegen.
Derartige Verlegung findet man viel in den Schaltzellen der Kraftwerke
und Umspannwerke für die Signal- und Betätigungsleitungen.

Bei besonders hohen Anforderungen an die Isolierung der NGA-
Leitungen muß die Gummischicht noch stärker ausgeführt werden.
Man erhält dann die sog. NSGA-Leitungen, die für Spannungen von
2 bis 25 kV und für Querschnitte von 1,5 bis 300 mm² ausgebildet
werden können.

Da eine Verlegung über Putz in Isolier- oder ähnlichen Rohren verhältnismäßig teuer ist und auch wegen der dicken Rohre unschön aus-

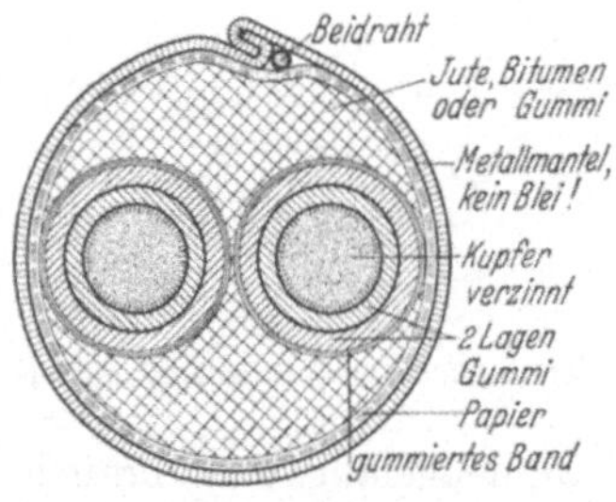

Abb. 184. Aufbau eines Rohrdrahtes NRA.

sieht, hat man die sog. Rohrdrähte
(Querschnitte 1 bis 16 mm²) entwickelt.
Die Rohrdrähte enthalten NGA-Lei-
tungen, die einadrig bzw. mehradrig
ausgebildet sein können (s. Abb. 184).
Zum äußeren Schutz erhalten sie einen
gefalzten Metall- (nicht Blei-) Mantel.
Bei mehradriger Ausführung wird der
Raum zwischen den Adern mit Faserstoff, Bitumen oder Gummi ausgefüllt.
Unter dem Metallmantel wird zum
Schutz eine Umwicklung mit Papierband bzw. vulkanisiertem Bitumen
oder vulkanisiertem Gummi vorgesehen (s. Abb. 184). Bei einadriger
Ausführung muß unter dem Mantel ein Schutzdraht vorgesehen sein,
mit dem eine zuverlässige Erdung von aneinanderstoßenden Rohrdrähten
gewährleistet ist. Bei mehradrigen Rohrdrähten kann der Schutzdraht
vorhanden sein, wird jedoch nicht unbedingt gefordert. Die Rohrdrähte
eignen sich sehr gut für Verlegung über Putz und kommen besonders
in Räumen bei nachträglicher Installierung zur Anwendung. Besitzen
die Rohrdrähte eine Füllung aus Faserstoff oder Bitumen, dann werden
sie mit NRA bezeichnet. Besteht die Füllung dagegen aus Gummi, so
heißen sie NRG. Die Rohrdrähte in der bis jetzt geschilderten Ausführung eignen sich nicht für feuchte Räume. Sie können jedoch auch
hier angewandt werden, wenn als Füllung Gummi verwandt wird und
der Metallmantel außen noch eine besonders getränkte Schutzumhüllung
erhält. Solche Leiter müssen auf jeden Fall einen eingelegten Schutzdraht aus Kupfer haben und werden mit NRU bezeichnet und gelten
als kabelähnliche Leitungen. Solche NRU-Leitungen kommen unter
verschiedener Bezeichnung in den Handel, z. B. unter der Bezeichnung
Anthygron-Rohrdrähte. Für NRU-Leitungen ist Aluminium als Leitermaterial wegen der Korrosionsgefahr nicht zulässig.

Für besonders hohe Anforderungen, z. B. bei Verlegung unter Tag oder in der chemischen Industrie, besonders wenn mit starker chemischer Einwirkung zu rechnen ist, verwendet man Bleimantelleitungen (bis 250 V). Sie werden einadrig bis 10 mm², mehradrig bis 16 mm² ausgeführt. Ihre Adern sind NGA-Leitungen, jedoch ohne Beflechtung. Die einzelnen Adern sind verseilt und mit Gummi so umpreßt, daß alle Hohlräume ausgefüllt sind (s. Abb. 185). Der Gummimantel wird zum Schutz mit einem Bleimantel umgeben. Unter diesem Bleimantel muß ein verzinnter Beidraht aus Kupfer als Schutzdraht angeordnet werden. Als weiteren Schutz gegen chemische Angriffe erhält der Bleimantel zwei Lagen Papier und darüber eine Beflechtung aus Hanf, Baumwolle, Jute oder ähnlichem, die mit geeigneten Mitteln getränkt sein muß.

Diese NBU-Leitungen sind von allen Leitungen am unempfindlichsten gegen Nässe und gegen chemische Einwirkung. Bei Verlegung von derartigen Leitungen, die offen erfolgt, muß man Sorge tragen, daß das übrige Installationsmaterial, wie Abzweigklemmen, Schalter usw. so ausgebildet ist, daß es nach außen abschließt und die eingeführten Leitungen abgedichtet werden können.

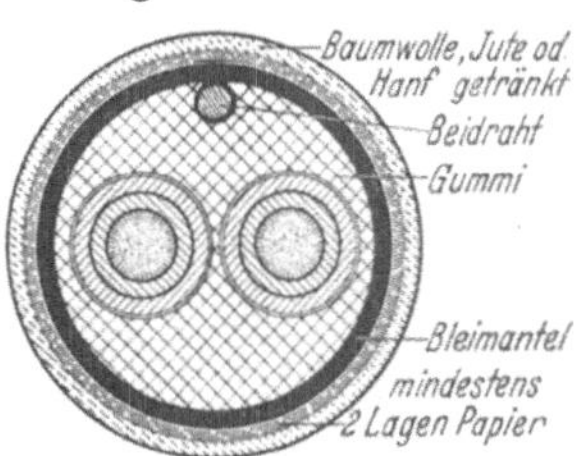

Abb. 185. Aufbau einer Bleimantelleitung NBU.

Sind Bleimantelleitungen trotz ihres Bleimantels Beschädigungen ausgesetzt, so müssen diese Leitungen noch besonders bewehrt werden. Bei diesen sog. NBEU-Leitungen kommen über den Papiermantel noch zwei Lagen Bandeisen von 0,2 mm Stärke, dann eine Umwicklung mit Papier und die getränkte Umflechtung aus Baumwolle, Jute oder Hanf. In Erde dürfen die bisher besprochenen Leitungen nicht verlegt werden.

Sehr oft werden sog. Panzeraderleitungen (NPA) verlegt. Es handelt sich hier um NSGA-Leitungen, die noch eine Beflechtung aus Metalldrähten, die gegen Rost geschützt sind, besitzen. Bei mehreren Adern ist die Beflechtung gemeinsam. Die NPA-Leitungen dürfen für Nennspannungen bis 1,0 kV und für Nennquerschnitte von 1 bis 300 mm² verwendet werden, isoliert sind sie für 2 kV. Da sie leicht zu montieren sind, kommen sie viel für Verlegungen an Maschinen, Hebezeugen usw. zur Anwendung. Die Umspinnung aus Metalldrähten bedeutet für diese Leitungen einen mechanischen Schutz. Sollten jedoch infolge der betrieblichen Verhältnisse mit Beschädigungen trotz der Umflechtung zu rechnen sein, dann muß an der gefährdeten Stelle ein zusätzlicher Schutz vorgesehen werden.

Während die bis jetzt behandelten Kabelarten für feste Verlegung in Frage kamen, werden für ortsveränderliche Maschinen, Apparate usw. bewegliche Zuleitungen benötigt. Hierfür eignen sich besonders Gummischlauchleitungen gut. Für mittlere Beanspruchungen, z. B.

Tabelle 1. Belastungstafel für gummiisolierte Leitungen mit Kupferleitern[1].

Nenn-querschnitt des Kupfer-leiters	Bei fester Verlegung in Rohr		Bei fester Verlegung in Luft		Für bewegliche Leitungen	
	höchste dauernd zulässige Stromstärke für jeden Leiter	Nennstrom-stärke für entsprechende Schmelz-sicherung	höchste dauernd zulässige Stromstärke für jeden Leiter	Nennstrom-stärke für entsprechende Schmelz-sicherung	höchste dauernd zulässige Stromstärke für jeden Leiter	Nennstrom-stärke für entsprechende Schmelz-sicherung
mm²	A	A	A	A	A	A
0,75	—	—	—	—	10	6
1	12	6	—	—	12	6
1,5	16	10	—	—	16	10
2,5	21	15	—	—	27	20
4	27	20	—	—	35	25
6	35	25	—	—	48	35
10	48	35	—	—	66	60
16	66	60	—	—	90	80
25	90	80	—	—	110	100
35	110	100	—	—	140	125
50	140	125	—	—	175	160
70	175	160	230	200	215	200
95	215	200	290	260	260	225
120	255	225	350	300	305	260
150	295	260	410	350	350	300
185	340	300	480	430	400	350
240	400	350	570	500	480	430
300	470	430	660	600	570	500
400	570	500	790	700	—	—
500	660	600	900	800	—	—

Handbohrmaschinen, Handlampen usw., kommen NMH-Leitungen für Spannungen bis 250 V zur Anwendung. Die einzelnen Adern sind (s. Abb. 186) mit je einem Gummimantel umgeben und werden dann von einem weiteren gemeinsamen Gummimantel zusammengefaßt. Für besonders ungünstige Verhältnisse wird man diese Gummischlauchleitung noch mit einem Baumwollband umwickeln und hierüber einen zweiten Gummimantel pressen. Solche Leitungen für besonders hohe Anforderungen haben die Bezeichnung NSH und dürfen für Nennspannungen bis 750 V und Querschnitte

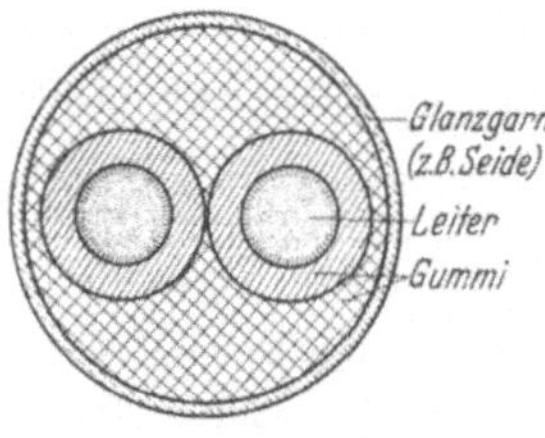

Abb. 186. Aufbau einer Gummischlauchleitung NMH.

von 1,5 bis 70 mm² angewandt werden. Wenn in Gummischlauch-leitungen Schutzdrähte erforderlich sind, so sind hierfür bis 16 mm² Querschnitt Leitungen mit der nächsthöheren Aderzahl zu verwenden, also ist z. B. für eine zweiadrige Leitung mit Schutzleitung die dreiadrige

---

[1] Nach VDE 0250 U/1937.

Tabelle 2. Belastungstafel für gummiisolierte Leitungen
mit Aluminiumleitern[1].

Nennquer-schnitt des Aluminium-leiters	Bei fester Verlegung in Rohr		Bei fester Verlegung in Luft	
	höchste dauernd zu-lässige Stromstärke für jeden Leiter	Nennstromstärke für entsprechende Schmelzsicherung	höchste dauernd zu-lässige Stromstärke für jeden Leiter	Nennstromstärke für entsprechende Schmelzsicherung
mm²	A	A	A	A
0,75	—	—	—	—
1	—	—	—	—
1,5	—	—	—	—
2,5	17	10	—	—
4	22	15	—	—
6	28	20	—	—
10	38	25	—	—
16	53	35	—	—
25	72	60	—	—
35	90	80	—	—
50	110	100	—	—
70	140	125	185	160
95	175	160	230	200
120	205	200	280	260
150	235	225	330	300
185	270	260	385	350
240	320	300	455	430
300	375	350	530	500
400	455	430	630	600
500	530	500	720	700

Gummischlauchleitung zu wählen. Bei größeren Querschnitten können
die Schutzleitungen schwächer ausgebildet sein, so wird man z. B. bei
70 mm² die Schutzleitungen mit 25 mm² ausführen.

Sämtliche gummiisolierten Leitungen dürfen gemäß Tabelle 1 und 2
dauernd belastet und sollen mit den besonders angegebenen Stromstärken
abgesichert werden. Für kurzzeitige Belastungen können die Werte
der Tabelle überschritten werden, jedoch muß die Größe der Über-
schreitung von Fall zu Fall beurteilt werden, damit auf keinen Fall das
Kabel zu stark erwärmt wird (s. Kap. XX). Als zulässige Temperatur, die
eine gummiisolierte Leitung dauernd annehmen darf, ohne daß der
Gummi verändert wird, gilt etwa 50° C. Untersuchungen von Apt
ergaben, daß gummiisolierte Leitungen selbst Temperaturen von 60 bis
65° C dauernd unbeschadet vertragen.

B. Papierkabel.

Nach den VDE-Vorschriften sind Gummikabel bis zu 25 kV genormt.
Für wichtige Kabel wird man jedoch, abgesehen bei Niederspannung,

[1] Nach VDE 0250 U/1937.

meist keine Gummikabel, sondern Papierkabel verwenden, da getränktes Papier im Gegensatz zu Gummi größere Sicherheit gegen Durchschlag bietet und sich im Laufe der Zeit kaum verändert. Werden die Kabel in Erde verlegt, dann kommen auch bei Niederspannung nur Papierkabel zur Anwendung.

Verwendet man Gummikabel für höhere Spannungen, so besteht die Möglichkeit, daß Glimmerscheinungen auftreten und in Verbindung damit Ozon sich bilden kann, das dem Gummi schädlich ist. Das Glimmen kann sich einstellen an metallischen Befestigungsstellen des Gummikabels durch die erhöhte elektrische Beanspruchung der Luft bei Konzentration der elektrischen Kraftlinien an der Fassungsstelle oder, falls ein solches Kabel einen Bleimantel aufweist, in den kleinen Luftzwischenräumen, die sich zwischen Metall und Gummi nie vermeiden lassen. Ist der Gummi des Kabels in Biegungen einseitig auf Zug beansprucht, dann zeigt sich, daß der Gummi unter dem Einfluß des in den Luftzwischenräumen durch die Glimmerscheinung gebildeten Ozons reißt und das Kabel meist durchschlägt. Man

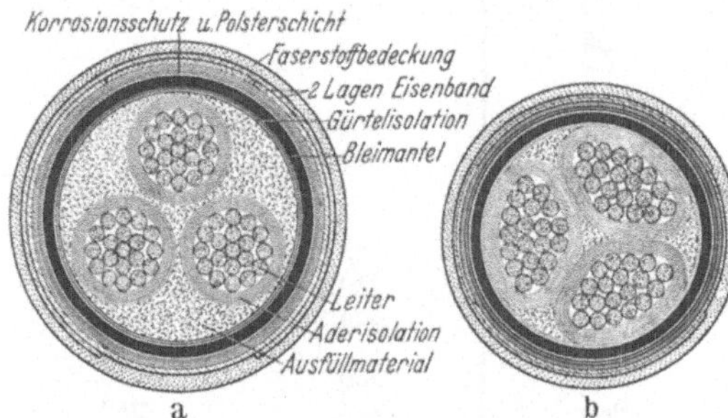

Abb. 187a u. b. a Gürtelkabel 3 × 70 mm² für 6 kV.
b Sektorkabel 3 × 70 mm² für 6 kV.

hat diese Ozonempfindlichkeit durch besondere Gummimischungen zu vermeiden versucht und auch beträchtliche Fortschritte erreicht.

Die Verwendung von Gummikabel wird oft deswegen angestrebt, weil dieses Kabel besser zu verlegen ist und die Kabelendverschlüsse, die das Papierkabel gegen das Eindringen von Feuchtigkeit schützen sollen, in Wegfall kommen. Man wird Gummikabel bei höheren Spannungen dort verwenden, wo leichte Verlegbarkeit der Kabel ausschlaggebend ist und bei eintretendem Schaden ein solches Kabel leicht ausgewechselt werden kann. Man wendet z. B. Gummikabel höherer Spannung für die Zuleitungen bei Leuchtröhren der Reklamebeleuchtung, die einige Tausend Volt benötigen, an. Neuerdings hat man auch bei elektrischen Vollbahntriebwagen mit 15000 V außer Papierkabel auch Gummikabel angewandt. Abgesehen von solchen Spezialzwecken verwendet man jedoch in der eigentlichen Kraftversorgung Papierkabel.

Den Aufbau eines Papierkabels für Drehstrom zeigt Abb. 187a. Jeder Leiter ist für sich mit Papierband umwickelt. Die so isolierten drei Leiter sind miteinander verseilt und besitzen eine weitere gemeinsame Papierumwicklung (Gürtelisolation), über die der nahtlose Bleimantel gezogen ist. Die Zwischenräume zwischen den drei Adern werden durch den sog. Beilauf, das ist Papier, Jute oder ähnliches, ausgefüllt.

Papier ist ein gutes Isoliermittel, jedoch dürfen im Papier keine Lufträume vorhanden sein, auch darf es keine Feuchtigkeit aufnehmen. Die Lufträume vermeidet man bei der Papierisolation der Kabel, indem man das Kabel mit Kabelmasse bei höherer Temperatur tränkt. Diese Kabelmasse ist erwärmt dünnflüssig, wird vom Papier aufgesaugt, und füllt daher alle Hohlräume aus. Bei gewöhnlicher Temperatur ist die Kabelmasse steif, jedoch plastisch. Um den Zutritt von Feuchtigkeit zu vermeiden, ist das Kabel mit einem Bleimantel umgeben, außerdem müssen die Kabelenden durch Kabelendverschlüsse (s. S. 164) abgedichtet werden. Papierkabel, die in den VDE-Vorschriften bis 60 kV genormt sind, heißen, wenn sie als äußerste Umhüllung einen Bleimantel besitzen, NK-Kabel. Wenn ein solches NK-Kabel unmittelbar in Erde verlegt werden würde, bestünde die Möglichkeit, daß durch im Erdboden vorhandene Humussäuren der Bleimantel angegriffen werden könnte. Um dies zu vermeiden, wird der Bleimantel noch mit asphaltiertem Papier und einer Umhüllung von kompoundierter Jute umgeben. Diese Kabelausführung heißt NKA-Kabel. Um noch einen mechanischen Schutz des Kabels zu erhalten, können weiterhin zwei Lagen Bandeisen und als Rostschutz eine Lage asphaltierte Jute vorgesehen werden. Dieses Kabel heißt NKBA-Kabel und ist in der Abb. 187a aufgezeichnet. Handelt es sich um ein Aluminiumkabel, dann kommt hinter die Bezeichnung N ein A, so daß das Kabel der Abb. 187a dann die Bezeichnung NAKBA hat. Das Kabel der Abb. 187 gehört zur Klasse der Gürtelkabel, da die drei Kabel von einem gemeinsamen Isolationsgürtel umgeben sind. Solche Gürtelkabel sind in den VDE-Vorschriften für Querschnitte von 6 bis 400 mm² und Spannungen von 3 bis 20 kV verketteter Spannung genormt. Diese Kabel sind gemäß der für Aluminium geltenden Tabelle 3 belastbar. Für Kupferkabel sind die zulässigen Ströme rd. 25 % entsprechend der Wurzel aus dem Verhältnis der Leitwerte von Kupfer und Aluminium ($\sqrt{56/34{,}8} = 1{,}27$) größer.

Tabelle 3. Belastungstafel für verseilte Dreileiterkabel mit gemeinsamem Bleimantel[1].

Querschnitt mm²	$U = 3$	6	10	15	20 kV
	Belastbarkeit in A				
4	35	—	—	—	—
6	50	45	—	—	—
10	65	60	50	—	—
16	85	80	70	65	—
25	110	105	90	85	85
35	130	130	110	105	100
50	160	155	130	125	120
70	195	190	160	155	150
95	230	225	190	185	180
120	270	260	225	215	210
150	305	295	255	245	240
185	350	335	290	280	270
240	405	390	340	330	320
300	460	445	385	—	—
400	530	—	—	—	—

[1] Nach VDE 0260/1936.

Auch für Niederspannungskabel, die in den Städten für die Stromverteilung dienen (220/380 V), werden für 1 kV isolierte Papierbleikabel genommen. Solche 1 kV-Kabel werden als Einleiter-Gleichstromkabel, Zwei-, Drei- und Vierleiterkabel gebaut. Bei letzteren dient der meist einen kleineren Querschnitt besitzende vierte Leiter als Nulleiter. Die Belastbarkeit gibt für Aluminium die Tabelle 4 an (für Kupfer gelten rd. 25% größere Ströme):

Tabelle 4. Belastungstafel für Einleiter-Gleichstromkabel, Zweileiter-, Dreileiter- und Vierleiterkabel für Nennspannungen bis 1 kV [1].

Querschnitt	Einleiter-kabel	Zweileiter-kabel	Drei- und Vierleiter-kabel	Querschnitt	Einleiter-kabel	Zweileiter-kabel	Drei- und Vierleiter-kabel
mm²	Belastbarkeit in A			mm²	Belastbarkeit in A		
4	50	40	35	150	490	350	310
6	70	50	45	185	550	390	355
10	90	70	65	240	640	455	410
16	125	95	90	300	730	510	470
25	160	125	110	400	865	610	560
35	200	150	130	500	985	—	—
50	250	190	160	625	1140	—	—
70	305	225	195	800	1310	—	—
95	370	270	235	1000	1500	—	—
120	430	305	270				

Das Papierkabel nach Abb. 187 hat eine Bewehrung aus Eisenbändern. Bei Kabeln, die größere Längszüge auszuhalten haben (Kabel in Schächten, Flußkabel usw.) wird man eine Bewehrung aus Rund-, Flach- oder Profildrähten vorsehen, die das Kabel steilspiralig umgeben.

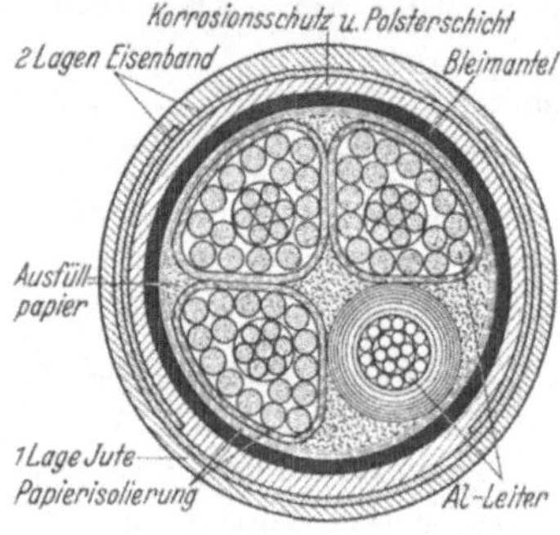

Abb. 188. Sektorkabel mit rundem Nulleiter.

Um eine bessere Raumausnutzung zu erhalten und um an Beilauf, Blei, Eisen usw. zu sparen, werden die Gürtelkabel auch in Form der Sektorkabel ausgebildet, die bei gleichem Querschnitt kleinere Abmessungen haben (s. Abb. 187 b). Die Sektorkabel [die sich auch mit viertem Leiter als Nulleiter bei 1 kV (s. Abb. 188) bauen lassen] sollte man stets, wenn möglich, wegen der Materialersparnis anwenden. Bei Sektorkabeln ist jedoch die elektrische Beanspruchung der Papierisolation höher, so daß man nur bis etwa 10 kV geht, während man bei Gürtelkabeln mit runden Leitern nach Abb. 187a etwa 20 kV zuläßt. Höhere Spannungen sind auch hier nicht zulässig, da die im Innern des Kabels vorhandene

---

[1] Nach VDE 0260/1936.

elektrische Feldstärke das die Leiter umgebende Papier nicht immer senkrecht, sondern auch schräg durchsetzt (s. Abb. 189a). Man kann an jeder Stelle die elektrische Feldstärke in zwei Komponenten zerlegen, von denen die eine senkrecht, die andere längs zur Papierschicht verläuft. Da die elektrische Festigkeit längs der Papierschicht sehr viel niedriger ist als senkrecht zu ihr, ist das Kabel längs der Papierschicht stärker gefährdet. Es wäre daher anzustreben, daß das Kabel nur senkrecht zur Papierschicht beansprucht wird.

Unangenehm ist bei dem Gürtelkabel auch der zwischen den drei Leitern befindliche Beilauf und der Zwickel zwischen den Adern, die ebenfalls elektrisch beansprucht werden. Da der Beilauf wie auch der Zwickel

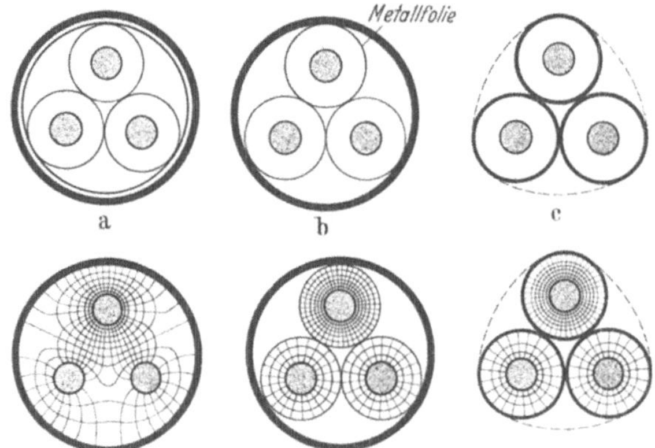

Abb. 189a—c. Kraftlinienverlauf. a Gürtelkabel, b Kabel mit metallisierten Adern, c Dreimantelkabel.

niedrigere elektrische Festigkeit haben als das gewickelte Papier, besteht hier besonders die Gefahr des Durchschlags.

Die Erkenntnis, daß man Papierkabel nur senkrecht zur Isolationsschicht beanspruchen soll, hatte zuerst Höchstädter, der jeden einzelnen isolierten Leiter mit einer geerdeten Metallfolie umgab und die drei Einzelleiter dann mit einem gemeinsamen Bleimantel umpreßte (Abb. 190a). Bei dem Höchstädter-Kabel hat man (s. Abb. 189b) nur radiale Beanspruchung in Richtung der größten elektrischen Festigkeit, außerdem werden Beilauf und Zwickel elektrisch überhaupt nicht beansprucht.

Da bei diesem Kabel der Beilauf noch mit Kabelmasse getränkt sein muß und das Kabel infolge des gemeinsamen Bleimantels schwer biegbar ist, entwickelte man in der Folge das Dreimantelkabel (s. Abb. 190b). Hier besitzt jeder Leiter für sich einen Bleimantel. Damit wird ebenfalls die elektrische Beanspruchung der Papierisolation stets radial und der Beilauf elektrisch entlastet (Abb. 189c). Da durch die einzelnen Bleimäntel jeder Leiter für sich gegen Feuchtigkeit geschützt ist, braucht nur die Papierisolation mit Kabelmasse getränkt zu sein, jedoch nicht mehr der Beilauf. Die drei einzelnen Kabel sind mit einem asphaltierten

Papiermantel (Korrosionsschutz) umgeben. Der weitere Aufbau entspricht dem der normalen Kabel. Solche Dreimantelkabel sind bis zu Spannungen von 60 kV genormt. Es sei erwähnt, daß die Belastbarkeit eines Dreimantelkabels besser ist als bei einem Gürtel- oder auch Höchstädter-Kabel. Dies kommt daher, daß der wärmeisolierende

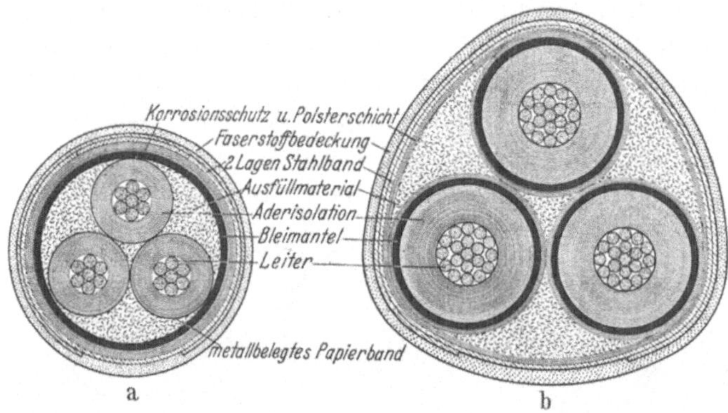

Abb. 190a u. b. a Kabel mit metallisierten Adern, Höchstädter-Kabel, b Dreimantelkabel.

Isolationsgürtel des Gürtelkabels wegfällt, andererseits aber die drei Bleimäntel für die Wärmeableitung günstig sind.

Die Belastbarkeit für Dreimantelkabel mit Aluminiumleitern zeigt Tabelle 5 (für Cu gelten rd. 25% höhere Werte).

Tabelle 5. Belastungstafel für aus Einleiterkabeln
verseilte Dreileiterkabel[1].

Quer-schnitt	$U_\curlywedge = 1{,}75$ / $U = 3$	3,5 / 6	6 / 10	10 / 15	12 / 20	17,5 / 30	25 / 45	35 kV / 60 kV
mm²	Belastbarkeit in A							
6	50	—	—	—	—	—	—	—
10	70	65	55	—	—	—	—	—
16	90	85	75	70	—	—	—	—
25	120	115	100	95	90	—	—	—
35	150	145	120	115	110	105	—	—
50	180	175	150	145	135	130	125	—
70	215	210	185	175	170	160	150	—
95	255	250	215	205	195	190	175	170
120	295	290	250	240	230	215	200	190
150	335	330	280	270	260	250	230	215
185	375	370	315	305	290	275	255	245
240	435	430	370	355	340	320	295	280
300	495	490	415	400	385	360	335	320
400	570	560	480	460	440	415	390	370
500	630	625	540	510	490	465	—	—

[1] Nach VDE 0260/1936.

Die in den Kabeln zugelassene Übertemperatur beträgt nach VDE-Vorschrift für Kabel bis 6 kV 35° C und für Kabel höherer Nennspannung 25° C. Die gebrachten Tabellen gelten für in Erde verlegte Kabel. Werden die Kabel in Luft verlegt, dann ist die Wärmeableitung eine schlechtere und die Kabel sind nur mit 75% der angegebenen Stromwerte zu belasten. Geschieht die Verlegung der Kabel in Kanälen oder Rohren, so sind noch weitere 10% in Abzug zu bringen. Sehr oft kommen mehrere Kabel nebeneinander zu liegen und da bei solchen Häufungen die Temperaturen höher werden, empfiehlt es sich, bei zwei Kabeln in einem Graben nur mit 90%, bei vier Kabeln mit 80%, bei sechs Kabeln mit 75% und bei acht Kabeln mit 70% der sonst zulässigen Werte zu rechnen.

Die zugelassenen Temperaturen sind verhältnismäßig sehr niedrig. Das hat folgenden Grund: Wenn sich das Kabel erwärmt, dehnt sich die Isoliermasse stärker aus als das Papier und die Isoliermasse wird nach außen unter den Bleimantel gedrückt, der dabei etwas nachgibt. Wenn das Kabel sich anschließend abkühlt, also die Kabelmasse sich zusammenzieht, vermag die nach außen abgewanderte Kabelmasse nur schlecht wieder in das Innere des Kabels zurückzugelangen und es besteht die Gefahr, daß sich im Kabelinneren Hohlräume bilden können, die

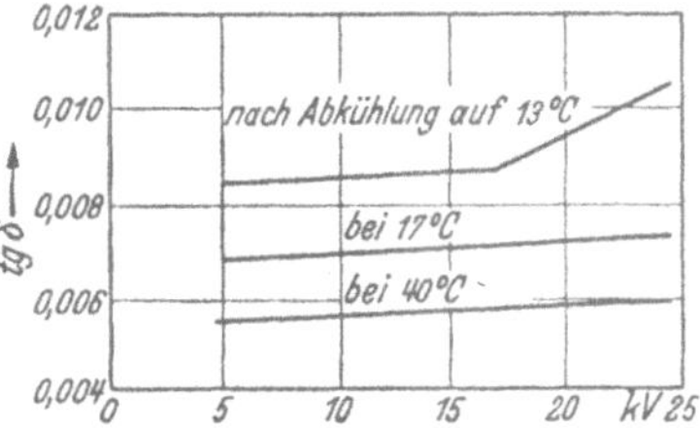

Abb. 191. Verlustwinkel in Abhängigkeit der Spannung bei verschiedenen Betriebszuständen des Kabels [1].

dann unter dem Einfluß der elektrischen Feldstärke ins Glimmen kommen, wodurch allmählich das Kabel zerstört wird. Einzig um diese Hohlraumbildung möglichst zu vermeiden, läßt man nur derartig geringe Übertemperaturen bei Kabeln zu. Weiterhin kann bei der Wärmeausdehnung des Kabels der Bleimantel dauernd geweitet werden und zwischen Kabelmantel und Isolationsmaterial eine Gasschicht (Ölgas) entstehen, in der ebenfalls Glimmentladungen stattfinden können. Um dies zu vermeiden, versieht man bei höheren Spannungen die Papierschicht noch mit einer gut haftenden geerdeten Metallfolie, um die sich möglicherweise unter dem Mantel bildenden Gasräume elektrisch zu entlasten.

Die Bildung von Hohlräumen innerhalb von Kabeln kann man experimentell nachweisen, indem man den Verlustwinkel des Kabels mit steigender Spannung aufnimmt. Die einzelnen Adern eines Kabels bilden mit dem Metallmantel Kapazitäten. Wenn diese verlustlos wären, würde der Strom (beim leerlaufenden Kabel) genau um 90° der Spannung voreilen. Infolge der im Dielektrikum auftretenden Verluste ist die Phasenverschiebung etwas kleiner als 90°, und zwar um den sog.

---

[1] Aus Vogel: Einiges über moderne Hochspannungskabel. Z. elektr. Bahnen 1935, S. 36.

Verlustwinkel. Dieser Verlustwinkel ist bei einem mäßig beanspruchten Kabel bei konstanter Temperatur (s. Abb. 191, Kurven für 17° und 40°) ziemlich unabhängig von der Spannung. Kühlt sich das Kabel nun z. B. von 40° auf 13° ab, so entstehen Hohlräume, und steigert man jetzt die Spannung, dann nimmt der Verlustwinkel (s. Abb. 191) plötzlich stark zu, da die Hohlräume zu glimmen beginnen und hierdurch die Verluste im Dielektrikum anwachsen.

Diese Verluste sind um so größer, je größer der Verlustwinkel δ ist. δ liegt bei Dreimantelkabeln, in Bogenmaß ausgedrückt, etwa bei 0,003 bis 0,008. Die dielektrischen Verluste lassen sich berechnen zu

$$(96) \qquad N_v = \sqrt{3}\, U I_C \cos\varphi = \sqrt{3} \cdot U \cdot I_C \sin\delta = \sim \sqrt{3}\, U \cdot I_C\, \delta\,.$$

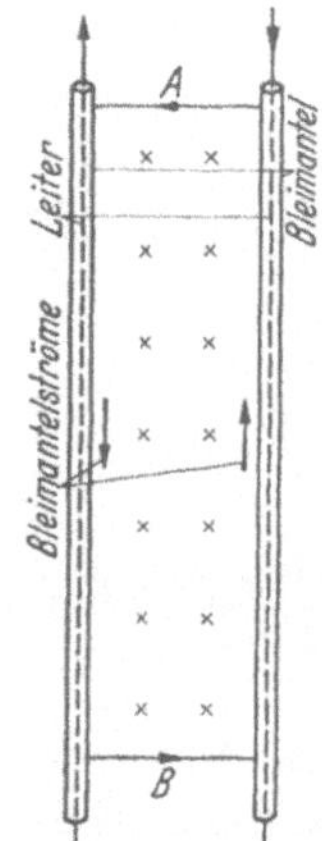

Abb. 192. Schematische Darstellung für das Entstehen der Bleimantel-verluste.

Hierin ist
$$\delta = 90 - \varphi$$
und
$$I_C = \frac{U}{\sqrt{3}}\,\omega\, C_b$$

I_C ist der Ladestrom für 1 km Kabel, falls C_b, die Betriebskapazität, sich ebenfalls auf 1 km bezieht. Setzt man diesen Wert in die Gleichung ein, dann ergeben sich die Verluste in Watt pro km Länge zu

$$(97) \qquad N_v = U^2\, \omega\, C_b\, \delta\,.$$

Die dielektrischen Verluste sind meist gegenüber den Leitungsverlusten unbedeutend und liegen etwa größenordnungsmäßig bei 1%.

In den Bleimänteln können ebenfalls Verluste auftreten. Ihr Vorhandensein erkennt man am besten, wenn man zwei in einem bestimmten Abstand verlegte Einleiterkabel mit Bleimantel betrachtet, eine Anordnung, die in Abb. 192 schematisch aufgezeichnet ist. Die Bleimäntel wird man in bestimmten Abständen erden und miteinander verbinden, z. B. bei A und B. Hat in dem betrachteten Augenblick der Wechselstrom die in der Abb. 192 gezeichnete Richtung, so bildet sich ein Magnetfeld aus, welches zwischen den Kabeln in die Zeichenebene hineingerichtet ist. Durch dieses Wechselfeld werden in den Bleimänteln elektromotorische Kräfte induziert, welche ähnlich wie in einem Kurzschlußring das magnetische Feld vernichten wollen. Diese Bleimantelströme und damit die Bleimantelverluste sind um so größer, je größer der Fluß ist, den die beiden Kabel umfassen, also je weiter die Kabel voneinander entfernt sind. Um die Bleimantelverluste klein zu halten, muß man daher bei einem Drehstrom-Dreimantelkabel die drei Einzelkabel unmittelbar miteinander verseilen. Auch bei einem Gürtelkabel mit gemeinsamem Bleimantel treten in dem Bleimantel Ströme auf, da durch das magnetische Feld der Leiter elektromotorische Kräfte erzeugt werden.

Die Bleimantelverluste betragen bei einem Dreimantelkabel etwa 1 bis 2%
bei einem Gürtelkabel etwa 0,4% der Leitungsverluste. Werden dagegen
drei Einleiterkabel in gewissem Abstande verlegt, so sind die Bleimantelverluste wesentlich größer und können bei ungünstiger Verlegung schon
unangenehm werden. Bei Verwendung von drei Einleiterkabeln muß
also hierauf besonders geachtet werden.

Im allgemeinen ist ein Drehstromkabel durch Eisenbänder bandagiert.
Da diese im magnetischen Streufeld der Leiter liegen, werden im Eisen-
mantel Hysteresis- und Wirbelstromverluste
auftreten, die je nach Konstruktion größenordnungsmäßig 2 bis 5% der Leitungsverluste
betragen können. Verwendet man bei Drehstrom drei Einleiterkabel, so könnte, falls jeder
Leiter für sich mit Eisenbändern bandagiert
ist, in diesen eine beachtliche Magnetisierung
entstehen, welche unzulässige Verluste hervorruft, da sich die Magnetisierung nicht wie

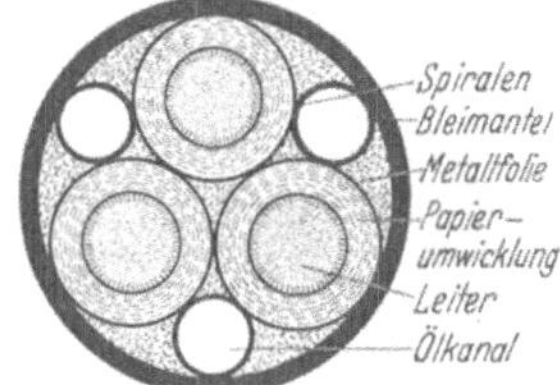

Abb. 193. Dreileiterölkabel.

bei einem Drehstromkabel mit gemeinsamer Bandagierung größtenteils
aufhebt. In einem solchen Falle muß auf die normale Eisenbandagie-
rung verzichtet werden bzw. man muß eine Metallbandagierung aus
nichtmagnetischem Material verwenden.

Will man Kabel für höhere Spannungen bauen, so kommt es, wie
gezeigt wurde, darauf an, im Kabelinnern eine Hohlraumbildung möglichst zu vermeiden. Es gibt hierfür zwei Lösungen.
Bei der einen Lösung, bei den sog. Ölkabeln, verwendet
man in den Kabeln zur Ausfüllung der Hohlräume nicht
Masse sondern ein schon bei normaler Temperatur dünn-
flüssiges Öl. Ein solches Kabel zeigt Abb. 193. Man kann
erkennen, daß im Kabel Kanäle vorhanden sind, längs
derer das Öl strömen kann. Erwärmt sich ein solches
Kabel und dehnt sich damit das Öl aus, so vermag es in

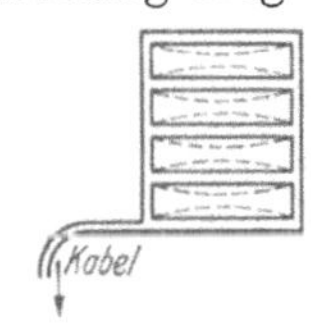

Abb. 194. Aus-
gleichsgefäß für
Ölkabel.

Ausdehnungsgefäße, die längs der Kabelstrecke gleichmäßig (alle 300
bis 500 m) verteilt sind, auszuweichen. Diese Ausdehnungsgefäße können
nach Abb. 194 ausgebildet sein. Beim Einströmen von Öl geben die im
Inneren befindlichen dosenförmigen Metallkörper membranartig nach
(gestrichelte Lage), wobei der Öldruck steigt. Kühlt das Kabel sich ab,
so kann das Öl, da es dünnflüssig ist und im Ausdehnungsgefäß unter
Druck steht, wieder in das Kabel eindringen und dasselbe satt ausfüllen,
so daß keinerlei Hohlräume entstehen.

Werden die Ölkabel als Einleiterkabel gebaut, dann wird der aus
Einzeldrähten bestehende Leiter hohl ausgeführt, so daß das Öl längs
des Hohlkanales strömen kann. Ölkabel können bis 220 kV gebaut werden.

Eine andere Lösung des Hochspannungskabels bildet das Druckluft-
kabel (s. Abb. 195). Es handelt sich hier um drei papierisolierte mit

Masse getränkte Kabel, die nach Abb. 195a von einem gemeinsamen Bleimantel umgeben sind. Bei größeren Querschnitten wird man jede Ader nach Abb. 195b mit einem Bleimantel umgeben. Das Kabel befindet sich in einem dichten Stahlrohr, das gleichzeitig als äußerer Schutz für das Kabel dient und in welchem sich Stickstoff unter einem Druck von etwa 15 at befindet. Durch diesen Druck werden die Kabel derart fest zusammengepreßt, daß trotz schwankender Temperatur keinerlei Hohlräume auftreten. Die Wirkung eines solchen Druckkabels geht am besten aus der Abb. 196 hervor, die die Zeitdurchschlagkurven eines Massekabels mit und ohne Außendruck enthält. Ist kein Druck vorhanden, so kann das Kabel bei kurzzeitigen Belastungen bis zu 40 kV/mm elektrisch beansprucht werden. Erstreckt sich die Belastung über längere Zeit, dann muß die Beanspruchung herabgesetzt werden. Der Grund liegt in den Glimmerscheinungen, die je nach Stärke des Glimmens mehr oder weniger Zeit brauchen, um den Durchschlag herbeizuführen. Der stationäre Wert wird bei etwa 16 kV/mm erreicht. Im praktischen Betrieb kann man natürlich nur wesentlich kleinere Beanspruchung zulassen, etwa 5 kV/mm. Wird dagegen das Kabel unter einen Druck von 15 at gesetzt, dann liegt die entsprechende Zeitdurchschlagkurve wesentlich

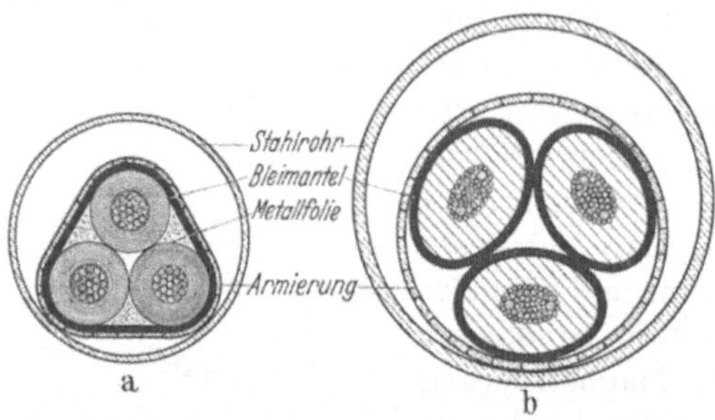

Abb. 195a u. b. Druckkabel (F & G). a mit gemeinsamem Bleimantel, b jede Ader hat einen Bleimantel.

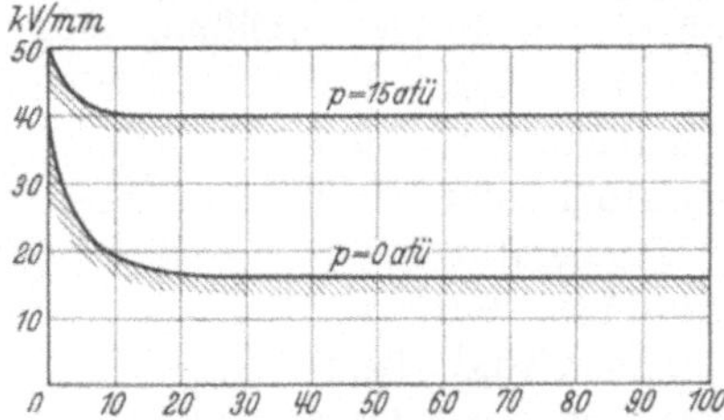

Abb. 196.   Durchschlagfestigkeit eines Kabels mit und ohne Überdruck[1].

höher, der stationäre Wert wird bei etwa 40 kV/mm erreicht. Ein solches Druckkabel kann also wesentlich höher elektrisch belastet werden. Es kommt ferner hinzu, daß man nicht die Temperaturbeschränkungen hat wie bei dem gewöhnlichen Massekabel. Während man dort nur bis 25° C Übertemperatur gehen konnte, sind bei dem Druckluft und Ölkabel wesentlich höhere Temperaturen zulässig. So kann man beispielsweise Betriebstemperaturen von 70 bis 85° C unbedenklich zulassen. Man kann also bei gleichem Querschnitt ungefähr 50% mehr Strom mit diesem Kabel übertragen. Hierdurch werden diese Spezialkabel, die in ihrem Aufbau zunächst etwas kompliziert aussehen mögen, bei höheren Spannungen durchaus wirtschaftlich.

____

[1] Aus Vogel: Einiges über moderne Hochspannungskabel. Z. Elektr. Bahnen 1935 S. 36.

Die elektrischen Daten eines Kabels unterscheiden sich beträchtlich von denen einer Freileitung. So ist die Induktivität eines Kabels wegen

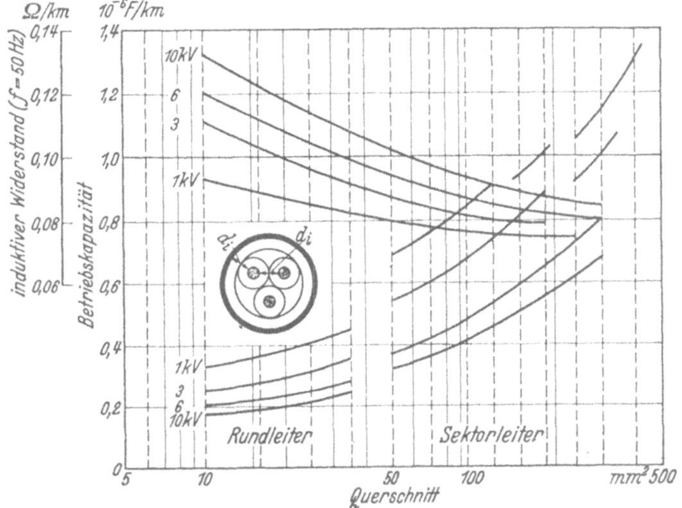

Abb. 197. Induktivität und Kapazität von Drehstromgürtelkabel.

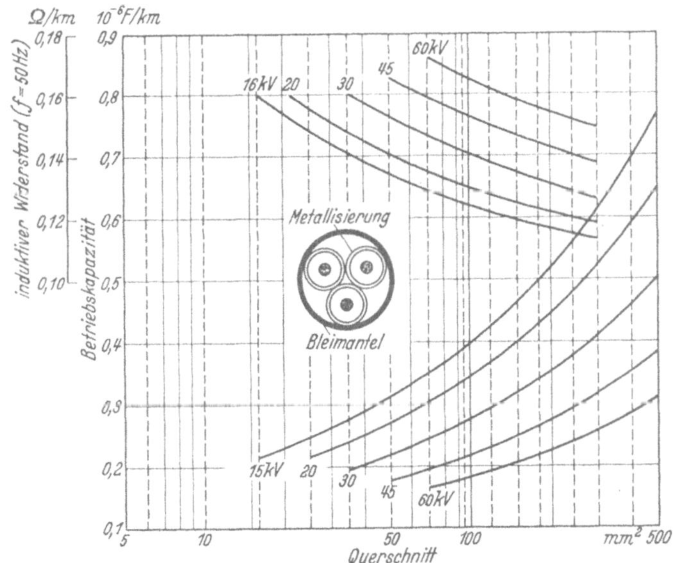

Abb. 198. Induktivität und Kapazität von Dreimantelkabel.

der geringen Leiterabstände wesentlich kleiner (größenordnungsmäßig um das 3,5- bis 5fache, wobei der größere Wert für kleinere Spannungen gilt), die Kapazität hingegen aus dem gleichen Grund bedeutend größer

11*

(etwa um das 13- bis 20fache, wobei der größere Wert für kleinere Spannungen gilt). Die Werte für Induktivität und Kapazität einer Freileitung lassen sich erfahrungsgemäß ziemlich genau und ohne großen Aufwand berechnen. Bei Kabel geht man meist von experimentell gewonnenen Kurven aus. Die Abb. 197 u. 198 zeigen für normale Gürtelkabel bzw. für Dreimantelkabel die Werte für Induktivität und Kapazität.

C. Kabelendverschlüsse und -muffen.

Wenn Papierkabel an Maschinen, Apparate usw. angeschlossen werden sollen, könnte man zunächst daran denken, es ähnlich wie bei Gummikabeln zu machen, d. h. die Isolation aufhören zu lassen und die Kabelseele mit einem Kabelschuh an den betreffenden Gegenstand anzuschließen. Bei Papierkabeln ist dies aber nicht so einfach, denn die mit Kabelmasse getränkte Isolierung ist sehr hygroskopisch. Feuchtigkeit im Kabel würde aber den Isolierwert des Papiers sehr vermindern. Man muß also einen Abschluß vorsehen, damit keinerlei Feuchtigkeit in das Kabelinnere gelangen, andererseits auch keine Kabelmasse austreten kann: die Kabelenden müssen sog. Kabelendverschlüsse erhalten. Die Konstruktion der Kabelendverschlüsse ist verschieden, je nachdem sie für Gürtel- oder Dreimantelkabel vorgesehen sind und ist außerdem

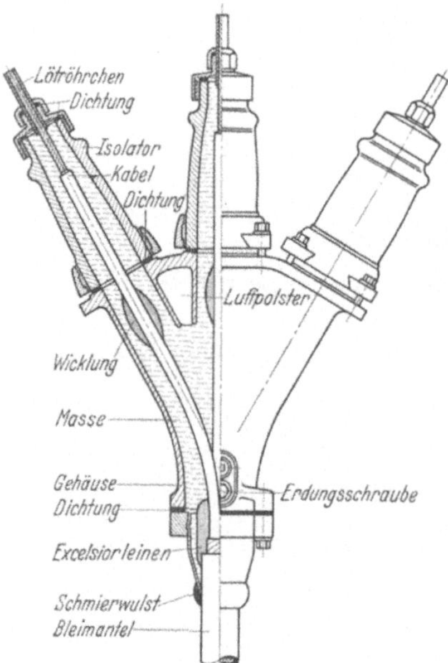

Abb. 199. Stehender Dreileiterkabelendverschluß (RDK).

von der Spannung abhängig. Für Gürtelkabel (bis etwa 20 kV), kommt oft eine Konstruktion zur Anwendung, wie sie Abb. 199 zeigt. Am Ende des Kabels wird die Bewehrung entfernt und auf den Bleimantel ein Gußgehäuse angebracht, welches drei Isolatoren für die Ausführungen aufweist. Die drei papierisolierten Adern werden zu den drei Ausführungen geführt. Das Innere des Kabelendverschlusses wird mit Ausgußmasse vergossen, die zum Ausgießen, um genügend dünnflüssig zu sein, erwärmt wird. Man muß darauf achten, daß die Ausgußmasse den Endverschluß nicht restlos ausfüllt, damit die Masse die Möglichkeit der Wärmeausdehnung hat. Ein unvermeidliches Übel bei diesen Endverschlüssen ist die verhältnismäßig große Menge an benötigter Ausgußmasse. Tritt im Innern des Kabelendverschlusses ein Überschlag auf, so wird infolge der dabei durch den Lichtbogen entwickelten Gase ein derartiger Überdruck erzeugt, daß der Endverschluß, sofern nicht geeignete Sicherheitsmaßnahmen getroffen sind, explodieren kann. Man ist daher bestrebt, die Menge der Ausgußmasse so klein wie irgend möglich zu halten oder unter Umständen ganz darauf zu verzichten. So hat man die Zwergendverschlüsse konstruiert, die sehr wenig Ausgußmasse oder eine

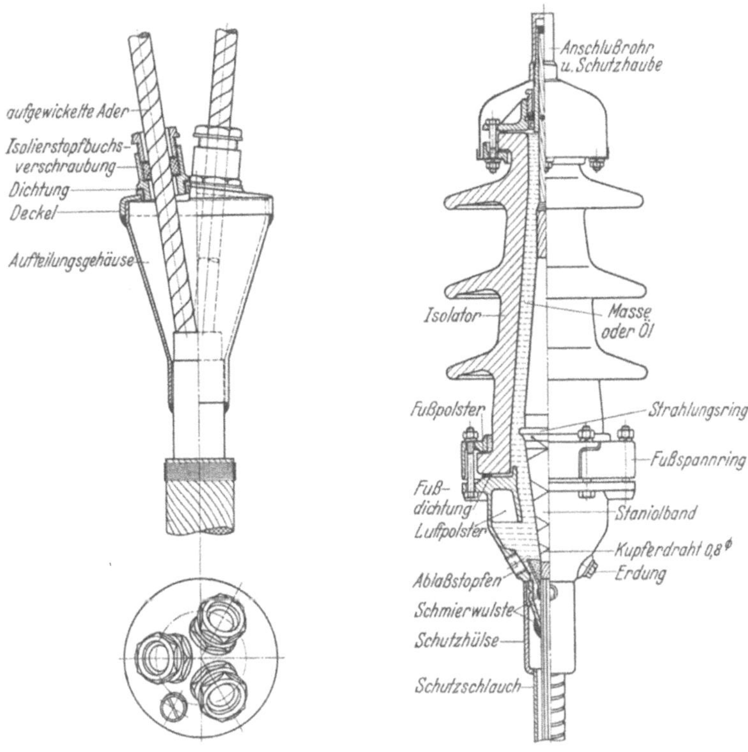

Abb. 200. Zwergendverschluß (F & G).

Abb. 201. Einleiterendverschluß höherer Spannung (RDK).

nichtbrennbare Füllmasse oder überhaupt keine Masse besitzen. Diese Zwergendverschlüsse, welche bis etwa 15 kV angewandt werden können, entsprechen in ihrem Aufbau der Abb. 200. Die einzelnen papierisolierten Adern werden entweder mit einem Isolierschlauch (s. Abb. 204) umgeben, der an den Kabelschuhen abdichten muß, oder die Adern sind mit Lackband umwickelt und gegen Eindringen von Feuchtigkeit lackiert. Beim Austritt aus dem Endverschluß werden die Adern mit kleinen Stopfbuchsen abgedichtet. Diese Endverschlüsse wird man nur für trockene Räume verwenden. Gelegentlich findet man auch Ausführungen, bei denen überhaupt kein besonderer Endverschluß vorhanden ist, sondern das Kabel und die einzelnen Adern derart gut mit Gummiband, Lackband usw. umwickelt, abgedichtet und lackiert werden, daß Feuchtigkeit nicht eindringen und Masse nicht austreten kann.

Bei höheren Spannungen muß bei Kabelendverschlüssen, abgesehen von dem sicheren Abschluß gegen Feuchtigkeit, darauf geachtet werden, daß innerhalb des Kabelendverschlusses keine zu hohe elektrische Beanspruchung der Isolation auftritt. Abb. 201 zeigt einen Endverschluß

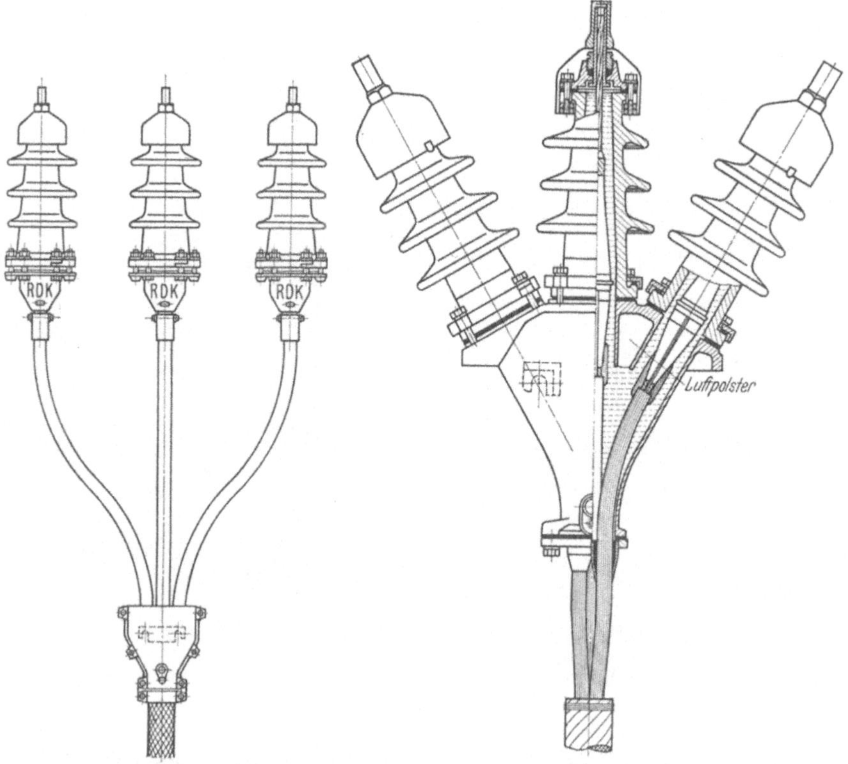

Abb. 202. Endverschlüsse für Dreimantelkabel.

Abb. 203. Flachendverschluß für Dreimantelkabel (RDK).

für hohe Spannungen, und zwar für die eine Ader eines Dreimantelbleikabels. Mit dem Bleimantel steht der untere Gehäuseteil des Endverschlusses, der einen Isolator trägt, in Verbindung. Die Isolation wird beim Austritt aus dem Bleimantel zunächst verdickt und dann allmählich verjüngt. Bis zur Verdickung wird die Oberfläche der Isolation metallisiert und steht mit dem geerdeten Bleimantel in Verbindung. Ohne diese Metallisierung würden am Ende des Bleimantels sehr hohe elektrische Feldstärken, infolge der dort vorhandenen Kanten, auftreten. Man führt deswegen die Metallisierung, wie beschrieben, weiter und läßt sie dort aufhören, wo die Isolation am dicksten, die elektrische

Beanspruchung also am kleinsten wird. Zur weiteren Verminderung der elektrischen Beanspruchung sieht man als Abschluß der Metallisierung einen Strahlungsring vor. Bei einem Dreimantelkabel hat jede Ader im allgemeinen einen solchen Endverschluß (s. Abb. 202). Will man bei

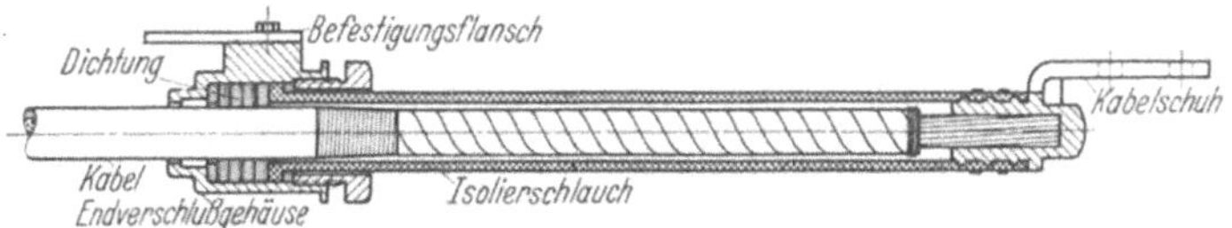

Abb. 204. Einleiterendverschluß für trockene Räume (AEG).

einem Dreimantelkabel mit einem einzigen Endverschluß auskommen, dann kann eine Konstruktion nach Abb. 203 gewählt werden. Bei Einleiter- bzw. Dreimantelkabel mäßiger Spannung, z. B. bis 20 kV, kann in trockenen Räumen der leicht montierbare Endverschluß nach Abb. 204 Verwendung finden.

Die Kabel werden im allgemeinen in der Erde in Kabelgräben verlegt, und zwar bei Niederspannung in einer Tiefe von 70 bis 80 cm, bei Hochspannungskabeln in einer Tiefe von 1 bis 1,20 m. Mehrere Kabel in einem Graben werden mit Abstand nebeneinander verlegt und mit einer Sandschicht von etwa 10 cm Höhe bedeckt. Hier-

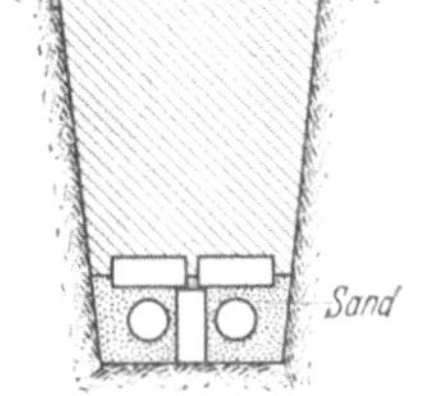

Abb. 205. Kabelgraben.

über werden, nachdem der Sand festgestampft ist, hartgebrannte Ziegelsteine (s. Abb. 205) oder Betonplatten gelegt. Diese Abdeckung sieht man vor, damit, falls ein Kabelgraben geöffnet wird, beim Hacken der Arbeiter rechtzeitig merkt, daß er an die Kabel herankommt. Oberhalb der Abdeckung wird der Kabelgraben mit Erde aufgefüllt. Oft hat man halbkreisförmige Kabelabdeckhauben. Bei diesen besteht, wenn bei der Verlegung nicht besonders darauf geachtet wird, die Gefahr, daß

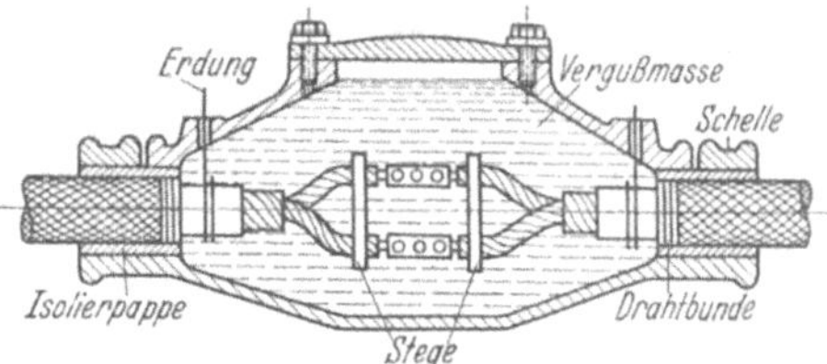

Abb. 206. Kabelmuffe.

zwischen Kabel und Abdeckhauben statt Sand Luft vorhanden ist, so daß die Wärmeabfuhr verschlechtert wird.

Da die Kabel wegen den transportfähigen Seiltrommeln nur beschränkte Längen haben, und zwar die Längen um so kürzer sind, je dicker die Querschnitte der Kabel sind, müssen in gewissen Abständen, etwa alle 100 bis 1000 m, Verbindungen hergestellt werden, für die gleiche Gesichtspunkte maßgebend sind, wie für die Endverschlüsse. Abb. 206 zeigt eine Kabelmuffe für ein Gürtelkabel, Abb. 207a die Kabelmuffe für die eine Ader eines Dreimantelbleikabels für höhere

Spannungen. Man erkennt, daß die beiden Kabelenden, wo sie aneinanderstoßen, miteinander metallisch verbunden sind und daß die Kabelisolierung sich allmählich nach diesen Stellen zu verjüngt. Über diese Kabelisolierung ist jedoch eine zusätzliche Isolierung aufgewickelt, welche metallisiert ist. Das Ganze ist mit einem Mantel aus Blei umgeben, der mit Kabelmasse ausgefüllt ist. Die in dieser Weise hergestellten

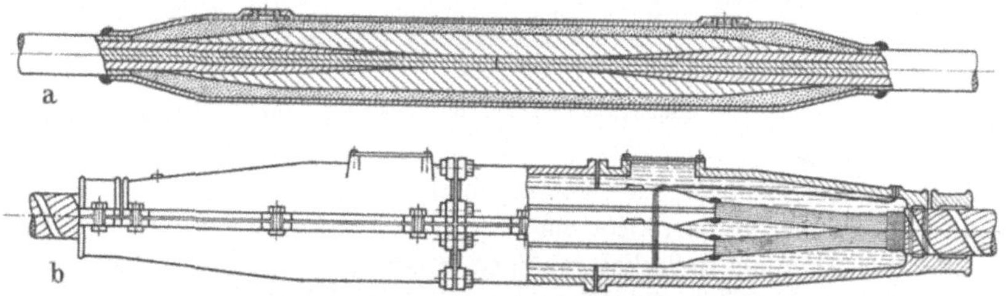

Abb. 207a u. b. Kabelmuffe höherer Spannung (RDK).
a Einleiterbleimuffe, b gußeiserne Schutzmuffe mit eingebauten Einleiterbleimuffen.

einzelnen Muffen für die drei Adern befinden sich in einem gemeinsamen Kasten aus Gußeisen, der mit Ausgußmasse ausgefüllt wird (Abb. 207 b).

X. Freileitungen.

A. Allgemeines.

Die Kabel haben in technischer Beziehung eine Reihe von Vorteilen. Da sie im allgemeinen im Erdboden verlegt werden, stören sie die Umgebung nicht, sind außerdem gegen Wind und Wetter und gegen elektrische atmosphärische Einflüsse geschützt. Trotz dieser Vorteile werden jedoch, abgesehen von besonderen Fällen, z. B. Verlegung von Hochspannungskabeln in Städten, meist keine Kabel, sondern Freileitungen zur Energieübertragung verwandt. Der Grund liegt in dem wesentlich niedrigeren Preis der Freileitung. Im folgenden sollen die Größen untersucht werden, welche für die Konstruktion einer Freileitung maßgebend sind.

Maßgebend für die Auslegung einer Freileitung ist ihr Temperaturverhalten. Im Sommer dehnt sich die Leitung aus, ihr Durchhang wird größer und die im Seil vorhandene Zugspannung nimmt ab, im Winter dagegen verkürzt sich die Leitung, der Durchhang wird kleiner, die Zugspannung größer. Man hat das Betreben, eine Leitung so billig wie möglich zu bauen und wird demgemäß die Maste so niedrig wie irgend möglich ausführen. Es besteht jedoch hier die in den VDE-Vorschriften niedergelegte Forderung, daß der geringste Abstand der Freileitung vom Erdboden nicht weniger als 6 m betragen darf. Bei Wegüberkreuzung ist dieser Abstand auf 7 m zu vergrößern. Die Masthöhe muß also so gewählt werden, daß, wenn die Leitung am stärksten durchhängt, die obigen Abstände nicht unterschritten werden. Die genannten Zahlen gelten für Freileitungen mit verketteten Spannungen bis 100 kV. Bei größeren Spannungen muß der Abstand um den Betrag $\frac{U_{kV} - 100}{150}$, in m gemessen, vergrößert werden.

Um die Maste klein zu halten, wird man die Leitungen (heute meist Aluminium- bzw. Stahlaluminiumseile) mit möglichst großer Zugspannung verlegen, da hiermit der Durchhang klein wird. Hierbei dürfen jedoch die in den Leitungen bei tiefen Temperaturen auftretenden Zugspannungen die zulässigen Materialbeanspruchungen nicht überschreiten. Die zulässigen Materialbeanspruchungen sind ebenfalls vom VDE vorgeschrieben und werden später in einer Tabelle

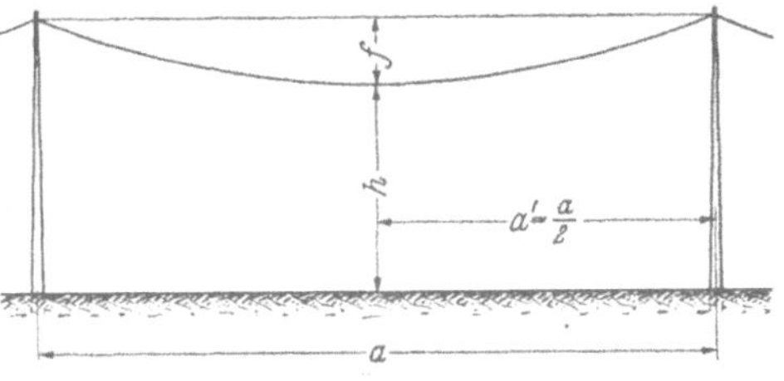

Abb. 208. Freileitung.

mitgeteilt. In den VDE-Vorschriften wird verlangt, daß für normale Verhältnisse das Temperaturverhalten in einem Bereich von — 20° bis + 40° untersucht werden muß. Ferner ist das Verhalten der Freileitung bei Zusatzlast zu prüfen, die im Winter bei Rauhreif auftreten kann. Erfahrungsgemäß treten diese Zusatzlasten weniger bei — 20° auf als bei Temperaturen, die in der Nähe von 0° liegen. Es wird deswegen verlangt, daß die Prüfung des Verhaltens der Freileitung bei Zusatzlast bei einer Temperatur von — 5° durchgeführt wird. Es ist von vornherein nicht sicher, ob die größten Beanspruchungen bei — 20° oder bei — 5° und Zusatzlast auftreten. Der ungünstigste Fall ist für die Leitungsberechnung zugrunde zu legen.

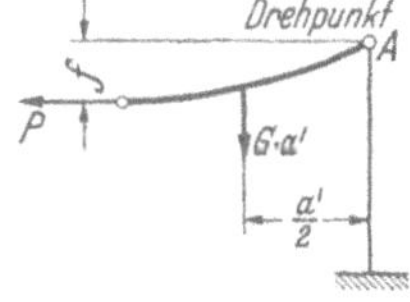

Abb. 209. Freileitung in der Mitte geschnitten.

Zur Bestimmung des Temperaturverhaltens einer Freileitung werde zunächst die geometrische Form einer Freileitung berechnet. In Abb. 208 ist eine Freileitung schematisch aufgezeichnet. Die Spannweite sei mit a, die halbe Spannweite mit a' und der Durchhang mit f bezeichnet. Denkt man sich die Freileitung an der tiefsten Stelle durchschnitten, jedoch hier eine Kraft P, die gleich der Seilspannung ist, angebracht, so wird das System weiterhin sich im Gleichgewicht befinden (s. Abb. 209). Denkt man sich das bewegliche Seil plötzlich erstarrt, also als festen Körper, so wird sich an dem Gleichgewichtszustand ebenfalls nichts ändern, wir können jedoch jetzt die Gesetze der Mechanik auf das erstarrt gedachte Seilstück anwenden. Das (halbe) Seilgewicht nehmen wir als eine in der Mitte des Seiles angreifende Kraft $G\,a'$ an. G bedeutet dabei das Seilgewicht pro m Horizontalabstand. Streng genommen ist das Seilgewicht pro m Horizontalabstand bei vorhandenem Durchhang nicht genau konstant, jedoch sind die Freileitungskurven in der Praxis derart flach, daß der Fehler bedeutungslos ist, wenn man Konstanz des Gewichts annimmt.

Betrachten wir den Aufhängepunkt A als Drehpunkt, dann müssen sich hier sämtliche Drehmomente zu Null ergänzen. Es muß also sein

$$P f = (G a') \frac{a'}{2} = \frac{G a'^2}{2}$$

und

(98a)
$$f = \frac{G}{P} \cdot \frac{a'^2}{2} .$$

Führt man statt a' die ganze Spannweite a ein, dann geht unsere Gleichung über in die Form:

(98b)
$$f = \frac{1}{8} \frac{G}{P} a^2 .$$

Sehr oft ist es bequemer mit den spezifischen Beanspruchungen zu rechnen. Ist G das Gewicht einer Leitung von 1 m Länge und q mm² Querschnitt, dann ist das spezifische Gewicht, d. h. das Gewicht des Seiles bezogen auf 1 mm² Querschnitt

$$g = G/q.$$

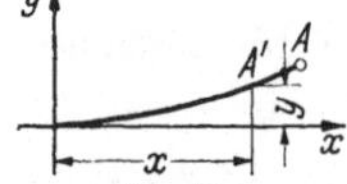

Abb. 210.
Freileitungsstück mit eingezeichnetem Koordinatensystem.

Entsprechend gilt für die spezifische Seilspannung:

$$p = P/q.$$

Führt man diese Werte in die Gleichung (98b) ein, dann ergibt sich

(99)
$$f = \frac{1}{8} \frac{g}{p} a^2 .$$

In Abb. 210 ist nochmals die eine Bogenhälfte der Freileitung aufgezeichnet. Wir betrachten einen Punkt dieser Leitung im Abstand x mit der Ordinate y. Denken wir uns diesen Punkt A' in irgendeiner Weise festgehalten, so wird sich am Verlauf der Kurve nichts ändern. Wir können jetzt dieselben Gleichgewichtsüberlegungen wie bei der Abb. 209 anstellen und erhalten das allgemeine Ergebnis

(100)
$$y = \frac{1}{2} \frac{g}{p} x^2$$

Diese Gleichung besagt, daß eine Freileitung in Form einer Parabel durchhängt.

Sehr oft hat man es mit Freileitungen zu tun, bei denen die Aufhängepunkte verschiedene Höhenlagen wie in Abb. 211 besitzen. Legt man parallel zur Verbindungslinie $A—B$ eine Tangente an die Freileitung und denkt sich in der Berührungsstelle von Seil und Tangente die Freileitung geschnitten, so muß man an der Schnittstelle, um Gleichgewicht zu erhalten, die Kraft p' anbringen (streng genommen müßte P' eingesetzt werden, wir können jedoch auch mit den spezifischen Beanspruchungen p' rechnen). Ist g das Gewicht pro m Horizontalabstand und pro mm² und bezeichnet man als Durchhang f den vertikalen Abstand zwischen

Freileitung und Verbindungsgeraden $A-B$, dann ergibt sich als Gleichgewichts-
bedingung:

$$p' (f \cos \alpha) = (g a') \frac{a'}{2}.$$

In dieser Formel bedeutet $f \cos \alpha$ den Hebelarm um den Aufhängepunkt A. Führt
man statt p' den spezifischen Horizontalzug $p = p' \cos \alpha$ ein, dann geht unsere
Beziehung über in

$$f = \frac{g}{p} \frac{a'^2}{2}.$$

Die neue Formel ist also identisch mit der Gleichung (98a).
Allgemein ausgedrückt ergibt
sich der Verlauf der Freileitung,
wenn wir die Horizontalabstände
mit x und mit y die Ordinate
entsprechend Abb. 212 verstehen,
die Beziehung

$$y = \frac{g}{p} \frac{x^2}{2}.$$

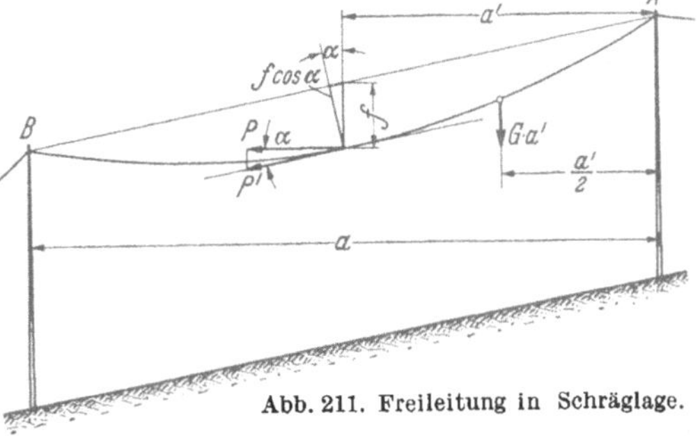
Abb. 211. Freileitung in Schräglage.

Auf Grund obiger Beziehung läßt sich also stets, auch bei verschiedener Auf-
hängehöhe der Leitung, der Verlauf der Freileitung berechnen bzw. aufzeichnen.

Zur Bestimmung des Temperaturverhaltens der Freileitung ist es
weiter notwendig, die Bogenlänge der Parabel zu berechnen. Ein Bogenelement dl besitzt bekanntlich die Größe

$$dl = \sqrt{1 + (dy/dx)^2}\, dx.$$

Da $y = \frac{1}{2} \frac{g}{p} x^2$ ist, ergibt sich

$$\frac{dy}{dx} = \frac{g}{p} x.$$

Dies in die obige Gleichung eingesetzt, ergibt

$$dl = \sqrt{1 + (g/p)^2 x^2}\, dx.$$

Für die praktisch vorkommenden Freileitungen ist das zweite Glied
unter dem Wurzelzeichen sehr klein. Wir können deswegen mit großer
Näherung für das Bogenelement schreiben

$$dl = \left[1 + \frac{1}{2}\left(\frac{g}{p}\right)^2 x^2\right] dx.$$

Um die Gesamtbogenlänge L der Parabel zu erhalten, müssen wir von
$-a'$ bis $+a'$ integrieren. Die Integration durchgeführt ergibt:

$$L = 2 a' + \frac{g^2}{p^2} \frac{a'^3}{3},$$

oder wenn man $a' = a/2$ setzt

$$(101) \qquad L = a \left[1 + \frac{g^2}{p^2} \frac{a^2}{24}\right].$$

Gelegentlich wird auch diese Gleichung unter Beachtung der Gl. (99)
geschrieben

$$(102) \qquad L = a + \frac{8}{3} \frac{f^2}{a}.$$

Jetzt können wir das Temperaturverhalten der Freileitung bestimmen. In Abb. 213 sind zwei Parabeln eingezeichnet, welche zwei verschiedenen Zuständen ein und derselben Freileitung entsprechen mögen. Dem 1. Zustand liege eine Temperatur t_1, eine spezifische Beanspruchung p_1 und ein Leitungsgewicht g_1, dem Zustand 2 eine Temperatur t_2, eine Zugspannung p_2 und ein Leitungsgewicht g_2 zugrunde. Normalerweise ist $g_1 = g_2$, da ja das Leitungsgewicht sich bei Temperaturschwankungen praktisch nicht ändert. Wir wollen jedoch durch die verschiedene Bezeichnung zum Ausdruck bringen, daß im einen Falle auf der Leitung Zusatzlasten durch Rauhreif, Eisbildung usw. vorhanden sein können.

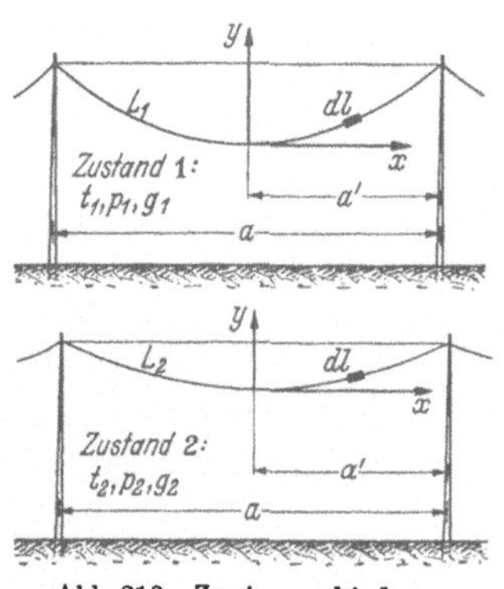

Abb. 213. Zwei verschiedene Zustände einer Freileitung.

Für jede der beiden Parabeln kann man die Gleichung (101) anwenden und erhält:

und

$$L_1 = a \left[1 + \left(\frac{g_1}{p_1} \right)^2 \frac{a^2}{24} \right]$$

$$L_2 = a \left[1 + \left(\frac{g_2}{p_2} \right)^2 \frac{a^2}{24} \right].$$

Wir bilden die Differenz der beiden Bögen und erhalten

$$L_1 - L_2 = \frac{a^3}{24} \left[\left(\frac{g_1}{p_1} \right)^2 - \left(\frac{g_2}{p_2} \right)^2 \right].$$

Nehmen wir an, daß im Zustand 1, der auf den Zustand 2 folge, eine höhere Temperatur vorhanden ist als im Zustand 2, so wird, da die Temperatur um $t_1 - t_2$ zugenommen hat, durch die Erwärmung eine Längenausdehnung vom Betrage

$$\Delta l_w = L_2 (t_1 - t_2) \alpha$$

auftreten. Dabei bedeutet L_2 die Bogenlänge im Zustand 2 und α den Wärmeausdehnungskoeffizienten. Da bei zunehmender Temperatur der Durchhang etwas größer wird, wird die Zugspannung etwas kleiner werden, und zwar um den Betrag $p_2 - p_1$. Die hierdurch bedingte elastische Verkürzung beträgt

$$\Delta l_{\text{elast}} = \frac{L_2 (p_2 - p_1)}{E},$$

wobei E der Elastizitätsmodul in kg/mm² ist. Insgesamt wird sich also durch den Einfluß der Temperaturänderung und durch den Einfluß der elastischen Zusammenziehung das Seil um den Betrag

$$\Delta l = L_2 (t_1 - t_2) \alpha - L_2 \left(\frac{p_2 - p_1}{E} \right)$$

ausdehnen. Diese Ausdehnung muß gleich $L_1 - L_2$ sein. Es ergibt sich also folgende Beziehung:

$$\frac{a^3}{24} \left[\left(\frac{g_1}{p_1} \right)^2 - \left(\frac{g_2}{p_2} \right)^2 \right] = L_2 (t_1 - t_2) \alpha - L_2 \left(\frac{p_2 - p_1}{E} \right).$$

Da die Bogenlänge L_2 nur ganz unwesentlich größer als die Spannweite a ist (also $L_2 = \sim a$), kann man die Gleichung noch vereinfachen:

$$\frac{a^2}{24}\left[\left(\frac{g_1}{p_1}\right)^2 - \left(\frac{g_2}{p_2}\right)^2\right] = (t_1 - t_2)\alpha + \frac{p_1 - p_2}{E}.$$

Nach kurzer Umrechnung erhält man:

$$(103) \qquad t_1 = t_2 + \frac{a^2}{24\,\alpha}\left[\left(\frac{g_1}{p_1}\right)^2 - \left(\frac{g_2}{p_2}\right)^2\right] - \frac{p_1 - p_2}{E\,\alpha}.$$

Dies ist die sog. Zustandsgleichung der Freileitung, sie zeigt den Zusammenhang von Temperatur, Gewicht und Zugspannung einer Leitung.

Nimmt man beispielsweise an, die größte Beanspruchung die gleich der zulässigen Spannung sein darf, sei bei — 20° vorhanden (wann dies zutrifft, wird später noch gezeigt), dann werden wir in obige Gleichung $t_2 = -20°$ und $p_2 = p_{\text{zulässig}} = p_z$ setzen. Da keine Eislast vorhanden ist, setzen wir $g_2 = g$. Auf Grund der Gleichung kann jetzt, sofern wir g_1 ebenfalls gleich g setzen, zu einer beliebigen Temperatur t_1 die zugehörige Zugspannung p_1 ermittelt werden. Diese Lösung führt jedoch zu einer Gleichung dritten Grades, die umständlich zu lösen ist. Besser geht

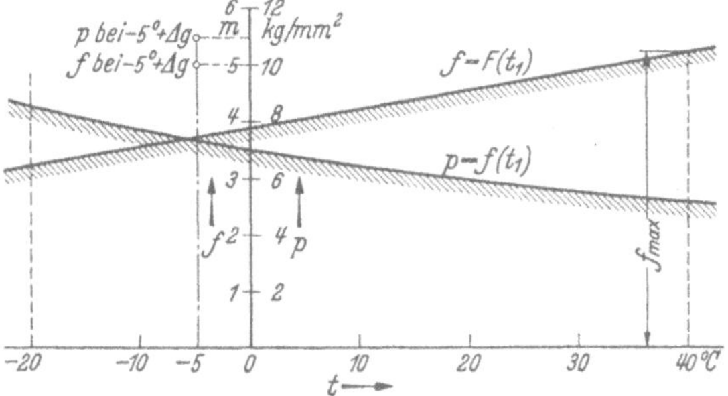

Abb. 214. Montagekurven einer Freileitung.

man in der Weise vor, daß man verschiedene Werte von p_1 annimmt und die zugehörigen Temperaturen t_1 berechnet. Man kann auf diese Weise die Kurve $p_1 = f(t_1)$ aufstellen.

Da nun für jede Temperatur die zugehörige Spannung p_1 bekannt ist, kann nach Gl. (99) auch der zugehörige Durchhang ermittelt werden. Hiermit kann man die Kurve $f = F(t_1)$ ermitteln.

Die erhaltenen Kurven heißen Montagekurven, da man mit ihnen feststellen kann, mit welcher Zugspannung und welchem Durchhang bei einer gegebenen Außentemperatur bei der Montage das Seil verlegt werden muß.

Bis jetzt war angenommen, die größte Beanspruchung des Seiles sei bei —20° vorhanden. Es muß jetzt noch kontrolliert werden, ob nicht gegebenenfalls bei —5° und Eislast eine größere Zugbelastung vorhanden ist. Man wird in die Gleichung für den Zustand 2 wieder die Werte —20° annehmen, für den Zustand 1 jedoch $t_1 = -5°$ einsetzen und für das Gewicht $g_1 = g + \Delta g$ einführen, wobei Δg die durch Rauhreif bedingte spezifische Zusatzlast ist. Rechnet man jetzt p_1 aus, so erhält man einen Wert entweder kleiner oder größer als p_z. Ist er kleiner, dann war unsere Annahme richtig, ist er dagegen größer, dann müßte unsere Rechnung nochmals durchgeführt werden, wobei man jetzt, da die größten Beanspruchungen bei $-5°$ und Eislast vorhanden sind, $t_2 = -5°$ und $g_2 = g + \Delta g$ und $p_2 = p_z$ einsetzt. g_1 wird gleich g gesetzt. Die für diesen Fall ermittelten Montagekurven

$$p_1 = f(t_1) \text{ und } f = F(t_1)$$

sind in Abb. 214 niedergelegt.

Es ist wenig schön, daß man zunächst nicht weiß, ob die größte Beanspruchung bei $-5°$ und Eislast oder bei $-20°$ liegt. Es gibt jedoch ein einfaches Kriterium: die sog. kritische Spannweite a_{kr}. Die Spannweite a_{kr} ist die Spannweite, bei der die Beanspruchung bei $-5°$ und Eislast gleich der bei $-20°$ ist. Zur Bestimmung von a_{kr} setzen wir in Gl. (103) ein:

$$t_1 = -20° \qquad t_2 = -5°$$
$$p_1 = p_z \qquad p_2 = p_z (= p_1)$$
$$g_1 = g \qquad g_2 = g + \Delta g.$$

Es ergibt sich:

(104a)
$$-20 = -5 + \frac{a_{kr}^2}{24\,\alpha}\left[\left(\frac{g}{p_z}\right)^2 - \left(\frac{g+\Delta g}{p_z}\right)^2\right]$$

oder nach Umrechnung:

(104b)
$$a_{kr} = p_z \sqrt{\frac{360\,\alpha}{(g+\Delta g)^2 - g^2}}\;.$$

Es muß jetzt nur noch ermittelt werden, ob bei Spannweiten kleiner oder größer als a_{kr} die größten Beanspruchungen bei $-5°$ und Eislast oder bei $-20°$ vorhanden sind.

Wir gehen von Gl. (103) aus, in der wir uns diesmal t_1, t_2 und p_2 konstant denken. Verändern wir a um $d\,a$, dann verändert sich p_1 um $d\,p_1$. Den Zusammenhang zwischen $d\,p_1$ und $d\,a$ erhalten wir, falls wir Gl. (103) differenzieren. Es ergibt sich:

$$0 = \frac{2\,a\,d\,a}{24\,\alpha}\left[\left(\frac{g_1}{p_1}\right)^2 - \left(\frac{g_2}{p_2}\right)^2\right] + \frac{a^2}{24\,\alpha}\cdot 2\cdot\left(\frac{g_1}{p_1}\right)\left(-\frac{g_1}{p_1^2}\right)d\,p_1 - \frac{d\,p_1}{E\,\alpha}\,.$$

Setzen wir $g_1 = g$ und $g_2 = g + \Delta g$, ferner $p_1 = p_2 = p_z$, was bei $a = a_{kr}$ der Fall ist, dann ergibt sich unter Beachtung der Gl. (140a) für den ersten Summanden obiger Gleichung der Wert $\left(-30\,\dfrac{d\,a}{a_{kr}}\right)$. Obige Gleichung läßt sich dann in folgende umwandeln:

$$\frac{30\,d\,a}{a_{kr}} = -d\,p_1\left(\frac{1}{E\,\alpha} + \frac{a_{kr}^2}{12\,\alpha}\,\frac{g_1^2}{p_z^3}\right).$$

Aus dieser Beziehung folgt, daß, falls wir die Spannweite gegenüber der kritischen vergrößern, p_1, das ist die zu $-20°$ gehörende Zugspannung, abnimmt. Da $p_2 = p_z$, welches zu $-5°$ und Eislast gehört, konstant sein sollte, folgt also, daß bei $a > a_{kr}$, $p_2 > p_1$ ist. Entsprechend ist bei $a < a_{kr}$, $p_1 > p_2$.

Allgemein ausgedrückt heißt dies folgendes:

Ist die Spannweite $a > a_{kr}$, dann liegen die ungünstigsten Materialbeanspruchungen bei $-5°$ und Eislast vor. Ist $a < a_{kr}$, dann ist der ungünstigste Fall bei $-20°$ ohne Eislast.

Die durch Rauhreif gebildete Zusatzlast ΔG kann für normale Verhältnisse nach einer in den VDE-Vorschriften festgelegten empirischen Formel

$$(105) \qquad \Delta G = 0{,}18 \sqrt{d} \quad \text{kg/m}$$

berechnet werden ($d =$ Seildurchmesser in mm).

Um das auf den mm² bezogene spezifische Zusatzgewicht Δg zu erhalten, muß durch den Querschnitt q geteilt werden

$$\Delta g = \frac{0{,}18 \sqrt{d}}{q}.$$

Bei einem Runddraht kann der Drahtdurchmesser d aus dem Querschnitt q berechnet werden

$$(106) \qquad d = \sqrt{\frac{4}{\pi}\, q} = 1{,}129 \sqrt{q}.$$

Meistens hat man es bei Freileitungen jedoch nicht mit massiven Drähten, sondern mit Seilen zu tun. Bei diesen ist der Durchmesser etwas größer als dem reinen Querschnitt entspricht und muß daher Tabellen entnommen werden. Sofern solche nicht zur Hand sind, kann man näherungsweise setzen:

$$(107) \qquad d = 1{,}3 \sqrt{q}.$$

Die nach der VDE-Formel ermittelte Zusatzlast ΔG gilt für normale Verhältnisse, wie sie z. B. in Deutschland auf dem Flachlande vorliegen. Sind Freileitungen durch gebirgige Gegenden zu führen, so ist mit wesentlich höheren Werten für die Zusatzlast zu rechnen. In ungünstigen Fällen hat man Zusatzlasten von 10 bis 14 kg für den Meter Seil festgestellt. Man muß also stets bei der Projektierung einer neuen Freileitung untersuchen, ob vielleicht mit erhöhten Zusatzlasten zu rechnen ist.

Hat man eine Freileitungsberechnung unter Zugrundelegung der VDE-mäßigen Zusatzlast durchgeführt, so ist es für die Beurteilung wesentlich, bei welchem Vielfachen der VDE-mäßigen Zusatzlast die Leitung mit ihrer Dauerzugfestigkeit beansprucht wird. Unter der Dauerzugfestigkeit versteht man dabei die Festigkeit, welche das Drahtmaterial gerade noch dauernd auszuhalten vermag. Die Dauerzugfestigkeit ist kleiner als die mit Zerreißmaschinen ermittelte Bruchfestigkeit. Ausgangspunkt für diese Berechnung ist die allgemeine Zustandsgleichung der Freileitung:

$$t_1 = t_2 + \frac{a^2}{24\,\alpha}\left[\left(\frac{g_1}{p_1}\right)^2 - \left(\frac{g_2}{p_2}\right)^2\right] - \frac{p_1 - p_2}{\alpha E}.$$

Versteht man unter dem Zustand 2 denjenigen, der bei —5° und der VDE-mäßigen Eislast $\varDelta g$ vorhanden ist und hierbei die zulässige Zugbeanspruchung p_z ergibt, so soll unter dem Zustand 1 der verstanden sein, bei dem die Zusatzlast x-mal größer als $\varDelta g$ ist und bei —5° das Leitungsseil mit der Dauerfestigkeit p_d beansprucht. Setzt man in der Gleichung $t_1 = t_2 = -5°$, so erhält man

$$-5 = -5 + \frac{a^2}{24\,\alpha}\left[\left(\frac{g + x\varDelta g}{p_d}\right)^2 - \left(\frac{g + \varDelta g}{p_z}\right)^2\right] - \frac{p_d - p_z}{\alpha\,E}$$

oder nach einiger Umformung

$$(108) \qquad x = \frac{1}{\varDelta g}\left[p_d\sqrt{\frac{24}{a^2\,E}\,(p_d - p_z) + \left(\frac{g + \varDelta g}{p_z}\right)^2} - g\right].$$

Für die verschiedenen Leitungsmaterialien sei im folgenden nachgerechnet, die wievielfache Zusatzlast bei den verschiedenen Spannweiten möglich ist, also wie groß x ist. Als Ausgangspunkt sei ein Kupferseil von 95 mm² angenommen und die anderen Materialien, deren Eigenschaften später behandelt werden, seien so gewählt, daß ein dem Leitwert des Kupferseiles entsprechender Querschnitt herauskommt. Diese Querschnitte und die bei der Rechnung zugrunde gelegten zulässigen Beanspruchungen sind folgende:

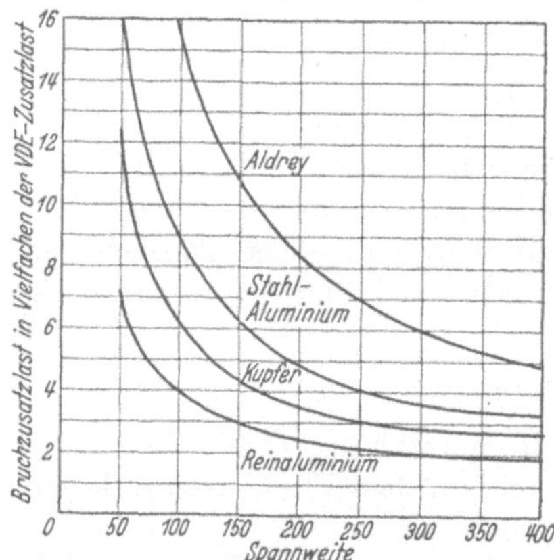

Abb. 215. Bruchzusatzlast in Vielfachen der VDE-Zusatzlast in Abhängigkeit der Spannweite bei verschiedenen Materialien.

Kupferseil . . 95 mm² $p_z=19$ kg/mm²
Aluminiumseil 150 mm² $p_z= 8$ kg/mm²
Stahl-Aluminiumseil . . 150 mm² $p_z=11$ kg/mm²
Aldreyseil . . 185 mm² $p_z=12$ kg/mm²

Die Berechnung nach Gl. (108) ergibt die Kurven der Abb. 215[1]. Man erkennt, daß bei größeren Spannweiten Aluminium etwa die zweifache VDE-mäßige Zusatzlast aushalten kann, ohne daß die Dauerfestigkeit überschritten wird. Besser als Aluminium sind Kupfer und Stahl-Aluminium (Stahlseile mit Aluminiummantel), am günstigsten Aldrey (Aluminiumlegierung). Typisch ist, daß bei Verringerung der Spannweite die Seile größere Zusatzlasten vertragen. Aus diesen Kurven kann man entnehmen, daß man Aluminiumleitungen nur verwenden wird, wenn keine größeren Zusatzlasten zu erwarten sind oder wenn die Spannweiten an und für sich klein sind, etwa wie im Ortsnetzbau. Hat man

---

[1] Aus „Aluminiumfreileitungen", bearbeitet von Behrens, Lux, Nefzger. Verlag Aluminiumzentrale. Berlin 1937.

es mit hochbeanspruchten Freileitungen großer Spannweite zu tun, so kommt Stahl-Aluminium, gegebenenfalls Aldrey zur Verwendung.

In Deutschland verwendet man heute für Hochspannungsleitungen vorwiegend Stahl-Aluminium, während Aldrey noch nicht in dem Maße zur Anwendung kommt, wie man es auf Grund der Kurven erwarten sollte. Es ist jedoch zu beachten, daß hochbeanspruchtes Aldreyseil infolge seines leichten Gewichtes leicht zu Seilschwingungen neigt (s. S. 182), weshalb man Aldrey meist mechanisch nicht so hoch belasten kann, wie es nach den VDE-Vorschriften zulässig ist.

Um einen Überblick zu gewinnen, wie sich die verschiedenen Materialien bezüglich des Durchhangs bei $-5°$ und Eislast und bei $+40°$ verhalten, ist Vergleichstabelle 6 aufgestellt, die für eine Hochspannungsleitung von 250 m Spannweite gilt und bei der die verschiedenen Materialien annähernd leitwertgleiche Querschnitte besitzen. p_z ist in der Vergleichstabelle mit Rücksicht auf mögliche Seilschwingungen (s. S. 182) etwas niedriger angenommen, als der Tabelle 7 entspricht.

Tabelle 6. Hochspannungsleitung[1], $a = 250$ m.

	Cu	Al	St.-Al (1:6)	Aldrey
q	95	150	150	185
p_z	16	7	10	10
f bei $-5°$ und Eislast	7,81	8,45	6,05	5,94
f bei $+40°$	7,74	8,75	6,25	6,15
x	3,87	2,5	4,1	6,2

Aus dieser Zusammenstellung folgt, daß Aluminium die größten Durchhänge besitzt, daß bei ihm also die Maste am höchsten werden. Die Durchhänge bei Stahl-Aluminium und bei Aldrey sind am kleinsten und fast gleich groß.

In der Tabelle 7 sind die wesentlichsten Daten für die verschiedenen Leitungsmaterialien zusammengestellt.

Neben der Prüffestigkeit und der Dauerfestigkeit ist in der Tabelle 7 noch die zulässige Zugspannung in kg pro mm² außer für Kupfer, Bronze und Aluminium auch für Aldrey und Stahl-Aluminium angegeben. Zu Kupfer und Bronze ist zu sagen, daß diese Materialien in Deutschland heute aus dem Freileitungsbau praktisch verschwunden sind, da diese Metalle aus dem Ausland bezogen werden müssen. Früher hatte man sehr viele Kupfer-Freileitungen gebaut, auch Bronze-Freileitungen, diese vor allem dort, wo hohe Festigkeit verlangt war, z. B. bei Flußkreuzungen mit großen Spannweiten oder in Gebieten, in denen mit großen zusätzlichen Eislasten zu rechnen war.

Man hatte früher auch schon in Deutschland Aluminium-Freileitungen gebaut, jedoch nicht immer mit gutem Erfolg. Dies lag oft daran, daß das verwandte Aluminium nicht den notwendigen Reinheitsgrad besaß.

---

[1] Aus „Aluminiumfreileitungen", bearbeitet von Behrens, Lux, Nefzger. Verlag Aluminiumzentrale. Berlin 1937.

Tabelle 7. Mechanische und elektrische Festwerte für Freileitungsseile[1].

	Kupfer	Bronze II	Aluminium	Aldrey	Stahl-Aluminium	
					1:6	1:4
Eigengewicht kg/cm³ . .	$8{,}9 \cdot 10^{-3}$	$8{,}65 \cdot 10^{-3}$	$2{,}7 \cdot 10^{-3}$	$2{,}7 \cdot 10^{-3}$	$3{,}45 \cdot 10^{-3}$	$3{,}7 \cdot 10^{-}$
Wärmeausdehnungszahl für 1° C	$1{,}7 \cdot 10^{-5}$	$1{,}66 \cdot 10^{-5}$	$2{,}3 \cdot 10^{-5}$	$2{,}3 \cdot 10^{-5}$	$1{,}92 \cdot 10^{-5}$	$1{,}75 \cdot 10^{-}$
Elastizitätsmodul kg/mm²	13 000	13 000	5600	6000	7500	8300
Dauerzugfestigkeit kg/mm²	30	50	12	26	20 (Seil)	
Prüffestigkeit (Draht) kg/mm²	40	60	18	30	St. 120	St. 120
Zulässige Zugspannung kg/mm²	19	30	8	13	Al 18 11	Al 18 11,75
Zugelassener Mindestquerschnitt mm²	10	10	25	25	16	—
Streckgrenze (0,2% bleibende Dehnung) kg/mm²	38	56	15	28	—	—
Elastizitätsgrenze (0,01% bleibende Dehnung) kg/mm²	22	32	9	17	—	—
Spezifischer Widerstand bei 20° C $\dfrac{\Omega \cdot \text{mm}^2}{\text{m}}$ . .	0,01786	0,0278	0,0287	0,0333	0,0287 (Al-Mantel)	
Elektrische Leitfähigkeit bei 20° C $\dfrac{\text{m}}{\Omega \cdot \text{mm}^2}$ . .	56	36	34,8	30	34,8 (Al-Mantel)	
Widerstandstemperaturzahl für 1° C	0,0038	0,004	0,004	0,0036	0,004 (Al-Mantel)	

Aluminium bildet mit den meisten Metallen, die es als Verunreinigung enthält, kleine elektrolytische Elemente. Hierdurch treten Korrosionserscheinungen auf, durch die das Material allmählich zerfressen wird. Um solche Fehler zu vermeiden, wird heute vom Aluminium verlangt, daß es mindestens einen Reinheitsgrad von 99,5% besitzt.

Aldrey ist eine Aluminiumlegierung (0,3 bis 0,5% Mg, 0,4 bis 0,7% Si, 0,3% Fe, Rest Al). Die Zusätze zur Erhöhung der Festigkeit wurden so gewählt, daß keine Korrosionserscheinungen auftreten und daß die elektrische Leitfähigkeit nicht nennenswert verschlechtert wird. Aus der Tabelle 7 folgt, daß die Dauerfestigkeit von 12 kg/mm² bei Aluminium auf 26 kg/mm² bei Aldrey gestiegen ist, während die Leitfähigkeit nur von 34,8 auf 30 gefallen ist. Das spezifische Gewicht von Aldrey ist gleich dem des Aluminiums, also gleich $2{,}7 \cdot 10^{-3}$ kg/cm³.

Das Stahl-Aluminiumseil besteht aus einem Kern von Stahldrähten und einem Mantel aus Aluminiumdrähten (s. Abb. 216b). In normaler,

---

[1] Aus „Aluminiumfreileitungen" bearbeitet von Behrens, Lux, Nefzger. Berlin: Aluminiumzentrale 1937.

vom VDE vorgeschriebener Ausführung ist das Querschnittsverhältnis zwischen Stahlseil und Aluminiummantel 1 : 6. In Fällen, in denen eine erhöhte Festigkeit verlangt wird, wird auch ein Querschnittsverhältnis von 1 : 4 angewandt. Beim Stahl-Aluminiumseil wird bei Rechnungen durchweg angenommen, daß nur der Aluminiummantel Strom führt (Leitfähigkeit 34,8). Der in Tabellen angegebene Nennquerschnitt bezieht sich beim Stahl-Aluminiumseil deswegen stets auf den Querschnitt des Aluminiummantels. Der Gesamtquerschnitt ist hingegen gleich dem Nennquerschnitt plus dem Querschnitt des Stahlseiles. Der Gesamtquerschnitt ist bei den Temperatur- und Festigkeitsberechnungen zugrunde zu legen.

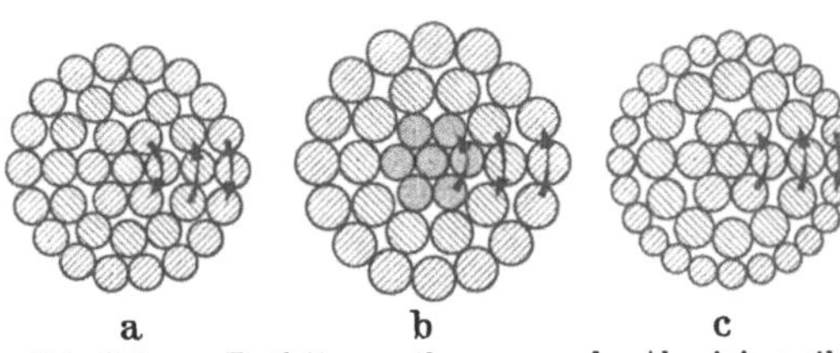

Abb. 216a—c. Freileitungsseile. a normales Aluminiumseil, b Stahl-Aluminiumseil, c verdrehungsfreies Aluminiumseil.

Neuerdings sind im Freileitungsbau für höchste Spannungen Hohlseile aus Aluminium vorgeschlagen (s. Abb. 217), welche zur Erhöhung der Festigkeit im Innern als Tragorgan ein Stahlseil haben. Man hat hier die Möglichkeit, bei gegebenem Aluminiumquerschnitt auf große Außendurchmesser kommen zu können, so daß Koronaverluste vermieden werden. Hohlseile ohne Stahlseele hat man bei Cu für hohe Spannungen (200 kV) schon früher ausgeführt.

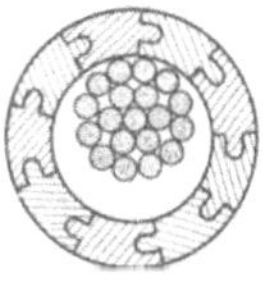

Bei einem Freileitungsseil normaler Bauart, z. B. einem Aluminiumseil nach Abb. 216a, besteht die Neigung, wenn es frei auf dem Boden liegt, sich zu verwinden, da der Drall des Seiles der verschiedenen Lagen sich nicht kompensiert. Man kann nach Vorschlägen von Gröbl durch entsprechende Festlegung der Schlagrichtung und Dimensionierung der verschiedenen Lagen [man kommt jetzt nicht mehr mit einem Drahtquerschnitt aus (Abb. 216c)] ein Seil erhalten, das verdrehungsfrei ist, da der Drall der einzelnen Lagen sich gegenseitig aufhebt

Abb. 217. Hohlseil mit Stahlseele.

Bei Anwendung der Stahl-Aluminiumseilen ist zu beachten, daß in der Stahlseele Zusatzverluste auftreten können. Es werde zunächst ein Stahl-Aluminiumseil mit nur einer Lage Aluminiumdrähten, die das Stahlseil spiralig umgeben, betrachtet. Da die Oberfläche der einzelnen Aluminiumdrähte oxydiert ist und somit die Einzeldrähte gegeneinander isoliert sind, wird der das Seil durchfließende Strom, wie bei einer Spule, die Stahlseele umfließen. Das Stahlseil wird hierdurch magnetisiert und es können beachtliche Zusatzverluste entstehen, sofern man nicht ein Stahlseil verwendet, welches schlecht magnetisierbar ist und vor allem kleine Eisenverluste aufweist. Günstig ist auch eine möglichst große Schlaglänge des Aluminiumseiles zu wählen, da so die magnetisierenden AW kleiner werden.

Hat man mehrere Lagen Aluminiumdrähte um das Stahlseil gewickelt, so bekommen diese im allgemeinen entgegengesetzte Drallrichtung. Dadurch heben sich die Amperewindungen zum Teil auf. Eine vollständige Kompensierung erfolgt nicht, da die äußeren Lagen mehr Drähte aufweisen als die inneren Lagen und die Schlaglänge nicht allzu verschieden ist. Es kommt noch hinzu, daß die Stromverteilung auf die einzelnen Lagen nicht mehr gleichmäßig ist, sondern daß z. B. bei einem Zweilagenseil die innere Lage eine höhere Stromdichte besitzt als die äußere. Dies kann man sich grob so erklären, daß die Stromverteilung auf die beiden Lagen derart erfolgen will, daß die Amperewindungen sich möglichst kompensieren, im Innern also möglichst nur ein kleiner Fluß auftritt. Dies ist jedoch nur dann möglich, wenn die innere Lage, obwohl sie kleineren Querschnitt hat, praktisch denselben Strom führt wie die äußere. Das bedeutet aber zusätzliche Verluste auch im Aluminiumseil. So ergab ein Versuch, daß bei einem normal gewickelten dreilagigen Stahl-Aluminiumseil von 340 mm² die Zusatzverluste 8% betrugen. Wenn man jedoch von vornherein die Schlaglängen der einzelnen Schichten verschieden groß wählt (bei einem Zweischichtenseil müßte die äußere Lage eine wesentlich größere Schlaglänge haben), kann man es erreichen, daß die erzeugten Amperewindungen praktisch Null sind und damit Zusatzverluste kaum auftreten werden.

B. Die Seilschwingungen.

Wenn eine Freileitung seitlich durch Wind angeblasen wird, erfährt sie nicht nur eine seitliche Ablenkung, sondern kann auch in vielen Fällen zu vertikalen Schwingungen angeregt werden. Auf die Entstehung dieser Schwingungen sei etwas näher eingegangen. Abb. 218 zeigt einen Draht im Querschnitt, der von links angeblasen wird. Hinter dem Draht bildet sich ein Windschatten, in welchem sich Luftwirbel ausbilden können.

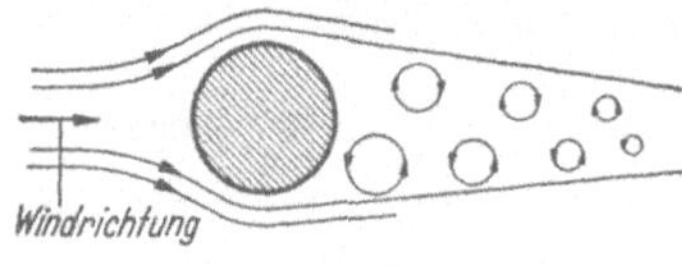

Abb. 218. Schematische Darstellung der Wirbelablösung bei einem Freileitungsseil.

Diese Wirbel bleiben, nachdem sie eine gewisse Größe erreicht haben, nicht stehen, sondern lösen sich ab, jedoch nicht gleichzeitig, sondern der eine früher, der andere später. Hierdurch bildet sich ein Zustand heraus, bei dem Wirbelablösungen bald oben, bald unten stattfinden werden und der in Abb. 218 schematisch dargestellt ist. Durch diese dauernde Wirbelablösung wirkt auf den Draht eine vertikale Kraft wechselnder Richtung, welche die Frequenz der Wirbelablösung besitzt. Infolge dieser periodischen Kraft kann das Seil wie eine eingespannte Saite in Schwingungen versetzt werden (s. Abb. 219), und zwar in Schwingungen verschiedenster Wellenlänge, wobei allerdings die Befestigungspunkte des Seiles Schwingungsknoten bilden. Da ein Seil mit verschiedenen Wellenlängen und demgemäß auch mit verschiedenen Frequenzen schwingen kann (die Schwingungszahl ist um so höher je kleiner die Wellenlänge), findet sich besonders bei großen Spannweiten wohl meistens eine Wellenlänge, deren Schwingung ungefähr in Resonanz mit der erregenden Kraft ist. Von besonderem Interesse ist die Frequenz v der Wirbelablösung, welche gleich ist der Frequenz der periodischen Kraft. Es gilt die empirische Beziehung:

$$(109) \qquad v = k\,\frac{v}{d}\ (\text{Hz}).$$

In dieser Formel ist die Geschwindigkeit v in cm/sec und der Drahtdurchmesser in cm einzusetzen. k bedeutet eine Konstante; für Seile gilt $k = 0,195$ [1]. Man hat durch Beobachtung festgestellt, daß bei starken Wind ($v > 5$ m/sec) meist keine Schwingungen mehr auftreten. Die normalerweise beobachteten Schwingungen haben eine Frequenz von etwa

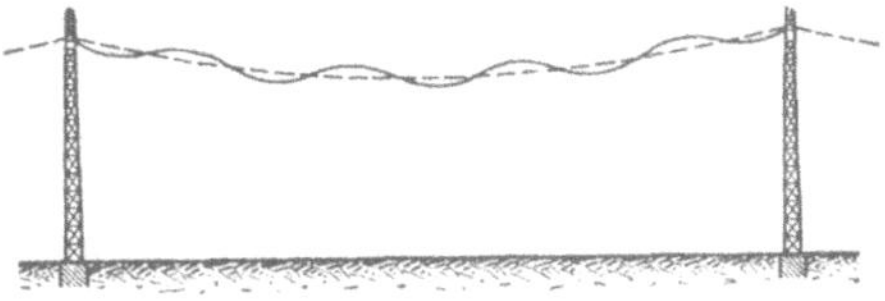

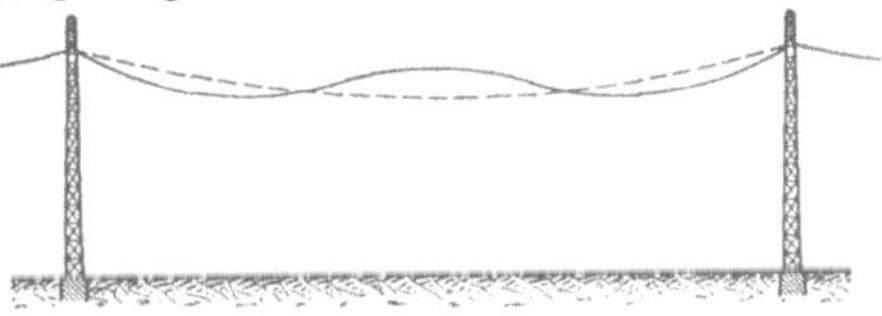

Abb. 219. Seilschwingungen kleiner Wellenlänge.

20 bis 100 Hz, die Wellenlänge beträgt etwa 1 bis 10 m, die beobachteten Amplituden erreichen Werte von etwa 10 mm einseitig.

Man hat beobachtet, daß eine Leitung besonders stark schwingt, wenn sie eine hohe Zugspannung, geringes Gewicht und einen großen Drahtdurchmesser aufweist. Besitzt die Leitung eine hohe Zugspannung, dann liegen die Eigenfrequenzen für die einzelnen Wellenlängen höher als sonst. Da jedoch die Frequenz der Erregung unabhängig von der

Abb. 220. Seilschwingungen größerer Wellenlänge.

Zugspannung ist, wird jetzt Resonanz eintreten mit einer Schwingung größerer Wellenlänge, bei der die Seilbeanspruchungen erfahrungsgemäß stärker sind. Dies kann man sich an Hand der Abb. 219 und 220 erklären: Nimmt man an, die durch die Wirbelablösungen hervorgerufenen Kräfte wirken im betrachteten Moment nach oben, dann werden die Schwingungen bei einem Teil der Halbwellen begünstigt, bei dem anderen gehemmt. Für grobe Überlegungen kann man sich vorstellen, daß als resultierende schwingungserregende Kraft auf das Seil die Kraft einer Halbwelle übrig bleibt. Nimmt die Zahl der Halbwellen zwischen zwei Aufhängepunkten zu, damit aber die Wellenlänge einer Schwingung ab, dann verbleibt als resultierende schwingungserregende Kraft ebenfalls die Kraft einer Halbwelle übrig, die jedoch wegen der jetzt geringeren Wellenlänge kleiner ist.

---

[1] Siehe „Technische Mitteilungen der Studiengesellschaft für Höchstspannungsanlagen e. V." Heft 20.

Ist das Gewicht des Seiles klein, dann liegen ähnlich wie bei hoher Zugspannung die Frequenzen höher als bei Leitungen aus Material mit großem Gewicht und es treten Schwingungen mit großen Wellenlängen, die ungünstig sind, auf.

Wird der Seildurchmesser vergrößert, so nimmt nach Gl. (109) die Frequenz der erregenden Kräfte ab. Das ist aber auch gleichbedeutend,

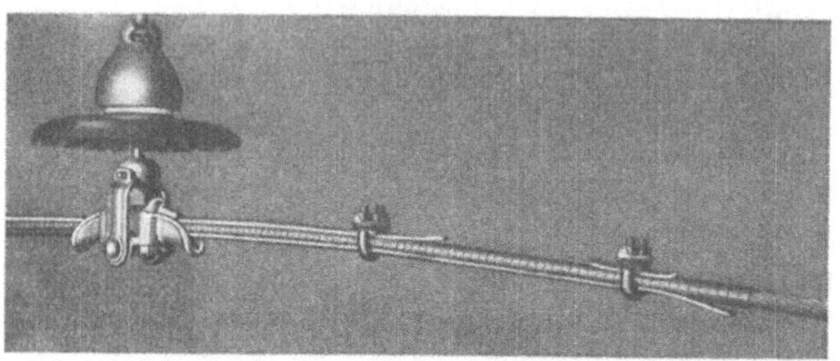

Abb. 221. Freileitungsseil mit drehbarer Klemme und Dämpfungsbeilagen (Hofmann).

daß jetzt Resonanz mit den Seilschwingungen größerer Wellenlängen stattfindet, die, wie oben geschildert, gefährlicher sind.

Aus obigen Überlegungen folgt, daß von den bis jetzt behandelten Materialien ein Freileitungsseil aus Aldrey am stärksten schwingen kann,

Abb. 222. Schwinghebeldämpfer (Hofmann).

da es geringes Gewicht hat und hohe Zugspannungen erlaubt. Besteht mit Rücksicht auf örtliche Verhältnisse die Gefahr von Seilschwingungen, so nutzt man deswegen oft die nach den VDE-Vorschriften zulässigen Zugspannungen nicht aus, sondern bleibt unter den zugelassenen Werten. Zugelassen ist beispielsweise für Aluminium 8, für Aldrey 13 und für Stahl-Aluminium 11 kg/mm². Oft wird man bei Aluminium nicht über 7, bei Aldrey nicht über 11 und bei Stahl-Aluminium nicht über 10 kg/mm² gehen (im Ortsnetzbau und bei Aluminiumfreileitungen wendet man sogar nur 4 bis 6 kg/mm² an).

Um die Seilschwingungen möglichst ungefährlich zu machen, gibt es eine Reihe von Mitteln. So hat es sich als zweckmäßig erwiesen an den Masten die Befestigungsklemmen (s. Abb. 221, die Dämpfungsbeilagen denke man sich weg) beweglich auszubilden und dabei den

Drehpunkt möglichst dicht an das Seil zu legen. Dadurch will man erreichen, daß die Aufhängepunkte nicht als Reflexionspunkte wirken, vielmehr soll die Klemme den Seilschwingungen folgen können. Dies ist möglich, wenn die benachbarten Felder nicht synchron schwingen, was auch meist der Fall ist. Da Seilbrüche meist an der Einspannstelle der Klemme auftreten, hat man versucht, diesen Übelstand durch Dämpfungsbeilagen aus Stahlblech zu beheben (Abb. 221). Durch diese Stahlbeilagen wird das Seil an der Klemme entlastet, außerdem wirken die Beilagen auf die Seilschwingungen etwas dämpfend.

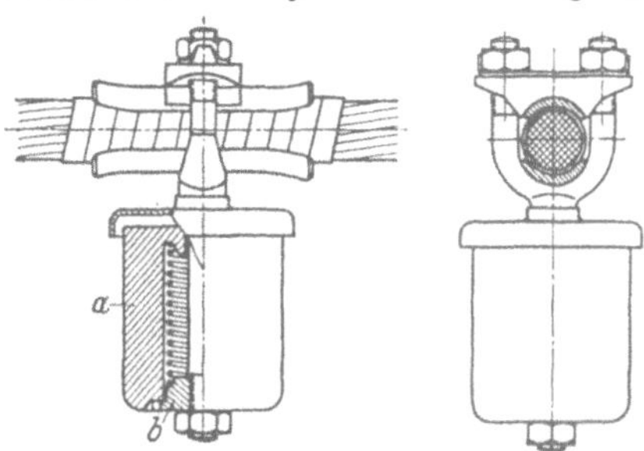

Abb. 223a. Stoßgewichtsdämpfer (Hofmann).

Durch die bis jetzt geschilderten Mittel können wohl die Auswirkungen der Schwingungen auf das Seil gemildert werden, die Schwingungen werden jedoch, wenn auch verkleinert, meist noch vorhanden

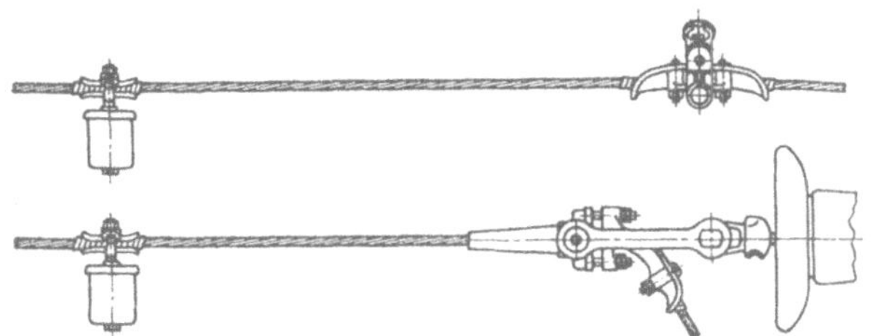

Abb. 223b. Stoßgewichtsdämpfer in Leitung eingebaut.

sein. Eine Konstruktion um die Ausbildung der Schwingungen fast ganz zu unterbinden, ist der sog. Schwinghebeldämpfer, der in Abb. 222 dargestellt ist. Man hat hier einen drehbaren Hebel mit unsymmetrisch gelagertem Drehpunkt. Wenn das Seil ins Schwingen gerät, kommt der Schwinghebel ebenfalls ins Schwingen und schlägt gegen die Anschläge und stört hiermit indirekt die Seilschwingung, so daß diese sich nicht hochschaukeln kann. Unter Umständen müssen mehrere Schwinghebeldämpfer nebeneinander eingebaut werden. Nach ähnlichen Prinzipien arbeitet der Stoßgewichtsdämpfer der Abb. 223a u. b, der aus einem Gewicht a besteht, welches sich über eine Feder auf einen mit dem Seil verbundenen Bolzenteller b lose abstützt. Bei

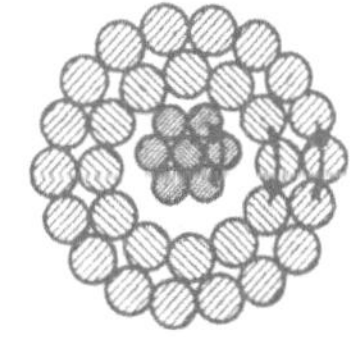

Abb. 224. Schwingungsdämpfendes Stahl-Aluminiumseil (Gröbl).

Seilschwingungen hebt sich das Gewicht periodisch von seiner Unterlage ab, kommt ins Schwingen und mit dem Seil ins Klappern. Hierdurch wird Dämpfungsarbeit geleistet, die Seilschwingungen können sich nicht nennenswert ausbilden.

Eine weitere interessante Lösung ist das schwingungsdämpfende Seil nach Gröbl. Dies ist ein Leitungsseil aus einem Aluminiummantel, der mit etwas Luft (etwa 1 bis 1,5 mm) ein Stahlseil umgibt (s. Abb. 224). Aluminiummantel und Stahlseil sind verschieden stark gespannt. Man hat zwei schwingungsfähige Gebilde, den Aluminiummantel und das Stahlseil, die sich gegenseitig derart stören, daß Seilschwingungen nicht merkbar auftreten können.

C. Isolatoren für Freileitungen.

Die Freileitungsseile müssen an den Leitungsmasten über Isolatoren befestigt werden. In Niederspannungsnetzen kommen hierzu einfache Stützisolatoren in Frage (s. Abb. 225). Bei höheren Spannungen bis etwa 15 kV werden die sog. Delta-Stützisolatoren (Abb. 226) verwandt. Diese Stützisolatoren sind genormt, und zwar für Spannungen von 6 bis 35 kV. Bei Spannungen größer als 15 kV wird man jedoch meistens schon Hängeisolatoren wählen, die aus mehreren hintereinander geschalteten Gliedern (Einzelisolatoren) bestehen. Die Verwendung der Hängeisolatoren bringt manchen Vorteil mit sich, etwa daß bei Beschädigung eines Gliedes die verbleibenden Isolatoren noch genügend zu isolieren vermögen, so daß keine Störung auftritt. Bei Gelegenheit kann dann der defekte Isolator ausgewechselt werden. Ferner lassen sich bei Hängeisolatoren die Seilbefestigungen beweglich durchbilden (s. Abb. 221), so daß bei möglicherweise auftretenden Schwingungen die Seilbeanspruchungen an der Einspannstelle klein werden. Sollte ein Seil reißen, so gelangt bei Verwendung von Stützisolator der gesamte Seilzug auf den Isolator und damit auf den Mast, während bei Hängeisolatoren die Hängekette seitlich ausweichen kann und damit eine Verminderung der auf den Isolator und den Mast kommenden Zugspannungen eintritt.

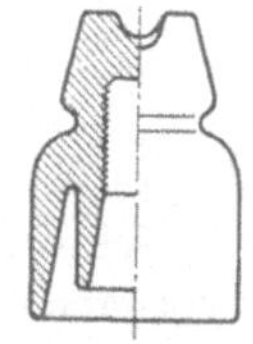
Abb. 225. Stützisolator.

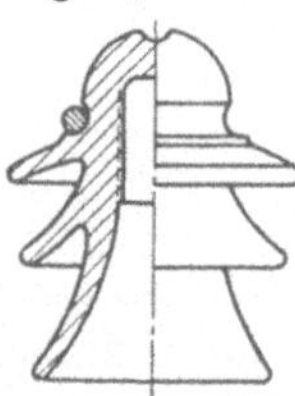
Abb. 226. Hochspannungs-Stützisolator.

Die Hängeisolatoren bestehen aus einer Reihe hintereinander geschalteter Einzelisolatoren, die als Kappen- oder Vollkernisolatoren ausgebildet sein können. Beim Kappenisolator ist der Porzellankörper teilweise von einer Kappe aus Temperguß umgeben (Abb. 227), welche einen geeignet ausgebildeten Hohlraum besitzt, in welche der Klöppel des übergeordneten Isolators eingehängt werden kann. Der Klöppel innerhalb des Porzellankörpers überträgt seine Kraft bei der Konstruktion nach Abb. 227 durch einen Federring auf den Porzellankörper, wobei dieser Federring beim Einbau durch einen zweiten kleineren Federring gehalten wird. Der Raum zwischen Isolator und Klöppel wird mit einer

Metallegierung ausgegossen. Früher verwandte man Isolatoren, bei
denen im Innern der Klöppel verkittet war. Da die Kitte im Laufe der
Zeit treiben und dabei ihr Volumen vergrößern, wurden diese Isolatoren
nach längerer Betriebszeit gesprengt. Deshalb hatte man überall dort
Kitte vermieden, wo das Porzellan durch Treiben des Kittes auf Zug
beansprucht und gesprengt werden kann.
Neuerdings geht man, um an Metall zu sparen,
wieder dazu über, den Klöppel einzukitten.
Man vermeidet ein Sprengen des Isolators
durch Verwendung eines nichttreibenden
Kittes und dadurch, daß man zwischen Porzellan und Kitt einen elastischen Anstrich
vorsieht. Abb. 228 zeigt einen gekitteten
Kappenisolator, bei dem die Klöppel-
befestigung kugelförmig ausgebildet ist. Die

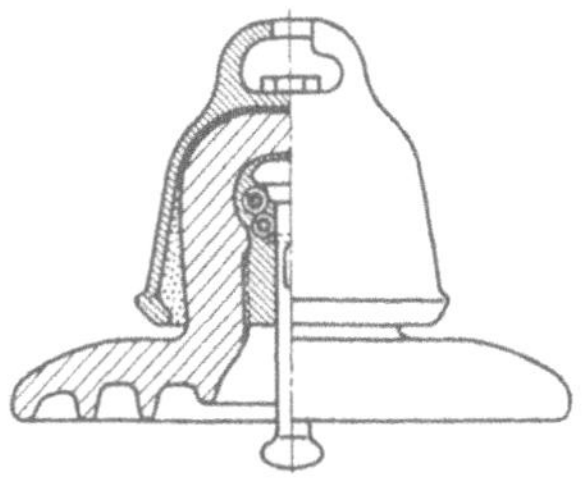

Abb. 227. Kappenisolator mit
Metallausguß (Hescho).

Kappenisolatoren sind bis zu den höchsten Spannungen verwendbar.
Je nach Höhe der Spannung ist die Zahl der Hängeisolatoren, die
in Reihe geschaltet werden, eine verschiedene.

Die andere der heute gebräuchlichen Ausführungen von Hängeisolatoren benutzt als Einzelglied den Vollkernisolator (s. Abb. 229).
Während bei dem Kappen-
isolator zwischen Kappe und
Klöppel unter Umständen
ein Durchschlag stattfinden
kann, ist der Vollkernisolator wegen der großen Iso-
lationslänge zwischen den
Kappen als absolut durch-
schlagsicher zu bezeichnen.
Bei dieser Ausführung wird
das Porzellan im Gegensatz
zum Kappenisolator, der
vorwiegend auf Druck bei

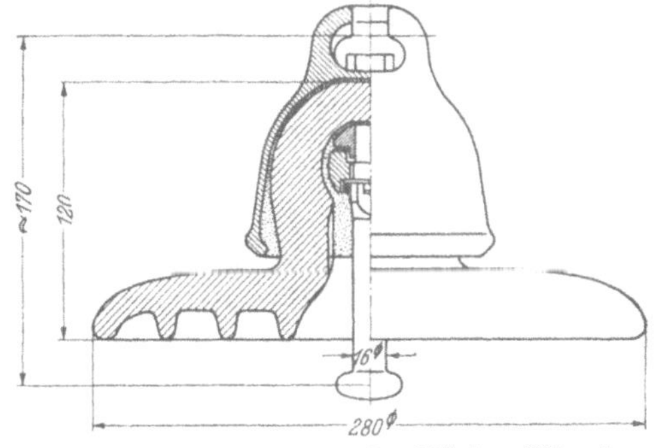

Abb. 228. Kappenisolator mit gekittetem Klöppel
(Hescho).

der Kraftübertragung belastet ist, auf Zug beansprucht. Es ist daher
größte Sorgfalt bei der Herstellung der Porzellankörper anzuwenden,
um die geforderte Festigkeit gleichmäßig zu erzielen. Während man
beim Kappenisolator bei 100 kV etwa sieben Glieder benötigt,
braucht man beim Vollkernisolator nur etwa vier. Die Länge der
Gesamtkette bleibt in beiden Fällen etwa gleich. Die Kappen der
Vollkernisolatoren werden ebenfalls aufgekittet. Es ist anzunehmen,
daß der Vollkernisolator in den kommenden Jahren sich immer mehr
durchsetzen wird.

Bei sämtlichen Isolatoren ist zwischen dem elektrischen und dem
mechanischen Verhalten zu unterscheiden. Um einen Isolator für eine

bestimmte Betriebsspannung auszuwählen, muß die Überschlagspannung des Isolators bzw. der Isolatorenkette bekannt sein. In den VDE-Vorschriften ist festgelegt, daß bei einer Betriebsspannung U die Mindestüberschlagspannung des Isolators bei Beregnung folgenden Wert haben soll (schärfere Formel):

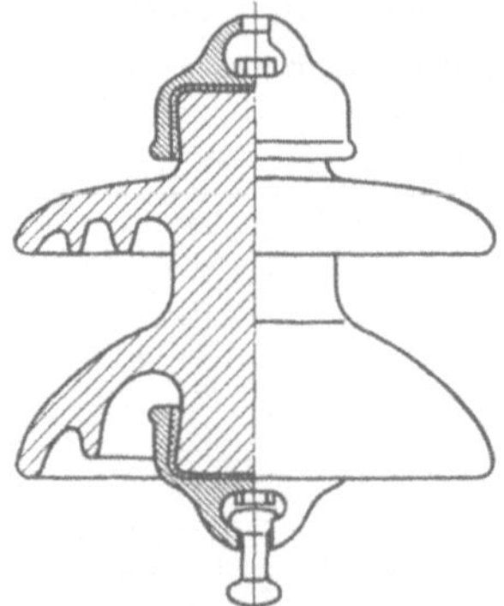

Abb. 229. Vollkernisolator.

$$(110) \qquad U_{\ddot{u}} = 1{,}1 \cdot (2{,}2\,U + 20).$$

In dieser Formel sind die verketteten Spannungen U und $U_{\ddot{u}}$ in kV einzusetzen. Man kann also stets bei bekannter Betriebsspannung die notwendige Mindestüberschlagspannung ermitteln und in den Listen über Isolatoren einen geeigneten Isolator bzw. eine geeignete Isolatorenkette auswählen. Ist die Überschlagspannung bei einem Isolator z. B. 50 kV, dann ergibt der Versuch bei vier Glieder nicht 200 sondern 180 kV, bei zehn Glieder nicht 500 sondern nur 410 kV. Damit bei einem stattfindenden betrieblichen Überschlag nicht durch den Lichtbogen die Isolatoren und die Leitung zerstört

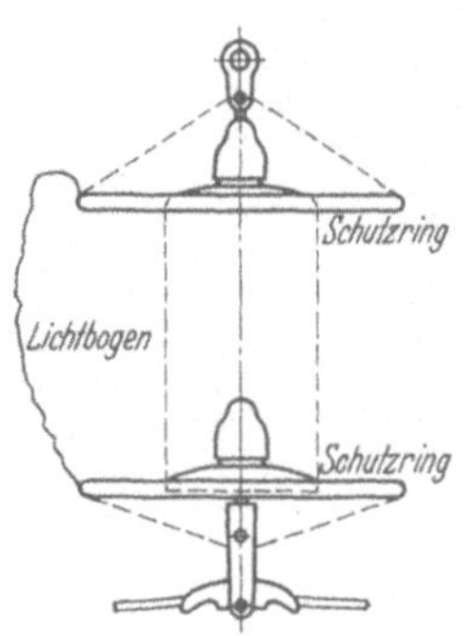

Abb. 230. Isolatorenkette (verkürzt gezeichnet) mit Lichtbogenschutzringen.

werden, ordnet man gelegentlich am obersten und untersten Isolator je einen Schutzring (s. Abb. 230) bzw. Schutzbügel an. Der entstehende Lichtbogen springt auf die Schutzringe über und entlastet die Isolatoren und die Leitung.

Es gibt von jeder Isolatorenart für eine bestimmte Mindestüberschlagspannung verschiedene Typen, die unterschiedliche mechanische Festigkeit aufweisen. Von Interesse ist die Mindestbruchlast, welche der Isolator unbedingt aushalten muß, wenn man die Beanspruchung innerhalb von 1 bis 2 Minuten bis zum Bruch steigert. Weiter ist wichtig die Dauerprüflast. Bei dieser werden die Isolatoren während längerer Zeit mechanisch belastet und mindestens bei Beginn und am Ende der Prüfung 15 min lang an eine Spannung gelegt, die dicht unterhalb der Trockenüberschlagspannung liegt. Diese Dauerprüflast ist deswegen wichtig, weil in den VDE-Vorschriften vorgeschrieben wird, daß bei Abspannisolatoren gekitteter Ausführung die mechanische Festigkeit so hoch sein soll, daß der Dauerprüflastwert des Isolators mindestens 1,85mal so hoch ist, wie der Höchstzug (= zulässige Höchstzugspannung $\times$ Gesamtquerschnitt) der Leitung, jedoch braucht der Dauerprüflastwert nicht mehr als 90% der Nennlast (= Prüffestigkeit $\times$ Nennquerschnitt, bei Stahl-Aluminium-Seilen: Summe der Prüflasten der

Einzeldrähte) der Leitung zu betragen. Abb. 231 zeigt schematisch die Anordnung der Isolatoren als gewöhnliche Tragisolatoren bzw. als Abspannisolatoren. Früher hatte man für Abspannisolatoren besondere Isolatorentypen, was jedoch heute nicht mehr notwendig ist. Ist es wirtschaftlich tragbar, so sollte man bei Tragmasten die gleiche Isolatortype wählen wie für die Abspannmaste, obgleich die Beanspruchung des Isolators bei einem Seilriß durch das Ausschwenken des Hängeisolators auf etwa die Hälfte gemindert wird. Ist dies wirtschaftlich nicht tragbar, so wird meist die nächst kleinere Ausführung gewählt.

An wichtigen Stellen der Leitung z. B. an verkehrsreichen Wegkreuzungen wird man zur Erhöhung der Sicherheit die Isolatoren in Abspannlage als Doppelketten ausbilden.

Man hat festgestellt, daß gelegentlich durch Freileitungen Rundfunkstörungen verursacht werden. Eine Nachprüfung ergab, daß die Ursache stets Glimmerschei-

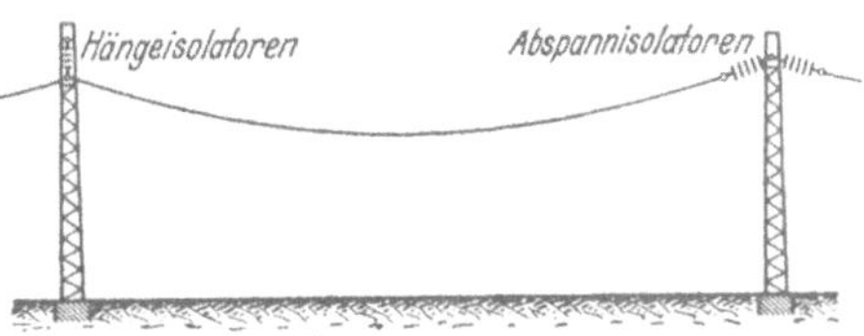

Abb. 231. Freileitung mit Hänge- und Abspannisolatoren.

nungen an den Isolatoren sind, die den Isolatoren selber keinen Schaden zuzufügen brauchen, die jedoch leider für den Rundfunk störend wirken. Solche Störungen treten auf sowohl bei Stützisolatoren, als bei Kappenisolatoren. Bei Stützisolatoren ist der Isolator mit Hanf als Zwischenlage auf einen eisernen Stützer aufgebracht. Zwischen dem im Porzellan befindlichen Gewinde (s. Abb. 225) und dem im Innern des Isolators befindlichen eisernen Stützer sind an manchen Stellen sehr kleine Lufträume vorhanden. Wird hier die Durchbruchfeldstärke der Luft überschritten, so tritt zwischen Porzellan und eisernem Stützer ein periodisches Glimmen, durch welches Störwellen erzeugt werden, auf. Ferner vermag ein Glimmen zwischen dem Bindedraht, der das Seil am Isolator befestigt und der meist kleinen Radius hat, und dem Isolator aufzutreten. Die Rundfunkstörungen können beseitigt werden, wenn das Innere des Isolators, soweit es dem Stützer unmittelbar benachbart ist, metallisiert wird und man dafür sorgt, daß diese Metallisierung mit dem eisernen Stützer in Verbindung kommt. Dadurch werden die Luftzwischenräume überbrückt und ein Glimmen ist nicht mehr möglich. Um ein Glimmen zwischen den Bindedrähten und dem Isolator zu vermeiden, muß die Rille am Isolator, in welche Leitungsseil und Bindedraht hineingelegt werden, ebenfalls metallisiert werden.

Die Ursache der durch Kappenisolatoren hervorgerufenen Rundfunkstörungen sind ebenfalls Glimmentladungen, die im Isolatorinnern auftreten. Man muß damit rechnen, daß im Isolatorinnern der Metallausguß, welcher den Klöppel festhält, an einigen Stellen der Isolatorwandung nicht ganz aufliegt, so daß hier kleine Luftschichten sind, die ins Glimmen kommen können. Eine Metallisierung des Porzellans im Innern bringt hier Abhilfe. Prinzipiell können auch in vorhandenen kleinen Luftschichten, die zwischen Kappe und Porzellan vorhanden sind, Glimmerscheinungen auftreten. Die Erfahrung zeigt jedoch, daß wegen des größeren Durchmessers hier die Feldstärke so klein ist, daß ein störendes Glimmen nicht entstehen kann. Bei Vollkernisolatoren sind die elektrischen Feldstärken an möglicherweise vorhandenen Luftschichten zwischen den Kappen und dem Porzellankörper ebenfalls so klein, daß Radiostörungen nicht zu erwarten sind.

D. Maste und Leitungsanordnungen.

Eine Freileitung muß für Drehstromübertragung drei Leitungen führen. Bei größeren Leistungen, aber auch aus Gründen der Sicherheit, werden die Leitungen oft als Doppelleitungen ausgebildet, d. h. jede Phase ist zweimal vorhanden. Die Anordnung wird stets so getroffen, daß auf jeder Mastseite je drei Leitungen angeordnet sind.

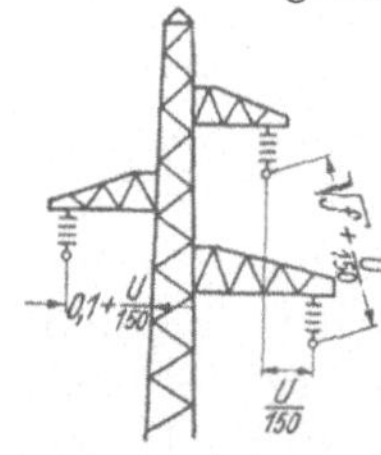

Abb. 232. Anordnung der Leitungen am Mast.

Bei der Festlegung der Anordnung der Freileitungsseile muß beachtet werden, daß der Abstand der Leiter voneinander und gegen Erde groß genug ist. (Nach VDE müssen die Leitungen bei größtem Durchhang mit ihrem tiefsten Punkt mindestens 6 m, bei Wegüberkreuzungen 7 m vom Erdboden entfernt sein. Bei Spannungen über 100 kV sind die angegebenen Werte um den Betrag $\dfrac{U_{kV}-100}{150}$ in m zu vergrößern; s. S. 168.) Während bei Niederspannungsleitungen ein für allemal festgesetzt ist, daß der Mindestabstand der Leiter untereinander 35 cm betragen muß, richtet sich bei Hochspannungsleitungen der Abstand nach der Spannung und nach dem Durchhang.

In den VDE-Vorschriften wird verlangt, daß der Mindestabstand der einzelnen Leitungen voneinander bei Aluminiumleitungen (s. Abb. 232) in der Ruhelage

$$(111) \qquad\qquad \sqrt{f} + \frac{U}{150}$$

sein muß, während bei Kupfer nur ein Abstand von

$$(112) \qquad\qquad 0{,}75\,\sqrt{f} + \frac{U}{150}$$

verlangt ist. (Für f ist der größtmögliche Durchhang in m und U in kV einzusetzen.)

In diesen Beziehungen kommt der Durchhang f vor, denn je größer er ist, um so eher besteht die Möglichkeit, daß bei Wind oder sonstigen Unregelmäßigkeiten, etwa Abfallen der Eislast, die Leitungen sich berühren können. Bei Kupferleitungen darf der Abstand etwas kleiner sein, denn infolge des größeren Gewichtes wird bei Wind die Leitung weniger abgetrieben.

Der Mindestabstand der an den Isolatoren befestigten Leiter von geerdeten Teilen ist gleichfalls vorgeschrieben und beträgt in m

$$(113) \qquad\qquad 0,1 + \frac{U}{150}.$$

Diese Beziehung gilt für Spannungen $U > 15$ kV; bei kleineren Spannungen soll der Abstand nicht weniger als 0,2 m betragen. Es ist ferner zu beachten, daß auch bei durch Wind abgelenkter Isolatorenkette immer noch ein Abstand des Leiters vom Mast von $U/150$ vorhanden sein muß.

Zwei Phasen wird man möglichst nicht untereinander anordnen, damit nicht im Winter

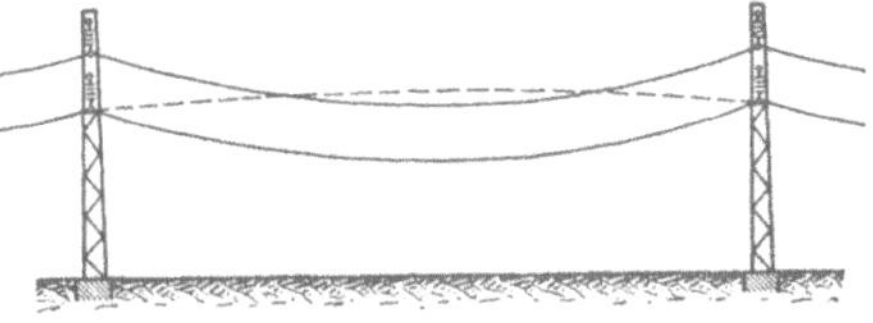

Abb. 233. Hochschnellen eines Seiles bei abfallender Eislast.

bei Eislast, falls die unterste Phase ihre Eislast verliert und emporschnellt, die oberste Phase berührt (s. Abb. 233). Um solche ungewollten Berührungen zu vermeiden, ist ein Horizontalabstand übereinander angeordneter Leitungen von $U/150$ m vorzusehen.

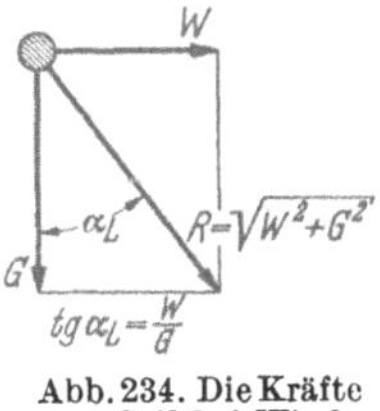

Oft ist es zweckmäßig, die gegenseitige Annäherung von Leitungen nachzurechnen, denn die in den VDE-Vorschriften angegebenen Mindestwerte für die Ruhelage können unter Umständen zu knapp sein. Man muß bei der Nachrechnung von dem Windverhalten der Freileitungen ausgehen. Es soll dabei mit einer Windkraft von 125 kg/m² gerechnet werden. Bei runden Körpern, also bei Drähten, wird nur 50% obigen Wertes eingesetzt. Als Angriffsfläche gilt die senkrecht zur Windrichtung projizierte Fläche. Bei Isolatoren wird man, wenn experimentelle Unterlagen fehlen, um sicher zu gehen, die gesamte Begrenzungsfläche der Isolatorenkette als Angriffsfläche annehmen, jedoch dann nur mit etwa 40% der angegebenen Windkraft rechnen.

Abb. 234. Die Kräfte am Seil bei Wind.

Ist pro m Länge eine Windkraft W kg/m vorhanden und das Gewicht pro m Länge G kg/m, so ist die resultierende Kraft gleich R (s. Abb. 234). Die Leitung stellt sich unter der Kraft R schief ein, und zwar in Richtung der Kraft R, wobei der Ablenkwinkel $\operatorname{tg} \alpha_L = W/G$ ist. Diese Beziehung gilt unter der Voraussetzung, daß der Aufhängepunkt der Leitung fest ist. Meist ist die Leitung jedoch an Hängeisolatoren befestigt, welche ihrerseits ebenfalls ausschwingen können (Abb. 235). Das Gewicht des Hängeisolators sei G_J und die auf ihn wirkende Kraft W_J. Am untersten Ende des Isolators greift in vertikaler Richtung das Seilgewicht einer Spannweite an, also die Größe G_a; in horizontaler Richtung wirkt die Windkraft pro Spannweite, also die Größe W_a. Denkt man sich die Kräfte W_J und G_J an das untere Ende des Isolators reduziert (hier sind sie wegen des doppelten Hebelarmes nur halb einzusetzen), so greift an diesem Punkt jetzt in horizontaler Richtung die Kraft $W_a + \dfrac{W_J}{2}$

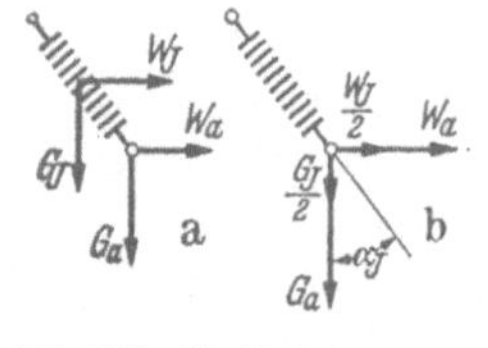

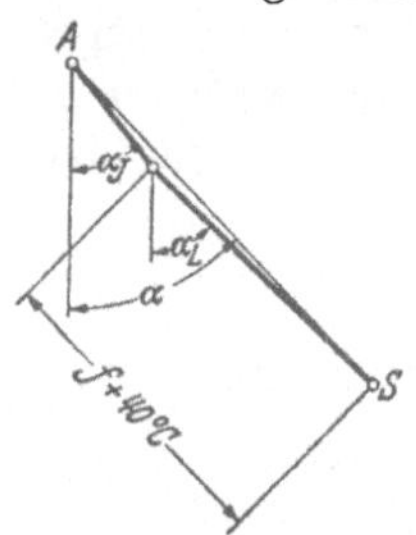

Abb. 235. Kräfte an einer Isolatorenkette bei Wind.

und in vertikaler Richtung $G_a + \dfrac{G_J}{2}$ an. Die Resultierende fällt in Richtung des sich schräg einstellenden Isolators, wobei sein Ablenkungswinkel

$$(114) \qquad \operatorname{tg} \alpha_J = \frac{W_a + \dfrac{W_J}{2}}{G_a + \dfrac{G_J}{2}}$$

ist.

In Abb. 236 ist ein Schnitt durch eine Freileitung in der Mitte der Spannweite gelegt. Der Isolator wird um den Winkel α_J aus der Horizontalen abgelenkt. Die Auslenkung der Leitung, bezogen auf den Aufhängepunkt am Isolator, ist α_L. Zieht man vom Aufhängepunkt A des Isolators eine Verbindungslinie zum tiefsten Punkt S der Freileitung (s. Abb. 236), so bildet diese mit der Vertikalen einen resultierenden Winkel α, der graphisch oder auch rechnerisch ermittelt werden kann.

Man berechnet den Windabtrieb für die höchste Temperatur ($+\,40°$), bei der der größte Durchhang vorhanden ist und stellt sich vor, daß bei Wind dieser größte Durchhang seitlich um den Winkel α_L herumgeklappt wird (s. Abb. 236). Streng genommen, ist das Verfahren nicht richtig, denn es berücksichtigt

Abb. 236. Abgewehte Freileitung (in Mitte der Spannweite geschnitten).

nicht, daß R (s. Abb. 234) größer als G ist. Grundsätzlich kann man mit der Zustandsgleichung auch den tatsächlichen Durchhang unter Berücksichtigung der zusätzlichen Windkraft berechnen, jedoch hat es sich eingebürgert, diese genaue Rechnung nicht durchzuführen, da die weiteren oft ungenauen Angaben diese höhere Genauigkeit nicht rechtfertigen.

Es sei jetzt angenommen, daß die nebeneinander angeordneten Leitungen der Abb. 237 a durch Wind seitlich abgeweht werden (Abb. 237 b). Hört der Wind plötzlich auf, dann schwingen die Leitungen zurück und kommen allmählich in Ruhe. Bei diesem Ausschwingen können die Seile, die ursprünglich in Phase waren, infolge Unregelmäßigkeiten außer Phase geraten und schließlich auch gegeneinander schwingen. Zu diesem Zeitpunkt sind dann allerdings die Ausschläge schon sehr stark abgeklungen. Man nimmt an, daß, wenn die Leitungen gegeneinander schwingen (s. Abb. 237 c), für jede Leitung der Ablenkwinkel nur noch $\alpha/8$ ist. In diesem Fall darf die größtmögliche Annäherung der Leitung nicht kleiner als U/150 in m sein. Man kann auf diese Weise kontrollieren, ob die vom VDE vorgeschriebenen Abstände unter Umständen noch vergrößert werden müssen.

Man muß ferner nachprüfen, ob das Erdseil (bzw. die Erdseile), welches bei Freileitungen auf der Mastspitze verlegt wird und aus

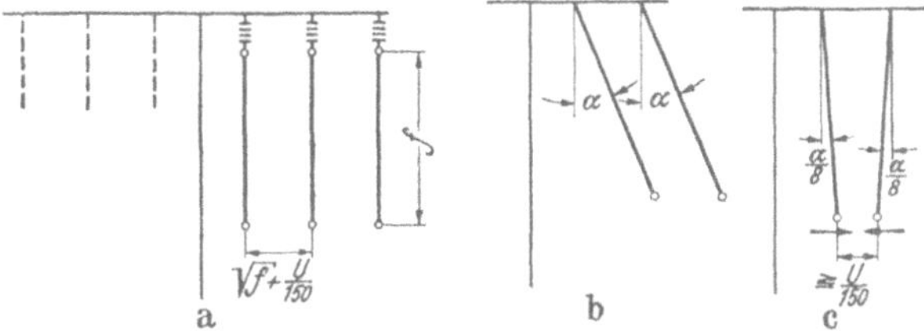

Abb. 237a—c. a Freileitung ohne Wind, b abgewehte Freileitung, c Ausschwingen der Freileitung.

Stahldrähten von 40 bis 70 kg/mm² Festigkeit besteht, genügenden Abstand von den Phasenleitern besitzt. Dabei muß berücksichtigt werden, daß das Erdseil unter Umständen ein anderes Temperaturverhalten hat als die Leitungsseile. Man verlegt das Erdseil derart, daß es bei mittlerer

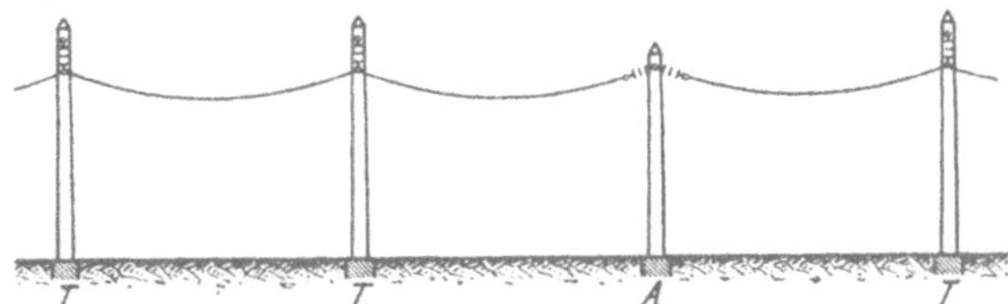

Abb. 238. Freileitung mit Trag- und Abspannmasten.

Temperatur gleichen Durchhang aufweist, wie die Freileitungsseile. Der Querschnitt des Erdseiles wird so bemessen, daß weder bei — 20°, noch bei — 5° und Eislast unzulässige Beanspruchungen im Seil auftreten. Die wesentlichen Querschnitte, die zum Einbau gelangen, sind Seile von 35, 50 und 70 mm².

Bei in Ordnung befindlicher Freileitung haben die Maste nur die Freileitungsgewichte aufzunehmen. Resultierende Horizontalzüge greifen an den Masten, sofern man von Winkelmasten usw. absieht, nicht an. Infolge von Unsymmetrien, z. B. wenn im Winter die Eislasten in den einzelnen Spannweiten nicht gleich groß sind, kann die Leitung das Bestreben haben, nach einer Richtung sich etwas zu verschieben. Um solche ungewollten Verschiebungen klein zu halten, ist es notwendig, in bestimmten Abständen Abspannmaste vorzusehen, welche Festpunkte der Freileitung darstellen. Abb. 238 zeigt eine Freileitung mit

Tragmasten T und einem Abspannmast A. Während bei den Tragmasten die Isolatoren senkrecht angeordnet sind, werden sie bei den Abspannmasten unmittelbar in den Leitungszug eingebaut. Abspannmaste sollen mindestens alle 3 km vorhanden sein. In Gegenden mit großen Eislasten muß diese Entfernung jedoch noch verkürzt werden. Wenn an einem Abspannmast ein Seil reißt, so wirkt auf diesen ein einseitiger Zug, der den Mast auf Verdrehung und auch auf Biegung

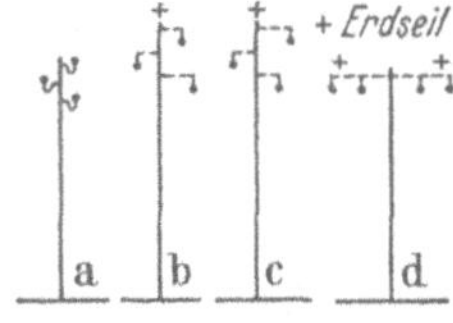

Abb. 239a—d. Mastbilder bei Einfach-Drehstromleitungen.

beansprucht. Es wird von einem Abspannmast verlangt, daß er beim Reißen eines Seiles und beim Vorhandensein der größtmöglichen Seilspannungen die hierbei auftretende zusätzliche Beanspruchung aushält. Bei einem Tragmast mit Hängeisolatoren können im allgemeinen die Beanspruchungen kleiner eingesetzt werden. Reißt hier ein Seil, dann wirkt auf den Tragmast ebenfalls der einseitige Leitungszug. Da jedoch die Isolatorenkette seitlich ausschwingen kann, wird der Seilzug auf den Mast vermindert, so daß man bei Tragmasten nur mit etwa der Hälfte des größtmöglichen Seilzuges zu rechnen braucht, den der Mast und natürlich auch die Isolatorenkette aushalten müssen. In Gegenden, in denen mit sehr großer

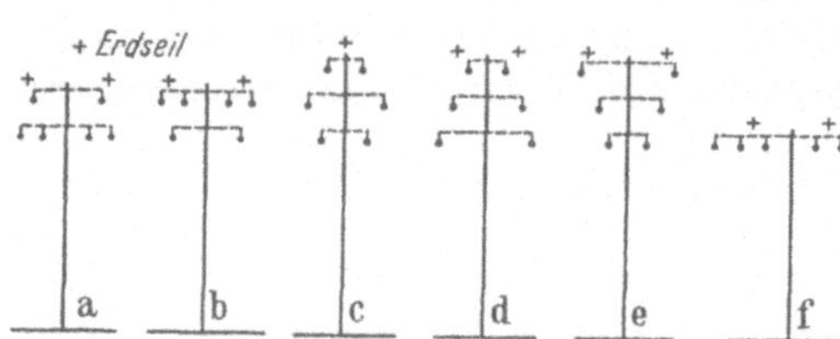

Abb. 240a—f. Mastbilder bei Drehstrom-Doppelleitungen.

Eislast zu rechnen ist, empfiehlt es sich, die Abspannmaste noch kräftiger als oben angegeben zu dimensionieren und die Tragmaste so auszubilden, daß diese beim Seilriß den vollen Seilzug auszuhalten vermögen.

Die Abb. 239 und 240 zeigen eine Reihe von Mastbildern, die im folgenden besprochen sein mögen. In der Abb. 239a sind zwei Leitungsseile unmittelbar übereinander angeordnet, eine oft in Ortsnetzen bei kleinen Spannweiten vorkommende Anordnung, die jedoch nach S. 189 vermieden werden soll, wenn größere Spannweiten vorliegen und mit Eislasten gerechnet werden muß. Abb. 239b und c zeigen zwei einander ähnliche Anordnungen, von denen jedoch die Anordnung b vorzuziehen ist, da die Maste etwas schwächer sein können. Denkt man sich in der Abb. 239c das oberste Seil gerissen, so wird das verbleibende Seilende den Mast auf Drehung und auf Biegung beanspruchen, und zwar ist jetzt wegen des großen Hebelarmes größte Drehungs- und größte Biegungsbeanspruchung vorhanden. Bei der Anordnung nach Abb. 239b ist beim Seilriß an der gleichen Stelle wohl die gleiche Biegungsbeanspruchung vorhanden, die Drehungsbeanspruchung ist jedoch, da der Seilabstand vom Mast kleiner ist, geringer. In den Abb. 239 und 240 ist durch kleine Kreuze angedeutet, welche Lage etwa vorhandene Erdseile haben können. Dabei sind teils ein, teils zwei Erdseile angenommen.

Bei der Anordnung nach Abb. 239d sind sämtliche Leiter in einer Ebene angeordnet. Da jedoch bei dieser Anordnung aus Symmetriegründen vier Leiter untergebracht werden müssen, kann man den 4. Leiter als Ersatzleiter gebrauchen, wenn eine Leitung schadhaft wird, auch hat man schon den 4. Leiter als Erdungsseil ausgebildet. Die Anordnung d hat den Vorteil der geringen Masthöhe, daß beim Hochschnellen der Seile keine Berührungsgefahr besteht und daß die Montage leicht durchgeführt werden kann.

Die Abb. 240a und b zeigen zwei Anordnungen für Doppelleitungen. Von den beiden Anordnungen ist bezüglich Festigkeit (von den Erdseilen sei abgesehen) die unter a

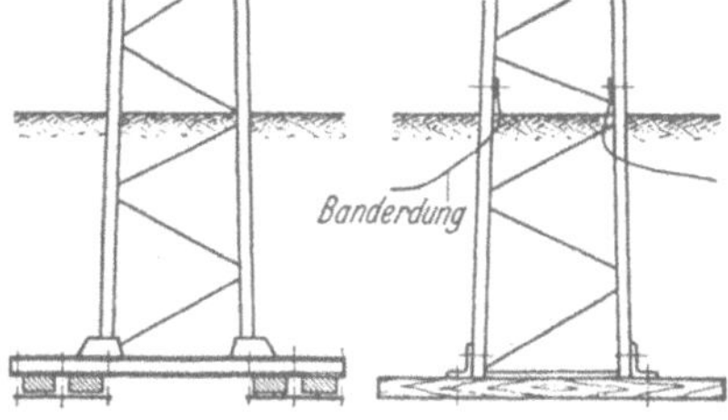

Abb. 241. Schwellenfundament für Tragmast.

am günstigsten, und zwar auf Grund von Überlegungen, wie sie bei der Anordnung Abb. 239b und c angestellt wurden. Abb. 240c zeigt eine Ausführung, bei der die Leitungen in drei Etagen angeordnet sind. Die Masthöhe wird größer, jedoch ist das System bezüglich der Breite günstiger als die Ausführungen unter a und b.

Die Abb. 240d und e zeigen zwei Systeme, von denen das erstere eine Tannenbaumform, das zweite eine umgekehrte Tannenbaumform besitzt. Von den beiden Formen ist das der Abb. 240d in bezug auf Beanspruchung der Maste günstiger. Besser noch als das System d ist oft die Anordnung c, da sie nicht so breit baut und somit geringere Verdrehungsbeanspruchungen erfährt. Die Abb. 240f zeigt eine

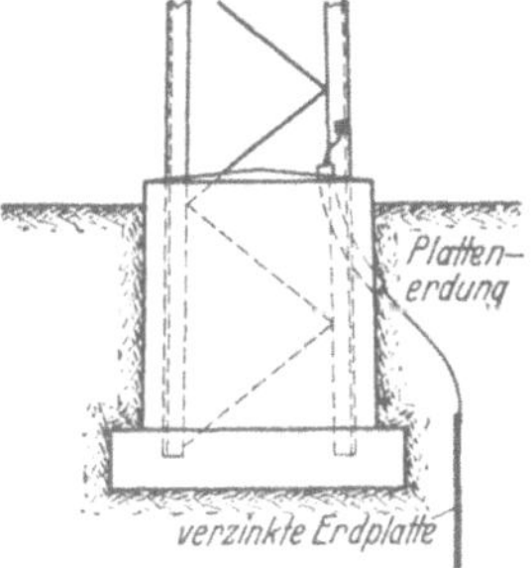

Abb. 242. Betonfundament für Abspannmast.

Anordnung, bei der sämtliche Leiter in einer Horizontalen liegen. Dieses System ergibt kleine Maste und bei Seilriß auch kleinste Biegungsbeanspruchung. Die Drehbeanspruchung wird jedoch hier sehr groß. Dieses in den letzten Jahren oft zur Ausführung gekommene System ist jedoch nur bis etwa 100 kV anwendbar, da es sonst zu breit baut.

Die Maste können als Holz-, Rohr-, Beton- oder Gittermaste ausgebildet sein. Holzmaste kommen für verhältnismäßig kleine Spannweiten und für nicht zu große Seilquerschnitte in Frage, da die Holzmaste nur für mäßige Mastlängen und Spitzenzüge entsprechend den zur Verfügung stehenden Holzstämme verwendbar sind. Von Nachteil ist, daß

sie nicht wetterfest und daher nur begrenzt haltbar sind. Von etwa
20 kV ab wird man zu anderen Mastarten, wie Rohr-, Beton- oder
Gittermasten übergehen. Betonmaste, die an und für sich wetterfest sind
und keinerlei Anstrich wie die Gittermaste benötigen, haben den Nachteil, daß sie sehr schwer sind und daher der Transport dieser schweren
Maste zur Montagestelle unangenehm und teuer ist.

Um genügend Standfestigkeit zu haben, müssen die Maste fundiert
werden. Gewöhnliche Tragmaste erhalten nach Abb. 241 ein Schwellenfundament aus Holzbalken, während bei Abspannmasten meist Beton-
fundamente (Abb. 242) vorgesehen werden. Man muß stets für eine
gute Masterdung Sorge tragen. Diese kann in Form einer Erdung mit
Erdplatten (Abb. 242), als Banderdung
(Abb. 241) oder Rohrerdung durchgeführt werden (s. auch S. 291).

In Gegenden mit sehr großen Eislasten, bei denen gelegentlich mit dem
Reißen eines oder mehrerer Seile zu
rechnen ist, hat sich in den letzten
Jahren die sog. Schwenktraverse gut einführen können. Bei dieser Traversen-

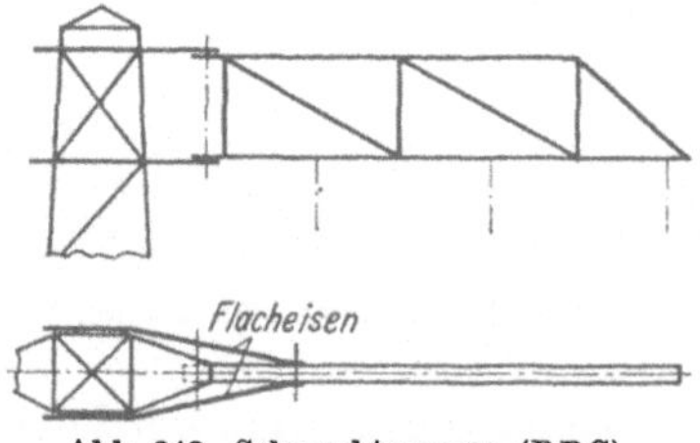

Abb. 243. Schwenktraverse (BBC).

konstruktion ist der Ausleger drehbar gelagert und wird, wie aus dem
Grundriß der Abb. 243 zu ersehen ist, durch zwei knapp bemessene
Flacheisen in der Mittelstellung gehalten. Sollte ein Seil reißen und
damit eine einseitige Beanspruchung des Mastes auftreten, so vermag
die Traverse nachzugeben und sich um ihren Drehpunkt zu drehen, so
daß eine Entlastung des Mastes eintritt. Das Einschwenken der Traverse erfolgt gedämpft, da Verformungsarbeit in den Flacheisen geleistet
werden muß.

E. Bemessung der günstigsten Spannweite.

Bei sämtlichen Rechnungen war bis jetzt angenommen, daß die
Spannweite einer Freileitung gegeben ist. Es sei jedoch noch kurz
angegeben, in welcher Weise die günstigste Spannweite ermittelt werden
kann. Da man eine Leitung technisch sowohl für kleine, als auch für
große Spannweiten bauen kann, sind für die günstigsten Spannweiten
rein wirtschaftliche Gesichtspunkte maßgebend. Trägt man in Abhängigkeit der Spannweite die Mast- und Isolatorenkosten für 100 km
auf, so wird die Gesamtkostenkurve bei einer bestimmten Spannweite
ein Minimum haben (Abb. 244). Bei sehr kleiner Spannweite braucht
man sehr viel Maste, was teuer ist, während bei sehr großen Spannweiten
die Maste sehr hoch werden, wodurch eine Verteuerung des einzelnen
Mastes eintritt; zwischen diesen beiden Fällen muß ein Kostenminimum

liegen. Die Isolatorenkosten nehmen mit wachsender Spannweite ab, denn je größer die Spannweite wird, um so weniger Isolatoren werden für 100 km Leitung benötigt. Die Gesamtkosten einer Freileitung, die sich aus den Kosten für die Maste und die Isolatoren zusammensetzen (von den Seilkosten sei abgesehen, da sie unabhängig von der Spannweite sind), ergeben eine Kurve, die ein Minimum besitzt, und zwar wird das Minimum um so weiter nach rechts rücken, je höher der Anteil der Isolatorenkosten an den Gesamtkosten ist. Das heißt, da bei hohen Spannungen die Isolatoren teuerer werden, die günstigste Spannweite mit höherer Spannung größer werden wird.

F. Erwärmung von Freileitungsseilen.

Da Kabel gegen Erwärmung sehr empfindlich sind, läßt man bei Massekabel höherer Spannung nur eine Übertemperatur von 25° C zu.

Freileitungsseile weisen keinerlei wärmeempfindliche Isolation auf und man sollte daher annehmen, daß man den Seilen eine wesentlich höhere Erwärmung zumuten könnte. Versuche an Aluminium- und Kupferseilen haben jedoch gezeigt, daß es zweckmäßig ist mit der Übertemperatur nicht über 40° C zu gehen. Bei einer zugelassenen Übertemperatur von 10° C kann man damit rechnen, daß im Sommer die Seile etwa eine Temperatur von 80° C erreichen.

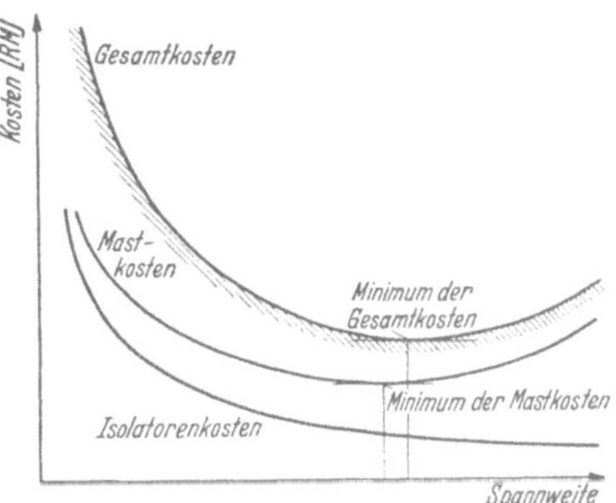

Abb. 244. Kosten einer Freileitung in Abhängigkeit von der Spannweite.

Diese Temperatur ist noch zulässig, während oberhalb dieses Wertes bereits eine Entfestigung der aus hartgezogenen Drähten aufgebauten Seile eintritt.

Im allgemeinen wird bei den meisten Freileitungen die Übertemperatur von 40° C nicht erreicht, da die aus Gründen des Spannungsabfalles, bzw. der Wirtschaftlichkeit sich ergebende Stromdichte so klein ist, daß die sich einstellende Übertemperatur meist unterhalb 20° C liegt. Gelegentlich kommen jedoch auch Fälle vor, z. B. kurze Verbindungsleitungen, bei welchen man die Leitungen nicht nach dem Spannungsabfall oder der Wirtschaftlichkeit, sondern nach der zulässigen Übertemperatur bemißt. Hier bildet dann die angegebene Übertemperatur von 40° C die obere Begrenzung der Belastungsfähigkeit der Freileitung.

XI. Sicherungen.

Sicherungen werden angewandt, um Leitungen, Apparate, kleinere Transformatoren usw. gegen Überlastung und Kurzschluß zu schützen. Sie kommen stets dort in Frage, wo sich der Einbau von Überstromschaltern nicht lohnt.

Eine Sicherung ist ein in den Stromkreis geschalteter Schmelzdraht, der sich durch den Strom erwärmt und bei einem bestimmten Stromwert durchschmilzt. Sicherungen in dieser Form werden auch heute noch als Streifensicherungen in Laboratorien und für Sonderzwecke verwandt. Ihr Nachteil ist der verhältnismäßig große Lichtbogen, der beim Ansprechen der Sicherung entsteht. Man ist deshalb zu geschlossenen Sicherungen übergegangen. Hier ist der Sicherungsdraht in einer Patrone aus keramischem Material untergebracht. Dabei hat es sich als äußerst günstig erwiesen, den Sicherungsdraht in einem Füllmittel, z. B. feingemahlenen trockenen Quarzsand, einzubetten (s. Abb. 245). Tritt bei Überlastung des Stromkreises ein Durchschmelzen bzw. bei größeren Strömen ein Verdampfen des Sicherungsdrahtes ein, dann wird der entstehende Lichtbogen durch den Quarzsand derart gekühlt, daß er erlöscht. Der Stromverlauf sieht dabei entsprechend Abb. 246a aus. Bei starken Kurzschlußströmen wird eine passend ausgewählte Sicherung derart rasch abschalten, daß der Kurzschlußstrom überhaupt nicht seine volle Höhe erreicht, die Anlage also vor den Auswirkungen der Kurzschlußströme geschützt wird. In dieser Eigenschaft ist die Sicherung jedem Schalter überlegen.

Um erkennen zu können, ob eine Sicherung durchgeschmolzen ist, verwendet man meistens ein kleines Merkblättchen (s. Abb. 245), welches durch einen dünnen Widerstandsdraht festgehalten wird. Schmilzt der Schmelzleiter einer Sicherung durch, so wird anschließend der Widerstandsdraht ebenfalls durchschmelzen und das Merkblättchen, welches unter der Spannung einer kleinen Feder steht, wird nach oben bewegt und zeigt an, daß die Sicherung ausgelöst hat. Es gibt heute Sicherungen, z. B. für höhere Spannungen, bei denen die Feder des Merkblättchens so kräftig ausgebildet ist, daß durch sie über ein kleines Gestänge ein Kontakt betätigt werden kann, der ein Signal auslöst, das anzeigt, daß eine Sicherung durchgebrannt ist (Abb. 250). Es sei erwähnt, daß beim

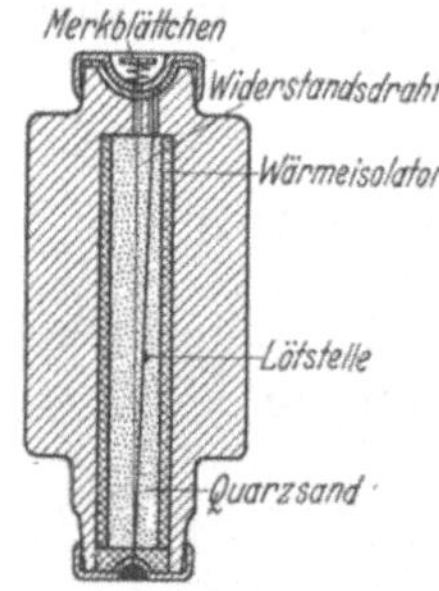

Abb. 245.
Sicherungspatrone (V & H).

Abb. 246a u. b. Abschaltvorgänge bei einer Sicherung.

Abschalten durch eine Sicherung auch Überspannungen entstehen können. Abb. 246b zeigt den Verlauf der Spannung bei einer Abschaltung. Die Überspannung kommt dadurch zustande, daß nach dem Durchschmelzen des Sicherungsdrahtes der Strom sehr rasch abnimmt, und damit, bei der stets vorhandenen Induktivität, der Wert $L\dfrac{di}{dt}$ sehr groß wird. Meist ist die entstehende Überspannung nicht gefährlich, außerdem kann sie bei entsprechender Ausbildung der Sicherung in mäßigen Grenzen gehalten werden.

Als Material für Schmelzsicherungen kommt heute vorwiegend Silber zur Verwendung. Silber hat jedoch einen sehr hohen Schmelz-

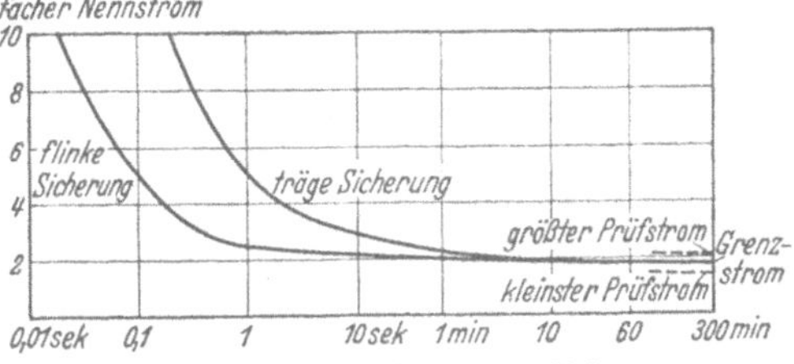

Abb. 247. Abschaltkennlinien von Sicherungen.

punkt (etwa 950°). Um die in normalem Betrieb in der Sicherung vorhandenen Temperaturen möglichst herunterzusetzen, wird der Schmelzdraht oft aus zwei Hälften hergestellt, die miteinander verlötet sind (s. Abb. 245). Da die Lötstelle schon bei etwa 230° schmilzt, und man im normalen Betrieb unter dieser Schmelztemperatur bleiben muß, sind im Innern an der heißesten Stelle der Sicherung die Temperaturen in erträglichen Grenzen.

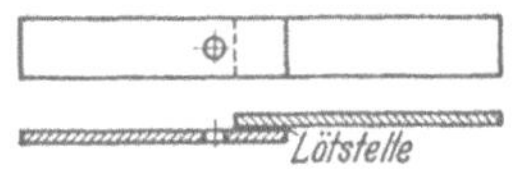

Abb. 248. Schmelzstreifen einer Sicherung (V & H).

Eine jede Sicherung besitzt eine Schmelzcharakteristik, die angibt, in welcher Zeit die Sicherung bei einem gegebenen Strom durchschmilzt. Je nach der Charakteristik kann man hier unterscheiden zwischen flinken und trägen Sicherungen. Die Abb. 247 zeigt, daß die flinke und die träge Sicherung wohl einen etwa gleichen Grenzstrom (bei dem die Sicherung nach unendlich langer Zeit durchschmilzt) besitzen, daß jedoch im Bereich der Überströme die träge Sicherung wesentlich langsamer abschaltet. Man kann sich zur Orientierung merken, daß beim 5fachen Nennstrom eine flinke Sicherung etwa nach 0,1 sec, eine träge nach etwa 1 sec abschaltet. Man wird also träge Sicherungen verwenden, wenn kurzzeitige Überlastungen noch kein Auslösen hervorrufen sollen.

Die Charakteristik einer Schmelzsicherung kann innerhalb gewisser Grenzen noch verändert werden. Ist der Strom in einem Sicherungselement so groß, daß man zum Schmelzstreifen (statt Drähten) übergehen muß, so kann man (s. Abb. 248) benachbart der Lötstelle ein kleines Loch anbringen. Hierdurch wird der Grenzstrom der Sicherung kaum beeinflußt, da die an der verengten Stelle zusätzlich erzeugte Wärmemenge Zeit findet, abzufließen und die Temperatur der Lötstelle

somit kaum beeinflußt. Tritt jedoch plötzlich ein großer Überstrom
auf, so steigt die Temperatur an der verengten Stelle so schnell an,
daß die erzeugte Mehrwärme keine Zeit hat abzufließen, und der Streifen
an der gelochten Stelle durchschmilzt. Je größer also der Lochdurch-
messer ist, um so flinker wird die Sicherung bei auftretenden Überströmen arbeiten. Bei großen Stromstärken wird man mehrere solcher
Schmelzstreifen in einem Sicherungselement parallel anordnen.

Handelt es sich darum, träge Sicherungen zu bauen, so wird man
das Innere der Sicherung sorgfältig gegen Wärmeabfluß isolieren, wie
es z. B. die Abb. 245 zeigt. Hierdurch würde ein Schmelzdraht normaler

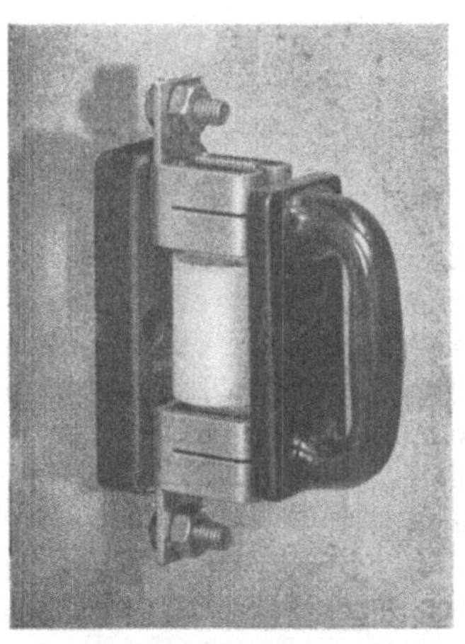

Abb. 249. Niederspannungs - Hoch-
leistungs - Sicherung mit aufgesetztem
Betätigungsgriff (V & H).

Abmessung rascher auf Temperatur, also
auch zum Abschmelzen kommen. Um
gleichen Grenzstrom wie bei einer flinken Sicherung zu erhalten, muß daher
der Querschnitt des Schmelzdrahtes
vergrößert, d. h. die Wärmeentwicklung
verkleinert werden. Das bedeutet aber,
daß bei einem plötzlichen Überstrom,
bei dem für die kleinen in Frage kommenden Zeiten praktisch keine Wärme ab-
fließt, infolge der größeren Materialmenge
des Schmelzleiters mehr Zeit vergeht
bis die Schmelztemperatur erreicht ist.
Die Sicherung ist also träge geworden.
Sicherungspatronen entsprechend
Abb. 245 werden für Schraubsicherungen
verwandt, d. h. die Patrone kommt in
ein Unterteil, und wird durch einen
Schraubstöpsel festgeklemmt. Solche Schraubsicherungen kann man
bis etwa 200 A bauen. Bei größeren Stromstärken wird man die
Patronen nicht mehr festschrauben, sondern in Kontaktteile einschieben
(s. Abb. 249). Man kann derartige Sicherungen so ausbilden, daß man
sie mit einem besonderen aufsetzbaren isolierten Griff packen, einsetzen und herausnehmen kann. Solche Sicherungen können in Nieder-
spannungsanlagen als eine Art Trennmesser gebraucht werden, auch
kann man mit ihnen Leitungen unter Last abschalten. Diese Hoch-
leistungssicherungen werden für Niederspannung von 60 bis 400 A, unter
Umständen sogar bis 1500 A gebaut. Sie dienen oft zum Schutz von
Leitungen, z. B. in den städtischen Kabelnetzen, wo sie meist in den
Kabelverteilungskästen untergebracht sind.

Im allgemeinen ist bei einer Sicherung nicht der Grenzstrom angegeben, den die Sicherung gerade noch aushalten kann, sondern der
Nennstrom der Sicherung, der tiefer liegt. Für die Prüfung der Sicherungen hat man nach VDE die Begriffe kleinster und größter Prüfstrom

eingeführt. Diese Prüfströme haben, verglichen mit dem Nennstrom, folgende Größe:

Tabelle 8[1].

Nennstrom A	Kleinster Prüfstrom	Größter Prüfstrom
6—10	1,5mal Nennstrom	2,1 mal Nennstrom
15—25	1,4mal Nennstrom	1,75mal Nennstrom
35—200	1,3mal Nennstrom	1,6 mal Nennstrom

Dabei versteht man unter kleinstem Prüfstrom den Strom, den eine Sicherung mindestens 1 Stunde muß aushalten können, während bei dem größten Prüfstrom die Sicherung nach 1 Stunde durchschmelzen muß.

Bei den Sicherungen von 60 bis 200 A bezieht sich der kleinste Prüfstrom nicht auf 1, sondern auf 2 Stunden Prüfdauer, weil hier die Zeitkonstante der Sicherung bezüglich der Erwärmung wesentlich größer geworden ist. Der Grenzstrom der Sicherung ist etwa das Mittel aus kleinstem und größtem Prüfstrom.

Abschmelzsicherungen werden auch in Hochspannungsanlagen gebraucht, z. B. zur Absicherung von

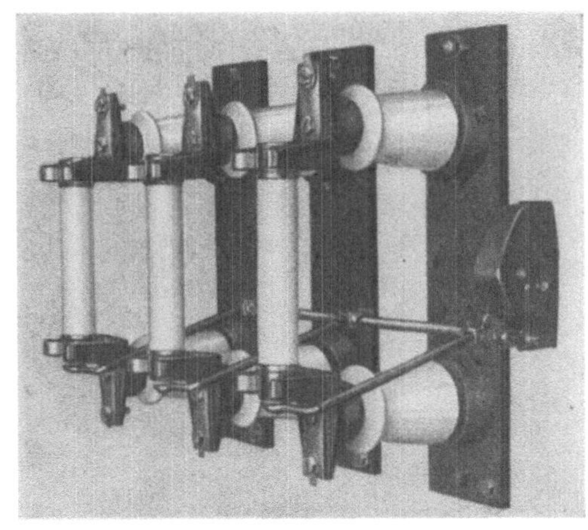

Abb. 250. Hochspannungssicherung mit Meldevorrichtung.

kleinen Transformatoren, von Spannungswandlern usw. Solche Sicherungen haben wegen der höheren Spannung eine wesentlich größere Länge (Abb. 250). Eine Hochspannungssicherung besteht aus einem Porzellanrohr, welches an beiden Enden Metallkappen trägt. In dem Porzellanrohr befindet sich zwischen den Metallkappen der Schmelzdraht. Dieser ist nicht gerade gespannt, sondern, um für den Lichtbogen eine größere Bahn zu erhalten, spiralig eingelegt und von einem Füllmittel umgeben (z. B. Quarzsand). Oft findet man eine Ausführung, bei der der Schmelzleiter um einen rippenförmigen Steatitkörper herumgewickelt ist. Bei größeren Strömen werden mehrere Leiter parallel verwandt.

Bei Hochspannungssicherungen kleiner Stromstärke werden oft die Schmelzleiter so dünn, daß wegen der an ihnen herrschenden hohen elektrischen Feldstärke ein Glimmen eintreten kann. Hierdurch würde der Leiter allmählich zerstört werden. Man kann in solchen Fällen einen Koronaschutz etwa derart vorsehen, daß der eigentliche Schmelzleiter a der Abb. 251 spiralig von einem parallel geschalteten

---

[1] Nach VDE 0660/1933.

Nebenleiter *b* aus Widerstandsmaterial, z. B. Wolfram, umgeben ist. Dieser Nebenleiter schützt wie bei einem Faradayschen Käfig den inneren

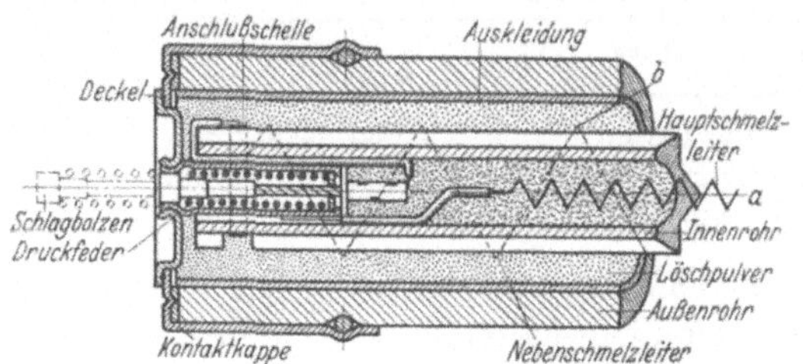

Abb. 251. Hochspannungssicherung mit Koronaschutz (SSW).

Schmelzleiter gegen zu hohe Feldstärke und damit vor Glimmen. Falls er selbst ins Glimmen kommt, macht dies nichts aus, da Wolfram chemisch und mechanisch dagegen widerstandsfähig ist. Der Nebendraht, durch den infolge seines großen Widerstandes normalerweise nur ein kleiner Strom fließt, wird beim Ansprechen der Sicherung nach dem Durch-

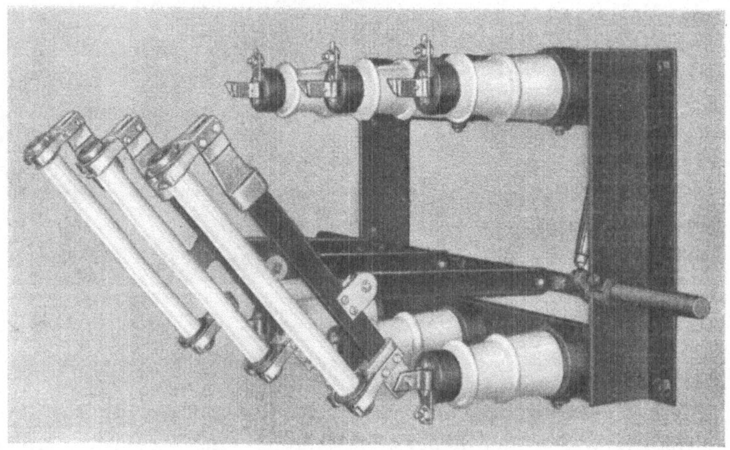

Abb. 252. Dreipolige Trennsicherung.

schmelzen des Sicherungsdrahtes ebenfalls zerstört. Hochspannungssicherungen werden auch gelegentlich als Trennsicherungen verwandt (Abb. 252). In solchen Fällen kann man auf besondere Trennmesser (z. B. in kleineren Transformatorenstationen) verzichten.

Hochspannungssicherungen lassen sich heute etwa für folgende Spannungen und Nennströme bauen:

Tabelle 9.

Spannung kV	Nennstrom der Sicherung A	Spannung kV	Nennstrom der Sicherung A
3	400	30	40
6	200	60	15
10	100	100	6
20	50		

XII. Schalter.

A. Luftschalter.

In elektrischen Kraftanlagen werden in großem Umfang Schalter aller Art benötigt. Man kann die Schalter unterscheiden in solche, welche ohne Last geschaltet werden, die also nur zum Spannungslosmachen von Leitungen, Apparaten usw. dienen und in solche, die unter Last schalten müssen. Die letzteren kann man wieder unterteilen in Schalter, welche nur betriebliche Lasten zu schalten haben und in solche, die auch auftretende Kurzschlüsse abschalten müssen.

Zu den Schaltern, die ohne Last betätigt werden, gehören die Trennschalter, die in unseren Hochspannungsanlagen gebraucht werden. Sie bestehen aus zwei Stützern, die Kontaktfedern tragen und einem schwenkbar gelagerten Kontaktmesser (s. Abb. 253). Die Höhe der Stützer richtet sich nach der Betriebsspannung, die mehr oder weniger kräftige Ausbildung derselben nach der benötigten Umbruchkraft. Da die Trennmesser in Sammel-

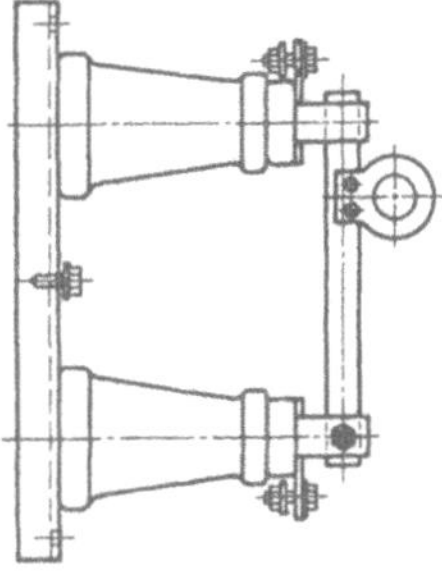

Abb. 253.
Einpoliger Trennschalter.

schienensysteme eingebaut werden und bei Kurzschlüssen zwischen diesen große abstoßende Kräfte auftreten können, müssen die Stützer eine solche Umbruchkraft haben, daß sie diese Beanspruchungen aushalten. Die Trennschalter können als einpolige Schalter in den

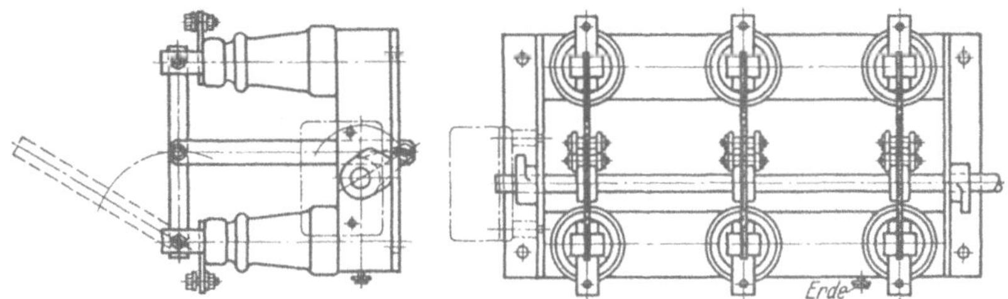

Abb. 254. Dreipoliger Trennschalter.

Sammelschienen eingebaut sein. Beim Öffnen muß dann jedes einzelne Messer mit einer Isolierstange herausgezogen werden. Günstiger, allerdings auch teurer, sind die in Abb. 254 dargestellten dreipoligen Trennschalter, die miteinander über ein Antriebsgestänge gekuppelt sind und gemeinsam betätigt werden. Bei Fernbetätigung ist ein Antrieb durch einen Druckluftzylinder, der elektrisch gesteuert wird, zweckmäßig.

Wenn die Trennmesser auch normalerweise ohne Last betätigt werden, so lassen sich doch unter Umständen mit ihnen kleine Lasten

schalten. So kann man z. B. mit einem Trennschalter bei 6 bis 10 kV
einen Laststrom von etwa 4 A und bei 15 bis 30 kV einen Laststrom
von etwa 2 A schalten.

Handelt es sich um die Abschaltung von Magnetisierungsströmen,
die bekanntlich vorwiegend induktiv sind, so sind die abschaltbaren
Ströme kleiner. Es diene zur Orientierung, daß man bei 10 kV
den Magnetisierungsstrom
eines 250 kVA - Transfor-
mators, bei 30 kV den Ma-
gnetisierungsstrom eines
600 kVA - Transformators
abschalten kann. Unter
10 kV steigt die Transformatorleistung, für die man
den Magnetisierungsstrom
(Leerlaufstrom) mit Trennmesser abschalten kann,
etwas an, und zwar bis
ebenfalls auf rd. 600 kVA
bei 3 kV.

Abb. 255. Schubtrennschalter.

Eine etwas andere Ausführung der Trennschalter ist der Schubtrennschalter (s. Abb. 255). Hier wird das Trennmesser nicht seitlich heraus-
geklappt, sondern nach unten verschoben. Diese Ausführung kommt
bei engen Platzverhältnissen in
Frage, da man an Raumtiefe
spart, denn es ist kein Messer
vorhanden, welches seitlich heraus-
klappt und dadurch die Abstände
nach geerdeten Teilen verkleinert.
Das Abschaltvermögen eines solchen Schalters ist geringer und
beträgt etwa 30% von dem eines
normalen.

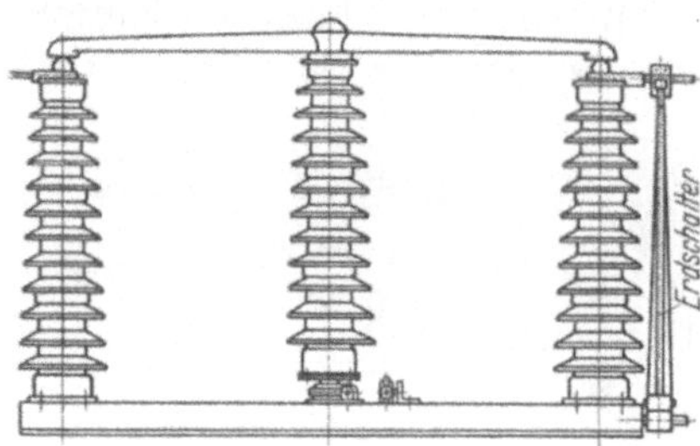

Abb. 256. Drehtrennschalter.

Für sehr hohe Spannungen ver-
wendet man Trennschalter, bei denen das Messer an einem mittleren
drehbaren Isolator befestigt ist (s. Abb. 256). Man hat hier eine Doppel-
unterbrechung, so daß jede Unterbrechungsstelle nur halben Luftab-
stand zu haben braucht. Gelegentlich soll die durch das Trennmesser
spannungslos gemachte Leitung geerdet werden. Hierzu dienen dann
besondere am Trennschalter angebrachte Erdungskontakte (s. Abb. 256).

Den mittleren Isolator des eben beschriebenen Trennschalters kann
man sparen, wenn man zwei Isolatoren drehbar anordnet (s. Abb. 257).
Die beiden Messerhälften schwenken, wie die Abbildung zeigt, nach der
gleichen Seite aus. Man erreicht hierdurch, daß vereiste Kontakte in

Freiluftanlagen vom Schalter mit verhältnismäßig kleinen Kräften aufgebrochen werden können. Die Verbindungen zwischen Messer und Leitungen müssen bei dieser Trennmesserausführung biegsam sein.

Man kann Schalter nach Abb. 253 auch für niedere Spannungen verwenden. Die Isolatoren werden dann kleiner oder man verzichtet ganz auf sie und befestigt die Kontaktfedern auf isolierten Platten. Um das Schaltvermögen solcher Messerschalter zu erhöhen, ist rasches Abschalten notwendig, der Einbau einer Momentschaltung (durch gespannte Feder) also zweckmäßig. Bei Spannungen bis 500 V kann man dann mit derartigen Schaltern etwa den Nennstrom, für den sie gebaut sind, abschalten, bei Spannungen bis 1000 V etwa

Abb. 257. Drehtrennschalter (schematisch) mit zwei drehbaren Isolatoren.

nur den halben Nennstrom. Man baut solche Schalter bis etwa 350 A. Höhere Stromstärken lassen sich mit solchen Messerschaltern schlecht schalten, da die Kontaktmesser und -federn zu sehr angeschmort werden. Zur Abschaltung höherer Ströme verwendet man daher oft ein doppeltes Kontaktsystem, von dem das eine nur zur Übertragung des Stromes und das andere zur Abschaltung dient. Abb. 258 zeigt schematisch einen solchen Schalter, bei dem die Stromübertragung durch einen Lamellenkontakt, der aus einzelnen Kupferblechen hergestellt ist (viele Kontakte!), erfolgt, während ein parallel geschalteter Abreißkontakt, der etwas später öffnet, die Abschaltung übernimmt. Dieser Abreißkontakt ist hörnerartig ausgebildet. Dies hat seinen Grund im folgenden: Steht der Lichtbogen zwischen den beiden hörnerartigen Kontakten, so versucht er, die Stromschleife, die er bildet, zu vergrößern, um einen möglichst großen magnetischen Fluß zu um-

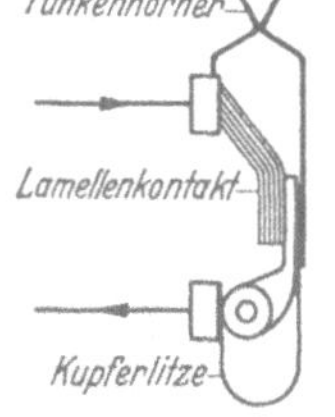

Abb. 258. Schalter mit Lamellenkontakt und Funkenhörnern.

fassen. Damit wandert er an den Hörnern nach oben. Hierin wird er durch den thermischen Auftrieb, den der Lichtbogen erfährt, noch unterstützt. Der Lichtbogen erhält schließlich eine derartige Länge, daß er abreißt. Dieses Schaltprinzip wird auch für mittlere Spannungen bei den Masthörnerschaltern, die zum Abschalten von Stichleitungen oder Masttransformatoren dienen, benutzt. Man kann mit derartigen Hörnerschaltern im Notfall bei 20 kV 300 A schalten, wobei allerdings der Lichtbogen beträchtliche Längen erreicht.

Neuerdings verwendet man bei Schaltern sowie bei Schaltschützen (elektrisch betätigte Schalter) viel Klotzkontakte. Das sind geeignet geformte Kontaktstücke aus Kupfer, die die Stromleitung und die Abschaltung übernehmen. Die sich beim Abschalten möglicherweise bildenden Schmelzperlen sind nicht weiter gefährlich, denn die Kontakte werden nicht wie bei den Trennmessern ineinandergeschoben, sondern

aufeinander gepreßt, außerdem werden solche Klotzkontakte meist als
Abwälzkontakte ausgebildet.

Bei schwierigen Schaltverhältnissen, z. B. bei Gleichstrom, wendet
man stets Lichtbogenblasung an. Abb. 259 zeigt den Aufbau eines
solchen Schalters: Der Strom wird zunächst um einen Eisenkern geführt,
dann erst zum Schalter, der im Magnetfeld,
das der Strom im Eisenkern erzeugt, liegt.
Entsteht beim Öffnen der Kontakte ein
Lichtbogen, so wird dieser bei geeigneter
Richtung der magnetischen Kraftlinien durch
die auf ihn ausgeübte Kraft in die Länge
gezogen, so daß er abreißt.

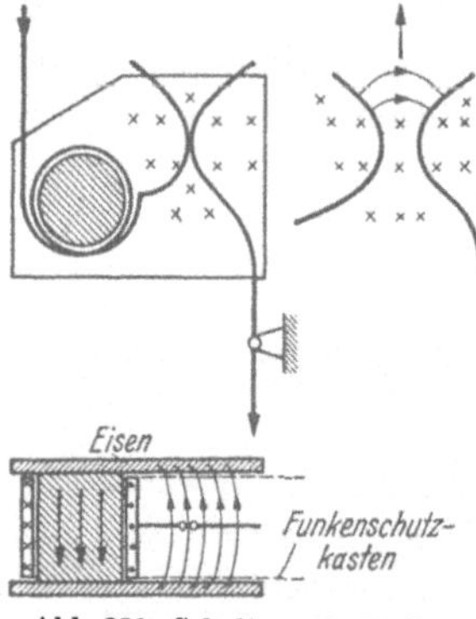

Abb. 259. Schalter mit Lichtbogenblasung.

Die Abschaltung von Gleichstrom ist,
bezogen auf gleichen Strom und gleiche
Spannung, viel schwerer als die von Wechselstrom, da bei letzterem durch den Nulldurchgang des Stromes Schalterleichterungen
eintreten. Gleichstromschalter, auch solche
für höhere Spannungen, z. B. 3000 V, müssen

als Luftschalter ausgebildet werden, da wie Gleichstromschaltversuche
mit Ölschaltern zeigten, das Öl durch den Gleichstrom eine starke
Zersetzung und Verrußung erfährt. Gleichstromschalter werden, von ganz
leichten Fällen abgesehen, stets mit Lichtbogenblasung ausgeführt.

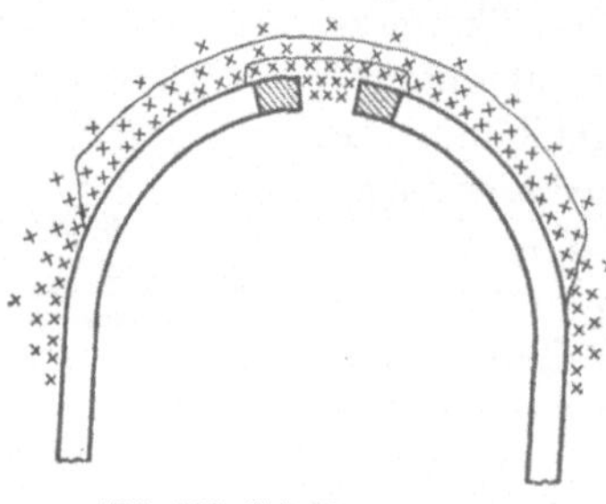
Abb. 260. Schalthörner mit
Lichtbogenblasung.

Sehr schwierig ist das Schaltproblem
bei höheren Gleichspannungen, z. B.
3000 V im Bahnbetrieb (Italien). Hier
eignet sich sehr gut ein Kontaktsystem,
bei dem die in einem Magnetfeld befindlichen Kontakthörner etwa kreisförmig
gebogen sind, wobei das Magnetfeld
schon in geringem Abstand von den
Hörnern stark abnimmt. Hierdurch
wird beim Abschalten, wie die Abb. 260
zeigt, der Lichtbogen längs der Kontakt-
hörner in die Länge gezogen, so daß man auf kleinen Raum große
Lichtbogenlängen, also große Leistungen schalten kann.

Abb. 261 zeigt schematisch einen Schalter, der neben gewöhnlicher
Abschaltung durch Hand eine selbsttätige Überstrom-, als auch thermische Auslösung (gegen Überlastung) besitzt. Der Strom fließt über
eine Blasspule a zu den Kontakten b und von hier über einen Überstrom-
magneten c und einen Bimetallstreifen g. Der drehbar gelagerte etwas
federnde Kontakthebel kann durch einen Betätigungsgriff d über das
Kniehebelsystem e eingeschaltet werden. Tritt ein Überstrom auf, so
wird durch den Magnetanker der Kniehebel über seinen toten Punkt

gedrückt und die Feder f schaltet ab. Liegt eine Überlastung vor, so erwärmt sich der Bimetallstreifen und biegt sich, da er aus zwei Metallen von verschiedenen Ausdehnungskoeffizienten besteht, nach oben durch, wodurch der Kniehebel durchgedrückt und der Schalter ausgelöst wird. Weiter besitzt der Schalter Freiauslösung, d. h. wenn auch durch Hand der Schaltergriff in der Einschaltstellung gehalten wird, kann trotzdem bei einem auftretenden Überstrom der Schalter abschalten.

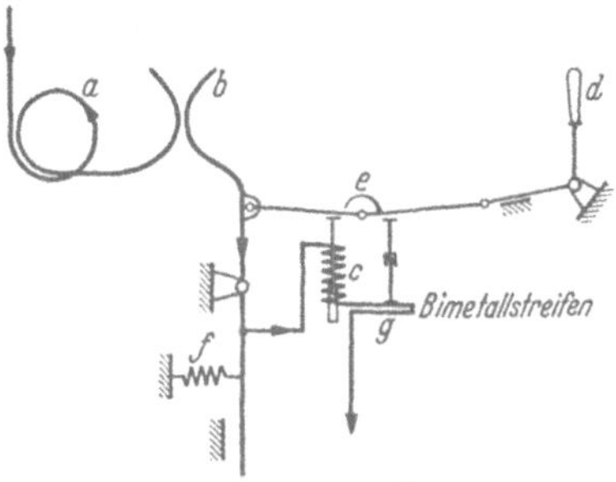

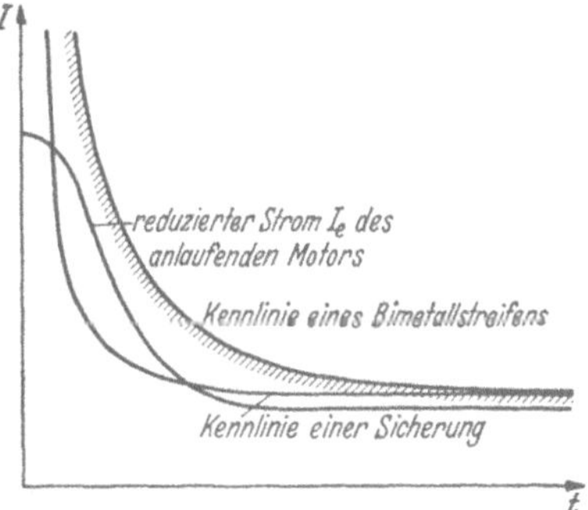

Abb. 261. Schalter mit Überstrom- und Bimetallauslösung.

Das in der Abb. 261 angegebene Schaltprinzip kommt oft bei Motorschutzschaltern zur Anwendung. Soll z. B. ein Kurzschlußankermotor geschützt werden, so hat sich der Schutz sowohl auf Überlastung des Motors, als auch auf Überströme zu erstrecken. In Abb. 262 ist die reduzierte Stromkurve I_e des Motors für den Anlauf in Abhängigkeit der Zeit gegeben. Um diese zu erhalten, geht man von dem tatsächlichen Stromverlauf $I = f(t)$ aus. Betrachtet man die Zeit t, dann ist der zu dieser Zeit gehörende Effektivstrom

$$I_e = \sqrt{\frac{1}{t} \int_0^t I^2\, dt},$$

d. h. I_e erzeugt in der Zeit t dieselbe Wärme wie der tatsächliche Strom. I_e, welches man für jede Zeit t berechnen kann, ist in der Abb. 262 zum Vergleich mit der Sicherungskennlinie eingetragen.

Versuchte man den Motor durch eine Sicherung gegen Überlastung zu schützen, so würde, wie die Abb. 262

Abb. 262. Kennlinien einer Sicherung und eines Bimetallstreifens.

zeigt, die Sicherung beim Anlauf des Motors durchbrennen. Wählte man andererseits eine größere Sicherung, so daß sie den Anlauf des Motors verträgt, dann ist kein Überlastungsschutz mehr vorhanden. Die Charakteristik des Bimetallstreifens läßt sich dagegen so ausbilden, daß ein Überlastungsschutz gegeben ist, aber auch die kurzzeitigen Anlaufspitzen ausgehalten werden. Zum Schutz gegen Überstrom dient die Überstromspule c (s. Abb. 261). Derartige Schutzschalter findet man auch heute vielfach in Hausinstallationen zum Schutze der Leitungen.

In industriellen Anlagen könnte man prinzipiell bei kleinen Motoren mit kleinen Motorschutzschaltern auskommen. Da jedoch hier oft große Kurzschlußströme vorhanden sind, muß, falls am Motor ein Kurzschluß auftritt, der Motorschutzschalter diesen abschalten können, was große Konstruktionen bedingt. Man verwendet trotzdem oft kleine Motorschutzschalter, die dann nur einen Überlastungsschutz, jedoch keinen Überstromschutz erhalten. Als Kurzschlußschutz verwendet man vorgeschaltete Sicherungen, die bei Überlastung nicht ansprechen, die jedoch einen Kurzschluß sehr schnell abschalten. Der Motorschutzschalter darf dann nicht anzusprechen.

B. Hochleistungsschalter.
a) Allgemeines.

Hierunter seien Hochspannungsschalter verstanden, welche imstande sein müssen, Kurzschlüsse, die die größte Belastung für den Schalter darstellen, abzuschalten. Hier genügen die betrachteten Luftschalter nicht mehr, man muß Schalter, die als Schaltmittel Öl, Wasser oder Druckluft haben, verwenden.

Die schwierigsten Schalterbeanspruchungen treten nicht bei ohmscher, sondern bei induktiver Last auf, da hier beim Stromdurchgang durch

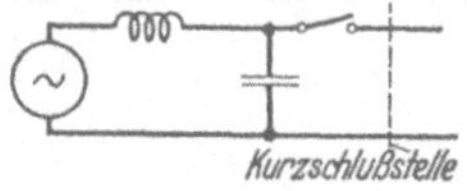

Abb. 263. Generator arbeitet auf Kurzschlußstelle.

Null die Spannung ihren Maximalwert besitzt, was die Abschaltung erschwert. (Das Abschalten von Hochspannungskondensatorenbatterien sei hierbei nicht berücksichtigt.) Diese induktive Belastung ist auch tatsächlich bei Kurzschlüssen in den Freileitungsnetzen hoher Spannung infolge der Induktivitäten von Generatoren, Transformatoren und Leitungen näherungsweise vorhanden. Im folgenden seien diese ungünstigen Verhältnisse genauer untersucht. Ein Wechselstromgenerator speise über einen Schalter eine Leitung, in der ein Kurzschluß vorhanden sei (Abb. 263). In der Abb. 264a ist die bei Kurzschluß vorhandene Maschinen-EMK aufgezeichnet. Der Kurzschlußstrom ist um 90° gegen diese Spannung phasenverschoben. Öffnet der Schalter, so ist die Spannung zwischen den Kontakten des Schalters zunächst klein, und zwar gleich der Lichtbogenspannung (s. Abb. 264a); sie wächst jedoch mit kleiner werdendem Strom und größer werdender Kontaktentfernung an. Nach jedem Nulldurchgang des Stromes muß der Lichtbogen neu zünden, wobei die Zündspannung mit wachsender Kontaktentfernung wächst. Wird schließlich die Zündspannung größer als die Maschinen-EMK, so zündet der Lichtbogen nicht mehr und am Schalter ist jetzt die EMK vorhanden. In der Abb. 264a ist angenommen, daß diese Spannung nach dem Nulldurchgang des Stromes sofort vorhanden sei. Dies ist physikalisch jedoch nicht möglich, denn infolge der vorhandenen Induktivitäten und Kapazitäten kann die Spannung an den Kontakten, welche beim Nulldurchgang des Stromes Null ist, nicht plötzlich ihren vollen Wert erreichen, sondern nur nach einer Einschaltschwingung (s. Abb. 264 b). Die Frequenz dieser Schwingung kann sehr hoch sein, z. B. 50 000 H. Die wiederkehrende Spannung braucht also zu ihrem Anstieg zwar eine kleine, aber immerhin eine endliche Zeit, durch die, wie wir sehen werden, überhaupt erst die Löschung des Lichtbogens ermöglicht wird.

Es seien jetzt die für das Abschalten eines Schalters maßgebenden Erscheinungen näher untersucht. Durch den im Schaltmedium

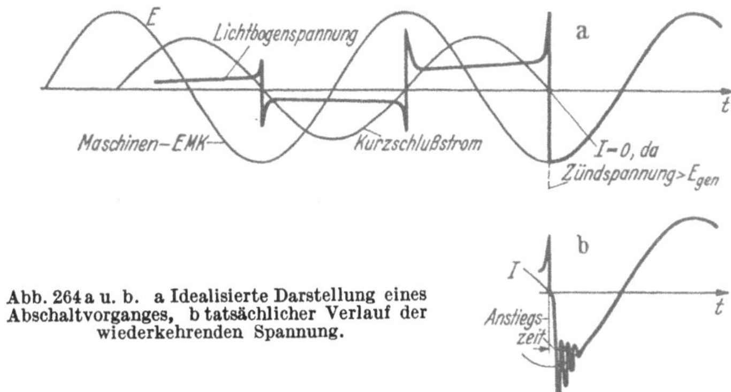

Abb. 264 a u. b. a Idealisierte Darstellung eines Abschaltvorganges, b tatsächlicher Verlauf der wiederkehrenden Spannung.

vorhandenen Lichtbogen und infolge der hohen Temperatur ist ein großer Teil der Moleküle der Schaltstrecke dissoziiert, d. h. die Moleküle haben sich in positive und negative Ionen und Elektronen aufgespalten. Beim Durchgang des Stromes durch Null vereinigen sich diese verschieden geladenen Teilchen sehr rasch, da das Medium sich schnell abkühlt. Das Verschwinden dieser geladenen Teilchen kann etwa durch die Kurve 1 der Abb. 265 dargestellt werden. Bisher ist aber nicht berücksichtigt, daß die Spannung an der Schaltstrecke gemäß Abb. 264 b wiederkehrt. Durch die wiederkehrende Spannung werden die positiven Teilchen in der einen und die negativen in der anderen

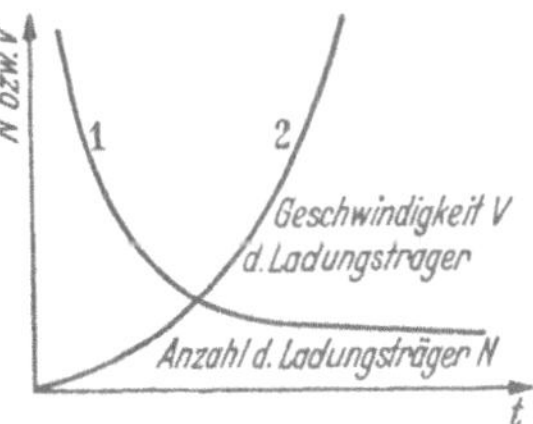

Abb. 265. Geschwindigkeit und Zahl der vorhandenen Ladungsträger.

Richtung beschleunigt und zwar wird ihre Geschwindigkeit um so mehr anwachsen, je mehr die Spannung ansteigt (Kurve 2 der Abb. 265). Hierbei werden beim Aufprallen auf neutrale Moleküle letztere dissoziiert und ist die Spannung groß genug, kommt es zur Stoßionisation, die in einen Lichtbogen übergehen kann. Man hat also zwei Vorgänge: Erstens wollen infolge der abnehmenden Temperatur die elektrisch geladenen Teilchen sich neutralisieren und zweitens werden infolge der wiederkehrenden Spannung neue elektrische Teilchen erzeugt. Je nachdem, ob der erste oder zweite Einfluß überwiegt, wird der Lichtbogen erlöschen bzw. wieder zünden. Diese Betrachtungen zeigen den maßgebenden Einfluß, den der Anstieg der wiederkehrenden Spannung besitzt. Um den Löschvorgang zu begünstigen, stehen zwei Mittel zur Verfügung. Man kann einmal sehr große Unterbrechungsstrecken verwenden, weil dann die Feldstärken zwischen den Kontakten, also die auf die geladenen Teilchen ausgeübten beschleunigenden Kräfte klein werden. Dieses Verfahren hat man stellenweise im Ölschalterbau angewandt, wo man große Unterbrechungswege vorsah, z. B. wie bei der Mehrfachkontaktunterbrechung. Die andere Möglichkeit besteht in einer intensiven Kühlung des Lichtbogens, um beim Nulldurchgang eine rasche Wiedervereinigung der verschiedenartig geladenen Teilchen zu neutralen Molekülen zu erreichen. Nach

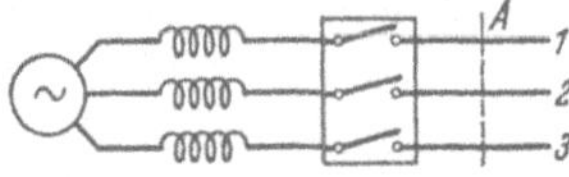

Abb. 266. Dreipoliger Kurzschluß.

diesem letzten Prinzip arbeiten die modernen Schalter, und zwar die Druckluft, die Wasser- und die ölarmen Schalter.

Sieht man zunächst von der übergelagerten Schwingung der wiederkehrenden Spannung ab, so kann man die Abschaltleistung eines Schaltpols formal festlegen zu: Kurzschlußstrom unmittelbar bei Kontakttrennung mal wiederkehrende Spannung, beide effektiv gemessen.

Unter Zugrundelegung dieser Festsetzung seien im folgenden die Abschaltleistungen für Drehstrom bei drei- und zweiphasigem Kurzschluß berechnet. Abb. 266 zeigt schematisch den Generator und den bei A vorhandenen Kurzschluß der drei Phasen,

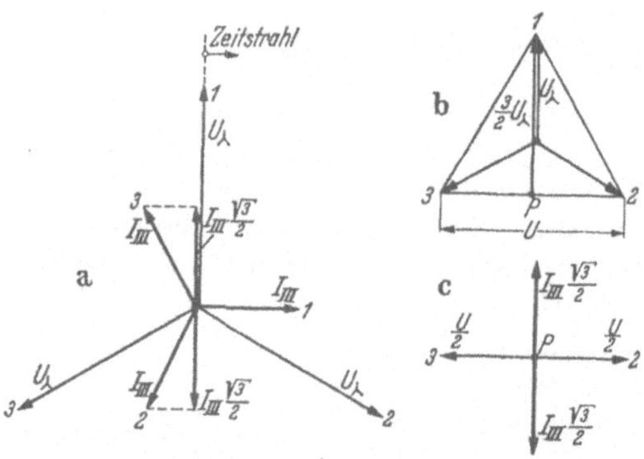

Abb. 267a—c. Diagramm für die Abschaltung eines Kurzschlusses. a Strom- und Spannungsdiagramm im Augenblick des Stromnulldurchgangs in der Phase 1, b Spannungsdiagramm, c Strom- und Spannungsdiagramm nach dem Abschalten des Schaltpoles 1.

Abb. 267a den Spannungs- und Stromstern bei Kurzschluß. Der Strom beim dreipoligen Kurzschluß sei I_{III} und die wiederkehrende Spannung $U_\curlywedge$ bzw. U. Der Zeitstrahl liege gerade vertikal, so daß in der Phase 1 der Strom Null ist und die Phasenspannung ihren maximalen Wert hat. Wenn jetzt der Strom in der Phase 1 erlöscht, so sind die in den Phasen 2 und 3 fließenden Ströme einander entgegengesetzt und haben die Größe $I_{III} \dfrac{\sqrt{3}}{2}$, wobei die Phasen 2 und 3 an der verketteten Spannung U liegen. Das Potential der drei Leitungen bei A liegt jetzt in der Mitte von U, also im Punkte P (Abb. 267b), so daß für die wiederkehrende Spannung des in der Phase 1 liegenden Schalterpoles die Spannung P—1 einzusetzen ist, deren Größe $\dfrac{3}{2} U_\curlywedge = U \dfrac{\sqrt{3}}{2}$ ist. Die Phase 1 hat also eine Abschaltleistung $U I_{III} \dfrac{\sqrt{3}}{2}$.

$^{1}/_{4}$ Periode später finde die Abschaltung des noch in den Phasen 2 und 3 fließenden Kurzschlußstromes $I_{III} \frac{\sqrt{3}}{2}$ statt (s. Abb. 267c). Für die beiden Schaltpole 2 und 3 zusammen ergibt sich ebenfalls eine Abschaltleistung von $U I_{III} \frac{\sqrt{3}}{2}$. Die Gesamtabschaltleistung des Schalters ist also

$$(115) \qquad N_{III} = U I_{III} \sqrt{3}.$$

Dabei hat also der zuerst abzuschaltende Pol die Hälfte der Abschaltleistung zu übernehmen.

Ist ein zweipoliger Kurzschluß vorhanden, so haben, falls der zweipolige Kurzschlußstrom I_{II} ist, die beiden kranken Schalterpole je halbe verkettete Spannung, als Leistung je $I_{II} \frac{U}{2}$

Abb. 268. Ausschaltleistung und Ausschaltstrom eines Schalters in Abhängigkeit der Spannung.

abzuschalten. Die Gesamtabschaltleistung beträgt somit

$$(116) \qquad N_{II} = U I_{II}.$$

Ist die Abschaltleistung eines Schalters für zwei-, als auch für dreipoligen Kurzschluß gleich, so heißt das, daß beim zweiphasigen Kurzschluß der abzuschaltende Strom $\sqrt{3}$-mal so groß ist als beim dreiphasigen. Dafür ist jedoch die wiederkehrende Spannung $\sqrt{1/3}$-mal kleiner. Da ein Schalter im allgemeinen durch einen größeren Strom mehr beansprucht wird, ist die zweipolige Abschaltung trotz der etwas kleineren wiederkehrenden Spannung die ungünstigere. Es ist deshalb keineswegs gesagt, daß eine drei-

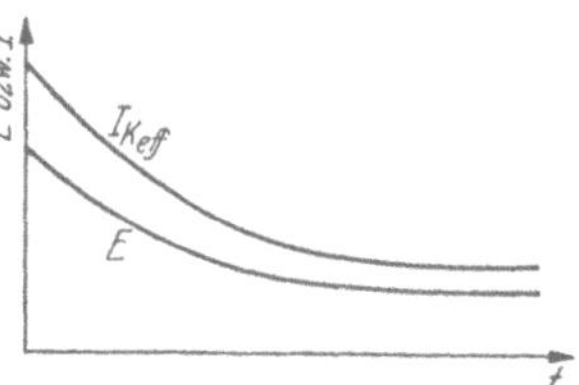

Abb. 269. Abklingende EMK und Kurzschlußstrom.

polige Abschaltleistung auch zweipolig geleistet werden kann. Mit kleiner werdender Spannung nimmt allgemein das Ausschaltvermögen ab (z. B. nach Abb. 268). Die Abschaltleistung moderner Schalter liegt, dreipolig gemessen, je nach Größe etwa zwischen 100 bis zu einigen tausend MVA (1 MVA = 1000 kVA).

Abb. 269 zeigt den Kurzschlußstrom und die in der Maschine vorhandene EMK in Abhängigkeit von der Zeit. Beide nehmen ab (s. S. 412). Also ist auch die Schaltleistung kleiner, wenn nicht sofort abgeschaltet wird. Für die wiederkehrende Spannung ist die jeweils bei der Abschaltung vorhandene Maschinen-EMK maßgebend, da die Maschinenleerlaufspannung infolge der Tragheit des Feldes erst langsam wiederkehrt.

Um die Schaltleistung eines einzubauenden Leistungsschalters festzulegen, soll man, selbst wenn eine Zeiteinstellung von mehreren Sekunden vorgesehen ist, diese im allgemeinen nicht berücksichtigen, sondern zur Sicherheit die Abschaltleistung für den kleinsten vorkommenden

Schaltverzug (0,1 bis 0,25 sec) (Auslösezeit des Relais + Eigenzeit des Schalters) berechnen. Als wiederkehrende Spannung nimmt man sicherheitshalber die Nennspannung. (Näheres über die Berechnung S. 412.) Wird der Schalter auf einen Kurzschluß geschaltet, so entsteht ein sehr hoher Stromstoß (Maximalwert etwa das 15fache des Normalstromes), den der Schalter thermisch und dynamisch aushalten muß.

Im folgenden sollen jetzt die verschiedenen Schalterarten näher betrachtet werden.

b) Ölschalter.

Der früher ausschließlich in den Schaltanlagen zur Verwendung gekommene Leistungsschalter war der Ölschalter; Abb. 270 zeigt eine zweipolige Ausführung im Schnitt. Handelt es sich um einen dreiphasigen Ölschalter, dann befinden sich im gleichen Ölkessel drei solcher Unterbrechungsstellen nebeneinander, wobei zwischen denselben Isolierwände eingeschaltet sind. Das Öffnen des Schalters geschieht durch eine nach unten bewegliche Isolierstange, welche das oder die Messer aus den Kontakten zieht. Nach einem gewissen Kontaktweg tritt die Abschaltung ein.

Abb. 270. Ölschalter.

Der Abschaltvorgang im Leistungsschalter ist in Abb. 271 für die zweipolige Anordnung, in Richtung des Messers gesehen im einzelnen

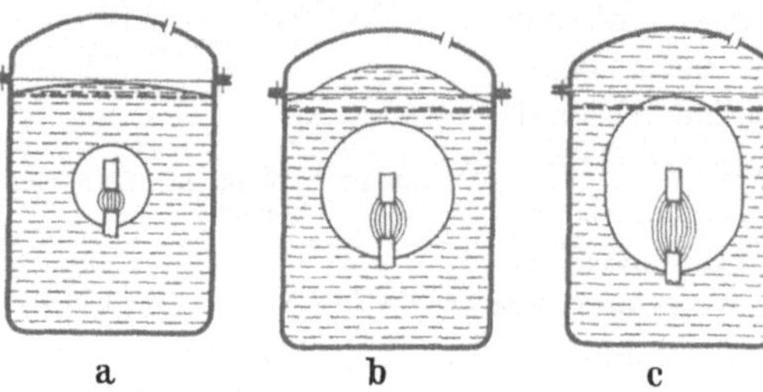

a   b   c

Abb. 271a—c. Abschaltvorgang beim Ölschalter.

aufgezeichnet. Hat das Kontaktmesser sich etwas abgehoben, so entsteht ein Lichtbogen, der infolge seiner hohen Temperatur das Öl in Ölgase zersetzt, so daß sich um den Lichtbogen eine Gasblase bildet. Hierdurch wird das Öl verdrängt und der Ölspiegel muß steigen (s. Abb. 271a). Mit wachsendem Kontaktabstand wird die Gasblase größer und das verdrängte Öl weiterhin nach oben bewegt. Schließlich ist durch eine kleine Entlüftungsöffnung sämtliche Luft aus dem Ölschalterkessel herausgepreßt, das durch die Gasblase verdrängte Öl hat den Deckel erreicht (s. Abb. 271c). Da nur unmerklich Öl aus dem Schalter heraus kann, steht für das insgesamt entwickelte Gas kein größeres Volumen als das ursprüngliche Luftvolumen des Schalters zur Verfügung, d. h. aber, daß bei weiterer Gasentwicklung der Druck im Schalter solange ansteigt bis bei genügend großem Kontaktweg eine Löschung des Lichtbogens eingetreten ist. Hieraus folgt, daß bei gegebenem Schaltweg und bei gegebener

Schaltgeschwindigkeit der im Schalter erzeugte Druck um so kleiner ist, ein je größeres Luftvolumen man im Schalter vor dem Schalten hat. Man hat also die Möglichkeit, den Schalterdruck in gewissen Grenzen verändern zu können. Die auftretenden Schalterdrücke liegen in der Größenordnung von etwa 7 at.

Die geschilderten Vorgänge erfolgen sehr rasch und das nach oben beschleunigte Öl wird mit großer Geschwindigkeit auf den Deckel aufprallen, so daß bei einem schweren Kurzschluß ein Schalter, sofern er nicht gut befestigt ist, sich nach oben bewegt.

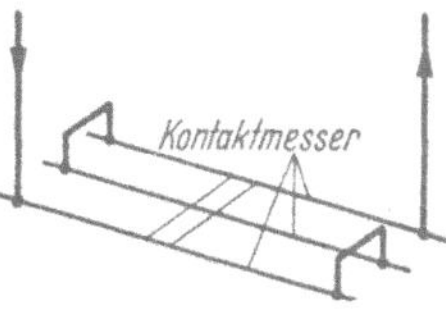

Abb. 272.
Mehrfachunterbrechung.

Bei sehr hohen Spannungen muß man jede Phase in einem besonderen Kessel unterbringen und, um genügend großen Kontaktweg zu erhalten, mehrfache Unterbrechungen vorsehen (s. Abb. 272). Da das Öl beim Ölschalter zur Isolierung dient, sind bei großen Spannungen riesige Ölmengen notwendig, z. B. bei einem Schalter für 200 kV etwa 20 t Öl pro Phase, was unerwünscht ist, da bei Schalterexplosionen diese großen Ölmengen in Brand geraten und ferner die Schalter sehr groß werden.

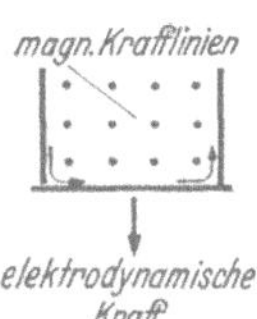

Abb. 273. Elektrodynamische Kraftwirkung auf ein Schaltmesser.

Ein Schalter muß nicht nur Ströme unterbrechen, sondern er muß auch, falls er auf einen Kurzschluß geschaltet wird, die hierbei auftretenden Beanspruchungen ertragen können. Beim Schalten auf den Kurzschluß treten im ersten Augenblick große Stoßströme auf, die in der Stromschleife des Schalters ein starkes magnetisches Feld erzeugen. Dieses Feld hat das Bestreben die Stromschleife (s. Abb. 273) zu vergrößern. Damit treten im Schalter Kräfte auf, die ein Schließen des Schalters verhindern bzw. das Schaltmesser von den Kontakten abheben wollen. Bei Verwendung gewöhnlicher Klotzkontakte besteht somit die Gefahr einer Kontaktabhebung. Hierdurch können leicht Kontaktverschweißungen auftreten, durch die der Schalter arbeitsunfähig würde.

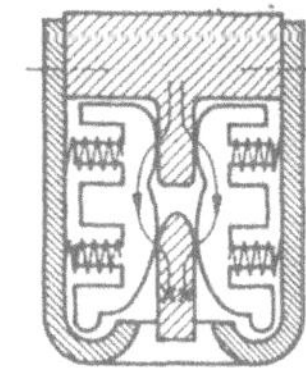

Abb. 274.
Lamellenkontakt.

Um dies zu vermeiden, hat man verschiedene andere Kontaktformen entwickelt. Eine viel angewandte Ausführung ist der in Abb. 274 dargestellte Lamellenkontakt. Eine Reihe von hintereinander angeordneten Kontaktlamellen werden durch Spiralfedern auf das Kontaktmesser gepreßt. Der Vorzug dieser Ausführung besteht darin, daß durch die links und rechts im Kontakt befindlichen Lamellen parallele, sich anziehende Ströme fließen, welche die Lamellen fest auf das Messer pressen. Dieses Prinzip wird auch angewandt, falls keine Kontaktmesser, sondern Kontaktstifte zur Anwendung kommen. Hier wird man die Kontaktlamellen radial um den Kontaktstift anordnen. Diese sog. Tulpen-

14*

kontakte werden z. B. bei dem Ölschalter mit Löschkammer gebraucht. Bei diesem Ölschalter tragen die beiden zu einer Phase gehörenden in den Ölschalterkessel hineingehenden Isolatoren an ihren Enden sog. Löschkammern (s. Abb. 275), in welche die Kontaktstifte bei geschlossenem Schalter hineinragen. Wird ein solcher Schaltstift beim Abschalten aus dem feststehenden Kontakt herausgezogen, so entstehen in der Kammer (Abb. 276) infolge der sich durch den Lichtbogen bildenden Ölgase hohe Drücke (Größenordnung 60 bis 80 atü). Sobald der Schaltstift die Kammer verläßt, können die Ölgase, dabei auch Öl mitreißend, aus der Kammer expandieren, wobei sie den Lichtbogen abkühlen, so daß er verlöscht.

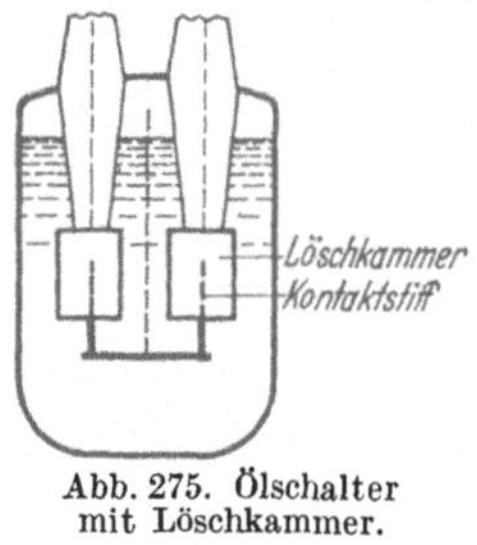

Abb. 275. Ölschalter mit Löschkammer.

c) Wasserschalter.

Die bei den Ölschaltern, besonders bei höheren Spannungen benötigten großen Ölmengen und die bei Ölschalterexplosionen möglichen Ölbrände gaben Veranlassung, nach Schaltprinzipien zu suchen, bei denen überhaupt kein Öl Verwendung finden sollte. Ein solcher ölloser Schalter ist der Wasserschalter.

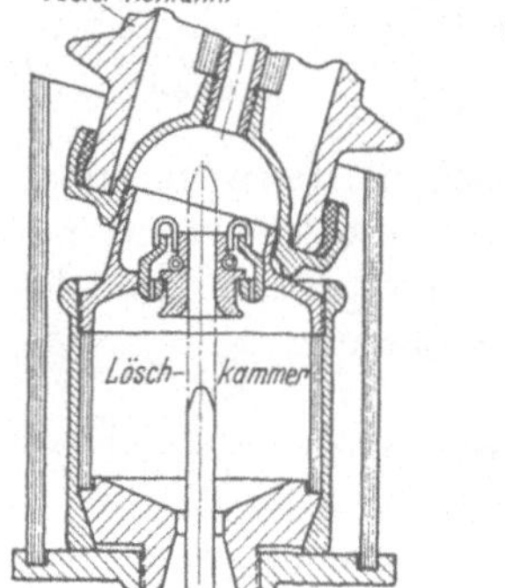

Abb. 276. Löschkammer eines Ölschalters.

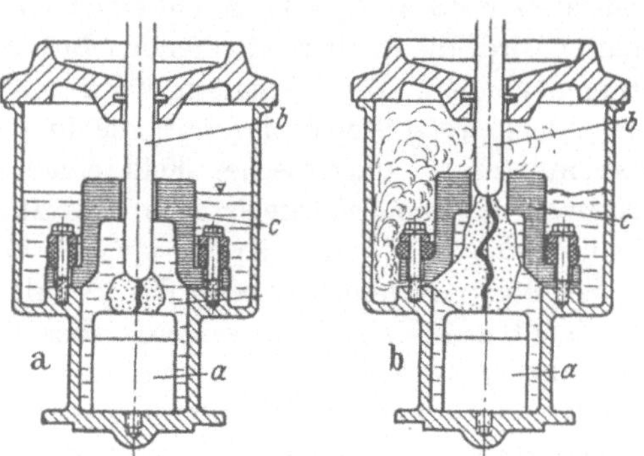

Abb. 277 a u. b. Schaltkammer eines Wasserschalters (SSW).

Abb. 277 zeigt im Prinzip einen solchen Wasserschalter. Jeder Pol besitzt eine Schaltkammer (jede Phase wird im Gegensatz zum Ölschalter nur einpolig unterbrochen), die teilweise mit Wasser gefüllt ist. In der Abbildung bedeutet a den feststehenden Tulpenkontakt, b den beweglichen Kontaktstift. Wird dieser nach oben bewegt, so entsteht ein Lichtbogen, der Wasserdampf erzeugt. Bei einem bestimmten Druck hebt sich die Haube c, welche durch Gummi federnd auf eine Unterlage gepreßt wird, etwas an und der Dampf kann seitlich bei gleichzeitiger Expansion entweichen. Hierbei strömt der Wasserdampf an dem Lichtbogen entlang, der hierdurch kräftig gekühlt wird, so daß er nach einigen Halbperioden erlöscht. Die in der Abb. 277 dargestellte Löschkammer wird als elastische Löschkammer bezeichnet. Sie findet Anwendung bis etwa 10 kV. Bei kleineren Spannungen, bis etwa 6 kV kann auch eine starre Löschkammer zur Anwendung kommen, bei der die Haube c fest mit dem Unterteil in Verbindung steht. Wenn hier der Kontaktstift aus der Kontakthaube c herausgezogen wird, strömt der entwickelte Dampf nach oben ab und kühlt ebenfalls den Lichtbogen.

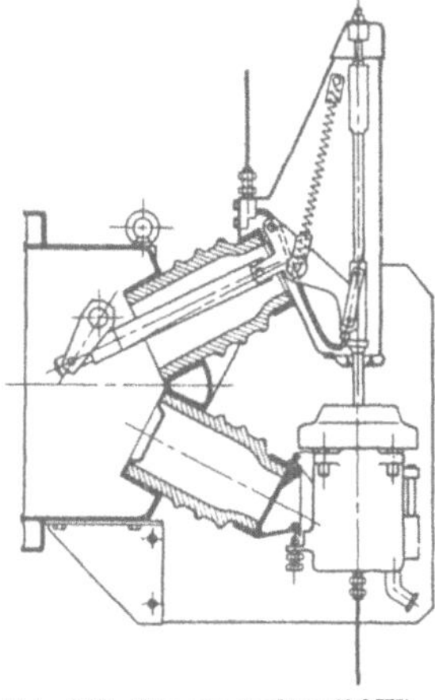

Abb. 278. Wasserschalter (SSW).

Wird ein Wasserschalter auf einen Kurzschluß geschaltet, dann wird zwischen beweglichem und feststehendem Kontakt infolge der schlechten Isolierfähigkeit des Wassers bereits ein Überschlag stattfinden, ehe die Kontakte sich metallisch berühren. Infolge des im ersten Moment vorhandenen Stromstoßes können dabei bereits beim Einschalten sehr starke Verdampfungen des Wassers erfolgen, die unerwünscht sind. Deshalb muß ein solcher Wasserschalter sehr rasch, z.B. durch Federkraft, eingelegt werden.

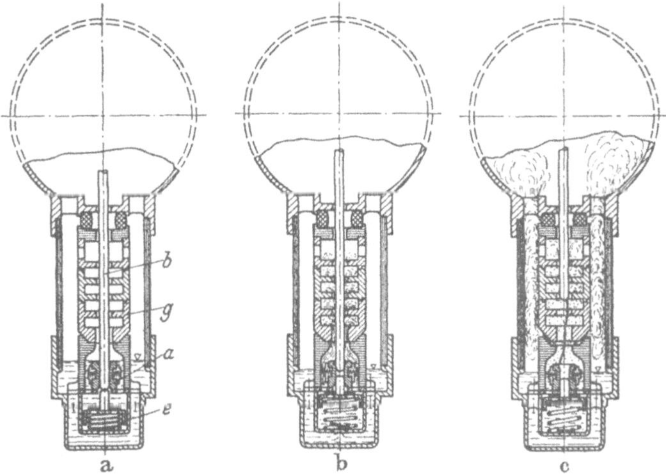

Abb. 279 a—c. Wasserschalter mit Spritzkammer (SSW).

Abb. 278 zeigt die Anordnung der Löschkammer bei einem Wasserschalter. Günstig bei den Wasserschaltern ist die Möglichkeit, daß die Stromzuführung von oben kommt und nach unten abgeht, ohne daß eine Stromschleife wie bei den Ölschaltern gebildet wird.

Bei Spannungen höher als etwa 10 kV ist von SSW die sog. Spritzkammer entwickelt worden, die in der Abb. 279 dargestellt ist. Unterhalb des Tulpenkontaktes *a* befindet sich ein Kolben *e*, der durch eine Feder nach oben gepreßt wird. Bewegt sich der Kontaktstift *b* nach oben, so kann, wie in der Abb. 279b dargestellt, der Kolben *e* folgen, wodurch Wasser in die Löschkammer *g* gespritzt wird, welches, sobald der Kontaktstift den festen Kontakt verläßt, durch den entstehenden Lichtbogen verdampft wird. Ist ein genügend großer Dampfdruck vorhanden, dann wird die Löschkammer *g*, da sie nur federnd auf ihre Unterlage gepreßt ist, angehoben und der Dampf kann seitlich entweichen. Dabei strömt der entwickelte Dampf längs des Lichtbogens (Abb. 279 c), der dadurch gekühlt und gelöscht wird. Nach erfolgter Abschaltung kondensiert der Dampf und sammelt sich im unteren Teil der Spritzkammer.

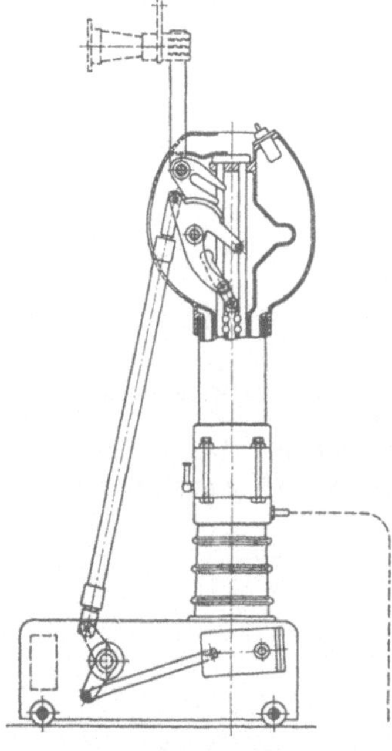

Abb. 280. Wasserschalter mit Trennschalter (SSW).

Wird jetzt der Schalter eingelegt, so ist keine Wasserstrecke zwischen dem Schaltstift und dem festen Kontakt vorhanden, so daß kein Überschlag in Wasser und keine hiermit verbundene Verdampfung desselben erfolgen kann.

Abb. 280 zeigt den konstruktiven Aufbau eines derartigen Wasserschalters. Der im Kopf des Schalters angebrachte Mechanismus ist so ausgebildet, daß, wenn der Kontaktbolzen aus der Schaltkammer herausgezogen ist, am Schluß der Schaltbewegung noch ein vorgeschaltetes Trennmesser geöffnet wird.

Hiermit wird erreicht, daß der bewegliche Kontaktbolzen nur einen solchen Schalthub auszuführen braucht, daß die Abschaltung bewirkt wird, daß jedoch die aus Sicherheitsgründen notwendige Luftisolierung durch das vorgeschaltete Trennmesser hergestellt wird.

Wasserschalter sind zur Zeit nur bis etwa 60 kV wirtschaftlich ausführbar, da die Isolationsfähigkeit des Wassers nicht eine derart hohe ist, wie die von Öl. Bei höheren Spannungen werden deshalb unter Zugrundelegung ähnlicher Schaltprinzipien die Schalter mit Öl gefüllt, wobei man mit sehr kleinen Ölmengen auskommt.

d) Ölarme Schalter.

Man kann für sämtliche Spannungen sog. ölarme Schalter bauen. Im Gegensatz zum normalen Ölschalter dient das Öl, und zwar in kleinen Mengen bei den ölarmen Schaltern zur Löschung des Lichtbogens, aber nicht für die Isolierung gegen Erde. Abb. 281 zeigt die Löschkammer eines ölarmen Schalters wie sie z. B. von der Firma Voigt & Haeffner ausgeführt wird. Diese Kammer, die in einem mit Öl gefüllten Isolator eingebaut ist, enthält einen Differentialkolben a, der durch Federkraft nach unten gepreßt wird. Wenn der Kontaktstift b aus dem feststehenden Tulpenkontakt herausgezogen wird, entsteht ein Lichtbogen, der Ölgase bildet, welche zunächst beidseitig den Kolben unter gleichen Druck setzen. Da jedoch in der unteren Kammer der Kolben eine größere Fläche hat, wird die nach oben wirkende Kraft am Kolben überwiegen und ihn nach oben bewegen. Dabei muß das in der oberen Kammerhälte befindliche Öl

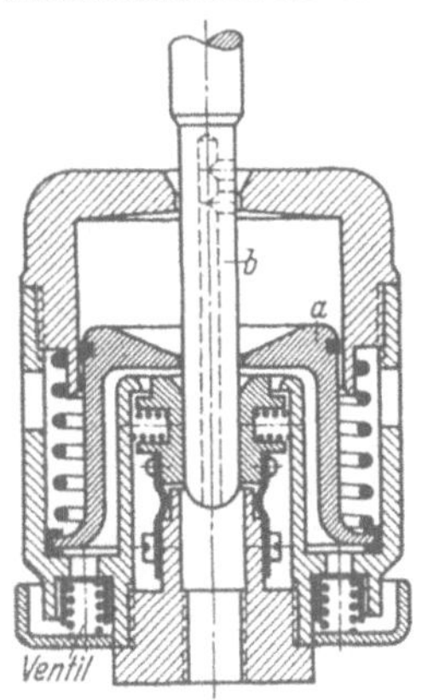

Abb. 281. Löschkammer eines ölarmen Schalters (V & H).

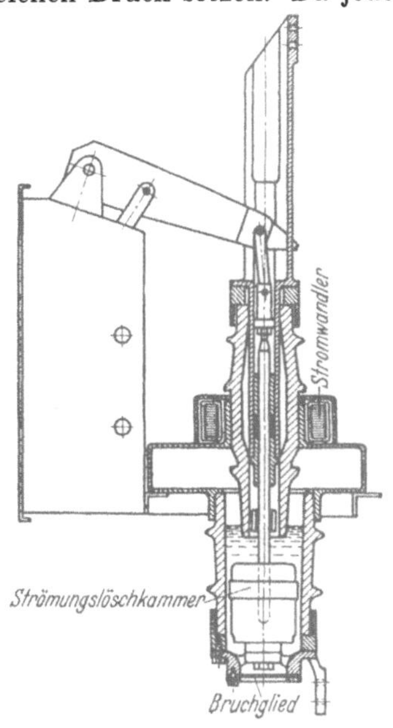

Abb. 282. Schnitt durch einen ölarmen Schalter (V & H).

entweichen, d. h. es wird längs des Lichtbogens in den unteren Raum der Kammer gepreßt. Da hierbei vorwiegend frisches Öl, also kein Öldampf, in den Lichtbogen gespritzt wird, ist die Kühlung eine sehr kräftige und der Abschaltvorgang ist meist nach einer bzw. zwei Halbperioden bereits beendet. Bei dieser Schalterart genügt schon ein verhältnismäßig kleiner Schalthub, um die Abschaltung herbeizuführen, dadurch wird die Lichtbogenspannung und somit die Schaltarbeit, welche zu bewältigen ist, klein. Abb. 282 zeigt die konstruktive Durchbildung eines ölarmen Schalters, der außerdem einen angebauten Stromwandler besitzt.

Ein ölarmer Schalter, wie er von der Firma BBC als sog. Konvektorschalter für höhere Spannungen von etwa 30 kV ab zur Ausführung kommt, ist in der Abb. 283 wiedergegeben. Es kommt hier eine vielzellige, mit Öl gefüllte Kammer zur Anwendung, welche am Boden einen durch eine Feder aufgepreßten Abschluß (5) hat. Wenn der Kontaktstift aus dem feststehenden Tulpenkontakt herausgezogen wird, entwickeln sich längs des Lichtbogens Ölgase. Eine große zusammenhängende Ölblase wie sie bei den Ölschaltern (s. S. 210) möglich war, kann

sich nicht ausbilden, sondern es werden sich entsprechend den kleinen
Zellen kleine Gasblasen bilden, die bei ihrer Entstehung dem Lichtbogen
Wärme entziehen, so daß Lichtbögen kleiner Stromstärke auf diese Weise
gelöscht werden. Bei größeren Stromstärken entsteht im Innern der
Kammern ein solcher Druck, daß der federnd am Boden befestigte Ab-
schlußdeckel (5) nach oben gepreßt wird und
die unter Druck stehenden Ölgase, wie auch die
mitgerissenen Ölteilchen, hier entweichen können. Dabei müssen sie am Lichtbogen entlang

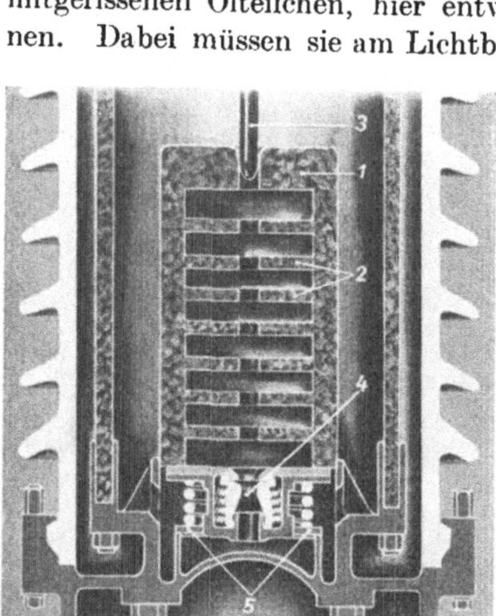

Abb. 283. Kammer eines Konvektorschalters   Abb. 284. Konvektorschalter (BBC).
                    (BBC).

strömen, der hierdurch kräftig gekühlt wird und schließlich erlöscht.
Abb. 284 zeigt einen solchen Schalter im Aufbau. Dem Schalter ist
ein Trennmesser vorgeschaltet, welches nach beendeter Abschaltung
öffnet und die Schaltkammer spannungsfrei macht.

e) Druckluftschalter.

Während die bis jetzt behandelten Schalter als Löschmittel Flüssig-
keiten benutzten, verwendet der Druckluftschalter zum Löschen des
Lichtbogens Druckluft. Abb. 285 zeigt schematisch den Schalter sowie
den Löschvorgang: Ein Zylinder trägt eine Metallkappe, welche den
einen Pol des Schalters darstellt; der andere Pol ist der Kontaktbolzen,
der beim Schalten zurückgezogen wird. Der sich hierbei bildende Lichtbogen wird durch die Druckluft nach außen geblasen, stark gekühlt und
erlöscht nach der ersten bzw. zweiten Halbwelle beim Nulldurchgang
des Stromes. Abb. 286 zeigt die konstruktive Durchführung dieses
Schaltprinzips für einen Schalter mittlerer Spannung. Der Düsenkontakt
ist mit h bezeichnet; der bewegliche Kontaktstift f erhält seine Strom-

zuführung durch einen Schleifkontakt *k*. Der Antrieb des Schalters erfolgt über eine Schaltstange *e* durch einen Druckluftzylinder *a*. Links

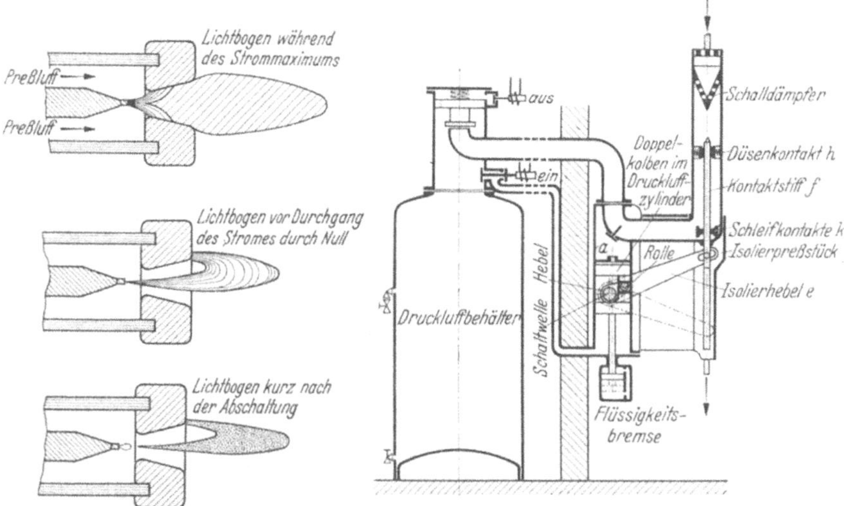

Abb. 285. Preßluftschalter. Abb. 286. Preßluftschalter mit Luftkessel (AEG).

vom Schalter befindet sich der benötigte Druckluftbehälter.

Soll ausgeschaltet werden, so wird das am Oberteil des Kessels vorhandene Aus-Ventil geöffnet. Damit wird der dort befindliche Differentialkolben nach oben bewegt, da die oberhalb des Kolbens vorhandene Druckluft entweichen kann und der unter dem Kolben vorhandene Druck gegenüber der Feder überwiegt. Hierdurch wird die Druckluftzuführung zum Druckluftschalter freigegeben. Gleichzeitig wird das den Druckluftzylinder mit der Zuleitung verbindende Ventil geöffnet, der Druckluftkolben nach unten bewegt und die Abschaltung bewirkt. Wenn der Aus-Magnet wieder spannungslos, das Ventil also geschlossen ist, wird der Differentialkolben durch die Federkraft wieder

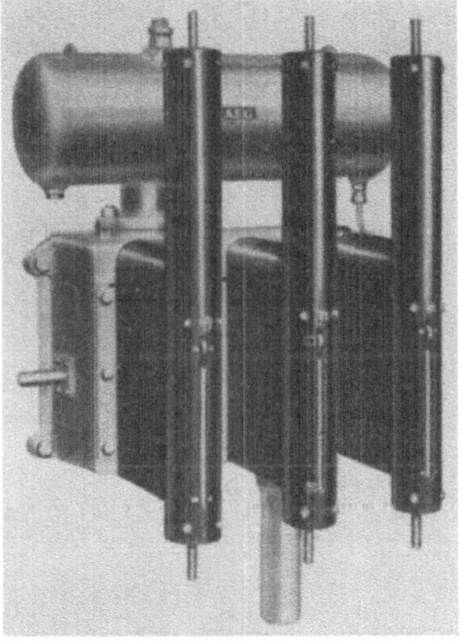

Abb. 287. Ansicht eines Druckluftschalters mit unmittelbar angebautem Luftbehälter (AEG).

wieder spannungslos, das Ventil also nach unten gepreßt und die Druckluft vom Schalter abgesperrt. Dies ist möglich, weil der Kolben eine Bohrung besitzt, welche gestattet, daß Druckluft in den Raum oberhalb des Differentialkolbens strömen kann.

Soll der Schalter eingeschaltet werden, dann wird das elektropneumatische Einschaltventil geöffnet. Es kann nun Druckluft in den Zylinder einströmen, wodurch dann der Schalter eingelegt wird.

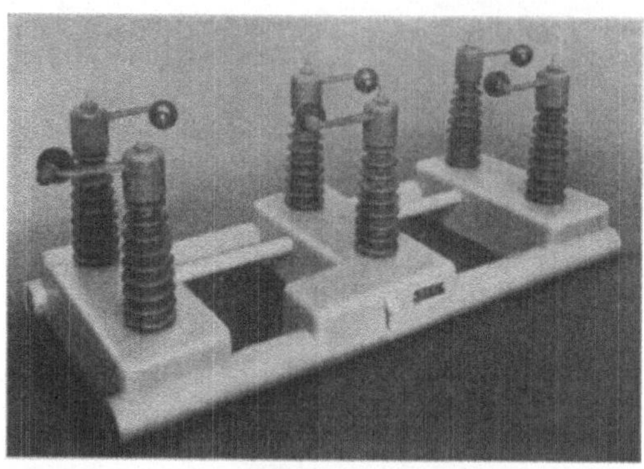

Abb. 288a. Ansicht eines Freistrahl-Druckgasschalters 100 kV, 600 A 1500 MVA (AEG).

Neuerdings strebt man an, mit wesentlich kleineren Luftmengen für das Löschen, also mit kleineren Luftkesseln, auszukommen, so daß man den Luftkessel mit dem Schalter vereinigen kann (Abb. 287).

Für höhere Spannungen kann der Druckluftschalter als Freistrahlschalter ausgeführt werden (AEG). Abb. 288a zeigt einen solchen dreipoligen Schalter für 100 kV in geöffnetem Zustand. Die beiden Isolatoren einer Phase sind drehbar angeordnet und schließen bei Berührung ihrer Kontakte den Stromkreis. Die an jedem drehbaren Isolator an einem

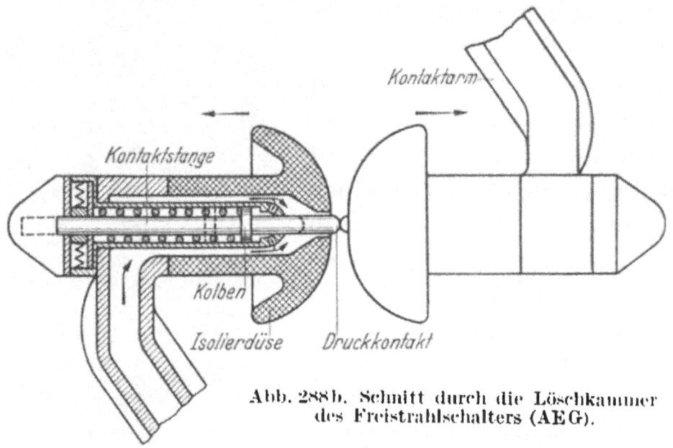

Abb. 288b. Schnitt durch die Löschkammer des Freistrahlschalters (AEG).

Arm angebrachte Löschkammer ist in Abb. 288b im Schnitt aufgezeichnet. Nehmen wir an, der Schalter soll geöffnet werden, so werden sich die beiden Isolatoren durch Druckluft zu drehen beginnen. Gleichzeitig wird in das Innere der beiden Isolierdüsen (Abb. 288b) Druckluft von etwa 10 atü geleitet, durch welche vermittels eines Kolbens der den Stromübergang herstellende Druckkontakt zurückgeschoben wird. Dadurch tritt einmal eine Unterbrechung des Stromkreises ein und es vermag Druckluft aus jeder der beiden Isolierdüsen ins Freie zu strömen, wobei eine intensive Kühlung des Lichtbogens erfolgt, der dann erlöscht.

Nach erfolgter Abschaltung wird durch ein besonderes, in der Abbildung nicht angegebenes Ventil die Druckluftzufuhr zur Isolierdüse unterbrochen. Die für die Abschaltungen benötigte Druckluft befindet sich in dem Rahmengestell des Schalters, welches als Druckluftbehälter ausgebildet ist und dessen Inhalt für 3 Schaltvorgänge ausreicht. Sinkt der Druck unter einen bestimmten Wert, dann findet ein Auffüllen durch eine vorhandene Kompressoranlage statt.

C. Leistungstrennschalter.

Mit normal gebauten Trennschaltern lassen sich nur Ströme schalten (z. B. Magnetisierungsströme), die wesentlich geringer sind als der Nennstrom der Trennschalter. Es ist jedoch für manche Zwecke erstrebenswert, mit einem Trennschalter auch Lastströme, unter Umständen auch Überlastungsströme, abschalten zu können. Dies ist möglich, wenn man

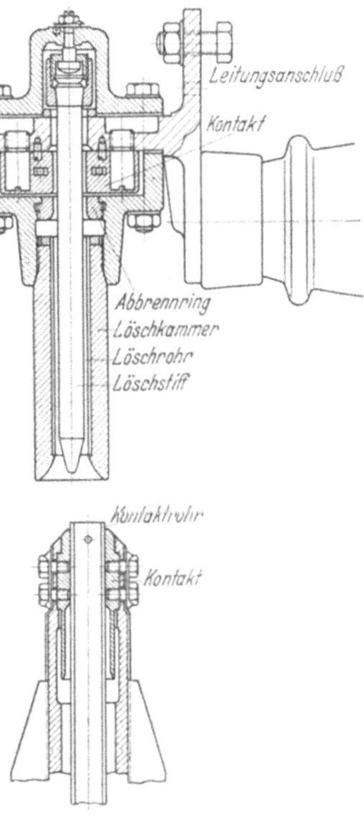

Abb. 289. Expansionstrennschalter (SSW).

Abb. 290. Leistungstrennschalter mit selbsttätiger Löschgaserzeugung (Hartgasschalter) (AEG).

den einen Pol des Trennschalters (s. Abb. 289) als kleine Löschkammer ausbildet und diese mit Wasser oder Öl füllt. Mit solchen Leistungstrennschaltern kann man die Nennlast des Schalters und auch Überlastungsströme abschalten. Selbstverständlich ist es nicht möglich, Kurzschlußströme hiermit bewältigen zu wollen. Soll z. B. ein kleiner Hochspannungsanschluß geschützt werden, so wird man zunächst einen

Leistungstrennschalter vorsehen, der auch Überströme abzuschalten vermag, während man Kurzschlüsse durch vorgeschaltete Abschmelzsicherungen zur Abschaltung bringt.

Es sei erwähnt, daß es heute auch Leistungstrennschalter gibt (Abb. 290), bei denen die Löschkammer keine Flüssigkeit enthält, sondern die Kammer nur aus einem Löschrohr aus organischem Isolationsmaterial und einem Löschstift besteht. Wird in diesem Falle das Kontaktrohr aus dem Kontakt der oberen Kammer gezogen, so verdampft der entstehende Lichtbogen an der Oberfläche der Kammer etwas Isoliermasse. Dadurch wird dem Lichtbogen Wärme entzogen und die entstehende Gasmenge genügt dann, um den Lichtbogen, sowie das Kontaktrohr die Kammer verläßt, auszublasen. Dieses Schaltprinzip läßt sich auch bei Leistungsschaltern nicht allzu hoher Spannung und Leistung anwenden.

D. Das Ein- und Ausschalten der Leistungsschalter.

Bei den meisten Leistungsschaltern (abgesehen von den Druckluftschaltern) erfolgt das Ausschalten des Schalters durch Federkraft, wobei die Feder bereits beim Einschalten des Schalters gespannt wird. Meist wird beim Ausschalten durch Hand oder durch einen Ausschaltmagneten eine Verklinkung gelöst, welche den Federspeicher freigibt. Das Einschalten kann bei kleineren Schaltern von Hand erfolgen. Um von der Geschwindigkeit der Handeinschaltung unabhängig zu sein, kommt bei Schaltern, welche eine kleine Einschaltgeschwindigkeit nicht gestatten (z. B. Wasserschalter) eine zwischengeschaltete Feder zur Anwendung, die bei der Einschaltbewegung zunächst gespannt wird und unabhängig von der Geschwindigkeit der Einschaltbewegung den Schalter plötzlich einlegt. Bei größeren Schaltern erfolgt das Einlegen nicht mehr von Hand, sondern durch einen Elektromotor, einen Elektromagneten oder auch durch Druckluft. Besonders in der letzten Zeit haben sich in größeren Anlagen die Antriebe durch Druckluft sehr eingebürgert, und zwar nicht nur bei den Leistungsschaltern aller Ausführungsarten, sondern auch bei fernbetätigten Trennschaltern. Man könnte der Auffassung sein, daß, wenn man schon Druckluft für das Einschalten benötigt, man auch für das eigentliche Ausschalten, für das Löschen des Lichtbogens Druckluft verwenden, also Druckluftschalter nehmen sollte. Hier ist jedoch zu beachten, daß die Druckluftmengen, welche für das Einlegen des Schalters gebraucht werden, kleiner sind als die Druckluftmengen, die beim Abschalten zum Löschen des Lichtbogens gebraucht werden, so daß die Drucklufterzeugungsanlage viel kleiner sein kann und daß das Ausschalten bei druckluftbetätigten wasser- bzw. ölarmen Schaltern auch dann eindeutig erfolgt, wenn keine Druckluft vorhanden ist, da hierfür der Federspeicher vorgesehen ist. Abb. 291 zeigt als Ausführungsbeispiel den Antrieb für einen druckluftbetätigten wasser- oder ölarmen Schalter. Hierin bedeutet a die Schalterwelle des Leistungsschalters. Der auf a sitzende Hebel b ist in der Einschaltlage ausgezogen gezeichnet, während die Ausschaltstellung gestrichelt dargestellt ist. Man muß sich vorstellen, daß auf der Welle a eine Torsionsfeder angebracht ist, welche das Bestreben hat, den Schalter und damit den Hebel b in die Ausschaltstellung zu bringen. Der Hebel b ist durch zwei miteinander gelenkig verbundene Hebel c und d mit dem Druckluftkolben e verbunden. Soll eingeschaltet werden, der Schalter befindet sich zunächst in der Ausschaltstellung (Kolben e befindet sich dann im Zylinder ganz links), so muß der Druckluftzylinder über ein Steuerventil, das den

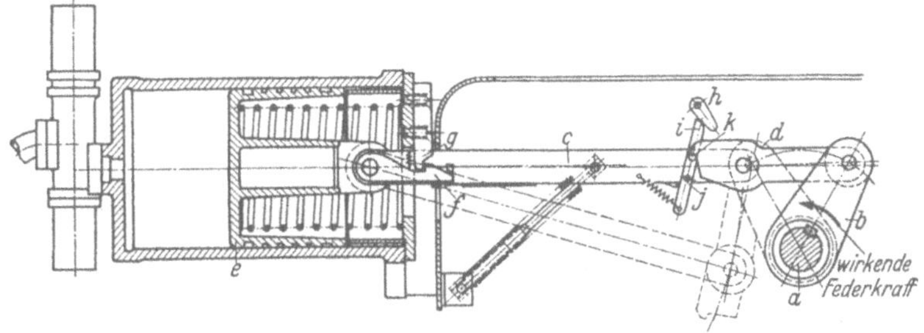

Abb. 291. Schalterantrieb mit Druckluft (BBC).

Kolben mit der Druckluft verbindet, gefüllt werden. Der Kolben e bewegt sich dann nach rechts und bringt dabei den Schalter in die gezeichnete Einschaltstellung. Ist die Einschaltstellung erreicht, dann wird eine Klinke f sich auf eine Gegenklinke g legen, so daß, wenn jetzt nach Umstellen des Steuerventils die Druckluft aus dem Zylinder ausströmt, der Kolben in der Einschaltstellung verbleibt.

Soll der Leistungsschalter z. B. wegen Überstroms abschalten, dann muß durch einen Ausschaltmagneten die Welle h im Rechtssinne gedreht und dabei der Rollenhebel i, der im Hebel c bei j drehbar gelagert ist, nach links bewegt werden, so daß die Rolle außer Eingriff mit der Klinke k des Hebels d kommt. Der Hebel c und der Hebel d bilden miteinander ein Kniegelenk, welches durch die Kraft der Ausschaltfeder, die auf die Welle a wirkt, durchgedrückt werden wird. Der Schalter wird ausschalten und die Hebel b, c und d werden in die gestrichelt gezeichnete Lage gelangen. Bei dem Ausschwenken des Hebels c nach unten wird die Verklinkung der Klinke f mit der Gegenklinke g gelöst und unter dem Einfluß einer Feder wird der Druckluftkolben nach links in die Ausschaltstellung gebracht. Bei dieser Bewegung werden durch die bei c angreifende Druckfeder die Kniehebel c und d wieder gerade gedrückt und der Rollenhebel i kann in die Klinke k des Hebels d einschnappen. Der Druckluftantrieb ist wieder einschaltbereit, hierbei steht der Kolben links.

XIII. Meßwandler.

A. Stromwandler[1].

In unseren Kraftwerken und Schaltanlagen können Meßinstrumente und Relais nicht unmittelbar in die Hochspannungsleitungen eingebaut werden, da sie sich schlecht für große Stromstärken und hohe Spannungen bauen lassen und zudem eine Wartung gefährlich wäre. Man führt deshalb die Messungen unter Zwischenschaltung von Strom- und Spannungswandlern durch. Die Wandler sind kleine Meßtransformatoren, welche Leitungsstrom und -spannung auf einen niedrigeren, für die Instrumente und Apparate brauchbaren Meßwert (5 A, gelegentlich auch 1 A bzw. 110 oder 100 V) herabsetzen. Da durch den Wandler die Messung auf eine Niederspannungsmessung zurückgeführt ist und die Sekundärwicklung einseitig geerdet wird, ist die Verwendung normaler Meßinstrumente und Relais möglich und die Wartung vollständig ungefährlich.

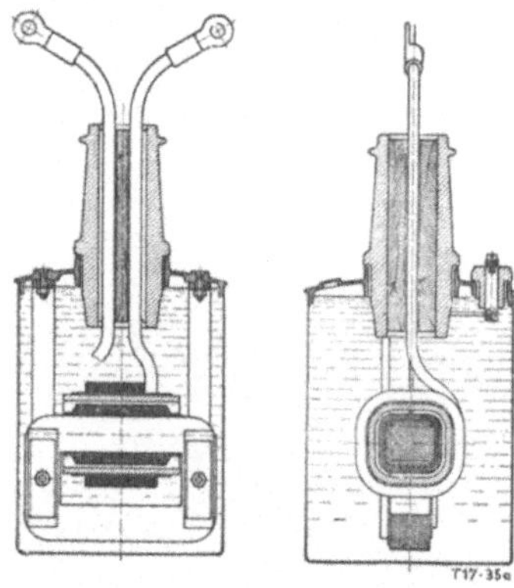
Abb. 292. Topfstromwandler.

Abb. 292 zeigt einen Stromwandler, und zwar als Topfwandler ausgeführt. Man verlangt von einem Stromwandler, daß die Sekundärstromstärke proportional der Primärstromstärke ist und sich nur durch das Übersetzungsverhältnis unterscheidet. Ferner soll die Phasenlage des Sekundärstromes (von der 180°-Verschiebung abgesehen) mit der primären übereinstimmen, um keine Fehler bei Leistungsmessungen zu erhalten.

In Abb. 293a ist vereinfacht das Stromwandlerdiagramm für den Fall, daß der Wandler dabei nach Abb. 293b auf der Sekundärseite durch Meßinstrumente bzw. Relais, deren Scheinwiderstand Z bekannt ist, belastet sei, aufgezeichnet. Um durch den Scheinwiderstand Z der Belastung den Sekundärstrom I_2 zu treiben, muß der Wandler eine EMK $E_2 = I_2 Z$ besitzen (von dem ohmschen und induktiven Abfall im Wandler selbst sei der Einfachheit halber abgesehen). Diese EMK wird durch einen um 90° voreilenden Fluß Φ hervorgerufen, wobei dieser durch einen in der Phase etwas voreilenden Magnetisierungsstrom I_0 erzeugt wird (Vor-

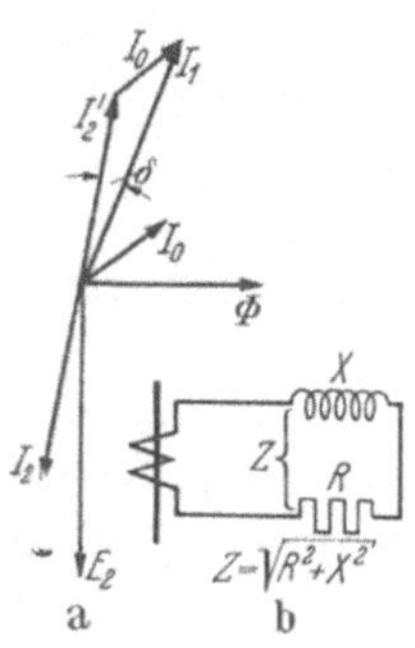
Abb. 293a u. b. Diagramm eines Stromwandlers (vereinfacht).

---

[1] Siehe auch M. Walter: Strom- und Spannungswandler. München u. Berlin: R. Oldenbourg 1937.

eilung wegen der Verlustkomponente des Magnetisierungsstromes). Der Strom I_2 eilt, wenn die Impedanz induktiven Charakter hat, der EMK E_2 nach. Der Sekundärstrom I_2, auf die Primärseite bezogen, sei I_2', wobei $I_2' = ü I_2$ ist. Der primäre Strom I_1 ist gleich der geometrischen Summe aus dem Magnetisierungsstrom I_0 und dem Sekundärstrom I_2'. Der Strom I_1 ist also sowohl der Größe als auch der Phase nach von I_2' etwas verschieden. Der Unterschied in der Größe von Sekundärstrom I_2' und Primärstrom I_1 wird durch den Stromfehler f des Wandlers erfaßt. Der Stromfehler ist in %:

$$(117) \qquad f\% = \frac{ü I_2 - I_1}{I_1} \cdot 100$$

oder

$$f\% = \frac{I_2 - \dfrac{I_1}{ü}}{\dfrac{I_1}{ü}} \cdot 100 \,.$$

Die Phasenverschiebung, die der Wandler zwischen beiden Strömen bewirkt, wird durch den Begriff des Fehlwinkels berücksichtigt. Unter dem Fehlwinkel δ versteht man die Winkelabweichung, in Bogenminuten gemessen, die der Sekundärstrom gegen den primären Strom erfährt (Fehler positiv, falls I_2' gegen I_1 voreilt).

Der Stromfehler, wie auch der Fehlwinkel kommen durch den Magnetisierungsstrom in die Messung. Man muß daher diesen so klein wie möglich halten, indem man mit niedrigen Kraftliniendichten arbeitet, größenordnungsmäßig mit etwa 1000 bis 2000 Gauß und unter Umständen Spezialeisen mit hoher Permeabilität verwendet (Induktion dann bis ~ 5000). In der Ausführung als Topfwandler, wie er in der Abb. 292 aufgezeichnet ist, lassen sich, wenn verlangt, sehr genaue Wandler herstellen. Man wird im Eisenkern die Kraftliniendichte, d. h. also bei gegebenem Kern den Fluß niedrig wählen. Da durch die Impedanz des Sekundärkreises und durch den Sekundärstrom die EMK E_2 gegeben ist, läßt sich auf Grund der Formel

$$E_2 = 4{,}44 \, f w_2 \, \Phi \cdot 10^{-8} \text{ Volt}$$

die sekundäre Windungszahl w_2 berechnen. Die primäre Windungszahl ergibt sich dann infolge des Übersetzungsverhältnisses $1/ü$-mal so groß. Diese Windungszahl muß man auf der Primärseite unterbekommen, was bei einem Topfwandler im allgemeinen möglich ist.

Da bei einem gegebenem Wandler mit wachsender Sekundärimpedanz bei konstantem Strom die Sekundärspannung wächst, muß der Fluß Φ, also auch der Magnetisierungsstrom I_0, zunehmen. Der Meßwandlerfehler wird damit aber größer. Wenn also der bei einem Wandler als zulässig angegebene Fehler nicht überschritten werden soll, darf im Sekundärkreis keine zu hohe Impedanz liegen. Man gibt deswegen bei einem Stromwandler stets die Nennbürde an. Unter der Nennbürde versteht man den in Ohm angegebenen Scheinwiderstand der sekundärseitig angeschlossenen Apparate einschließlich der Zuleitungen, bei dem die Fehlergrenze der jeweiligen Klasse nicht überschritten wird. Der Leistungsfaktor der Belastung ist hierbei $\cos \varphi = 0,8$. Normale Nennbürden sind bei 5 A z. B. 0,2, 0,6 und 1,2 Ω.

Man teilt die Stromwandler in verschiedene Klassen ein. Zur Klasse 0,5 gehören beispielsweise Stromwandler, bei denen bei Nennstrom ($\cos \varphi = 0,8$) der Stromfehler bei einer Bürde, die von $^1/_4$ bis $^1/_1$ der Nenn-

Tabelle 10.

Klassen-ziffer	Stromfehler in % bei			Fehlwinkel in min bei		
	$100\% I_n$	$20\% I_n$	$10\% I_n$	$100\% I_n$	$20\% I_n$	$10\% I_n$
0,2	0,2	0,2	0,5	10'	15'	20'
0,5	0,5	0,5	1,0	30'	40'	60'
1,0	1,0	1,5	2,0	60'	80'	120'
3,0	3,0	2,0	2,5	—	—	—
10,0	10,0	—	—	—	—	—

bürde schwanken darf, nicht größer als 0,5% ist. Die Tabelle 10 enthält für die verschiedenen Wandlerklassen die Strom- und Winkelfehler, die bei verschiedenen Stromwerten maximal zulässig sind.

Die Stromwandler der einzelnen Klassen finden wie folgt Anwendung:

Klasse 0,2 (Normalwandler): Für genaueste Laboratoriums- und Prüffeldmessungen, besonders bei großer Phasenverschiebung.

Klasse 0,5 (Präzisionswandler): Für Laboratoriums- und Prüffeldmessungen, sowie für genaue Messungen der Leistung und Arbeit im Betrieb.

Klasse 1 (Betriebswandler): Zur Messung der Leistung und Arbeit im Betrieb.

Klasse 3 (Grobwandler): Meist hohe thermische und dynamische Festigkeit. Für Anschluß von Strommessern oder Relais im Betrieb.

Klasse 10 meist Stabwandler mit kleinem Nennstrom für Überstromauslöser.

Zur Beurteilung für die von einem Wandler zu liefernde Leistung sei in Tabelle 11 der Eigenverbrauch von 5 A-Anschlußgeräten mitgeteilt.

Wird von einem Stromwandler ein Relais betätigt, dann nimmt die Bürde, sobald das Relais seinen Anker anzieht, also den Luftspalt verkleinert, plötzlich zu. Da jedoch auch dann der Wandler keinen unzulässig großen Fehler haben soll, hat man den Begriff der zulässigen Auslösebürde geschaffen. Man versteht hierunter die bei Stromwandlerauslösung kurzzeitig anschließbare Bürde, bei der ohne Rücksicht auf den Fehlwinkel bei Nennstrom und einem $\cos \varphi = 0,6$ der Stromfehler 10% beträgt.

Tabelle 11[1].

	VA	cos φ
Weicheisen-Stromzeiger	1,2—3,8	0,94—0,99
Elektrodynamischer Stromzeiger	3,5—10	1
Drehfeld-Stromzeiger	2,5—10	0,65—0,87
Stromschreiber	4—15	0,9—0,6
Hitzdraht-Stromzeiger	1,5—3,3	1
Elektrodynamischer cos φ-Zeiger	3,8—10	0,92—0,95
Elektrodynamischer Leistungszeiger	1,5—4	0,57—0,98
Leistungsschreiber, Drehfeld-Leistungszeiger	1,5—9	0,95—0,5
Normale Zählerspulen	0,5—1,1	0,50
Überstromrelais	1,2—10	
Überstromzeitrelais	6—15	
Selektivschutzrelais	6—30	
40 m Doppelleitung 4 mm² bei 5 A	10	1

Da die Stromwandler von den im Netz auftretenden Kurzschlußströmen durchflossen werden, müssen sie die dabei auftretenden thermischen und dynamischen Beanspruchungen aushalten. Zur Beurteilung des Verhaltens der Wandler bei großen Stromstärken hat man den Begriff des thermischen Grenzstromes („I_{therm}" meist in kA) geschaffen. Der thermische Grenzstrom ist der Primärstrom, den die Primärwicklung ohne Schaden 1 sec lang aushalten kann. Dabei ist für die Wicklung eine Endtemperatur von 200° C zulässig. Die Wandler sind meist für etwa $I_{\text{therm}} = 120 \times$ Nennstrom bemessen. Wird eine Wandler nicht 1 sec, sondern t sec von einem Kurzschlußstrom I_k durchflossen, dann darf dieser Strom keine größere Wärme entwickeln als der thermische Grenzstrom innerhalb 1 sec. Die Größe des über t sec fließenden zulässigen Stromes I_k ergibt sich damit zu:

$$(118) \qquad I_k = \frac{I_{\text{therm}}}{\sqrt{t}},$$

denn $I_k^2 \cdot t = I_{\text{therm}}^2 \cdot 1$.

Der Wandler muß weiter die beim Stoßkurzschlußstrom auftretenden elektromagnetische Kräfte beherrschen. Man versteht unter dem dynamischen Grenzstrom („I_{dyn}" in kA) die maximale Stromamplitude, die der Wandler bei kurzgeschlossener Sekundärwicklung mechanisch erträgt.

Wenn ein Wandler nur zum Speisen von Meßinstrumenten benötigt wird, spielt es keine Rolle, wenn bei großen Strömen, z. B. Kurzschlüssen, der Wandler auf der Sekundärseite zu wenig anzeigt. Ein zu geringer Sekundärstrom ist sogar gut, da die Meßinstrumente dann gegen Überlastung geschützt sind. Anders liegen jedoch die Fälle bei Wandlern, welche Relais speisen, die erst bei Kurzschlüssen ansprechen und unter

---

[1] Nach Koch u. Sterzel.

Umständen hier genau arbeiten müssen, z. B. die Wandler eines
Impedanzschutzes. Hier ist es wesentlich, daß bei größeren Strömen keine
zu großen Fehler auftreten. Um sich in dieser Hinsicht ein Urteil über
einen Wandler bilden zu können, benutzt man den Begriff der „Über-
stromziffer", wobei diese das Vielfache des Nennprimärstromes ist, bei
dem bei Nennbürde ohne Rücksicht auf den Leistungsfaktor der Stromfehler 10% beträgt.

Da man an Wandler für Meßinstrumente und an Wandler für Relais
verschiedene Anforderungen stellt, ferner die Bürde, die ein Relais darstellt, meist größer ist als die, welche ein Meßinstrument bildet und man
bei Relaiswandlern nicht immer so große Genauigkeiten braucht wie
bei Meßwandlern, sollte man, sofern man es wirtschaftlich durchführen
kann, Meßinstrumente und Relais durch je einen besonderen Wandler

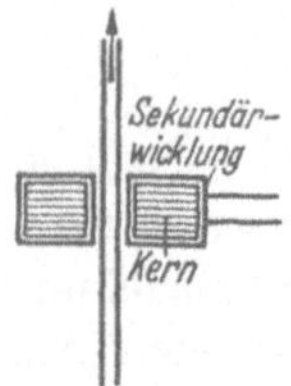

Abb. 294. Stab-
stromwandler.

speisen lassen. Man hat dann den Vorteil, daß, falls bei
einem Kurzschluß ein Meßinstrument durchbrennen sollte,
die Relais, da sie von anderen Wandlern gespeist werden,
betriebsbereit bleiben. Unter Umständen kann man einem
Wandler bei einer Primärwicklung zwei Kerne mit zwei
Sekundärwicklungen geben.

Untersucht man den in der Abb. 292 dargestellten
Topfwandler, der an und für sich meßtechnisch gut ist,
auf sein Verhalten im Betrieb, so findet man, daß er
nicht kurzschlußfest ist. Besonders gefährdet ist der Durchführungsisolator, da im Kurzschlußfall auf die zwei entgegengesetzt stromdurch-
flossenen Leiter, die ankommende und die abgehende Leitung, große
Kräfte wirken, die den Isolator zu sprengen versuchen. Topfwandler
können deswegen nur zur Anwendung kommen, wenn keine großen
Kurzschlußströme zu erwarten sind.

Eine absolut kurzschlußsichere und außerdem billige Ausführung
eines Stromwandlers ist der Stabstromwandler, der als Durchführungsstromwandler in der Abb. 294 dargestellt ist. Der Primärleiter durchsetzt den Stromwandlerkern geradlinig, bildet also keine Stromschleife
und ist bezüglich der Übersetzung als eine Windung in Rechnung zu
setzen. Wir hatten gesehen, daß bei verlangter Sekundärleistung und bei
einem gewählten Kraftlinienfluß die primäre Windungszahl sich zwangsläufig ergibt. Sie ist, wenn man den Sekundärstrom als konstant annimmt, bei kleinem Primärstrom groß und nimmt mit wachsendem Primärstrom ab. Das Anwendungsgebiet der Einstabwandler liegt also bei
großen Strömen. Man kann sie selbstverständlich auch für kleinere Ströme
ausbilden, muß allerdings dann einen größeren Kraftlinienfluß und größere
Kraftliniendichte zulassen, womit aber die Genauigkeit des Wandlers leidet. Beispielsweise läßt sich bei einem Stabwandler gegebener Größe bei
50 A Primärstromstärke der Wandler für die Klasse 3 mit einer Belastbarkeit von 7,5 VA bauen. Ist die Stromstärke jedoch 500 A, dann läßt

sich der Wandler, bezogen auf die Klasse 3, mit 250 VA belasten bzw., falls man höhere Genauigkeit fordert und die Klasse 0,5 wählt, mit 90 VA.

Wenn man auch für kleinere Ströme Stromwandler in kurzschlußfester Form mit kleinen Meßfehlern bauen will, muß man eine Ausführung wählen, bei der man primärseitig mehrere Windungen unterbringt und diese, ebenso wie die Zuführungen gut abstützt. Eine gute Lösung ist von der Firma Koch & Sterzel mit dem Querlochwandler angegeben worden, der für Primärströme von 5 A bis etwa 800 A und für Spannungen bis etwa 30 kV gebaut wird. Bei diesem Wandler (s. Abb. 295), der sowohl als Stütz-, als auch als Durchführungsstromwandler gebaut werden kann, befindet sich die Primärwicklung in einem Isolator und ist auf einen hohlen Spulenkörper, der ein Teil des Porzellankörpers ist, gewickelt. Dadurch ist die Primärwicklung nach allen Seiten durch Porzellan isoliert. Durch den hohlen Spulenkörper des Wandlers ist ein mit der Sekundärwicklung versehener Eisenkern gesteckt; der magnetische Rückschluß wird durch außen um den Isolator herumgehende Joche hergestellt. Das Innere des Porzellankörpers wird mit graphitiertem, also leitendem Quarzsand ausgefüllt, so daß im Innern des Wandlers kein Glimmen eintreten kann. Durch die Ausfüllung

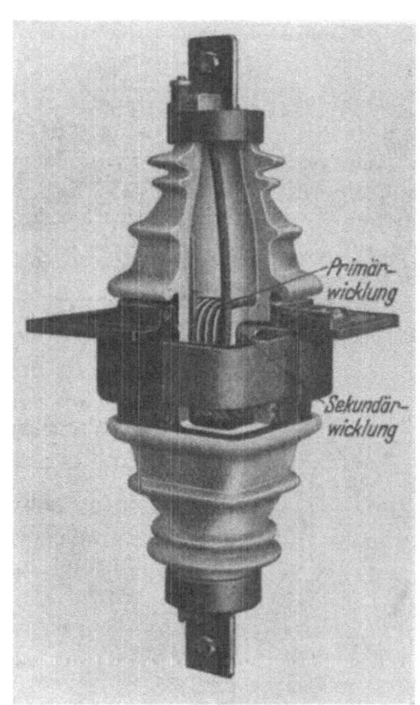

Abb. 295. Querlochstromwandler
(Koch & Sterzel).

des Wandlers mit Quarzsand erreicht man außerdem eine gute Abstützung der Wicklung und der Einführungen. Die Isolierung des Wandlers übernimmt der Porzellankörper. Es sei in diesem Zusammenhang auch erwähnt, daß man in geschlossenen Schaltanlagen, d. h. bei niederer und mittlerer Spannung bestrebt ist, bei Stromwandlern möglichst kein Öl oder Masse zur Isolation zu verwenden, da bei Stromwandlerschäden Öl und Masse leicht in Brand geraten können. Ist man jedoch auf ein Isoliermedium angewiesen, dann kann Clophen oder Pyranol genommen werden, welche nicht brennbar sind.

Für Spannungen über 30 kV verwendet man viel den Schleifenstromwandler (s. Abb. 296), der meist als Durchführungsstromwandler ausgebildet wird. Er kann für Ströme von 20 bis 800 A bei Spannungen von etwa 45 bis 100 kV hergestellt werden. Mit ihm läßt sich auch, da man mit der primären Windungszahl freizügig ist, eine genügende Genauigkeit bei zufriedenstellender Kurzschlußfestigkeit, die Primärwicklung läßt sich gut abstützen, erzielen.

Für hohe Spannungen bildet man den Stromwandler als Stützstromwandler aus (s. Abb. 297), eine Anordnung, bei der ähnlich wie beim Topfwandler die Wicklung in ein Ölbad, das gut isoliert, gesetzt wird. Das Öl befindet sich jedoch dann nicht in einem Gefäß aus Metall, sondern in einem großen Isolator, dessen oberes Ende die beiden Einführungen zum Wandler trägt. Man kann hier wieder eine gemeinsame Durchführung wählen, da die Kurzschlußströme in Netzen höherer Spannung erfahrungsgemäß keine allzu hohen Werte erreichen.

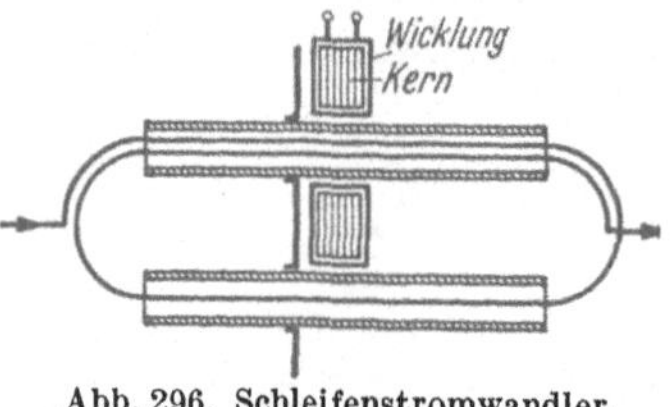

Abb. 296. Schleifenstromwandler.

Stromwandler sind, sofern sie primärseitig einige Windungen besitzen, durch auftreffende Wanderwellen gefährdet, da sie eine Induktivität darstellen und somit eine Spannungserhöhung durch Reflexion der Welle hervorrufen. Um die Reflexion der Wanderwelle zu mildern, damit aber auch die Spannungserhöhung in kleinen Grenzen zu halten, schaltet man parallel zur Primärwicklung einen spannungsabhängigen Widerstand, der bei normaler Spannung sehr groß, bei Überspannung jedoch klein ist.

Beim Arbeiten mit Stromwandlern ist darauf zu achten, daß diese nie sekundärseitig geöffnet werden, da sonst die sekundären Gegenamperewindungen in Wegfall kämen und somit der gesamte zu messende primäre Strom magnetisierend wirken würde. Durch die hierdurch hervorgerufene hohe Induktion im Eisenkern können lebensgefährliche Spannungen an den sekundären Klemmen auftreten, der Eisenkern selbst kann sich unzulässig hoch erwärmen, möglicherweise sogar verbrennen. Auf jeden Fall bleibt eine, die Meßgenauigkeit des Wandlers herabsetzende Restmagnetisierung im Kern zurück, die man nur durch eine besondere Behandlung wieder beseitigen kann.

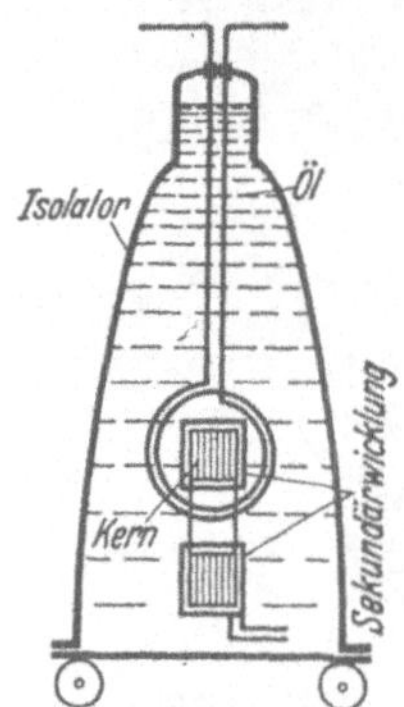

Abb. 297. Stützerstromwandler höherer Spannung (schematisch).

B. Spannungswandler.

Die Spannungswandler dienen dazu, die hohen Spannungen unserer elektrischen Anlagen für Meß- oder Relaiszwecke auf niedere Werte, z. B. 100 oder 110 V herabzusetzen. Bei der Bemessung der Spannungswandler treten im allgemeinen nicht derartige Schwierigkeiten auf wie bei den Stromwandlern, da im Kurzschlußfalle keine erhöhten Beanspruchungen auf den Spannungswandler wirken. Auch ist zu beachten, daß im Netz der Strom großen Schwankungen unterworfen ist, die Spannung jedoch annähernd konstante Größe behält, somit der Stromwandler über den ganzen Meßbereich möglichst genau arbeiten soll, der Spannungswandler jedoch (abgesehen von Wandlern für den Distanzschutz) meist nur in einem kleinen Bereich.

Bei der Transformation der Spannung tritt ebenso wie bei der Transformation des Stromes durch den Meßwandler eine Verfälschung des Meßwertes der Größe und Phasenlage nach auf. Man ist bestrebt, diese Fehler so klein wie irgend möglich zu halten. Die nicht richtige Wiedergabe der Spannung hat beim Spannungswandler seinen Grund in den Spannungsabfällen der Primär- und Sekundärwicklung. Um den Spannungsfehler klein zu halten, wird man die Wicklungen der Wandler mit reichlichem Querschnitt ausführen und die Streuung der Wicklung möglichst klein halten. Dadurch wird auch der Fehlwinkel zwischen primärer und sekundärer Spannung klein. Jeder Spannungswandler besitzt eine Nennleistung in VA, die dauernd abgegeben werden kann, ohne daß die Fehlergrenzen der jeweiligen Klassen überschritten werden. Normal sind Nennleistungen von 15, 30 und 60 VA.

In der Tabelle 12 sind die Klassen mit den zugehörigen zulässigen Fehlern angegeben:

Tabelle 12.

Klasse	Spannungs-fehler %	Spannungs-bereich U_n	Fehl-winkel
0,2	± 0,2	0,8 — 1,2	± 10′
0,5	± 0,5	0,8 — 1,2	± 20′
1,0	± 1,0	0,8 — 1,2	± 40′
3,0	± 3,0	1,0	—

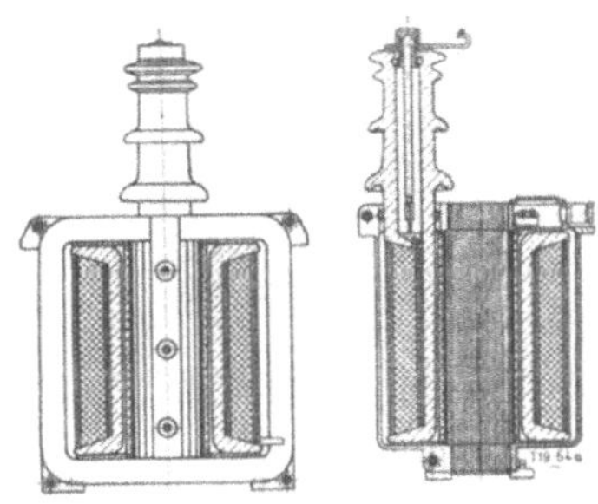

Abb. 298. Trockenspannungswandler (Koch & Sterzel.)

Man wendet die einzelnen Spannungswandlerklassen wie folgt an:

Klasse 0,2: Für genaueste Laboratoriums- und Prüffeldmessungen, besonders bei großer Phasenverschiebung.

Klasse 0,5: Für Laboratorium, Prüffeld und genaue Messungen der Leistung und Arbeit im Betrieb, sowie für Verrechnungszähler.

Klasse 1: Messungen der Leistung und Arbeit im Betrieb.

Klasse 3: Anschluß von Spannungsrelais.

Spannungswandler können sowohl als Trocken-, als auch als Öl- bzw. Massewandler ausgebildet sein. Man ist bestrebt, wenn irgend möglich Trockenspannungswandler (Abb. 298) zu verwenden, was heute

bis etwa 30 kV möglich ist. Oberhalb dieser Spannung muß man zur
Isolation die Wandler wie einen Transformator in ein Ölbad setzen.
Bei hohen Spannungen verwendet man als Freiluftausführung Wandler,
bei denen der Ölkessel des Spannungswandlers nicht aus Metall, sondern
aus einem großen Isolator hergestellt ist, so daß ein besonderer Ein-
gangsisolator erspart wird.

Abb. 299 zeigt einen solchen Einphasenspannungswandler in der Ansicht, Abb. 300 bei entferntem Isolator. Der Eisenkern und die beiden

Abb. 299. Spannungswandler höherer Spannung
(BBC).

Abb. 300. Spannungswandler bei entferntem
Isolator (BBC).

Wicklungen, die Ober- und die Unterspannungswicklung, sind in einem
Isolator untergebracht, der oben und unten durch Metallkappen ab-
geschlossen wird. Das Innere ist mit Öl gefüllt. Die Hochspannung wird
durch die obere Metallkappe zugeführt, durch die untere, die stets an
Erde liegt, abgeführt. Die Niederspannungswicklung wird mit zwei
Durchführungsisolatoren ebenfalls aus der unteren Kappe herausgeführt.
Unmittelbar an der Innenwand des Isolators sind Metallringe angeordnet,
die mit der Hochspannungswicklung des Wandlers in gewissen Abständen
verbunden sind. Man erreicht damit eine gleichmäßige Verteilung der
elektrischen Feldstärke längs des Isolators und vermeidet jede erhöhte
Beanspruchung, durch die Überschläge am Isolator eingeleitet werden
können.

Wird für Meß- oder Relaiszwecke nur eine verkettete Spannung
benötigt, dann genügt ein Einphasenwandler, der zwischen zwei Phasen

angeschlossen wird. Werden die drei verketteten Spannungen benötigt, z. B. für Leistungsmessungen, dann kann man mit zwei Spannungswandlern auskommen, wenn diese in V-Schaltung angeordnet sind (s. Abb. 301). Man kann auch einen Dreischenkelwandler mit drei Wicklungen verwenden, jedoch darf dann primärseitig der Nullpunkt nicht geerdet sein. Die Sekundärwicklung ist dagegen stets geerdet.

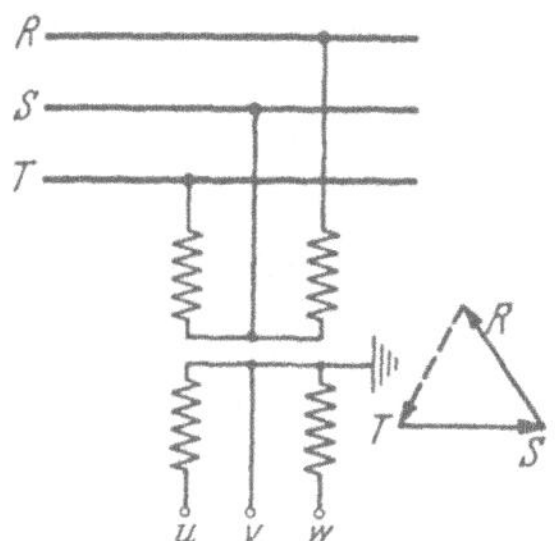
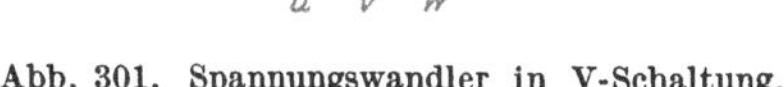

Abb. 301. Spannungswandler in V-Schaltung.

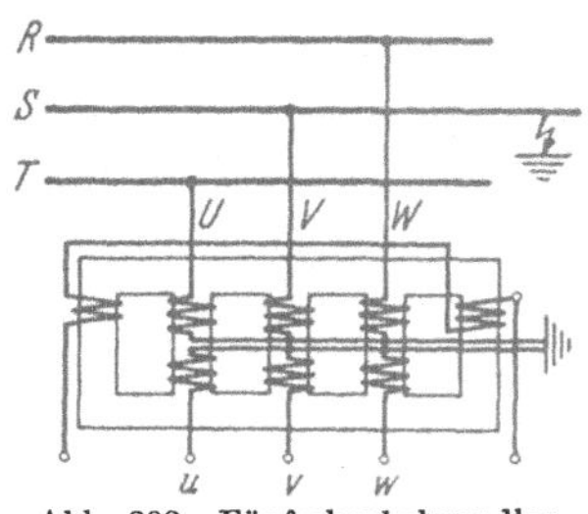

Abb. 302. Fünfschenkelwandler.

Benötigt man bei Erdschlußmessungen die Spannung gegen Erde, dann können drei im Stern geschaltete Einphasenwandler gewählt werden, deren Sternpunkt geerdet wird. Will man mit einem einzigen Spannungswandler auskommen, dann darf man in diesem Falle keinen Dreischenkelwandler verwenden, sondern nur einen Fünfschenkelwandler. Hat etwa die Phase S einen Erdschluß (s. Abb. 302), also gegen Erde die Spannung Null, dann muß der durch die Phase S des Wandlers hindurchtretende Fluß ebenfalls Null sein. Die Spannung der beiden anderen Phasen ist auf den verketteten Wert angestiegen. Die Summe ihrer Flüsse ist daher nicht Null, sondern entspricht der Summenspannung SA (Abb. 303). Es muß also für den Fluß die Möglichkeit bestehen, sich durch einen 4. und 5. Schenkel schließen zu können. Ist

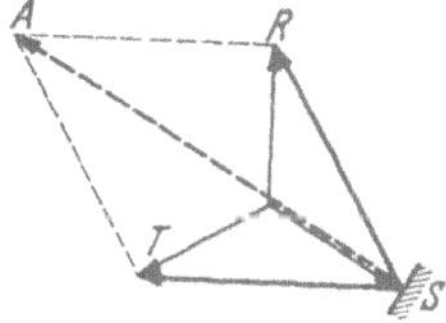

Abb. 303. Diagramm des Fünfschenkelwandlers bei Erdschluß.

dies nicht möglich, wie etwa bei einem Dreischenkelwandler, dann bilden sich große Streuflüsse aus und erzwingen riesige Magnetisierungsströme, durch die ein Verbrennen des Wandlers erfolgen kann. Bringt man auf dem 4. und 5. Schenkel eines Fünfschenkelwandlers zwei in Reihe geschaltete Wicklungen geeigneter Windungszahl auf, so kann man hiermit die Spannung des Nullpunktes gegen Erde messen. Dreiphasen-Erdungsspannungswandler führen ferner etwaige statische Ladungen eines Netzes ab.

XIV. Schaltanlagen.

A. Allgemeines.

Die Verteilung der in den Kraftwerken erzeugten elektrischen Energie erfolgt durch die Schaltanlagen. Diese können in Gebäuden untergebracht werden oder als Freiluftanlagen ausgebildet sein. Die Unterbringung der Schaltanlagen in Gebäuden wird bis etwa 45 kV meist die zweckmäßigste sein. Oberhalb dieser Spannung werden die Leitungsabstände, damit auch das Gebäude, sehr groß. Die Folge ist ein Anwachsen des Anteils der Gebäudekosten an den Gesamtkosten. In diesem Falle ist dann die Freiluftanlage, bei der die Anlage im Freien aufgestellt wird, und damit also die Gebäude gespart werden, die wirtschaftlichere. Die Apparate werden zwar in der Freiluftausführung etwas teurer (Sicherheit gegen Witterungsunbilden), jedoch wird dies durch den Wegfall der Gebäude ausgeglichen.

Unter Umständen ist es notwendig, auch bei höheren Spannungen die Anlage in einem Gebäude unterzubringen, und zwar dann, wenn mit derart staubhaltiger Luft zu rechnen ist, daß eine unzulässige Verschmutzung der Isolatoren eintritt und somit Überschläge zu befürchten sind.

B. Schaltanlagen in Gebäuden.

Soll die in einem Kraftwerk erzeugte Energie in einem Schalthaus verteilt werden, so wird oft das Schalthaus getrennt von dem Maschinenhaus aufgestellt. Man erreicht damit, daß man in der Führung der ein- bzw. abgehenden Leitungen freier ist, da man die verschiedenen Fronten des Schalthauses benutzen kann. Ferner werden die Lichtverhältnisse im Schalthaus günstiger und man kann von allen Seiten an das Gebäude gelangen, was meist für das Einbringen bzw. Ausbauen der Apparate und Transformatoren notwendig ist.

Wird die im Kraftwerk erzeugte Energie in Transformatoren hochgespannt, so können die Transformatoren grundsätzlich am Maschinenhaus oder am Schalthaus eingebaut sein. Da man heute, wenn möglich, Generator und Transformator zu einer Einheit zusammenfaßt und die Leistungsschalter und Sammelschienen erst hinter den Transformatoren anordnet, bekommt man in diesem Falle eine gute Leitungsführung, falls die Transformatoren am Maschinenhaus angeordnet sind.

Prinzipiell besteht kein Unterschied zwischen einem Schalthaus, welches die im Kraftwerk erzeugte Energie verteilt und einem Schalthaus, welches losgelöst von der Energieerzeugung an einer beliebigen Stelle des Netzes die Energieverteilung vornimmt. In diesem Falle wird dann meist noch eine Umspannung in eine andere Spannung mit vorgenommen (s. Abb. 179).

An einigen einfachen Beispielen seien die Grundsätze erörtert, welche beim Bau von Schaltanlagen zu beachten sind. Abb. 304 zeigt eine Schaltanlage, die in dieser Form für Spannungen bis etwa 30 kV gebaut wird. Die Schaltanlage weist ein Einfachsammelschienensystem, welches das Gebäude längs durchzieht, auf. Die ankommenden bzw. abgehenden Leitungen können von beiden Seiten in die Station eingeführt werden. Als Leistungsschalter wurden Druckluftschalter angewandt. Verfolgt man den Stromverlauf, so gelangt man von einem ankommenden Kabel über ein Trennmesser, einen Spannungs- und einen Stromwandler an einen Druckluftschalter und von hier über ein weiteres Trennmesser in das Sammelschienensystem. Man muß sich

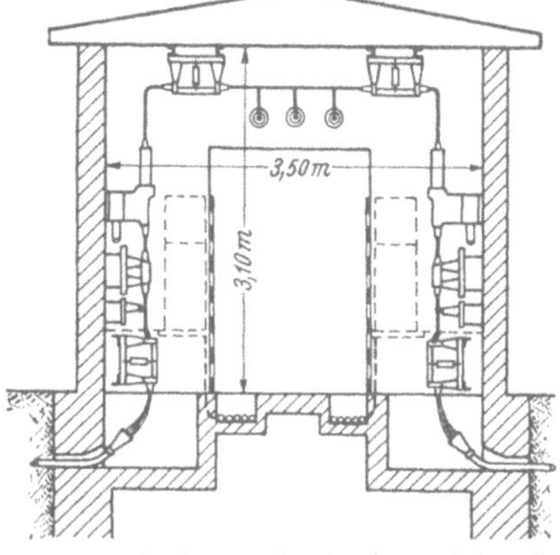

Abb. 304. Zweireihige Schaltanlage mit Druckgasschalter und Einfachsammelschienensystem für 10 kV (AEG).

vorstellen, daß die drei aus einem Kabel herauskommenden Phasen mit ihren Trennmessern, Schaltern usw. nebeneinander in einer Zelle angeordnet sind. Der Bedienungsgang befindet sich in der Mitte des Schalthauses und ist durch ein Gitter beidseitig abgegrenzt. Hinter dem Gitter befinden sich die Druckluftbehälter für die Druckluftschalter.

Beim Entwurf einer Schaltanlage ist darauf zu achten, daß gemäß der vorhandenen Spannung die Abstände der einzelnen Phasen voneinander und gegen Erde genügend groß sind. Die erforderlichen Mindestabstände sind für Hochspannungsgeräte in den VDE-Vorschriften niedergelegt und können Tabelle 13 entnommen werden.

Bei Anlagen mit größeren Kurzschlußströmen müssen die beim Stoßkurzschlußstrom zwischen den einzelnen Phasen auftretenden Kräfte nachgerechnet werden. Diese müssen kleiner sein als die Umbruchkraft der eingebauten Isolatoren (Berechnung s. Kap. XIX, F). Ferner dürfen die Schienen selber im Kurzschluß mechanisch nicht überbeansprucht werden. Für die Sammelschienen kommen, abgesehen von kleinen Stromstärken, bei denen Runddrähte genügen, Flachschienen zur Anwendung, wobei bei größeren Strömen zur besseren Kühlung mehrere Schienen

Tabelle 13[1].

Nennspannung kV	Schlagweiten in Luft in mm für Innenraumgeräte
1	40
3	75
6	100
10	125
20	180
30	260
45	360
60	470
80	580
100	720

---

[1] Nach VDE 0101/1937.

in geringem Abstand nebeneinander angeordnet sein können. Da bei großen Strömen sich große Querschnitte ergeben und hierbei in den Flachschienen eine merkliche Stromverdrängung, somit eine stärkere Erwärmung der Schienen auftritt, geht man heute gelegentlich zu rohrförmigem Querschnitt über, der auch mechanisch gut ist. Günstig in bezug auf die Stromverdrängung sind auch Sammelschienen, die einen annähernd rechteckigen Querschnitt aufweisen, der aus zwei U-Profilen hergestellt wird. Sieht man zwischen den beiden U-Profilen einen kleinen Zwischenraum vor, so erreicht man eine bessere Kühlung als bei der Rohrschiene.

Zwischen jedem Abzweig (Abb. 304) ist eine Wand, durch welche die Sammelschienen mittels Durchführungsisolatoren hindurchgeführt sind. Diese Anordnung bringt einen Lichtbogenschutz für das Sammelschienensystem mit sich. Wenn in einer Zelle an den ankommenden Speiseleitungen aus irgendwelchen Gründen ein Lichtbogen entsteht, so wandert derselbe hoch, gelangt in das Sammelschienensystem und hat das Bestreben

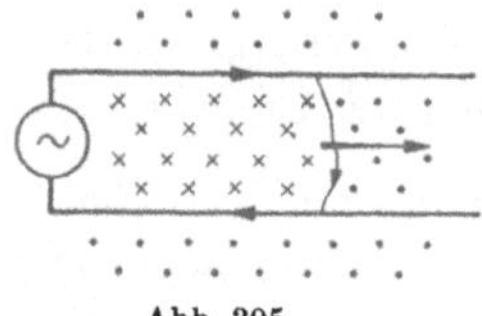

Abb. 305.
Lichtbogenwanderung.

längs der Sammelschiene von der Erzeugungsstelle wegzuwandern. Dies wird am besten aus der zweipolig gezeichneten Anordnung (Abb. 305) klar. Tritt zwischen den beiden Leitern ein Lichtbogen auf, so hat die durch ihn gebildete Stromschleife das Bestreben, ihren Kraftlinienfluß zu vergrößern, so daß der Lichtbogen wandern muß. Dieses Wandern kann in horizontaler Richtung, nach oben und bei genügender Stromstärke auch nach unten erfolgen. Bei der Anordnung nach Abb. 304 wird jedoch der Lichtbogen innerhalb der Zelle festgehalten und damit kann die weitere Sammelschienenanlage nicht zerstört werden. Allerdings besteht hier die Gefahr, daß der in der Zelle festgehaltene Lichtbogen eine explosionsartige Metallverdampfung bewirkt, durch die ein möglicherweise vor der Zelle stehender Wärter verletzt werden kann, es sei denn, daß ein genügend hoher Abschluß zum Bedienungsgang (s. Mittelgang der Abb. 307) vorgesehen ist. Da die Trennschalter, um vom Bedienungsgange gesehen werden zu können, oberhalb des Abschlusses sichtbar angeordnet sein müssen, ergeben sich bei Forderung nach erhöhter Sicherheit hohe Zellen.

Man kann Schaltanlagen auch so ausführen, daß zwischen den einzelnen Abzweigen im Gegensatz zu der eben besprochenen geschlossenen Ausführung keinerlei Trennwände vorhanden sind (s. Abb. 306). Der Vorteil dieser Anlage, einer sog. offenen Anlage, besteht in einer größeren Übersichtlichkeit, auch ist diese Ausführung etwas billiger. Allerdings besteht die Möglichkeit, daß, wenn ein Lichtbogen auftritt, derselbe wandert und Zerstörungen in der Anlage hervorruft; es ist deshalb von Fall zu Fall zu prüfen, ob man die Anlage mit oder ohne Lichtbogenschutz, d. h. offen oder geschlossen ausführen soll. Wenn bei einer

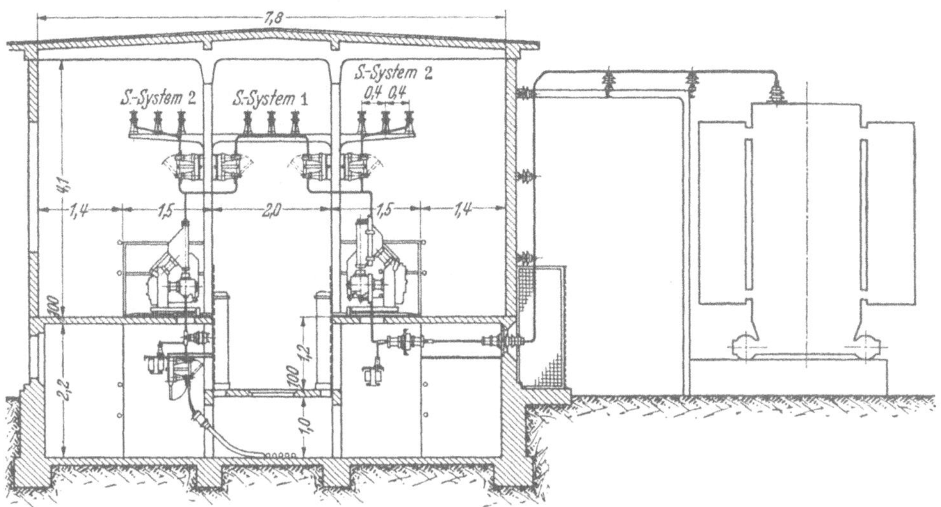

Abb. 306. Schalthaus mit Wasserschalter für 6 kV, Doppelsammelschienensystem,
offene Bauweise (BBC).

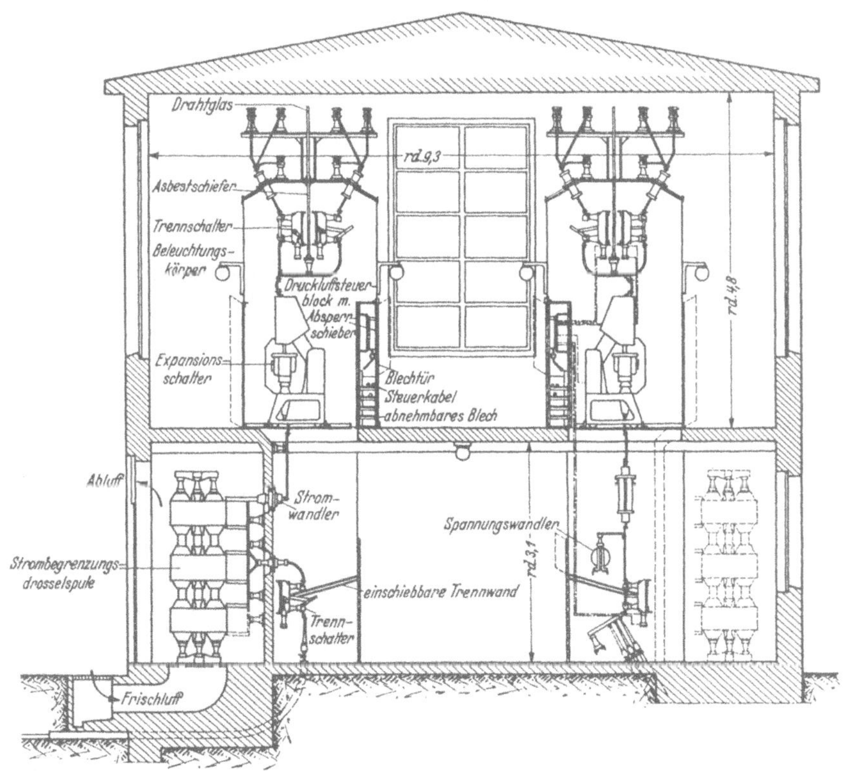

Abb. 307. Schalthaus mit Drosselspulen für 10 kV (SSW).

offenen Schaltanlage Arbeiten in einer Zelle notwendig sind, muß man
die abgeschaltete Zelle zum Schutze des Personals beidseitig durch
einschiebbare Isolierwände von der übrigen Anlage trennen. Die offene
Anlage nach Abb. 306 besitzt ein Doppelsammelschienensystem, wobei
die beiden äußeren Sammelschienen am Ende des Schalthauses miteinander verbunden sein müssen.

Man ist heute bestrebt die Schalthäuser einstöckig zu bauen, um
hierdurch größere Übersichtlichkeit der Anlage zu erhalten. Gelegentlich
ist jedoch eine zweistöckige Anlage notwendig, z. B. dann, wenn in der
Schaltanlage Drosselspulen zur Begrenzung des Kurzschlußstromes

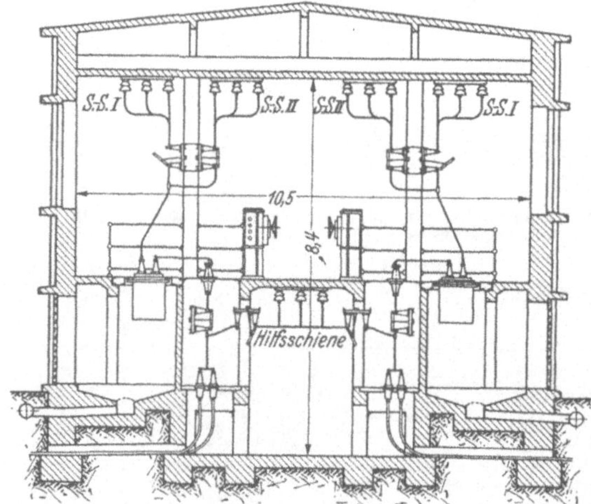

Abb. 308. Schalthaus mit Ölschalter für 15 kV.

untergebracht werden
müssen. Abb. 307 zeigt
eine solche Anlage. Die
Drosselspulen sind hier
im untersten Geschoß
untergebracht, während
die eigentliche Schalt-
anlage sich im oberen
Teile des Gebäudes be-
findet. Das Doppel-
sammelschienensystem
besitzt hier Lichtbogen-
schutz. Die bei solchen
Anlagen erforderlichen
Trennwände zwischen
den Zellen werden meist
aus Hartgips hergestellt.

Man kann jedoch auch statt solcher isolierender Wände Hohlwände
aus dünnem Metallblech verwenden. Man hat dann besser die Möglichkeit, Apparate, Schalter usw. an den Wänden zu befestigen und
besitzt gleichzeitig eine gute Erdung. Gegen auftretende Lichtbögen,
die ja nach kurzer Zeit abgeschaltet werden, bieten diese Wände genügende Widerstandsfestigkeit. Die Leistungs- und Trennschalter der
Abb. 307 können vom Mittelgang aus ein- und ausgeschaltet werden.
Es ist eine Betätigung durch Druckluft vorgesehen. Bei großen Schaltanlagen mit Schaltwarte kann die Betätigung auch von der Warte
aus erfolgen.

Viele unserer älteren Schaltanlagen besitzen noch Ölschalter. Man
könnte daran denken, eine solche Anlage genau so auszubilden wie die
bis jetzt behandelten. Dies ist jedoch nicht zulässig, denn man muß
damit rechnen, daß unter unglücklichen Umständen ein Leistungsschalter
explodieren kann. Während bei einem Ölschalter dann größere Ölmengen
ausfließen, die sich entzünden und hierdurch eine Verqualmung der Anlage herbeiführen, wird dies bei der Explosion eines Wasser- oder Druck-

luftschalters nicht auftreten. Um Verqualmungen und Brände durch auftretende Ölschalterexplosionen zu vermeiden, läßt man den Ölschalterkessel in einen besonderen Raum hineinragen (s. Abb. 308). Die zur Verwendung kommenden Ölschalter besitzen einen kräftigen Deckel, während der Kessel und seine Befestigung ziemlich schwach ist. Tritt durch Versagen eines Schalters im Kessel ein erhöhter Druck auf, so explodiert derselbe nach unten und das Öl kann in eine durch Schotter abgedeckte Ablaufrinne sickern. Damit wird aber eine Verqualmung und ein Brand von der Schaltanlage ferngehalten. Die Ölschalterkammer wird noch nach außen

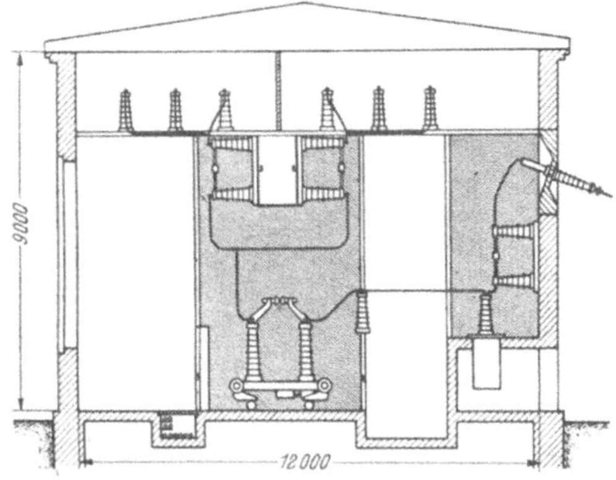
Abb. 309. Schalthaus für 100 kV mit Druckluft-Freistrahlschalter (AEG).

durch eine bei geringem Überdruck sich öffnende Tür abgesperrt. Die gezeigte Schaltanlage besitzt eine Hilfssammelschiene entsprechend Schaltbild (Abb. 176).

Abb. 309 zeigt ein Schalthaus für höhere Spannung, in diesem Falle für 100 kV. Die Zuleitung erfolgt durch eine Freileitung. Zu beachten ist die Unterbringung des ölenthaltenden Spannungswandlers, dessen Kessel in eine kleine Kammer ragt. Es wird so bei einer Explosion brennendes Öl von der Schaltanlage ferngehalten. Es sei erwähnt, daß Schalthäuser kleiner werden und sich auch etwas günstiger bauen lassen, wenn die Stromzuleitung durch ein Kabel statt über eine Freileitung erfolgt. Deshalb läßt man oft vor einer Schaltanlage die Freileitung in ein Kabel übergehen. Ist dieses Kabel

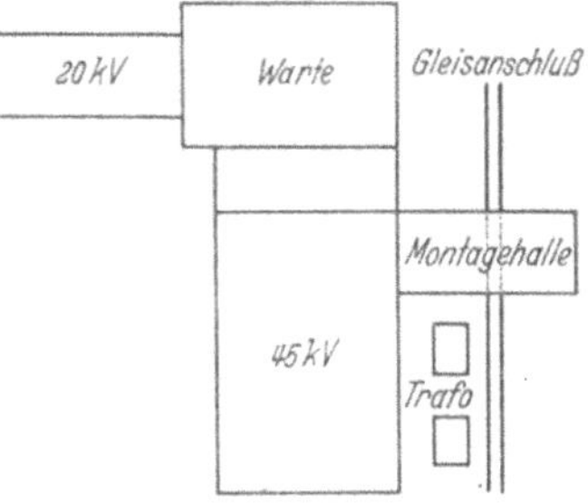

Abb. 310. Schematische Darstellung einer Schaltanlage für 20 und 45 kV.

lang genug, so erreicht man hierdurch gleichzeitig eine Milderung möglicherweise auftretender Überspannungen.

In Umspannstationen erfolgt die Verteilung oft mit zwei Spannungen, z. B. mit 45 und 20 kV. Man wird in diesen Fällen meist die Schaltanlagen für die beiden Spannungen getrennt bauen. Eine mögliche Ausführung zeigt schematisch Abb. 310. Hier befindet sich zwischen beiden Schaltanlagen die Warte, von der aus der Schaltzustand überwacht und verändert werden kann. Abweichend von obiger Ausführung zeigt

Abb. 311 die Schaltanlage für ein industrielles Werk, in der die Verteilung zweier verschiedener Spannungen, 0,5 und 6 kV, im gleichen Raum erfolgt [1].

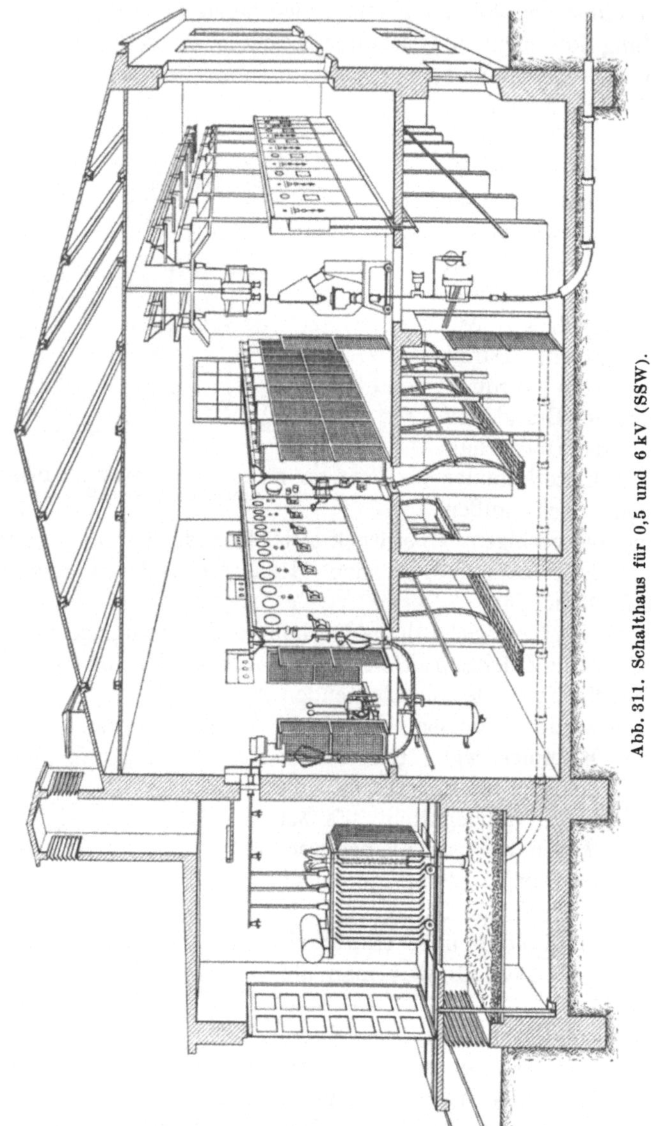

Abb. 311. Schalthaus für 0,5 und 6 kV (SSW).

C. Freiluftschaltanlagen.

Bei höheren Spannungen, und zwar von etwa 45 kV ab, wird man die Schaltanlagen als Freiluftanlagen bauen, da diese dann wirtschaft-

---

[1] In industriellen Werken wird die Weiterverteilung der elektrischen Energie (bis etwa 6 kV) oft in sog. gekapselten Sammelschienenkästen, welche wenig Raum benötigen und gegen Spannungsberührung sichern, vorgenommen.

licher sind. Es gibt hier verschiedene Bauformen, deren Ausführbarkeit von dem vorhandenen Platz abhängig ist.

Abb. 312 zeigt eine übersichtliche, niedrige und auch billige Bauform, bei der allerdings genügend Bauplatz zur Verfügung stehen muß. Es

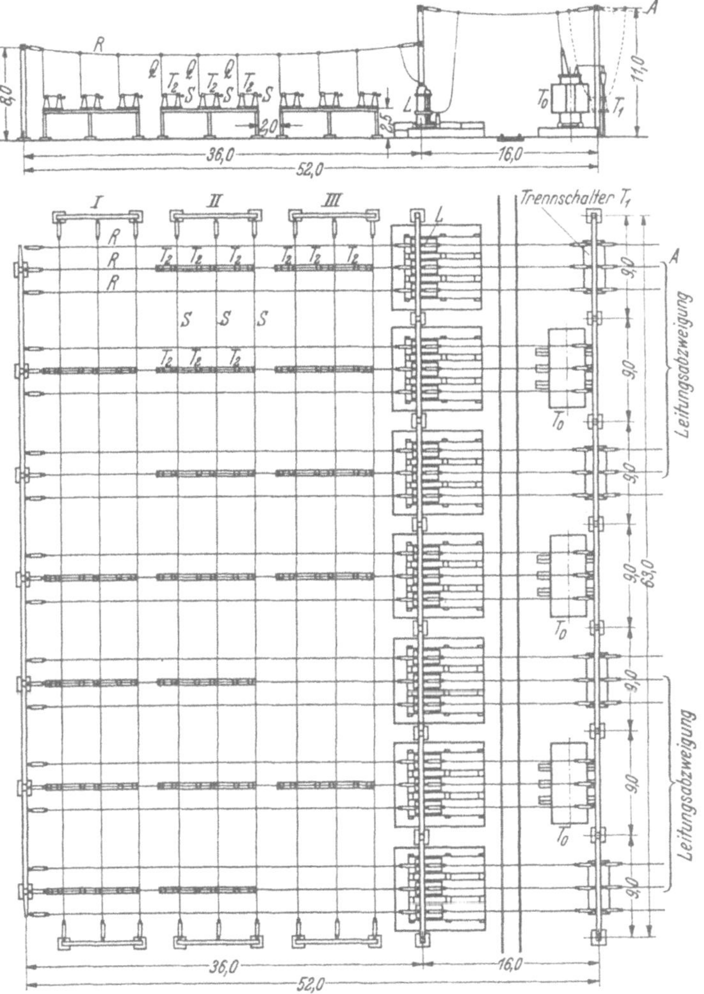

Abb. 312. Freiluftanlage in Flachbauweise mit tiefliegender Dreifachsammelschiene (BBC).

handelt sich um eine Freiluftanlage mit Dreifachsammelschienensystem (wird oft angewandt, wenn zwei Sammelschienensysteme asynchron arbeiten, so daß die dritte Schiene als Reserve dient), bei der die Trennschalter T_2 für jeden Abzweig in der Zeichenebene nebeneinander angeordnet sind. An jedem Trennschalter ist an einem Isolator je eine Sammelschiene S (in Wirklichkeit ein Seil) befestigt, so daß besondere

Isolatoren für die Befestigung der Sammelschienen, die bei anderen
Bauformen notwendig sind, entfallen. Von der einen ankommenden
Leitung A gelangt der Strom z. B. zunächst über die Trennmesser T_1,
einen Leistungsschalter L und die Trennschalter T_2 nach dem einen oder

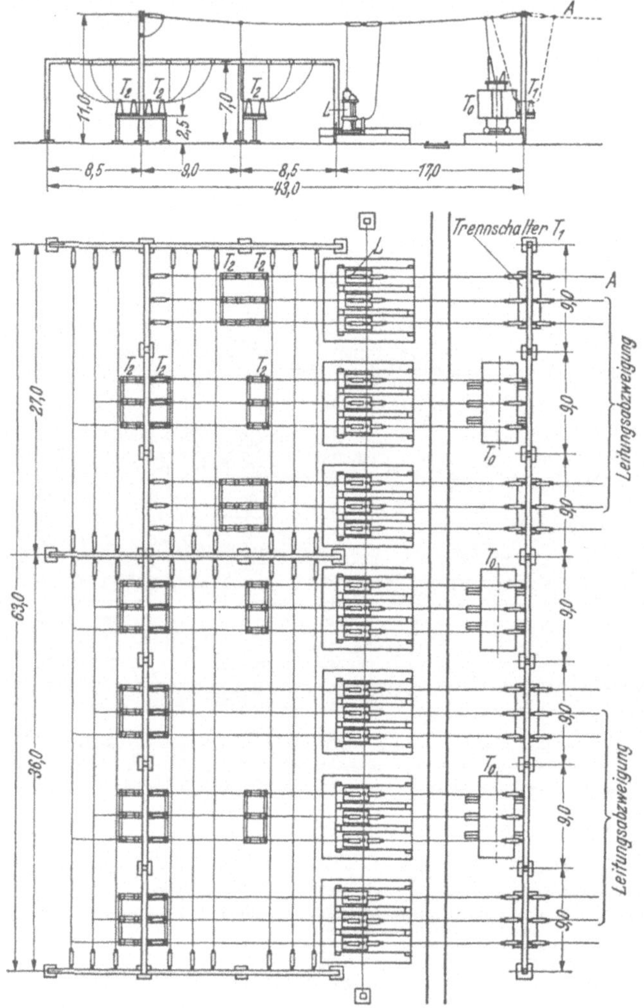

Abb. 313. Freiluftanlage mit Dreifachsammelschiene, mittelhoch (BBC).

anderen Sammelschienensystem II bzw. III. Die Zuführung zu den
Trennschaltern T_2 erfolgt, wie aus dem Grundriß hervorgeht, durch
quergespannte Seile R, von denen Leitungen Q zu den Trennschaltern
der einzelnen Phasen gehen. Von den Sammelschienen kann man dann
ebenfalls über Trennschalter und Leistungsschalter zu den Transformatoren T_0 gelangen, von denen Kabel in ein besonderes Schalthaus für
die kleinere Spannung führen.

Die Trennschalter, sowie sämtliche spannungsführenden Teile wird man in der Freiluftanlage so hoch anordnen, daß das Bedienungspersonal sich ohne Gefährdung in der Anlage bewegen kann.

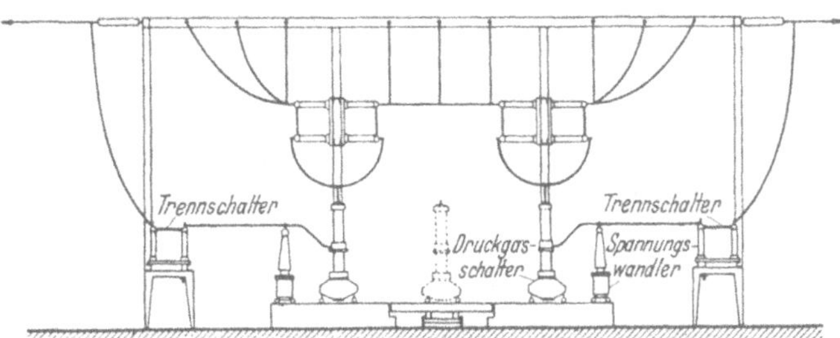

Abb. 314. Freiluftanlage mit Druckgasschalter (AEG).

Abb. 313 zeigt die gleiche Schaltanlage in einer Anordnung, die etwas weniger Grundfläche braucht, dafür aber etwas mehr Isolatoren und Eisenkonstruktion benötigt. Die Sammelschienensysteme I, II und III sind diesmal nicht an den Isolatoren der Trennschalter, sondern mittels Abspannisolatoren an Quertraversen befestigt.

Noch weniger Baufläche benötigt die Anordnung einer Freiluftanlage nach Abb. 314, jedoch wird diese höher. Das hat seinen Grund darin, daß die zu den Sammelschienen gehörenden Trennschalter in vertikaler Richtung angeordnet sind.

Die Schlagweiten zwischen den Phasen und gegen Erde müssen bei Freiluftanlagen reichlicher gewählt werden als bei Innenanlagen. Die benötigten Mindestabstände für Freiluftgeräte können der Tabelle 14 entnommen werden.

Tabelle 14[1].

Nenn-spannung kV	Schlagweiten in Luft in mm für Freiluft-geräte
10	180
20	260
30	360
45	470
60	580
80	720
100	900
120	1120
150	1450
200	2000

D. Schaltwarte.

Während bei kleinen Schaltanlagen die Betätigung der Leistungsschalter und der Trennschalter vom Bedienungsgang aus erfolgt, genügt dies für größere Schaltanlagen allein nicht mehr. Hier muß eine Fernbetätigung der Schalter von einer zentralen Kommandostelle, der sog. Schaltwarte, aus vorgesehen werden. Zu diesem Zweck führt man von den Schaltern der Anlage Betätigungsleitungen in die Schaltwarte, desgleichen noch Meßleitungen zur Überwachung sämtlicher Stromkreise. Damit kann man von der Schaltwarte aus jede Schalthandlung vornehmen und überwachen, außerdem kann das Personal an Hand der Anzeige der Meßinstrumente Entscheidungen treffen, ob Schalthandlungen

---

[1] Nach VDE 0101/1937.

ausgeführt werden müssen (z. B. Inbetriebsetzen einer Maschineneinheit bei ansteigender Last). Um in der Schaltwarte eine gute Übersicht

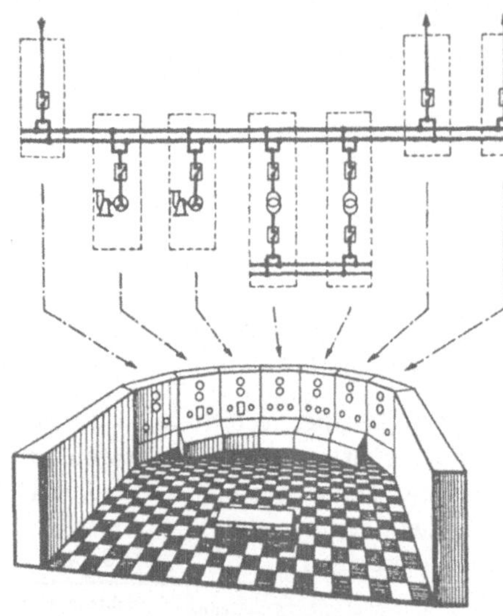

zu bekommen, ordnet man jeder ankommenden und abgehenden Leitung, sowie jedem Maschinensatz ein besonderes Feld zu. Abb. 315 zeigt schematisch wie diese Zuordnung sein kann. Die Betätigungsschalter für die Fernbetätigung können dabei auf den Schaltwänden, falls hier kein Platz vorhanden ist oder die Übersichtlichkeit leidet, auf Schaltpulten angeordnet werden, die vor den Schalttafeln aufgestellt sind. Auf diesen Schaltwänden bzw. Schaltpulten befindet sich dann auch meist ein Schaltbild der Anlage.

Abb. 315. Schaltwarte.

E. Das Blindschaltbild.

Es ist unbedingt notwendig, daß der Schaltwärter einer Schaltanlage sich jederzeit über den Schaltzustand der Anlage bzw. des Netzes ein Bild machen kann. Hierzu dient das Blindschaltbild. Es ist dies ein

a　　b　　c　　　d

Abb. 316 a—d.
Schauzeichen
für Schaltwarten.

Schaltbild, welches in vereinfachter Form an einer Wand bzw. auf einem Pult der Schaltwarte angebracht ist. Das Blindschaltbild kann aufgemalt oder die Leitungen können durch farbige Leisten gekennzeichnet sein. An dem Schaltbild muß der Wärter jederzeit erkennen können, ob ein Schalter ein- bzw. ausgeschaltet ist. Dies kann durch Stellungszeiger, auch Schauzeichen genannt, erfolgen. Ein solcher Stellungszeiger besteht z. B. aus einem dünnen, schmalen Rechteck (schwarzer Strich), welches drehbar angeordnet ist. Befindet sich der schwarze Strich in Richtung des Leitungszuges, so heißt dies, daß der zugeordnete Schalter geschlossen ist (z. B. Abb. 316a). Steht der Stellungszeiger dagegen senkrecht zur Leitungsrichtung (s. Abb. 316b), so ist der entsprechende Schalter geöffnet.

Zur Betätigung des Stellungsschalters dient ein kleiner Elektromagnet mit einer Ein- und einer Ausspule. Das Schauzeichen ist also sowohl in der Ein-, als auch in der Aus-Stellung stromdurchflossen. Liegt jedoch im Meldekreis ein Schaden vor, so daß der Stellungszeiger stromlos ist, dann wird durch Federkraft der Stellungszeiger in eine schräge Lage (s. Abb. 316c), welche Störung bedeutet, gebracht. Um die Lage des Stellungszeigers in Übereinstimmung mit der Lage des Leistungsschalters zu bringen, müssen vom Stellungszeiger zum Leistungsschalter Meldeleitungen verlegt sein. Am Leistungsschalter selbst sind Hilfskontakte vorzusehen, durch welche je nach dem Schaltzustand die Ein-, bzw. Aus-Spule des Stellungszeigers stromdurchflossen ist.

Statt Stellungszeiger kann man im Leitungszug auch zwei verschiedenartige Lampen (s. Abb. 316d) anordnen. Leuchtet z. B. die rote auf, dann heißt dies „Schalter ein"; leuchtet dagegen die grüne, so bedeutet dies „Schalter aus".

Obwohl man mit den bis jetzt beschriebenen Meldeeinrichtungen den Schaltzustand der Anlage genau nachbilden kann, ist es jedoch leicht möglich, daß, falls ein Leistungsschalter infolge Überlastung ausfällt, dies vom Schaltwärter überhaupt nicht bemerkt wird, da im Blindschaltbild meist eine Reihe von Schaltern ausgeschaltet ist. Man hat deswegen noch zusätzliche Einrichtungen vorzusehen, etwa eine Hupe, die ertönt, falls der Schaltzustand der Anlage sich ändert und die vom Wärter abgeschaltet werden kann, nachdem er von der Schaltänderung Kenntnis genommen hat. Aber auch in diesem Falle ist es bei komplizierteren Schaltungen nicht einfach, herauszufinden, welcher Schalter gefallen ist.

Einfach wird das Auffinden eines gefallenen Schalters, falls man im Blindschaltbild Melde- oder Quittungsschalter benutzt. Es sind dies kleine, im Blindschaltbild angebrachte Knebelschalter, die, falls „Schalter ein" in Richtung des Leitungszuges, falls „Schalter aus" jedoch senkrecht hierzu stehen. In Verbindung mit einem solchen Meldeschalter ist noch eine Lampe erforderlich, die z. B. im Meldeschalter selbst angebracht sein kann. Diese Lampe ist dunkel, wenn die Stellung des Meldeschalters der tatsächlichen Stellung des Leistungsschalters entspricht. Fällt jedoch der Leistungsschalter aus, so wird, da der Meldeschalter noch in der Einschaltstellung sich befindet, die zugeordnete Meldelampe aufleuchten und dem Schaltwärter zeigen, daß der Schalter ausgefallen ist. Wenn er jetzt den Meldeschalter in die Aus-Stellung bringt, wird die Meldelampe erlöschen, da jetzt die Stellung des Meldeschalters mit der des Leistungsschalters wieder übereinstimmt. Der Vorteil dieses Systems besteht darin, daß normalerweise sämtliche Kennlampen dunkel sind. Leuchtet jedoch eine Lampe auf, so weiß der Wärter sofort, daß hier der Schaltzustand geändert wurde. Er „quittiert" die Kenntnisnahme, in dem er die Stellung des Schalters mit dem jetzt vorhandenen Schaltzustand in Übereinstimmung bringt.

Abb. 317 zeigt, wie die Schaltung durchgeführt sein kann. Der Leistungsschalter besitzt die Kontaktscheibe L, der Meldeschalter die auf einer Achse sitzenden Kontaktscheiben M_1 und M_2. Die Meldelampe sei mit N bezeichnet. In der gezeichneten Stellung soll sich der Meldeschalter und der Leistungsschalter in der Einschaltstellung befinden. Man erkennt, daß die Meldelampe N stromlos ist, da zu beiden Seiten von ihr gleiches Potential herrscht. Fällt nun beispielsweise der Leistungsschalter infolge Überlastung heraus, dann wird am Leistungsschalter der Aus-Kontakt überbrückt werden, es vermag Strom zur Minusleitung über den Aus-Kontakt des Schalters L, über die Meldelampe, über den Kontakt M_1 am Meldeschalter vom Pluspol zu fließen: Die Meldelampe leuchtet auf. Bringt man jetzt den Melde- oder Quittungsschalter durch Drehen um 90° ebenfalls in die Ausschalt-

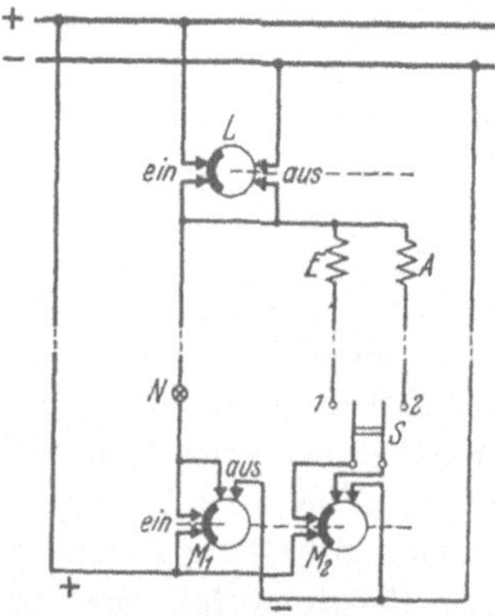

Abb. 317. Schaltung eines Steuerquittungsschalters.

stellung, dann erlöscht die Meldelampe N wieder, da jetzt beidseitig gleiches Potential vorhanden ist und das Schaltbild mit dem Schaltzustand übereinstimmt. Bei dieser Anordnung ist also eindeutig zu erkennen, wenn der Schaltzustand sich ändert. Man kann die Änderung des Schaltzustandes außerdem durch eine besondere Hupe auch akustisch bemerkbar machen, wobei die Hupe dann gleichzeitig mit der „Quittierung" des Meldeschalters abgeschaltet wird.

In der Abb. 317 ist außerdem ein Steuerschalter S vorhanden, mit dem der Leistungsschalter vom Schaltpult aus ein-, bzw. ausgeschaltet werden kann. Gehen wir von der in der Abb. 317 aufgezeichneten Stellung (Leistungsschalter „Ein", Meldeschalter „Ein") aus. Soll der Schalter ausgeschaltet werden, so wird man dies in folgender Weise durchführen: Man bringt den Meldeschalter durch Drehen um 90° in die „Aus"-Stellung. Die Folge ist, daß die Meldelampe zunächst aufleuchtet. Bringt man jetzt den Steuerschalter S auf den Kontakt 2, so vermag Strom über den „Ein"-Kontakt am Schalter L des Leistungsschalters, über die Ausschaltspule A am Leistungsschalter, über den Kontakt 2 und den jetzt in der „Aus"-Stellung geschlossenen Kontakt M_2 zum Minuspol zu fließen. Die Ausschaltspule am Leistungsschalter zieht ihren Anker an und der Leistungsschalter schaltet aus. Dabei kommt der Kontakt L in die Aus-Stellung und die Meldelampe N erlöscht. Es ist zweckmäßig, den Steuerschalter mit dem Meldeschalter zu vereinigen, etwa derart, daß der eigentliche Meldeschalter von einem Ring umgeben wird, der für sich gedreht werden kann und die Kontakte des Steuerschalters betätigt. Um die Betätigung des Steuerschalters z. B. infolge Unvorsichtigkeit, zu erschweren, kann man den Steuerschalter so ausbilden, daß er erst etwas hineingedrückt werden muß, ehe eine Drehbewegung möglich ist. Solche kombinierten Schalter werden auch Steuerquittungsschalter genannt. Bei einer anderen Aus-

führungsform der Steuerquittungsschalter leuchtet der Griff durch
eine im Innern angebrachte Lampe sowohl in der Ein-, als auch in der
Ausschaltstellung. Stimmt jedoch die Stellung des Meldeschalters mit
der Stellung des Leistungsschalters nicht überein, dann geht das normale
ruhige Licht in ein Blinklicht über. Abb. 318 zeigt, wie beispielsweise
die Schaltung aufgebaut sein kann. Befindet sich der Hilfskontakt L,
der am Leistungsschalter sitzt, und die Kontakte des Meldeschalters M
in der Stellung „Ein", dann leuchtet der Griff des Meldeschalters mit
ruhigem Licht. Ist jedoch der Leistungsschalter
herausgefallen, dann bekommt die Meldelampe N
über den jetzt in der „Aus"-Stellung befindlichen
Hilfskontakt L Spannung von einer Blinkstrom-
quelle (z. B. Motor mit Unterbrecherscheibe).
Das Blinklicht geht erst dann wieder in ein
ruhiges Licht über, wenn der Meldeschalter durch
Drehen um 90° in die Aus-Stellung gebracht
worden ist.

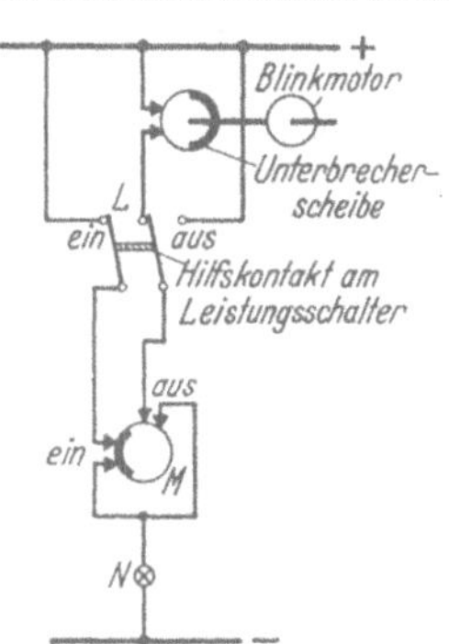

Abb. 318. Schaltung für Steuerquittungsschalter mit
Blinklicht.

Bei den Steuerquittungsschaltern hat man die
Möglichkeit, indem man zunächst sämtliche Meldeschalter betätigt, die auszuführende Schaltung
vorzubereiten und nachdem man sich an Hand des
Blindschaltbildes überzeugt hat, daß die Schaltung stimmt, kann man nacheinander die Schalter, deren Lampen
leuchten bzw. blinken durch Betätigung der Steuerschalter einlegen.

F. Das Leuchtschaltbild.

Das Leuchtschaltbild ist eine Weiterentwicklung des Blindschaltbildes und kommt dann zur Anwendung, wenn es sich darum handelt,
dem Schaltwärter möglichst eindringlich den Schaltzustand des Netzes
darzustellen. Die Linien des Schaltbildes bestehen jetzt nicht aus metallischen Leisten, sondern aus Einfräsungen in der Metallwand, die durch
Glas oder mit durchsichtigen Leisten aus Kunstharz abgedeckt sind und
von hinten durch Lampen beleuchtet werden können. Dabei sollen nur
solche Strecken leuchten, welche durch die zugehörigen Schalter auch
eingeschaltet sind. Abb. 319 zeigt, wie ein solches Schaltbild ausgeführt
sein kann. Zugrunde liege folgende Schaltung: Ein Generator arbeitet
über eine Leitung, in der drei Schalter 1, 2 und 3 liegen, auf ein Sammelschienensystem S (Abb. 319a).

Die Schalter im Netz werden durch die Meldeschalter $1'$, $2'$ und $3'$
im Leuchtschaltbild (Abb. 319b) dargestellt. Mit diesen Meldeschaltern
in Verbindung stehen Kontakte $1''$, $2''$ und $3''$, durch welche die Lampen
eingeschaltet werden können, die das Leuchtbild beleuchten (Abb. 319c).
In der Leitung sei der Schalter 2 eingeschaltet. Wenn die Forderung

gestellt ist, daß im Leuchtschaltbild eine Strecke erst leuchten soll, wenn sie auch unter Spannung steht, aber nicht, wenn nur ein Schalter eingeschaltet ist (wie in vorliegendem Falle der Schalter *2*), dann müssen die Lampen des Leuchtschaltbildes nach Abb. 319c geschaltet werden. Man erkennt, wenn nur der Schalter *2* geschlossen ist, daß der Abschnitt *2'—3'* im Leuchtschaltbild dunkel ist, da er wegen des offenen

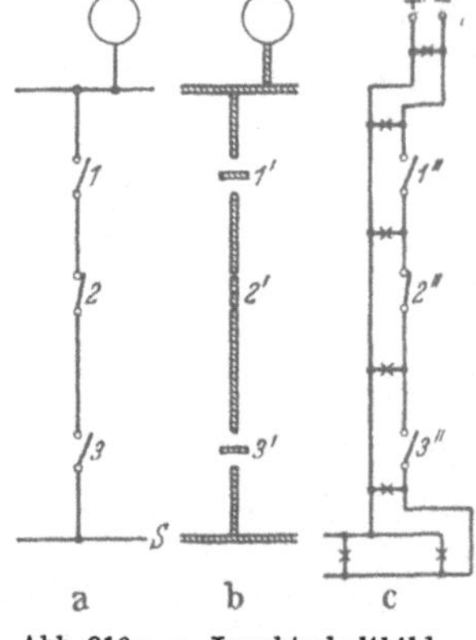

Abb. 319 a—c. Leuchtschaltbild.

Schalters *1* noch keine Spannung hat. Erst wenn noch der Schalter *1* und der Meldeschalter *1'* geschlossen wird, wird das Leuchtschaltbild bis *3'* leuchten, da jetzt diese Strecke unter Spannung steht.

Im allgemeinen wird man das Leuchtschaltbild nicht immer leuchten lassen, sondern, um die Lampen zu schonen und an Leistung zu sparen, abschaltbar machen. Man wird es einschalten, wenn der Schaltzustand geändert werden soll oder wenn der Schaltwärter durch ein akustisches Signal darauf aufmerksam gemacht wird, daß ein Schalter gefallen ist.

So angenehm ein Leuchtschaltbild ist, so wird man doch in vielen Fällen sich mit einem Blindschaltbild begnügen, da das Leuchtschaltbild wesentlich teurer ist.

XV. Netzstörungen.

A. Störungen im Netz durch Kurzschlüsse.

Zu den unangenehmsten Netzstörungen gehören die Kurzschlüsse. Kurzschlüsse werden meist durch Phasenüberschläge, etwa bei schlechter Isolation, oder beim Auftreten von Überspannungen, eingeleitet. Je nachdem, ob der Kurzschluß sich zwischen zwei oder zwischen drei Phasen ausbildet, spricht man von einem zweipoligen oder dreipoligen Kurzschluß. In Netzen, deren Sternpunkt geerdet ist (Amerika), führt ein Überschlag nach Erde ebenfalls zu einem Kurzschluß (einpoliger Kurzschluß). In den deutschen mit isoliertem Nullpunkt arbeitenden Hochspannungsnetzen (bzw. Nullpunkt ist über eine Erdschlußdrossel geerdet) führt ein Überschlag nach Erde zu einem Erdschluß (s. S. 276). Der Doppelerdschluß, wie ihn die Abb. 320a zwischen den Phasen *S* und *T* zeigt, hat jedoch ähnliche Wirkung wie ein zweipoliger Kurzschluß. In unseren Netzen sind die meisten Kurzschlüsse zweipolig. Diese können jedoch in einen dreipoligen übergehen, wenn z. B. der Kurzschlußlichtbogen mit der gesunden Phase in Berührung kommt. Zweipolige Kurzschlüsse an Kabeln gehen wegen der kleinen Leiterabstände praktisch immer in dreipolige Kurzschlüsse über.

Bei einem dreipoligen Kurzschluß ist an der Kurzschlußstelle die Spannung zwischen den einzelnen Phasen Null und steigt infolge der Leitungswiderstände und Induktivitäten nach der Speisestelle zu an. In der Abb. 320b ist ein dreipoliger Leitungskurzschluß dargestellt und es wird gezeigt, wie die Spannungsdreiecke an den Stellen a, b, c beschaffen sind. An der Kurzschlußstelle c ist das Spannungsdreieck zu einem Punkt entartet. Bei einem Kurzschluß unmittelbar an den Klemmen des Generators schrumpft an dieser Stelle das Spannungsdreieck ebenfalls zu einem Punkt zusammen. Die EMK des Generators arbeitet dann allein auf die Reaktanzen der Maschine. Abb. 320c zeigt die Verhältnisse bei einem zweipoligen Kurzschluß zwischen den Phasen S und T. An der Speisestelle a ist das Spannungsdreieck unverzerrt (streng genommen wird infolge der Generatorinduktivität auch hier bereits eine Verzerrung vorliegen). Die Spannung zwischen S und T nimmt nach der Kurzschlußstelle bis auf den Wert Null ab. Die Phasenspannung der gesunden Phase R

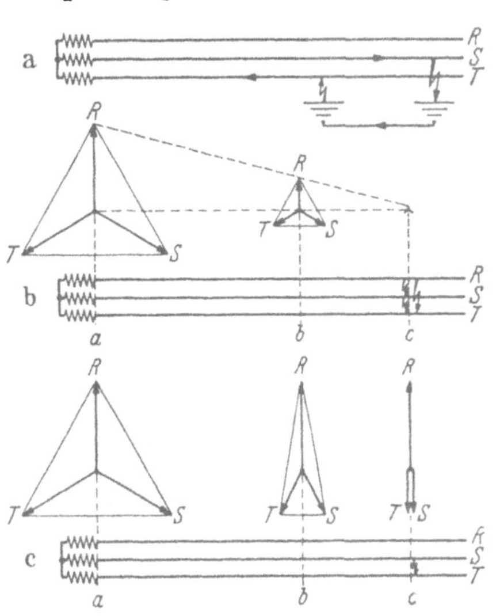

Abb. 320a—c. a Doppelerdschluß, b dreipoliger Kurzschluß, c zweipoliger Kurzschluß.

bleibt dagegen erhalten, so daß die Spannungsdreiecke bei b und c die in der Abb. 320c aufgezeichnete Gestalt besitzen.

Ein Kurzschluß muß wegen seiner schädlichen Auswirkungen auf elektrische Maschinen, Apparate und Anlagen raschestens abgeschaltet werden. Besteht z. B. ein dreipoliger Kurzschluß längere Zeit, so gelangen sämtliche Drehstrommotoren an der Kurzschlußstelle und in der Nachbarschaft in Stillstand. Bei einem zweipoligen Kurzschluß besteht die Möglichkeit, daß Motore, wenn sie schwach belastet sind, als zweiphasig gespeiste Motore weiter laufen. Stark belastete Motoren werden dagegen auch in diesem Fall zum Stillstand kommen. Wird aber der Kurzschluß der in einer Abzweigleitung liege, rasch abgeschaltet, dann können die Auswirkungen auf die nicht in diesem Abzweig liegenden Motore und übrigen Verbraucher unwesentlich sein.

Bei einem Kurzschluß können sehr hohe Ströme auftreten, welche die Leitungen und Kabel erwärmen, und zwar um so mehr, je längere Zeit bis zum Abschalten des Kurzschlusses vergeht. Auch aus diesem Grunde ist ein rasches Abschalten erwünscht, besonders da bei Freileitungskurzschlüssen die Möglichkeit besteht, daß der mit dem Kurzschluß verbundene Lichtbogen Leitungen durchschmilzt und diese dann herunterfallen. Infolge der bei einem Kurzschluß fließenden großen Ströme treten in den Maschinen, Transformatoren, Apparaten usw. hohe mechanische Kräfte auf, die ausgehalten werden müssen, was eine besondere Bemessung der elektrischen Maschinen und Apparate mit Rücksicht auf den Kurzschlußfall erforderlich macht. Tritt ein Kurzschluß auf, so ist im ersten Augenblick des Kurzschlusses der Strom am größten und klingt nach einer gewissen Zeit (etwa 5 sec) auf den kleineren Dauerkurzschlußstrom ab (s. Kap. XIX). Der Dauerkurzschlußstrom kann, wenn der Kurzschluß sich unmittelbar am Generator befindet, eine Größe haben, die beim zweipoligen Kurzschluß gleich dem Dreifachen und beim dreipoligen gleich dem Zweifachen des Nennstromes ist. Der im ersten Augenblick auftretende Stromstoß kann, wenn man seine Amplitude mißt, über das Fünfzehnfache des Nennstromes betragen. Beachtet man, daß die elektrodynamisch erzeugten Kräfte mit dem Quadrate des Stromes anwachsen, so heißt das, daß die im Kurzschlußfall im ersten Augenblick auftretenden elektrodynamischen Kräfte etwa 225mal so groß sein können wie die mittlere Kraft bei Nennstrom. Diese Kräfte haben schon oft schwere Schäden an Maschinen, Transformatoren, Stromwandlern usw. hervorgerufen.

B. Kurzschlußschutz in Netzen.

In den Verteilungsnetzen der elektrischen Kraftversorgung treten gelegentlich Kurzschlüsse auf, die raschestens abgeschaltet werden müssen. Dabei soll möglichst nur die kranke Strecke abgeschaltet werden, nicht jedoch gesunde Netzteile. Man bezeichnet einen Netzschutz, der nur die kranke Strecke zur Abschaltung bringt, als selektiven Netzschutz. Es gibt verschiedene Schutzsysteme mit mehr oder weniger guter Selektivität, die im folgenden behandelt werden sollen.

a) Schutz der Niederspannungsnetze.

In Niederspannungsnetzen kommen zum Schutz der Leitungen bei Kurzschluß vorwiegend Schmelzsicherungen zur Anwendung. Die Sicherungen brauchen in diesem Zusammenhang nicht unbedingt die Leitungen, wie etwa bei der Absicherung der Gummikabel, vor Überlastung zu schützen, sondern haben vor allem die Aufgabe, im Kurzschlußfalle möglichst nur die kranke Strecke abzuschalten. Abb. 321 zeigt den Einbau der Sicherungen in zwei strahlenförmigen Verteilungsnetzen, welche von je einer Transformatorenstation aus gespeist werden. Man erhält bei derartigen Strahlennetzen einen selektiven Netzschutz, wenn die hintereinander geschalteten Sicherungen in ihrer Nennstromstärke bzw. ihrer Charakteristik so abgestimmt sind, daß, falls bei K ein Kurzschluß erfolgt, nur die Sicherung bei a anspricht. In größeren Verteilungsnetzen wird man oft an Stellen, an denen zu verschiedenen Niederspannungsnetzen eines Kraftwerkes gehörende Leitungen sich treffen, diese des besseren Lastausgleiches wegen miteinander verbinden, oder die Möglichkeit einer Verbindung vorsehen (s. Abb. 321). Solche Verbindungsleitungen wird man ebenfalls durch Sicherungen an den beiden Enden schützen bzw. wenn man in der Mitte der Verbindungsstrecke eine Trennstelle vorsehen will, hier eine herausnehmbare Sicherung (Griffsicherung) anbringen.

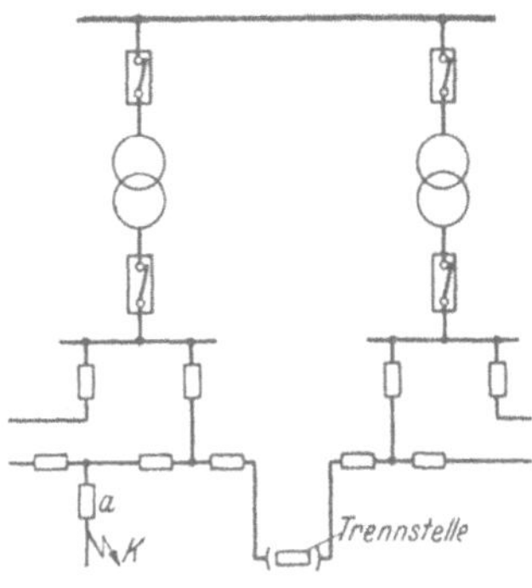

Abb. 321. Niederspannungsstrahlennetz.

Bei vermaschten Niederspannungsnetzen, die für Großstädte mit großen Flächendichten des Elektrizitätsbedarfs in Frage kommen, hat sich eine Schutzanordnung nach Abb. 322 als brauchbar erwiesen. Die einzelnen Knotenpunkte des Netzes oder bei kleinerer Belastungsdichte nur ein Teil derselben werden durch Transformatoren gespeist, welche oberspannungsseitig an Hochspannungskabeln liegen. Die Verbindung der Niederspannungsseite der Transformatoren mit dem Netz erfolgt über Rückwattschalter (Luftschalter), die in der Abb. 322 durch kleine Kreise dargestellt sind. Die in den Knotenpunkten zusammenstoßenden Leitungen können durch Sicherungen abgesichert werden. Diese Sicherungen (nur bei a und b eingezeichnet) werden, um bei großen Strömen keine zu steile Charakteristik zu haben, als träge Sicherungen meist gleicher Nennstromstärke ausgebildet. Diese Sicherungen arbeiten trotz gleicher Nennstromstärke selektiv, da bei einem

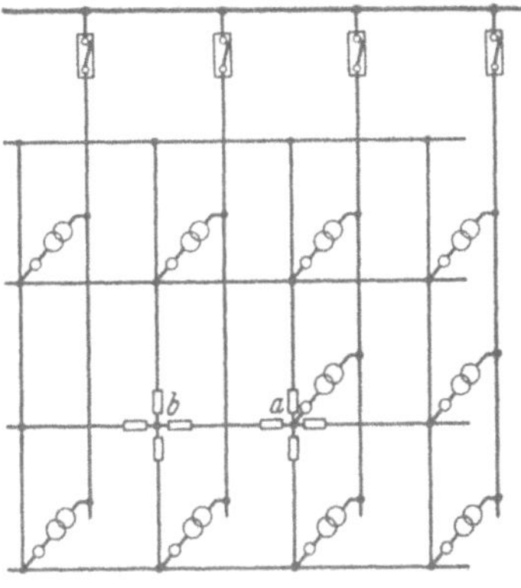

Abb. 322. Maschennetz.

Kurzschluß von den vier Knotenpunktssicherungen die zum kranken Leitungsteil gehörende Sicherung vom größten Strom durchflossen ist, also auch am schnellsten abschalten wird. Gelegentlich verwendet man in Maschennetzen überhaupt keine Sicherungen, sondern läßt, falls ein Kabeldefekt auftritt, die Kurzschlußstelle ausbrennen, wobei, falls der Kurzschlußstrom nicht gar zu groß ist, nach dem Ausbrennen der Kurzschluß verschwindet und das Netz weiterhin im Betrieb gehalten werden kann.

Erfolgt in der Hochspannungszuleitung ein Kurzschluß, so schaltet der Leistungsschalter auf der Hochspannungsseite ab. Die Kurzschluß-

stelle wird aber über die Transformatoren von der Niederspannungsseite
aus weiter gespeist. Jetzt sprechen jedoch die Rückwattschalter an, da
die Stromrichtung sich in ihnen umgekehrt hat und trennen das Niederspannungsnetz von der Hochspannungsleitung. Bei der geschilderten
Anordnung spart man in den zahlreichen Transformatorenstationen die
großen und teuren Leistungsschalter auf der Oberspannungsseite.

b) Schutz der Hochspannungsnetze[1].

1. Allgemeines.

In Hochspannungsnetzen werden zum Schutz der Leitungen Leistungsschalter verwendet, welche, von Primärauslösern abgesehen, durch
Relais ausgelöst werden.
Diese Relais weisen ein Anregeglied und ein Zeitglied
auf. Im Kurzschlußfall erfolgt meist ein Ansteigen
des Stromes und stets ein
Absinken der Spannung,
d. h. die Netzimpedanz
$Z = U_\lambda/I$ wird kleiner. Man
läßt daher das Anrege-
glied auf den Kurzschluß-
strom oder in Netzen, wo
der Kurzschlußstrom mög-

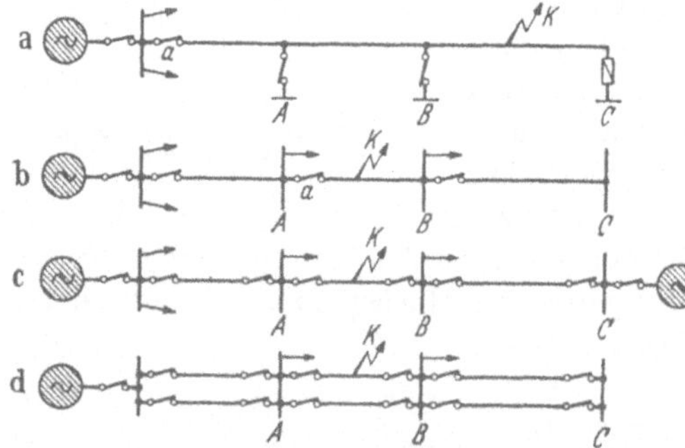

Abb. 323 a—d. Verschiedene Möglichkeiten der Schaltung
von Hochspannungsleitungen.

licherweise kleiner als der Nennstrom werden kann (s. Kap. XIX), auf die
„Unterimpedanz" des Netzes ansprechen[2]. Das Anregeglied löst das
Zeitglied aus, dieses wiederum gibt nach Ablauf einer gewissen Zeit
den Auslösebefehl an den Leistungsschalter. Im Kurzschlußfall sprechen
alle vom Kurzschluß betroffenen Relais an, zur Auslösung soll jedoch
nur der der Kurzschlußstelle nächstliegende Leistungsschalter kommen.
Die übrigen Schalter werden nicht ansprechen, da die Relais nach der
Abschaltung des Kurzschlusses in ihre Ausgangsstellung zurückkehren.

Die Leitungen eines Hochspannungsnetzes können in verschiedener
Art ausgebildet sein. Abb. 323a zeigt eine einseitig gespeiste Leitung
mit parallel geschalteten Abnehmern. Diese Abnehmer können über
Leistungsschalter oder, falls es sich um kleine Transformatorenstationen
handelt, über Sicherungen angeschlossen sein. Diese Anordnung mit
parallel geschalteten Stromverbrauchern kommt nur bei weniger wichtigen
Leitungen in Frage, da im Falle eines Kurzschlusses auf der Leitung die

---

[1] Siehe auch M. Schleicher: Die moderne Selektivschutztechnik und die Methoden zur Fehlerortung in Hochspannungsanlagen. Berlin: Julius Springer 1936.

[2] Ein Überstromrelais spricht zwar im Kurzschlußfalle auf den Stoßstrom an,
könnte aber bei längeren Ausschaltzeiten und einem Dauerkurzschlußstrom, der
kleiner als der Normalstrom der Leitung ist, wieder abfallen ohne den Kurzschluß
zur Abschaltung gebracht zu haben.

ganze Leitung durch den Schalter *a* abgeschaltet werden muß, hiermit aber alle Verbraucher spannungslos werden. Besser ist die Anordnung nach Abb. 323b, bei welcher die Verbraucher über besondere Schalter an die Sammelschienen *A*, *B* und *C*, die im Zuge der Leitung angeordnet sind, angeschlossen sind. Es wird jetzt für jede Leitungsstrecke ein Leistungsschalter benötigt. Erfolgt der Kurzschluß bei *K*, so muß der Schalter *a* auslösen, dabei bleiben die vorgelagerten Strecken unter Spannung. Aber auch diese Lösung kann nicht befriedigen, da die hinter der Kurzschlußstelle liegenden gesunden Sammelschienen *B* und *C* spannungslos werden. Abhilfe bringt eine Anordnung nach Abb. 323c, die doppelt gespeiste Leitung oder der hiermit identische von einer Stelle aus gespeiste Ring, da jede Schaltstelle von beiden Seiten aus mit elektrischer Energie versorgt wird. Bei doppelseitiger Speisung der Strecke muß jeder Leitungsabschnitt zwei Schalter haben, damit bei einem Kurzschluß bei *K* nur die kranke Strecke abgeschaltet wird. Die Sammelschienen *A* und *B* behalten nun weiterhin Spannung und die Strombelieferung der Abnehmer erfährt keine Unterbrechung.

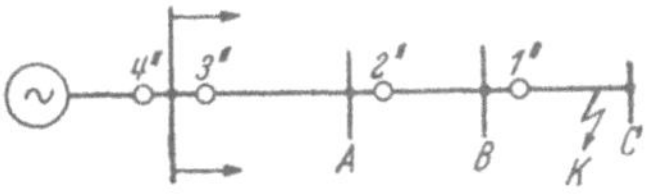

Abb. 324. Einseitig gespeiste Leitung.

Bei einer Doppelleitung (s. Abb. 323d) muß stets, unabhängig ob dieselbe einseitig oder zweiseitig gespeist wird, jeder Leitungsabschnitt zwei Schalter besitzen.

In der Abb. 324 ist die einseitig gespeiste Strecke entsprechend Abb. 323b nochmals wiedergegeben. In der Abbildung sind die zu den Leistungsschaltern gehörenden Relais durch kleine Kreise dargestellt. Tritt am Ende der Leitung ein Kurzschluß auf, so ist es, sofern nur eine Überstromauslösung an den Schaltern vorhanden wäre, dem Zufall überlassen, welcher Leistungsschalter auslöst. Man kann für diesen Kurzschlußfall jedoch Selektivität erreichen, wenn durch den Überstrom sämtliche den Schaltern zugeordnete Auslöserelais zunächst nur angeregt werden, diese jedoch erst nach bestimmten einstellbaren Laufzeiten den zugehörigen Leistungsschalter zur Auslösung bringen. Staffelt man die Relais zeitlich derart, daß die Laufzeit der Relais vom Ende der Leitung in Richtung zur Speisestelle hin ansteigt, entsprechend Abb. 324, dann wird bei einem Kurzschluß *K* am Ende der Leitung tatsächlich nur der kranke Abschnitt abgeschaltet, da das zugehörige Relais die kürzeste Laufzeit besitzt. Sollte das Relais oder der Schalter versagen, dann löst das im Leitungszuge vorgeschaltete Relais allerdings erst nach etwas längerer Zeit aus, bildet also eine Art Reserve.

Die Relais, mit denen man obige Staffelung durchführt, sind unabhängige Überstrom-Zeitrelais, da sie unabhängig von der Größe des Kurzschlußstromes stets nach gleicher Zeit die Auslösung bewirken. Das Zeitglied kann etwa wie auf S. 121 angegeben, aus einem kleinen im Relais eingebauten asynchron anlaufenden Synchronmotor bestehen,

der durch den magnetischen Fluß des Relais erregt wird. Bei einem
unabhängigen Überstrom-Zeitrelais kann die Auslösezeit, sowie die
Größe des Ansprechstromes verschieden eingestellt werden. Abb. 325a
zeigt die Charakteristik zweier Relais, welche gleiche Ansprechstromstärke, jedoch verschiedene Zeiteinstellung, haben. In Abb. 325b sind die Kennlinien zweier Relais dargestellt, welche verschiedene Zeiteinstellung und auch verschiedene Ansprechstromstärken besitzen.

Außer diesen unabhängigen Strom-Zeitrelais, die unbeeinflußt von der Größe des Kurzschlußstromes nach einer einstellbaren Zeit die Abschaltung bewerkstelligen, gibt es noch Relais, bei denen die Auslösezeit von der Größe des Stromes abhängig ist. Abb. 326 zeigt die Charakteristik eines derartigen, sog. abhängigen Strom-Zeitrelais.

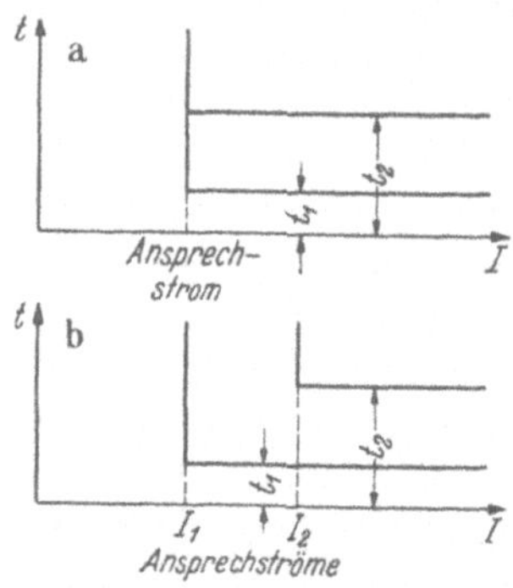

Abb. 325a u. b. Charakteristik eines
unabhängigen Überstromzeitrelais.

Die Auslösung erfolgt, wie man der Charakteristik entnehmen kann,
für große Ströme sehr rasch, für kleine Ströme weniger schnell. Eine
ähnliche Kennlinie weisen die begrenzt stromabhängigen Zeitrelais auf (Abb. 327), nur mit dem Unterschied, daß große Ströme mit einer festen, einstellbaren Zeit zur Abschaltung gelangen. Große Bedeutung haben heute weder das stromabhängige noch das stromunabhängige Relais.

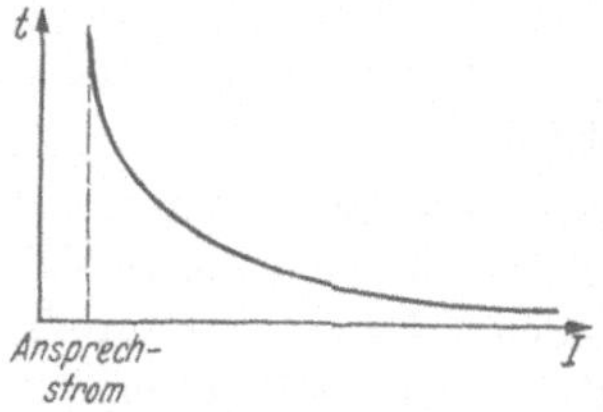

Abb. 326. Charakteristik
eines stromabhängigen Zeitrelais.

Bei den bis jetzt behandelten Relais war immer eine Anregung des Relais durch Überstrom vorgesehen. Unter Umständen genügt dies nicht. In Netzen, die
nachts praktisch leerlaufen, wird man zur Nachtzeit nur einige wenige
Generatoren, die meist nur schwach erregt sind, in Betrieb halten. Der in einem Netz auftretende Dauerkurzschluß-strom ist jedoch von der Zahl und dem Erregungszustand der Generatoren abhängig. Während am Tage die Kurz-schlußströme beachtlich sind, kann es vorkommen, daß nachts der Kurzschluß-strom kleiner als der Nennstrom der Leitung ist. In solchen Fällen würden

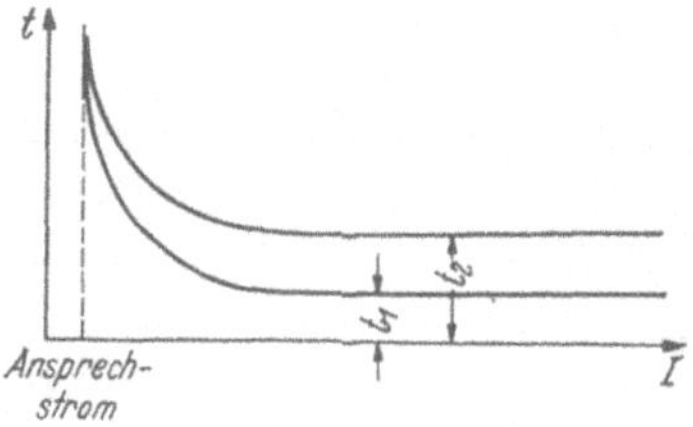

Abb. 327. Charakteristik eines begrenzt
stromabhängigen Zeitrelais.

Überstromzeitrelais nicht recht am Platze sein. Hier helfen dann An-
regeglieder in den Relais, welche auf die „Impedanz" der Leitung
ansprechen. Die Verhältnisse werden am besten aus der zweipolig aufgezeichneten Abb. 328a klar. Normalerweise ist der durch die Leitung

fließende Strom durch die Größe $I = U/Z$ gegeben, wobei $Z = U/I$ die Gesamtimpedanz ist. Z setzt sich zusammen aus der konstanten Leitungsimpedanz und der veränderlichen Verbraucherimpedanz. Wenn man die Spannung U als näherungsweise konstant ansieht, ergibt sich für die Impedanz Z in Abhängigkeit vom Betriebsstrom eine Hyperbel (Abb. 328b). Tritt im Netz ein Kurzschluß auf, so wird die Verbraucherimpedanz kurz geschlossen, die Gesamtimpedanz des Stromkreises wird also plötzlich, und zwar bei jedem Belastungszustand des Netzes vermindert. Man kann diese Erscheinung, wie bereits erwähnt, zur Anregung eines Relais benutzen. In Abb. 329 ist ein derartiges Relais, es besitzt einen Waagebalken zum Messen der Impedanz, dargestellt.

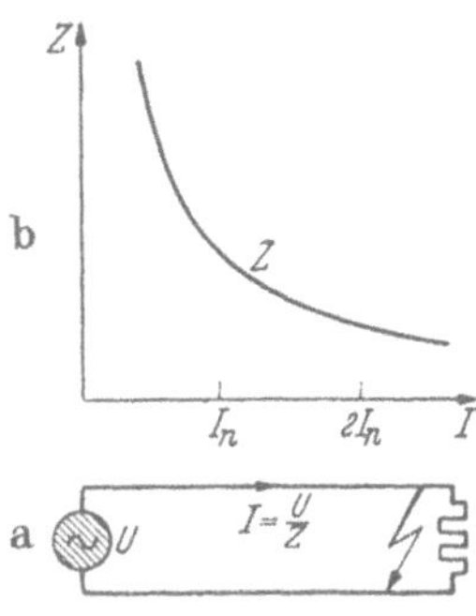

Abb. 328. Impedanz einer Leitung in Abhängigkeit des Nennstromes.

Im normalen Betriebe wird die Zugkraft der Spannungsspule überwiegen und den Waagebalken im Linkssinne an einen Anschlag pressen, so daß der Auslösekontakt K offen ist. Tritt ein Kurzschluß auf, so sinkt die Leitungsimpedanz, d. h. das Verhältnis U/I wird kleiner. Es wird nun die Kraft der Stromspule überwiegen, damit wird unmittelbar oder über den Kontakt K ein unabhängiges Zeitrelais oder ein Distanzrelais freigegeben. Selbstverständlich ist eine solche Impedanzanregung komplizierter als

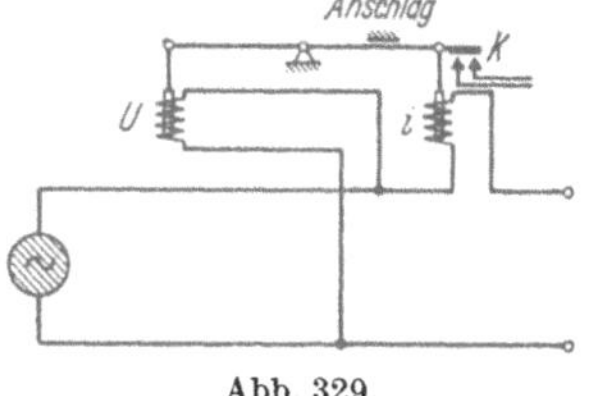

Abb. 329. Impedanzrelais als Anregeglied.

eine normale Überstromanregung, da dem Relais noch die Spannung zugeführt werden muß, was bei Hochspannungsleitungen Spannungswandler bedingt.

2. Schutz durch normale Zeitrelais.

Abb. 330 zeigt ein gewöhnliches Strahlennetz, welches durch unabhängige Überstromzeitrelais geschützt ist. Die Staffelung der Zeitrelais ist so durchgeführt, daß die Laufzeit der Relais vom Ende der Leitung gegen den Anfang zu ansteigt. Die Zeitstaffelung beträgt in unserem Beispiel 0,7 bis 0,8 sec. Um kleine Auslösezeiten am Kraftwerk zu erhalten, ist es günstig, die zwischen zwei Relais liegenden Staffelzeiten so klein wie möglich zu wählen.

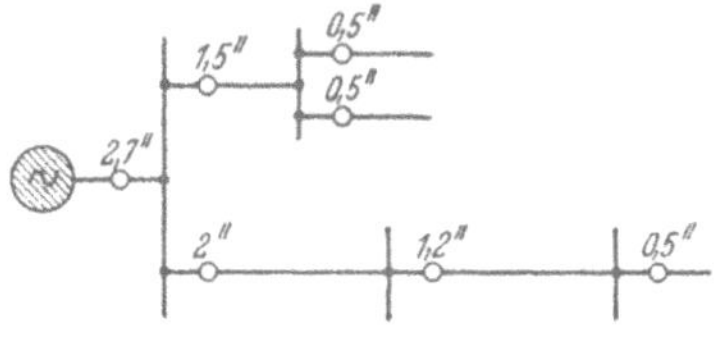

Abb. 330. Schutz eines Strahlennetzes mit unabhängigem Überstromzeitlreais.

Hier sind jedoch Grenzen gegeben. Wenn ein Relais beispielsweise 1 sec nach dem Auftreten des Überstromes anspricht, so heißt dies, daß dem Leistungsschalter nach

1 sec der Auslösebefehl gegeben wird. Der Leistungsschalter selbst
wird um die Eigenzeit des Schalters, die je nach Bauart 0,1 bis 0,4 sec
betragen kann, später ausschalten. Nehmen wir beispielsweise die
Eigenzeit des Schalters mit 0,4 sec an, so wird der Kurzschlußstrom
nach 1,4 sec (streng genommen zuzüglich noch der Zeit bis zum Löschen
des Lichtbogens im Schalter) unterbrochen. Hätte das übergeordnete
Relais eine Laufzeit von 1,3 sec erhalten, so würde es nach dieser Zeit
durch Impulsgabe den Schaltermechanismus des zugehörigen Leistungs-

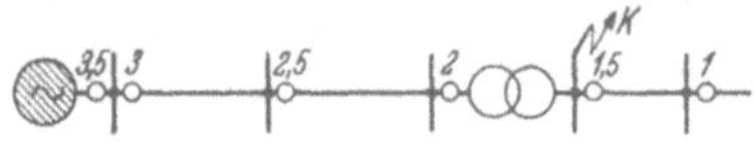

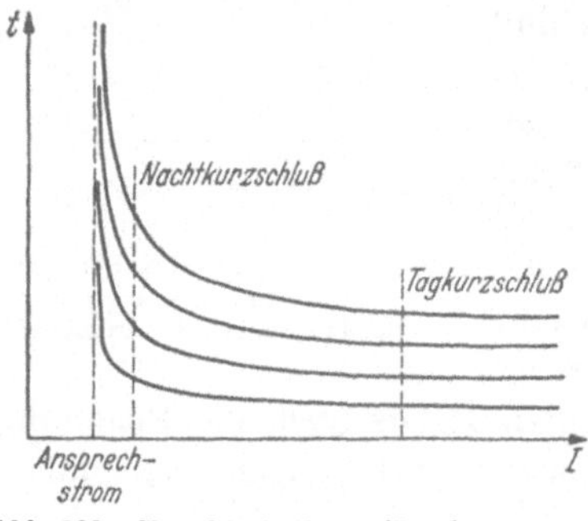

Abb. 331.　Schutz eines Netzes mit zwei
Spannungen.

schalters freigeben, da nach 1,3 sec
der Kurzschluß noch nicht abgeschaltet ist. Die Mindestlaufzeit des
übergeordneten Relais müßte demnach 1,4 sec betragen, die Staffelzeit
würde dann gleich der Eigenzeit des Schalters, also 0,4 sec sein. Man
muß jedoch noch Reserven vorsehen und beachten, daß die Zeitrelais
ebenfalls Fehler besitzen. Aus diesen Gründen ergeben sich notwendige
Staffelzeiten, die unter günstigen Bedingungen (kleine Eigenzeit der
Schalter und genaue Relais) 0,5 sec und weniger betragen, in älteren
Netzen jedoch oft höher liegen, so
daß dort oft Staffelzeiten von 1 sec
zu finden sind.

　　Abb. 331 zeigt zwei Netze verschiedener Spannung, die über einen
Transformator gekuppelt sind. Auch
in derartigen Fällen ist ein Staffelschutz möglich. Der Transformator
muß mit in das Schutzsystem einbezogen werden, damit die Sammelschiene geschützt wird. Bei einem
Fehler im Transformator selbst würde
die Abschaltung durch den Netz-
schutz zu lange dauern, es ist daher, wie schon auf S. 133 beschrieben,
ein besonderer schnell abschaltender Transformatorschutz (Buchholz-
Schutz, Differentialschutz) noch vorzusehen.

Abb. 332.　Charakteristiken für begrenzt
stromabhängige Zeitrelais.

　　Man könnte daran denken, statt der unabhängigen Stromzeitrelais,
begrenzt abhängige Stromzeitrelais (Abb. 332) zu verwenden, da man
dann kurzzeitige Überlastungen zulassen kann, ohne daß die Relais
infolge der größeren Auslösezeiten die Schalter zur Auslösung bringen.
Wie jedoch auf S. 252 erwähnt, hängen die Kurzschlußströme vom
Belastungszustand des Netzes ab. Abb. 332 zeigt, wie beispielsweise
die Kurzschlußströme nachts und am Tage liegen können. Man kommt
damit nachts zu größeren Auslösezeiten. Da man jedoch möglichst
kleine Auslösezeiten anstrebt, werden solche Relais für den Netzschutz
seltener verwendet. Recht brauchbar sind solche Relais, um am Ende

einer Leitung einen Abnehmer zu schützen. Diese Anordnung hat den Vorteil, daß kurzzeitige Überlastungen den Schalter nicht zur Auslösung bringen. Man kann von bestimmten Überströmen an eine Moment-auslösung vorsehen, so daß eine Relaischarakteristik entsprechend Abb. 333 entsteht. Man muß nur, um Fehlauslösungen zu vermeiden, darauf achten, daß die Maximalzeitrelais, welche dem Verbraucher im Netz vorgeschaltet sind, die Auslösekennlinie des be-grenzt abhängigen Zeitrelais nicht überschneiden.

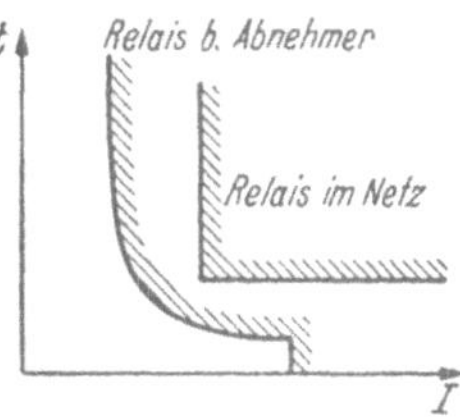

Abb. 333. Charakteristik eines begrenztstromabhängigen und eines unabhängigen Zeitrelais.

Bei manchen Netzen mag die Versuchung nahe liegen, rein stromabhängige Zeitrelais mit einer Kenn-linie, wie Abb. 334a sie zeigt, zu verwenden, z. B. dann, wenn ein Netzgebilde nach Abb. 334b vorliegt, bei dem die Ströme, welche in der Leitung fließen, von Station zu Station kleiner werden. Es sei angenommen, daß die Stromwandler am Ende der Leitung eine Übersetzung $500:5$, in der Mitte $1000:5$ und am Anfang $1500:5$ besitzen. Tritt am Ende der Leitung ein Kurzschluß auf und ist der durch den Kurzschluß bedingte das Relais 1 durchfließende Strom I_1, so ergibt dieser eine Auslösezeit t_1. Der durch das Relais 2 fließende Strom ist jedoch wegen der anderen Stromwandlerübersetzung nur $I_1/2$ und der durch das Relais 3 fließende Strom $I_1/3$. Die zugehörigen Zeiten sind (Abb. 334a) t_2 und t_3. Die Auslösezeiten bei den drei Relais sind also trotz gleicher Kennlinien genügend gegeneinander gestaffelt. Die Staffelung wird jedoch ungenügend, wenn ein sehr großer Kurzschlußstrom fließt, da dann die Zeiten t_1, t_2, t_3 wegen der flachen Kennlinien sich kaum mehr von-einander unterscheiden, also Falschauslö-sungen auftreten können.

Während bei strahlenförmigen Netzen ein Schutz mit unabhängigen Stromzeitrelais durchführbar ist, er-fordert der Schutz bei der doppel-seitig gespeisten Strecke und dem identischen Ringnetz unabhängige Stromzeitrelais mit zusätzlichen Rich-tungsgliedern. Abb. 335a zeigt eine

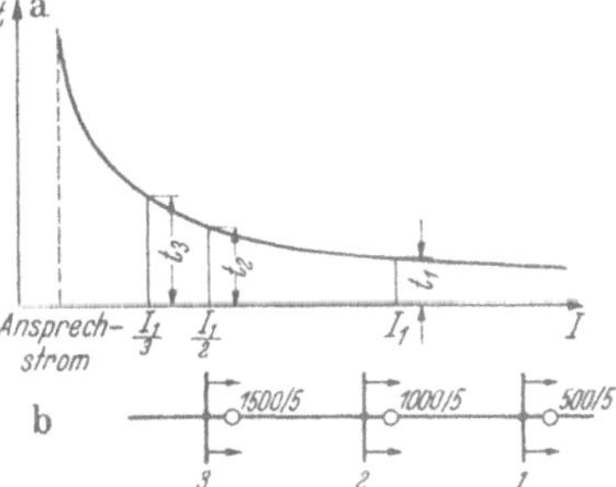

Abb. 334a u. b. Schutz einer Leitung durch stromabhängige Zeitrelais.

doppelseitig gespeiste Leitung und ein Ringnetz. Die kleinen Kreise bedeuten die vorhandenen Relais und der in ihnen angegebene Pfeil gibt an, daß es sich um ein Relais mit einem Richtungsglied handelt, welches den zugehörigen Leistungsschalter nur bei einem Überstrom in Richtung des Pfeiles auslöst. Man erreicht bei diesem Netzaufbau einen selektiven Kurzschlußschutz durch zwei gegenläufige Zeitstaffelsysteme und Beachtung der Energierichtung. Im Beispiel ist angenommen, daß die Zeiten der einzelnen Relais mit 1 sec gestaffelt sind. Ist bei K_1 ein Kurzschluß, so werden nur die beiden benachbarten Relais die Strecke zur Abschaltung bringen. In gleicher Weise wird, wenn bei K_2 ein Kurz-schluß auftritt, die Abschaltung durch die beiden benachbarten Relais erfolgen. Die übrige Strecke bleibt im Betrieb. Eine solche Anordnung hat also den Vorteil, daß bei einem Streckenkurzschluß nur der kranke Leitungsabschnitt zur Abschaltung kommt, das übrige Netz jedoch in Betrieb bleibt und alle Verbraucher weiterhin beliefert werden können. Abb. 336 zeigt, wie in einer Station ein derartiger richtungsabhängiger

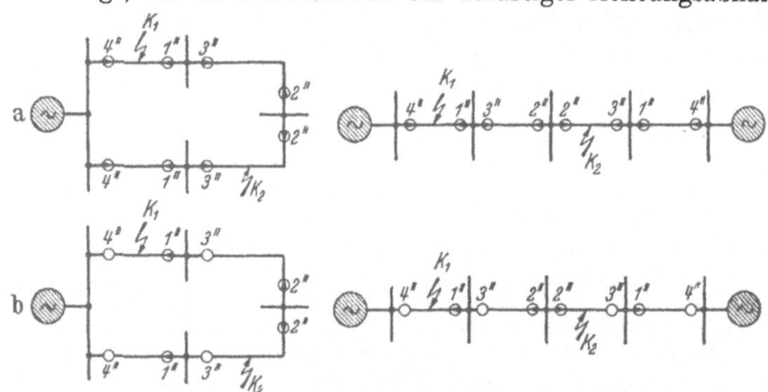

Abb. 335a u. b. Schutz einer Ringleitung bzw. einer zweiseitig gespeisten Leitung.

Schutz ausgebildet sein kann. Es ist angenommen, daß der Überstromschutz in zwei Phasen eingebaut ist (oft werden auch die drei Phasen geschützt). Tritt bei K ein Kurzschluß auf, so schließt das Überstromrelais R_1 seinen Kontakt. Der Stromkreis wird jedoch erst geschlossen, wenn auch der in Reihe geschaltete Kontakt des zusätzlichen Richtungsgliedes Z geschlossen ist. Das Richtungsglied kann als wattmetrisches Relais ausgebildet sein. Zur Erhöhung der Ansprechgenauigkeit des wattmetrischen Relais läßt man den Strom in den Spannungsspulen der angelegten Spannung nacheilen, da ja der Kurzschlußstrom vorwiegend induktiv ist.

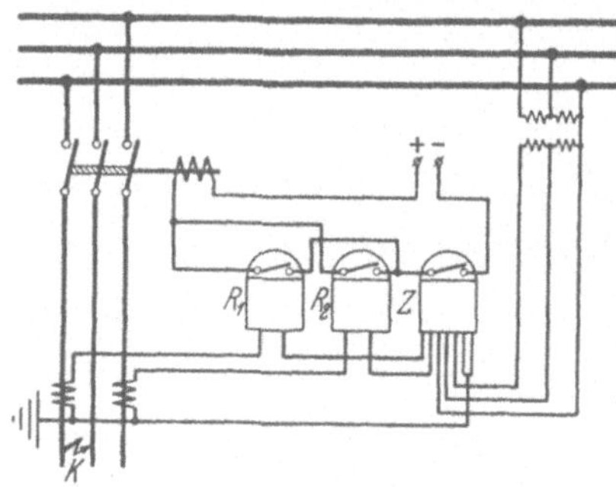

Abb. 336. Leitungsabzweig mit Überstromzeitrelais und Richtungsglied.

In der Schaltung Abb. 335a können einige Richtungsglieder gespart werden, ohne daß, wie man leicht nachprüfen kann, die Selektivität des Schutzes leidet. Abb. 337b zeigt die neue Schaltung. Es genügt also, wenn an einem Abzweig das Relais mit der kleineren Ansprechzeit ein Richtungsglied, das bei Energierichtung zur Sammelschiene hin sperrt, erhält.

Es sei angenommen (s. Abb. 337), daß ein Kurzschluß dicht an den Sammelschienen bei K_1 erfolge. Der unmittelbar der Kurzschlußstelle zufließende Strom wird groß, der über den Ring der Kurzschlußstelle zufließende Strom dagegen klein sein. Ist dieser Strom derart klein,

daß er das rechts der Kurzschlußstelle liegende Relais mit der Auslösezeit 1 sec nicht anregt, so wird das linke Relais mit 4 sec Einstellzeit zuerst
ansprechen und sein zugehöriger Schalter wird abschalten, wobei die
Abschaltung nach etwa 4,3 sec beendet ist (0,3 sec = Eigenzeit des
Schalters). Erst jetzt wird das rechte Relais mit der Einstellzeit 1 sec

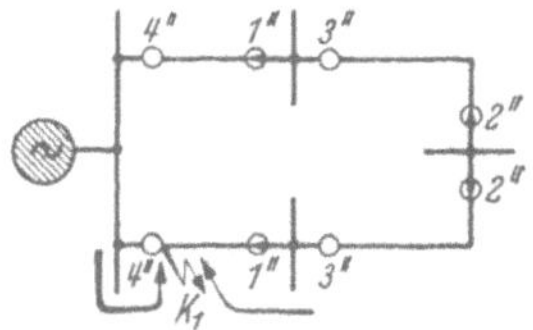

Abb. 337. Ringleitung.

angeregt (da nun ein größerer Kurzschlußstrom
über den Ring fließen wird) und wird nach 1 sec
die Auslösung des Schalters, der nach 1,3 sec die
Abschaltung beendet hat, bewirken. Insgesamt
wird also für die Abschaltung des Kurzschlusses
$4,3 + 1,3 = 5,6$ sec benötigt statt 4,3 sec, wenn
das rechte Relais sofort angesprungen wäre. Es
vermögen also unter ungünstigen Verhältnissen längere Abschaltzeiten
aufzutreten, als man zunächst auf Grund der Staffelung erwarten kann.

Die gegenläufige Zeitstaffelung kann auch angewandt werden, wenn
von den einzelnen Sammelschienen der Ringleitung noch Abzweige

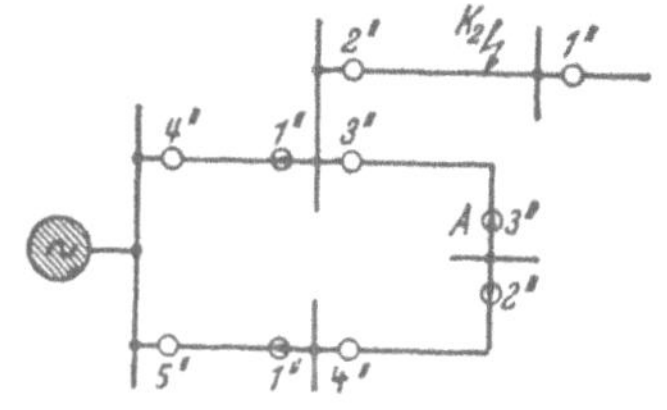

Abb. 338. Ringleitung mit zusätzlichem
Sammelschienenabzweig.

abgehen, nur müssen die Auslösezeiten
im Ring den Zeiten im Abzweig angepaßt
werden. Die Abschaltzeiten im Abzweig
müssen kleiner sein als die im Ring. In
der Abb. 338 ist ein Abzweig eingezeichnet.
Die dort vorhandenen Relais sollen Auslösezeiten von 1 und 2 sec besitzen. Erfolgt
ein Kurzschluß an der Stelle K_2, so würde,
wenn die Zeitstaffelung im Ring gegen-
über Abb. 337 nicht geändert wird, auch das Relais A anspringen
und eine Fehlauslösung bewirken. Man muß deswegen die Zeit des
Relais A größer wählen, und zwar 3 sec statt 2. Das Relais A kann
jetzt ohne Richtungsglied ausgeführt werden.

Nach ähnlichen Grundsätzen können auch
Doppelleitungen nach Abb. 339 geschützt werden. Bei einem Kurzschluß an der Stelle K_1
wird nur die kranke Strecke abgeschaltet. Es ist
allerdings zu beachten, daß jetzt durch die ge-
sunde Strecke der doppelte Betriebsstrom fließt und die dort befindlichen Relais hierbei nicht ansprechen dürfen.

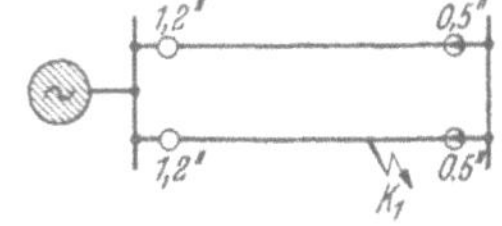

Abb. 339. Doppelleitung.

Eine einseitig gespeiste Doppelleitung mit verschiedenen Zwischenstationen kann in ähnlicher Weise wie ein von einer Stelle aus gespeister Ring geschützt werden. Falls man eine Staffelzeit von 0,7 bis
0,8 sec zugrunde legt, ergibt sich zunächst eine Zeitstaffelung gemäß
Abb. 340a. Diese Zeitstaffelung arbeitet solange einwandfrei, als in dem
kranken Leitungsteil (Kurzschlußstelle K_1) von beiden Seiten ein solcher
Kurzschlußstrom zufließt, daß die beiden Relais der kranken Leitung
angeregt werden. Liegt jedoch der Kurzschluß an der Stelle K_2, so wird

praktisch der ganze Kurzschlußstrom durch das Relais A fließen, während durch das Relais B nur ein kleiner Strom fließt, da diesem ein größerer Leitungswiderstand vorgeschaltet ist. Relais A wird anspringen, Relais B dagegen nicht. Nach $1{,}2 + 0{,}4 = 1{,}6$ sec (Eigenzeit des Schalters zu $0{,}4$ sec angenommen) wird der zu A gehörige Leistungsschalter die Abschaltung vollendet haben. Jetzt fließt ein größerer Kurzschlußstrom durch das Relais B und nach einer Zeit von $0{,}5 + 0{,}4 = 0{,}9$ sec wird der Schalter des Relais B den Kurzschluß abschalten. Die Gesamtzeit vom Beginn bis zum Abschalten des Kurzschlusses dauert also $1{,}6 + 0{,}9 = 2{,}5$ sec. In der Zwischenzeit werden jedoch die Relais C und D, die beide eine Einstellung von 2 sec haben, ausgelöst haben und ihre Strecke abschalten, was jedoch unerwünscht ist.

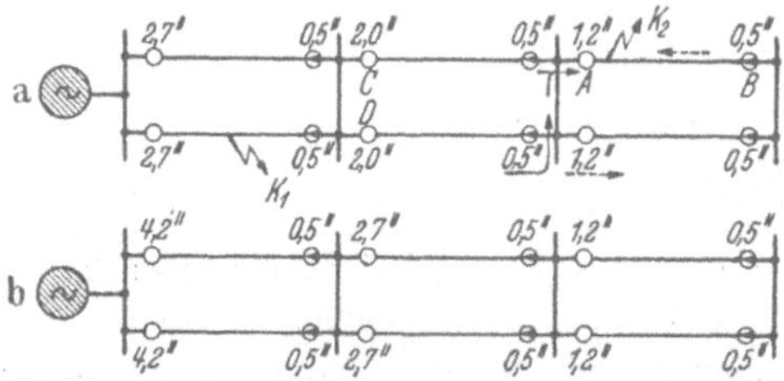

Abb. 340a u. b. Doppelleitung mit dazwischen geschalteten Sammelschienen.

Man muß deshalb die Zeiten etwa nach Abb. 340b staffeln. Die Sammelschienenschalter mit den Richtungsrelais erhalten eine möglichst kleine Auslösezeit ($0{,}5$ sec), die für alle diese Schalter gleich groß sein kann.

3. Schutz durch Distanzrelais.

Der Schutz mit gegenläufiger starrer Staffelung ist nicht möglich bei ringförmigen Netzgebilden, die mehrseitig gespeist werden. Auch in Maschennetzen versagt dieser Schutz. Man muß daher zu einer Anordnung greifen, bei der die Auslösezeiten nicht starr eingestellt sind, sondern sich nach der Lage der Fehlerstelle richten.

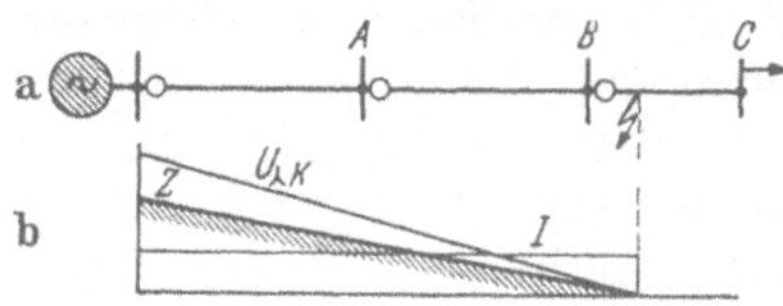

Abb. 341a u. b. Spannung und Impedanz einer Leitung bei Kurzschluß.

Zur Erörterung dieses Schutzprinzips sei zunächst der einfache Fall einer einseitig gespeisten Strecke (Abb. 341a) betrachtet, die nur am Ende eine Belastung habe. Tritt auf der Leitung ein Kurzschluß auf, dann wird der fließende Kurzschlußstrom eine konstante Größe haben (vorausgesetzt, daß bei A und B keine Ströme entnommen werden), die Spannung wird jedoch von der Kurzschlußstelle bis zum Kraftwerk ansteigen (Abb. 341b). Die Impedanz $Z = U_{\wedge k}/I$, welche man an den einzelnen Stellen des Netzes messen kann, ist am Kurzschlußort Null (satter Kurzschluß vorausgesetzt) und wird in Richtung nach dem Kraftwerk größer. Baut man Relais, deren Auslösezeiten proportional den durch ein Meßwerk ermittelten Impedanzen und damit auch der Entfernungen (= Distanzen) vom Kurzschlußort sind, so wird das Relais, das der Fehlerstelle benachbart ist, am raschesten ansprechen, da es kleinste

Impedanz mißt, also auch kleinste Laufzeit aufweisen muß. Diese Schutzart kann fast immer, auch bei beliebig vermaschten Netzen zur Anwendung kommen, denn auch dort nimmt die Impedanz vom Kraftwerk nach dem Kurzschlußort hin ab. Die Anregung eines derartigen Relais kann durch ein Überstromrelais oder durch ein Relais nach Abb. 329, welches beim Unterschreiten eines Impedanzwertes anspricht, erfolgen.

Liegt eine zweiseitig gespeiste Strecke entsprechend Abb. 342 vor, dann werden bei einem Fehler an der Kurzschlußstelle K_1 die Relais R_1 und R_2 gleiche Impedanzen messen. Es soll jedoch nur Relais R_1 ansprechen, also müssen, um Fehlauslösungen zu vermeiden, die beiden Relais Richtungsglieder erhalten,

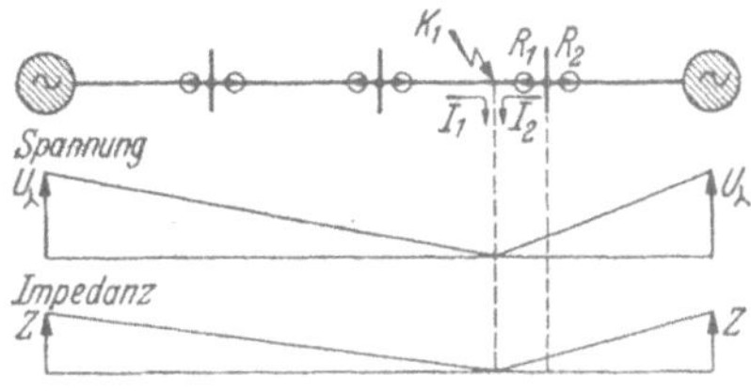

Abb. 342. Spannung und Impedanz bei einer zweiseitig gespeisten Leitung.

welche die Auslösung freigeben, wenn der Stromfluß von der Sammelschiene weg erfolgt.

Hat man ein beliebig vermaschtes Netz (s. Abb. 343) und erfolgt bei K_1 ein Kurzschluß, so ist an dieser Stelle die Impedanz am kleinsten und steigt mit wachsender Entfernung vom Kurzschlußort an. Am Knotenpunkt A brauchen streng genommen keine Relais mit Richtungsglieder vorhanden zu sein, denn der in die kranke Strecke hineinfließende Strom ist gleich der Summe der beiden zufließenden, also wird das in der kranken Strecke vorhandene Relais die kleinste Impedanz, also auch die kleinste Laufzeit haben. Da die Möglichkeit besteht, daß der über die eine Leitung zufließende Kurzschlußstrom im Verhältnis zum anderen klein ist oder die eine

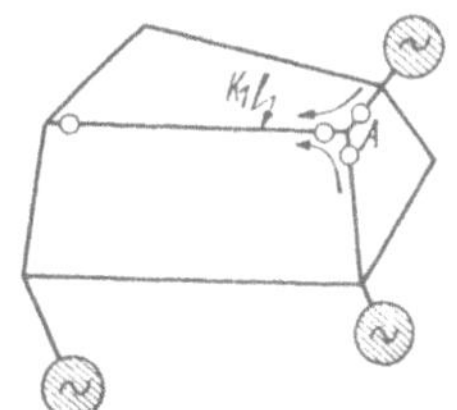

Abb. 343. Schutz eines vermaschten Netzes.

Leitung überhaupt abgeschaltet sein kann, muß man auch hier, um Fehlauslösungen zu vermeiden, Richtungsglieder vorsehen.

Es ist nicht unbedingt notwendig, daß man bei der Festlegung der Laufzeiten von den Impedanzen der Leitung ausgeht, genau so kann man die Reaktanzen der Leitung, die ja bei höheren Spannungen im Kurzschlußfall ausschlaggebend sind, benutzen. Bei Verwendung von Reaktanzrelais hat man den Vorteil, daß die Kurzschlußlichtbögen, die in Netzen höherer Spannung große Längen und beachtliche ohmsche Widerstände besitzen (bis etwa 250 Ω), von einem derartigen Relais nicht erfaßt werden, im Gegensatz zu einem Impedanzrelais, welches dadurch eine zu große Kurzschlußentfernung mißt und demzufolge erst nach einer zu langen Zeit auslöst.

α) **Reaktanzschutz.** Abb. 344a zeigt im Prinzip den Aufbau eines Reaktanzrelais (Ausführung BBC). Man hat zwei Spulengruppen A und B, die räumlich aufeinander senkrecht stehen und von denen die erste vom Strom I und die zweite von der Spannung $U_\curlywedge$ erregt werden. Beide Spulen bilden ein resultierendes Feld, in welchem sich ein kleiner Anker aus Eisen, der im Punkt a drehbar gelagert ist und vom Strom I polarisiert wird, befindet. Abb. 344b zeigt in einem Zeitdiagramm die Spannung $U_\curlywedge$ und den Strom I im Kurzschlußfall. In Phase mit dem

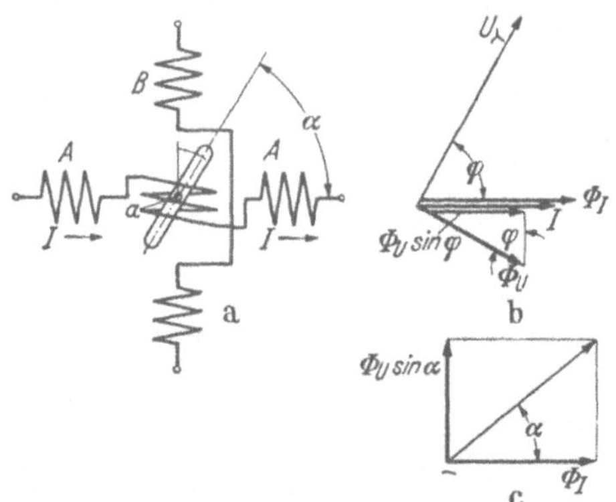

Abb. 344a—c. Reaktanzrelais (BBC).

Strom I ist der Fluß Φ_I; der von der Spannung $U_\curlywedge$ erzeugte Fluß Φ_U eilt $U_\curlywedge$ um 90° nach. Als wirksame Flußkomponente kommt für uns nur die in Richtung mit dem Strom I liegende Komponente $\Phi_U \sin \varphi$ in Frage. Der Fluß Φ_I und der Fluß $\Phi_U \sin \varphi$, sowie die Polarisation des Eisenkerns sind also gleichphasig und man kann, wenn man das räumliche Diagramm der Flüsse aufzeichnen will, mit den Maximalwerten ar-

beiten (Abb. 344c). Der resultierende Fluß wird, da die beiden erzeugenden Flüsse gleichphasig sind, stets den Winkel α mit der Hori-zontalen bilden. Da der Eisenkern ebenfalls gleichphasig polarisiert wird, stellt er sich ähnlich wie eine Magnetnadel, in Richtung des resultierenden Flusses ein, wird also mit der Horizontalen den Winkel α bilden. Es gilt die Beziehung:

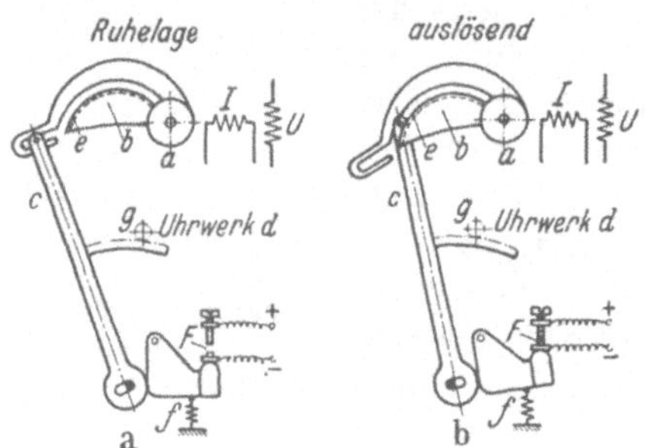

Abb. 345a u. b. Auslösemechanismus des Reaktanzrelais (BBC).

$$(119) \qquad \operatorname{tg} \alpha = \frac{\Phi_U \sin \varphi}{\Phi_I}$$

oder da $\Phi_U = c_1 U_\curlywedge$ und $\Phi_I = c_2 I$ ist, wird

$$(120) \qquad \operatorname{tg} \alpha = \frac{c_1}{c_2} \cdot \frac{U_\curlywedge}{I} \sin \varphi = \frac{c_1}{c_2} Z \sin \varphi .$$

Da $Z \sin \varphi = X$, also gleich der Reaktanz ist, kann man, falls $c_1/c_2 = k$ gesetzt wird, auch schreiben:

$$(121) \qquad \operatorname{tg} \alpha = k X .$$

Je nach Größe der Reaktanz, welche von einem solchen Kreuzspulinstrument gemessen wird, hat die Welle a, die wie Abb. 345a zeigt, eine Kurvenscheibe b trägt, das Bestreben, sich mehr oder weniger im Linkssinne zu drehen. Zunächst ist sie jedoch durch eine Stange c daran gehindert. Erst wenn ein Kurzschluß auftritt, wird ein Uhrwerk freigegeben (Überstrom- oder Unterimpedanzanregung), welches ein kleines Ritzel g dreht, das die Stange c nach rechts mitnimmt. Nach einer kleinen Bewegung dieser Stange kann die Kurvenscheibe b sich im Linkssinne bewegen. Hat sie schließlich die Lage erreicht, welche der zu messenden Reaktanz entspricht, so bleibt sie stehen. Die Stange c, welche durch das Uhrwerk d stetig nach rechts bewegt wird, kommt jetzt in Berührung mit dem gezahnten Rand der unteren Kurve e und wird festgehalten. Am unteren Ende ist die Stange c mittels eines Langloches auf einem Bolzen gelagert und wird durch eine Feder f nach links angedrückt. Da das Uhrwerk d weiterlaufen will, das obere Ende der Stange c in der Kurve e festgehalten wird, wird das untere Ende sich jetzt im Langloch nach rechts bewegen und den Kontakt F schließen (s. Abb. 345 b), durch den die Auslösung des Schalters bewirkt wird. Durch entsprechende Form der Kurve e können die Auslösezeiten ungefähr proportional den Streckenreaktanzen gemacht werden. Die gezeigte Relaisanordnung hat den Vorteil, daß besondere Richtungsglieder in Wegfall kommen, denn erfolgt der Stromfluß in falscher Richtung, dann hat die Kurvenscheibe das Bestreben, sich nach rechts (im Uhrzeigersinn) zu drehen;

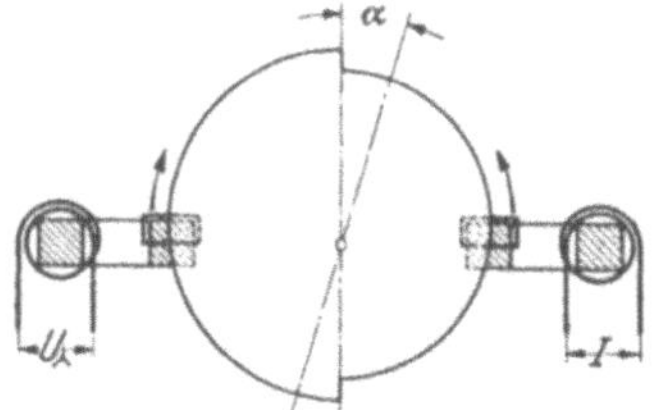

Abb. 346. Impedanzrelais (SSW).

eine Auslösung findet jedoch nicht statt, da die Stange c mit dem gezahnten Rand der Kurve e überhaupt nicht in Berührung kommt, somit auch kein Schließen von Kontakt F erfolgt.

β) **Impedanzschutz.** Abb. 346 zeigt wie im Prinzip ein Impedanzrelais (Ausführung SSW) aufgebaut sein kann. Man hat eine geeignet geformte Aluminiumscheibe, die zwischen den Polen zweier Magnete gelagert ist. Die Polschuhe dieser beiden Magnete werden je zur Hälfte von einer Kurzschlußwicklung umfaßt, um wie bei Ferraris-Instrumenten ein Drehmoment zu erzielen. Die eine Spule wird vom Leitungsstrom I, die andere von einem Strom, der proportional der Spannung U_λ ist, durchflossen. Das von der Stromspule erzeugte Drehmoment ist proportional dem Quadrate des Stromes und hängt wegen der Randkurve der Scheibe vom Winkel α, um den die Scheibe aus der Ruhelage herausgedreht wird, ab. Man kann daher schreiben, daß das (rechtsdrehende) Moment der Stromspule gleich $I^2 f_1(\alpha)$ ist. Die Funktion $f_1(\alpha)$ hängt von der Gestaltung der Randkurve ab. Das von der Spannungsspule erzeugte Drehmoment ist $U_\lambda^2 f_2(\alpha)$, wobei $f_2(\alpha)$ ebenfalls von der Randkurve abhängt. Ist Gleichgewicht vorhanden, dann gilt:

$$(122) \qquad I^2 f_1(\alpha) = U_\lambda^2 f_2(\alpha)$$

oder

$$(123) \qquad \frac{U_\lambda}{I} = Z = \sqrt{\frac{f_1(\alpha)}{f_2(\alpha)}}.$$

Man sieht hieraus, daß die gemessene Impedanz Z von dem Auslenkungswinkel α der Scheibe abhängig ist. Man kann es durch geeignete Formgebung der Scheibe erreichen, daß die Impedanz Z etwa proportional dem Winkel α wird.

Es sei eine einseitig gespeiste Strecke mit den eingezeichneten Distanzrelais (Impedanz- oder Reaktanzrelais) versehen (Abb. 347). Die Auslösezeit des Relais I wird bei einem Kurzschluß am Anfang des Streckenabschnitts Null sein und proportional mit der Strecke zunehmen. Man hat also durch die schräge Kurve $I—I$ ein Maß für die Auslösezeit t_1 bei einem Kurzschluß an jeder Stelle der Strecke. Entsprechend kann man die Auslösezeiten für die Relais II und III ermitteln und bekommt die Kurven $II—II$ und $III—III$. Man

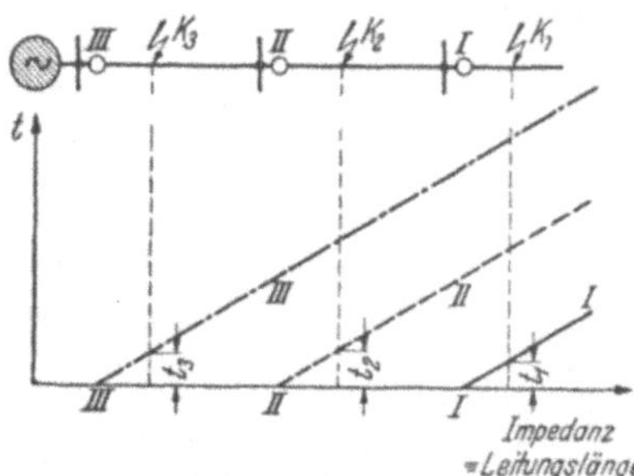

Abb. 347. Auslösezeiten auf einer Leitung in Abhängigkeit der Impedanz.

erkennt, daß unabhängig davon, ob der Kurzschluß an der Stelle K_1, K_2 oder K_3 ist, die Auslösezeiten nicht sehr verschieden sind. Man erhält also gegenüber dem Staffelschutz mit starr eingestellten Zeiten kurze Abschaltzeiten unabhängig von der Zahl der hintereinander geschalteten Leitungen. Im ersten Falle spricht das Relais I, im zweiten Falle das Relais II und im dritten das Relais III an. Sollte bei einem Kurzschluß in K_1 das Relais I versagen, dann

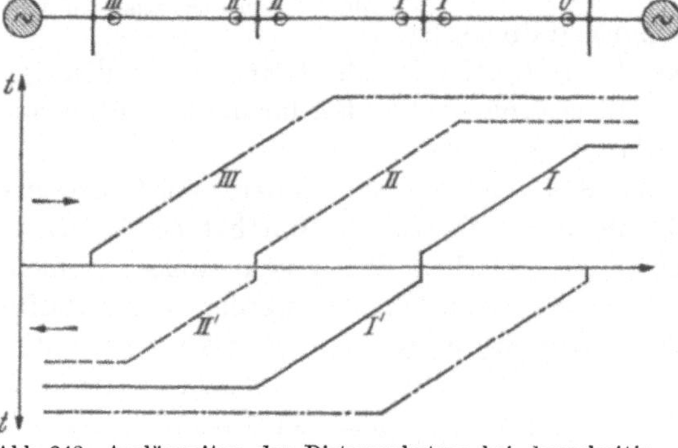

Abb. 348. Auslösezeiten des Distanzschutzes bei doppelseitig gespeister Strecke.

wird nach einer etwas längeren Zeit das Relais II die Abschaltung übernehmen. Der Impedanzschutz bietet also ebenso wie der normale Staffelschutz eine Art Reserve beim Versagen eines Relais.

Bei einer zweiseitig gespeisten Strecke (Abb. 348) verlaufen die Staffelkurven entsprechend. In der Abbildung sind die Staffelkurven für die Relais, welche bei einem Stromdurchfluß nach rechts ansprechen, oberhalb der Abszisse und die Kurven für die Relais, die nach links ansprechen, unterhalb derselben aufgetragen. Es ist angenommen, daß die Relais auch bei der Impedanz Null eine kleine Zeit zum Ansprechen benötigen (s. S. 264 und Abb. 352). Ferner ist vorgesehen, daß jedes

Relais eine größte Laufzeit hat, die auch bei beliebig großer Impedanz nicht überschritten wird.

Weniger gut arbeitet ein Distanzschutz, falls entsprechend Abb. 349 die Streckenlängen sehr verschieden sind. Während auf der kurzen Strecke die Abschaltzeiten sehr klein sind, werden dieselben bei längeren Strecken, falls der Kurzschluß am Ende der Strecke erfolgt, verhältnismäßig lang. In krassen Fällen können die Zeiten t_1 und t_2 der Relais I und II (Abb. 349) sich nur wenig voneinander unterscheiden, so daß hierdurch unter Umständen Fehlabschaltungen erfolgen können.

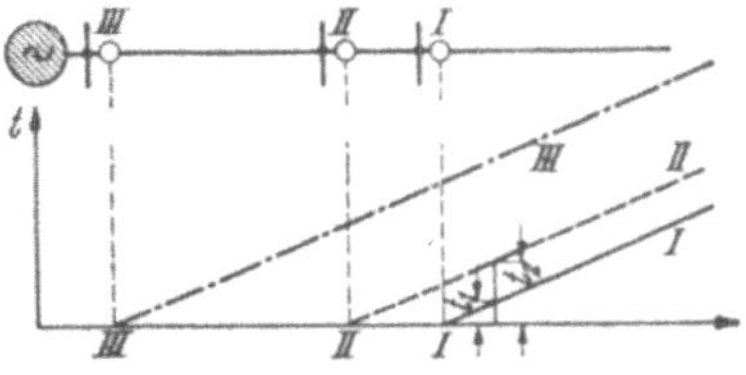

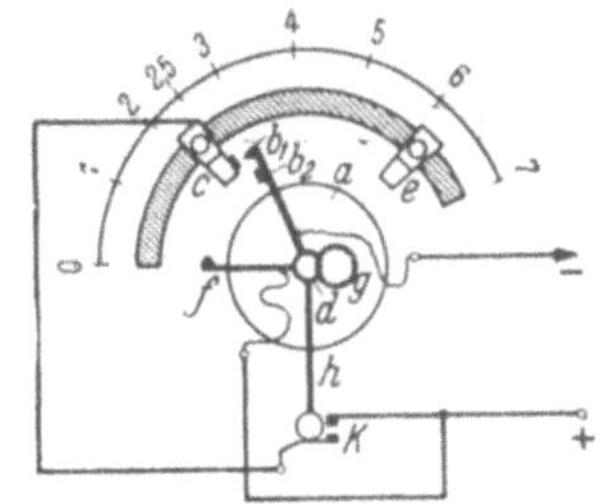

Abb. 349. Auslösezeiten in Abhängigkeit der Impedanz bei unterschiedlichen Streckenlängen.

Es besteht jedoch bei den Impedanzrelais die Möglichkeit trotz verschieden langer Strecken mit praktisch gleichen Auslösezeiten zu arbeiten. Abb. 350 zeigt den Aufbau, Abb. 351 die Auslösecharakteristik eines derartigen Relais (Ausführung SSW) an. Als Meßorgan kommt eine Anordnung nach Abb. 346 in Frage. Die Magnete, welche die Scheibe a beeinflussen, sind nicht eingezeichnet. Mit der Scheibe a fest verbunden sind die Kontakte b_1 und b_2. Bei der Impedanz Null würden die Kontakte, falls kein Anschlag c vorhanden ist, eine Stellung einnehmen, die durch die Markierung Null gegeben ist. Bei größeren Impedanzen wird die Scheibe mit den Kontakten sich im

Abb. 350. Auslösemechanismus eines Impedanzrelais mit Eilkontakt (SSW).

Rechtssinne drehen. Ferner ist der Anschlag c, der auf verschiedene Impedanzwerte eingestellt werden kann und auf den sich der Kontakt b_1 abstützt und ein Anschlag e, der bei größeren Impedanzen die Rechtsdrehung der Scheibe a begrenzt, vorhanden. Gelagert auf der Achse d, jedoch nicht verbunden mit der Scheibe a, befindet sich ein Kontakt f, der durch ein Uhrwerk g angetrieben werden kann. Mit

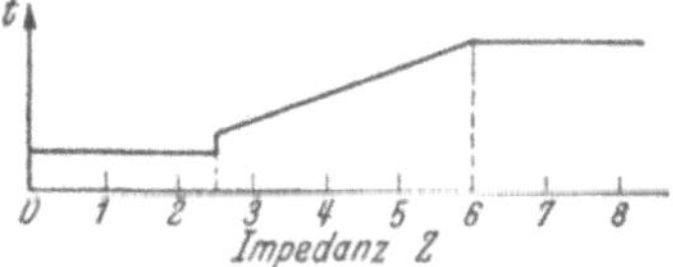

Abb. 351. Charakteristik eines Impedanzrelais mit Eilkontakt.

dem Kontakthebel f ist eine Stange h starr verbunden, welche in der Nullage einen Kontakt K geöffnet hält. Betrachten wir beispielsweise einen Punkt, der bei Kurzschluß einer Impedanz $1\,\Omega$ entspricht, so wird der Kontakt b_1 sich von dem Anschlag c, der auf $2{,}5\,\Omega$ eingestellt sei, nicht abheben. Bei Beginn des Kurzschlusses wird das Uhrwerk durch eine Überstrom- oder eine Impedanzanregung freigegeben und der Kontakt f bewegt sich mit der Stange h im Rechtssinne.

sinne. Nach einer kleinen einstellbaren Zeit wird der Kontakt K geschlossen und es vermag Strom von der Batterie aus über K und über b_1 zum Auslösemechanismus des Schalters zu fließen, der den Kurzschluß abschaltet. Für sämtliche Kurzschlüsse auf der Strecke, bei denen die Impedanz kleiner als $2,5\,\Omega$ ist, erfolgt also die Abschaltung mit konstanter Grundzeit, die bei etwa 0,3 sec liegt. Eine solche Grundzeit wird gebraucht, da in der praktischen Ausführung des Distanzschutzes (s. S. 267 und Abb. 354) in dieser Zeit verschiedene Relais umschalten müssen und eine Richtungsbestimmung vorgenommen werden muß. Liegt der Kurzschluß jedoch an einer Stelle mit einer Impedanz, die etwas größer als $2,5\,\Omega$ ist, dann wird der Kontakt b_1 sich abheben und der Leistungsschalter bekommt erst den Auslösebefehl, wenn der Kontakt f, der mit konstanter Geschwindigkeit dem Kontakt b_2 nacheilt, mit diesem in Berührung kommt. Die Auslösekurve wird damit am Punkt „$2,5\,\Omega$" sprunghaft anwachsen (Abb. 351). Rückt der Kurzschluß jetzt an eine Stelle, die etwa

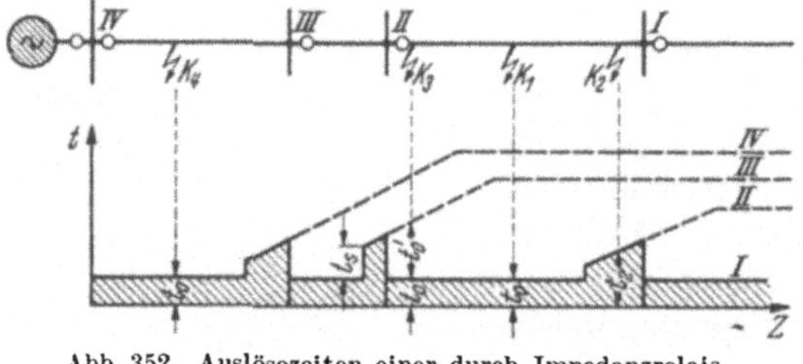

Abb. 352. Auslösezeiten einer durch Impedanzrelais mit Eilkontakt geschützten Leitung.

einem Wert von $5\,\Omega$ entspricht, dann wird die Scheibe mit dem Kontakt b_2 sich bis in die Stellung $5\,\Omega$ bewegen und es vergeht jetzt eine größere Zeit bis der vom Uhrwerk angetriebene Kontakt f den Kontakt b_2 berührt. Die Auslösezeit nimmt also proportional der Impedanz zu. Erst bei Impedanzen oberhalb von $6\,\Omega$ bleibt die Auslösezeit konstant, da die Scheibe sich nicht weiter nach rechts drehen kann. Die Zeitcharakteristik des beschriebenen „Eilimpedanzrelais" hat also den in der Abb. 351 dargestellten Verlauf. Man hat bei ausgeführten Relais noch die Möglichkeit, die Auslösecharakteristik zu beeinflussen, d. h. man kann die Neigung der Geraden verändern und die Charakteristik parallel zu sich verschieben.

Es sei, um die Wirkungsweise des Eilimpedanzrelais klar zu erkennen, der Schutz einer einseitig gespeisten Strecke entsprechend Abb. 352 betrachtet. Den einzelnen Impedanzrelais wird man eine Charakteristik geben, daß auf etwa 80% jedes Streckenabschnitts (Streckenlänge entspricht der Impedanz in Ohm) die Eilzeit t_0 vorhanden ist. Erst dann beginnt mit einem kleinen Zeitsprung t_s die ansteigende Charakteristik des Relais. Tritt z. B. ein Kurzschluß an der Stelle K_1 auf, dann erfolgt die Auslösung mit der Grundzeit t_0. Erst wenn der Kurzschluß ziemlich am Ende der Strecke bei K_2 ist, wird nach einer größeren Zeit t_2 ausgelöst. Ist der Kurzschluß bei K_3, also ganz am Anfang der Strecke, dann erfolgt die Auslösezeit ebenfalls mit der Eilzeit t_0. Das vorgeschaltete Relais *III* kommt nicht zum Auslösen, da dessen Zeit um den Betrag t_0' größer ist als die Zeit des Relais *II*. Um auf jeden Fall ein Auslösen des Relais *III* zu vermeiden, muß t_0' eine bestimmte Größe haben. Man erkennt, daß man diesen Wert durch entsprechende Wahl des Zeitsprungs t_s (Parallelverschieben der Auslösekennlinie!) beim vorgeschalteten Relais *III* verändern kann. Sollte bei einem der angenommenen Kurzschlußfälle das Relais oder der Schalter versagen, dann wird, allerdings mit einer größeren Zeit, das dem vorhergehenden Streckenabschnitt zugeordnete Relais *III* ansprechen und wenn auch dieses versagen sollte, mit einer noch etwas größeren Zeit das Relais *IV*. Man hat also bei dem Impedanzschutz eine Reserve, da stets jedes Relais von dem davorgeschalteten geschützt wird. Sollte bei einem Kurzschluß an der Stelle K_4 das Relais *IV* versagen, so muß das vor den Sammelschienen im Kraftwerk angeordnete Relais die Abschaltung übernehmen. Bei der Festlegung der Kennlinien der einzelnen hintereinander geschalteten Relais muß man, um Fehlauslösungen zu vermeiden, darauf achten, daß keine Überschneidungen vorkommen und daß benachbarte Relais genügenden Zeitabstand gegeneinander aufweisen.

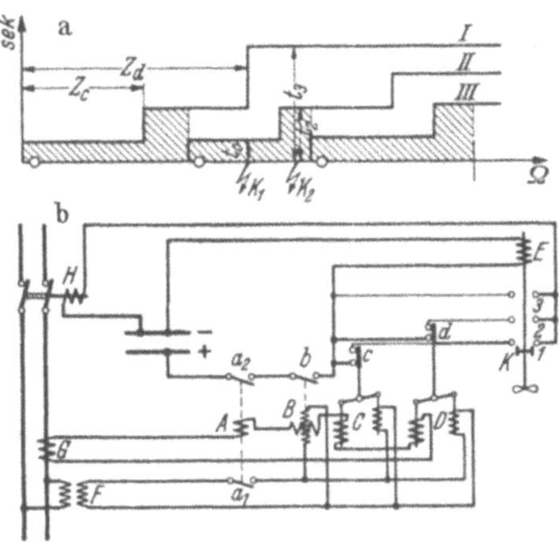

Abb. 353a u. b. Impedanzrelais mit Stufenkennlinie (AEG).

γ) **Stufenimpedanzschutz.** Zum selektiven Leitungsschutz sind auch Zeitkennlinien nach Abb. 353a geeignet. Erfolgt im zweiten Abschnitt bei K_1 ein Kurzschluß, so wird dieser mit der Zeit t_0 abgeschaltet. Ist der Kurzschluß bei K_2, dann erfolgt die Abschaltung mit der Zeit t_2. Man schützt auch hier etwa 80% der Strecke mit der Grundzeit t_0 und führt dann den Zeitsprung aus. Versagt das Relais, so wird das vorhergehende mit der Zeit t_3 einspringen. Um eine solche stufenförmige Kennlinie herzustellen, kann die zweipolig aufgezeichnete Schaltung der Abb. 353b verwendet werden (Ausführung AEG.). Bei auftretendem Überstrom (Überstromanregung vorausgesetzt) springt das Relais *A* an und schließt die Kontakte a_1 und a_2. Das Richtungsrelais *B* bekommt jetzt über den Spannungswandler *F* und den Kontakt a_1 Spannung. Ist die Stromrichtung von den Sammelschienen weggerichtet (mehrseitige Speisung vorausgesetzt), so schließt es seinen Kontakt *b*, das Zeitrelais *E* beginnt zu laufen und bewegt seinen Kontakt *K* mit gegebener Geschwindigkeit nach oben. Weiterhin sind noch zwei Impedanzkipprelais *C* und *D* vorhanden. Das Relais C öffnet den Kontakt c bei einem Impedanzwert $>Z_C$ (s. Abb. 353a), der etwa 80% der zu schützenden Strecke entspricht. Das Relais D spricht bei einem Impedanzwert Z_D (s. Abb. 353a), der noch etwa 50% der darauffolgenden Strecke umfaßt, an und unterbricht bei d. Nimmt man zunächst an, die Relais C und D würden nicht ansprechen, dann wird nach einer einstellbaren Zeit der Kontakt *1* geschlossen und die Auslösespule H des Leistungsschalters kann abschalten. Ist die Impedanz etwas größer als Z_C, dann wird durch das Relais C der Kontakt c geöffnet. Das Zeitrelais E vermag jetzt erst die Auslösespule H des Leistungsschalters zu betätigen, wenn nach einer größeren Zeit der Kontakt *2* geschlossen wird. Sollte die Impedanz sogar größer sein als Z_D, dann wird der Kontakt d geöffnet und erst wenn der Kontakt *3*, was der längsten Laufzeit entspricht, geschlossen wird, findet die Auslösung des Leistungsschalters statt. Um die Zeiten einstellen zu können, muß man sich vorstellen, daß die Kontakte *1, 2, 3* in vertikaler Richtung verstellbar angeordnet sind. Es wurde erwähnt, daß beim Impedanzschutz die Distanz (Entfernung) falsch gemessen wird, falls ein Lichtbogen größeren Widerstandes entsteht. Meist ist der Lichtbogenwiderstand zunächst mäßig und wächst dann mit größer werdender Lichtbogenlänge. Um den Lichtbogeneinfluß möglichst auszuschalten, bildet man den Stufenimpedanzschutz oft so aus, daß infolge geeigneter Verriegelungen nur die im ersten Augenblick getätigte Impedanzmessung für die Auslösezeit maßgebend ist.

Beim Distanzschutz ist zu beachten, daß die Distanzrelais nicht die tatsächliche Impedanz oder Reaktanz der Leitung messen, sondern einen Wert, der durch die Strom- und Spannungswandler gegeben ist. Ist z. B. die Leitungsimpedanz $Z = U_\lambda/I$ und wird durch die Meßwandler eine Spannung $U_\lambda' = U_\lambda/\ddot{u}_U$ und ein Strom $I' = I/\ddot{u}_I$ ($\ddot{u} = $ Übersetzungsverhältnis der Wandler) dem Relais zugeführt, so ergibt sich die vom Relais gemessene Impedanz zu

$$(124) \qquad Z' = \frac{U_\lambda'}{I'} = \frac{U_\lambda}{I} \cdot \frac{\ddot{u}_I}{\ddot{u}_U},$$

Es besteht also, da $U_\lambda/I = Z$ ist, zwischen der gemessenen und der tatsächlichen Impedanz die Beziehung

$$(125) \qquad Z' = Z \frac{\ddot{u}_I}{\ddot{u}_U}.$$

d) **Der Einrelais-Impedanzschutz mit Doppelerdschlußerfassung.** Beim Impedanz- und auch beim Reaktanzschutz wird oft für jede Phase ein Relais benutzt. Da diese Relais jedoch teuer sind, strebt man danach, möglichst mit einem Relais auszukommen, besonders wenn es sich um Netze mittlerer Spannung handelt, in denen wegen der kürzeren Stationsabstände sehr viele Relais gebraucht werden, also Wert auf größte Billigkeit der einzelnen Schutzanordnung gelegt werden muß.

Abb. 354 zeigt eine Ausführungsform, die SSW bei seinen Impedanzrelais zur Anwendung bringt, bei der nur ein Impedanzrelais und ein Richtungsglied zum Schutze der drei Leitungen benötigt werden. Weiterhin sind drei Stromwandler und ein Spannungswandlersatz (nicht eingezeichnet), durch den die Spannungen zwischen den einzelnen Phasen und für den Fall der Erfassung des Doppelerdschlusses, die Spannung zwischen Phase und Erde gemessen werden können, vorhanden. In den Phasen R und T der Stromwandler liegen zwei Umschaltrelais a_1 und a_2. Spricht das Relais a_1 an, dann wird der Schalter b_1 nach rechts und der Schalter b_1' nach links, spricht das Relais a_2 an, dann wird der Schalter b_2 nach rechts gelegt. In der Nulleitung der drei Stromwandler ist ein weiteres Relais a_3 vorgesehen, welches den Schalter b_3 betätigt. Das Relais a_3 tritt nur bei Erfassung eines Doppelerdschlusses in Tätigkeit. Bei Kurzschlüssen zwischen den Phasen RS und RT und beim Dreiphasenkurzschluß RST spricht stets das Relais a_1 an und schaltet den Kontakt b_1 nach rechts. In diesen Fällen fließt der Wandlerstrom der Phase R durch das Richtungsglied und durch das Impedanzrelais. Nur bei einem Kurzschluß zwischen den Phasen S und T bleibt der

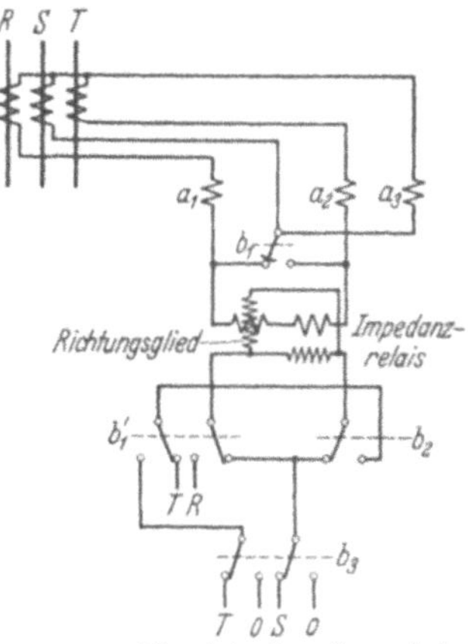

Abb. 354. Einrelais-Impedanzschutz (SSW).

Umschalter b_1 in der gezeichneten Lage und der durch die Phase T fließende Strom wird jetzt durch das Richtungsglied und durch das Impedanzrelais hindurchgeführt. Bei zweipoligen Kurzschlüssen ist es für eine einwandfreie Impedanzmessung, wie auch für das richtige Arbeiten des Richtungsgliedes wesentlich, daß stets die Spannung der beiden kurzgeschlossenen Phasen zur Messung benutzt wird. Eine Kontrolle zeige, daß das Schaltbild stimmt. Besteht ein Kurzschluß etwa zwischen den Phasen R und S, so wird der Schalter b_1 nach rechts bewegt, also der Strom der Phase R gemessen. Ferner wird der Schalter b_1' nach links bewegt. Man sieht, daß an die Spannungsspulen des Richtungsgliedes und der Impedanzrelais die Spannung U_{RS} gelegt wird. Das Impedanzrelais mißt einen Impedanzwert $Z = U_{RS}/I_R$, das ist aber beim zweipoligen Kurzschluß die zweifache Impedanz einer Phase: $Z = 2 Z_R$. Ist ein dreiphasiger Kurzschluß vorhanden, dann wird, weil der Schalter b_1 umgelegt wird, der Strom der Phase R gemessen. Weiter wird der Schalter b_1' und der Schalter b_2 betätigt. Man mißt in diesem Falle die Spannung U_{RT} und erhält als Impedanz die Größe $Z = U_{RT}/I_R$. Da die Leitungsimpedanz jedoch in diesem Falle gleich

$$(126) \qquad Z_R = \frac{U_{\curlywedge R}}{I_R} \quad (U_{\curlywedge R} = \text{Phasenspannung von } R)$$

und

$$(127) \qquad U_{\curlywedge R} = \frac{U_{RT}}{\sqrt{3}}$$

ist, ergibt sich, daß die gemessene Impedanz $\sqrt{3}$-mal größer als die Leitungsimpedanz ist.

$$(128) \qquad Z = \frac{U_{RT}}{I_R} = \sqrt{3}\,\frac{U_{\curlywedge R}}{I_R} = \sqrt{3}\,Z_R\,.$$

Im vorhergehenden Falle, beim zweiphasigen Kurzschluß war die gemessene Impedanz $2\,Z_R$ gewesen. Da beide Werte sich nicht stark voneinander unterscheiden, ist diese Abweichung, die nur kleine Unterschiede in der Laufzeit der Relais ergibt, zulässig. Tabelle 15 zeigt, wie bei den einzelnen Kurzschlußarten die Anregung erfolgt und welche Impedanz gemessen wird.

Tabelle 15.

Nr.	Kurzschluß	Anregung	Strompfad	Spannungspfad	Messung	Gemessene Impedanz
1	$R-S$	I_R	R	RS	$\dfrac{U_{RS}}{I_R}$	$2\,Z_R$
2	$S-T$	I_T	T	ST	$\dfrac{U_{ST}}{I_T}$	$2\,Z_T$
3	$T-R$	$I_R,\ I_T$	R	TR	$\dfrac{U_{TR}}{I_R}$	$2\,Z_R$
3a	$R-S-T$ Doppelerdschluß	$I_R,\ I_T$	R	TR	$\dfrac{U_{TR}}{I_R}$	$\sqrt{3}\,Z_R$
4	$R-S$	$I_R,\ I_0$	R	RO	$\dfrac{U_{RO}}{I_R}$	$Z_R + \dfrac{I_0}{I_R}\cdot Z_E$
5	$S-T$	$I_R,\ I_0$	T	TO	$\dfrac{U_{TO}}{I_T}$	$Z_T + \dfrac{I_0}{I_T}\cdot Z_E$
6	$T-R$	$I_R,\ I_T,\ I_0$	R	RO	$\dfrac{U_{RO}}{I_R}$	$Z_R + \dfrac{I_0}{I_R}\cdot Z_E$

Tritt in einem Netz ein Doppelerdschluß auf, so ist dies gleichbedeutend mit einem Zweiphasenkurzschluß. Abb. 355a zeigt die zunächst einseitig gespeiste Strecke, welche bei A und B zwischen den Phasen R und S einen Doppelerdschluß haben soll. In der Station M befinden sich drei Stromwandler in Asymmetrieschaltung, in deren Nulleitung die Stromspule eines Relais liegt. Im Falle des angenommenen Doppelerdschlusses ist in M nur die Phase R stromdurchflossen (vom normalen Belastungsstrom sei hierbei abgesehen), das Relais mißt den Erdstrom I_0, der in diesem Falle gleich dem Phasenstrom I_R ist. Der Strom I_0 kann also zur Anzeige für einen vorhandenen Doppelerdschluß benutzt werden. Der Strom I_R fließt bis zur Erdschlußstelle A in der Phase R und von da in der Erde zurück, bis er bei B von der Phase S wieder aufgenommen wird. Dieser teils in der Leitung, teils in der Erde fließende Strom verursacht einen Spannungsabfall, zu dessen Berechnung die zwar nicht ganz exakte, aber einfache Annahme zweckmäßig ist, daß zwischen M und A in der Leitung die normale Phasenimpedanz Z_R und in der Erde eine weitere Impedanz Z_E vorhanden ist. Die Spannung in der Station M (Abb. 355b) zwischen der Phase R und der Erde hat also die Größe

$$(129) \qquad U_{RO} = I_R (Z_R + Z_E).$$

Setzt man annähernd $Z_E = Z_R$ (meistens ist Z_E etwas kleiner), so ergibt sich, daß das Impedanzrelais die Größe

$$(130) \qquad \frac{U_{RO}}{I_R} = 2 Z_R$$

mißt, also genau den gleichen Wert wie beim normalen zweipoligen Kurzschluß. Würde man die verkettete Spannung U_{RS} wählen, die in der

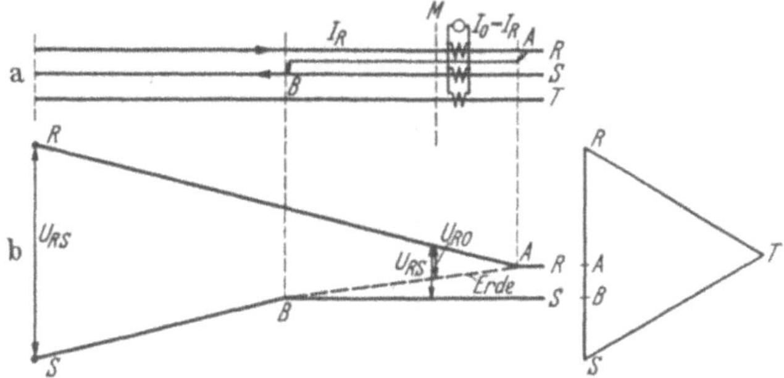

Abb. 355a u. b. Doppelerdschluß.

Station M vorhanden ist, so würde sich, da diese, wie die Abb. 355b zeigt, viel größer ist, eine zu große Laufzeit des Relais ergeben. Man muß also im Falle eines Doppelerdschlusses dem Impedanzrelais die Spannung U_{RO} zuführen.

Ist ein Doppelerdschluß vorhanden und wird die Leitung zweiseitig gespeist, dann fließt, wie die Abb. 356a zeigt, durch die Erde der Strom I_0, der jetzt jedoch gleich

$$I_0 = I_R + I_R'$$

ist. Die Spannung gegen Erde wird daher

$$(131) \qquad U_{RO} = I_R Z_R + I_0 Z_E.$$

Unser Impedanzrelais mißt also

$$(132) \qquad \frac{U_{RO}}{I_R} = Z_R + \frac{I_0}{I_R} Z_E.$$

Dieser Wert ist jetzt nicht mehr wie bei der einseitig gespeisten Strecke gleich $Z_R + Z_E$, sondern unterliegt je nach der Größe von I_0

Schwankungen. Diese bedingen eine Veränderung der Auslösezeit, die jedoch meist noch tragbar ist.

Aus diesen Betrachtungen folgt, daß für den Fall des Doppelerdschlusses die Spannung der Phase gegen Erde gemessen werden muß. Die hierfür notwendigen Umschaltungen werden durch das Relais a_3 der Abb. 354, welches nur anspricht, wenn ein Doppelerdschluß vorhanden ist, vorgenommen. Das Relais a_3 betätigt den Schalter b_3. Tritt z. B. (s. Abb. 356 b) ein Doppelerdschluß zwischen den Phasen R und S auf, so werden die Schalter b_1, b_1' und b_3 der Abb. 354 betätigt. An die Spannungsspule des Impedanzrelais kommt, wie das Schaltbild zeigt, die Spannung U_{RO} zu liegen und auf die Stromspule wirkt I_R. Das

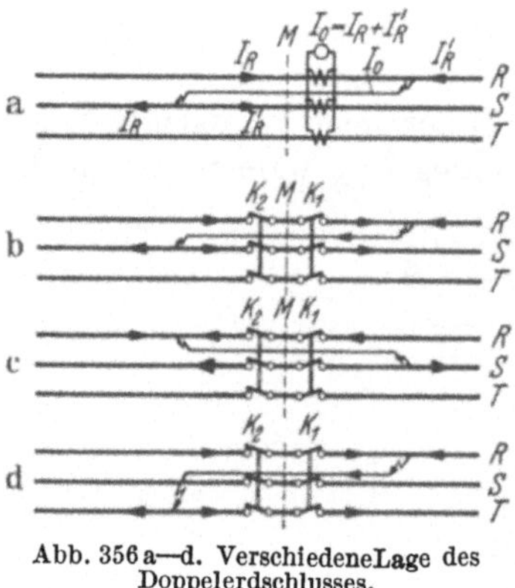

Abb. 356 a—d. Verschiedene Lage des Doppelerdschlusses.

Relais, das auf den Schalter K_1 wirkt (s. Abb. 356 b), spricht an und trennt den Doppelerdschluß auf. Die beiden Netzhälften können für sich weiter im Betrieb gehalten werden, denn die Kurzschlußströme, die durch den Doppelerdschluß bedingt waren, sind beseitigt. Jede Netzhälfte weist jedoch einen einfachen Erdschluß auf, der bei vorhandenen Erdschluß - Löschvorrichtungen meist gelöscht wird oder zumindestens gestattet, daß man eine gewisse Zeit mit bestehendem Erdschluß fahren kann. Das Relais, das dem Schalter K_2 links von den Sammelschienen zugeordnet ist, spricht nicht an, weil das Richtungsglied sperrt. Es ist wesentlich, daß nicht die Schalter K_1 und K_2 zusammen ansprechen, da sonst die Sammelschiene M und die daran hängenden Verbraucher keine Spannung mehr hätten. Hat der Doppelerdschluß die in der Abb. 356 c gezeichnete Lage, so wird das Richtungsglied des Impedanzrelais, welches zum Schalter K_2 gehört, richtig stromdurchflossen und der Schalter K_2, nicht jedoch der Schalter K_1 löst aus. Ist ein Doppelerdschluß zwischen den Phasen T und R vorhanden (Abb. 356 d), dann arbeitet ebenfalls nur der Schalter K_1, weil zunächst nur der Strom der Phase R gemessen wird und nur das Richtungsglied, welches zum Schalter K_1 gehört, im richtigen Sinne stromdurchflossen ist. In der Tabelle 15 S. 268 ist angegeben, wie beim Doppelerdschluß die einzelnen Anregungen und die gemessenen Impedanzen sind.

4. Zusammenfassung der Systeme mit Zeitstaffelung.

Die bis jetzt behandelten Schutzsysteme arbeiteten alle mit einer Zeitstaffelung. Diese konnte fest eingestellt sein (Staffelschutz mit stromunabhängigen Zeitrelais) oder sie richtete sich nach der Entfernung des Kurzschlußortes vom Relais (Distanzschutz). Der Schutz

mit stromunabhängigen Zeitrelais hat den Vorteil der großen Einfachheit
und Billigkeit. Sein Nachteil sind die langen Abschaltzeiten bei vielen
hintereinander geschalteten Leitungen und die Nichtverwendbarkeit
in vermaschten Netzen und mehrfach gespeisten Ringen. Wenn für
derartige Netzgebilde ein Kurzschlußschutz benötigt wird oder wenn
bei einfachen Netzgebilden Wert auf kürzere Abschaltzeiten gelegt wird,
dann muß ein Distanzschutz zur Anwendung kommen. Der Distanzschutz ist komplizierter als der stromunabhängige Zeitstaffelschutz.
Beide Staffelschutzarten haben den Vorteil, daß beim Versagen eines
Relais oder eines Schalters das übergeordnete Relais die Abschaltung,
allerdings mit einer etwas längeren Zeit, übernimmt. Bei beiden Schutz-
systemen muß darauf geachtet werden, daß, wenn in einem Netz die
Staffelung der Zeiten bzw. der Charakteristiken durchgeführt wird, der
Schutz in einem übergeordneten Netz (ein Netz höherer Spannung) hier-
mit in Einklang steht, d. h.
wenn ein Fehler in einem
Mittelspannungsnetz auf-
tritt, so darf auf keinen
Fall im übergeordneten
Hochspannungsnetz ein
Relais vorhanden sein,

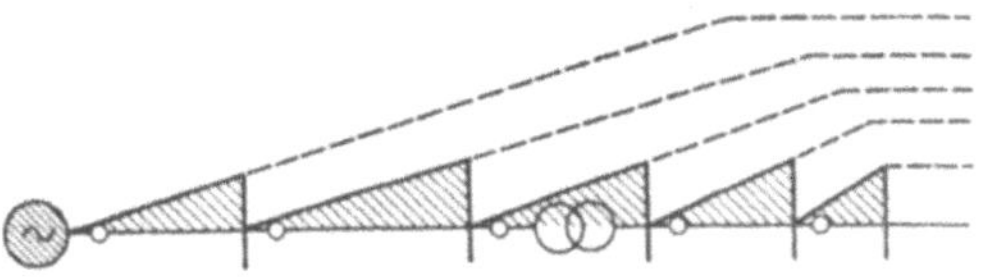

Abb. 357. Auslösezeiten des Impedanzschutzes bei einem
Netz mit zwei Spannungen.

welches eine kürzere Abschaltzeit als ein Relais des Mittelspannungs-
netzes besitzt und hierdurch eine Fehlabschaltung herbeiführt. Durch
den Zeitstaffelschutz werden die Fehler in den Stationen und in den
Sammelschienen mit erfaßt. Transformatoren, die zwischen zwei Netzen
vorhanden sind, werden als Leitungsstrecken aufgefaßt und müssen
ebenfalls mit, dem Netz angepaßten Relais versehen werden. Abb. 331
zeigt die Staffelung beim unabhängigen Zeitschutz und Abb. 357 die
Staffelung beim Distanzschutz. Da die dem Transformator zugeord-
neten Relais jedoch bei Fehlern in den Transformatoren oft zu lange
Abschaltzeiten haben, wird unabhängig von diesen Relais noch ein
besonderer Transformatorenschutz (Differentialschutz und Buchholz-
schutz) angewandt.

Der Distanzschutz kann nicht angewandt werden, falls die Leitungswiderstände zu klein werden, ein Fall der bei vielen Kabelnetzen vorliegt. Hier ist der Querschnitt meist groß und die Länge klein. Der
Distanzschutz kommt weiter nicht in Frage, wenn etwa aus Gründen
der Leitungsstabilität (in Hochspannungsnetzen) sehr kleine Abschaltzeiten verlangt werden.

5. Der Stromvergleichsschutz.

Wenn es sich darum handelt, eine kranke Leitungsstrecke schnell
abzuschalten oder wenn der Distanzschutz wegen zu geringer Länge
und zu großem Querschnitt der Leitung nicht in Frage kommt, kann

ein Vergleichsschutz angewandt werden. Ähnliche Verhältnisse können gelegentlich auch bei Hochspannungsleitungen vorliegen, falls die unter Zwischenschaltung von Strom- und Spannungswandler in den Distanzrelais gemessenen Impedanzen zu klein werden [s. Gl. (125)]. Abb. 358 zeigt einpolig eine mögliche Schaltung.

Bei gesunder Leitung muß der in die Leitung hineinfließende Strom gleich dem herausfließenden sein. Im normalen Zustand werden also die Relais *1* und *2* nicht stromdurchflossen sein. Tritt jedoch in der Leitung ein Kurzschluß auf, so werden von beiden Seiten in die Leitung Ströme hineinfließen (gestrichelte Pfeile), die beiden

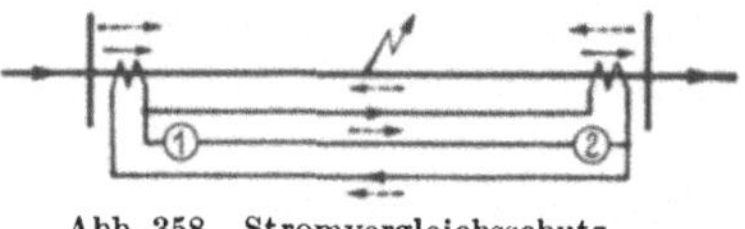

Abb. 358. Stromvergleichsschutz.

Differentialrelais werden vom Strom durchflossen und werden damit den Schalter auslösen. Dieser Schutz kann bei beliebig geschalteten Netzen zur Anwendung kommen, die Auslösezeiten können sehr klein gehalten werden. Unangenehm sind die benötigten Hilfsleitungen, welche besonders bei großen Entfernungen den Schutz verteuern, so daß, falls keine zwingenden Gründe vorliegen, der Vergleichschutz dort nicht zur Anwendung kommt. Bei Kabelleitungen, die meistens kleinere

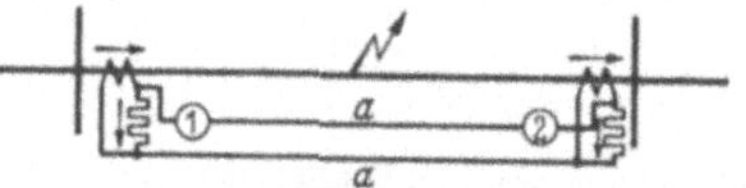

Abb. 359. Stromvergleichsschutz
mit Widerständen.

Längen haben und bei denen der Distanzschutz oft nicht angewandt werden kann, läßt sich der Schutz mit Vorteil verwenden. Man muß beachten, daß, falls durch den an sich gesunden Abschnitt größere Kurzschlußströme fließen, die Wandlerströme etwas verschieden sein können, so daß hierdurch die Relais irrtümlicherweise zur Auslösung kommen können [es handelt sich hier um die gleiche Erscheinung wie beim Differentialschutz der Generatoren und Trans-

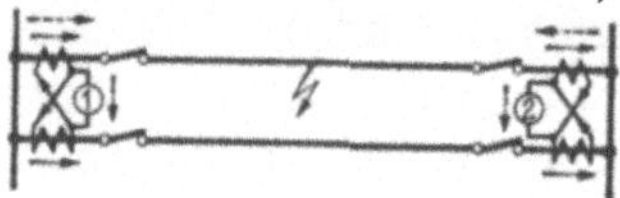

Abb. 360. Achterschutz.

formatoren (S. 125)]. Durch besondere Stabilisierung der Relais (ähnlich der Anordnungen auf S. 137) lassen sich Fehlauslösungen vermeiden. Abb. 359 zeigt eine andere Möglichkeit des Differentialschutzes, bei dem die Stromwandler gegeneinander geschaltet sind und nur zwei Leitungen gebraucht werden. Die Verbindungsleitungen *a* sind normalerweise stromlos und nur bei einem Fehler in der Leitung werden sie wie auch die Relais *1* und *2* vom Strom durchflossen.

Ist eine Doppelleitung zu schützen, dann läßt sich dies mit einfachen Mitteln durch den „Achterschutz", der ebenfalls ein Vergleichsschutz ist, erreichen. Sind beide Leitungen (s. Abb. 360) gleichmäßig stromdurchflossen, dann fließen die Stromwandlerströme gemäß den in der Abb. 360 ausgezogenen Pfeilen und die Relais *1* und *2* sind stromlos. Tritt jedoch ein Fehler auf (Fehlerströme gestrichelt gezeichnet), so werden, falls der Fehler in der oberen Leitung liegt, die Relais von oben nach unten gehend stromdurchflossen sein. Abgeschaltet werden soll jedoch nur die obere Leitung, also muß das Relais außer einer Überstromanregung noch ein Richtungsglied haben, welches, wenn der Relaisstrom von oben nach unten fließt den Schalter der oberen Leitung zum Auslösen bringt. Nach Abschaltung der kranken Leitung muß jetzt die gesunde Leitung den Strom der kranken Leitung mit übernehmen. Es darf also jetzt das Relais des Achterschutzes, das bei dem Einleitungsbetrieb stets stromdurchflossen ist, nicht ansprechen. Dies kann beispielsweise durch eine Umschaltung am Relais erreicht werden, welche von dem herausgefallenen Leistungsschalter getätigt wird.

Ein Nachteil der Vergleichsschutzarten ist, daß beim Versagen von Relais oder Schalter die übrigen Relais nicht Reservestellung geben. Man kann dies aber erreichen, wenn man beispielsweise den Achterschutz, der sehr rasch arbeitet, und den Zeitschutz vereinigt.

Eine Verallgemeinerung des Achterschutzes zum Schutz parallel geschalteter Leitungen ist der Polygonschutz (s. Abb. 361). Ist in der obersten Leitung

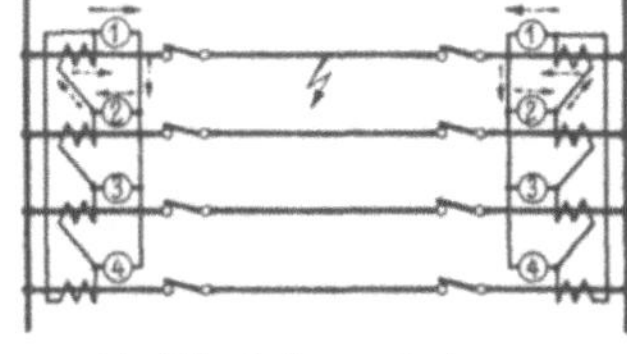

Abb. 361. Polygonschutz.

ein Fehler, so sind die Relais *1* und *2* stromdurchflossen, jedoch in verschiedener Richtung. Werden die Relais mit Richtungsgliedern versehen, so kann man erreichen, daß tatsächlich nur die oberste Leitung zum Auslösen gebracht wird.

6. Der Richtungsvergleichsschutz.

Beim Stromvergleichsschutz geht man von der Tatsache aus, daß ein Streckenabschnitt einer Übertragungsleitung nur dann gesund ist, wenn der in den Streckenabschnitt hineinfließende Strom gleich dem herausfließenden ist. Ist jedoch eine Strecke krank, dann weichen die Ströme am Anfang und am Ende der kranken Leitung voneinander ab. Durch Vergleich der Ströme am Anfang und am Ende der Leitung konnte die fehlerhafte Strecke ermittelt werden. Hierzu waren besondere längs der Leitung verlaufende Hilfsleitungen notwendig, die von Wechselströmen, welche von Stromwandlern erzeugt wurden, durchflossen waren. Entsprechend der Größe der Meßströme mußten die Verbindungsleitungen bemessen sein. Man kann jedoch auch einen Vergleichsschutz ausbilden, bei dem nicht die Größe der Ströme am Anfang und Ende eines Abschnitts miteinander verglichen werden, sondern die Richtungen der Ströme. Die Abb. 362a und b zeigt die Verhältnisse bei einseitiger und zweiseitiger Speisung der Leitung. Ist bei einem auf einer Leitung liegenden Kurzschluß ein Streckenabschnitt gesund, dann ist die Richtung des Kurzschlußstromes am Anfang und am Ende der Leitung gleich, nicht jedoch im Streckenabschnitt in dem der Kurzschluß sich befindet. Es zeigt sich, daß man jetzt mit Hilfsleitungen auskommt, die weniger Anspruch an reichliche Bemessung stellen. Man braucht außerdem für alle drei Phasen des Systems nur zwei durchgehende Leitungen. Ferner kommt die beim Differentialschutz oft notwendige Stabilisierung, um Fehlauslösungen bei großen Kurzschlußströmen zu vermeiden, in Wegfall. Man

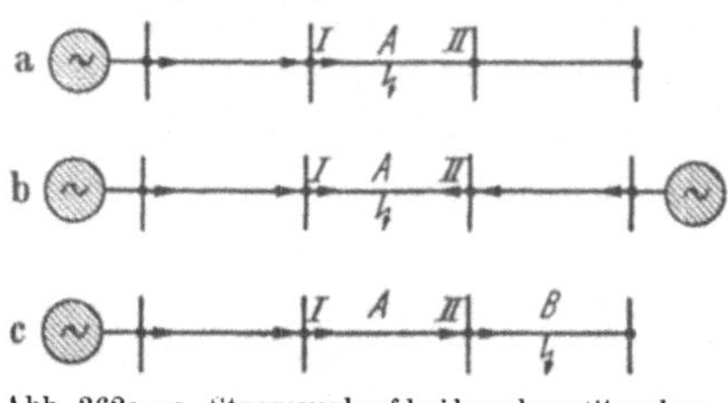

Abb. 362a—c. Stromverlauf bei krankem Streckenabschnitt.

kann weiterhin den Schutz so ausbilden, daß, falls auf irgendeinem Streckenabschnitt ein Schalter oder ein Relais versagen sollte, ähnlich wie beim Zeitstaffelschutz das dem Abschnitt vorgelagerte Relais einspringt und, allerdings dann nach einer etwas längeren Zeit, die Abschaltung bewirkt.

Die Abb. 363 zeigt, wie ein solcher Schutz beispielsweise beschaffen sein kann (Ausführung SSW). Mit h sind die beiden Hilfsleitungen bezeichnet, die von einem Gleichstrom durchflossen sind und in die zwei Relais a, die stromdurchflossen ihren Kontakt schließen, stromlos ihren Kontakt öffnen, eingeschaltet sind. Die beiden Leitungen h,

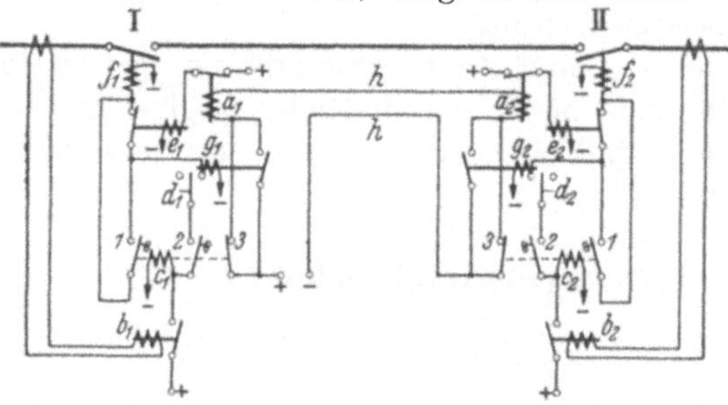

Abb. 363. Richtungsvergleichsschutz (SSW).

denen also keinerlei genaue Meßfunktion zufällt, können schwach bemessen sein. Es sei zunächst angenommen, die Strecke sei einseitig gespeist, z. B. von links nach rechts und innerhalb des Streckenabschnitts A (s. Abb. 362a) erfolge ein Kurzschluß.

Die Folge ist, daß das Überstromrelais b_1 der Station I anspringt und seinen Kontakt schließt. Hierdurch wird das Zeitrelais c_1 angeworfen. Es besitzt zwei Zeitkontakte 1 und 2 und einen sofort ansprechenden Kontakt 3. Die Leitungen h, welche normalerweise stromdurchflossen sind, werden durch das Öffnen von Kontakt 3 des Relais c_1 unterbrochen. Dadurch fallen die Relais a_1 und a_2 ab und öffnen dabei ihre Kontakte. Die Relais e_1 und e_2, die hierdurch stromlos werden, öffnen jetzt ebenfalls ihre zugehörigen Kontakte. Nach einer eingestellten Zeit von etwa 0,3 sec schließt der Kontakt 2 des Zeitrelais c_1. In der Zwischenzeit ist Kontakt d_1, welcher von einem Richtungsrelais beeinflußt wird, nach rechts gelegt worden, da der Kurzschlußstrom in die kranke Strecke hineinfließt. Es vermag jetzt über den Kontakt 2 und über den Kontakt d Strom zum Hilfsrelais g_1 zu fließen, welches seinen zugehörigen Kontakt schließt. Dadurch werden die in den Hilfsleitungen h liegenden Relais a wieder stromdurchflossen, sie schließen ihre zugehörigen Kontakte und die Relais e springen an, schließen ebenfalls ihre Kontakte. In der Station I vermag jetzt Strom zur Auslösespule f_1 über den Kontakt 2, den Kontakt d und den zum Relais e_1 gehörenden Kontakt zu fließen, so daß der Schalter ausgelöst wird.

Ist die Strecke zweiseitig gespeist (Abb. 362b), dann wird nicht nur das Überstromrelais b_1 und das Richtungsrelais d_1 in der Station I, sondern auch b_2 und d_2 in der Station II ansprechen. Der einzige Unterschied gegenüber der oben beschriebenen Wirkungsweise des Schutzes ist der, daß sowohl die Auslösespule f_1 in der Station I und f_2 in der Station II Spannung erhalten, also beide ihre Schalter auslösen.

Wird dagegen der Leitungsabschnitt A von einem Kurzschlußstrom durchflossen, ohne daß die Leitung krank ist (Abb. 362c), dann springen wohl die Relais b und c in beiden Stationen an und die Leitungen h werden unterbrochen, eine Überbrückung des Kontaktes 3 vermag jedoch nur in der Station I durch den Kontakt g_1 zu erfolgen, da dieser von dem Richtungskontakt d_1 gesteuert wird. In der Station II wird jedoch der zum Relais g_2 gehörende Kontakt nicht betätigt, da der Richtungskontakt d_2 nach rechts bewegt wird, also keinen Stromschluß herbeiführt. Hierdurch bleiben die Hilfsleitungen h stromlos und die Relais a abgefallen. Dadurch findet auch keine Auslösung der Schalter statt, denn zu deren Auslösen ist es notwendig, daß die Relais a anspringen und ihre zugehörigen Kontakte schließen. (Ansprechen wird Schutz in Station II rechts der Sammelschiene.)

Es sei angenommen, durch den betrachteten Streckenabschnitt A fließe ein Kurzschlußstrom in den benachbarten Abschnitt B, der krank sei (Abb. 362c). Dort soll jedoch durch irgendeinen Zufall der Schalter nicht auslösen, so daß der Kurzschluß bestehen bleibt. Die Verhältnisse entsprechen zunächst den kurz vorher geschilderten. Betrachten wir in der Station I das Zeitrelais c_1, so hatte dieses nach etwa 0,3 sec seinen Kontakt 2 geschlossen, auch wurde durch den Kontakt d_1 das Relais g_1 zum Ansprechen gebracht. Die Leitung h blieb jedoch stromlos, weil in der Station II der Kontakt d des Richtungsrelais nach rechts gelegt worden war. Da in der Station I der zum Relais e_1 gehörende Kontakt offen ist, vermag nach 0,3 sec, wenn der Kontakt 2 des Zeitrelais betätigt wurde, die Auslösespule f_1 des Leistungsschalters nicht anzusprechen. Vergeht jedoch eine längere Zeit, ohne daß der Kurzschlußstrom aufhört zu fließen, dann schließt der Kontakt 1 des Zeitrelais c_1 (welches zwischen 1 und 10 sec eingestellt werden kann) und löst die Auslösespule f_1 des Leistungsschalters aus. Man hat also in dem Kontakt 1 des Leistungsrelais c_1 die Möglichkeit durch Wahl einer geeigneten Zeiteinstellung dafür zu sorgen, daß, falls im Netz ein Relais oder ein Leistungsschalter versagt, der benachbarte Streckenabschnitt die Abschaltung

18*

übernimmt, allerdings dann nicht nach etwa 0,3 sec, sondern nach einer Zeit, die nach gleichen Gesichtspunkten gewählt werden muß wie beim normalen Zeitstaffelschutz.

Bei dem gezeigten Richtungsvergleichsschutz spielt es genau wie beim Stromvergleichsschutz keine Rolle, ob die Strecke kurz oder lang ist. Der Richtungsvergleichsschutz wird mit Vorteil bei hohen Spannungen angewandt. An die Hilfsleitungen werden keine hohen Anforderungen gestellt, unter Umständen können vorhandene Schwachstromleitungen benutzt werden. Man hat ferner die Möglichkeit, auf besondere Hilfsleitungen ganz zu verzichten, wenn man die Überwachung der Leitung nicht durch Gleichstrom, sondern durch Hochfrequenzströme, die auf der Hochspannungsleitung verlaufen, vornimmt.

C. Erdschluß in Leitungen.

a) Der Erdschlußstrom und seine Kompensierung.

Wird eine Freileitung durch die in Stern geschaltete Sekundärwicklung eines Transformators oder durch einen Generator gespeist, so besitzt, sofern die Leitung gut verdrillt ist, der Sternpunkt das Potential Null gegen Erde. Bei Dreieckschaltung besitzt der gedachte Nullpunkt des Systems das Potential Null. Die drei Phasen der Leitung weisen gegen Erde die Phasenspannung auf und es gilt für die Potentiale der Spannungsstern der Abb. 364, wobei der Sternpunkt M das Potential Null hat.

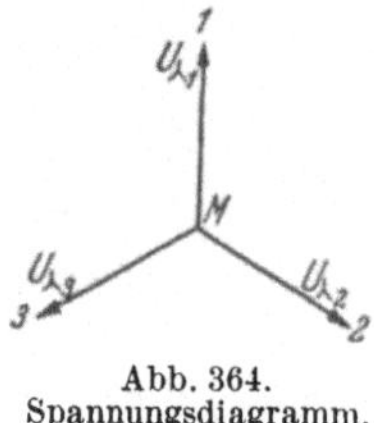

Abb. 364.
Spannungsdiagramm.

Erfolgt in der Phase *3* ein Überschlag nach Erde (s. Abb. 365) bzw. kommt die Leitung *3* mit der Erde in Berührung, so wird die Phase *3* das Potential Null erhalten und da die verketteten Spannungen zwischen den einzelnen Phasen unverändert bestehen bleiben, gilt der Spannungsstern der Abb. 366. Der Sternpunkt besitzt jetzt gegen Erde die Phasenspannung $-U_{\curlywedge 3}$, während die Leitungen *1* und *2* gegen Erde die verkettete Spannung annehmen. Erfolgt der Erdschluß durch einen Überschlag, dann wird sich ein Erdschlußlichtbogen ausbilden, der periodisch löscht und zündet, wodurch stoßartige Überspannungen auf die Leitung kommen. Durch diese Überspannungen und da die Potentiale der Leiter *1* und *2* auf die verkettete Spannung gegen Erde gehoben sind, ist es leicht möglich, daß auch an den anderen Phasen Überschläge auftreten. Erfolgt der erste Erdschluß bei *I* (s. Abb. 367) und tritt noch

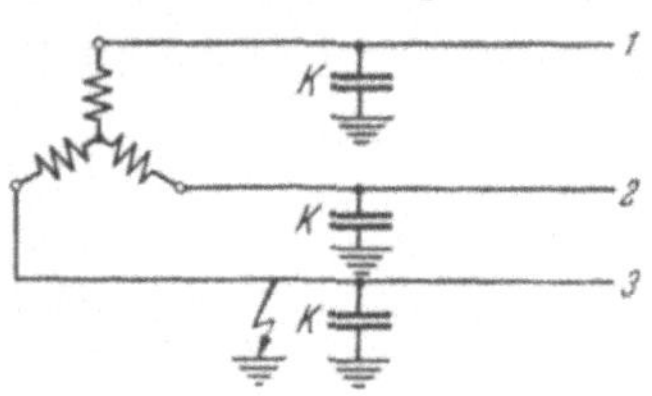

Abb. 365. Drehstromleitung
mit Erdschluß.

ein zweiter Erdschluß bei *II* durch Überschlag hinzu, dann sind die Phasen *1* und *3* über die Erde kurzgeschlossen. Ein derartiger Doppelerdschluß ist gleichbedeutend einem zweiphasigen Kurzschluß und seinen Folgen. Es besteht ferner die Gefahr, daß bei einem normalen Erdschluß der Erdschlußlichtbogen, der beachtliche Längen erreichen kann, die benachbarten Phasen berührt und hierdurch zu einem Kurzschluß führt.

Da die angedeuteten Störungen durch Erdschlüsse hervorgerufen werden, soll im folgenden untersucht werden, ob es nicht Mittel und Wege gibt, einen sich bildenden Erdschluß derart zu löschen, daß schädliche Auswirkungen vermieden werden.

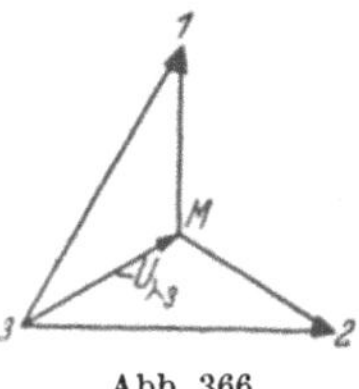
Abb. 366.
Spannungsdiagramm beim Erdschluß.

Es sei zunächst der Strom an der Erdschlußstelle untersucht. Dabei sei von der Abb. 368 ausgegangen und angenommen, der Erdschluß befinde sich in der Phase *3*. Da im Erdschluß die normalen Belastungsströme und auch die Ströme, welche über die gegenseitigen Leitungskapazitäten fließen, unverändert sind, wird der durch die Erdschlußstelle fließende Strom ein Strom sein, der sich diesen normalen Belastungsströmen überlagert. Um diese Überlage-

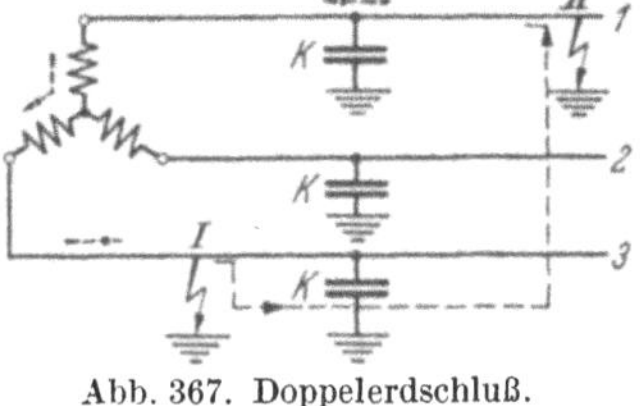
Abb. 367. Doppelerdschluß.

rung in einfacher Weise zu erkennen, denken wir uns den Erdschluß in der Abb. 368 dadurch nachgebildet, daß zwischen Phase *3* und Erde eine leitende Verbindung gezogen wird. Es wird sich nichts ändern, wenn wir uns in diese leitende Verbindung zwei Generatoren *I* und *II* eingefügt denken, welche je die Phasenspannung $U_{\lambda 3}$ der Abb. 364 haben, die jedoch in beiden Generatoren entgegengesetzt gerichtet sind, so daß sie sich aufheben. Der durch diese Generatoren fließende Strom wird der wirkliche

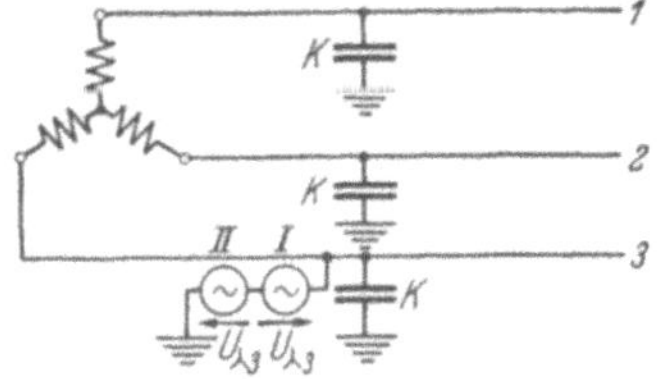
Abb. 368. Erdschlußbehaftete Drehstromleitung mit gedachten Hilfsgeneratoren *I* und *II*.

Erdschlußstrom sein. Denken wir uns jetzt die EMK des Generators *II* gleich Null gesetzt, dann wird durch den Generator *I*, da dieser genau die Spannung $U_{\lambda 3}$ der Phase 3 hat, kein Strom fließen. Unser Drehstromsystem entspricht dann dem normalen Zustand, wenn kein Erdschluß vorhanden ist. Den Erdschlußstrom erhalten wir also, wenn wir den Generator *II* mit der EMK $U_{\lambda 3}$ (entgegengesetzt eingeführt) annehmen. Da bei Leitungen die Gesetze der Superposition gelten, wird sich an dem durch den Generator *II* zusätzlich erzeugten Strom nichts ändern, wenn wir sämtliche übrigen im System vorhandenen elektromotorischen Kräfte gleich Null setzen. Wir erhalten dann das Ersatzbild der Abb. 369, wobei man sich die im Sternpunkt eingezeichnete Induktivität L zunächst wegdenken möge. In dem Ersatzbild arbeitet der Generator II mit der EMK $U_{\lambda 3}$ in der eingezeichneten Richtung auf die drei Erdkapazitäten K. die über die widerstandslos gedachte Transformatorwicklung alle parallel geschaltet sind. Der Generator II wird einen Strom I_C erzeugen, der sich gemäß den ausgezogenen Pfeilen der Abb. 369 verteilt. Faßt man die drei Kapazitäten K zusammen und läßt bei der Spannung $U_{\lambda 3}$ den Index 3 weg, dann entsteht das weiter vereinfachte Ersatzbild der Abb. 370, wobei wir uns ebenfalls zunächst die Induktivität L als nicht vorhanden denken. Der vom

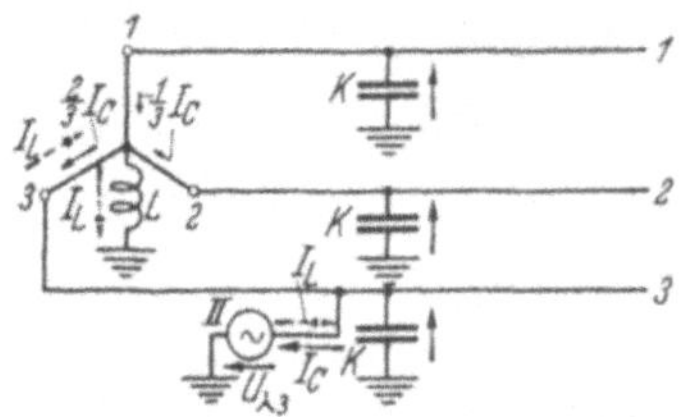

Abb. 369. Erdschlußbehaftete Drehstromleitung mit Hilfsgenerator II und eingezeichneter Verteilung des Erdschlußstromes.

Generator gelieferte kapazitive Strom I_C eilt (s. Abb. 371) der Spannung U_λ. welche vertikal aufgetragen ist, um $90°$ vor und hat die Größe

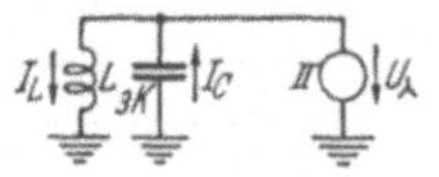

$$(133) \qquad I_C = U_\lambda\, 3\, \omega\, K.$$

Unser Ziel soll sein, diesen Strom, der über die Erdschlußstelle fließt, auf Null zu bringen. Dies kann nach der Erfindung von Prof. Petersen durch eine Induktivität L erfolgen, die im Sternpunkt des Transformators angebracht ist (s. Abb. 369).

Abb. 370. Vereinfachtes Ersatzbild einer erdschlußbehafteten Leitung.

Betrachtet man nur die Induktivität (s. Ersatzbild Abb. 370), dann muß der gedachte Generator in dieselbe einen Strom liefern von der Größe

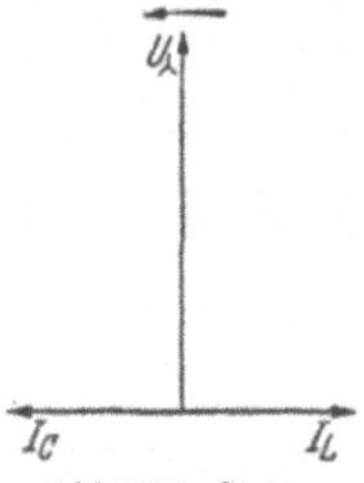

$$(134) \qquad I_L = \frac{U_\lambda}{\omega L},$$

welcher der Spannung um $90°$ nacheilt (s. Abb. 371). Ist I_C gleich I_L, also

$$(135) \qquad 3\,\omega\,K = \frac{1}{\omega L} \quad \text{oder} \quad \omega^2\, 3\, K L = 1,$$

Abb. 371. Strom-Spannungsdiagramm bei Erdschluß.

dann fließt durch den Generator II, d. h. in Wirklichkeit durch die Erdschlußstelle überhaupt kein Strom und der Lichtbogen muß erlöschen bzw., wenn es sich um einen satten Erdschluß handelt (ein Leiter liegt auf dem Mastgestänge), wird eine Verschmorung nicht eintreten, da der Strom Null ist. Es kann also ohne Schaden längere Zeit im Erdschluß gefahren werden. Es sei erwähnt, daß der Kreis (s. Abb. 370) bestehend aus Induktivität L und Kapazität $3\,K$ sich in Resonanz mit der Netzfrequenz befindet, da $I_C = I_L$ ist.

In Wirklichkeit wird durch unseren gedachten Generator II bzw. durch die Erdschlußstelle immer noch ein kleiner Strom fließen, denn die Induktivität besitzt Widerstand, ferner sind im Netz Ableitungswiderstände vorhanden, so daß die Ströme I_C und I_L keine reinen

Blindströme sind und nicht genau um 90° phasenverschoben sind, sondern die in der Abb. 372 gezeichnete Lage besitzen und ein kleiner Reststrom J_r übrig bleiben wird. Dieser Reststrom ist jedoch klein und liegt
praktisch etwa in der Größenordnung von 10% des unkompensierten
Erdschlußstromes. Obwohl er vorhanden ist, wird eine Löschung des
Erdschlußlichtbogens rasch eintreten, da beim ohmschen Charakter des
Reststromes Strom und Spannung zu gleicher Zeit durch Null verlaufen.
Bei sattem Erdschluß wird wegen der Kleinheit des Reststromes eine
unzulässige Verschmorung trotz längeren Fahrens im Erdschluß nicht
eintreten. Desgleichen werden die beim nichtkompensierten Erdschluß auftretenden Überspannungen, da der Lichtbogen nicht wieder zündet, und
Unsymmetrien im Spannungssystem vermieden. Es
ist noch zu beachten, daß bei nennenswerten Oberwellen in der Spannungskurve des Netzes über die
Erdschlußstelle ein beachtlicher Strom höherer Frequenz fließen kann, so daß unter Umständen eine
Kompensation der Grundwelle allein nicht genügt.

Die Leistung der Drosselspule ist gegeben durch
die Phasenspannung mal dem hindurchfließenden
Strom, der gleich dem Erdschlußstrom I_C ist. Die
Leistung ergibt sich also, da $U = \sqrt{3}\,U_\lambda$ ist, zu:

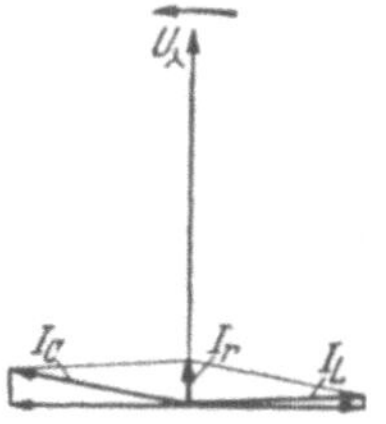

Abb. 372.
Strom-Spannungsdiagramm bei Erdschluß
unter Berücksichtigung
des Reststromes.

(136) $\qquad N_B = U_\lambda \cdot I_C = U_\lambda^2 \cdot 3\,\omega K = U^2\,\omega K \text{ in VA}.$

Eine Erdschlußspule ähnelt in ihrem äußeren Aufbau einem Transformator. In ihrem inneren Aufbau stellt sie eine Eisendrossel mit
mehreren Luftspalten dar.

Bis jetzt war angenommen, daß die Drosselspule auf die Netzkapazität
abgestimmt war. Eine vollkommene Abstimmung ist jedoch nicht immer
möglich, denn die Kapazität des Netzes unterliegt Schwankungen, da
die Durchhänge der Leitungen je nach Temperatur verschieden sind,
ferner werden im Netz Leitungen ab-, bzw. hinzugeschaltet, so daß hier
Veränderungen der Kapazitäten stattfinden. Es fragt sich, in welchem
Maße Abweichungen von der theoretischen Abstimmung zulässig sind,
ohne daß die Löschfähigkeit der Spule gestört wird. Hier hat die Erfahrung gezeigt, daß im allgemeinen Abweichungen vom Sollwert von
± 10% erlaubt sind, ohne daß dabei die Löschfähigkeit merkbar gestört
wird. Sollten im Netz gelegentlich Schaltveränderungen zu erwarten
sein, die größere Abweichungen bedingen, dann muß die Erdschlußspule
Anzapfungen erhalten, durch die ihre Induktivität verändert werden
kann und durch welche sie mit der jeweiligen Netzkapazität in Übereinstimmung gebracht wird.

In einer Umspannstation werden im allgemeinen mehrere Transformatoren vorhanden sein. Man führt dann die Nullpunkte zu einer
Sammelschiene, an die eine gemeinsame Drosselspule angeschlossen

ist, welche verschiedene Anzapfungen besitzt, die über Trennschalter eingeschaltet werden können (s. Abb. 179).

Es sei jetzt noch etwas näher der im Leitungssystem bei Erdschluß fließende Strom untersucht. In der Abb. 369 sind die durch die Kapazitäten bedingten Ströme ausgezogen und die durch die Induktivität bedingten gestrichelt eingezeichnet. Man erkennt, daß in der Phase *3* ein Strom

$$I_L - \frac{2}{3} I_C = \frac{I_L}{3} = \frac{I_C}{3}$$ fließen wird, derselbe Strom also wie in den anderen Phasen. In den drei Phasen fließen also (s. Abb. 373) beim kompensierten Erd-

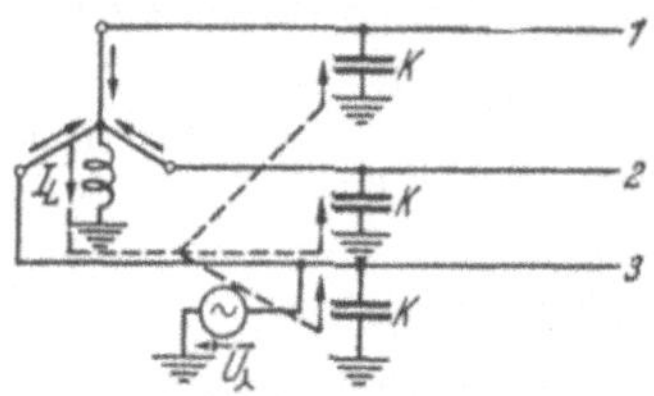

Abb. 373. Resultierendes Strombild beim Erdschluß.

schluß gleich große, gleichgerichtete Ströme. Hat man einen Transformator, der in Stern-Stern geschaltet ist, dann werden diese gleichgerichteten Ströme, da sie von der Primärseite nicht kompensiert werden können (s. Abb. 374), gleichsinnige Amperewindungen erzeugen, welche ein kräftiges Streufeld verursachen. Da dieses unzulässige Ströme und Erwärmungen in benachbarten Eisenteilen hervorbringt, darf ein solcher Transformator nur mit einer Erdschlußleistung von etwa 20% der Nennleistung belastet werden.

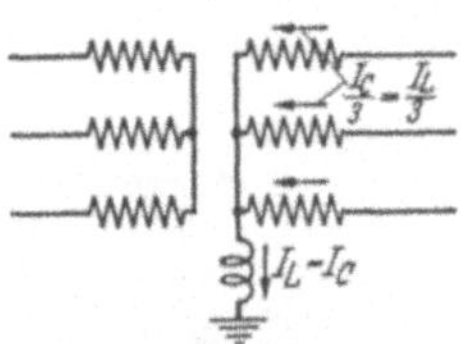

Abb. 374. Stern-Sterntransformator beim Erdschluß (kompensiert).

Ist der Transformator jedoch Dreieck-Stern geschaltet (s. Abb. 375), so vermögen in der Dreieckwicklung entgegengesetzt gerichtete Ströme zu fließen, welche die gleichsinnigen Erdschlußströme kompensieren. Ein solcher Transformator kann mit einer beliebig großen Erdschlußspule versehen werden, nur muß in bezug auf Erwärmung der Transformator den zusätzlichen Erdschlußstrom vertragen können. Auch ein Stern-Stern-Transformator kann voll nullpunktsbelastbar gemacht werden, wenn er eine in Dreieck geschaltete Tertiärwicklung erhält (s. S. 96).

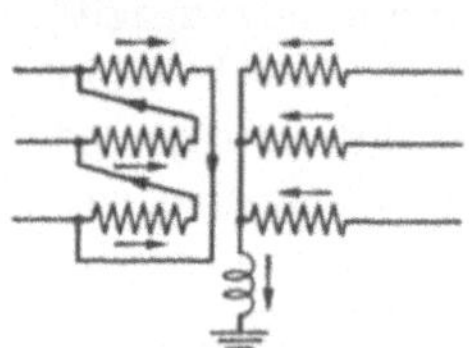

Abb. 375. Stern-Dreieck-Transformator beim Erdschluß (kompensiert).

Es ist zu beachten, daß auf der nicht vom Erdschluß betroffenen primären Seite des Transformators keinerlei durch den Erdschluß verursachte Ströme zum Fließen kommen. Die Generatoren im Kraftwerk erfahren also überhaupt nicht, daß ein Erdschluß vorhanden ist.

Ohne Erdschlußkompensierung würden im Transformator die ausgezogenen Ströme der Abb. 369 fließen. Diese unsymmetrischen Ströme würden auf die Primärseite des Transformators überführt die Generatoren unsymmetrisch belasten und es würde infolge der Induktivitäten eine Verzerrung des Spannungsdreiecks zustande kommen.

Liegt ein größeres Netz vor, dann könnte man grundsätzlich das ganze Netz durch eine einzige Erdschlußspule kompensieren. Dies hätte jedoch eine beachtliche zusätzliche Erwärmung der zugehörigen Transformatoren durch die Erdschlußströme zur Folge. Es ist deshalb günstiger die Erdschlußspulen im Netz zu verteilen, und zwar möglichst so, daß, wenn irgendwelche Netzteile aufgetrennt werden, die jetzt bestehenden einzelnen Bezirke für sich kompensiert sind.

Es wurde bereits erwähnt, daß in Netzen gelegentlich Schaltveränderungen vorkommen und daß dann, um eine gute Erdschlußkompensierung zu haben, die Anzapfungen der Erdschlußspulen verändert werden müssen. Es fragt sich in welcher Weise eine Kontrolle über die Kompensierung möglich ist. Hier führt folgende Überlegung zum Ziel. Im normalen Betriebe soll der Sternpunkt des Drehstromsystems gegenüber der Erde das Potential Null haben. In Wirklichkeit wird jedoch infolge der nie ganz wegzubringenden Unsymmetrien der Leitung der Sternpunkt ein gewisses Potential gegen Erde haben. Ist am Sternpunkt eine Drosselspule vorhanden, dann ist (wie man nachweisen kann), bei genauer Abstimmung der Drosselspule mit der Leitungskapazität das Nullpunktspotential am größten. Man braucht also nur die Spannung an der Erdschlußspule bei verschiedenen Einstellungen zu messen und die Einstellung zu wählen, welche größte Spannung ergibt. Ganz genau ist dieses Verfahren nicht, da man hier im ungesättigten Teil der Drossel arbeitet, während im normalen Erdschlußfalle die Drossel schon eine kleine Sättigung hat. Man muß also noch eine Korrektur vornehmen. Es gibt jedoch heute besondere Meßeinrichtungen, sog. Kompensometer [1], mit denen man sehr genau den Kompensierungsgrad messen kann und die im Prinzip so arbeiten, daß bei der Messung dem Nullpunkt eine besondere Spannung zugeführt und festgestellt wird, ob der dem System zufließende Strom voreilend oder nacheilend ist. Richtige Kompensierung ist vorhanden, wenn überhaupt kein Blindstrom fließt, denn in einem richtig abgestimmten Resonanzkreis fließt bekanntlich nur ein Wirkstrom.

Abgesehen von Freileitungsnetzen werden heute auch Hochspannungskabelnetze kompensiert, nur sind hier die Kompensierungsmittel infolge der größeren Kabelkapazität wesentlich umfangreicher als bei Freileitungen. In den 30 kV-Kabelnetzen von großen Städten können Erdschlußströme von einigen 1000 A fließen. In einem unkompensierten Kabelnetz wird ein Erdschluß wegen der kleinen Leiterabstände sofort einen Kabelkurzschluß verursachen. Ist das Kabelnetz jedoch kompensiert, dann wird zwar der fließende Reststrom wegen der kleinen Abstände zwischen Ader und Bleimantel nicht zum Erlöschen kommen, aber das Kabel kann eine gewisse Zeit in Betrieb gehalten werden, in

---

[1] Siehe E. Hueter u. W. Schäfer: Die Messung der Erdschlußkompensation. ETZ Bd. 52 (1931) S. 1023.

der man Umschaltungen des Netzes vornehmen kann, ehe man die Strecke zur Abschaltung bringt.

b) Erdschlußanzeige.

Wenn in einem Netz ein Erdschluß auftritt, so ist es erwünscht, daß dieser dem Betriebspersonal angezeigt wird. Für die Erdschluß-

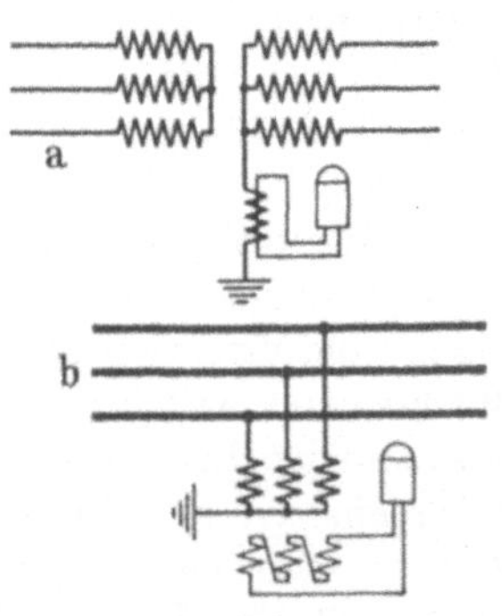

Abb. 376a u. b.
Schaltung zur Erdschlußanzeige.

anzeige gibt es eine Reihe von Lösungen. Eine Ausführung zeigt die Abb. 376a für den Fall, daß ein Sternpunkt, etwa an einem Transformator, zugänglich ist. Schaltet man zwischen Sternpunkt und Erde einen Spannungswandler und läßt diesen auf ein Relais arbeiten, so wird das Relais normalerweise keine Spannung haben. Tritt jedoch ein Erdschluß auf, dann wird das Potential des Sternpunktes auf die Phasenspannung gehoben. Das Relais spricht hierauf an und kann eine Hupe, eine Fallklappe oder eine sonstige Anzeige betätigen. Ist kein Sternpunkt zugänglich, dann kann ein hochspannungsseitig geerdeter Spannungswandler (Fünfschenkelwandler) verwandt werden (s. Abb. 376b), dessen im Dreieck geschaltete Sekundärwicklung die Erdschlußspannung mißt (s. S. 231) und ein Relais betätigen kann.

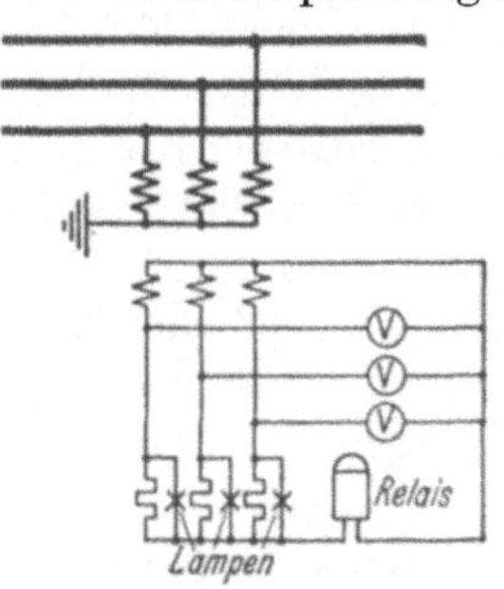

Abb. 377. Schaltung zur Erdschlußanzeige der einzelnen Phasen.

Diese Anordnungen zeigen nur den Erdschluß an, nicht jedoch die betroffene Phase. Ist dies wesentlich zu wissen, dann kann eine Anordnung nach Abb. 377 gewählt werden. Auf der Sekundärseite des Wandlers sind in jeder Phase ein Spannungsanzeiger und eine Lampe angeordnet, ferner ist ein Relais vorgesehen. Die Spannungszeiger gestatten im normalen Betrieb eine genaue Überwachung der Spannungen gegen Erde und lassen auch Unsymmetrien erkennen. Die Lampen leuchten im normalen Betrieb alle gleichmäßig. Erfolgt ein Erdschluß, so erlöscht die zur erdschlußbehafteten Phase gehörende Lampe, das Relais spricht an und betätigt z. B. eine Hupe. Man kann dann sofort an der gelöschten Lampe erkennen, welche Phase Erdschluß hat. Sind in einem Netz eine Reihe von Stationen, die alle Erdschlußanzeigevorrichtungen besitzen, so werden diese, sofern es sich um ein galvanisch zusammenhängendes Netz handelt, alle ansprechen. Man möchte oft jedoch nicht nur wissen, daß ein Erdschluß vorhanden ist, sondern auch in welchem Leitungsabzweig derselbe sich befindet, denn in ungelöschten Netzen will man den kranken Abschnitt sofort abschalten, während man in gelöschten Netzen, falls der Erdschluß nicht löscht, zunächst versuchen wird, das Netz so umzuschalten, daß möglichst keine Verbraucher ausfallen, wenn dann anschließend die erdschlußbehaftete Strecke abgeschaltet wird.

Zur Feststellung der für eine erdschlußbehaftete Strecke maßgebenden Eigenschaften, seien die bei einem Erdschluß fließenden Ströme nochmals etwas genauer betrachtet. Abb. 378a zeigt eine von einem Transformator gespeiste Strecke, die in der Phase 3 Erdschluß habe. Auf S. 277 wurde gezeigt, daß man die durch den Erdschluß hervorgerufenen zusätzlichen Ströme finden kann, indem man sich vorstellt, daß zwischen Leiter 3 und der Erdschlußstelle ein Generator mit der Phasenspannung $U_{\lambda 3}$ eingeschaltet ist, wobei als positive Richtung die Pfeilrichtung gilt. Da es sich bei unseren Betrachtungen um eine Überlagerung über den normalen Betriebszustand handelt, können wir weiter annehmen, daß in den Wicklungen des Transformators

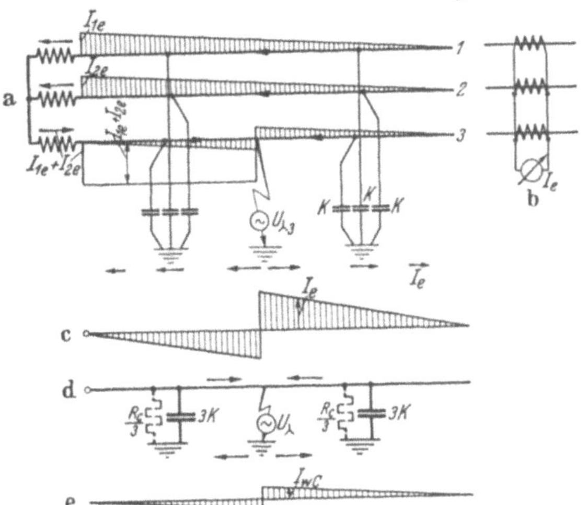

Abb. 378 a—e. Stromverlauf beim ungelöschten Erdschluß.

keinerlei Spannung erzeugt werden, so daß die drei Phasen $1, 2$ und 3 gleiches Potential haben. Nimmt man an, daß die Kapazitäten zwischen den drei Leitungen und der Erde gleichmäßig verteilt sind, so haben die in den drei Phasen fließenden Ströme die in der Abb. 378a dargestellte Größe und Richtung. Betrachtet man die Phasen 1 und 2, so nimmt wegen der gleichmäßig verteilten Kapazität der Strom vom Ende der Leitung an bis zum Anfang zu und hat hier die Größe I_{1e} bzw. I_{2e}. Betrachtet man die Phase 3, so nehmen die Ströme ebenfalls vom Ende der Leitung bis zur Erdschlußstelle zu. Links der Erdschlußstelle hat jedoch der über die Leitungskapazität und dann durch die Leitung 3 fließende Strom (in der Abb. 378a schraffiert) andere Richtung. Man muß ferner beachten, daß die beiden Ströme I_{1e} und I_{2e} aus den Phasen 1 und 2 heraus über die Phase 3 zur Erdschlußstelle fließen. Wir wollen uns vorstellen, daß mit der Stromwandlersummenschaltung der Abb. 378b an verschiedenen Stellen der Leitung gemessen werde. Das Amperemeter zeigt die Summe der drei Leitungsströme. Diese Summe der drei Ströme ist in Abb. 378c aufgetragen. Der Summenstrom I_e ist gleich dem Erdschlußstrom, der an der Meßstelle unterhalb der Leitung in der Erde fließt, allerdings in anderer Richtung. Die normalen Belastungsströme der Leitung gehen in die Messung nicht ein, da sie sich bei Summenschaltung der Wandler zu Null ergänzen. Für viele Betrachtungen können wir uns das Leitungsgebilde der Abb. 378a wesentlich vereinfachen, indem wir uns vorstellen, daß die drei Leitungen parallel so verschoben werden, daß sie zusammenfallen, also eine einzige Leitung (s. Abb. 378d) bilden. (Dies ist zulässig, weil die drei Leitungen bei unserer Betrachtung gleiches Potential haben.) Nimmt man zwischen der Ersatzleitung und der Erde dreifache Erdkapazität an, so ergibt der Leitungsstrom und auch der Erd-

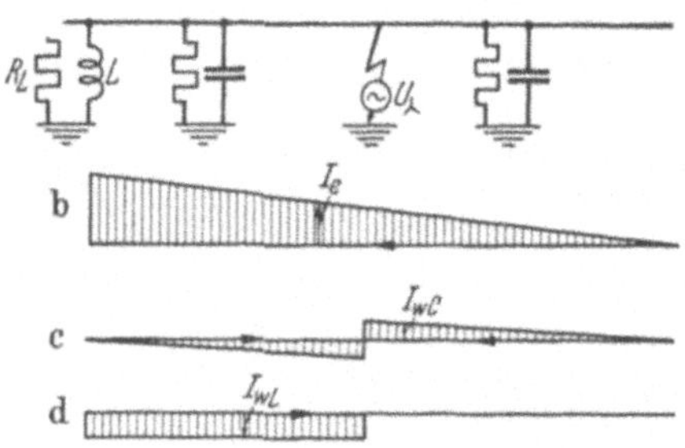

Abb. 379a—d. Stromverlauf (Summenmessung) beim gelöschten Erdschluß.

strom die Größe der Abb. 378c. (Den Transformator am Ende der Leitung, dessen drei Wicklungen bei der Parallelverschiebung ebenfalls zusammenfallen, haben wir in dem Ersatzbild weggelassen, da bei unseren Betrachtungen in dem Transformator ja keinerlei Spannung erzeugt werden sollte.) Normalerweise sind auf jeder Leitung Ableitungsverluste vorhanden, welche wir uns als Parallelwiderstände R_C zu den Kapazitäten vorstellen können (s. Abb. 378d). Durch unsere an der Erdschlußstelle wirkende Spannung des Ersatzgenerators wird auch ein zusätzlicher Strom erzeugt, der sich über diese Widerstände schließt und der in der Abb. 378e als Strom I_{wC} aufgetragen ist. Dieser Strom ist ein Wirkstrom und hat gleiche Phasenlage mit der Erdschlußspannung. Seine Verteilung entspricht der des Blindstromes der Abb. 378c, nur ist er wesentlich kleiner.

Es sei jetzt der Sternpunkt unseres Transformators in der Abb. 378a mit der Erde über eine Erdschlußspule verbunden. In unserem Ersatzbild (Abb. 379a) wird diese Erdschlußspule L unmittelbar am Leitungsanfang mit der Erde verbunden. Parallel zur Induktivität L haben wir noch einen Widerstand R_L vorgesehen, der als Ersatzwiderstand für die Verluste in der Erdschlußspule gelten mag. Sehen wir zunächst von sämtlichen Widerständen in der Abb. 379a ab und nehmen wir an, daß die Kapazitäten des Netzes genau durch die Induktivität L kompensiert seien, dann wird der in der Leitung fließende Blindstrom I_e die in der Abb. 379b gezeichnete Größe und Richtung besitzen, d. h. er nimmt vom Ende der Leitung bis zum Anfang geradlinig zu. Durch die Erdschlußstelle selbst fließt kein Strom. Es ist wesentlich, daß der Stromverlauf I_e diesmal von der Lage der Erdschlußstelle überhaupt nicht beeinflußt wird, so daß wir jetzt schon den Schluß ziehen können, daß

der Erdschlußblindstrom in einem kompensierten Netz sicher nicht dazu
geeignet ist, die Lage des Erdschlusses anzuzeigen.

Wir betrachten jetzt die Wirkströme I_{wC}, welche durch die den
Kapazitäten parallel geschalteten Widerstände fließen. Ihre Größe und
Richtung ist aus der Abb. 379c zu erkennen. Wir wollen weiterhin den
Wirkstrom untersuchen, der durch den Ersatzwiderstand R_L, welcher
die Verluste der Erdschlußspule berücksichtigt, hervorgerufen wird.
Seine Größe und Richtung zeigt die Abb. 379d. Man erkennt, daß in
einem kompensierten Netz sich nur die Wirkströme, nicht dagegen die
Blindströme mit der Lage des Erdschlußortes ändern.

In welcher Weise können nun unsere gewonnenen Erkenntnisse für die
Auffindung einer kranken Strecke benutzt werden? Dabei sei zunächst
der Fall betrachtet (Abb. 380), daß von der Sammelschiene S mehrere
Leitungen, in unserem
Falle die Leitungen I und
II ausgehen. Ist in der
Leitung II des nicht-
kompensierten Netzes ein
Erdschluß vorhanden, so
werden infolge der gleichmäßig verteilten Kapazi-

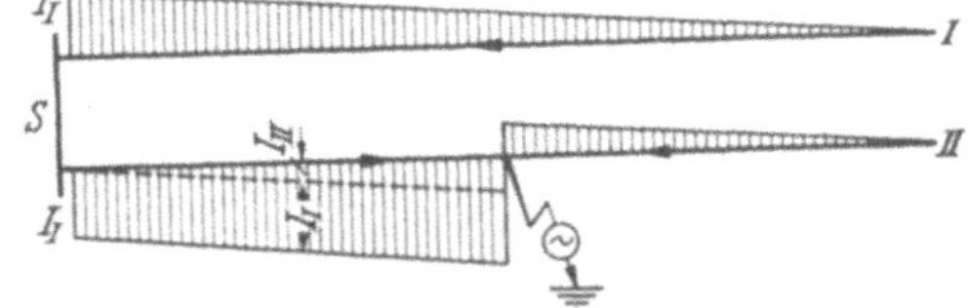

Abb. 380. Stromverlauf (Summenmessung) des ungelöschten
Erdschlusses bei zwei parallel geschalteten Strecken.

täten gegen Erde die Erdschlußströme (Blindströme) die in der Abb. 380
gezeichnete Größe und Richtung besitzen. Dabei fließt der von der
Leitung I kommende Blindstrom I_I über die Leitung II in die Erdschlußstelle hinein. Ein Kennzeichen der erdschlußbehafteten Leitung
ist also die Richtung des Erdschlußstromes, welche im Fall des Erdschlusses von der Sammelschiene weg in die Leitung hineingerichtet
sein muß. Dies gilt auch, wenn nicht zwei Leitungen, sondern beliebig
viele Leitungen an ein Sammelschienensystem angeschlossen sind. Das
Verfahren versagt, wenn nur eine einzige Leitung vorhanden ist, da dann,
wie die Abb. 378c zeigt, am Anfang der Strecke der Erdschlußstrom
Null ist. In diesem Falle genügt aber eine einfache Erdschlußanzeige
entsprechend Abb. 376 und 377.

Betrachtet man das nichtkompensierte Netz der Abb. 381a und
nimmt an, bei A sei ein Erdschluß. Es werden dann die über die Kapazitäten der Erdschlußstelle zufließenden Ströme etwa die in der Abb. 381a
gezeichneten Richtungen besitzen. Man erkennt, daß nur in der erdschlußbehafteten Leitung die Ströme von den beiden Enden nach der
Strecke zu fließen. Baut man also gerichtete Erdschlußrelais, die z. B.
zwei Fallklappen betätigen, eine rote Fallklappe, wenn der Erdschlußstrom von der Sammelschiene weg und eine grüne Klappe, falls der
Erdschlußstrom auf die Sammelschiene zu fließt, dann kann man sich
in folgender Weise ein Bild über die Lage des Erdschlusses machen. Von
sämtlichen Stationen wird telephonisch mitgeteilt, ob die roten oder die

grünen Klappen der Erdschlußrelais gefallen sind (in der Abb. 381 sind
die roten Klappen schwarz gezeichnet). Trägt man diese Meldungen in
einen Schaltplan ein, so erkennt man, daß nur auf der Strecke a—d der
Abb. 381a der Erdschluß liegen kann, da nur hier beide Erdschlußrelais ihre roten Klappen betätigt haben. Die in Frage kommenden
Erdschlußrelais sind wattmetrische Relais, deren Stromspulen von drei
Wandlern in Summenschaltung betätigt werden (Abb. 378b), während
die Spannungsspule von dem Spannungswandler der Abb. 376a oder der
Abb. 376b gespeist wird. Das Meßwerk dieser wattmetrischen Relais
muß so ausgebildet werden, daß das Relais den Blindstrom mißt.

Bei nichtkompensierten Netzen wird gelegentlich der Wunsch
geäußert, daß bei einem Erdschluß eine sofortige selektive Abschaltung

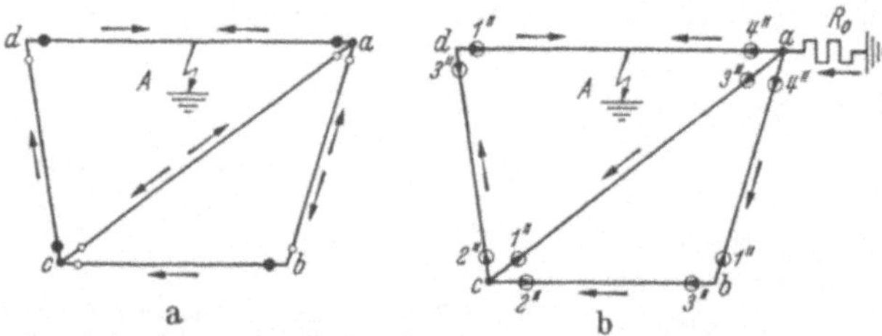

Abb. 381 a u. b. Stromverlauf (Summenmessung) im vermaschten Netz beim Erdschluß.

stattfinden soll. Dies ist möglich, falls man an einer Stelle des Netzes,
z. B. an der Stelle a (s. Abb. 381 b) besondere Bedingungen schafft, indem man z. B. zwischen einen dort vorhandenen Sternpunkt und Erde
einen Widerstand R_0 legt. Dieser Widerstand ist normalerweise stromlos,
da ja unsere Ersatzleitung gegenüber Erde das Potential Null hat. Nur
im Falle des Erdschlusses kann man sich an der Erdschlußstelle die
Phasenspannung wirksam denken und es fließen jetzt über den Widerstand R_0 die Wirkströme, die in der Abb. 381b eingezeichnet sind. Die
Blindströme interessieren diesmal nicht und die Wirkströme, welche
durch die Ableitungsverluste der Leitung zustande kommen, sollen durch
geeignete Wahl des Widerstandes R_0 klein gegen die durch den Widerstand R_0 erzeugten Ströme sein. Bildet man die Erdschlußrelais wieder
als gerichtete wattmetrische Relais aus, die diesmal jedoch auf den
Wirkstrom ansprechen müssen und verbindet man sie mit gestaffelten
Zeitrelais, welche auf die Leistungsschalter arbeiten, dann kann tatsächlich ein selektiver Erdschlußschutz geschaffen werden. Führt man die
Zeitstaffelung vom Punkt a ausgehend gegenläufig durch, so erfolgt
stets eine selektive Abschaltung der kranken Strecke unabhängig wo
die Erdschlußstelle liegt. Ist die Erdschlußstelle bei A, so spricht zunächst das Relais bei d mit 1 sec Laufzeit an und der zugehörige
Schalter schaltet ab. Sämtliche übrigen Relais, abgesehen von dem
Relais mit 4 sec Laufzeit bei a werden jetzt stromlos. Bei a wird dann
die kranke Strecke nach 4 sec endgültig abgeschaltet.

Bei einem durch Erdschlußspulen gelöschten Netz besteht weniger das Bedürfnis nach einer sofortigen Abschaltung, als nach Kenntnis der erdschlußbehafteten Leitung und der Lage des Erdschlusses. Mit den Blindströmen kann man diesmal nichts anfangen, denn wie durch die Abb. 379b gezeigt, sind die im Netz auftretenden Blindströme unabhängig von der Lage des Erdschlußortes. Man muß deshalb bei einem kompensierten Netz die Wirkströme zur Anzeige benutzen.

Betrachten wir zunächst die Wirkströme, die durch die Ableitungsverluste des Netzes zustande kommen, so gilt für deren Verteilung das gleiche wie bei den Blindströmen eines nichtkompensierten Netzes. Hat man also ein kompensiertes Netz von der gleichen Gestalt wie in Abb. 381a so werden die Wirkströme den eingezeichneten Verlauf besitzen und es gilt das gleiche Gesetz, daß die Leitung erdschlußbehaftet ist, bei der die Wirkströme von beiden Sammelschienen der Leitung zufließen. Nimmt man an, im Netz sei bei a eine Erdschlußdrossel angeschlossen, so besitzt diese Ohmsche Verluste und ihr Ersatzwiderstand kann beispielsweise durch den Widerstand R_0 der Abb. 381b dargestellt werden. Die durch diesen Widerstand R_0 hervorgerufenen Wirkströme sind aus der Abb. 381b zu erkennen. Auch sie fließen derart, daß in der erdschlußbehafteten Leitung die Wirkströme von beiden Seiten zufließen. Es genügt also, wenn in einem gelöschten Netz wattmetrische Relais, die allerdings diesmal auf den Wirkstrom ansprechen, eingebaut sind und man bei einem Erdschluß feststellt, wo die roten und wo die grünen Fallklappen gefallen sind. In der Leitung, in der beide roten Fallklappen gefallen sind, ist Erdschluß vorhanden. Es sei erwähnt, daß die Ausbildung der wattmetrischen Erdschlußrelais und das Zusammenarbeiten mit den Summenstromwandlern hohe Forderungen an Genauigkeit stellt, da die zu messenden Fehlerströme klein sind und leicht durch Wandlerfehler falsche Resultate vorgetäuscht werden. Es kann deshalb gelegentlich zweckmäßig sein, die Wirkströme zu erhöhen, indem z. B. in Reihe mit einer Erdschlußdrossel ein kleiner Widerstand geschaltet wird.

D. Überspannungen und Überspannungsschutz in elektrischen Leitungsnetzen.

In elektrischen Leitungsnetzen können Überspannungen, deren Ursache verschiedenster Art sind, auftreten. So vermögen sowohl beim Ein-, als auch beim Ausschalten einer Leitung Überspannungen entstehen. Betrachtet man z. B. den einfachsten Fall, daß man eine Freileitung einschaltet, so wird der Funke etwa im Maximalwert der Spannung überspringen, die Spannung als Wanderwelle mit Lichtgeschwindigkeit über die Leitung eilen und am offenen Ende derselben theoretisch auf den doppelten Wert reflektiert werden. Es lassen sich noch weitere Fälle

zeigen, bei denen durch Schaltwanderwellen Überspannungen entstehen,
z. B. wenn eine Wanderwelle zuerst ein Kabel durchläuft, das dann in
eine Freileitung einmündet. Auch Abschaltspannungen können gelegentlich lästig werden. Wird z. B. ein sekundär unbelasteter Transformator
primärseitig abgeschaltet und nimmt der Fluß dabei rasch ab, wird also
$-\dfrac{d\,\Phi}{d\,t}$ groß, so kann eine beachtliche Überspannung induziert werden.

Ebenso treten im Erdschlußfalle durch den intermittierend brennenden
Lichtbogen infolge Rückzündungen hohe Überspannungen auf, die jedoch vermieden werden, falls das Netz durch Erdschlußspulen kompensiert ist.

In der Mehrzahl der Fälle läßt es sich durch geeignete Isolierung des
Netzes, der Schaltanlagen und der Transformatoren erreichen, daß infolge
von Schaltüberspannungen keine
Netzstörungen auftreten.

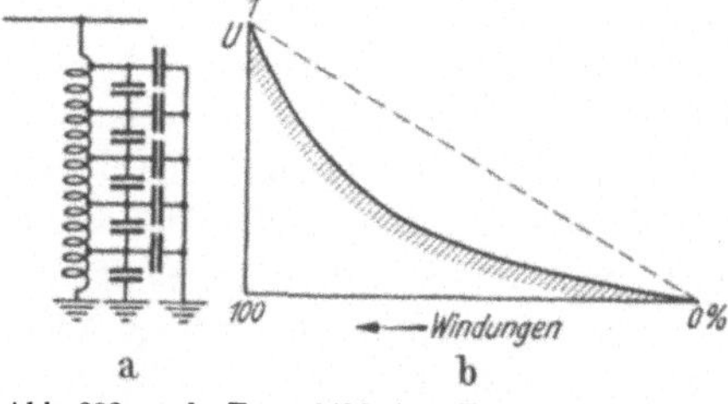

Abb. 382 a u. b. Ersatzbild eines Transformators zur
Erklärung der Transformatorschwingungen.

Es sei erwähnt, daß, wenn
Wanderwellen auf Transformatoren auftreffen, erhöhte elektrische Beanspruchungen zwischen einzelnen Windungen,
speziell den Eingangswindungen,
auftreten, so daß man diese
meist stärker isoliert. Die hier-
bei auftretenden Erscheinungen lassen sich am besten überblicken, wenn
wir von einer Drosselspule ausgehen, welche eine einlagige Zylinder-
wicklung besitzt und einen Eisenkern umgibt. Das eine Ende der
Wicklung sei an Erde gelegt und das andere werde plötzlich mit einer
Stromquelle konstanter Spannung verbunden. Für unsere Überlegungen
müssen wir berücksichtigen, daß die Induktivität der Drossel gleichmäßig verteilt ist und daß zwischen den einzelnen Windungen und
zwischen den Windungen und der Erde Kapazitäten vorhanden sind.
Das Ersatzbild unserer Drossel kann etwa durch Abb. 382a dargestellt werden. Legen wir die Drosselspule plötzlich an eine konstante
Spannung, dann würde bei normaler Betrachtungsweise die Spannung
sich gleichmäßig nach der Geraden $0-1$ der Abb. 382b auf die einzelnen
Windungen verteilen. In Wirklichkeit wird jedoch, da die den Kapazitäten plötzlich zufließenden Ladungen nicht in unendlich kurzer Zeit
durch die Induktivität hindurchfließen können, der Vorgang so verlaufen, als ob sämtliche Teilinduktivitäten unendlichen Widerstand
hätten und für die Spannungsverteilung nur die einzelnen Kapazitäten
maßgebend sind. Es wird also im ersten Moment eine Spannungsverteilung sich ergeben, die durch die Wicklungskapazitäten bedingt
ist und welche einen ähnlichen Verlauf besitzt wie die einer Isolatorenkette und etwa nach Abb. 382b verläuft. Man erkennt, daß

hierbei die Eingangswindungen gegeneinander höhere Spannungen aufweisen, als die Windungen am Ende. Nach einer gewissen kleinen, jedoch endlichen Zeit muß der Spannungsverlauf entsprechend dem stationären Zustand nach der Geraden *0—1* verlaufen. Der Übergang von der ursprünglichen Spannungsverteilung (ausgezogen) zur stationären Spannungsverteilung (gestrichelt) erfolgt vermittels allmählich abklingender Schwingungen verschiedenster Frequenz und Wellenlänge. Hierbei können zu gewissen Zeiten sehr hohe Beanspruchungen zwischen einzelnen Wicklungsteilen auftreten, welche zum Überschlag führen können. Praktisch ähnliche, jedoch noch kompliziertere Verhältnisse liegen beim tatsächlichen Transformator (auch wenn er nicht geerdet ist), auf den irgendeine Wanderwelle auftrifft, vor. Hierbei kommt der Transformator ins Schwingen, wobei unkontrollierbare Wicklungsbeanspruchungen aufzutreten vermögen.

Es ist neuerdings geglückt, durch besondere Ausbildung der Wicklungskapazitäten eine durch diese bedingte Spannungsverteilung zu erreichen, die praktisch nach der Geraden *0—1* der Abb. 382 b verläuft. Wenn aber im ersten Augenblick beim Auftreffen der Spannung die Spannungsverteilung mit der stationären übereinstimmt, können keine Schwingungen in der Wicklung und damit keine erhöhten Beanspruchungen zustande kommen. Bei diesen sog. schwingungsfreien Transformatoren unterteilt man die Hochspannungswicklung in eine Reihe von Zylinderspulen, die alle hintereinander geschaltet sind. Betrachtet man jede Zylinderspule für sich in erster Annäherung als einen Belag annähernd konstanter Spannung, dann stellen die einzelnen Zylinderspulen, falls die Hochspannungswicklung plötzlich an Spannung gelegt wird, eine Art Kondensatordurchführung dar, bei der man es erreichen kann, daß zwischen den einzelnen Zylinderspulen etwa gleiche Potentialdifferenz besteht, was ja angestrebt wird.

Bei der Isolierung eines Transformators ist ferner zu beachten, daß der Nullpunkt, der normalerweise das Potential Null besitzt, auf ein erhöhtes Potential gelangen kann, wenn z. B. auf den drei Leitungen des Drehstromsystems eine gleichphasige Wanderwelle in den Transformator eindringt.

Wesentlich gefährlicher als Überspannungen, welche durch Schalthandlungen entstehen, sind die durch atmosphärische Einwirkungen in den Leitungen hervorgerufenen Überspannungen. Nähert sich einer Leitung eine z. B. positiv aufgeladene Wolke (Abb. 383), so werden in der Leitung entgegengesetzte Ladungen influenziert. Dabei treten jedoch noch keine Überspannungen auf, da die Wolke sich der Leitung allmählich nähert und die gleichnamige Elektrizitätsmenge auf der Leitung, welche abgestoßen wird, durch geerdete Spannungswandler oder Erdschlußspulen abfließen kann. Verschwindet plötzlich die Ladung der Wolke, beispielsweise daß durch einen Blitzschlag nach einer anderen entgegengesetzt geladenen Wolke oder nach Erde ein Ladungsausgleich stattfindet, so werden die Ladungen in der Leitung plötzlich frei, da sie nicht mehr durch Ladungen auf der Wolke gebunden sind. Es treten damit hohe Überspannungen auf, die proportional der Ladung sind. Die Ladung, also auch die Überspannungen, werden nach beiden Seiten der Leitung abfließen, und zwar in Form von Wanderwellen mit Lichtgeschwindigkeit. Diese Überspannungen können zu Überschlägen führen.

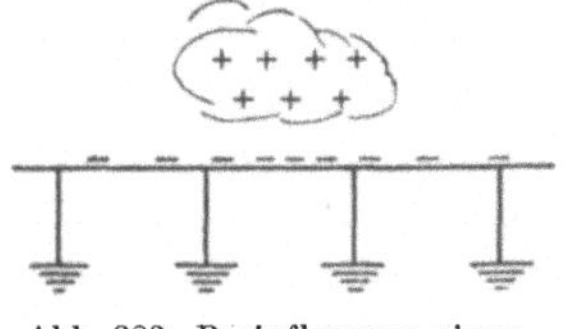

Abb. 383. Beeinflussung einer Hochspannungsleitung durch eine geladene Wolke.

Man kann diese influenzierten Spannungen durch Erdseile auf den Masten mildern.

Am gefährlichsten ist der oft vorkommende Fall, daß der Blitz unmittelbar in die Leitung einschlägt. Hierdurch erhält die Leitung plötzlich eine sehr hohe Spannung und es können Überschläge nach Erde, d. h. nach den Masten oder dem Erdseil auftreten. Ist das Erdseil genügend hoch über den Leitungen angeordnet, so werden, wie man in den letzten Jahren experimentell festgestellt hat, die Blitze, welche in die Leitung schlagen wollen, meist durch das Erdseil aufgefangen. Ein Blitzschlag in das Erdseil wird keinerlei Störung verursachen, sofern der Blitzstrom möglichst widerstandsfrei in die Erde abfließen kann. Dies ist jedoch nicht immer der Fall. Man hat durch Versuche festgestellt, daß, wenn ein Blitzschlag auf einen Mast trifft bzw. auf das Erdseil in unmittelbarer Nähe des Mastes, rd. 60% des Blitzstromes durch den Mast fließen und nur der Rest über das Erdseil nach den übrigen durch das

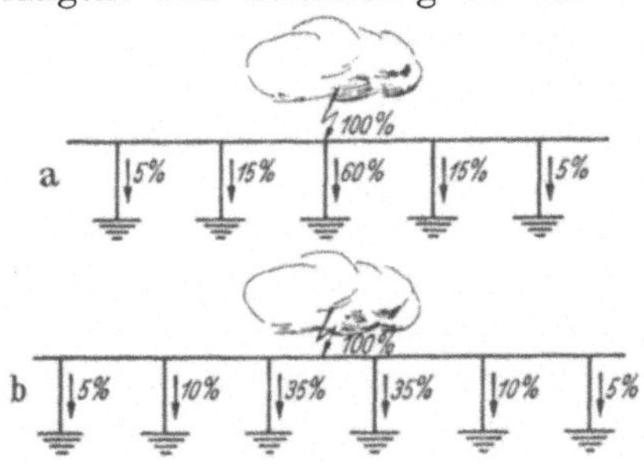

Abb. 384a u. b. Blitzstromverteilung in Hochspannungsleitung[1].

Erdseil parallel geschalteten Masten. Dies hat seinen Grund darin, daß durch den Wellenwiderstand des Erdseiles der Strom am Abfließen über das Erdseil gehindert wird. Abb. 384a zeigt die Blitzstromverteilung beim Einschlag des Blitzes in den Mast und Abb. 384b die Verteilung beim Einschlag des Blitzes in das Erdseil in der Mitte der Spannweite. Man hat für den Fall der Abb. 384a Mastströme von 40000 A, ja sogar von 60000 A (Spitzenwert) festgestellt[1]. Nimmt man z. B. an, daß der Übergangswiderstand des Mastes gegen Erde 20 Ω beträgt, so bedingt dies, daß der Mast bei einem Strom von 60000 A sich auf ein Potential von $60000 \cdot 20 = 1\,200\,000$ V hebt. Infolge dieser hohen Spannung können jetzt rückwärtige Überschläge vom Mast bzw. dem Erdseil nach

---

[1] Siehe H. Grünewald: Gewittergefährdung und Gewitterschutz von Freileitungsanlagen. Elektrizitätswirtsch. Bd. 34 (1935) S. 454.

den Leitungen auftreten. Um solche rückwärtigen Überschläge zu vermeiden, muß also der Übergangswiderstand des Mastes gegen Erde so klein wie irgend möglich gehalten werden, so daß stets Blitzstrom mal Erdübergangswiderstand kleiner ist als die Stoßspannung der Isolatoren. Unter Verwendung normaler Isolatorentypen müßte z. B. bei einer 100 kV-Leitung der Erdübergangswiderstand kleiner als 15 Ω und bei einer 50 kV-Leitung kleiner als 8 Ω sein. Diese geforderten Erdübergangswiderstände werden bei den meisten Leitungen heute überschritten. Da man jedoch experimentell nachgewiesen hat, daß ein großer Teil der aufgetretenen Überschläge durch solche rückwärtige Überschläge kommen, dürfte es sich dringend empfehlen Mehrkosten nicht zu scheuen, um die Masterdung zu verbessern. Man wird in schwierigen Fällen mehrere Rohre, die nicht zu dicht am Mastfuß angebracht sind, in die Erde eintreiben, wobei, wenn das Grundwasser sehr tief steht, diese Rohre 30 bis 40 m unter Erde eingetrieben werden müssen. Bei guten Erdverhältnissen (fetter Boden) genügen auch Banderden, das sind Eisenbänder, die vom Mast aus in etwa 70 cm Tiefe strahlenförmig verlegt sind. Gelegentlich kommt auch ein Bodenseil zur Verwendung, d. h. die Mastfüße werden miteinander durch ein im Erdboden verlegtes Seil verbunden. Es hat sich jedoch hier gezeigt, daß ein solches Bodenseil, welches ebenfalls einen Wellenwiderstand besitzt, nur dann Verbesserung bringt, wenn die Mastfüße und ihre Erde ohne das Bodenseil keinen höheren Widerstand als rund 100 Ω haben.

Da ein in genügender Höhe über einer Leitung angebrachtes Erdseil bei guter Masterdung nur dann gute Schutzwirkung gegen Blitzschlag in die Leitung besitzt, falls die Leitung nicht zu breit ist, wird man besonders bei Doppelleitungen, die in einer Ebene verlegt sind, bei denen die Leitung also sehr breit baut, in gewitterreichen Gegenden zwei oder unter Umständen sogar drei Erdseile verlegen.

Bei Mittelspannungsleitungen verwendet man oft Holzmaste ohne Erdseil. Da die Holzmaste sehr gut gegen Erde isolieren (Holz verträgt Stoßspannungen von 300 bis 400 kV/m) treten auf derartigen Leitungen, abgesehen von gelegentlichen Mastzersplitterungen (falls ein Blitz unmittelbar in einen Mast einschlägt), weniger Störungen durch atmosphärische Überspannung auf. Die auftretenden Überspannungen wandern vielmehr auf der Leitung entlang und suchen sich sonstige schwache Stellen aus. Bei Wegkreuzungen werden die Holzmaste aus Festigkeitsgründen oft durch Eisenmaste ersetzt und hier schlagen dann meist, da die Stützer der Isolatoren Erdpotential haben, die Isolatoren über. Auch finden die weitergeleiteten Überspannungen oft schwache Stellen in den Transformatorenstationen. Man kann jedoch auch bei Holzmasten ein Erdseil verwenden, welches an jedem Mast durch eine Erdleitung gut mit der Erde verbunden sein muß und die in das Erdseil gelangende Blitzschläge unmittelbar zur Erde ableiten kann. Um trotzdem einen Teil der

Holzisolation gut auszunutzen, darf dann nicht die vom Erdseil abgehende
Erdleitung unmittelbar am Mast heruntergeführt werden, da sie sonst
sämtliche Ausleger erden würde. Man wird vielmehr die Erdleitung
nach Abb. 385[1] zunächst frei führen und dann erst am Mast entlang, so
daß alle Ausleger noch durch Holz isoliert
sind. Durch obige Konstruktion werden
sicher viele Blitzschläge, welche ohne Erdseil
in die Leitung treffen würden, abgefangen
und Überschläge an den Eisenmasten und
in den Stationen vermieden. Trotz aller
Maßnahmen wird man mit gelegentlichen
Überschlägen zu rechnen haben. Dabei
ist es besser, wenn diese im Netz als in
einer Umspannstation auftreten. Deswegen
sollte man den Isolationsgrad der Station
stets höher wählen als den der Leitung,
was jedoch bis heute wegen der zu hohen
Kosten kaum durchführbar ist.

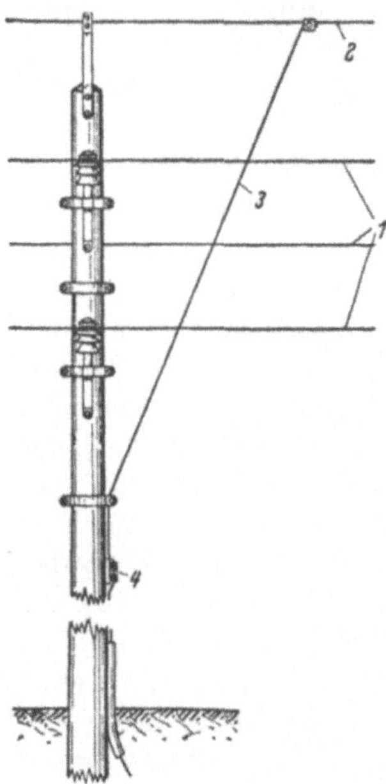

Es ist zu beachten, daß bei kurzzeitigen
Überspannungen nicht die Überschlags-
spannung allein maßgebend ist, sondern
daß der Entladeverzug der Isolatoren eine
Rolle spielt. Trifft eine Stoßspannung genügender Höhe auf einen Isolator, so benötigt er eine kleine, aber meßbare Zeit
zum Überschlag. Hat man zwei Isolatoren-
typen mit gleicher Überschlagspannung bei 50 Perioden, dann wird bei
auftretender Stoßspannung der Isolator zuerst durchschlagen, der den
kleineren Entladeverzug hat und wird da-
durch unter Umständen infolge der ein-
tretenden Spannungsabsenkung den zweiten entlasten.

Abb. 385. Holzmast mit Erdseil.

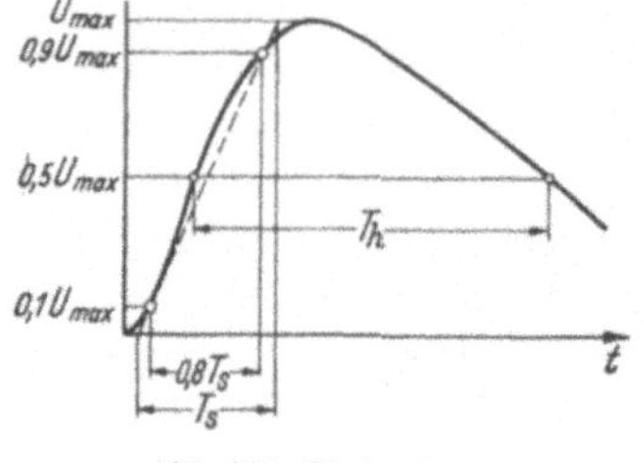

Abb. 386. Stoßwelle.

Um eine Stoßspannung (z. B. bei der
Prüfung von Überspannungsableitern) zu
charakterisieren, muß nicht nur ihr maximaler Spannungswert, sondern ihr Verlauf
annähernd gekennzeichnet sein. Abb. 386
zeigt den Spannungsverlauf der Stoßwelle
in Abhängigkeit der Zeit. Zieht man eine Gerade durch 0,1 U_{max}
und durch 0,9 U_{max}, dann bildet die Projektion dieser Geraden auf
der Zeitachse, falls man sie bis zur Abszisse und bis zum Maximalwert
verlängert, die Stirndauer T_s. Die Zeit, während der die Spannungs-

---

[1] Aus H. Grünewald: Gewittergefährdung und Gewitterschutz von Freileitungsanlagen. Elektrizitätswirtsch. Bd. 34 (1935) S. 454.

kurve größer als $0,5\,U_{max}$ ist, bezeichnet man als Halbwertdauer[1]. Größenordnungsmäßig liegen die Werte der Stirndauer etwa bei 0,5 bis 5 μ sec (1 μ sec = 10^{-6} sec) und die Halbwertdauer etwa bei 5 bis 500 μsec.

Da mit gelegentlichen Leitungsüberschlägen zu rechnen ist, drängt sich die Frage auf, ob man nicht Überspannungsschutzapparate in die Leitung einbauen soll. Diese sind im Prinzip so ausgebildet, daß sie aus einer Funkenstrecke bestehen, die schon bei einer mäßigen Überspannung, die unter der Überschlagspannung der Leitung liegt, anspricht. Deshalb darf eine solche Funkenstrecke nur einen sehr kleinen Entladeverzug haben. Um die in Verbindung mit Überspannungen vorhandenen Ladungen möglichst rasch abzuleiten, um also die Überspannung abzusenken, soll eine solche Funkenstrecke nur durch einen mäßigen Widerstand mit der Erde verbunden sein. Dies bedingt jedoch, nachdem die Überspannung abgeklungen ist, daß bei einem konstanten Widerstand infolge der Betriebsspannung ein derartig großer Strom fließt, daß der Lichtbogen nicht auslöschen wird. Diese Schwierigkeiten konnten jedoch bei den in den letzten Jahren auf den Markt gebrachten Überspannungsableitern gelöst werden. Abb. 387 zeigt, als Ausführungsbeispiel einen Überspannungsableiter der Firma AEG. Er besteht aus einer Löschfunkenstrecke a und einen in Reihe geschalteten Widerstand b der aus einzelnen Elementen zusammengesetzt ist. Dieser aus kerami-

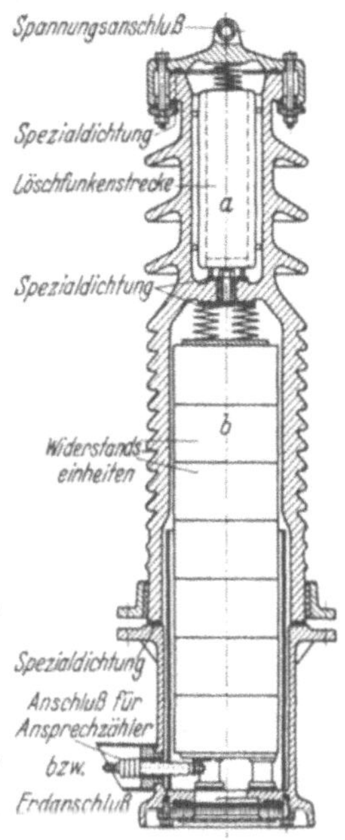

Abb. 387.   Überspannungsableiter (AEG).

schen Massen hergestellte Widerstand ist veränderlich und besitzt eine solche Charakteristik, daß mit größer werdender Spannung der Widerstand stark abnimmt. Die Stromspannungscharakteristik eines solchen Widerstandes einschließlich vorgeschalteter Löschfunkenstrecke, die notwendig ist um bei abgeleiteter Überspannung den Ableiter von der Leitung abzutrennen, zeigt Abb. 388. Abb. 389 zeigt, wie beispielsweise ein Überspannungsableiter an einer Transformatorenstation eingebaut sein kann.

Es sei erwähnt, daß man gelegentlich auch Blitzschläge und damit Beschädigungen an Erdkabeln feststellt, obwohl man annehmen sollte, daß durch die Erde die Kabel gegen atmospharische Störungen geschützt sind. Solche Blitzschläge in Kabeln wurden jedoch nur dann festgestellt, wenn die Kabel in schlechtleitendem Erdboden verlegt waren. Der Blitz schlägt hier in das Kabel hinein und vermag längs der Armierung und

---

[1] Aus ETZ Bd. 58 (1937) S. 615.   Entwurf 2 zu VDE 0675.

des Bleimantels nach solchen Stellen abzufließen, wo die Erde eine gute Leitfähigkeit besitzt[1].

In unseren Hochspannungsanlagen gibt es spannungslose Teile, Schaltgerüste, Transformatorenkessel usw., welche von Personen berührt werden können. Wenn nun ein solcher Teil durch einen Fehler in der

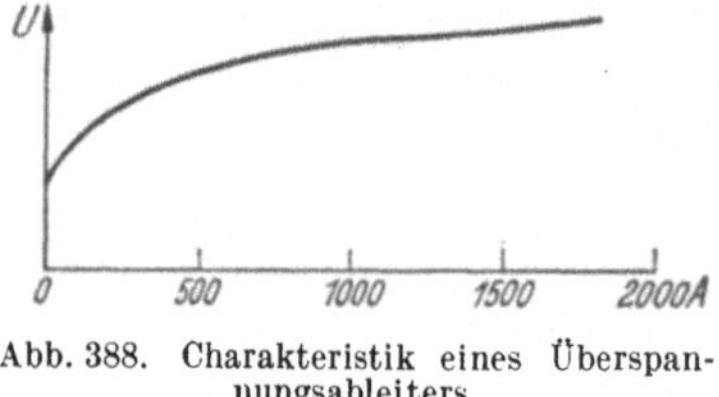
Abb. 388. Charakteristik eines Überspannungsableiters.

Anlage Spannung erhält, würde Gefahr bestehen, daß bei Berührung ein Unglücksfall entstehen könnte. Deshalb müssen alle diese Teile möglichst widerstandsfrei geerdet sein. Nimmt man an, eine Phase komme mit einem solchen Teil durch einen Fehler in Berührung, so wird ein Erdschlußstrom fließen. Der Widerstand der Erdung soll nach den Vorschriften jedoch so klein gehalten sein, daß Erdungswiderstand mal Erdschlußstrom (in gelöschten Netzen der Reststrom) kleiner ist als 125 V. Diese Spannung scheint hoch. Als ungefährlich für Men-

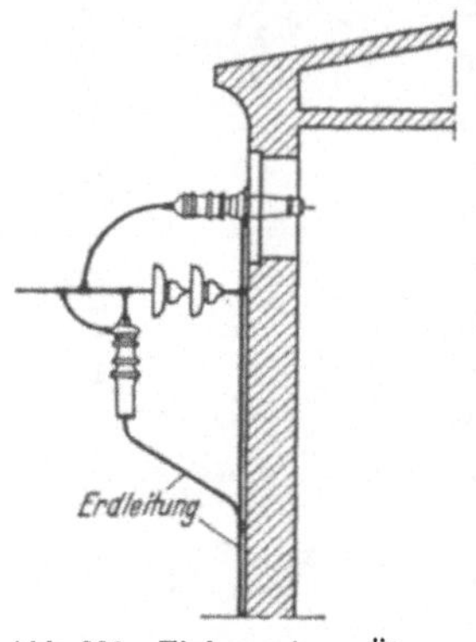
Abb. 389. Einbau eines Überspannungsableiters.

schen betrachtet man Spannungen nur bis zu 42 V. Man muß jedoch bedenken, daß normalerweise die berechnete Spannung von 125 V nicht ganz auf den Berührenden entfällt, da dieser im allgemeinen ja auch nur über Widerstände mit der eigentlichen Erde in Verbindung steht. In Spezialfällen (gut leitender Boden usw.) muß man selbstverständlich unter dem Wert von 125 V bleiben. Auch in Niederspannungsnetzen müssen Teile, welche großflächisch berührt werden können, z. B. Motore usw., geschützt werden. Entweder indem diese Teile geerdet werden, oder indem man sie mit dem vorhandenen geerdeten Nulleiter verbindet. Im letzteren Falle muß dafür gesorgt werden, daß auf keinen Fall der Nulleiter ein unzulässig hohes Potential annehmen kann. Deswegen wird verlangt, daß bei einem Kurzschluß zwischen einem Außenleiter und einem Nulleiter der Kurzschlußstrom so groß ist, daß die vorgeschaltete Sicherung (bzw. Schalter) sofort auslöst. Nimmt man die sofortige Auslösestromstärke einer Sicherung etwa als das 2,5fache der Nennstromstärke an, dann bedeutet unsere Forderung, daß der Kurzschlußstrom größer als das 2,5fache der vorgeschalteten Nennstromstärke der Sicherung sein muß. Letzte Bedingung ist oft bei längeren Leitungen schwer einzuhalten. Man muß dann zu Schaltern Zuflucht nehmen, welche die drei Phasen abtrennen, falls der Nulleiterstrom zu groß bzw. das Nulleiterpotential zu hoch ist.

---

[1] Siehe G. Lehmann: VDE-Fachberichte 9 (1937) S. 46.

E. Oberwellen in Hochspannungsnetzen.

Es ist anzustreben, daß in den Netzen möglichst sinusförmige Spannungen und Ströme vorhanden sind, da Oberwellen Verluste mit sich bringen und den Wirkungsgrad von Leitungen, Motoren usw. verschlechtern. Auch bereiten Oberwellen in der Spannungskurve der Erdschlußkompensierung Schwierigkeiten und rufen Störungen in der Hochspannungsleitung benachbarter Fernsprechleitungen hervor. Es wird daher heute bei modernen Generatoren vorgeschrieben, daß die Abweichung der tatsächlichen Spannungskurve von einer mittleren sinusförmigen nicht mehr als 5% des Grundwellenscheitelwertes betragen darf. Von den Oberwellen sind, da stets die negative Halbwelle der Spannungskurve spiegelbildlich gleich der positiven ist, sämtliche ungeradzahligen möglich. Praktisch auswirken können sich im symmetrisch belasteten Drehstromsystem, sofern die Nullpunkte nicht unmittelbar geerdet sind, jedoch nur die 5., 7., 11., 13. usw., d. h. nur die Oberwellen, welche nicht durch drei teilbar sind. Dies kann man leicht einsehen. Betrachtet man z. B. die dritte Oberwelle, so würden die Ströme in den drei Phasen folgende Größen haben:

$$(137) \quad \begin{cases} i_1 = I_{III} \sin 3\,\omega\,t \\ i_2 = I_{III} \sin 3\,(\omega\,t - 120) = I_{III} \sin 3\,\omega\,t \\ i_3 = I_{III} \sin 3\,(\omega\,t - 240) = I_{III} \sin 3\,\omega\,t \end{cases}$$

Die drei Ströme in den drei Phasen sind also gleich. Da bei einem Drehstromsystem, falls eine Rückleitung fehlt, die Summe der drei Ströme Null sein muß, können Ströme der dreifachen Frequenz oder (wie sich genau so zeigen läßt) einem Vielfachen davon nicht fließen. (Bei Unsymmetrie im Drehstromsystem sind auch bei fehlender Rückleitung durch 3 teilbare höhere Harmonische möglich, s. S. 92.) Auch in den verketteten Spannungen können beim Dreiphasensystem keine durch 3 teilbaren Oberwellen vorhanden sein, denn sollten solche in der Phasenspannung vorkommen (was möglich ist), so heben sich diese (wegen der gleichen Phasenlage) in der verketteten Spannung heraus. Von den Oberwellen interessiert deshalb besonders die 5., 7., 11., 13. usw. Harmonische.

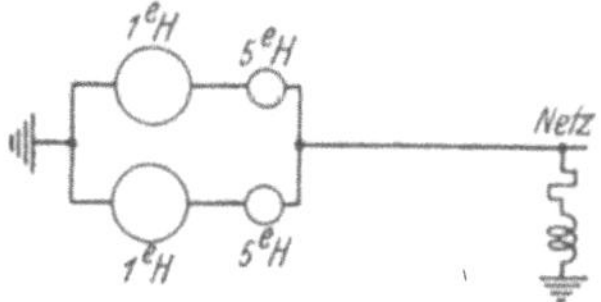

Abb. 390. Ersatzbild zweier Generatoren mit 5. Harmonischen.

Zwei Generatoren, die parallel geschaltet sind, kann man durch das Ersatzbild der Abb. 390 darstellen. Man nimmt für die Grundwelle einen besonderen Generator an, ebenso für jede Oberwelle, jedoch ist in unserer Abb. 390 nur der Oberwellengenerator für die 5. Harmonische eingetragen. Sind die beiden parallel geschalteten Generatoren gleich gebaut, so daß also die in ihnen auftretenden Oberwellen gleichphasig sind, so werden innerhalb der Generatoren keine Ausgleichsströme fließen. Die in das Netz fließenden Ströme der 5. Harmonischen sind im allgemeinen klein, da die Reaktanzen in den Generatoren und im Netz im Vergleich zum 50periodischen Strom die fünffache Größe besitzen. Sind die beiden Generatoren nicht gleich, so sind die höheren Harmonischen im allgemeinen nicht gleichphasig und es vermögen dann innerhalb der Generatoren Ausgleichsströme zu fließen, die jedoch keine Rolle spielen, da sie durch die Streureaktanzen der Generatoren, die mit dem fünffachen Wert in Rechnung zu setzen sind, klein gehalten werden. Durch moderne Generatoren kommen heute kaum höhere Harmonische in die Netze.

In der Hauptsache sind es heute die Transformatoren, die die Oberwellen erzeugen. Die Drehstromtransformatoren nehmen, falls ihnen eine sinusförmige verkettete Spannung aufgedrückt wird, aus dem Netz einen Magnetisierungsstrom, der eine 5., 7. usw. Harmonische besitzt, auf (Abb. 391). Diese Harmonischen im Strom sind um so stärker, je höher der Transformator gesättigt ist.

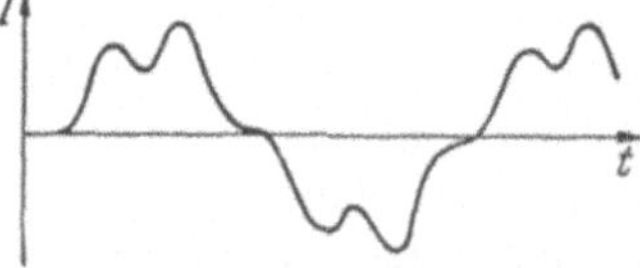

Abb. 391. Magnetisierungsstrom eines Transformators.

Die höheren Harmonischen müssen durch die Primärinduktivität des Transformators, die Induktivität der Leitung und auch durch die Streuinduktivität der Generatoren fließen und bewirken in diesen Spannungsabfälle. Dadurch wird die Klemmenspannung der Generatoren und auch die Spannung im Netz, selbst wenn die EMK der Generatoren sinusförmig bleibt, durch die fließenden Oberwellen verzerrt. Die ursprüngliche Annahme, daß am Transformator eine sinusförmige Spannung liegt, stimmt jetzt nicht mehr ganz[1].

Für manche Überlegungen, bei denen man feststellen will, welchen Einfluß im Netz die vom Transformator erzeugten höheren Harmonischen ausüben, ist es zweckmäßig, sich ein Modell vorzustellen. Dabei gehen wir zunächst von der Überlegung aus, daß, wenn dem Transformator (Streuung sei zunächst gleich Null gesetzt) eine sinusförmige Spannung aufgedrückt wird, im Magnetisierungsstrom eine 5. Harmonische I_V (bei unseren Betrachtungen sei nur die 5. untersucht) vorhanden ist. Führt man dagegen dem Transformator einen sinusförmigen Magnetisierungsstrom zu, dann enthält die Spannung eine 5. Harmonische E_V. Wir benutzen das Ersatzbild, welches man nach S. 103 für den Transformator verwenden kann und welches in Abb. 392a allerdings unter Weglassung der Verlustwiderstände aufgezeichnet ist. Die beiden Induktivitäten L_1 und L_2 entsprechen der primären und sekundären Streuinduktivität, während die Parallelinduktivität L_p den Magnetisierungsstrom aufnimmt. Dieses Bild gilt streng nur für den ungesättigten Transformator mit sinusförmigen Magnetisierungsstrom. Um bei Sättigung

---

[1] Siehe E. Hueter: Elektrizitätswirtsch. 30 (1931) S. 185.

die 5. Harmonische im Magnetisierungsstrom zu bekommen, denken wir uns (s. Abb. 392b) in Reihe mit der Induktivität L_p einen kleinen Generator für die 5. Harmonische gelegt. Dieser Generator hat eine EMK und eine nur für die 5. Harmonische wirksame Eigenreaktanz. Die EMK entspreche der 5. Spannungsharmonischen E_V bei sinusförmiger Magnetisierung. Die Eigenreaktanz sei so groß, daß, falls der Generator die 5. Stromharmonische I_V des Magnetisierungsstromes erzeugt, die EMK E_V in der Eigenreaktanz verbraucht wird, seine Klemmenspannung also Null ist (gedachter Kurzschlußversuch). Stellt man sich weiter vor, daß die Induktivität L_p die 5. Stromharmonische widerstandslos durchläßt, so genügt unser Modell für die meisten Untersuchungen. Da die Grundharmonische bei unseren Betrachtungen nicht interessiert, können wir die Induktivität L_p, da sie ja für die 5. Harmonische keinen Widerstand darstellen soll, weglassen, ebenfalls den Generator G, den wir nur durch seine Streuinduktivität ersetzen. Es ergibt sich dann das Bild Abb. 392c.

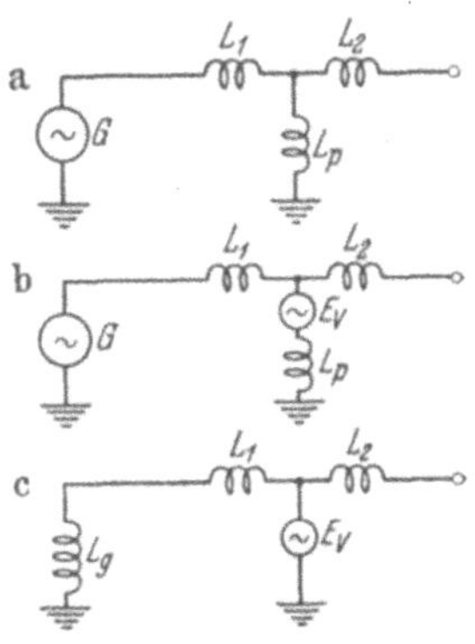

Abb. 392a—c. Erzeugung der 5. Harmonischen im Magnetisierungsstrom eines Transformators durch einen gedachten Hilfsgenerator.

Die Brauchbarkeit des Ersatzbildes zeige der Fall, daß ein Generator über einen Transformator eine Hochspannungsleitung mit Kapazität speist, die zunächst unbelastet sei. (R sei also zunächst Null, auch seien zur Vereinfachung die Widerstände und Reaktanzen der Leitungen unberücksichtigt (s. Abb. 393a). Bilden wir unser Ersatzbild für den Transformator, so ergibt sich Abb. 393b. Wir erhalten ein Gebilde bestehend aus mehreren Induktivitäten und einer Kapazität, und es muß darauf geachtet werden, daß die Eigen-

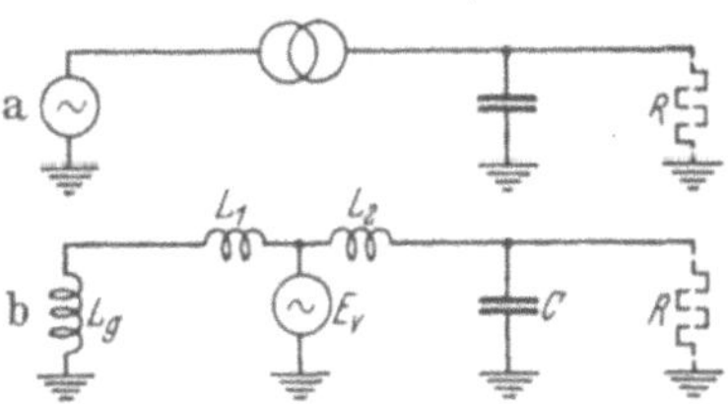

Abb. 393a u. b. Ersatzbild einer Leitung für die 5. Harmonische.

schwingungszahl dieses Gebildes nicht in Resonanz kommt mit der 5. Harmonischen (gleiches gilt auch für die 7., 11. usw. Harmonische), da sonst erhöhte Spannungen auftreten können. Ist die Hochspannungsleitung am Ende belastet (Belastung durch einen gestrichelten Widerstand dargestellt), so werden die Schwingungen im Resonanzfalle stark gedämpft. Immerhin vermögen auch in solchen Fällen unangenehme Verzerrungen der Spannung bei dem Abnehmer R aufzutreten. Da der Schaltzustand der Netze Veränderungen unterworfen ist, kann man feststellen, falls man die Netzspannung durch einen Oszillographen oder besser durch ein Oberwellenmeßgerät beobachtet, daß je nach Schaltzustand man eine mehr oder weniger verzerrte Spannungskurve hat.

Das hängt damit zusammen, daß man mehr oder weniger in Resonanz mit der betrachteten Oberwelle kommt und man bei Schaltänderungen auch die Zahl der Transformatoren verändert.

Es sind heute Möglichkeiten bekannt, wie man die höheren Harmonischen im Magnetisierungsstrom der Transformatoren stark unterdrücken kann. Auf S. 93 war festgestellt worden, daß der Dreischenkeltransformator in Stern-Sternschaltung in seinem Magnetisierungsstrom eine positive 5. Harmonische besitzt, während bei einem Transformator gleicher Schaltung mit magnetischem Rückschluß die 5. Harmonische gerade entgegengesetzte Phasenlage besitzt (gleiches gilt auch für die 7. und alle nicht durch 3 teilbaren Harmonischen). Stellt man sich vor, daß der magnetische Rückschluß immer mehr und mehr verkleinert wird bis er ganz verschwunden ist, so wird die ursprünglich vorhandene negative 5. Harmonische schließlich positiv, muß also auch durch Null hindurchgegangen sein. Man kann es nach Vorschlägen von Buch und Hueter durch passende Ausbildung der magnetischen Rückschlüsse (wobei diese nur klein zu sein brauchen) erreichen, daß die 5. und auch die 7. Harmonische praktisch fehlt, der Magnetisierungs-

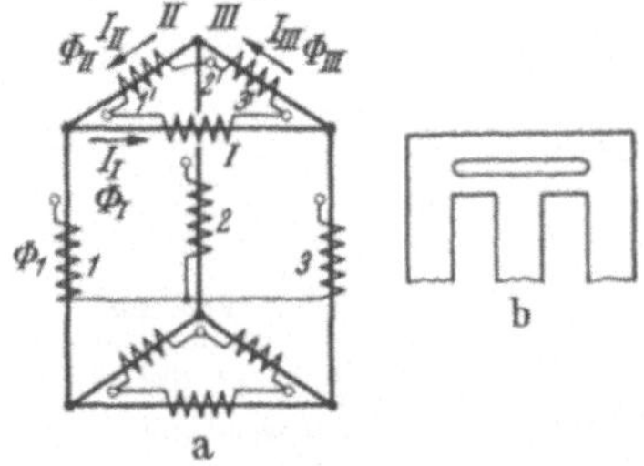

Abb. 394a u. b. Schematische Darstellung eines Transformators mit sinusförmigem Magnetisierungsstrom.

strom also sinusförmig ist[1]. Diese Bauform eignet sich für Stern-Stern- bzw. Stern-Zickzacktransformatoren, wobei letztere nur für kleinere Leistungen in Frage kommen.

Eine andere Lösungsmöglichkeit zeigt die schematisch gezeichnete Abb. 394a, bei welcher der Transformator drei Schenkel besitzt und die Joche im Dreieck angeordnet sind. Die Joche tragen eine im Dreieck geschaltete Kurzschlußwicklung. Durch diese wird verhindert, daß im Joch durch 3 teilbare höhere Harmonische des Flusses auftreten können, oder anders ausgedrückt, in der Wicklung können die durch 3 teilbaren höheren Harmonischen fließen, die ein sinusförmigen Fluß für die Magnetisierung benötigt. Um durch das Joch I einen sinusförmigen Fluß hindurchzutreiben, ist eine 1. Harmonische, eine negative 3. (diese wird durch die Kurzschlußwicklung geliefert), eine positive 5., negative 7. usw. notwendig. Abb. 395a zeigt die 1. und 5. Harmonische. Ein entsprechender Strom, bei dem die 1. Harmonische um 120° phasenverschoben ist, fließt im Joch II (Abb. 395b). Um diese Ströme zum Fließen zu bringen, müßte man an den Dreieckpunkten $1'$, $2'$ und $3'$ der Abb. 395a entsprechende Magnetisierungsströme zuführen. So müßte dem Punkte $1'$ ein Strom von der Größe $I_1 = I_I \triangleq I_{II}$ zugeführt werden. Bildet man diese Differenz (s. Abb. 395c), so zeigt sich, daß der der

<hr>

[1] R. Buch u. E. Hueter: ETZ 56 (1935) S. 933.

Dreieckwicklung zugeführte Magnetisierungsstrom I_1 diesmal eine 5. Harmonische hat, die negativ ist.

Wir wollen bei unseren weiteren Betrachtungen vorübergehend annehmen, daß der magnetische Widerstand in den drei Schenkeln *1, 2* und *3* Null sei. Statt der Dreieckwicklung im Punkte *1'* den Strom I_1 zuzuführen, kann man gleiche Magnetisierung im Joch erhalten, falls man einen I_1 proportionalen Strom durch die Wicklung *1* leitet. Er muß nur eine solche Größe haben, daß die erzeugten Amperewindungen doppelt so groß sind wie die für die obere Jochgruppe benötigten, da ja auch eine untere Jochgruppe vorhanden ist. Der durch den Schenkel *1* fließende Fluß hat gleiche Phasenlage wie die 1. Harmonische des Stromes I_1, da $\varPhi_1 = \varPhi_I$ $\triangleq \varPhi_{II}$. Da jedoch der Schenkel *1* auch magnetischen Widerstand besitzt, benötigt der Fluß für das Durchfließen des Schenkels *1* ebenfalls Amperewindungen, und zwar entsprechend der Magnetisierung eines Dreischenkeltransformators solche mit einer 1., einer positiven 5., einer negativen 7. Harmonischen usw. im Magnetisierungsstrom. Um nun den Fluß sowohl durch die Schenkel als auch die Joche zu treiben, ist die Summe der Amperewindungen notwendig und man erkennt, weil für die Joche und Schenkel

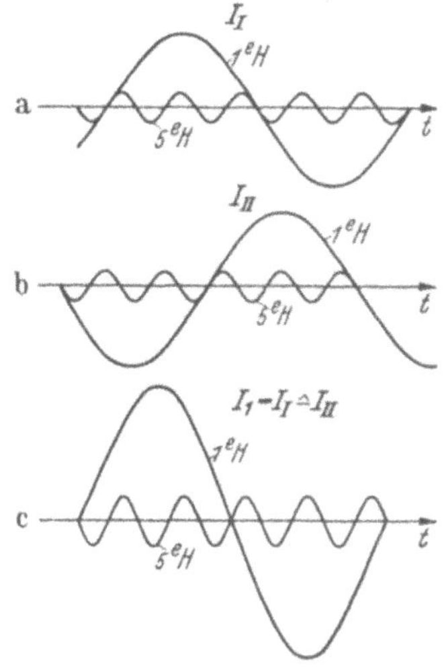

Abb. 395 a—c. Magnetisierung AW mit 5. Harmonischen.

Amperewindungen fünffacher Frequenz, jedoch entgegengesetzten Vorzeichens gebraucht werden, daß bei passender Bemessung diese sich aufheben können, das Netz von den 5. Harmonischen entlastet wird. Ähnliche Überlegungen kann man für sämtliche nicht durch 3 teilbaren höheren Harmonischen anstellen. Bei praktischer Ausführung wird man die Schenkel des Transformators nicht in verschiedenen, Ebenen, sondern in einer Ebene anordnen und das Jochdreieck dadurch herstellen, daß man das Joch schlitzt (s. Abb. 394b), ferner wird die Schaltung aus baulichen Rücksichten meist noch etwas verändert werden[1].

Man kann, sofern man höhere Harmonische in den Netzen vermeiden will, dies auch ohne Spezialtransformatoren erreichen. Hat man etwa einen primär im Dreieck geschalteten Transformator, so benötigt jede Dreieckseite zur Magnetisierung eine positive 5. Harmonische. Es wurde jedoch in Abb. 395c gezeigt, daß der einer Dreieckswicklung zufließende Magnetisierungsstrom eine negative 5. Harmonische hat. Schaltet man also einen im Stern geschalteten Dreischenkeltransformator und einen

---

[1] Siehe W. Krämer: VDE-Fachberichte 9 (1937) S. 52.

im Dreieck geschalteten Transformator primärseitig an ein Netz, so benötigt der eine eine positive und der andere eine negative 5. Harmonische, durch das Netz braucht also, falls diese Harmonischen sich genau kompensieren, überhaupt keine 5. Harmonische zu fließen.

Man hat in den letzten Jahren gelegentlich Störungen durch höhere Harmonische, die durch Gleichrichter erzeugt werden, beobachtet. Führt man einem Gleichrichter eine sinusförmige Spannung zu und wird auf der Gleichstromseite ein gut geglätteter Gleichstrom entnommen, so ist der auf der Wechselstromseite zufließende Strom nicht rein sinusförmig, sondern besitzt höhere Harmonische. Bezeichnet man die Phasenzahl des Gleichrichters mit p und versteht man unter k eine ganze Zahl, die die Größe 1, 2, 3 usw. haben kann, dann sind, wie man zeigen kann, auf der Wechselstromseite Harmonische der Ordnungszahl $kp \pm 1$ möglich, d. h., daß ein 6 Phasengleichrichter höhere Stromharmonische von der Ordnung 5, 7, 11, 13, 17, 19 usw. erzeugt, ein 12-Phasengleichrichter dagegen höhere Harmonische von der Ordnung 11, 13, 23, 25 usw. Man kann ferner, falls man die Induktivität des Gleichrichtertransformators zu Null setzt, für die Größe der Oberwellen das Gesetz ableiten, daß die ν-te Oberwelle I_ν die Größe hat

$$(138) \qquad I_\nu = \frac{I_1}{\nu},$$

wobei I_1 die 1. Harmonische des Stromes ist. Man erkennt also, daß unabhängig von der Schaltung des Gleichrichters, beim Vorhandensein höherer Harmonischer diese bei gleicher Ordnungszahl immer dieselbe Größe haben und daß mit steigender Ordnungszahl deren Größe abnimmt. Die nach obigem Gesetz berechneten Oberwellen sind etwas größer als sie die Messung ergibt, da, wie bereits erwähnt, die Transformatorinduktivität vernachlässigt worden ist.

Man kann sich für Netzuntersuchungen, ähnlich wie bei einem Transformator, vorstellen, daß ein Gleichrichter ein Verbraucher (also Widerstand, falls Transformatorstreuung gleich Null gesetzt) ist, der zunächst sinusförmigen Strom aufnimmt und dem ebenfalls eine Reihe von kleinen Generatoren vorgeschaltet sind, von denen jeder eine der möglichen Oberwellenfrequenzen erzeugt, für die jedoch der Verbraucherwiderstand widerstandslos zu denken ist.

Will man die Oberwellen klein halten bzw. Oberwellen niederer Ordnungszahl, da diese meist die unangenehmsten sind, ganz vermeiden, so muß man einen Gleichrichter höherer Phasenzahl wählen. Diese Maßnahme ist jedoch mit erhöhten Kosten verbunden, da bei größerer Phasenzahl die Typenleistung des Gleichrichters und des Transformators und vor allem auch dessen Kompliziertheit bezüglich der Schaltverbindungen zunimmt. Hat man mehrere Gleichrichter, so kann man bestimmte Oberwellen im Netz vermeiden, indem man verschiedene Schaltgruppen für die Transformatoren wählt. Ein sechsphasiger

Gleichrichter erzeugt bekanntlich eine 5. und 7., eine 11. und 13. usw. Harmonische. Man kann die 5. und 7. Harmonische für das Netz zum Verschwinden bringen, wenn man etwa den einen Transformator primärseitig im Dreieck, den anderen primärseitig im Stern schaltet. Die Verhältnisse liegen dann ähnlich wie bei der Vermeidung der Oberwellen im Magnetisierungsstrom der Transformatoren.

Man darf jedoch nicht den Schluß ziehen, daß jeder vorhandene Gleichrichter in einem Netz stören muß. Aufmerksamkeit erfordern nur solche Fälle, wo Großgleichrichter, z. B. für Großelektrolyseanlagen, an ein Netz angeschlossen werden. In einem solchen Falle sind Kontrollen durchzuführen, ob nicht im Netz Störungen durch Resonanz der Oberwellen auftreten können.

Fließen durch Generatoren beachtliche Oberwellen hindurch, so erfordert die Dämpferwicklung eine besondere Bemessung. Durchfließt z. B. eine 5. und 7. Oberwelle einen Generator, so erzeugt die 5. ein invers rotierendes und die 7. ein gleichsinnig rotierendes Statordrehfeld. Beide schneiden, wenn auch in entgegengesetzter Richtung die Stäbe der Dämpferwicklung mit der sechsfachen Frequenz, so daß hier Ströme sechsfacher Frequenz entstehen, welche die erzeugenden Felder auslöschen wollen. Diese Ströme müssen von der Dämpferwicklung, die ja im Idealfalle stromlos ist, in bezug auf Erwärmung ertragen werden können.

In Netzen, die einen schlechten cos φ haben, führt man oft, um die Leitungen von den Blindströmen zu entlasten, die geforderte Blindleistung an Ort und Stelle durch Kondensatoren zu. Durch die Kondensatoren wird die Eigenschwingungszahl des Netzes verändert und man muß darauf achten, daß keine Resonanz mit irgendeiner im Netz vorhandenen Oberwelle eintritt (Eigenschwingungszahl normaler Netze größenordnungsmäßig 150 bis 600 Hz).

Es sei noch erwähnt, daß höhere Harmonische durch Glimmen der Leitung und durch zweipoligen Kurzschluß im Netz hervorgerufen werden können.

XVI. Richtlinien für die Bemessung elektrischer Leitungen und Netze.

Bei der Berechnung von elektrischen Leitungen und Netzen sind eine Reihe von Vorschriften zu beachten. So darf die Erwärmung eines Leiters keine unzulässigen Werte erreichen, ferner muß oft der Spannungsabfall in vorgeschriebenen Grenzen bleiben oder es wird verlangt, daß die Leitung nach wirtschaftlichen Gesichtspunkten zu bemessen ist. Während es meist wenig Schwierigkeiten bereitet, eine Leitung bei gegebenen Belastungen nach obigen Gesichtspunkten zu berechnen, ist die Festlegung der Belastung oft schwierig, da diese infolge Zunahme des Verbrauchs im Laufe der Jahre zunimmt. Es ist hier eine Sache des richtigen Gefühls, eine solche Belastung anzunehmen, daß damit auch der Entwicklung der kommenden Jahre Rechnung getragen wird.

Als Leitungsmaterial kommt Kupfer, Aluminium und Aldrey in Frage. Bei den meist aus Einzeldrähten hergestellten Leitern kann man mit folgenden bei 20° C geltenden Leitfähigkeiten rechnen: $\varkappa = 56$ bei Cu, $\varkappa = 34{,}8$ bei Al, $\varkappa = 30$ bei Aldrey. Der Koeffizient der Widerstandszunahme pro ° C beträgt $\alpha = 0{,}0038$ bei Cu, $\alpha = 0{,}004$ bei Al, $\alpha = 0{,}0036$ bei Aldrey.

A. Die Erwärmungsgrenze.

Der Fall, daß die Erwärmung für die Bemessung eines Leiterquerschnittes ausschlaggebend ist, kommt oft bei dem Entwerfen von

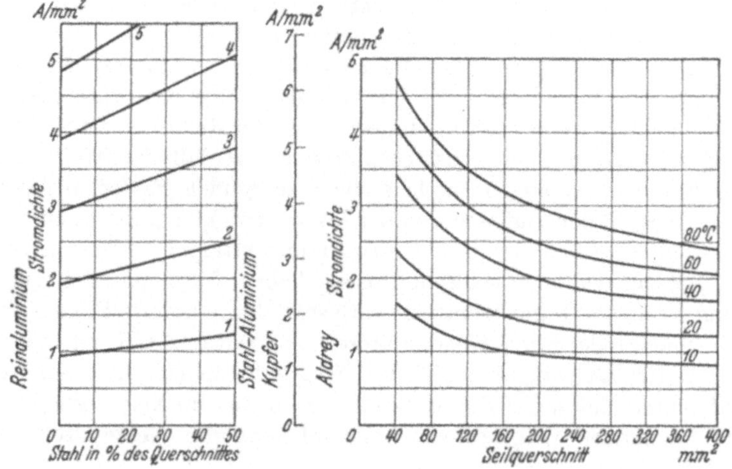

Abb. 396. Kurventafel zur Ermittlung der Übertemperatur von Freileitungsseilen[1]
[nach J. Inst. Met. (1929) Nr. 2].

Kabelnetzen vor. Da die zulässigen Übertemperaturen für Kabel sehr niedrig liegen ($t_{\ddot{u}} = 25°$ bzw. 35° C, s. S. 159), muß man oft zu größeren Leiterquerschnitten übergehen, obwohl mit Rücksicht auf den zulässigen Spannungsabfall ein kleinerer Querschnitt genügen würde.

Bei der Bemessung von Freileitungen tritt der Fall, daß die zulässige Temperatur, welche hier nach S. 195 40° C beträgt, den Leiterquerschnitt bestimmt, seltener auf, da die sich mit Rücksicht auf den Spannungsabfall bzw. die Wirtschaftlichkeit ergebenden Stromdichten (z. B. ~1 A/mm² bei Al) so tief liegen, daß eine gefährliche Erwärmung nicht in Frage kommt. Eine Ausnahme können kurze Verbindungsleitungen, bei denen weder der Spannungsabfall, noch die wirt-

---

[1] Ordinate der rechten Abbildung gilt für Aldrey. Als Ordinate für Kupfer gilt die mittlere Skala. Die Ordinate für Stahl-Aluminium ergibt sich durch die Schnitte einer Senkrechten im linken Kurvenbild mit den Geraden konstanter Stromdichte.

schaftliche Stromdichte eine Rolle spielen, bilden. Hier würde dann für die Bemessung der Leitung die zulässige Erwärmung maßgebend sein. Die zulässige Übertemperatur kann auch erreicht werden, falls die eine Hälfte einer Doppelleitung ausfällt und somit die andere Hälfte den doppelten Betriebsstrom übernehmen muß. Aus Abb. 396 kann die Übertemperatur für verschiedene Materialien und Querschnitte in Abhängigkeit von der Belastung entnommen werden.

B. Der Spannungsabfall.

Die Bemessung mancher Leitungen und Netze, besonders bei Niederspannung, hat unter Zugrundelegung des zulässigen Spannungsabfalls zu erfolgen. Es wird gefordert, daß beim Abnehmer mit Rücksicht auf Lampen und Motore eine von der Belastung des Netzes möglichst unabhängige konstante Spannung vorhanden ist. Besonders Glühlampen sind sehr empfindlich gegen Spannungsschwankungen. Steigt z. B. die Spannung um 5%, so wächst zwar die Lichtausbeute, jedoch nimmt die Lebensdauer der Lampe auf etwa 55% derjenigen bei Normalspannung ab. Hat dagegen umgekehrt eine Lampe eine um 5% zu niedrige Spannung, so steigt zwar die Lebensdauer, aber der Lichtstrom sinkt auf etwa 83% des normalen Wertes.

Auf Grund dieser Angaben sollte man annehmen, daß Spannungsschwankungen von $\pm 5\%$ beim Verbraucher entschieden zu hoch sind. Die Verhältnisse liegen jedoch etwas günstiger als es zunächst den Anschein hat. Wenn in einem Netz ein Verbraucher eine größte Überspannung von 5% oder eine entsprechende Unterspannung hat, so zeigen Messungen, daß im allgemeinen dieser Zustand nur vorübergehend vorhanden ist, so daß die beim Verbraucher vorhandene mittlere Spannung wesentlich weniger von der des Netzes abweicht. Demgemäß sind die in Frage kommenden Werte für die Lebensdauer der Lampen und die Werte für den mittleren Lichtstrom nicht allzu verschieden von denen bei Nennspannung.

Da man bestrebt ist, die Verteilungsnetze so wirtschaftlich wie möglich zu bauen und ein zu kleiner zulässiger Spannungsabfall das Netz verteuert, wird man als größte Spannungsschwankung beim Verbraucher einen Wert von $\pm 5\%$ zulassen, vorausgesetzt allerdings, daß diese extremen Werte nur kurzzeitig vorhanden sind.

Bezüglich der im Netz angeschlossenen Drehstrommotoren ist zu sagen, daß ihr maximales Drehmoment etwa dem Quadrate der Spannung proportional ist. Hat man beim Verbraucher eine Unterspannung von 5%, so sinkt das größtmögliche Drehmoment auf $(0,95)^2 \sim 90\%$. Diese Verhältnisse können unter normalen Umständen ebenfalls zugelassen werden, so daß wir als Regel aufstellen können, daß ein normales Verteilungsnetz so ausgelegt werden soll, daß die kurzzeitig auftretenden größten Spannungsabweichungen $\pm 5\%$ der Nennspannung betragen dürfen.

Neben den zulässigen Spannungsschwankungen beim Verbraucher interessiert noch, welcher Spannungsabfall in einem (z. B. städtischen) Niederspannungsnetz zugelassen werden kann. Abb. 397 zeigt den Aufbau des Netzes. Von einem Regeltransformator T werde ein Mittelspannungskabelnetz (z. B. 10 kV), welches über Verteilungstransformatoren die einzelnen Niederspannungsnetze mit Strom versorgt, gespeist. Die Spannungen auf den Niederspannungsseiten der einzelnen Transformatoren werden, gleiches Übersetzungsverhältnis der Transformatoren vorausgesetzt, verschieden sein. Diese Unterschiede können dadurch zustande kommen, daß die betreffenden Transformatoren zu dem betrachteten Zeitpunkt durch schwache oder starke Belastung einen kleineren oder größeren Spannungsabfall aufweisen, auch wird es eine Rolle spielen, ob ein Transformator am Anfang oder am Ende der Hochspannungsleitung liegt. Betrachten wir die Transformatoren 1 und 3. Transformator 1 sei schwach, Transformator 3 stark belastet. Die Spannung am Regeltransformator T sei so eingestellt, daß auf der Niederspannungsseite des Transformators 1 die Spannung um 5% höher als die Nennspannung sei. Der Transformator 3 besitzt, da er stärker belastet ist, einen größeren

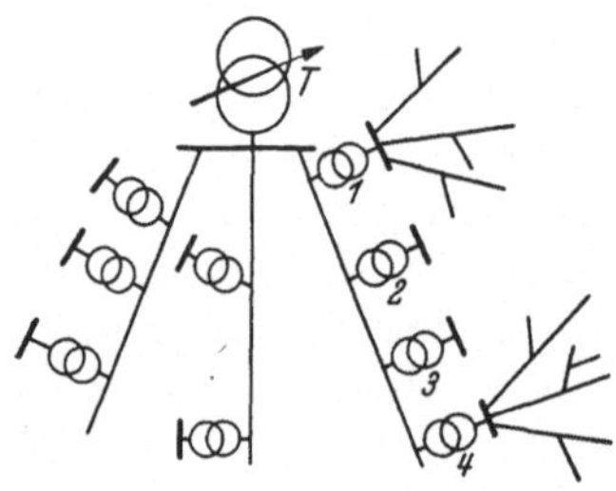

Abb. 397. Mittelspannungsnetz mit Transformatoren.

Spannungsabfall als der Transformator 1 z. B. einen um 3% größeren. Nehmen wir ferner an, daß auf der Hochspannungsleitung vom Transformator 1 bis zum Transformator 3 ein Spannungsabfall von 1% vorhanden ist, so herrscht auf der Niederspannungsseite des Transformators 3 eine um 4% niedere Spannung als beim Transformator 1, er hat also eine Spannung von 101% der Nennspannung. Nun besitzt jeder normale Verteilungstransformator zwei zusätzliche Anzapfungen, durch welche die Spannung auf der Niedervoltseite um $\pm4\%$ verändert werden kann. Ist die Spannung auf der Niedervoltseite des Transformators geringer als 101% der Nennspannung, dann kann die erhöhte Anzapfung eingeschaltet werden, da man dann im Höchstfalle auf 105% kommt, was noch zulässig ist. Ist die Spannung etwas höher als 101%, dann darf die erhöhte Anzapfung nicht benutzt werden, da man sonst über 105% käme. Die niedrigste Spannung, die ein Transformator auf der Niederspannungsseite hat, ist also 101%, da sonst die höhere Anzapfung gewählt werden würde. Läßt man beim Verbraucher als niedrigste Spannung 95% der Nennspannung zu, dann verbleiben als zulässiger Spannungsabfall bis zum Verbraucher noch 6%. In der Anschlußleitung vom Niederspannungsnetz zum Zähler und in den Leitungen innerhalb des Hauses wird bei voller Belastung im allgemeinen ein Spannungsabfall von je 1,5%, insgesamt also von 3% zugelassen. Für das Nieder-

spannungsverteilungsnetz verbleibt somit ebenfalls ein Spannungsabfall
von 3%. Je nach Sicherheitszuschlag wird man daher im Niederspannungsnetz einen Spannungsabfall von 2 bis 3% zulassen können.

Im folgenden seien noch die Spannungsverhältnisse für den Fall
untersucht, daß an einer längeren Mittelspannungsleitung eine Reihe
von Transformatoren angeschlossen sind (ähnlich der Abb. 397, rechter
Zweig). Es soll angenommen werden, daß die Spannung am Anfang
der Leitung derart geregelt werde, daß auf der Niederspannungsseite des ersten Transformators (Mittelanzapfung) die Spannung um
+9% gegenüber der Nennspannung zu hoch ist (Punkt A s. Abb. 398a).
Die Leitung sei so lang, daß auf der Niederspannungsseite des letz-

ten Transformators Punkt B
(Mittelanzapfung) die Spannung um —3% zu tief liegt.
Die Spannungen zwischen
dem ersten und letzten Transformator unterscheiden sich
also um 12%. Für alle Spannungen der Mittelanzapfung
für den Bereich A—a wollen
wir die Transformatoren auf
die niedere Anzapfung (—4%)
umschalten, so daß dort
die Spannung entsprechend

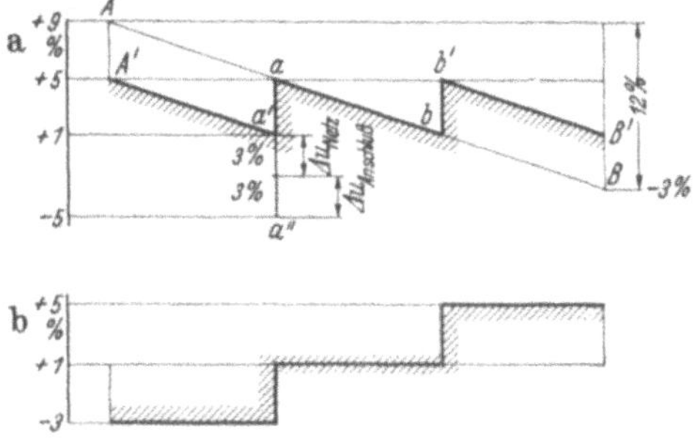

Abb. 398a u. b. Spannungsverlauf auf einer Mittelspannungsleitung, bezogen auf die Niederspannungsseite
der Transformatoren.

$A'—a'$ verläuft. Längs des Bereiches $a—b$ werde die Mittelanzapfung
gewählt. Für Transformatoren, deren Mittelanzapfungen die Spannung
$b—B$ aufweisen, sei die erhöhte Anzapfung (+4%) eingeschaltet,
so daß die Spannung auf der Niederspannungsseite dieser Transformatoren entsprechend $b'—B'$ verläuft. Die Spannungen, unmittelbar an den Niederspannungsklemmen der Transformatoren gemessen,
liegen also in dem Bereich von 101 bis 105% der Nennspannung.
Läßt man jetzt noch im Netz (z. B. vom Punkte a') einen Spannungsabfall von 3% und in den Anschlußleitungen ebenfalls einen Spannungsabfall von 3% zu, dann hat der ungünstigste Abnehmer eine Spannung
von 95%.

Von Wichtigkeit zu wissen ist noch, welcher Gesamtspannungsabfall
auf der Mittelspannungsleitung (z. B. 10 kV) auftreten darf. Zunächst
müssen wir beachten, daß in den Transformatoren selbst ein Spannungsabfall vorhanden ist. Dieser Spannungsabfall wird jedoch annähernd
ausgeglichen, da die Transformatoren nicht auf die Netzspannung
380/220 V, sondern z. B. von 10000 auf 400/231 V, also auf Spannungen,
die 5% oberhalb der Nennspannung liegen, übersetzt sind. Nehmen wir
näherungsweise an, der Spannungsabfall der Transformatoren werde
hierdurch ausgeglichen, dann muß im betrachteten Falle, damit im

angeschlossenen Niederspannungsnetz der zulässige Spannungsabfall von ±5% nicht überschritten wird, die Spannung auf der Hochspannungsseite am Anfang auf +9% eingestellt werden, um längs der Leitung bis auf —3% abzunehmen, es würde also ein zulässiger Spannungsabfall von 12% vorhanden sein.

In städtischen Mittelspannungskabelnetzen wird dieser im Idealfall mögliche Spannungsabfall von 12% bei weitem nicht erreicht, da mit Rücksicht auf die Kabelerwärmung größere Querschnitte gewählt werden müssen. Man braucht also bei den Hochspannungsleitungen der Kabelnetze nicht nach dem Spannungsabfall zu bemessen, sondern maßgebend ist entweder die Erwärmung der Kabel oder sind wirtschaft-

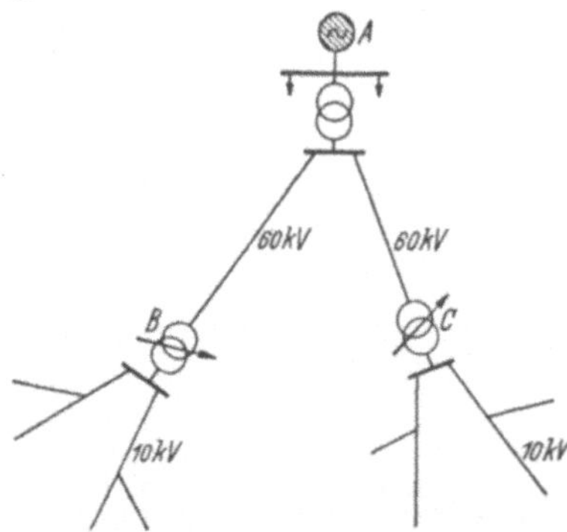

Abb. 399. Hochspannungs- [und Mittelspannungsnetz.

liche Gesichtspunkte (s. Abschnitt C). Bei Freileitungen, welche die Ortsnetztransformatoren von Dörfern beliefern, ist es wegen der wesentlich größeren Längen und der größeren Induktivität der Freileitungen möglich, daß der Spannungsabfall für die Bemessung der Leitung maßgebend ist.

Die Abb. 398b zeigt die Spannungsverhältnisse für den extremen Fall, daß die Belastungen Null sind, auf der Mittelspannungsleitung also kein Spannungsabfall eintritt.

Es sei noch erwähnt, daß, falls in manchen Teilen von Netzen, was sich nicht immer in der Praxis vermeiden läßt, dauernd eine zu hohe Spannung vorhanden ist, man Lampen für eine höhere Nennspannung (z. B. 225 V) einbauen muß. Für schwierige Fälle kann es dagegen oft zweckmäßig sein, einen Netzregler einzubauen. Es handelt sich hier um einen Spartransformator mit innerhalb gewisser Grenzen veränderlichem Übersetzungsverhältnis, welches automatisch so gesteuert wird, daß praktisch konstante Spannung vorhanden ist.

Als weiteres Beispiel sei noch das Hochspannungsnetz der Abb. 399 betrachtet. Ein Kraftwerk A versorgt ein eigenes Netz und über zwei 60 kV-Leitungen zwei 10 kV-Überlandgebiete. Die Spannung an den Speisestellen der Überlandgebiete muß bei B und C entsprechend den aufgestellten Forderungen geregelt werden können, so daß also hier Regeltransformatoren anzuwenden sind. Der Spannungsabfall in den 60 kV-Leitungen kann prinzipiell beliebig groß sein, sofern der Regelbereich der Reguliertransformatoren diesen Spannungsabfall auszuregeln gestattet. Selbstverständlich ist zu prüfen, ob dieser Spannungsabfall nicht zu große Werte annimmt, da sonst die Regeltransformatoren zu groß und unter Umständen unausführbar werden.

C. Bemessung der Leitungen auf Wirtschaftlichkeit.

Wenn wie bei den zuletzt behandelten Hochspannungsleitungen der Spannungsabfall zunächst nicht die ausschlaggebende Rolle spielt, hat man die Leitungen nach wirtschaftlichen Gesichtspunkten zu bemessen. In einer Leitung treten pro Jahr eine bestimmte Zahl von Verlust-kWh auf, die Kosten verursachen. Auch muß das Kraftwerk um die Verlustleistung größer gebaut sein, so daß der jährliche Kapitaldienst vergrößert wird. Will man diese Verlustkosten klein halten, so muß die Leitung mit größerem Querschnitt ausgeführt werden, sie wird dadurch teurer. Läßt man größere Verluste zu, dann kann die Leitung mit kleinerem Querschnitt gebaut werden und die Leitung wird damit billiger. Man kann zeigen, daß die jährlichen Kosten für die Verluste und die Kosten für Verzinsung und Amortisierung des Kapitals für Leitung und Kraftwerksvergrößerung bei einem bestimmten (wirtschaftlichen) Querschnitt am kleinsten sind (s. S. 371). Sollte dann eine Nachprüfung ergeben, daß bei diesem wirtschaftlichen Querschnitt der Spannungsabfall in der Leitung unzulässig groß wird, dann ist die angenommene Übertragungsspannung nicht richtig und man muß zu einer höheren übergehen.

XVII. Gesichtspunkte für die Ausbildung von elektrischen Niederspannungsnetzen.

Ehe auf die Berechnungsgrundlagen der Netze eingegangen werde, seien einige charakteristische Ausführungsformen von Niederspannungsnetzen behandelt. Es werde der Betrachtung ein Netz entsprechend der Abb. 400a zugrunde gelegt, bei der eine Transformatorenstation T_0 von einer Hochspannungsleitung oder unmittelbar von einem Kraftwerk gespeist werde. Die Spannung wird in T_0 beispielsweise auf 6 kV umgespannt, innerhalb des Stadtgebietes durch 6 kV-Leitungen verteilt und in kleinen Transformatorenstationen T_1, T_2 von 6 kV auf 380/220 V umgewandelt und den einzelnen Netzbezirken zugeführt. In der Abb. 400a sind drei Netzbezirke *I*, *II* und *III* angedeutet. Bei kleineren Ortschaften wird man auf die Verteilerzwischenspannung verzichten und unmittelbar von der ankommenden Fernleitung die Spannung in einer Transformatorenstation auf 380/220 V umformen. Bei größeren Netzen wird man jedoch, wie in der Abb. 400a dargestellt, zur Kleinhaltung der Spannungsabfälle die elektrische Energie zunächst mit beispielsweise 6 kV verteilen und dann erst durch eine Reihe von Transformatoren die einzelnen Netzbezirke speisen. Jeder Transformator arbeitet nach Abb. 400a auf ein in sich abgeschlossenes, strahlenförmig aufgebautes Netz.

In der Abb. 400a ist das Netz einphasig dargestellt. In Wirklichkeit sind jedoch bei einer Spannung von 380/220 V vier Leitungen vorhanden, drei Leitungen für die Phasen R, S und T und eine meist schwächere Leitung für den das Erdpotential aufweisenden Nulleiter. Man muß sich vorstellen, daß von den in der Abb. 400a dargestellten Leitungen, die längs der Straßenzüge in Kabeln oder Freileitungen verlaufen, Abzweigleitungen nach den einzelnen Gebäuden gehen, wie es z. B. in der Abb. 400b schematisch für eine Leitungsstrecke durch kleine Pfeile dargestellt ist. Jeder dieser Abzweige sieht etwa so aus wie der etwas näher ausgeführte Abzweig am Punkt B. Der Abzweig führt zur Hausanschlußsicherung und von hier vermittels Steigleitungen durch die Stockwerke, wo in Verteilungskästen eine weitere Verteilung und Absicherung erfolgt.

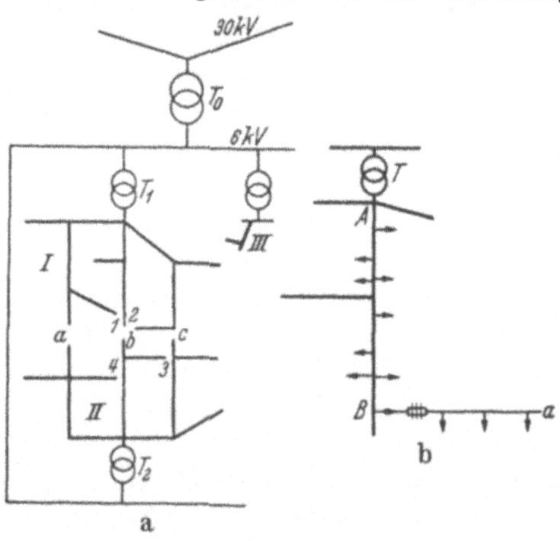

Abb. 400a u. b. Niederspannungsnetz mit 6 kV Speiseleitung.

Wenn die Leitungen des Netzes I (s. Abb. 400a) an den Punkten 1 und 2 praktisch zusammenstoßen, so drängt sich die Frage auf, ob man die Leitungen an den Stellen 1 und 2 nicht mit einander verbinden soll. Gleiches gilt für das Netz II an den Stellen 3 und 4. Es soll deswegen noch im folgenden auf die Frage der Vermaschung eingegangen werden.

In der Abb. 401 ist ein einfaches Netz aufgezeichnet, welches in den Punkten a_1 und a_2 je durch den Strom I belastet ist. Bei richtiger Auslegung wird in den Punkten a_1 und a_2 gleicher Spannungsabfall vorhanden sein, so daß man a_1 und a_2 verbinden kann,

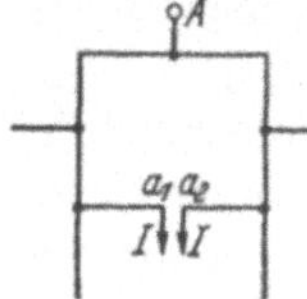

Abb. 401. Netz.

ohne daß die Belastungsverhältnisse im Netz sich irgendwie ändern. Die durch die Verbindung $a_1 a_2$ vorgenommene Vermaschung hat also bis jetzt keinerlei Vorteile gebracht. Meist treten jedoch in den Netzen die einzelnen Belastungen nicht gleichmäßig auf. Nehmen wir an, daß in Abb. 401 die Strombelastung I für die rechte Netzhälfte zu einer anderen Zeit erfolgt als in der linken Netzhälfte, dann muß bei fehlender Verbindung $a_1 a_2$ jede Netzhälfte in bezug auf den zulässigen Spannungsabfall für den Strom I bemessen sein. Sind jedoch die beiden Netzhälften bei $a_1 a_2$ miteinander verbunden, dann wird, falls der Strom I nur bei a_1 entnommen wird, dieser Strom sich auf beide Netzhälften verteilen, also halben Spannungsabfall und entsprechend kleinere Verluste im Netz hervorrufen. Bei gegebenem Spannungsabfall könnten somit die Leitungen schwächer ausgeführt werden.

Wenn auch unser Beispiel infolge extremer Annahmen die Vorteile der Vermaschung zu günstig zeigt, so wird auch bei praktischen Netzen die Vermaschung sich in bezug auf Spannungsabfall und Verluste immer günstig auswirken und die Netze elastischer machen. Es ist jedoch zu beachten, daß bei Störungen in vermaschten Netzen leichter größere Netzbezirke beeinflußt werden als es z. B. im Falle eines strahlenförmigen Netzes nach Abb. 400a der Fall ist. Man muß daher bei vermaschten Netzen darauf achten, daß bei einem auftretenden Fehler dieser möglichst selektiv durch Sicherungen abgeschaltet wird, also derart, daß keine anderen Netzteile in Mitleidenschaft gezogen werden.

Prinzipiell kann man auch daran denken, die einzelnen Niederspannungsnetze miteinander zu verbinden, etwa an den Stellen a, b und c. Durch diese Vermaschung wird die Spannungshaltung im allgemeinen auch verbessert, jedoch gilt das oben bezüglich der Selektivität Gesagte in erhöhtem Maße. Während man bei kleineren Netzen meist die strahlenförmige Ausbildung mit unter Umständen beschränkter Vermaschung bevorzugt, sieht man heute bei Verteilungsnetzen in Großstädten mit großem Energieverbrauch pro Flächeneinheit

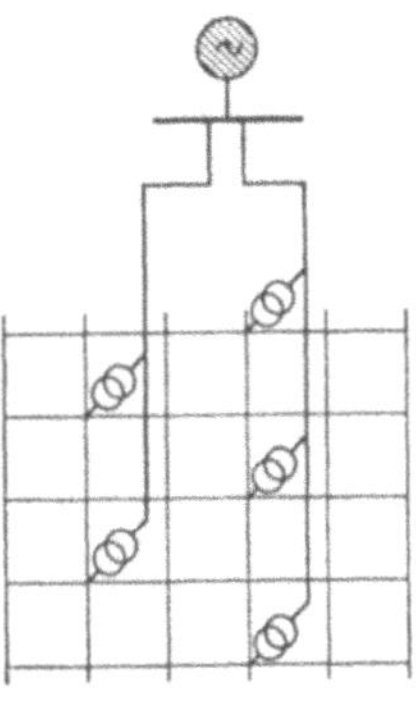

Abb. 402. Niederspannungsmaschennetz.

vorwiegend eine restlose Vermaschung entsprechend Abb. 402 vor. Das Maschennetz wird dann durch einzelne Transformatoren gespeist (s. auch S. 333).

Die oberspannungsseitige Speisung eines städtischen Netzes, bei dem die einzelnen Niederspannungsnetze für sich bestehen, erfolgt meist wie in Abb. 403 aufgezeichnet, d. h. man sieht oberspannungsseitig Leitungsringe, die man normalerweise in der Mitte aufgeschnitten hat, also einseitig speist, vor. Dadurch kann man für den Schutz der Hochspannungsleitung einen einfachen Zeitstaffelschutz ohne Richtungsglied verwenden. Tritt eine Leitungsstörung auf, z. B. bei K ein Schaden am Kabel, so wird das kranke Kabelstück abgetrennt und die sonst bei a offene Verbindung wird geschlossen, so daß die Speisung der Transformatorenstationen 3 und 4 weiterhin möglich ist.

Man muß beachten, daß gelegentlich der Fall eintreten kann, daß in einer Transformatorenstation ein Transformator schadhaft wird. Man muß nun entweder zwei Transformatoren in jeder Station aufstellen und ihre Leistung so bemessen, daß beim Ausfall eines Transformators wenigstens kurzzeitig der andere den Betrieb übernehmen kann oder man stellt in jeder Station einen Transformator auf und sieht eine

Verbindung *b* auf der Niederspannungsseite zwischen zwei Transformatorenstationen vor (s. Abb. 403), die im Falle eines Transformatorschadens geschlossen wird. Damit kann der betroffene Netzteil von dem gesunden Transformator mitgespeist werden. Aber auch dieser muß in seiner Leistung größer als normal sein, damit er diese Zusatzlast wenigstens kurzzeitig übernehmen kann. Infolge dieser Reserven, die in den Transformatorenstationen vorzusehen sind, erhöhen sich die Kosten

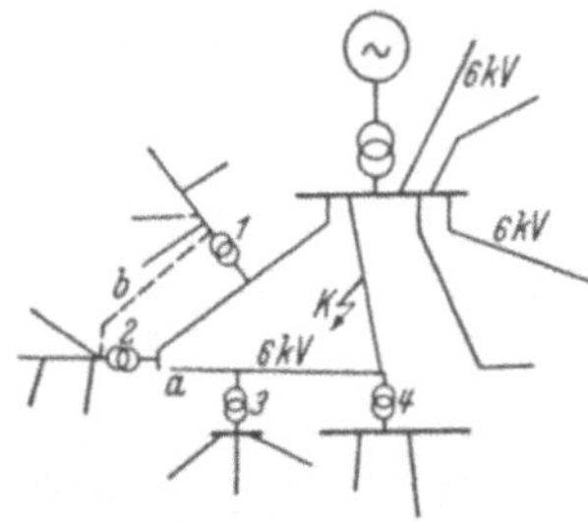

Abb. 403. Niederspannungsnetz mit Mittelspannungs-Speiseleitung.

für die Stationen. Man kann die besondere Verbindungsleitung *b* der Abb. 403 ersparen, falls man im Störungsfalle die beiden Niederspannungsnetze dort, wo Leitungen benachbart liegen, miteinander verbindet. Allerdings kann hierbei, falls man an diesen Fall bei Bemessung der Leitungen und der Sicherungen nicht gedacht hat, leicht eine Überlastung der Leitungen und ein ungewolltes Durchschmelzen der Sicherungen stattfinden.

Gegenüber obigen Verfahren bietet das Maschennetz, sofern genügend Transformatoren eingebaut sind, den Vorteil, daß bei Ausfall eines Transformators mehrere benachbarte Transformatoren die Belieferung des fraglichen Netzteiles mit übernehmen, so daß eine nennenswerte Mehrbelastung dieser Transformatoren nicht stattfindet. Die Aufwendungen für Reserve werden somit beim Maschennetz kleiner.

In sehr großen Städten kann es zweckmäßig sein, noch eine dritte Verteilungsspannung zu verwenden. Abb. 404 zeigt schematisch eine derartige Netzanordnung. Es sind drei Kraftwerke angenommen, von denen aus die Verteilung zunächst mit z. B. 30 kV erfolgt. Von diesen Kraftwerken werden eine Reihe von

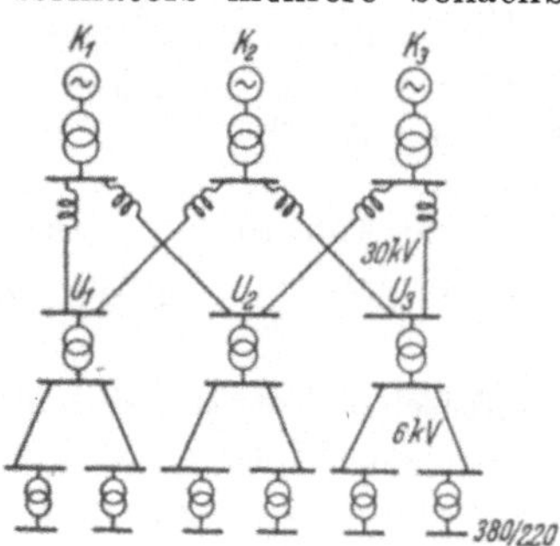

Abb. 404. Speisung eines Niederspannungsnetzes durch zwei Mittelspannungen.

Unterstationen, die in der Stadt angeordnet sind, mit Strom versorgt und zwar so, daß, wenn ein Kraftwerk ausfällt, die Stromversorgung durch das andere Kraftwerk sicher gestellt ist. Zur Kleinhaltung der Kurzschlußströme sind in den Zuleitungen Drosselspulen eingebaut. Von den Unterstationen erfolgt in bekannter Weise die Verteilung mit der Mittelspannung, etwa mit 6 kV.

XVIII. Die Berechnung elektrischer Netze.

A. Die einseitig gespeiste Leitung.

Ist eine Leitung (s. Abb. 405) am einen Ende durch einen Verbraucher mit dem Strom i belastet und beträgt die Länge von Hin- und Rückleitung jeweils l m, der Querschnitt q mm² und ist die Leitfähigkeit des Leitungsmaterials gleich $\varkappa$, so ist die Spannung beim Verbraucher um den Spannungsabfall

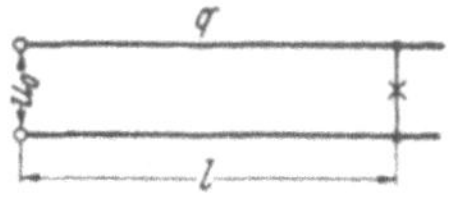

$$(139) \qquad \Delta U = 2\, \frac{i\,l}{\varkappa q} \ \text{Volt}$$

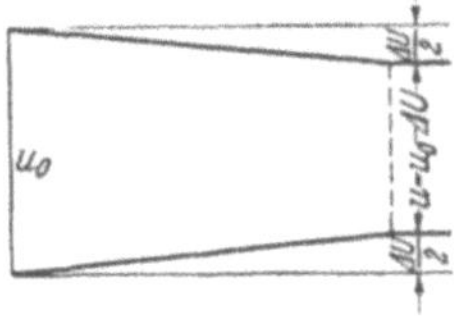

Abb. 405. Hin- und Rückleitung mit Stromverbraucher.

kleiner als am Anfang der Leitung (s. Abb. 406). Vorausgesetzt sei hierbei, wie auch im folgenden, daß die Belastung durch Gleichstrom oder durch Wechselstrom mit einer Phasenverschiebung $\varphi = 0$ über induktivitätsfreier Leitung erfolge. Besitzt die Leitung mehrere Stromverbraucher i_1, i_2 usw. (s. Abb. 407) und haben die Widerstände ϱ der einzelnen Leitungsstücke, die für Hin- und Rückleitung jeweils gleich seien, die in der Abb. 407 angegebenen Werte ϱ_1, $\varrho_2 \ldots$, dann ergibt sich der Spannungsabfall am Ende der Leitung zu

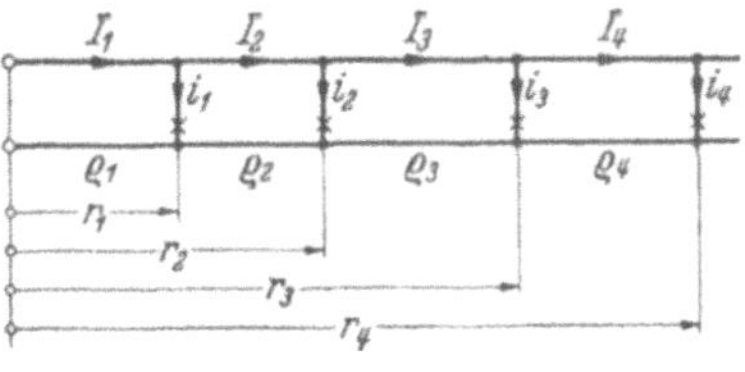

Abb. 406. Spannungsverlauf für Hin- und Rückleitung.

$$(140) \qquad \Delta U = 2\,(I_1\varrho_1 + I_2\varrho_2 + I_3\varrho_3 + I_4\varrho_4)\,.$$

In dieser Formel bedeuten I_1, I_2 usw. die Ströme, die in den jeweiligen Leitungsstücken fließen. Meist sind jedoch nicht diese Ströme bekannt, sondern die Ströme, die von den Verbrauchern abgenommen werden, also die Ströme i_1, i_2, i_3 usw. Es besteht jedoch die Beziehung:

$$(141) \qquad \begin{cases} I_1 = i_1 + i_2 + i_3 + i_4 \\ I_2 = \phantom{i_1 + {}} i_2 + i_3 + i_4 \\ I_3 = \phantom{i_1 + i_2 + {}} i_3 + i_4 \\ I_4 = \phantom{i_1 + i_2 + i_3 + {}} i_4 \end{cases}$$

Abb. 407. Leitung mit mehreren Verbrauchern.

Setzt man diese Werte in Gl. (140) ein, dann erhält man

$$\Delta U = 2\,[(i_1 + i_2 + i_3 + i_4)\,\varrho_1 + (i_2 + i_3 + i_4)\,\varrho_2 + (i_3 + i_4)\,\varrho_3 + i_4\varrho_4]$$

oder

$$\Delta U = 2\,[i_1\varrho_1 + i_2\,(\varrho_1 + \varrho_2) + i_3\,(\varrho_1 + \varrho_2 + \varrho_3) + i_4\,(\varrho_1 + \varrho_2 + \varrho_3 + \varrho_4)]\,.$$

Da nach Abb. 407 $\varrho_1 = r_1$; $\varrho_1 + \varrho_2 = r_2$; $\varrho_1 + \varrho_2 + \varrho_3 = r_3$ usw. ist, ergibt sich:

$$\Delta U = 2\,[i_1 r_1 + i_2 r_2 + i_3 r_3 + i_4 r_4]$$

oder allgemeiner:

$$(142\,\mathrm{a}) \qquad \Delta U = 2 \sum i\,r\,.$$

Oft ist längs der Leitung konstanter Querschnitt q vorhanden. Bezeichnet man die Entfernungen vom Speisepunkt bis zu den einzelnen Abnehmern mit l_1, l_2, l_3 usw., dann kann man, z. B. für r_2 schreiben: $r_2 = l_2/\varkappa q$. Dies auf Gl. 142a angewandt, ergibt die Beziehung:

$$(142\,\mathrm{b}) \qquad \Delta U = \frac{2}{\varkappa q} \sum i\,l.$$

Die bis jetzt abgeleiteten Gleichungen gelten unter der Voraussetzung, daß die Widerstände bzw. die Querschnitte für die Hin- und Rückleitung gleich sind, daß also der Abfall Δu für die Hinleitung gleich dem der Rückleitung und der Gesamtspannungsabfall $\Delta U = 2 \cdot \Delta u$ ist. Gelegentlich sind jedoch für Hin- und Rückleitung verschiedene Widerstände vorhanden, oft fällt sogar die Rückleitung gänzlich fort. Dieser Fall liegt z. B. in gleichmäßig belasteten Drehstromsystemen vor. Es ist dann für den Spannungsabfall pro Phase nur der Abfall in der Zuleitung zu berechnen. Wir wollen deshalb im folgenden stets nur den Spannungsabfall Δu (u sei klein geschrieben) für die Zuleitung berechnen. Ist noch der Spannungsabfall in einer Rückleitung zu berücksichtigen, dann ist dieser Spannungsabfall sinngemäß zu ermitteln. Der Gesamtabfall ist dann gleich der Summe aus beiden. Unsere bisherigen Formeln, nur auf die Hinleitung bezogen, lauten:

$$(143) \qquad \Delta u = I_1 \varrho_1 + I_2 \varrho_2 + I_3 \varrho_3 + \cdots \sum I \varrho$$

$$(144) \qquad \Delta u = i_1 r_1 + i_2 r_2 + i_3 r_3 + \cdots = \sum i\, r$$

$$(145) \qquad \Delta u = \frac{1}{\varkappa q}\,(i_1 l_1 + i_2 l_2 + i_3 l_3 \cdots) = \frac{1}{\varkappa q}\sum i\, l$$

Oft sind statt der Ströme die Leistungen N, die entnommen werden, gegeben. Bei symmetrisch belastetem Drehstromsystem mit der verketteten Spannung U ist $i = N/\sqrt{3}\,U$. Setzt man dies in Gl. (145) ein, dann folgt

$$(146) \qquad \Delta u = \frac{1}{\varkappa q\sqrt{3}\,U}\,(N_1 l_1 + N_2 l_2 + N_3 l_3 + \cdots) = \frac{1}{\varkappa q\sqrt{3}\,U}\sum N\, l.$$

Die Gl. (144) und (145) zeigen, daß man den Spannungsabfall Δu erhält, indem man die durch die einzelnen Ströme bedingten Spannungsabfälle einander überlagert. Die Größen $i \cdot l$ der Gl. (145) bezeichnet man als Strommomente. Die Abb. 408a zeigt eine einseitig gespeiste Strecke mit drei Stromverbrauchern. In den Abb. 408b, c und d sind die Spannungsabfälle, die jeder Strom auf der Strecke für sich allein erzeugen würde, aufgetragen. Die Summe der Spannungsabfälle ergibt den resultierenden Spannungsabfall (Abb. 408e).

Für den Fall, daß der Spannungsabfall nicht am Ende der Leitung, sondern im Punkte a (Abb. 408a), zu bestimmen ist, denkt man sich bei a die Leitung geschnitten. Aus der Schnittstelle, die den Abstand l_a von der Speisestelle habe, fließt der Strom $i_2 + i_3$. Die Strommomente bezogen auf den Punkt a sind also $i_1 l_1 + (i_2 + i_3) l_a$. Teilt man diesen Ausdruck durch $\varkappa \cdot q$, so erhält man den Spannungsabfall im Punkt a.

Sehr oft ist der Spannungsabfall Δu in % und damit Δu gegeben (bei Drehstrom bezieht sich Δu auf die Phasenspannung $U_\curlywedge = U/\sqrt{3}$, also $\Delta u = \dfrac{\Delta u\,\%\;U}{100\,\sqrt{3}}$). Gesucht ist dann der Querschnitt der Leitung. Es ist

$$(147) \qquad q = \frac{\Sigma\, i\, l}{\varkappa \cdot \Delta u}.$$

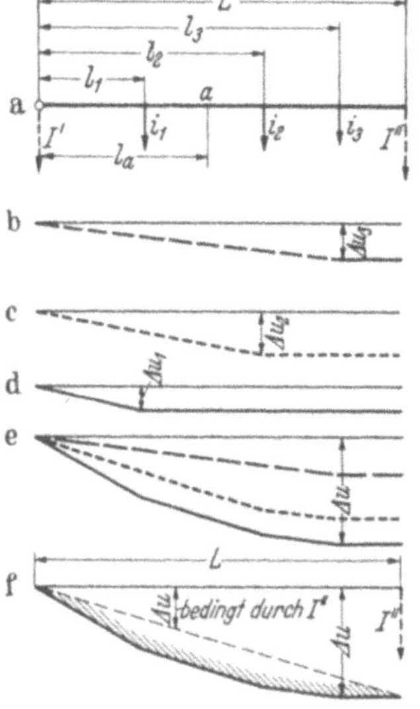

Um kompliziertere Netzgebilde zu berechnen, ist es zweckmäßig, die meist zahlreich vorhandenen Stromabnahmen einer Leitungsstrecke durch einen gedachten ideellen Strom I'' mit gleicher Wirkung wie die einzelnen Ströme, zu ersetzen. Denkt man sich I'' (s. Abb. 408a) am Ende der Leitung im Abstand L vom Speisepunkt angreifend, dann gilt, wenn I'' gleichen Spannungsabfall wie die Ströme i_1, i_2 usw. erzeugen soll

$$(148) \quad I'' L = \sum i\, l \quad \text{oder} \quad I'' = \frac{\sum i\, l}{L}.$$

Abb. 408f zeigt die tatsächlich vorhandenen Spannungsabfälle und den durch I'' bedingten (gestrichelt gezeichnet). Am Ende

Abb. 408. Leitung mit mehreren Stromverbrauchern, sowie die hierdurch bedingten Spannungsabfälle auf der Leitung.

der Leitung ist also Gleichheit der Spannungsabfälle vorhanden. Um das Ersatzbild zu vervollständigen, ist es notwendig, am Anfang der Leitung einen Belastungsstrom

$$(149) \qquad I' = \sum i - I''$$

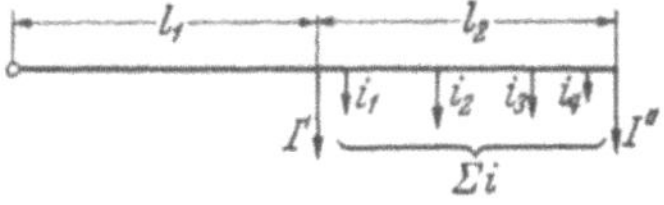

einzuführen. I' verändert nicht den Spannungsabfall auf der Leitung, aber die Summe unserer ideellen Ströme $I' + I''$ wird jetzt gleich $\sum i$, also gleich den Strömen,

Abb. 409. Leitung, bei welcher die abgenommenen Ströme durch zwei Komponentenströme ersetzt werden.

welche die Stromquelle liefert. Die Notwendigkeit, I' einzuführen, geht aus der Abb. 409 hervor, bei der zwei in Reihe geschaltete Leitungen l_1 und l_2 vorhanden sind und l_2 eine Reihe von Stromabnahmen besitzt. Der Spannungsabfall auf l_2 ergibt sich zu

$$\Delta u_2 = \frac{I'' l_2}{\varkappa q}.$$

Um den Spannungsabfall auf der Strecke l_1 richtig zu erhalten, ist zu beachten, daß diese von einem Strom von der Größe $\sum i$ durchflossen wird, man aber auch zu einem richtigen Ergebnis gelangt, falls man, wie oben angegeben, nicht nur den ideellen Strom J'', sondern auch J' berücksichtigt. Der Spannungsabfall am Ende der Leitung ergibt sich als Summe der Einzelspannungsabfälle, also zu

$$\Delta u = \frac{(I' + I'')\,l_1 + I''\,l_2}{\varkappa\,q}\,.$$

Nach Gl. (149) war $I' = \sum i - I''$. Setzt man für I'' den Wert nach Gl. (148) ein, dann erhält man

$$I' = \sum i - \frac{\sum i\,l}{L} = \frac{(i_1 + i_2 + i_3)\,L - i_1\,l_1 - i_2\,l_2 - i_3\,l_3}{L}$$

$$I' = \frac{i_1\,(L - l_1) + i_2\,(L - l_2) + i_3\,(L - l_3)}{L}$$

oder

$$(150) \qquad I' = \frac{\sum i\,(L - l)}{L}\,.$$

Man kann also I' in ähnlicher Weise wie I'' erhalten, nur muß man die Summe der Strommomente vom anderen Ende der Leitung aus bilden. Die ideellen Ströme I' und I'' nennt man auch die Stromkomponenten.

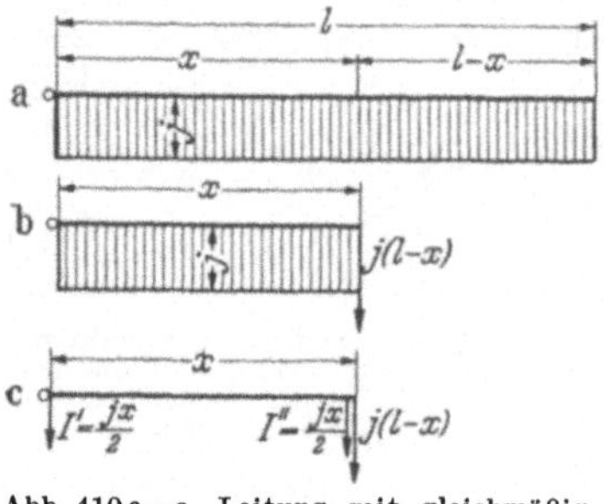

Es sei eine Leitung vorhanden, bei der pro m Länge gleichmäßig verteilt die Stromstärke j abgenommen werde. Gefragt wird, wie groß der Spannungsabfall im Abstand x von der Speisestelle ist. Man legt durch die Leitung (s. Abb. 410a) bei x einen Schnitt. Aus der Schnittstelle wird der Strom $j\,(l - x)$ fließen (Abb. 410b). Denkt man sich die auf der Strecke x gleichförmig verteilte Strombelastung auf die Enden des Streckenabschnitts gebracht (Abb. 410c), so erhält man für die Stromkomponente J' und J'' je den Wert $(j \cdot x/2)$. Der Spannungsabfall an der Stelle x ist dann gleich

$$\Delta u_x = \frac{x}{\varkappa q} \cdot \left(\frac{j\,x}{2} + j\,(l - x) \right)$$

oder

$$(151) \qquad \Delta u_x = \frac{j}{\varkappa q}\,x \left(l - \frac{x}{2} \right).$$

Abb. 410a—c. Leitung mit gleichmäßig verteilter Stromabnahme.

Setzt man $x = l$, so erhält man den Spannungsabfall am Ende der Leitung

$$(152) \qquad \Delta u = \frac{j\,l^2}{2\,\varkappa q}\,.$$

Beispiel. Ein Wechselstromkreis 220 V habe die aus Abb. 411 zu ersehenden Abnahmen (ohmsche Belastung vorausgesetzt) und Längen. Es sind 3% Spannungsabfall zugelassen und gefragt ist nach dem Querschnitt. Es gilt sowohl für Hin- und Rückleitung

$$q = \frac{\sum i\,l}{\varkappa \cdot \Delta u}\,.$$

Es sei Cu gewählt, also $\varkappa = 56$. Für die Hinleitung ist

$$\varDelta u = \frac{1}{2} \cdot \frac{3}{100} \cdot 220 = 3,3 \text{ V},$$

also

$$q = \frac{10 \cdot 50 + 22 \cdot 100}{56 \cdot 3,3} = 14,6 \text{ mm}^2.$$

Gewählt wird der genormte Querschnitt $q = 16$ mm². Der Spannungsabfall ist dann

$$\frac{14,6}{16} \cdot 3 = 2,74\%.$$

Beispiel. Die Ströme der Abb. 411 belasten jetzt symmetrisch ein Drehstromsystem, dessen verkettete Spannung 380 V, die Phasenspannung also 220 V beträgt. Da nur auf der Hinleitung Spannungsabfall auftritt, ist also

$$\varDelta u = \frac{3}{100} \cdot 220 = 6,6 \text{ V}.$$

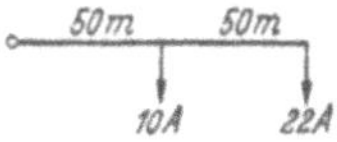

Es ist also

$$q = \frac{10 \cdot 50 + 22 \cdot 100}{56 \cdot 6,6} = 7,3 \text{ mm}^2.$$

Abb. 411. Strombelastungen für Beispiel.

Gewählt wird der genormte Querschnitt 10 mm², so daß der Spannungsabfall dann

$$\frac{7,3}{10} \cdot 3 = 2,2\% \text{ ist.}$$

Beispiel. Auf einer symmetrisch belasteten Drehstromleitung aus Al liege eine Belastung von 30 kW, die gleichmäßig verteilt entnommen werde. Die Länge der Leitung sei 400 m, der zulässige Spannungsabfall sei 2%, die Spannung U beträgt 380/220 V. Gefragt wird nach dem Querschnitt q.

Aus Gl. (152) folgt

$$q = \frac{j\,l^2}{2\,\varkappa\,\varDelta u}.$$

30 kW entspricht $I = \dfrac{30000}{\sqrt{3} \cdot 380} = 45,6$ A. Pro m Leitungslänge entfällt dann

$j = \dfrac{45,6}{400} = 0,114$ A/m. Es ist $\varDelta u = \dfrac{2}{100} \cdot 220 = 4,4$ V.

Es wird dann $q = \dfrac{0,114 \cdot 400^2}{2 \cdot 34,8 \cdot 4,4} = 59,5$ mm².

Es wird $q = 70$ mm² gewählt.

B. Zweiseitig gespeiste Leitungen.

Die Leitung nach Abb. 412a sei von zwei Speisepunkten I und II, die zunächst gleiche Spannung haben sollen, gespeist. Die Stromabnahmen seien i_1, i_2, i_3 usw. Es interessieren die Ströme, welche von I und II in die Leitung hineinfließen. Denkt man sich zunächst die Leitung bei II durchschnitten (s. Abb. 412a), so erhält man eine einseitig gespeiste Leitung, der Spannungsabfall kann für die Leitung und die Schnittstelle bei II berechnet werden. Es gilt hierfür der Linienzug a der Abb. 412b. Der Spannungsabfall ist an der Schnittstelle gleich dem Spannungsabfall des äquivalenten Stromes

$$I'' = \frac{\varSigma\,i\,l}{L}.$$

Man stellt sich nun vor, daß in die Leitung von rechts nach links ein Strom von der Größe I'' fließt. Dieser Strom erzeugt für sich allein einen Spannungsabfall, der durch die Gerade b der Abb. 412b dargestellt ist. Fließen die Ströme i_1, i_2, i_3 und dieser Strom I'' gleichzeitig, dann überlagern sich die Spannungsabfälle und an der Schnittstelle bei II ist der Spannungsabfall Null vorhanden. Die Schnittstelle und II haben also gleiches Potential, so daß der Schnitt jetzt nicht mehr notwendig ist. Der auf der Leitung tatsächlich vorhandene Spannungsabfall entspricht nun der schraffierten Kurve der Abb. 412b und ist in Abb. 412c für sich allein herausgezeichnet. Punkt I und II haben,

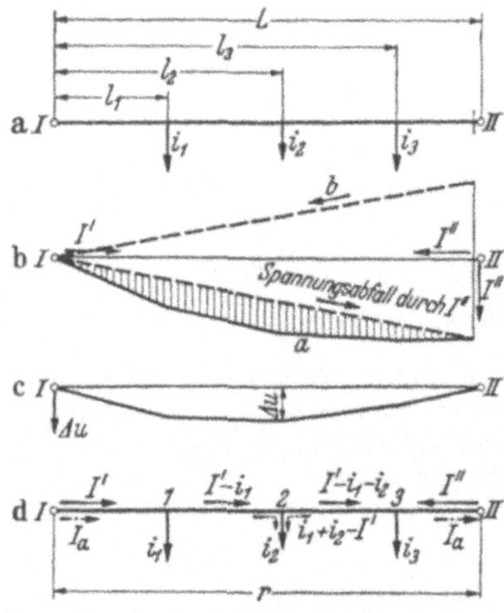

Abb. 412a—d. Zweiseitig gespeiste Leitung.

wie verlangt, gleiches Potential. Es gilt also das Gesetz, daß bei einer zweiseitig gespeisten Strecke mit gleicher Spannung an den Speisepunkten der bei II in die Leitung hineinfließende Strom gleich dem nach Gl. (148) berechneten ideellen Strom I'' ist. Entsprechend fließt von I in die Leitung der Strom I'. Die Stromverteilung in den einzelnen Leitungsstücken ist jetzt bekannt. Der Strom beträgt im ersten Abschnitt von links I', im zweiten Abschnitt $I'-i_1$, im dritten Abschnitt $I'-i_1-i_2$. Ergibt sich hierfür z. B. ein negativer Wert, dann fließt der im Abschnitt *3* vorhandene Leitungsstrom entgegengesetzt der als positiv geltenden ausgezogenen Pfeilrichtung, also der Abnahmestelle *2* zu (gestrichelt gezeichnet). Da hier von beiden Seiten Strom zufließt, hat dieser Punkt größten Spannungsabfall, der, da die Stromverteilung bekannt ist, jetzt leicht berechnet werden kann.

Oft haben die Speisepunkte I und II ungleiches Potential, z. B. u_I und u_{II} (bei Drehstrom sind für diese Werte die Phasenspannung einzusetzen). Nehmen wir zunächst an, es seien keine Stromabnahmen auf der Leitung vorhanden, dann fließt ein Ausgleichsstrom (in Abb. 412d strichpunktiert gezeichnet)

$$(153) \qquad\qquad I_a = \frac{u_I - u_{II}}{r},$$

wobei r der Widerstand der ganzen Leitungsbahn ist. Sind gleichzeitig die Stromabnahmen i vorhanden, so überlagern sich die ausgezogenen Leitungsströme der Abb. 412d und der Ausgleichsstrom I_a. Es fließt also von links nach rechts in die Leitung der Strom $I' + I_a$, im Abschnitt *1—2* der Strom $I'-i_1+I_a$, im Abschnitt *2—3* der Strom $I'-i_1-$

$i_2 + I_a$ usw. Vom Punkte II fließt von rechts nach links der Strom $I'' - I_a$. Damit ist die neue Stromverteilung gegeben und die Spannungsabfälle können berechnet werden.

Beispiel. Eine zweiseitig gespeiste Drehstromleitung habe an den Speisepunkten eine verkettete Spannung von 380 und 390 V. Gefragt wird nach dem größten Spannungsabfall, falls die (ohmschen) Belastungen pro Phase die der Abb. 413a sind und als Leitung eine Aluminiumleitung von 35 mm² Querschnitt in Frage kommt.

Es ist

$$I'' = \frac{\Sigma\, i\, l}{L} = \frac{50 \cdot 100 + 100 \cdot 150}{250} = 80\ \text{A}.$$

Da bei II die verkettete Spannung 10 V höher ist, besteht zwischen II und I eine Differenz der Phasenspannung von $10/\sqrt{3} = 5{,}78$ V. Der Widerstand zwischen II und I ist $r = \dfrac{250}{34{,}8 \cdot 35} = 0{,}205\ \Omega$.

Es fließt also von II nach I ein Ausgleichstrom

$$I_a = \frac{5{,}78}{0{,}205} = 28{,}2\ \text{A}.$$

Insgesamt fließen von II aus $80 + 28 = 108$ A (s. Abb. 413b).

Abb. 413a u. b. Strombelastungen der zweiseitig gespeisten Leitung für Beispiel.

Im Abschnitt $1-2$ fließen dann $108 - 100 = 8$ A und im Abschnitt $I-1$ $8 - 50 = -42$ A.

Im Punkte 1 ist, da er von beiden Seiten gespeist wird, der größte Spannungsabfall. Er ist, falls man von I aus rechnet

$$\varDelta u = \frac{100 \cdot 42}{34{,}8 \cdot 35} = 0{,}35\ \text{V}.$$

Prozentual ist der Spannungsabfall dann $\dfrac{0{,}35 \cdot \sqrt{3} \cdot 100}{380} = 0{,}159\,\%$, also sehr klein.

C. Verteilung der Netzbelastungen auf die Knotenpunkte.

Es wurde festgestellt, daß der bei einseitiger Speisung am Leitungsende angreifende Ersatzstrom I'' genau so groß wie der bei zweiseitiger Speisung von diesem Ende in die Leitung hineinfließende Strom ist (der Ausgleichsstrom wird gesondert behandelt). Dieses Ergebnis gestattet in beliebigen Netzen sämtliche an den Leitungen angreifende Belastungsströme auf die Knotenpunkte zu bringen. In Abb. 414a ist ein Netz dargestellt, welches die Speisepunkte A, B und C besitzt, die beliebige Spannungen haben können. Uns interessiert das Leitungsstück $I-II$. Die an diesem angreifenden Belastungen bewirken, falls die Punkte I und II gleiches Potential haben, das Zufließen der Ströme I' und I''. Bei verschiedener Spannung der Punkte I und II kommt außerdem noch der Ausgleichsstrom I_a hinzu. Falls wir uns nur für die Potentiale an den Knotenpunkten I und II interessieren, wird sich in den Netzgebilden links von I und rechts von II nichts ändern, wenn wir annehmen, daß die Belastung auf der Strecke $I{-}II$ durch die an den Knotenpunkten I und II angreifende Ströme I' und I'' ersetzt werden (s. Abb. 414b). Diese Vereinfachung ist zulässig, da nur durch den Ausgleichsstrom I_a die Spannungsdifferenz zwischen I und II geschaffen wird und die im übrigen Netz fließenden Ströme nicht geändert werden, da es für diese einerlei ist, ob die Ströme I' und I'' in die Leitung $I{-}II$ hineinfließen oder an den Punkten I und II abgenommen werden. Man kann also die auf einer Strecke $I{-}II$ angreifenden Belastungen stets ersetzt denken durch zwei an den Knotenpunkten angreifende Komponentenströme I' und I''. Das bis jetzt für die Strecke $I{-}II$ abgeleitete Ergebnis gilt allgemein und man kann in einem Netz sämtliche Belastungen auf die Knotenpunkte verteilen.

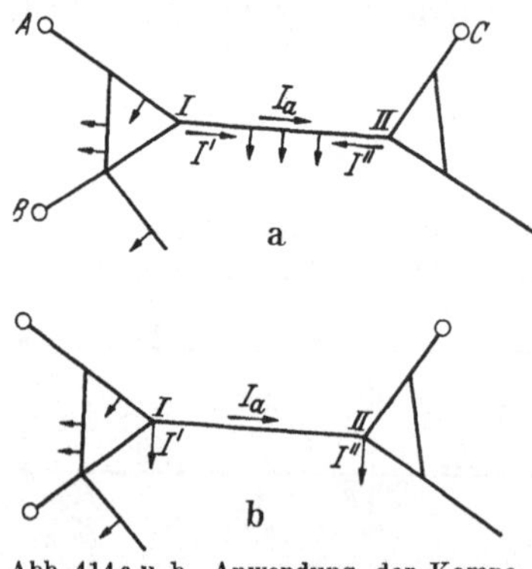

Abb. 414a u. b. Anwendung der Komponentenzerlegung auf ein beliebiges Netz.

Das Verfahren gilt auch, falls die zu betrachtende Strecke nur einseitig gespeist ist, denn der dann am Ende angreifende Ersatzstrom hat genau gleiche Größe wie der Komponentenstrom.

D. Berechnung von sternförmigen Netzgebilden.

In Netzen kommen häufig sternförmige Gebilde (s. Abb. 415a) vor (z. B. in allen Knotenpunkten der Netze). Zur Vereinfachung der

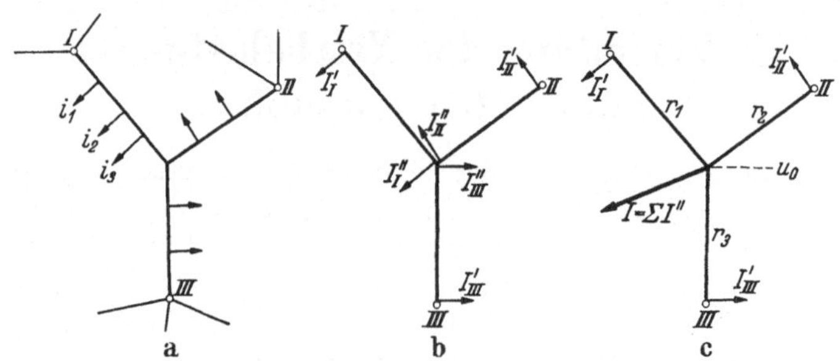

Abb. 415a—c. Leitungsstern.

Berechnung ist es zunächst notwendig, die Belastungen durch die Komponentenströme zu ersetzen. Dies führt zu Abb. 415b. Die am Sternpunkt angreifenden Komponentenströme I_I'', I_{II}'' und I_{III}'' kann man zu einem einzigen Strom I zusammenfassen

$$I = I_I'' + I_{II}'' + I_{III}'' \quad \text{(s. Abb. 415c)}.$$

Zur Berechnung des Sternpunktpotentials u_0 werde dieses Potential zunächst als bekannt vorausgesetzt. Es ist dann möglich, die dem Sternpunkt zufließenden Ströme I_1, I_2, I_3 zu berechnen. Sie ergeben sich, falls u_1, u_2, u_3 die Eckpunktspotentiale bzw. Phasenspannungen sind, zu:

$$(154) \qquad I_1 = \frac{u_1 - u_0}{r_1}; \qquad I_2 = \frac{u_2 - u_0}{r_2}; \qquad I_3 = \frac{u_3 - u_0}{r_3}.$$

Da $I_1 + I_2 + I_3 = I$ sein muß, folgt

$$\frac{u_1 - u_0}{r_1} + \frac{u_2 - u_0}{r_2} + \frac{u_3 - u_0}{r_3} = I,$$

oder

$$(155) \qquad \frac{u_1}{r_1} + \frac{u_2}{r_2} + \frac{u_3}{r_3} - I = u_0 \left(\frac{1}{r_1} + \frac{1}{r_2} + \frac{1}{r_3} \right).$$

Setzt man

$$\frac{1}{r_1} + \frac{1}{r_2} + \frac{1}{r_3} = \frac{1}{r_0},$$

wobei r_0 der Ersatzwiderstand für die Parallelschaltung der Leiterwiderstände r_1, r_2 und r_3 ist, so kann man die Gleichung auch schreiben:

$$(156) \qquad u_0 = r_0 \left(\frac{u_1}{r_1} + \frac{u_2}{r_2} + \frac{u_3}{r_3} - I \right) = r_0 \left(\sum \frac{u}{r} - I \right).$$

Nachdem jetzt u_0 bekannt ist, kann man die Stromverteilung und die Spannungsabfälle der einzelnen Schenkel des Sternes ermitteln, denn jeden Schenkel kann man als zweiseitig gespeiste Strecke auffassen.

Es sei erwähnt, daß in einem beliebigen Netz für jeden Knotenpunkt eine solche Sternpunktsgleichung, in der die Eckpunktspotentiale u_1, u_2, u_3 usw. vorkommen, gilt. Sind einige dieser Eckpunkte Speisepunkte, dann sind hier die Potentiale bekannt. Die anderen Potentiale sind zunächst unbekannt, können jedoch berechnet werden, da man ebenso viele Sternpunktsgleichungen (auch Knotenpunktsgleichungen genannt) aufstellen kann, als zur Berechnung der Potentiale nötig sind. Da diese Berechnung sehr kompliziert wird, seien im folgenden andere Methoden gebracht, die schneller zum Ziel führen.

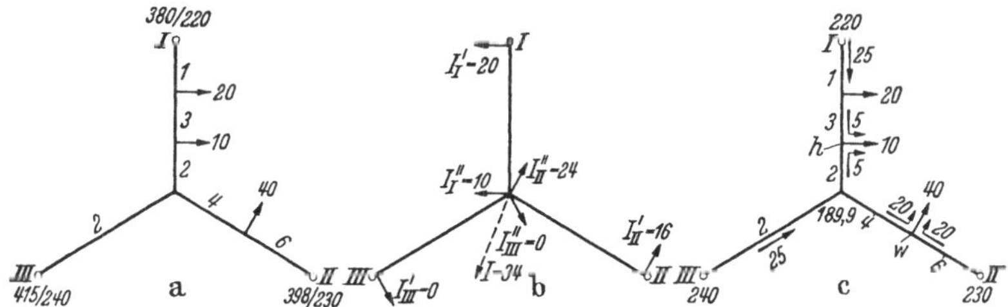

Abb. 416a—c. Strombelastungen des Netzsternes für Beispiel.

Beispiel. Gesucht ist bei dem Leitungsstern der Abb. 416a der Punkt größten Spannungsabfalles und die Stromverteilung. Die Phasenwiderstände und die Ströme des Drehstromsystemes sind in der Abbildung eingetragen. Es werde zunächst die Berechnung der Komponentenströme durchgeführt.

$$I_I'' = \frac{20 \cdot 1 + 10 \cdot 4}{6} = 10 \text{ A}, \qquad I_I' = 30 - 10 = 20 \text{ A}$$

$$I_{II}'' = \frac{40 \cdot 6}{10} = 24 \text{ A}, \qquad I_{II}' = 40 - 24 = 16 \text{ A}$$

$$I_{III}'' = 0, \qquad\qquad\qquad I_{III}' = 0 \qquad \text{(s. Abb. 416 b)}.$$

Die Sternpunktsbelastung ist $I = I_I'' + I_{II}'' + I_{III}'' = 10 + 24 + 0 = 34$ A. Das Sternpunktspotential bzw. dessen Phasenspannung berechnet sich nach

$$u_0 = r_0 \left(\sum \frac{u}{r} - I \right),$$

hierin ist

$$\frac{1}{r_0} = \frac{1}{r_1} + \frac{1}{r_2} + \frac{1}{r_3} = \frac{1}{6} + \frac{1}{10} + \frac{1}{2} = \frac{23}{30};$$

hieraus $r_0 = 1,3\ \Omega$. Es ist also

$$u_0 = 1,3 \left(\frac{220}{6} + \frac{230}{10} + \frac{240}{2} - 34 \right) = 189,9 \text{ V}.$$

Man kann jetzt die Ausgleichströme der einzelnen Schenkel berechnen.

$$I_1 = \frac{220 - 189,9}{6} = 5 \text{ A}.$$

$$I_2 = \frac{230 - 189,9}{10} = 4 \text{ A}.$$

$$I_3 = \frac{240 - 189,9}{2} = 25 \text{ A}.$$

Außer diesen Ausgleichströmen fließen in die drei Schenkel die Ströme I_I', I_{II}' und I_{III}' hinein.

In den Schenkel *1* fließt also von $\quad I \quad 5 + 20 = 25$ A (s. Abb. 416 c).
In den Schenkel *2* fließt also von $\quad II \quad 4 + 16 = 20$ A.
In den Schenkel *3* fließt also von $III \quad 25 + \ 0 = 25$ A.

Daraus kann jetzt die Stromverteilung nach Abb. 416 c ermittelt werden. Punkte größten Spannungsabfalles liegen bei h und w. Die Spannung bei w ist

$$230 - 20 \cdot 6 = 110 \text{ V und die bei } h \ 189,9 - 5 \cdot 2 = 179,9 \text{ V}.$$

Vergleicht man diese Spannungen mit der Nennspannung 220 V, so erkennt man, daß die Spannungsabfälle derart groß sind, daß die angenommenen Ströme nicht möglich sind, so daß es sich um einen praktisch nicht ausführbaren Belastungsfall handelt.

E. Netzumwandlungen.

Es soll im folgenden versucht werden, kompliziertere Netzgebilde in einfachere, die der Berechnung besser zugänglich sind, zu verwandeln. Da bei solchen Umwandlungen auch als Ausgangsgebilde Netzsterne in Betracht kommen und es dabei hinderlich ist, wenn im Sternpunkt ein Strom I (s. Abb. 417 a) abgenommen wird, soll als erstes dieser Stromwert I vom Sternpunkt auf die Eckpunkte überführt werden.

Dabei können diese Eckpunkte *I*, *II* und *III* mit einem beliebigen Netz in Verbindung stehen. Wir nehmen zunächst an, daß die Punkte *I*, *II* und *III* gleiches Potential haben. Die drei Punkte können dann zusammengefaßt werden. Man erhält drei parallel geschaltete Leiter mit den Widerständen r_1, r_2 und r_3 (s. Abb. 417b) und der Stromabnahme *I* am Ende. Der Ersatzwiderstand r_0 für die drei parallel geschalteten Widerstände berechnet sich aus

$$\frac{1}{r_0} = \frac{1}{r_1} + \frac{1}{r_2} + \frac{1}{r_3}.$$

Im Sternpunkt des Netzgebildes wird infolge der Stromabnahme *I* das Potential um den Betrag

$$\Delta u_0 = I\, r_0$$

niedriger sein als an den Speisepunkten.

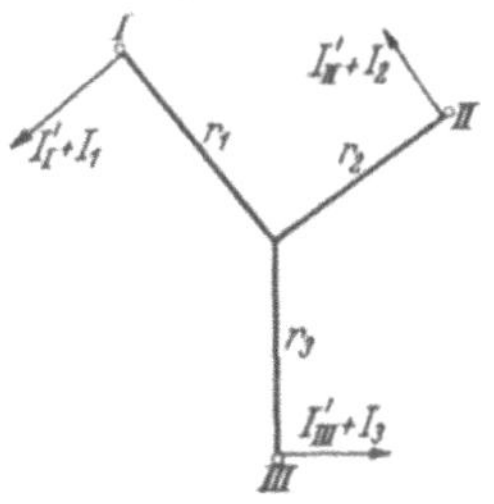

Abb. 417a u. b. Überführung einer Sternpunktsbelastung auf die Eckpunkte.

Da nun der Spannungsabfall am Sternpunkt bekannt ist, können die in den einzelnen Leitungen fließenden Ströme ermittelt werden. Sie ergeben sich zu:

$$(157) \qquad I_1 = \frac{I\, r_0}{r_1}; \qquad I_2 = \frac{I\, r_0}{r_2}; \qquad I_3 = \frac{I\, r_0}{r_3}.$$

Statt diese Ströme in die Leitungen hineinfließen zu lassen, kann man, ohne an den Strom- und Spannungsverhältnissen des angeschlossenen Netzes etwas zu ändern, annehmen, daß diese Ströme als zusätzliche Belastungsströme zu den Strömen I_I', I_{II}' und I_{III}' (s. Abb. 415c) an den Punkten *I*, *II* und *III* angreifen (s. Abb. 418). Man kann also eine Belastung vom Sternpunkt auf die benachbarten Netzpunkte übertragen. Da unsere Eckpunkte *I*, *II* und *III* normalerweise ungleiches Potential haben, werden durch den Stern noch zusätzliche Ausgleichsströme fließen, die uns jedoch im Augenblick nicht interessieren.

Abb. 419a zeigt einen vierpoligen Netzstern, Abb. 419b ein allgemeines Viereck, bei dem sämtliche Ecken miteinander verbunden sind. Die Widerstandswerte sind in beiden Abbildungen eingezeichnet. Es sei nachgeprüft, ob sich ein Stern stets in ein widerstandstreues Vieleck umwandeln läßt (bzw. umgekehrt), wobei wir unter Widerstandstreue die Eigenschaft verstehen, daß die im anstoßenden Netz herrschenden Strom- und Spannungsverhältnisse unverändert bleiben, einerlei ob man den Stern oder das Vieleck im Netz eingeschaltet hat. Für das Potential u_0 des Sternpunktes gilt, wenn die Potentiale der Eckpunkte u_1, u_2 usw. sind, die Sternpunktsgleichung

$$(158) \qquad u_0 = r_0 \left(\frac{u_1}{r_1} + \frac{u_2}{r_2} + \frac{u_3}{r_3} + \frac{u_4}{r_4} \right).$$

Da im Netz der Abb. 419 für die Ströme nur die Potentialunterschiede maßgebend sind, nicht jedoch die absoluten Größen der Potentiale, können wir deren Nullpunkt so wählen, daß beispielsweise das Potential des Punktes *3* gleich Null ist, d. h. $u_3 = 0$. Der dem Punkt *3* durch den Widerstand r_3 zufließende Strom I_3 hat dann den Wert

$$(159) \qquad I_3 = \frac{u_0}{r_3} = \frac{r_0}{r_3}\left(\frac{u_1}{r_1} + \frac{u_2}{r_2} + \frac{u_4}{r_4}\right).$$

Wir betrachten jetzt das Vieleck der Abb. 419 und berechnen ebenfalls die Ströme, welche dem Punkte *3* zufließen. Besitzen diese Ströme zusammen die Größe I_3', so gilt:

$$(160) \qquad I_3' = \frac{u_1}{r_{13}} + \frac{u_2}{r_{23}} + \frac{u_4}{r_{34}}.$$

Sind Vieleck und Stern widerstandstreu, dann muß I_3' gleich I_3 sein, und zwar bei beliebigen Potentialen der anderen Eckpunkte. Die

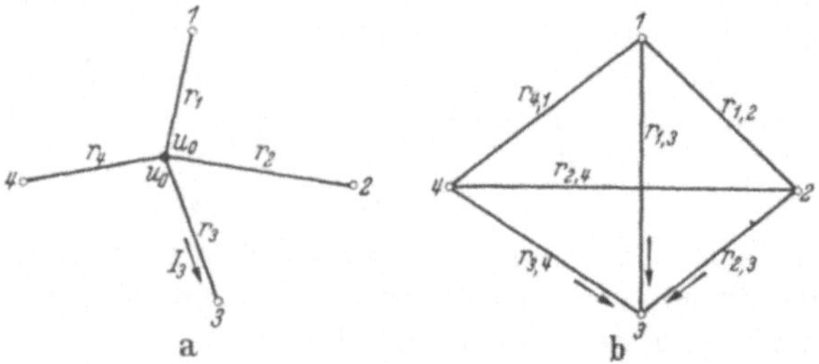

Abb. 419 a u. b. Widerstandstreue Umbildung eines Vielecks in ein Vielseit.

Übereinstimmung der Gl. (159) und (160) ist unter diesen Voraussetzungen nur gegeben, wenn folgende Beziehungen bestehen:

$$(161\,\text{a}) \qquad \frac{r_0}{r_1 r_3} = \frac{1}{r_{13}}, \qquad \frac{r_0}{r_2 r_3} = \frac{1}{r_{23}}, \qquad \frac{r_0}{r_3 r_4} = \frac{1}{r_{34}}.$$

Ähnliche Gleichungen gelten auch für die anderen Eckpunkte, so daß, falls wir beliebige Eckpunkte mit ν und μ bezeichnen, allgemein gilt:

$$(161\,\text{b}) \qquad r_{\nu\mu} = \frac{r_\nu \cdot r_\mu}{r_0}.$$

Wir können also stets einen Stern mit gegebenen Widerständen in ein Vieleck verwandeln. Die Größen der Widerstandswerte der Vieleckseiten lassen sich nach Gl. (161 b) berechnen.

Die Umwandlung eines Vielecks in einen Stern erscheint zunächst ebenfalls durchführbar, ist jedoch im allgemeinen nicht möglich. Das allgemeine Viereck nach Abb. 419b hat z. B. 6 Seiten, es ergeben sich also 6 Gleichungen entsprechend Gl. (161 b), aus denen wir jedoch nur die vier Sternseiten, also vier Unbekannte ermitteln wollen. Die Aufgabe der Umwandlung eines Vielecks in einen Stern ist daher überbestimmt, so daß die Umwandlung im allgemeinen nicht möglich ist. Eine

Ausnahme macht die Umwandlung eines Dreiecks in einen Stern, da hier die Zahl der Widerstände sowohl beim Dreieck und beim Stern gleich 3 ist, eine Überbestimmung der Gleichungen damit nicht vorliegt.

Da die Umwandlung eines Sterns in ein Dreieck bzw. umgekehrt oft vorkommt, seien die Formeln hierfür noch angegeben. Nach Gl. (161b) gilt für den Fall des Dreiecks:

$$r_{12} = \frac{r_1 r_2}{r_0} = r_1 r_2 \left(\frac{1}{r_1} + \frac{1}{r_2} + \frac{1}{r_3} \right) = \frac{r_1 r_2}{r_3} + r_1 + r_2 \,.$$

Für die übrigen Dreiecksseiten gelten sinngemäße Formeln. Es ist:

$$(162) \qquad \begin{cases} r_{12} = \dfrac{r_1 r_2}{r_3} + r_1 + r_2 \,, \\[2mm] r_{23} = \dfrac{r_2 r_3}{r_1} + r_2 + r_3 \,, \\[2mm] r_{31} = \dfrac{r_3 r_1}{r_2} + r_3 + r_1 \,. \end{cases}$$

Um nun den Stern aus den gegebenen Dreiecksseiten r_{12}, r_{23} und r_{31} berechnen zu können, gehen wir von folgenden drei Gleichungen aus:

$$r_{12} = \frac{r_1 r_2}{r_0}, \qquad r_{23} = \frac{r_2 r_3}{r_0}, \qquad r_{31} = \frac{r_3 r_1}{r_0} \,.$$

Durch Addition dieser drei Gleichungen ergibt sich:

$$r_{12} + r_{23} + r_{31} = \frac{r_1 r_2 + r_2 r_3 + r_3 r_1}{r_0} = r_1 r_2 r_3 \left(\frac{1}{r_3} + \frac{1}{r_1} + \frac{1}{r_2} \right) \frac{1}{r_0}$$

oder

$$(163) \qquad r_{12} + r_{23} + r_{31} = \frac{r_1 r_2 r_3}{r_0^2} \,.$$

Multiplizieren wir die Gleichungen $r_{12} = \dfrac{r_1 r_2}{r_0}$ und $r_{23} = \dfrac{r_2 r_3}{r_0}$ miteinander, dann ergibt sich

$$(164) \qquad r_{12} \cdot r_{23} = \frac{r_1 r_2 r_3 r_2}{r_0^2} \,.$$

Durch Division dieser Gleichung durch Gl. (163) erhält man schließlich:

$$r_2 = \frac{r_{12} r_{23}}{r_{12} + r_{23} + r_{31}} \,.$$

Sinngemäß gilt für die anderen Sternseiten ähnliches, so daß wir für die Umwandlung eines Dreiecks in einen Stern folgende Beziehungen erhalten:

$$(165) \qquad \begin{cases} r_1 = \dfrac{r_{21} r_{31}}{r_{12} + r_{23} + r_{31}} \,, \\[2mm] r_2 = \dfrac{r_{32} r_{12}}{r_{12} + r_{23} + r_{31}} \,, \\[2mm] r_3 = \dfrac{r_{13} r_{23}}{r_{12} + r_{23} + r_{31}} \,. \end{cases}$$

Ein Beispiel möge den Rechnungsgang bei einer Netzumbildung zeigen: Gegeben ist das Netzgebilde der Abb. 420a. Bringt man die Belastungen durch Ermittlung der Komponentenströme auf die Knotenpunkte, dann ergibt sich Abb. 420b. Ersetzt man das linke und das rechte Dreieck durch einen widerstandstreuen Stern, der nach Gl. (165) berechnet werden kann, so geht das Netzgebilde in die Form der Abb. 420c über. Bringt man die Ströme auf die Knotenpunkte x und y, so entsteht Abb. 420d. Jetzt kann man die beiden parallel geschalteten Leitungen zu einer Resultierenden zusammenfassen (Abb. 420e). Da die Potentiale u_I und u_{II}, die verbleibenden beiden Stromabnahmen I_x und I_y und sämtliche Widerstandswerte bekannt sind, können die Potentiale u_x und u_y, man hat jetzt eine zweiseitig gespeiste Strecke vor sich, berechnet werden. Nachdem u_x und u_y ermittelt sind, bilden wir unser Ersatzbild in das der Abb. 420c zurück. Da die Potentiale in u_x und u_y, die Widerstandsverhältnisse und auch die Ströme i_1, i_2, i_3, i_4 bekannt sind, können die Potentiale der Eckpunkte u_1, u_2, u_3 und u_4 berechnet werden. Man kann die zwischen x und y liegenden Leitungen wiederum als zweiseitig gespeiste Strecken auffassen. Die ermittelten Potentiale u_1, u_2, u_3 und u_4 stimmen mit den Eckpunktspotentialen der Abb. 420a überein, so daß man nun zur Ausgangsform des Netzes zurückkehren

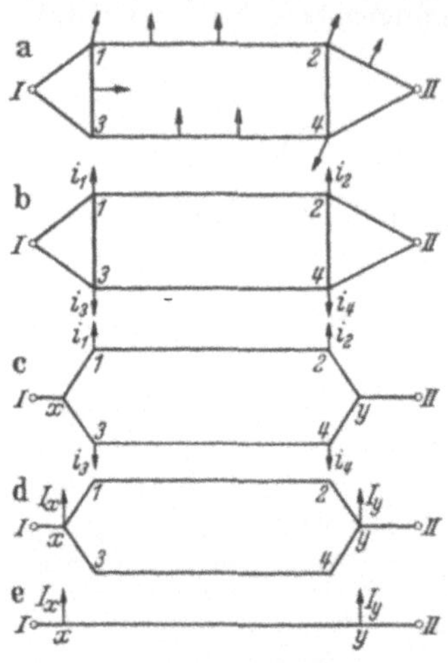

Abb. 420 a—e.
Beispiel für Netzumbildung.

kann. Falls noch die Potentiale bzw. Spannungsabfälle zwischen den Eckpunkten bei gegebenen Stromabnahmen gesucht sind, kann man diese jetzt auch berechnen, wobei man nur die Gesetze für die zweiseitig gespeiste Strecke anzuwenden hat.

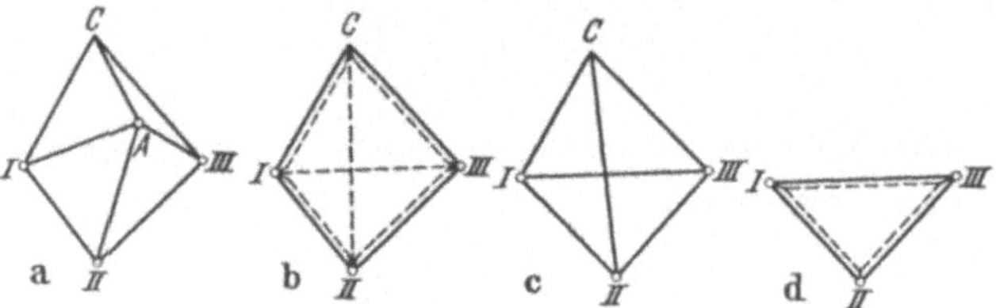

Abb. 421 a—d. Vereinfachung eines Netzes durch Netzumbildung.

Wir wollen noch den Beweis liefern, daß man jedes beliebige Netzgebilde mit der Methode der Netzumbildung berechnen kann. Es sei der Betrachtung das Netz der Abb. 421 mit den drei Speisepunkten I, II und III zugrunde gelegt. Es soll versucht werden durch Netzumbildung einen Knotenpunkt nach dem anderen fortzuschaffen. Fängt man mit dem Knotenpunkt A an, so kann man den vierpoligen Stern durch ein Vieleck ersetzen, welches in der Abb. 421b gestrichelt eingezeichnet ist. Faßt man die parallel geschalteten Strecken zusammen, so entsteht das Netzgebilde der Abb. 421c. Der Knotenpunkt A ist verschwunden und nur noch der Knotenpunkt C vorhanden. Verwandelt man den nach dem Knotenpunkt C führenden Stern in ein Dreieck, so ergeben sich die gestrichelten Dreiecksseiten der Abb. 421d. Durch Zusammenfassen der parallel geschalteten Seiten hat man schließlich das ursprüngliche Netzgebilde auf das Dreieck *I*, *II*, *III* reduziert. Eigentlich hätte man die Umwandlung schon mit der Abb. 421c beenden sollen, da das Potential des Punktes *C* nach Gl. (156) berechnet werden kann. Ist u_C bekannt, dann läßt sich u_A in Abb. 421a ebenfalls nach Gl. (156) berechnen. Bei komplizierteren Netzen macht die Berechnung nach dieser Methode ebenfalls sehr viel Arbeit.

F. Die Bemessung von verästelten Leitungen.

Es sei ein Leitungsgebilde entsprechend Abb. 422a gegeben. Von einer Stammstrecke mit der Länge l_0 gehen eine Reihe von Abzweigleitungen l_1, l_2 usw. aus. Die Belastungen auf den Strecken seien bereits auf die Knotenpunkte gebracht, so daß, falls nur zwei Abzweigleitungen vorhanden sind, wir Abb. 422a erhalten. Der Spannungsabfall am Ende der Leitungen an den Punkten *1* und *2* soll Δu betragen. Gefragt wird nach dem Leitungsquerschnitt der Leitungen. Der Spannungsabfall auf der Stammstrecke Δu_0 und der Spannungsabfall $\Delta u'$ in den Abzweigen können innerhalb gewisser Werte gewählt werden, ohne daß dabei der

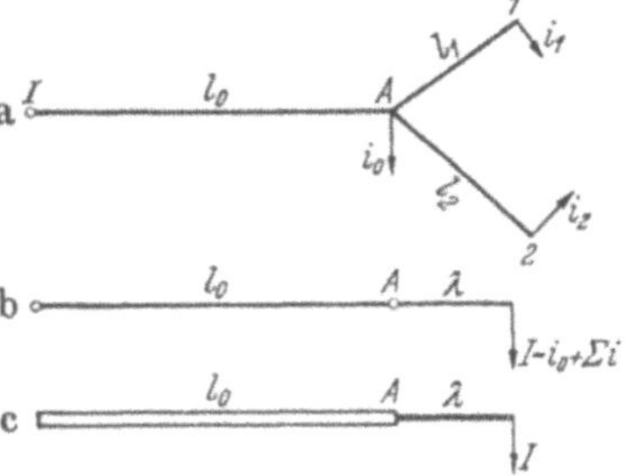

Abb. 422a—c. Stammleitung mit mehreren Abzweigen.

Gesamtspannungsabfall Δu beeinflußt zu werden braucht. Ist z. B. $\Delta u = 10$ V, dann kann Δu_0 zu 6 V und der Spannungsabfall auf den Strecken *A—1* und *A—2* zu je 4 V gewählt werden. Genau so gut kann man aber auch für $\Delta u_0 = 2$ V und für den Spannungsabfall auf den Strecken *A—1* und *A—2* je 8 V annehmen. Unter diesen verschiedenen Möglichkeiten ist sicher eine, welche am günstigsten ist. Wir wollen, um zu einer eindeutigen Lösung zu gelangen, die Forderung stellen, daß die Materialmenge, also das Volumen der Leitungen möglichst klein sein soll. Der Spannungsabfall auf der Strecke *A—1* und *A—2* sei $\Delta u'$. Es gilt dann:

$$\Delta u' = \frac{i_1 l_1}{\varkappa q_1}, \qquad \Delta u' = \frac{i_2 l_2}{\varkappa q_2}.$$

Multipliziert man Zähler und Nenner dieser Gleichungen mit l_1 bzw. l_2, so erhält man, da $q_1 l_1 = V_1$ bzw. $q_2 l_2 = V_2$ das Volumen der jeweiligen Strecke ist,

$$(166) \qquad \begin{cases} \Delta u' = \dfrac{i_1 l_1^2}{\varkappa q_1 l_1} = \dfrac{i_1 l_1^2}{\varkappa V_1} \quad \text{bzw.} \quad \Delta u' = \dfrac{i_2 l_2^2}{\varkappa V_2} \quad \text{oder} \\[2mm] V_1 = \dfrac{i_1 l_1^2}{\varkappa \Delta u'}, \qquad V_2 = \dfrac{i_2 l_2^2}{\varkappa \Delta u'}. \end{cases}$$

Das Gesamtvolumen der beiden Strecken l_1 und l_2 ist

$$V = \frac{i_1 l_1^2 + i_2 l_2^2}{\varkappa \, \Delta u'}$$

oder allgemein geschrieben

$$(167) \qquad V = \frac{\Sigma \, i \, l^2}{\varkappa \, \Delta u'} \, .$$

Wir denken uns im folgenden die Leitungen l_1 und l_2 durch eine einzige fiktive Leitung von der Länge λ ersetzt, die gleichen Spannungsabfall $\Delta u'$ wie die Einzelstrecken haben soll und die vom selben Strom durchflossen wird wie die Stammstrecke l_0. Da der Strom der Stammstrecke gleich

$$(168) \qquad I = i_0 + i_1 + i_2$$

ist, ergibt sich für das Volumen des fiktiven Leiters

$$(169) \qquad V = \frac{I \lambda^2}{\varkappa \, \Delta u'} \, .$$

Fordern wir, daß das Volumen des fiktiven Leiters gleich dem der beiden Teilstrecken ist, so gilt:

$$(170) \qquad \frac{I \lambda^2}{\varkappa \, \Delta u'} = \frac{\Sigma \, i \, l^2}{\varkappa \, \Delta u'} \quad \text{oder} \quad \lambda = \sqrt{\frac{\Sigma \, i \, l^2}{I}} \, .$$

Da sowohl die Stammstrecke, als auch der fiktive Leiter vom gleichen Strom I durchflossen wird, erhält man das Ersatzbild nach Abb. 422 b. Je nach dem, ob wir den Querschnitt der Stammstrecke l_0 groß wählen (s. Abb. 422 c) und den Querschnitt der Strecke λ entsprechend klein bemessen, haben wir es in der Hand, bei gleichem Gesamtspannungsabfall Δu den Spannungsabfall Δu_0 im Punkte A verändern zu können. Es ist jedoch einleuchtend und läßt sich auch streng mathematisch nachweisen, daß das kleinste Gesamtvolumen bei gegebenem Spannungsabfall vorhanden ist, wenn sowohl der Querschnitt auf der Stammstrecke, als auch der Querschnitt auf der fiktiven Strecke gleich sind. Bei gleichem Querschnitt q_0 für beide Strecken gilt dann

$$(171) \qquad q_0 = \frac{I \, (l_0 + \lambda)}{\varkappa \, \Delta u} \, .$$

Für Δu_0 ergibt sich damit

$$(172) \qquad \Delta u_0 = \frac{I \, l_0}{q_0 \, \varkappa} \, .$$

Der Spannungsabfall auf den Einzelstrecken beträgt demnach:

$$(173) \qquad \Delta u' = \Delta u - \Delta u_0 \, .$$

Man findet schließlich die Leiterquerschnitte für die Einzelstrecken zu

$$(174) \qquad q_1 = \frac{i_1 l_1}{\varkappa \, \Delta u'}$$

bzw.

$$q_2 = \frac{i_2 l_2}{\varkappa \, \Delta u'} \, .$$

Bei obiger Berechnung hatten wir gefordert, daß der Materialaufwand ein möglichst geringer sein soll. Unter Umständen können andere Forderungen zweckmäßig sein, z. B. kann man die Leitung so bemessen, daß bei gegebenem Spannungsabfall kleinste Verluste vorhanden sind.

Wenn man schnell rechnen will, kann man ein Verfahren anwenden, welches recht brauchbare Werte liefert, sofern die Leitungslängen l_1, l_2, usw. nicht gar zu verschieden lang sind. Man denkt sich die Leiterlängen durch eine mittlere Länge

$$l_m = \frac{l_1 + l_2 + \dots l_n}{n}$$ ersetzt und fordert, daß der Spannungsabfall proportional der Längen ist. In diesem Fall gilt für Δu_0:

$$(175) \qquad \Delta u_0 = \Delta u \frac{l_0}{l_0 + l_m}.$$

Nachdem Δu_0 bekannt ist, können die Querschnitte q_1, $q_2 \dots$ berechnet werden. Sind die Abzweigleitungen gleich lang, so würde das vereinfachte Berechnungsverfahren zur Folge haben, daß in sämtlichen Leitern gleiche Stromdichte j vorhanden ist, da dann unabhängig vom Querschnitt der Spannungsabfall proportional der Länge zunimmt

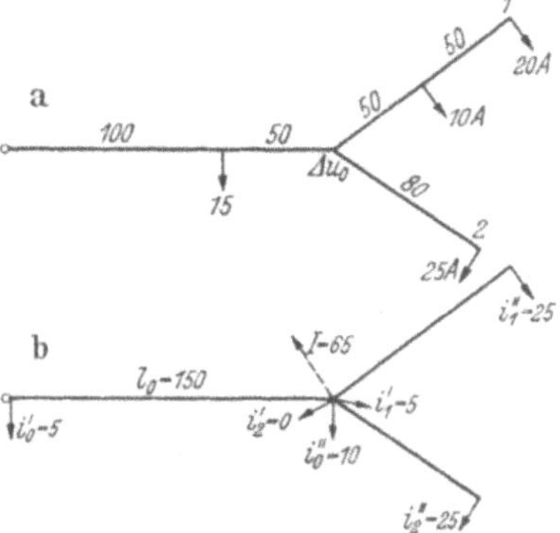

Abb. 423 a u. b. Strombelastungen für Beispiel.

$$\left(\Delta u = \frac{l\,i}{\varkappa\,q} = \frac{l\,j}{\varkappa} \right).$$

Beispiel. Es sei die Drehstromleitung (220/380 V) nach Abb. 423a so zu bemessen, daß der Materialaufwand möglichst klein sei und der Spannungsabfall etwa 3% betrage.

Ermittlung der Komponentenströme

$$i_0'' = \frac{15 \cdot 100}{150} = 10 \text{ A}, \qquad\qquad i_0' = 15 - 10 = 5 \text{ A}.$$

$$i_1'' = \frac{10 \cdot 50 + 20 \cdot 100}{100} = 25 \text{ A}, \qquad i_1' = (20 + 10) - 25 = 5 \text{ A}.$$

$$i_2'' = 25 \text{ A}, \qquad\qquad\qquad\qquad i_2' = 0.$$

Es ist der Strom der Stammstrecke

$$I = (i_1' + i_2' + i_0') + i_1'' + i_2'' = 5 + 0 + 10 + 25 + 25 = 65 \text{ A}.$$

Es ist die fiktive Länge

$$\lambda = \sqrt{\frac{\Sigma\, i\, l^2}{I}} = \sqrt{\frac{25 \cdot 100^2 + 25 \cdot 80^2}{65}} = 79 \text{ m}.$$

Es ist ferner $\Delta u = \dfrac{3}{100} \cdot 220 = 6{,}6$ V; es gilt

$$\Delta u_0 = \Delta u \frac{l_0}{l_0 + \lambda}, \qquad \Delta u_0 = \frac{6{,}6 \cdot 150}{150 + 79} = 4{,}32 \text{ V}.$$

Es ergibt sich für die Strecke l_0

$$q_0 = \frac{I\,l_0}{\varkappa\,\varDelta\,u_0} = \frac{65 \cdot 150}{34{,}8 \cdot 4{,}32} = 65 \text{ mm}^2,$$

gewählt wird

$$q_0 = 70 \text{ mm}^2.$$

Dann wird

$$\varDelta\,u_0 = \frac{65}{70} \cdot 4{,}32 = 4 \text{ V}.$$

Für die Abzweigleitungen verbleibt dann $\varDelta\,u' = 6{,}6 - 4 = 2{,}6$ V. Es wird

$$q_1 = \frac{l_1\,i_1''}{\varkappa\,\varDelta\,u'} = \frac{100 \cdot 25}{34{,}8 \cdot 2{,}6} = 27{,}6 \quad \text{gewählt wird } q_1 = 25 \text{ mm}^2 \text{ (evtl. auch } q_1 = 35\,\text{mm}^2\text{).}$$

Es wird $q_2 = \dfrac{l_2\,i_2''}{\varkappa\,\varDelta\,u'} = \dfrac{80 \cdot 25}{34{,}8 \cdot 2{,}6} = 22{,}1$, gewählt wird $q_2 = 25 \text{ mm}^2$.

G. Leitungsberechnung und Leitungsbemessung nach der Schnittmethode.

Eine Methode, die vermaschte Netze nachzurechnen erlaubt und mit der man auch Netze bemessen kann, ist die Schnittmethode. Sie sei am Netzgebilde der Abb. 424a erläutert. Man geht hierbei so vor, daß man zunächst solche Stellen des Netzes aufsucht, von denen man vermutet, daß sie tiefstes Potential haben, also von zwei Seiten aus ihren Strom erhalten. Ist dies an den Punkten a und b der Fall, so denkt man sich hier die Leitung aufgeschnitten. Man erhält dann das Ersatzbild der Abb. 424b.

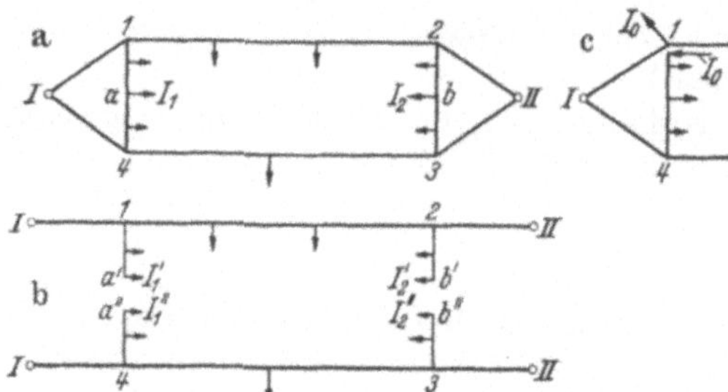

Abb. 424a—c. Bestimmung der Spannungsabfälle durch Schnittmethode.

Man führt allgemein so viele Schnittstellen ein, daß das vermaschte Netz in Gebilde zerfällt, die leicht berechenbar sind.

Da an der Schnittstelle a der Strom von beiden Seiten zufließen soll, wird von der oberen Leitung der Strom I_1' und von der unteren Leitung der Strom I_1'' zufließen. Wie groß beide sind, ist zunächst unbekannt, ihre Summe muß in a jedoch I_1 ergeben. Man schätzt zunächst I_1' und I_1'' und führt ähnliche Schätzungen an der Stelle b durch. Man kann dann den Spannungsabfall in a' und a'', desgleichen in b' und b'' berechnen. Sind I_1' und I_1'' richtig gewählt worden, dann muß der Spannungsabfall im Punkt a' gleich dem im Punkt a'' sein. Gleiches gilt für b' und b''. Sollte jedoch herauskommen, daß a'' einen Spannungsabfall von 10 V, a' dagegen nur einen von 5 V aufweist, dann war I_1'' zu groß und I_1' zu klein gewählt. Man muß jetzt neue Werte für I_1' und I_1'' annehmen und nochmals nachprüfen, ob nun der Spannungsabfall in a' und a'' annähernd gleich ist.

Mitunter führt folgendes Verfahren recht schnell zum Ziel: Hat man, wie eben angenommen, bei der ersten Annahme herausbekommen, daß zwischen a' und a'' eine Differenz von 5 V besteht, dann kann man sagen, daß diese 5 V, falls die Punkte a' und a'' miteinander verbunden werden, einen Ausgleichsstrom I_a herbeiführen, der näherungsweise berechnet werden kann, indem man den Spannungsunterschied durch den Widerstand der Strecke 1—4 teilt. Dieses Verfahren ist jedoch nur ein Näherungsverfahren, welches voraussetzt, daß I_a vorwiegend durch r_{14} bestimmt ist. Die Spannungsabfälle in a' und a'' müssen mit der neuen Stromverteilung nochmals kontrolliert werden.

Bei Anwendung des Schnittverfahrens ist es nicht unbedingt notwendig, daß der Schnittpunkt an eine Stelle größten Spannungsabfalls gelegt wird. In Abb. 424 c ist der Schnittpunkt bei 1 angenommen worden. Um beim Zusammensetzen der Schnittstelle Potentialgleichheit zu erhalten, muß man jedoch beachten, daß in die geschnittene Leitung 1—4 Strom hineinfließt, man also eine negative Stromabnahme I_0 einführen muß, die zunächst geschätzt werden muß, man andererseits am Schnittpunkt 1 eine ent-

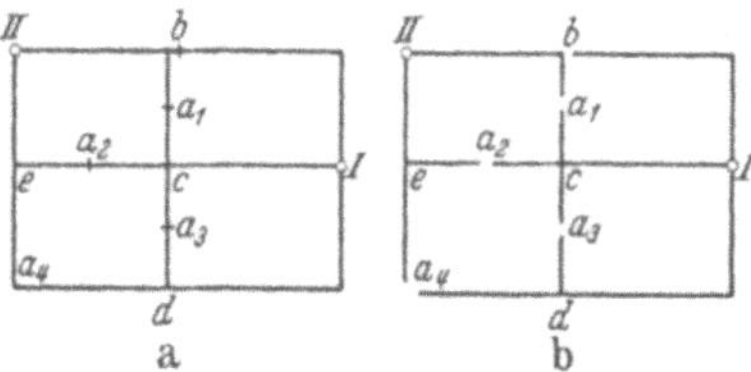

Abb. 425a u. b. Bemessung eines Netzes nach der Schnittmethode.

sprechende Stromabnahme I_0 vorzusehen hat. Die Schnittmethode, die ein Probierverfahren darstellt, führt bei einiger Übung meist rascher zum Ziel als die anderen Verfahren.

Die Schnittmethode läßt sich auch mit Vorteil bei der Bemessung von Leitungen anwenden. Ist etwa das Netz der Abb. 425a mit den Speisepunkten I und II gegeben, so kann man eine Reihe von Schnittpunkten wählen, an denen man größten Spannungsabfall wünscht. Dies sei an den Stellen a_1, a_2, a_3, a_4 der Fall. Die Schnittstellen müssen selbstverständlich so gelegt werden, daß möglichst einfache Leitungsgebilde entstehen, die leicht berechnet werden können (deshalb auch noch einen Schnitt bei b). Nach Durchführung der Schnitte erhält man das Ersatzschema der Abb. 425b. Nimmt man an, daß an den Stellen a_1, a_2, a_3, a_4 der zugelassene Spannungsabfall Δu auftreten soll, so lassen sich sämtliche Leitungsquerschnitte nach den bekannten Methoden berechnen und auch beim Verbinden der Schnittstellen werden keine Ausgleichsströme fließen. Bei einer solchen Berechnung wird jedoch herauskommen, daß beispielsweise der Querschnitt der Strecke c—a_2 ein anderer sein muß, wie der der Strecke e—a_2. Dies dürfte jedoch im allgemeinen nicht zulässig sein, auch wird man für die Strecke e—c einen genormten Querschnitt verwenden. Diesen wählt man zweckmäßigerweise so, daß er zwischen den rechnerischen Querschnitten der Strecken $e{-}a_2$ und $a_2{-}c$ liegt. Wenn man auf diese Weise neue Querschnitte eingeführt hat (man wird versuchen, mit möglichst wenigen Querschnitten auszukommen), werden die Schnittstellen a_1, a_2, a_3 usw. jetzt nicht mehr größten Spannungsabfall haben. Man muß daher das neue Netz nochmals nachrechnen, ob an keiner Stelle der Spannungsabfall zu groß wird, bzw. in einem solchen Falle eine Querschnittsverstärkung vornehmen. Die Nachrechnung kann nach der Methode der Netzumbildung oder wiederum nach der Schnittmethode erfolgen.

H. Die Berechnung des Spannungsabfalls bei Dreiphasenstrom unter näherungsweiser Berücksichtigung der Induktivität und der Phasenverschiebung.

Die bis jetzt abgeleiteten Formeln gelten voraussetzungsgemäß für Leitungen, welche nur ohmschen Widerstand aufweisen und entweder von Gleichstrom oder von Wechselstrom mit der Phasenverschiebung Null durchflossen werden. Die erhaltenen Beziehungen für den Spannungsabfall haben unter obigen Voraussetzungen auch unverändert Gültigkeit für eine symmetrisch belastete Drehstromleitung. Ist an einer Stelle der Drehstromleitung die abgenommene Leistung gleich N, so ist, falls U die verkettete Spannung ist, der in der Zuleitung fließende Phasenstrom allgemein gleich

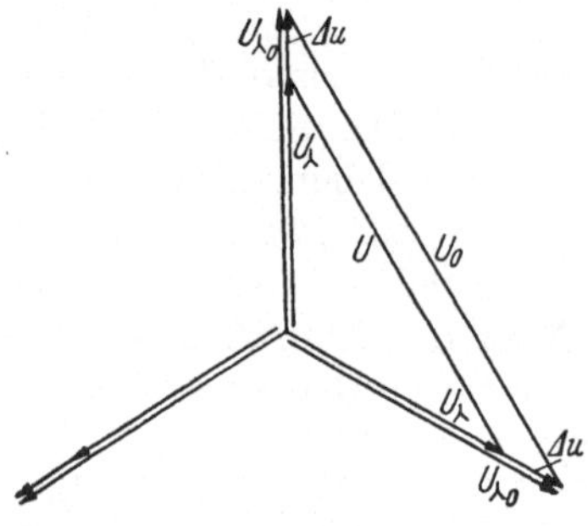

Abb. 426. Spannungsstern mit Spannungsabfall.

$$(176) \qquad I = \frac{N}{U\sqrt{3}\cos\varphi}$$

oder bei $\cos\varphi = 1$

$$I = \frac{N}{\sqrt{3}\,U}.$$

Dieser Phasenstrom ist unabhängig davon, ob der Verbraucher im Stern oder im Dreieck an das Netz angeschlossen ist. Abb. 426 zeigt den Spannungsstern für ein Drehstromsystem. Die Phasenspannung am Anfang der Leitung sei $U_{\lambda 0}$, der Spannungsabfall in jeder Phase gleich Δu. Beim Verbraucher ist also die Spannung U vorhanden. Man erkennt, daß, symmetrische Belastung des Drehstromsystems vorausgesetzt, beim Abnehmer die Spannungen U_λ der drei Phasen gleich groß und in der Phase um $120°$ verschoben sind. Meist ist der Spannungsabfall in Prozenten der Nennspannung angegeben. Man muß beachten, daß bei einem Drehstromsystem der Spannungsabfall stets nur von der Phasenspannung $U_{\curlywedge 0}$ abgezogen werden darf und nicht von der verketteten Spannung U_0. In unserem Falle ist der Spannungsabfall in Prozenten (bezogen auf die Spannung am Abnahmeort) gleich

$$(177) \qquad \Delta u\% = \frac{\Delta u}{U_{\curlywedge}} \cdot 100 = \frac{\Delta u \sqrt{3}}{U} \cdot 100 .$$

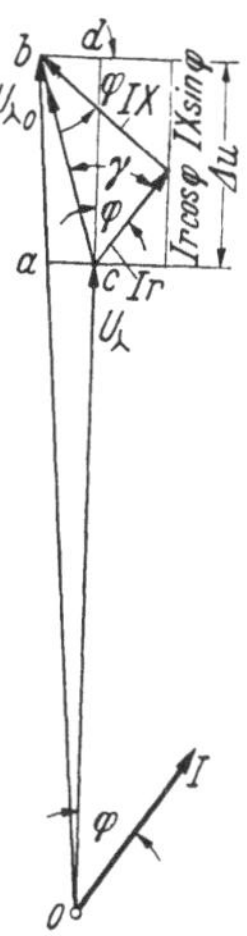

Abb. 427. Diagramm zur Berücksichtigung der Induktivität und der Phasenverschiebung.

Die bis jetzt angenommenen Vereinfachungen, daß die Leitung keine Induktivität habe und daß die Stromabnahmen mit einem $\cos\varphi = 1$ erfolgen, sind praktisch kaum vorhanden. Es sei deswegen versucht, die wahren Verhältnisse näherungsweise zu berücksichtigen. In Abb. 427 ist das Diagramm für eine Phase aufgezeichnet. $U_{\curlywedge}$ sei die Spannung beim Verbraucher, I der abgenommene Strom, der gegen die Spannung $U_{\curlywedge}$ eine Phasenverschiebung φ besitzt. Die Spannung $U_{\curlywedge 0}$ am Anfang der Leitung erhalten wir, indem wir vom Verbraucher ausgehend zu $U_{\curlywedge}$ gleichsinnig mit dem Strom I den ohmschen Spannungsabfall $I\,r$ und dem Strom um 90° voreilend, den induktiven Spannungsabfall $I\,X$ antragen.

Den Spannungsabfall auf der Leitung erhält man exakt, wenn man algebraisch $U_{\curlywedge}$ von $U_{\curlywedge 0}$ abzieht. Der Spannungsabfall ist gleich der Strecke a—b der Abb. 427 (0—a erhält man durch den Kreis mit $U_{\curlywedge}$ um O). Aus der Abbildung kann man entnehmen, daß mit ziemlicher Annäherung der Spannungsabfall Δu gleich der Strecke c—d gesetzt werden darf. Es kann dann für den Spannungsabfall geschrieben werden:

$$(178) \qquad \begin{cases} \Delta u = I r \cos\psi + I X \sin\psi, \\[2mm] \Delta u = I r \cos\varphi \left(1 + \dfrac{X}{r}\,\mathrm{tg}\,\varphi\right). \end{cases}$$

Setzt man

$$(179) \qquad 1 + \frac{X}{r}\,\mathrm{tg}\,\varphi = k ,$$

so geht die Gleichung über in die Form

$$(180) \qquad \Delta u = I \cos\varphi\, r\, k.$$

Beachtet man, daß $I \cos\varphi = I_w$, also gleich dem Wirkstrom ist, so ergibt sich:

$$(181) \qquad \Delta u = I_w\, r\, k .$$

Aus dieser Gleichung folgt, daß man bei Berücksichtigung der tatsächlichen Leitungsverhältnisse annäherungsweise so rechnen darf, als ob von der Leitung nur Wirkströme abgenommen würden und der ohmsche Widerstand der Leitung um den Faktor k größer wäre. k ist 1, wenn die Induktivität der Strecke gleich Null ist. Sonst ist k größer als 1, z. B. bei einem 95 mm²-Dreiphasenkabel aus Kupfer bei $\cos\varphi = 0{,}9$ ist

$k = 1{,}18$, bei $\cos \varphi = 0{,}8$ hat k den Wert $1{,}28$. Weist die betrachtete Strecke konstanten Querschnitt auf, dann ist

$$(182) \qquad \Delta u = J_w \, \frac{l\,k}{\varkappa\,q} \, .$$

Zur Berechnung des Faktors k benötigt man die Reaktanz der Leitung. Für ein Niederspannungskabel (1 kV isoliert) ergibt sich beispielsweise die Induktivität pro km und Phase in Abhängigkeit vom Querschnitt aus Abb. 428. Es ist $X = \omega L = 2\pi f L$. Bei $f = 50$ ergibt sich $X = 314\,L$. Es ist L in Henry einzusetzen (1 mH $= 10^{-3}$ Henry).

Die Betrachtungen, die wir bis jetzt für einen einzigen Abnehmer durchgeführt haben, gelten auch, falls mehrere Abnehmer vorhanden sind.

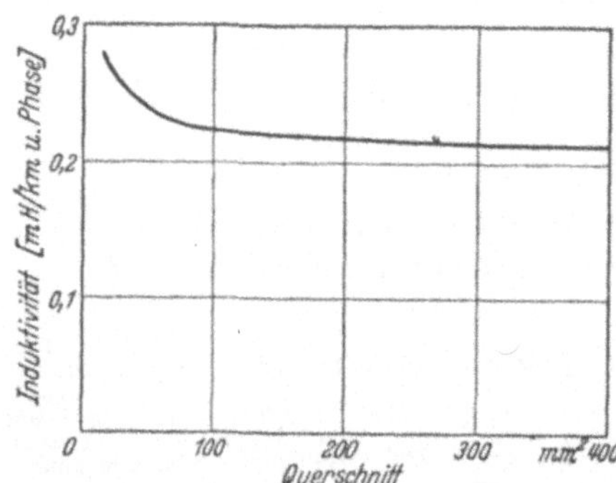

Abb. 428. Induktivität eines 1 kV Dreileiterkabel (näherungsweise gültig auch für Vierleiterkabel).

Die angenäherte Berechnung des Spannungsabfalls unter Berücksichtigung der Leitungsinduktivität und der Phasenverschiebung zwischen Strom und Spannung läßt sich allgemein auf die einseitig gespeiste Strecke anwenden, auf die zweiseitig gespeiste Strecke jedoch nur, wenn das Verhältnis von Leitungsinduktivität und ohmschen Widerstand über die ganze Leitung konstant ist (s. S. 365).

Bei Netzberechnungen wird man meist so vorgehen, daß man mit einem mittleren Wert für k, der sich aus einem mittleren $\cos \varphi$ und einem mittleren Querschnitt q ergibt, rechnet. In die Berechnung einzuführen sind, wie abgeleitet, nur die Wirkströme und der ohmsche Widerstand der Leitung ($\Delta u = J_w r$). Der sich dann ergebende Spannungsabfall ist um den Faktor k zu vergrößern. Soll der Querschnitt q einer Leitung berechnet werden, so muß der Faktor k, der ja vom Querschnitt abhängig ist, zunächst geschätzt werden.

I. Niederspannungsmaschennetze.

In Großstädten, in denen die Straßenzüge meist quadratisch oder rechteckig angeordnet sind, wird man die Niederspannungsverteilungskabel längs dieser Straßenzüge verlegen. Dabei erweist es sich als zweckmäßig, wenn an den Kreuzungsstellen die Kabel miteinander verbunden werden, so daß ein vermaschtes Netz entsteht. Die Abb. 429a—d zeigen quadratisch angeordnete Niederspannungskabelnetze, welche mit der Lage der Straßenzüge zusammenfallen sollen. Die kleinen eingezeichneten Kreise seien die Einspeisestellen der Transformatorenstationen. In der Abb. 429a entfällt auf den Flächeninhalt einer Masche (schraffierte

Fläche), also auf die Größe l^2, eine Transformatorenstation, das Netzgebilde hat die spezifische Maschenzahl $m = 1$. In der Abb. 429 b
sind weniger Transformatorenstationen angeordnet. Hier entfällt eine
Transformatorenstation auf den doppelten Flächeninhalt einer Masche,
die spezifische Maschenzahl ist damit $m = 2$. Die Abb. 429 c und d
zeigen die Anordnung der Transformatorenstationen bei spezifischen
Maschenzahlen $m = 4$ und $m = 8$. Es ist
selbstverständlich, daß die Straßenzüge
nicht wie in den Abb. 429 dargestellt,
quadratisch angeordnet sein müssen,
sie können auch rechteckig sein, auch
können die Transformatorenstationen
anders eingesetzt sein, etwa wie die
Abb. 430 zeigt.

Auf S. 308 war darauf hingewiesen
worden, daß das Maschennetz in bezug
auf Spannungsabfall sehr günstig ist.
Ein Vorteil der vermaschten Netze
besteht ferner darin, daß man zu belastungsschwachen Jahreszeiten (Sommer) eine Reihe von Transformatorenstationen außer Betrieb nehmen kann,
so daß Leerlaufverluste vermieden werden. In Maschennetzen ist es unnötig,
jede Transformatorenstation mit zwei
Transformatoren zu versehen (s. S. 309),
da bei Ausfall einer Transformatoren-
einheit die übrigen Stationen die Speisung
des zum kranken Transformator gehörenden Netzbezirkes übernehmen. Man
kommt daher mit einem Transformator
in jeder Station aus. Ein weiterer Vorteil des Maschennetzes ist, daß,
wenn ursprünglich das Netz mit verhältnismäßig wenig Transformatorenstationen ausgerüstet war, späterhin jederzeit die Möglichkeit besteht,
bei größer werdender Netzbelastung zusätzliche Transformatoren an den
noch freien Knotenpunkten anzubringen. Man kann damit ohne Vergrößerung der Leitungsquerschnitte den Spannungsabfall verkleinern.
Vorausgesetzt ist dabei allerdings, daß die Kabel thermisch nicht überbeansprucht werden. Schaltungstechnisch sind diese Transformatorenstationen sehr einfach, da, wie auf S. 249 angegeben, nur auf der
Niederspannungsseite ein Schalter (Rückwattschalter) vorgesehen wird.

Der Spannungsabfall in einem vermaschten Netz kann im allgemeinen
nicht berechnet werden, da die Stromabnahmen in einem derartigen
Netz nie ganz regelmäßig verteilt sind und das Netz an sich ebenfalls

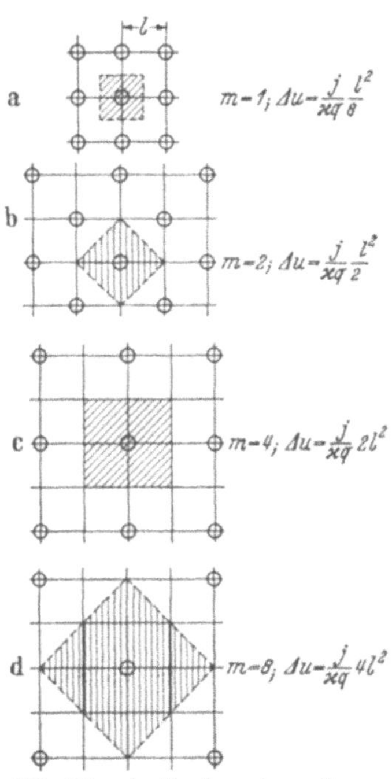

Abb. 429 a—d. Maschennetze mit verschiedener Zahl und Lage der Speisepunkte.

Unsymmetrien aufweist. Die Rechenarbeit würde damit derart groß werden, daß sie nicht geleistet werden kann. Man ist deshalb bei vermaschten Netzen darauf angewiesen, sie entweder in Modellen nachzubilden und sie experimentell zu untersuchen oder man muß sich die Maschennetze in bezug auf ihre Gestalt und Belastung derart vereinfachen, daß sie mit einem vernünftigen Rechenaufwand gelöst werden können.

Wie eine solche Rechnung durchgeführt wird, sei an Hand der Abb. 430a gezeigt. Es sei dabei vorausgesetzt, daß pro m Straßenlänge der abgenommene Strom die Größe j habe. In unserem Beispiel ist weiterhin angenommen, daß die Straßenlänge konstant und gleich l sei. Es ist, wenn man die Abbildung betrachtet, leicht einzusehen, daß der größte Spannungsabfall im Punkte A vorhanden ist. Um diesen

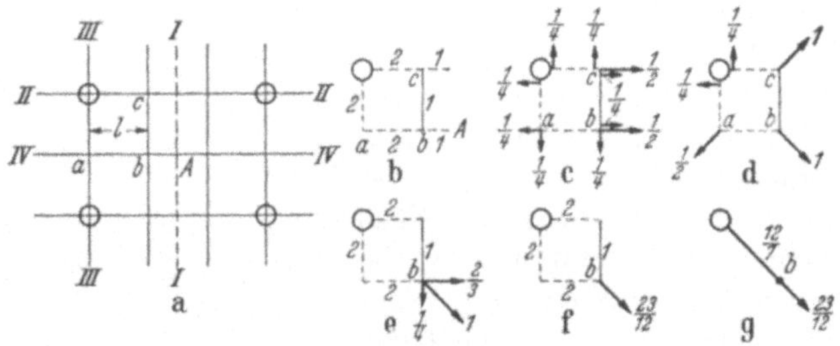

Abb. 430a—g. Maschennetz aufgeschnitten, um die Berechnung zu ermöglichen.

Spannungsabfall berechnen zu können, legen wir eine Reihe von Symmetrieschnitten, und zwar die Schnitte $I—I$, $II—II$, $III—III$ und $IV—IV$. Durch den Schnitt $I—I$ wird die linke Netzhälfte von der rechten getrennt. Der Schnitt $II—II$, desgleichen die Schnitte $III—III$ und $IV—IV$ werden so gelegt, daß sie längs der Leitung verlaufen. Damit wird der Leitungszug in zwei Leitungen, die je halben Querschnitt aufweisen und auch nur halbe Belastung führen, aufgetrennt. Abb. 430b zeigt, welches Leitungsgebilde für unsere Berechnung übrig bleibt, nachdem die oben erwähnten Symmetrieschnitte gelegt worden sind. Setzt man vereinfachend zunächst den Widerstand einer ungeschnittenen Straßenseite gleich 1, dann haben die Leitungszüge (geschnittene Leitungen sind gestrichelt gezeichnet) die in Abb. 430b angegebenen Widerstände. Nur auf der Straßenlänge $c—b$ ist der Leiter nicht geschnitten, so daß sein Widerstand die Größe 1 hat. Die übrigen Leiter sind geschnitten, so daß ihr Widerstand verdoppelt wurde. Der Widerstand der Strecke $b—A$ hat den Wert 1, da er bei halber Länge halben Querschnitt aufweist. Pro Straßenlänge ist die Belastung $j \cdot l$ vorhanden. Wird ein Schnitt längs einer Leitung gelegt, dann entfällt auf eine derart geschnittene Leitung nur die Belastung $\dfrac{j\,l}{2}$. Bringt man die einzelnen Belastungen auf die Eckpunkte und läßt vereinfachend in der Abb. 430c die Bezeichnung $j l$ fort, dann ergeben sich die eingezeichneten Strom-

belastungen. In Abb. 430d sind diese Strombelastungen in den Eckpunkten zusammengefaßt, in Abb. 430e die Belastungen in den Punkten c
und a auf den Punkt b reduziert (die entsprechenden Strombelastungen
an der Einspeisestelle wurden nicht eingetragen, da sie auf den Spannungsabfall keinen Einfluß haben). Die Abb. 430f zeigt den resultierenden Strom im Punkt b, er beträgt $\frac{23}{12}$, streng genommen $\frac{23}{12} j\,l$.
Ersetzt man die Parallelschaltung der Widerstände (Abb. 430f) durch
einen einzigen Widerstand von der Größe $\frac{3 \cdot 4}{3+4} = \frac{12}{7}$, oder streng
genommen $\frac{12}{7} \frac{l}{\varkappa q}$ (s. Abb. 430g), dann kann der Spannungsabfall im
Punkte b berechnet werden. Er ergibt sich zu:

$$\varDelta u_0 = \frac{12}{7} \frac{l}{\varkappa q} \cdot \frac{23}{12} j \cdot l = \frac{23}{7} \frac{j\,l^2}{\varkappa q}\,.$$

Um den Spannungsabfall im Punkte A zu erhalten, ist noch der Spannungsabfall der Strecke b—A hinzuzuzählen (gleichmäßige Belastung!).
Dieser Spannungsabfall ergibt sich zu:

$$\varDelta u' = \frac{l}{\varkappa q} \cdot \frac{j\,l}{8} = \frac{j\,l^2}{8\,\varkappa q}\,.$$

Der gesamte Spannungsabfall ist damit:

$$\varDelta u = \varDelta u_0 + \varDelta u' = \left(\frac{23}{7} + \frac{1}{8}\right) \frac{j\,l^2}{\varkappa q} = \frac{191}{56} \frac{j\,l^2}{\varkappa q}\,.$$

In ähnlicher Weise lassen sich die Spannungsabfälle in anderen
vermaschten Netzen berechnen, sofern die Netze symmetrisch aufgebaut
sind. Man wird deshalb in der Praxis versuchen, näherungsweise die
tatsächlichen unregelmäßigen Belastungen durch gleichmäßige zu ersetzen und die Netzgestalt so zu vereinfachen, daß eine Berechnung
durchführbar wird. Falls dies nicht möglich ist, müssen Modellversuche
vorgenommen werden. Für die Netzgebilde der Abb. 429 ist die Größe
des jeweiligen größten Spannungsabfalls angegeben.
Wenn für eine Stadt ein Maschennetz entworfen werden soll, ist
zunächst unbekannt, wieviel Transformatorenstationen man vorsehen
soll. Nimmt man wenig Stationen, so ergeben sich große Leiterquerschnitte. Wählt man die Zahl der Stationen groß, dann können die
Leiterquerschnitte klein werden, aber die Transformatorenstationen
in ihrer Gesamtheit werden teuer. Es gibt also sicher eine günstigste
Zahl der Transformatorenstationen, bei der größte Wirtschaftlichkeit
vorhanden ist. Von verschiedenen Verfassern sind unter vereinfachenden
Annahmen hierzu Berechnungen durchgeführt worden. So kommt z. B.
M e n n y in seiner Arbeit: „Die wirtschaftliche Bemessung städtischer
Drehstrom-Niederspannungsmaschennetze" zu den in der Abb. 431
gebrachten Werten. Dabei geht er von einer symmetrischen Anordnung
des Netzes entsprechend Abb. 429 aus. Die Länge der Straßenzüge ist mit
$l = 200$ m eingesetzt. Unsere Zeichnung gilt für einen Gleichzeitigkeits-

faktor $g = 0{,}55$, und $g = 1$ (s. Abb. 431), d. h. es wurde angenommen, daß im Falle $g = 0{,}55$ die Summe der Einzellasten, welche ja nicht alle gleichzeitig auftreten $1/0{,}55 = 1{,}82$ größer ist als die Kraftwerksbelastung. Der Berechnung liegt weiter zugrunde, daß das Hochspannungsverteilungsnetz mit 10 kV betrieben wird und daß für Hoch- und Niederspannung als Leitermaterial Kupfer zur Anwendung kommt. Es ergeben sich dann in Abhängigkeit von der als gleichmäßig angenommenen Belastungsdichte (kW, bezogen auf das Kraftwerk/km²) die in Abb. 431 aufgezeichneten Kurven. Diese Kurven lassen sich jedoch auch auf von obigen Voraussetzungen abweichende Verhältnisse näherungsweise

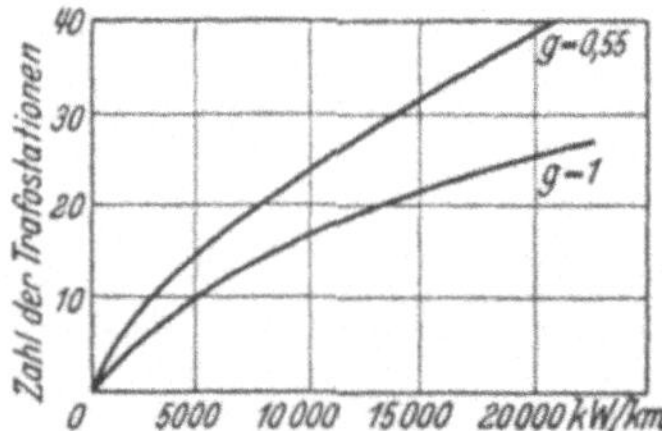

Abb. 431. Zahl der Transformatorenstation in Abhängigkeit der Flächenbelastung.

übertragen, da die wirtschaftlichen Maxima flach verlaufen. Man wird also beim Entwurf eines Netzes so vorgehen, daß man je nach der vorliegenden mittleren Flächenbelastung nach Abb. 431 die Zahl der Transformatorenstationen pro km² ermittelt, entsprechend dieser Zahl die Transformatorenstationen im Netz einzeichnet und dann den Querschnitt der Leitung in bezug auf den Spannungsabfall bestimmt. Oft muß jedoch mit Rücksicht auf die Erwärmung der Kabel ein höherer Querschnitt gewählt werden. Es ist zweckmäßig, für die Hauptverkehrsstraßen mit einem Querschnitt auszukommen. Für die schlechter belasteten Nebenstraßen wird man einen weiteren, kleineren Querschnitt wählen.

Im folgenden sollen noch einige Angaben über die Kosten gemacht werden, die beim Ausbau eines Maschennetzes entstehen. Nach den Berechnungen von Menny[1] ergeben sich diese wie folgt:

Tabelle 16. Netzkosten (nach Berechnung von Menny).

| Belastungs-dichte | Anlagekosten je kW für $g = 0{,}75$ | | | | | | | |
| | Niederspannungs-netz | | Transformatoren-stationen | | Hochspannungsnetz | | Gesamtkosten | |
kW/km²	R.M./kW	%	R.M./kW	%	R.M./kW	%	R.M./kW	%
500	536	74	56	8	128	18	720	100
1 000	281	68	48	12	81	20	410	100
2 000	148	60	44	18	53	22	245	100
4 000	80	51,5	40	26	35	22,5	155	100
6 000	58	48	36	30	26	22	120	100
8 000	48	46	35	33	22	21	105	100
10 000	42	44	33	35	20	21	95	100
12 000	35	41	33	39	17	20	85	100
15 000	33	41	32	40	15	19	80	100
20 000	28	40	30	43	12	17	70	100

[1] Siehe K. Menny: Die wirtschaftliche Bemessung städtischer Drehstrom-Niederspannungsmaschennetze. Dissertation Hannover 1935.

In dieser Aufstellung sind nicht enthalten die Aufwendungen für die Hausanschlüsse, die etwa 50.— RM./kW betragen. Kommt ein Dreispannungsnetz zur Anwendung, so tritt für die dritte Spannung (Netz, Unterwerk) eine Erhöhung der Gesamtkosten um etwa 110 RM./kW auf.

Aus der Tabelle folgt, daß die Kosten stark mit der Belastungsdichte abnehmen. Weiter ist interessant, daß die Kosten für das Hochspannungsnetz etwa nur $^1/_5$ der Gesamtkosten ausmachen und daß die Kosten der Transformatorenstationen mit größer werdender Belastungsdichte prozentual ansteigen. Da gerade bei Maschennetzen die Transformatorenstationen wegen der wegfallenden Reserve und dem fortfallenden Leistungsschalter auf der Hochvoltseite billiger sind als bei Strahlennetzen, ergibt sich der Vorteil der Maschennetze bei größerer Belastungsdichte. Infolge der einfacheren und billigeren Transformatorenstationen kann man in Städten, in denen man schon ein Dreispannungssystem haben müßte, bei einem Maschennetz unter Umständen mit einem Zweispannungssystem auskommen, falls die Übertragungsspannung erhöht wird.

J. Die Berechnung der Induktivität und Kapazität von Netzen.

a) Allgemeines.

Bei den bisherigen Leitungsberechnungen wurde angenommen, daß für den Spannungsabfall und die Stromverteilung in Netzen vorwiegend der ohmsche Widerstand maßgebend ist. Diese Annahme trifft für Niederspannungsnetze, besonders wenn es sich um Kabelnetze handelt, einigermaßen zu. Es wurde gezeigt, daß man den Einfluß der vorhandenen Induktivität und der Phasenverschiebung bei den Abnehmern näherungsweise durch einen Vergrößerungsfaktor k berücksichtigen kann.

Bei Freileitungen höherer Spannung wird der induktive Widerstand einer Leitung wesentlich größer als der ohmsche, so daß die bisherigen Rechnungsmethoden nicht immer angebracht sind und durch genauere ergänzt werden müssen. So wird man oft Vektordiagramme benutzen, kommt aber bei schwierigen Aufgaben mit diesen allein nicht zum Ziel. Hier bietet dann zur Lösung der Aufgaben die Methode der symbolischen Rechnung ein vorzügliches Hilfsmittel. Diese Methode gibt die Möglichkeit, bei sinngemäßer Anwendung der bis jetzt abgeleiteten Gleichungen, selbst kompliziertere Probleme zu lösen.

Bei Leitungen höherer Spannung, und zwar unabhängig davon, ob es sich um Kabel oder Freileitungen handelt, muß für die Behandlung mancher Fragen auch die Kapazität der Leitung berücksichtigt werden. Im folgenden soll deshalb zunächst auf die Berechnung von Leitungsinduktivität und Leitungskapazität eingegangen werden.

b) Die Berechnung der Induktivität von Leitungen.

Um die Induktivität L einer Leitung zu berechnen, sei zunächst ermittelt, mit welcher Kraftlinienzahl jeder Leiter eines Leitungssystems verkettet ist. Dabei werde von einem einzelnen Leiter (s. Abb. 432) mit dem Radius r ausgegangen. Die Kraftliniendichte B in Gauß im Innern des Leiters im Abstand x berechnet sich, falls der vom Fluß $B\,dx$ (es sei 1 cm Leiterlänge betrachtet) umschlungene Strom i_x Amp., die Permeabilität $\mu = 1$ und der Kraftlinienweg $l = 2\,\pi x$ cm ist, nach der Beziehung

$$(183) \qquad B \cdot 2\,\pi\,x = \frac{4\,\pi}{10}\,i_x \quad \text{oder} \quad B = \frac{2\,i_x}{10\,x}.$$

Ist der gesamte Leitungsstrom i, dann ist $i_x = \dfrac{x^2}{r^2}\,i$ und Gl. (183) geht über in die Form

$$(184) \qquad B = 2\,\frac{i}{10}\,\frac{x}{r^2}.$$

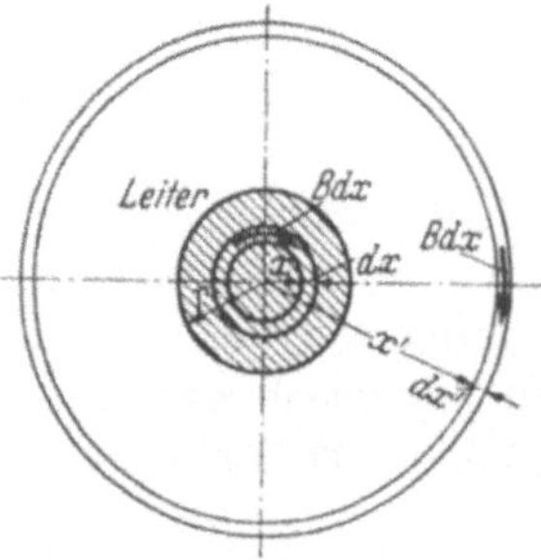

Abb. 432. Stromdurchflossener Leiter mit eingezeichneten Kraftlinien.

Wir betrachten den Kraftlinienfluß $B \cdot (dx \cdot 1)$, der die Fläche von der Breite dx und der Länge 1 cm an der Stelle x durchsetzt. Dieser Fluß umschlingt nicht den Gesamtstrom i, sondern nur den Strom i_x. Er ist, wenn wir die Kraftlinienverkettung auf den Strom i der Leitung beziehen wollen, mit dem Faktor $i_x/i = x^2/r^2$ zu multiplizieren. Wir erhalten also als Kraftlinienverkettung des Stromes i mit dem Flusse $B\,dx$ den Wert

$$(185) \qquad d\Phi' = \frac{x^2}{r^2}\,B\,dx = \frac{2\,i}{10}\,\frac{x^3}{r^4}\,dx.$$

Um sämtliche Kraftlinienverkettungen innerhalb des Leiters zu erhalten, muß $d\Phi'$ von Null bis r integriert werden. Es ergibt sich dann:

$$(186) \qquad \Phi' = \int_0^r \frac{2\,i}{10}\,\frac{x^3}{r^4}\,dx = \frac{i}{2}\cdot 10^{-1}.$$

In einer Entfernung x' außerhalb des Leiters (s. Abb. 432) ergibt sich die Kraftliniendichte B in Gauß nach Gl. (183), indem $i_x = i$ gesetzt wird, zu

$$(187) \qquad B = \frac{2\,i}{x'}\,10^{-1}.$$

Da jetzt alle Kraftlinien mit dem vollen Strom i verkettet sind, erhalten wir die Kraftlinienverkettung Φ'' außerhalb des Leiters, wenn wir $B\,dx'$ von r bis zu einer großen Entfernung R integrieren, zu

$$\Phi'' = \int_r^R B\,dx' = \int_r^R \frac{2\,i}{x'}\cdot 10^{-1}\,dx' = 2\,i\cdot 10^{-1}\,(\ln R - \ln r) \qquad \text{bzw.}$$

$$(188) \qquad \Phi'' = 2\,i\cdot 10^{-1}\,\ln\frac{R}{r}.$$

Die Gesamtkraftlinienverkettung des Leiters ist damit

$$(189) \qquad \Phi = \Phi' + \Phi'' = 2\,i\,10^{-1}\left(\ln\frac{R}{r} + \frac{1}{4}\right).$$

Man könnte zunächst glauben, zu einem brauchbaren Ergebnis zu kommen, falls R unendlich groß gewählt wird. Dies ergibt jedoch eine unendlich große Kraftlinienverkettung, ein Zeichen, daß in den bisherigen Annahmen irgend etwas falsch, bzw. nicht berücksichtigt worden ist. Es wurde bis jetzt nicht beachtet, daß ein nur in einer Richtung fließender Strom unmöglich ist, sondern daß jeder Strom in anderen Leitungen oder auch in Erde wieder zurückfließen muß. Wir wollen deshalb unsere Betrachtungen auf mehrere Leiter eines Stromsystems, beispielsweise auf die drei Leiter der Abb. 433 mit den Radien r_1, r_2 und r_3, beziehen. Wir führen die Ströme i_1, i_2 und i_3 als positiv ein, wenn sie in die Papierebene hineinfließen. Es muß dann gelten:

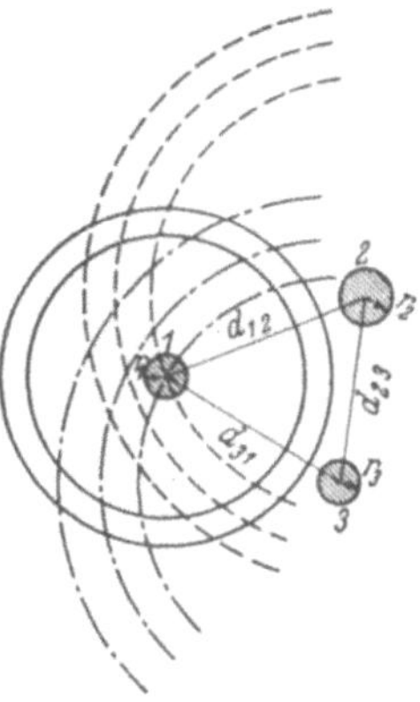

Abb. 433. Drei Leiter mit eingezeichneten Kraftlinien.

$$i_1 + i_2 + i_3 = 0.$$

Um die wirkliche Kraftlinienverkettung Φ_1 des Leiters *1* zu erhalten, muß man beachten, daß dieser Leiter *1* nicht nur von den eigenen Kraftlinien umfaßt wird, sondern daß auch ein Teil der Kraftlinien, die vom Leiter *2* erzeugt werden, ihn umschlingen, und zwar die Kraftlinien, die in der Abbildung gestrichelt eingezeichnet sind (im Abstand d_{12} von Leiter 2 ab). Zur Kraftlinienverkettung des Leiters *1* zählen ferner die vom Strom i_3 erzeugten Kraftlinien, soweit sie strichpunktiert eingetragen sind. Die Verkettung des Leiters *1* mit den vom Strom i_2 herrührenden Kraftlinien läßt sich nach Formel (188) berechnen, falls dort r gleich dem Abstand der beiden Leiter, also gleich d_{12} gesetzt wird. Entsprechendes gilt für die vom Strom i_3 herrührende Kraftlinienverkettung. Die gesamte Kraftlinienverkettung des Leiters *1* ergibt sich damit zu:

$$\Phi_1 = 2\,i_1 \cdot 10^{-1}\left(\ln\frac{R}{r_1} + \frac{1}{4}\right) + 2\,i_2 \cdot 10^{-1}\ln\frac{R}{d_{12}} + 2\,i_3 \cdot 10^{-1}\ln\frac{R}{d_{13}}$$

oder

$$\Phi_1 = 2 \cdot 10^{-1}\left[(i_1 + i_2 + i_3)\ln R + i_1\left(\ln\frac{1}{r_1} + \frac{1}{4}\right) + i_2\ln\frac{1}{d_{12}} + i_3\ln\frac{1}{d_{13}}\right].$$

Beachtet man, daß $i_1 + i_2 + i_3 = 0$ ist, so kann man die letzte Gleichung überführen in die Form:

$$(190) \quad \Phi_1 = 2 \cdot 10^{-1}\left[i_1\left(\ln\frac{1}{r_1} + \frac{1}{4}\right) + i_2\ln\frac{1}{d_{12}} + i_3\ln\frac{1}{d_{13}}\right] \cdot 10^{-8} \cdot 10^5 .$$

Der Faktor 10^{-8} ist am Klammerende hinzugefügt worden, um den verketteten Fluß im praktischen Maßsystem in V/sec zu erhalten. Der

Faktor 10^5 ergibt sich dadurch, daß man den Fluß auf 1 km Leitungslänge, also auf 10^5 cm, statt auf 1 cm bezieht.

In gleicher Weise wie eben durchgeführt lassen sich die Kraftlinienverkettungen für den Leiter *2* und für den Leiter *3* berechnen. Es sollen jetzt folgende Abkürzungen eingeführt werden:

$$(191) \quad \begin{cases} a_{11} = 2\left(\ln\frac{1}{r_1} + \frac{1}{4}\right)10^{-4}, & a_{22} = 2\left(\ln\frac{1}{r_2} + \frac{1}{4}\right)10^{-4}, & a_{33} = 2\left(\ln\frac{1}{r_3} + \frac{1}{4}\right)10^{-4}, \\ a_{12} = 2\ln\frac{1}{d_{12}}10^{-4}, & a_{23} = 2\ln\frac{1}{d_{23}}10^{-4}, & a_{31} = 2\ln\frac{1}{d_{31}}10^{-4}, \end{cases}$$

wobei man z. B. a_{11} als Feldkoeffizient des Leiters *1* und a_{12} als Feldkoeffizient des Leiters *1* gegen den Leiter *2* bezeichnet. (Statt mit natürlichen kann auch mit Briggsschen Logarithmen gerechnet werden, nur muß man beachten, daß $\ln x = 2{,}3 \log x$ ist.) Die Kraftlinienverkettungen gemessen in V/sec pro km Länge können damit bei Anwendung der eingeführten Abkürzungen wie folgt geschrieben werden:

$$(192) \quad \begin{cases} \Phi_1 = i_1 a_{11} + i_2 a_{12} + i_3 a_{13} \\ \Phi_2 = i_1 a_{21} + i_2 a_{22} + i_3 a_{23} \\ \Phi_3 = i_1 a_{31} + i_2 a_{32} + i_3 a_{33}. \end{cases}$$

Diese Gleichungen, welche für drei Leiter abgeleitet wurden, gelten in sinngemäßer Erweiterung auch für beliebig viele Leiter. Die Anwendung dieser sehr wichtigen Gleichungen ergibt sich aus folgenden Beispielen:

1. Einphasenleitungen (s. Abb. 434).

Es gilt hier für den Leiter *1*

$$\Phi_1 = i_1 a_{11} + i_2 a_{12}.$$

Da in diesem Fall $i_2 = -i_1$ ist, erhält man, wenn man für die Koeffizienten die Werte nach Gl. (191) einsetzt

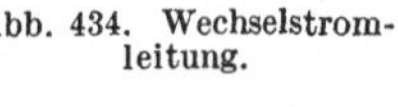

$$\Phi_1 = i_1 \cdot 2 \cdot 10^{-4}\left(\ln\frac{1}{r} + \frac{1}{4} - \ln\frac{1}{d}\right)$$

oder umgeschrieben

$$\Phi_1 = i_1 \cdot 2 \cdot 10^{-4}\left(\ln\frac{d}{r} + \frac{1}{4}\right).$$

Abb. 434. Wechselstromleitung.

Nach dieser Beziehung kann man Φ_1 als vom Strom i_1 erzeugt annehmen, obwohl dies physikalisch nicht stimmt. Beachtet man, daß die Kraftlinienverkettung in V/sec gleich der Stromstärke des Leiters 'mal der Induktivität, also $\Phi_1 = L_1 i_1$, ist, dann ergibt sich die Induktivität pro Phase und pro km Länge in Henry zu

$$(193) \quad L = 2 \cdot 10^{-4}\left(\ln\frac{d}{r} + \frac{1}{4}\right).$$

Für die Induktivität von Hin- und Rückleitung zusammen ist der doppelte Wert einzusetzen.

2. Symmetrische Drehstromleitung.

Für eine symmetrische Drehstromleitung nach Abb. 435 gilt für die Kraftlinienverkettung des Leiters *1*

$$\Phi_1 = i_1 a_{11} + i_2 a_{12} + i_3 a_{13}.$$

Beachtet man, daß

$$a_{12} = a_{13} \quad \text{und} \quad i_1 = -(i_2 + i_3)$$

ist, dann gilt

$$\Phi_1 = i_1 (a_{11} - a_{12}).$$

oder falls man für die Koeffizienten die entsprechenden Werte nach Gl. (191) einsetzt

$$\Phi_1 = i_1 \, 2 \cdot 10^{-4} \left(\ln \frac{1}{r} + \frac{1}{4} - \ln \frac{1}{d} \right).$$

Für die anderen Leiter ergeben sich gleiche Klammerausdrücke. Die Induktivität pro Phase und km in Henry ergibt sich damit zu

$$(194) \quad L = 2 \cdot 10^{-4} \left(\ln \frac{d}{r} + \frac{1}{4} \right).$$

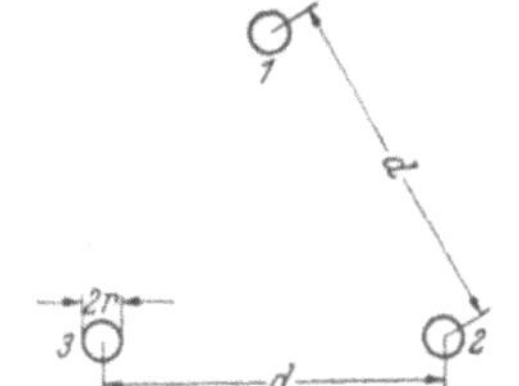

Abb. 435. Symmetrische Drehstromleitung.

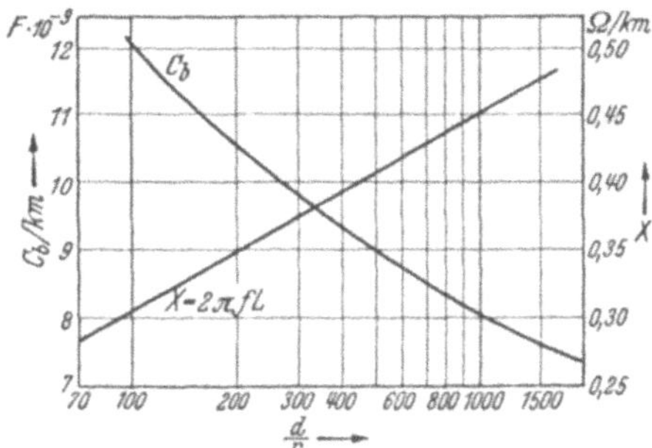

Abb. 436.   Reaktanz und Betriebskapazität einer Drehstromleitung.

In Abb. 436 ist die Reaktanz $X = 2\pi f L$ in Abhängigkeit von d/r aufgetragen. X beträgt bei Freileitungen oft etwa 0,4 Ω/km.

3. Unsymmetrisches, jedoch verdrilltes Drehstromsystem.

Im allgemeinen sind die Leitungen eines Drehstromsystems räumlich nicht symmetrisch angeordnet, sondern aus konstruktiven Gründen meist unsymmetrisch. Um jedoch in jeder Phase gleiche Induktivität und auch pro Phase gleiche Kapazität gegen Erde zu erhalten, muß man größere Überlandleitungen gemäß dem Schema Abb. 437 verdrillen (wenigstens eine vollständige Verdrillung zwischen zwei Stationen). Um die Kraftlinienverkettungen mit dem Strom i_1 zu erhalten, ist zu beachten, daß z. B. die vom Strom i_2 herrührenden Kraftlinienverkettungen in den einzelnen Abschnitten der Leitung verschieden sind, da der Leitungsabstand zwischen dem Strom i_1 und dem Strom i_2 nicht konstant, sondern gleich d_{12}, d_{31} und d_{23} ist. Es muß deshalb für die Feldkoeffizienten ein Mittelwert eingesetzt werden. Es ergibt sich dann für die Kraftlinienverkettung des vom Strome i_1 durchflossenen Leiters

$$\Phi_1 = i_1 a_{11} + i_2 \frac{(a_{12} + a_{13} + a_{23})}{3} + i_3 \frac{(a_{31} + a_{23} + a_{12})}{3}.$$

Beachtet man, daß

$$i_1 = - (i_2 + i_3)$$

ist, so erhält man

$$\Phi_1 = i_1 \left(a_{11} - \frac{a_{12} + a_{23} + a_{31}}{3} \right).$$

Es ist

$$a_{11} = 2 \cdot 10^{-4} \left(\ln \frac{1}{r} + \frac{1}{4} \right)$$

$$a_{12} = 2 \cdot 10^{-4} \ln \frac{1}{d_{12}}$$

$$a_{23} = 2 \cdot 10^{-4} \ln \frac{1}{d_{23}}$$

$$a_{31} = 2 \cdot 10^{-4} \ln \frac{1}{d_{31}}.$$

Somit ergibt sich

$$\Phi_1 = i_1 \cdot 2 \cdot 10^{-4} \left[\ln \frac{1}{r} + \frac{1}{4} - \frac{1}{3} \left(\ln \frac{1}{d_{12}} + \ln \frac{1}{d_{23}} + \ln \frac{1}{d_{31}} \right) \right]$$

oder

$$\Phi_1 = i_1 \, 2 \cdot 10^{-4} \left[\ln \frac{\sqrt[3]{d_{12} d_{23} d_{31}}}{r} + \frac{1}{4} \right].$$

Führt man zur Abkürzung ein

$$(195) \qquad d = \sqrt[3]{d_{12} d_{23} d_{31}},$$

wobei d der geometrische Mittelwert aus den Phasenabständen ist, dann ergibt sich für die Phaseninduktivität in Henry der unsymmetrischen, jedoch verdrillten Drehstromleitung (s. Abb. 437)

$$(196) \qquad L = 2 \cdot 10^{-4} \left[\ln \frac{d}{r} + \frac{1}{4} \right].$$

4. Drehstromdoppelleitung gleichmäßig verdrillt.

Es sei die Drehstromdoppelleitung nach Abb. 438a, bei welcher das linke System I und das rechte System II gleichmäßig belastet seien, untersucht. Für die Induktivität des vom Strom i_1 durchflossenen Leiters im System I würde die Formel (196) gelten, falls nicht zusätzliche Beeinflussungen durch das System II stattfinden. Diese zusätzlichen Beeinflussungen der Ströme i_1, i_2 und i_3 des Systems II auf den vom Strome i_1 durchflossenen Leiter müssen ebenfalls berücksichtigt werden. Da die Beeinflussungen in jedem Abschnitt der Verdrillung andere sind, werden auch hier Mittelwerte aus den Koeffizienten gebildet. Es ergibt sich damit für die Kraftlinienverkettung des Leiters 1 vom System I durch das System II folgender Wert:

$$\Phi_{II\,1} = i_1 \frac{(a_{11'} + a_{22'} + a_{33'})}{3} + i_2 \frac{(a_{12'} + a_{23'} + a_{31'})}{3} + i_3 \frac{(a_{13'} + a_{21'} + a_{32'})}{3}.$$

Hierin bedeutet z. B. $a_{22'}$ den Feldkoeffizienten des Leiters $2'$ gegen Leiter 2, also $a_{22'} = 2 \cdot 10^{-4} \ln 1/d_{22'}$, wobei $d_{22'}$ (s. Abb. 438b), der Abstand des Leiters 2 gegen $2'$ ist. Da die beiden letzten Klammern der Gleichung gleich sind und $(i_2 + i_3) = - i_1$ ist, findet sich

$$\Phi_{II\,1} = i_1 \left(\frac{a_{11'} + a_{22'} + a_{33'}}{3} - \frac{a_{12'} + a_{23'} + a_{31'}}{3} \right)$$

oder nach Einsetzung der Koeffizienten

$$\Phi_{II\,1} = i_1 \cdot 2 \cdot 10^{-4} \ln \sqrt[3]{\frac{d_{12'} d_{23'} d_{31'}}{d_{11'} d_{22'} d_{33'}}}.$$

Um die gesamte Kraftlinienverkettung des Leiters *1* im linken System zu erhalten, muß jetzt noch $L_0 i_1$ hinzuaddiert werden [L_0 nach Gl. (196)].
Es ist also

$$\Phi_1 = 2 \cdot 10^{-4}\, i_1 \left[\ln \frac{d}{r} + \ln \sqrt[3]{\frac{d_{12'}\, d_{23'}\, d_{31'}}{d_{11'}\, d_{22'}\, d_{33'}}} + \frac{1}{4} \right].$$

Setzt man zur Abkürzung

$$(197) \qquad \begin{cases} d = \sqrt[3]{d_{12}\, d_{23}\, d_{31}} \\[4pt] d' = \sqrt[3]{d_{12'}\, d_{23'}\, d_{31'}} \\[4pt] d'' = \sqrt[3]{d_{11'}\, d_{22'}\, d_{33'}} \end{cases}$$

dann erhält man für die Phaseninduktivität in Henry pro km:

$$(198) \qquad L = 2 \cdot 10^{-4} \left[\ln \frac{d}{r}\frac{d'}{d''} + \frac{1}{4} \right].$$

Abb. 437. Drehstrom-
leitung verdrillt.

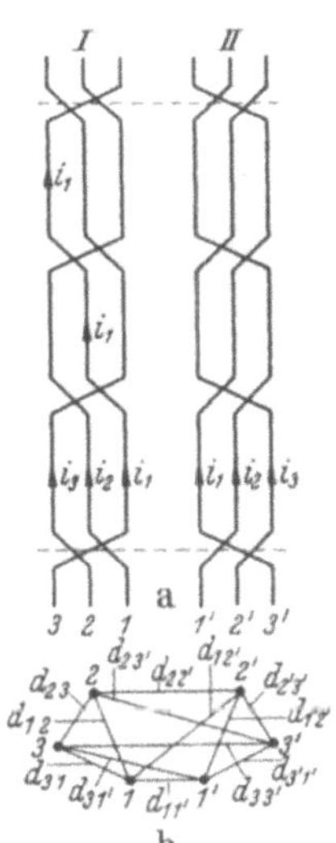

Abb. 438 a u. b. Doppel-
drehstromleitung verdrillt.

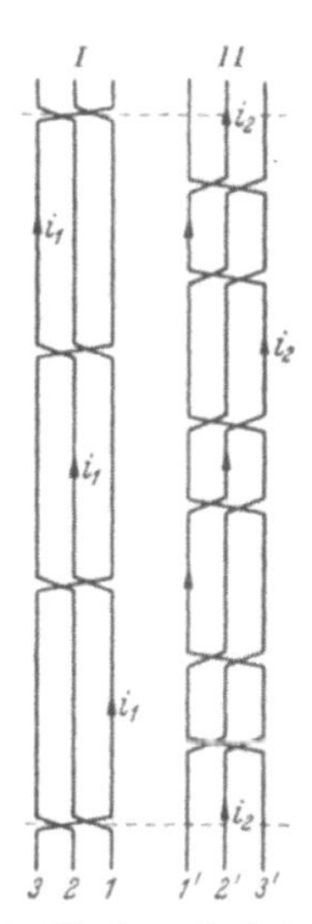

Abb. 439. Doppeldrehstromleitung mit Spezialverdrillung.

Gegenüber den Werten von L bei der Einfachleitung ist L bei der Doppelleitung etwas größer (5 bis 15%).

5. Drehstromdoppelleitung mit Spezialverdrillung.

Es soll im folgenden gezeigt werden, daß, falls die Verdrillung nach Abb. 439 ausgeführt ist, die beiden Systeme *I* und *II* sich gegenseitig nicht beeinflussen. Wir untersuchen zunächst die Kraftlinienverkettung, die durch den Strom i_2 im System *II* auf den Strom i_1 im System *I* ausgeübt wird. Die vom Strom i_2 herrührende Kraftlinienverkettung ergibt sich zu

$$i_2 \left(\frac{a_{12'} + a_{13'} + a_{11'} + a_{21'} + a_{22'} + a_{23'} + a_{33'} + a_{31'} + a_{32'}}{9} \right).$$

Für die Ströme i_1 und i_3 vom System *II*, die auf i_1 vom System *I* einwirken, ergeben sich genau gleiche Klammerfaktoren. Da jedoch $i_1 + i_2 + i_3 = 0$ ist, ist der Einfluß der drei Ströme des Systems *II* auf das System *I* gleich Null. Es gilt also für die Induktivität in Henry einer vollkommen verdrillten Leitung die in Gl. (196) angegebene Formel:

$$(199) \qquad L = 2 \cdot 10^{-4} \ln \left(\frac{d}{r} + \frac{1}{4} \right).$$

6. Die Induktivität eines Stromkreises bei Rückleitung des Stromes in der Erde.

In der Starkstromtechnik wird die Erde betriebsmäßig nie als Rückleitung benutzt (abgesehen von elektrischen Bahnen, bei denen allerdings der Strom vorwiegend in den Schienen zurückfließen soll). In Störungsfällen, etwa beim Doppelerdschluß (s. Abb. 320a) kann jedoch auch bei Starkstromanlagen eine Rückleitung des Stromes durch die Erde erfolgen. Für manche Rechnungen braucht man die Größe der hier geltenden Induktivität und den ohmschen Widerstand. Die Berechnung der Induktivität einer Stromschleife, bei der ein Draht die Hinleitung und die Erde die Rückleitung bildet, ist bis jetzt exakt nicht durchgeführt worden, denn selbst Näherungslösungen führen mathematisch zu Besselschen Funktionen, deren Kenntnis wir nicht voraussetzen wollen. Es ergibt sich durch Messungen und auch durch die erwähnten Näherungsrechnungen, daß die Reaktanz, gebildet aus dem Draht als Hinleitung und der Erde als Rückleitung größenordnungsmäßig zwischen 0,6 bis 0,8 Ω/km liegt. Dabei gelten die kleinen Werte für größere Leitungsquerschnitte bzw. umgekehrt. Für manche Überlegungen ist die Vorstellung zweckmäßig (wenn auch nicht ganz exakt), daß in der Hinleitung die normale Phasenreaktanz wirksam ist, welche normalerweise etwa 0,4 Ω/km beträgt. Für die Rückleitung in Erde verbleibt damit eine Reaktanz im Betrage von 0,2 bis 0,4 Ω/km, ein Wert, der 50 bis 100% der Phasenreaktanz ausmacht.

Der Strom hat in der Erde neben induktiven Widerstand auch ohmschen Widerstand zu überwinden. Dieser ist, wie man ableiten kann, gleich $R_e = f \pi^2$ Ω/km (f = Frequenz in Hertz). In dieser Formel kommt die spezifische Leitfähigkeit des Erdbodens sonderbarerweise nicht vor. Einen Anhaltspunkt für diese Erscheinung gibt folgende Erklärung: Betrachten wir in der Erde zwei Stromfäden, von denen der eine unmittelbar dicht an der Erdoberfläche verläuft, der andere dagegen in einem größeren Abstand, dann ist sicher der Kraftlinienfluß, der von der Hinleitung und dem ersten Stromfaden umschlungen wird, kleiner als der Kraftlinienfluß, der von der Hinleitung und dem zweiten Stromfaden umschlungen wird. Der zweite Stromfaden hat also einen größeren induktiven Widerstand, seine Stromdichte wird also, da bei beiden Stromfäden eine gleiche treibende Spannung zur Verfügung steht, kleiner sein als im ersten Falle. Hieraus folgt, daß der Strom sich nicht beliebig tief im Erdreich ausbreitet, sondern in einer der Erdoberfläche benachbarten Schicht mäßiger Ausdehnung verläuft. Ist der Erdwiderstand größer, dann ist die für die Rückleitung sich bildende Schicht stärker als bei besserer Leitfähigkeit, so daß also die schlechtere Leitfähigkeit durch einen größeren Querschnitt ausgeglichen wird. Bei $f = 50$ Perioden findet man den Erdwiderstand zu $0,05\ \Omega/\text{km}$. Zu diesem Widerstand muß noch der Erdübergangswiderstand beim Stromeintritt und -austritt hinzugezählt werden. Letzterer ist sehr veränderlich und liegt größenordnungsmäßig zwischen einigen wenigen Ohm bis einigen $100\ \Omega$. Denkt man sich den Erdwiderstand durch den Widerstand eines Kupferdrahtes ersetzt, so würde ein Draht von $21,4$ mm Φ gleichen Widerstand wie die Erde (abgesehen von den Erdübergangswiderständen) besitzen.

Praktisch alle Hochspannungsleitungen besitzen ein oder mehrere Erdseile. Im Falle eines Doppelerdschlusses vermag somit der Strom nicht nur über die Erde, sondern auch über das Erdseil zu fließen. Es zeigt sich jedoch, da sowohl der induktive, als auch der ohmsche Widerstand des aus Eisen bestehenden Erdseiles wesentlich größer sind als die entsprechenden Werte der Erde, daß durch das Erdseil nur einige Prozente von dem zurückfließenden Strom verlaufen. Man kann also ohne nennenswerten Fehler annehmen, daß der zurückfließende Strom praktisch nur durch die Erde fließt. Bei einer Leitung, welche im Gelände einen Bogen macht, fließen die Erdströme nicht in Richtung der Bogensehne, also auf dem kürzesten Weg, sondern verlaufen praktisch längs der Leitung. Würden nämlich die Rückströme längs der Sehne verlaufen, so wäre der vom Strom umschlungene Fluß, also der induktive Widerstand größer als im Falle, daß der Strom der Leitung folgt.

c) Die Berechnung der Leitungskapazitäten.

Wir gehen von einer linienförmig verteilten Elektrizitätsmenge q, die sich auf 1 km Länge, also auf 10^5 cm erstrecke, aus. Der durch eine Elektrizitätsmenge q (in Amp · sec gemessen) ausgestrahlte Verschiebungsfluß ist gleich der Elektrizitätsmenge. Also wird, da Symmetrie vorhanden ist, im Abstand r von der Elektrizitätsmenge q die Verschiebungsdichte $\mathfrak{D}$ in Amp · sec/cm^2 sich berechnen lassen (s. Abb. 440a) nach

$$q = \mathfrak{D}\, 2\,\pi\, r \cdot 10^5$$

oder

(200)
$$\mathfrak{D} = \frac{q}{2\,\pi\, r} \cdot \frac{1}{10^5}.$$

Die Verschiebungsdichte $\mathfrak{D}$ ist proportional der Feldstärke $\mathfrak{E}$. Es gilt für Luft, bei der die relative Dielektrizitätskonstante gleich 1 ist, falls die Feldstärke $\mathfrak{E}$ in V/cm gemessen wird,

(201)
$$\mathfrak{E} = (4\,\pi \cdot 9 \cdot 10^{11})\, \mathfrak{D}$$

oder unter Benutzung von Gl. (200)

(202)
$$\mathfrak{E} = \frac{2q}{r}\, 9 \cdot 10^6.$$

In unserem Falle sind die Potentialflächen Kreise um den Mittelpunkt der Ladung. Schreitet man in Richtung der Feldstärke um den Betrag dr weiter (s. Abb. 440 b), so nimmt bekanntlich das Potential u um den Betrag du ab. Es gilt:

$$(203) \qquad -\frac{du}{dr} = \mathfrak{E} = \frac{2q}{r}\, 9 \cdot 10^6 \,.$$

Integriert ergibt die Gleichung

$$(204) \qquad u = -2\, q \ln r \cdot 9 \cdot 10^6 + C \,.$$

In dieser Gleichung bedeutet C eine Integrationskonstante, deren Größe später noch festgelegt werden muß. Bei mehreren Leitern, z. B. seien drei Leiter vorhanden, überlagern sich die Potentiale und man erhält (s. Abb. 440 c) für das Potential an einer beliebigen Stelle die Beziehung

$$(205) \qquad \left\{ \begin{aligned} u = [&-2\, q_1 \ln r_1 - 2\, q_2 \ln r_2 \\ &- 2\, q_3 \ln r_3] \cdot 9 \cdot 10^6 + C' \,. \end{aligned} \right.$$

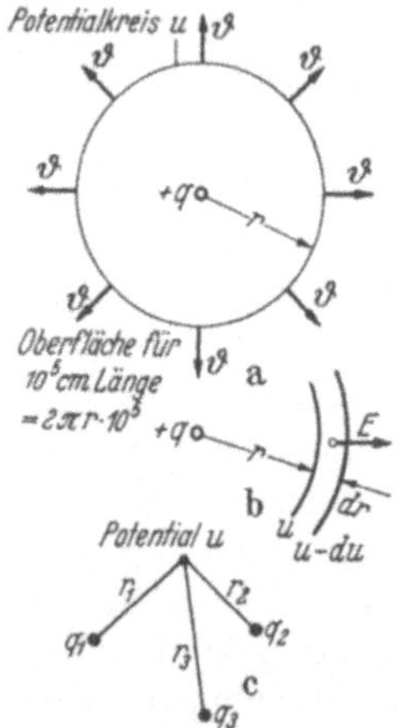

Abb. 440 a u. b. Linienförmige Ladung und Potentialkreis.

Die uns interessierenden Leitungen sind jedoch nie im vollkommen freien Raum angeordnet, sondern sind stets der Erde benachbart, welche wir als leitend auffassen müssen. Da die elektrischen Kraftlinien infolge des konstanten Potentials der Erde auf der Erde senkrecht stehen, kann man sich den Einfluß der Erde auf das Potential eines Leiters ersetzt denken, indem man zu dem wirklich vorhandenen Leiter mit der Ladung $+q$ einen spiegelbildlich gedachten Leiter mit der Ladung $-q$ anordnet (s. Abb. 441). Wenden wir unsere Potentialgleichung auf diesen Fall an und berechnen wir das Potential u auf der Erde, dann erhält man:

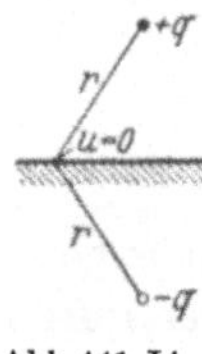

Abb. 441. Linienförmige Ladung und Spiegelbild.

$$(206) \qquad u = [-2\, q \ln r + 2\, q \ln r] \cdot 9 \cdot 10^6 + C' \,.$$

Setzt man das Potential der Erde gleich Null, so daß also die Potentiale der Leitungen gleich den Leiterspannungen gegen Erde werden, dann ergibt sich die Integrationskonstante $C' = 0$.

Die Einführung des spiegelbildlich anzuordnenden Leiters gilt auch sinngemäß bei beliebig vielen Leitungen (s. Abb. 442 a). Es soll im folgenden das Potential auf der Oberfläche des Leiters 1, der den Radius r_1 habe, berechnet werden. Die Ladung q_1 sei dabei im Mittelpunkt konzentriert angenommen. Wir wollen weiter näherungsweise annehmen, daß in nicht zu großem Abstand von der linienförmig gedachten Ladung q_1 die Potentialflächen Kreise sind und daß eine solche Potentialfläche mit unserer Leiteroberfläche zusammenfällt, da auf dieser konstantes Potential herrschen muß. Für das Potential an der in der Abb. 442 a

markierten Stelle auf dem Leiter *1* ergibt sich unter Beachtung der in
der Abb. 442a eingetragenen Bezeichnungen die Beziehung:

$$u_1 = [-2\,q_1 \ln r_1 - 2\,q_2 \ln d_{12} - 2\,q_3 \ln d_{13}$$
$$+ 2\,q_1 \ln 2\,h_1 + 2\,q_2 \ln D_{12} + 2\,q_3 \ln D_{13}] \cdot 9 \cdot 10^6$$

oder

$$(207) \qquad u_1 = \left[2\,q_1 \ln \frac{2\,h_1}{r_1} + 2\,q_2 \ln \frac{D_{12}}{d_{12}} + 2\,q_2 \ln \frac{D_{13}}{d_{13}}\right] \cdot 9 \cdot 10^6 .$$

In dieser Gleichung müßte z. B. d_{12} der Abstand sein, den die betrachtete
Stelle der Oberfläche des Leiters *1* vom Mittelpunkt des Leiters *2* hat.
Dieser ist jedoch praktisch gleich dem Abstand der Mittelpunkte der
Leiter *1* und *2* (s. Abb. 442b). Führt man folgende Abkürzungen ein

$$(208) \quad \begin{cases} a_{11} = 2\ln \dfrac{2\,h_1}{r_1} \cdot 9 \cdot 10^6, \qquad a_{22} = 2\ln \dfrac{2\,h_2}{r_2} \cdot 9 \cdot 10^6, \qquad a_{33} = \cdots \\[2ex] a_{12} = a_{21} = 2\ln \dfrac{D_{12}}{d_{12}} \cdot 9 \cdot 10^6, \qquad a_{23} = a_{32} = 2\ln \dfrac{D_{23}}{d_{23}} \cdot 9 \cdot 10^6, \end{cases}$$

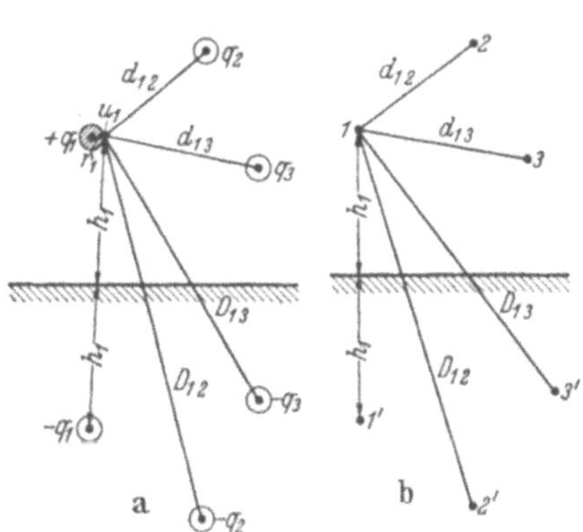
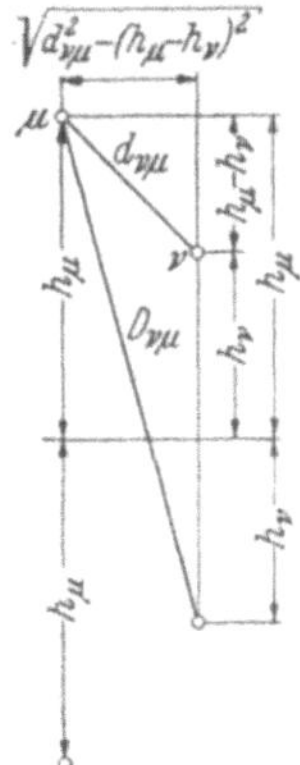

Abb. 442a u. b.
Drei Leitungen parallel zur Erde mit Spiegelbild.

Abb. 443.
Hilfsbild für Berechnung.

dann kann man für die soeben aufgestellte Gleichung für das Potential
des Leiters *1* und auch sinngemäß für die Gleichungen für die Potentiale
der Leiter *2* und *3* schreiben:

$$(209) \quad \begin{cases} u_1 = a_{11}\,q_1 + a_{12}\,q_2 + a_{13}\,q_3 \\ u_2 = a_{21}\,q_1 + a_{22}\,q_2 + a_{23}\,q_3 \\ u_3 = a_{31}\,q_1 + a_{32}\,q_2 + a_{33}\,q_3 . \end{cases}$$

Die bei den Ladungen stehenden Koeffizienten bezeichnet man als
Potentialkoeffizienten. Es sei der Potentialkoeffizient zwischen dem
ν-ten und dem μ-ten Leiter

$$a_{\nu\mu} = 2\ln \frac{D_{\nu\mu}}{d_{\nu\mu}} \cdot 9 \, 10^6$$

etwas umgeformt. Unter Benutzung der Abb. 443 lassen sich folgende Beziehungen aufstellen:

$$(210) \quad \begin{cases} D_{\nu\mu}^2 = (h_\nu + h_\mu)^2 + d_{\nu\mu}^2 - (h_\mu - h_\nu)^2 \\ D_{\nu\mu}^2 = 4\,h_\nu h_\mu + d_{\nu\mu}^2 \\ \dfrac{D_{\nu\mu}}{d_{\nu\mu}} = \sqrt{\dfrac{4\,h_\nu h_\mu}{d_{\nu\mu}^2} + 1}\,. \end{cases}$$

Man kann also für den Potentialkoeffizienten $a_{\nu\mu}$ allgemein schreiben (bezogen auf 1 km Leitungslänge)

$$a_{\nu\mu} = 2\ln\sqrt{\frac{4\,h_\nu h_\mu}{d_{\nu\mu}^2} + 1}\cdot\;9\cdot10^6$$

oder

$$(211) \quad a_{\nu\mu} = \ln\left[\left(\frac{4\,h_\nu h_\mu}{d_{\nu\mu}^2}\right) + 1\right]\,9\cdot10^6\,.$$

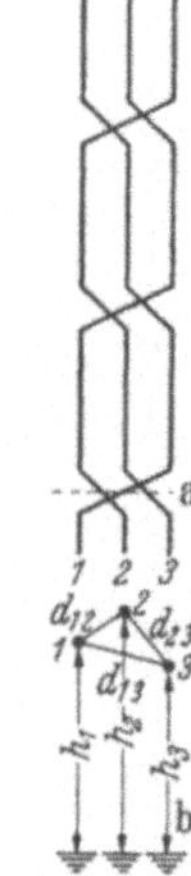

Der Ausdruck für den Potentialkoeffizienten a_{11} bzw. a_{22}, a_{33} allgemein geschrieben, ergibt sich nach Gl. (208) wie folgt:

$$(212) \quad a_{\nu\nu} = 2\ln\frac{2\,h_\nu}{r_\nu}\cdot9\cdot10^6\,.$$

1. Die Berechnung der Leitungskapazität für eine verdrillte Drehstromleitung.

Es sei die verdrillte Drehstromleitung nach Abb. 444a gegeben. Infolge der Verdrillung wird der mittlere Abstand jeder der drei Phasen gegen Erde gleich sein. Als Mittelwert sei der geometrische Mittelwert genommen, der sich auch schon bei Berechnung der Leitungsinduktivität als einzusetzender Mittelwert ergeben hat. Für die mittlere Höhe h ergibt sich, falls die Leiterabstände nach Abb. 444b h_1, h_2 und h_3 sind

$$(213) \quad h = \sqrt[3]{h_1\,h_2\,h_3}\,.$$

Abb. 444 a u. b. Drehstromleitung verdrillt.

Da die Radien der drei Leiter gleich sind, werden die Koeffizienten a_{11}, a_{22} und a_{33} gleich sein. Man findet also

$$(214) \quad a_{11} = a_{22} = a_{33} = 2\ln\frac{2\,h}{r}\cdot9\cdot10^6\,.$$

In der Gl. (211) kommt die Größe $d_{\nu\mu}$ vor. Die mittleren Abstände der einzelnen Leiter voneinander sind infolge der Verdrillung ebenfalls gleich. Führt man den mittleren Abstand gemäß der Beziehung

$$(215) \quad d = \sqrt[3]{d_{12}d_{23}d_{31}}$$

in die Gl. (211) ein, dann erhält man für die Potentialkoeffizienten den Wert:

$$(216) \quad a_{12} = a_{23} = a_{31} = \ln\left[\left(\frac{2\,h}{d}\right)^2 + 1\right]\cdot9\cdot10^6\,.$$

Unter Benutzung des Gleichungssystem (209) erhält man für die Potentiale der drei Leitungen des Drehstromsystems die Beziehungen:

$$(217) \quad \begin{cases} u_1 = a_{11}\, q_1 + a_{12}\, q_2 + a_{12}\, q_3 \\ u_2 = a_{12}\, q_1 + a_{11}\, q_2 + a_{12}\, q_3 \\ u_3 = a_{12}\, q_1 + a_{12}\, q_2 + a_{11}\, q_3 \,. \end{cases}$$

Diese drei Gleichungen kann man noch wie folgt umformen:

$$\begin{aligned} u_1 &= a_{11}\, q_1 &&+ a_{12}\, q_2 &&+ a_{12}\, q_3 \\ u_1 - u_2 &= (a_{11} - a_{12})\, q_1 &&+ (a_{12} - a_{11})\, q_2 &&+ 0 \\ u_1 - u_3 &= (a_{11} - a_{12})\, q_1 &&+ 0 &&+ (a_{12} - a_{11})\, q_3 \,. \end{aligned}$$

Multipliziert man die zweite und dritte Gleichung mit $\dfrac{a_{12}}{a_{11} - a_{12}}$ und addiert die drei Gleichungen, so erhält man

$$u_1 + (u_1 - u_2)\, \frac{a_{12}}{a_{11} - a_{12}} + (u_1 - u_3)\, \frac{a_{12}}{a_{11} - a_{12}} = q_1\, [a_{11} + 2\, a_{12}]$$

oder umgeschrieben

$$(218) \quad q_1 = \frac{u_1}{a_{11} + 2\, a_{12}} + \frac{(u_1 - u_2)}{(a_{11} + 2\, a_{12})} \cdot \frac{a_{12}}{a_{11} - a_{12}} + \frac{(u_1 - u_3)}{(a_{11} + 2\, a_{12})} \cdot \frac{a_{12}}{a_{11} - a_{12}} \,.$$

Führt man jetzt folgende Abkürzungen ein

$$(219) \quad K_{11} = \frac{1}{a_{11} + 2\, a_{12}}$$

und

$$(220) \quad K_{12} = \frac{a_{12}}{a_{11} - a_{12}}\, K_{11} \,,$$

dann läßt sich die Gl. (218) auch schreiben

$$(221) \quad q_1 = u_1 K_{11} + (u_1 - u_2)\, K_{12} + (u_1 - u_3)\, K_{12} \,.$$

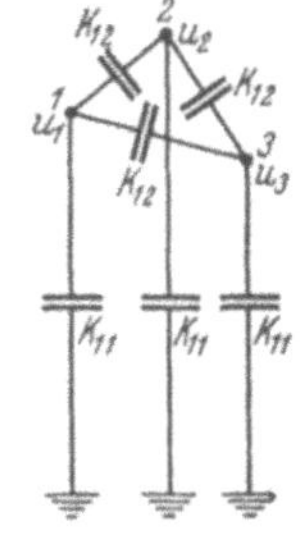

Abb 445. Kapazitäten der Drehstromleitung.

Auf Grund dieser Beziehung kann man die Auffassung entwickeln, daß die auf dem Leiter *1* sitzende Ladung q_1 zustande kommt durch die Erdkapazität K_{11} des Leiters *1*, welche an der Spannung u_1 gegen Erde liegt und durch die Gegenkapazitäten K_{12} des Leiters *1* gegen die Leiter *2* und *3*, an welchen die Potentialunterschiede $(u_1 - u_2)$ und $(u_1 - u_3)$ herrschen (s. Abb. 445).

Man kann die Gl. (221) auch schreiben:

$$q_1 = u_1 K_{11} + (2\, u_1 - u_2 - u_3)\, K_{12} \,.$$

Beachtet man, daß bei einem symmetrischen Drehstromsystem (ohne Erdschluß!)

$$u_1 + u_2 + u_3 = 0$$

ist, dann folgt

$$(222) \quad q_1 = u_1\, (K_{11} + 3\, K_{12}) \,.$$

In einem Drehstromsystem ist also die Ladung q_1 proportional dem Potential u_1. Man kann deshalb die Kapazitäten in einer einzigen Ersatzkapazität, der Betriebskapazität, zusammenfassen, an der das Potential u_1 (Phasenspannung!) liegt und welche die Größe hat:

$$(223) \qquad C_b = K_{11} + 3 K_{12}.$$

Nach Gl. (217) ergibt sich für das Drehstromsystem

$$(224) \qquad u_1 = a_{11} q_1 + a_{12} (q_2 + q_3).$$

Beachtet man, daß $q_2 + q_3 = - q_1$ ist, dann kann man schreiben

$$(225) \qquad u_1 = q_1 (a_{11} - a_{12}).$$

Also ist die Betriebskapazität C_b auch gleich (s. auch Abb. 436)

$$(226) \qquad C_b = \frac{1}{a_{11} - a_{12}}.$$

Zusammengefaßt ergab sich also für die Kapazitäten einer Leitung:

$$(227\,\text{a}) \qquad \left\{ \begin{aligned} & K_{11} = \frac{1}{a_{11} + 2 a_{12}}, \quad K_{12} = \frac{a_{12}}{a_{11} - a_{12}} K_{11}, \\ & C_b = \frac{1}{a_{11} - a_{12}} = K_{11} + 3 K_{12}, \end{aligned} \right.$$

für die Potentialkoeffizienten:

$$(227\,\text{b}) \qquad \left\{ \begin{aligned} & a_{11} = 2 \ln \frac{2h}{r} \cdot 9 \cdot 10^6, \\ & a_{12} = \ln \left[\left(\frac{2h}{d} \right)^2 + 1 \right] \cdot 9 \cdot 10^6. \end{aligned} \right.$$

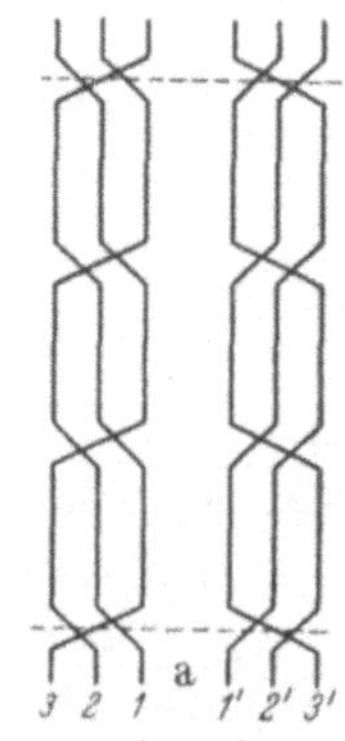

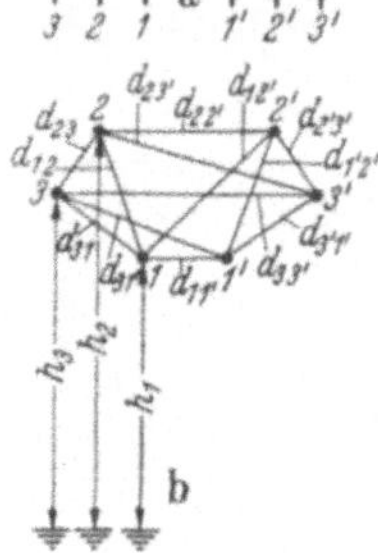

Abb. 446 a u. b. Doppel-drehstromleitung verdrillt.

Die Kapazitäten ergeben sich nach obigen Formeln in Farad und gelten genau wie die Potentialkoeffizienten für 1 km Länge. Die Werte für h, d und r sind in gleichen Einheiten, z. B. in cm, einzusetzen.

2. Berechnung der Kapazitäten für eine verdrillte Drehstromdoppelleitung.

Es sei das Potential u_1 des Leiters _1_ im linken System der Drehstromdoppelleitung (Abb. 446) berechnet und werde von der Voraussetzung ausgegangen, daß gleichphasige Leitungen im rechten und linken System zueinander symmetrisch angeordnet sind, also gleiche Ladungen und Potentiale besitzen. Für das Potential des Leiters _1_ im linken System gilt unter Beachtung, daß $a_{12} = a_{13}$ und $a_{12'} = a_{13'}$, die Beziehung

$$(228) \qquad \left\{ \begin{aligned} u_1 = {} & a_{11} q_1 + a_{12} q_2 + a_{12} q_3 \\ & + a_{11'} q_1 + a_{12'} q_2 + a_{12'} q_3. \end{aligned} \right.$$

In dieser Gleichung wird durch die Glieder in der zweiten Zeile die Beeinflussung des rechten Systems auf den ersten Leiter des linken Systems ausgedrückt. Die Koeffizienten a_{11} und a_{12} sind nach den Gl. (211) und (212) berechenbar. Für den Koeffizienten $a_{11'}$ ergibt sich

$$(229) \qquad a_{11'} = \ln \left[\left(\frac{2h}{d''} \right)^2 + 1 \right] \cdot 9 \cdot 10^6.$$

Hierin bedeutet h die mittlere Höhe und

(230)
$$d'' = \sqrt[3]{d_{11'}\, d_{22'}\, d_{33'}}$$

den mittleren Abstand, den gleichphasige Leiter beider Systeme gegeneinander haben. Für $a_{12'}$ ergibt sich

(231)
$$a_{12'} = \ln\left[\left(\frac{2h}{d'}\right)^2 + 1\right] \cdot 9 \cdot 10^6.$$

Hierin bedeutet:

(232)
$$d' = \sqrt[3]{d_{12'}\, d_{23'}\, d_{31'}}$$

den mittleren Abstand, den ein Leiter im linken System gegen einen nicht gleichphasigen Leiter im rechten System hat. Man kann Gl. (228) auch schreiben:

(233)
$$u_1 = (a_{11} + a_{11'})\, q_1 + (a_{12} + a_{12'})\, q_2 + (a_{12} + a_{12'})\, q_3.$$

Setzt man zur Abkürzung

(234)
$$A_{11} = a_{11} + a_{11'}, \quad A_{12} = a_{12} + a_{12'},$$

dann ergibt sich

(235)
$$u_1 = A_{11}\, q_1 + A_{12}\, q_2 + A_{12}\, q_3.$$

Entsprechende Gleichungen gelten für u_2 und u_3. Die letzte Gleichung hat genau gleiche Form wie die Gl. (217), so daß die dort abgeleiteten Werte für die Erdkapazität, für die Gegenkapazität und für die Betriebskapazität sinngemäß angewandt werden können. Es ergibt sich dann unter Beachtung der Gl. (219), (220), (226) und (223)

(236)
$$\left\{ \begin{array}{l} K_{11} = \dfrac{1}{A_{11} + 2A_{12}}, \quad K_{12} = \dfrac{A_{12}}{A_{11} - A_{12}}\, K_{11}, \\[2ex] C_b = \dfrac{1}{A_{11} - A_{12}} = K_{11} + 3K_{12}. \end{array} \right.$$

3. Drehstromleitungen mit Erdseil.

Es werde eine Drehstromleitung mit Erdseil (Abb. 447) untersucht, und zwar sei die Ableitung der Formeln sowohl für die Doppel-, als auch die Einfachleitung gleichzeitig durchgeführt. Geht man von der Doppelleitung aus und bezeichnet die Potentialkoeffizienten diesmal mit A'_{11} und A'_{12}, so erhält man für die Potentiale der drei Leiter und für das Potential des Erdseils folgende Beziehungen

(237)
$$\left\{ \begin{array}{l} u_1 = A'_{11}\, q_1 + A'_{12}\, q_2 + A'_{12}\, q_3 + a_{1s}\, q_s \\ u_2 = A'_{12}\, q_1 + A'_{11}\, q_2 + A'_{12}\, q_3 + a_{1s}\, q_s \\ u_3 = A'_{12}\, q_1 + A'_{12}\, q_2 + A'_{11}\, q_3 + a_{1s}\, q_s \\ u_s = 0 = a_{1s}(2)\, q_1 + a_{1s}(2)\, q_2 + a_{1s}(2)\, q_3 + a_{ss}\, q_s. \end{array} \right.$$

In den drei ersten Zeilen berücksichtigt das 4. Glied den Einfluß des Erdseiles mit der Ladung q_s auf die Potentiale der Leiter. Hat das Erdseil den Abstand h_s von der Erde, dann ergibt sich u_{1s} nach Gl. (211) zu

(238)
$$a_{1s} = \ln\left(\frac{4\, h\, h_s}{d_s'^2} + 1\right) \cdot 9 \cdot 10^6.$$

Hierin bedeutet

(239)
$$d_s' = \sqrt[3]{d_{s1}\, d_{s2}\, d_{s3}}$$

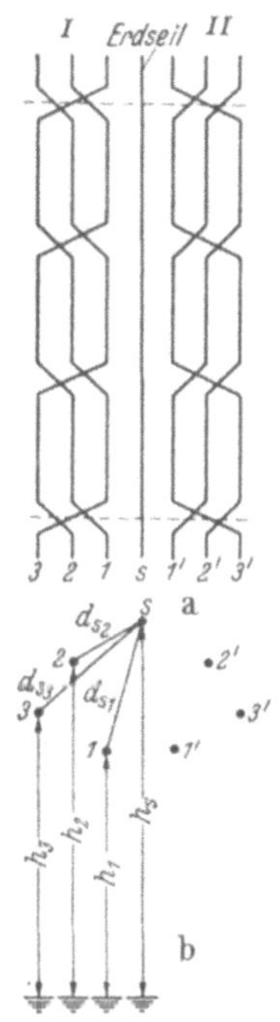

Abb. 447 a u. b.
Doppeldrehstromleitung verdrillt mit Erdseil.

den mittleren Abstand des Erdseiles von den drei Leitungen. Die 4. Gleichung gilt für das Potential des Erdseiles, welches Null ist. Es ist hierin, falls r_s der Radius des Erdseiles ist,

$$(240) \qquad a_{ss} = 2 \ln \frac{2\,h_s}{r_s} \cdot 9 \cdot 10^6.$$

Der in der letzten Zeile der Gl. (237) in Klammer geschriebene Faktor 2 gilt nur für den Fall der Doppelleitung, da dann sowohl die Ladung q_1 im rechten, als auch im linken System einen Einfluß auf das Potential des Erdseiles ausübt. Bei der Einfachleitung ist der Faktor 2 durch den Faktor 1 zu ersetzen. Multipliziert man die letzte Beziehung der Gl. (237) mit a_{1s}/a_{ss} und zieht sie von der ersten ab, dann erhält man

$$u_1 = \left(A'_{11} - (2)\,\frac{a_{1s}^2}{a_{ss}}\right)q_1 + \left(A'_{12} - (2)\,\frac{a_{1s}^2}{a_{ss}}\right)q_2 + \left(A'_{12} - (2)\,\frac{a_{1s}^2}{a_{ss}}\right)q_3.$$

Setzt man zur Abkürzung

$$(241) \qquad \frac{a_{1s}^2}{a_{ss}} = a_s$$

und im Falle der Doppelleitung

$$(242) \qquad \begin{cases} A_{11} = A'_{11} - 2\,a_s = a_{11} + a_{11'} - 2\,a_s \\ A_{12} = A'_{12} - 2\,a_s = a_{12} + a_{12'} - 2\,a_s \end{cases}$$

im Falle der Einfachleitung

$$(243) \qquad \begin{cases} A_{11} = A'_{11} - a_s = a_{11} - a_s \\ A_{12} = A'_{12} - a_s = a_{12} - a_s \end{cases}$$

dann geht die Gleichung über in:

$$(244) \qquad u_1 = A_{11}\,q_1 + A_{12}\,q_2 + A_{12}\,q_3.$$

Damit haben auch hier die Beziehungen der Gl. (236) Gültigkeit, sofern für A_{11} und A_{12} die Werte nach Gl. (242) bzw. (243) eingesetzt werden.

4. Drehstromleitungen mit mehreren Erdseilen.

Mit den Potentialkoeffizienten lassen sich auch die Kapazitäten K_{11}, K_{12} und C_b für Drehstromleitungen mit mehreren Erdseilen, die in gewitterreichen Gegenden oft angewandt werden, berechnen. Die Berechnung soll nicht durchgeführt werden, da keinerlei neue Gesichtspunkte vorkommen, die Rechnung außerdem etwas langwierig ist. Es wird sich deswegen damit begnügt, im folgenden die Ergebnisse der Rechnung mitzuteilen. Es gelten auch für Drehstromleitungen mit mehreren Erdseilen die Gl. (236), wenn für die Potentialkoeffizienten im Falle der Doppelleitung die Werte der Gl. (242), im Falle der Einfachleitung die Werte der Gl. (243) eingesetzt werden. In den beiden letzten Gleichungen kommt die Größe a_s vor.

Ist die Zahl der Erdseile gleich z, dann ergibt sich a_s zu[1]

$$(245) \qquad a_s = z \cdot \frac{a_{1s}^2}{a_{ss} + (z-1) \cdot a_{ps}}.$$

Die in dieser Gleichung vorkommenden Koeffizienten ermitteln sich wie folgt:

$$(246) \qquad \begin{cases} a_{1s} = \ln\left[\dfrac{2\,h \cdot 2\,h_s}{(d'_s)^2} + 1\right] \cdot 9 \cdot 10^6, \\[3ex] a_{ps} = \ln\left[\left(\dfrac{2\,h_s}{d_s}\right)^2 + 1\right] \cdot 9 \cdot 10^6, \\[3ex] a_{ss} = 2 \ln\left[\dfrac{2\,h_s}{r_s}\right] \cdot 9 \cdot 10^6. \end{cases}$$

---

[1] Siehe AEG-Rechnungsgrößen für Hochspannungsanlagen.

In diesen Gleichungen ist

$$h = \sqrt[3]{h_1 \cdot h_2 \cdot h_3}$$
d, d', d'', wie in den Gl. (215), (232) u. (230)
r Seilradius
r_s Erdseilradius

p, q, s Erdseile
z Zahl der Erdseile
$\left.\begin{array}{l} 1\ 2\ 3 \\ 1'\ 2'\ 3' \end{array}\right\}$ Leiter des Stromkreises $\left\{\begin{array}{l} \mathrm{I} \\ \mathrm{II} \end{array}\right.$

h_s sowie d_s berechnen sich entsprechend nachstehender Tabelle. In dieser Tabelle bedeutet z. B. h_q den Abstand des Erdseiles q vom Erdboden. Es bedeutet d_{q1} den Abstand des Erdseiles q vom Leiter 1 des Stromkreises I, d_{pq} den Abstand des Erdseiles p vom Erdseil q. Die Längen für d und h sind in cm einzusetzen.

Tabelle 17.

z	1	2	3
h_s	h_s	$\sqrt[2]{h_p\,h_q}$	$\sqrt[3]{h_p\,h_q\,h_s}$
d_s	—	d_{pq}	$\sqrt[3]{d_{ps}\,d_{sq}\,d_{qp}}$
d_s'	$\sqrt[3]{d_{s1}\,d_{s2}\,d_{s3}}$	$\sqrt[2]{\sqrt[3]{d_{p1}d_{p2}d_{p3}}\cdot\sqrt[3]{d_{q1}d_{q2}d_{q3}}}$	$\sqrt[3]{\sqrt[3]{d_{p1}\,d_{p2}\,d_{p3}}\,\sqrt[3]{d_{q1}\,d_{q2}\,d_{q3}}\,\sqrt[3]{d_{s1}\,d_{s2}\,d_{s3}}}$

5. Allgemeines zur Berechnung der Leitungskapazitäten.

In den Formeln zur Berechnung der Leitungskapazitäten kommt die Größe h, d. i. der mittlere Abstand der drei Phasen vom Erdboden vor. h ist streng genommen keine Konstante, da die Leitungen einen gewissen Durchhang aufweisen. Man bekommt jedoch befriedigende Werte, wenn man für h den Wert einsetzt, der etwa dem Schwerpunkt der Leitung entspricht. Diesen findet man genügend genau zu

$$(247) \qquad\qquad h = H - 0,7\,f\,.$$

Hierin bedeutet H den mittleren Abstand der Seile gegen Erde an den Aufhängepunkten und f den Durchhang der Leitung. Der Durchhang ist von der Temperatur abhängig, also streng genommen auch die Kapazität. Es genügt jedoch, für den Durchhang f den Wert bei $+10°$ einzusetzen.

Es sei erwähnt, daß die Werte für die Kapazitäten verschiedener Leitungen keinen sehr großen Schwankungen unterworfen sind, da Veränderungen in den Leitungsabständen wenig ausmachen, denn die betreffenden Größen stehen unter dem Logarithmus. Für grobe Überschlagsrechnungen kann man sich für Hochspannungsleitungen merken, daß

die Betriebskapazität in der Größenordnung $C_b = 9 \cdot 10^{-9}$ F/km,

die Erdkapazität bei Doppelleitungen mit Erdseil in der Größenordnung $K_{11} = 3,5 \cdot 10^{-9}$ F/km (etwa 40% von C_b)

und die Gegenkapazität bei Doppelleitungen mit Erdseil in der Größenordnung $K_{12} = 1,8 \cdot 10^{-9}$ F/km (etwa 50% von K_{11}) liegt.

Bei Einfachleitungen liegt K_{11} höher, etwa bei $5 \cdot 10^{-9}$ F/km, und K_{12} etwa bei $1,3 \cdot 10^{-9}$ F/km.

Bei der rechnerischen Ermittlung der Erdkapazität K_{11} ergeben sich Werte, die etwas kleiner als die durch die Messung erhaltenen sind. Dies hat seinen Grund darin, daß die Maste zusätzliche Erdkapazitäten bilden, ferner durch Schaltanlagen, Transformatorenstationen usw. ebenfalls eine Vergrößerung der Erdkapazität zustande kommt. Die notwendigen Zuschläge sind um so kleiner, je höher die Spannung ist, da dann weniger Maste und weniger Stationen vorhanden sind. Als Zuschläge zu den rechnerisch erhaltenen Größen kommen etwa Werte nach Tabelle 18 in Frage.

Tabelle 18.

Betriebs-spannung kV	Zuschlag für die Erdkapazität %
10	16
100	9
200	7

d) Die Koronaerscheinung.

Bei Hochspannungsleitungen tritt, falls der Durchmesser der Leitung für die Übertragungsspannung zu klein gewählt ist, ein Glimmen auf, was unerwünschte Zusatzverluste und Oberwellen mit sich bringt. Dieses Glimmen entsteht, wenn die Feldstärke an der Leiteroberfläche größer als etwa 21,4 kV/cm (Durchbruchfeldstärke der Luft, effektiver Wert) wird. Es sei berechnet, welche Bedingungen bestehen müssen, um das Glimmen zu vermeiden. Die Feldstärke an der Oberfläche eines Leiters ergibt sich nach Gl. (202) zu

$$\mathfrak{E} = \frac{2\,q}{r} \cdot 9 \cdot 10^6.$$

Es ist die Ladung q gleich:

$$q = U_\lambda C_b,$$

also kann man für die Feldstärke auch schreiben:

$$\mathfrak{E} = \frac{2}{r}\, U_\lambda C_b \cdot 9 \cdot 10^6$$

oder falls $\mathfrak{E} = 21\,400$ V/cm gesetzt wird, ergibt sich für die Spannung U_λ in Volt, falls r in cm und C_b in F/km eingesetzt wird,

$$(248) \qquad U_\lambda = 1{,}19\,\frac{r}{C_b} \cdot 10^{-3}.$$

Diese errechnete Spannung U_λ, bei der Glimmen einsetzt, berücksichtigt noch nicht, daß die Leiteroberfläche Rauhigkeiten besitzt und somit der Leiter bereits etwas früher zum Glimmen kommen wird. Nimmt man einen Rauhigkeitsfaktor von 0,84 an, dann geht die Gl. (248) für die kritische Spannung (Phasenspannung bzw. Spannung gegen Erde) über in:

$$(249) \qquad U_{\lambda\,\mathrm{kr}} = \frac{r}{C_b} \cdot 10^{-3} \text{ Volt.}$$

Wenn also bei einer Betriebsspannung U ein Glimmen der Leitung vermieden werden soll, muß der Radius r (in cm) der Leitung die Bedingung erfüllen

$$(250) \qquad r > U_\lambda C_b \cdot 10^3.$$

Praktisch wird man r 15 bis 20% größer wählen, als sich nach der Formel ergibt.

Es ist zu beachten, daß bei körnigem bzw. nadelförmigem Rauhreif die kritische Spannung um 30 bis 40% herabgesetzt werden kann. Regen hat dagegen keinen nennenswerten Einfluß auf die kritische Spannung. Die zusätzlich auftretenden Leitungsverluste, die beim Glimmen eines Seiles auftreten, können pro Leiter nach Messungen von Peek etwa folgende Größe annehmen:

$$(251) \qquad N_v = 3{,}39\, f\, \sqrt{\frac{r}{d}}\,(U_\lambda - U_{\lambda\,kr})^2 \cdot 10^{-9}\ \text{kW/km und Leiter.}$$

In dieser Formel bedeutet f die Frequenz, d ist der mittlere Leiterabstand, r der Radius der Leitung, U_λ die Betriebsphasenspannung und $U_{\lambda\,kr}$ die kritische Phasenspannung in Volt [s. Gl. (249)].

Die obigen Gleichungen gelten bis zu einem Leiterdurchmesser von 20 mm. Oberhalb dieses Leitungsdurchmessers liegen die Werte für die kritischen Spannungen etwas tiefer als den obigen Berechnungen entspricht.

K. Die Berechnung von Wechselstromnetzen unter Berücksichtigung der Induktivität.

a) Leitungen mit gegebener Stromverteilung.

Es sei eine einseitig gespeiste Strecke mit dem ohmschen Widerstand r und dem induktiven Widerstand X gegeben (s. Abb. 448a). Die Leitung besitze eine Reihe von Stromabnahmen. Im allgemeinen werden nicht unmittelbar die Ströme, sondern die abgenommenen Leistungen und die Leistungsfaktoren gegeben sein. Die erwähnten Stromabnahmen sind in den meisten Fällen Umspannstationen, die den Strom mit durch Transformatoren herabgesetzter Spannung verteilen. Ist am Ende der Strecke (s. Abb. 448a) die Phasenspannung $U_{\lambda 2}$ (damit auch die verkettete Spannung U_2) bekannt, dann ergibt sich bei einer abgenommenen Leistung N_2 an dieser Abnahme der Strom zu

$$I_2 = \frac{N_2}{\sqrt{3} \cdot U_2 \cos \varphi_2}.$$

Dieser Strom erzeugt auf der Strecke *1—2* einen ohmschen Spannungsabfall $I_2 r_2$, der in Phase mit dem Strom liegt, und einen induktiven Spannungsabfall $I_2 X_2$, der dem Strom um 90° voreilt. Die geometrische

Addition dieser Spannungsabfälle zur Phasenspannung $U_{\curlywedge 2}$ ergibt die Spannung $U_{\curlywedge 1}$ in 1. Der Strom I_1 kann jetzt aus N_1 berechnet und unter dem Winkel φ_1 an $U_{\curlywedge I}$ angetragen werden.

$$I_1 = \frac{N_1}{\sqrt{3} \cdot U_1 \cdot \cos \varphi_1}.$$

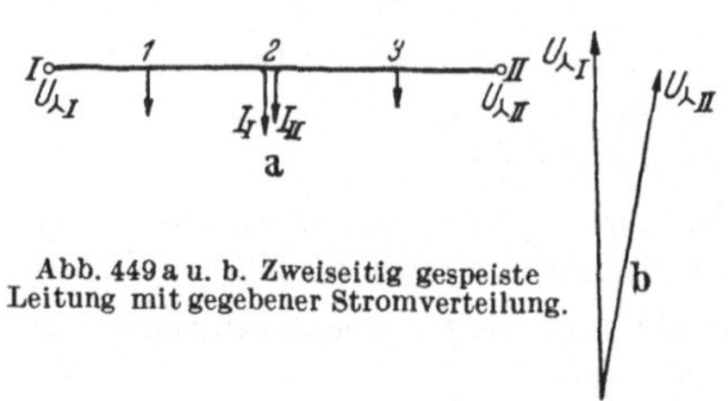

Abb. 448a u. b. Leitung mit zwei Stromverbrauchern.

Bei Berechnung der Spannungsabfälle auf der Strecke 0—1 in r_1 und X_1, muß beachtet werden, daß diese Widerstände vom geometrischen Summenstrom $I_1 \hat{+} I_2$ durchflossen werden. Durch Addition dieser ohmschen und induktiven Spannungsabfälle zu $U_{\curlywedge 1}$ erhält man die an der Speisestelle vorhandene Spannung $U_{\curlywedge 0}$ (Abb. 448b).

Auch die zweiseitig gespeiste Strecke nach Abb. 449a ist berechenbar, falls die Stromverteilung von vornherein gegeben ist. Stellt man beispielsweise die Forderung, daß die Abnahmestelle 2, deren Spannung bekannt sei, vom Speisepunkt I den Strom I_I und vom Speisepunkt II den Strom I_{II} beziehen soll, dann kann man ohne weiteres die Leitung in 2 aufschneiden. Man erhält damit zwei einseitig gespeiste Strecken, wodurch die Berechnung der Spannungen $U_{\curlywedge I}$ und $U_{\curlywedge II}$ möglich ist. Diese beiden Spannungen (s. Abb. 449b) werden im allgemeinen verschiedene Größe und Phasenlage haben. Damit die geforderte Strombelieferung auch eingehalten wird, muß es möglich sein,

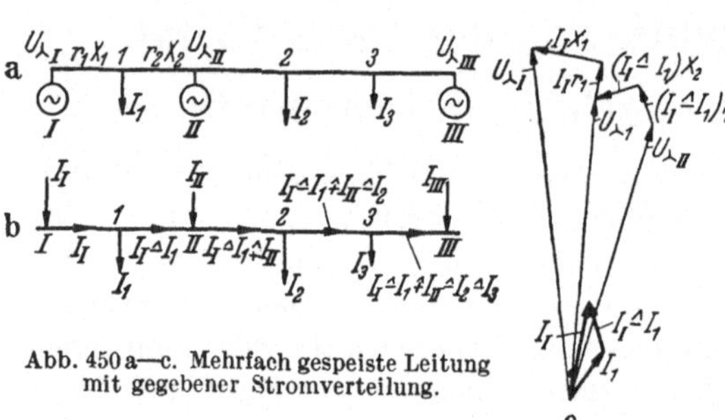

Abb. 449a u. b. Zweiseitig gespeiste Leitung mit gegebener Stromverteilung.

Abb. 450a—c. Mehrfach gespeiste Leitung mit gegebener Stromverteilung.

daß die Spannungen in den Speisepunkten I und II wie berechnet auch hingeregelt werden können. Strecken mit beliebig vielen Speisestellen und Stromabnahmen (s. Abb. 450a) können in ähnlicher Weise berechnet werden, nur muß von vornherein festgelegt werden, in welcher Weise die Leistungen bzw. die Ströme auf die einzelnen Kraftwerke verteilt werden sollen (Abb. 450b). Diese Verteilung wird entsprechend der Leistungsfähigkeit der Werke vorgenommen. Es muß sein:

$$I_I \hat{+} I_{II} \hat{+} I_{III} = I_1 \hat{+} I_2 \hat{+} I_3.$$

Ist die Spannung beispielsweise in I gegeben, sie sei gleich $U_{\lambda I}$, dann muß man, um $U_{\lambda 1}$ zu erhalten, den durch I_I bedingten ohmschen und induktiven Spannungsabfall von $U_{\lambda I}$ geometrisch abziehen (s. Abb. 450 c). Die Spannung $U_{\lambda II}$ in II ergibt sich dadurch, daß man die durch den Strom $I_I \doteq I_1$ bedingten Spannungsabfälle von $U_{\lambda 1}$ abzieht usw. Auf diese Weise können unter Benutzung der in Abb. 450 b eingetragenen Ströme sämtliche Spannungen ermittelt werden.

Beim Konstruieren der Spannungsdiagramme denkt man sich diese oft mit $\sqrt{3}$ multipliziert. Dadurch kann man statt der Phasenspannungen jetzt numerisch die verketteten Spannungen einsetzen (obgleich diese eine andere Phasenlage haben), muß aber bei der Berechnung der Spannungsabfälle alle Widerstände $\sqrt{3}$ mal größer annehmen.

b) Leitungen mit gesuchter Stromverteilung.

1. Symbolische Rechnung.

Wenn in Netzgebilden zur Berechnung der Spannungen erst die Stromverteilung ermittelt werden muß, versagt die bis jetzt geführte rein geometrische Betrachtung. Man muß in solchen Fällen die Hilfsmittel der symbolischen Rechnung anwenden, wobei wir diese vorwiegend in geometrischer Form gebrauchen wollen. Es ist bekannt, daß man in der Gaußschen Zahlenebene einen Vektor $\mathfrak{J}$ vom absoluten Betrag I (Vek-

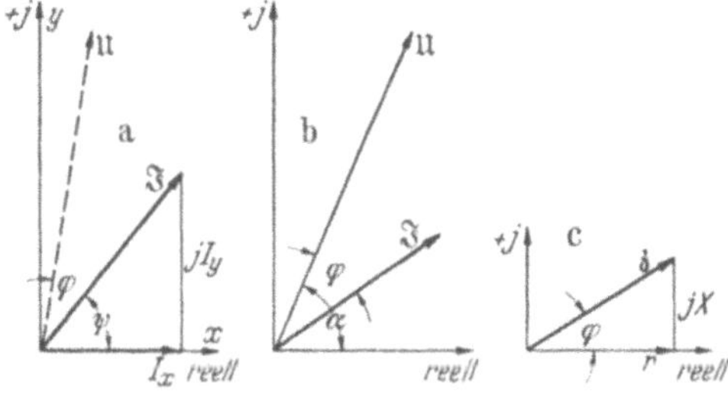

Abb. 451 a—c. Vektorbilder.

toren als gerichtete Größen werden deutsch, ungerichtete Größen lateinisch geschrieben) wie folgt schreiben kann (Abb. 451 a):

$$(252) \qquad \mathfrak{J} = I_x + j\,I_y = I\,(\cos\psi + j\sin\psi).$$

Darin bedeutet: $j = \sqrt{-1}$ die imaginäre Einheit, I den absoluten Wert und ψ den Winkel zwischen Vektor $\mathfrak{J}$ und der Abszissenachse. I ergibt sich zu: $I = \sqrt{I_x^2 + I_y^2}$. Nach den Gesetzen der Mathematik ist

$$\cos\psi + j\sin\psi = e^{j\psi}.$$

Man kann also auch schreiben:

$$(253) \qquad \mathfrak{J} = I\,e^{j\psi}.$$

Diese Gleichung besagt, daß der Vektor $\mathfrak{J}$ gleich ist dem absoluten Wert I multipliziert mit $e^{j\psi}$, d. h. mit einem Vektor von der Größe 1, der gegen die Abszissenachse den Winkel ψ bildet. ψ berechnet sich zu

$$(254) \qquad \operatorname{tg}\psi = \frac{I_y}{I_x}.$$

Das Rechnen mit komplexen Zahlen sei an einigen Beispielen gezeigt. Gleichzeitig sollen die Rechenregeln für das Arbeiten mit der symbolischen Methode abgeleitet werden.

Ein Wechselstrom $\Im$ durchfließe einen ohmschen Widerstand r und einen induktiven Widerstand X. Ermittelt soll die Spannung werden. Man bildet zunächst (die Zweckmäßigkeit wird sich später zeigen) für die Impedanz nach Abb. 451 c einen Vektor

$$(255) \qquad \mathfrak{z} = r + j \cdot X$$

vom absoluten Betrag z und dem Winkel φ gegen die reelle Achse:

$$(256) \qquad \operatorname{tg} \varphi = \frac{X}{r} .$$

Multiplizieren wir den Stromwert $\Im$ mit der Impedanz $\mathfrak{z}$, dann ergibt sich ein Vektor $\mathfrak{U}$

$$(257) \qquad \mathfrak{U} = \Im \mathfrak{z} = I\, e^{j\psi}\, z\, e^{j\varphi} = I z\, e^{j(\psi + \varphi)},$$

dessen Größe gleich dem Produkt der absoluten Beträge der Einzelvektoren, also gleich $I z$ ist und der gegen die Abszissenachse den Winkel $\psi + \varphi$ bildet (s. Abb. 451 a). $\mathfrak{U}$ eilt also gegen $\Im$ um den Winkel φ vor. Da $\operatorname{tg} \varphi = X/r$ und der absolute Betrag von $\mathfrak{z}$ gleich $z = \sqrt{r^2 + X^2}$ ist, muß der gebildete Vektor $\mathfrak{U}$ gleich der Wechselspannung sein, die den Strom $\Im$ durch den ohmschen Widerstand r und den induktiven Widerstand X treibt. Hat man umgekehrt einen Spannungsvektor $\mathfrak{U} = U e^{j\alpha}$ (s. Abb. 451 b) und teilt diesen durch die Größe $\mathfrak{z} = z e^{j\varphi}$, so ergibt sich ein Vektor

$$(258) \qquad \Im = \frac{\mathfrak{U}}{\mathfrak{z}} = \frac{U e^{j\alpha}}{z e^{j\varphi}} = \frac{U}{z}\, e^{j(\alpha - \varphi)},$$

der gegen $\mathfrak{U}$ um den Winkel φ zurückgedreht ist (s. Abb. 451 b) und dessen Größe und Richtung mit den Forderungen der Wechselstromtheorie übereinstimmt. Wir können also das ohmsche Gesetz auch auf Wechselstrom, d. h. auf Vektoren anwenden, sofern man statt der Widerstände die Impedanzen als Vektoren in die Gleichungen einführt. Liegt die Spannung $\mathfrak{U}$ an einer Reihenschaltung von einem Widerstand r, einem induktiven Widerstand $X_L = \omega L$ und einem kapazitiven Widerstand $X_C = \dfrac{1}{\omega C}$, so ist in die Rechnung als Impedanz der Wert

$$(259) \qquad \mathfrak{z} = r + j\,(X_L - X_C) = r + j\left(\omega L - \frac{1}{\omega C}\right)$$

einzusetzen. Dabei ist

$$(260) \qquad z = \sqrt{r^2 + \left(\omega L - \frac{1}{\omega C}\right)^2} \quad \text{und} \quad \operatorname{tg} \varphi = \frac{\omega L - \dfrac{1}{\omega C}}{r}$$

Für die geometrische Betrachtung von Wechselstromaufgaben ist das Ergebnis wichtig, daß man zwei Vektoren miteinander multipliziert, indem man die absoluten Beträge multipliziert und die Richtung des neuen Vektors erhält, indem man die Winkel der beiden Vektoren (von der reellen Achse aus gemessen) addiert, daß man zwei Vektoren durcheinander dividiert, indem man die absoluten Beträge dividiert und die Richtung des neuen Vektors durch Subtraktion der Winkel erhält. Die Addition und Subtraktion von Vektoren ist selbstverständlich geometrisch durchzuführen.

Der große Vorteil der symbolischen Behandlung von Wechselstromaufgaben besteht darin, daß sämtliche bis jetzt für rein ohmsche Widerstände abgeleiteten Beziehungen zwischen den Spannungen und Strömen unverändert übernommen werden können, sofern man sie ins Geometrische

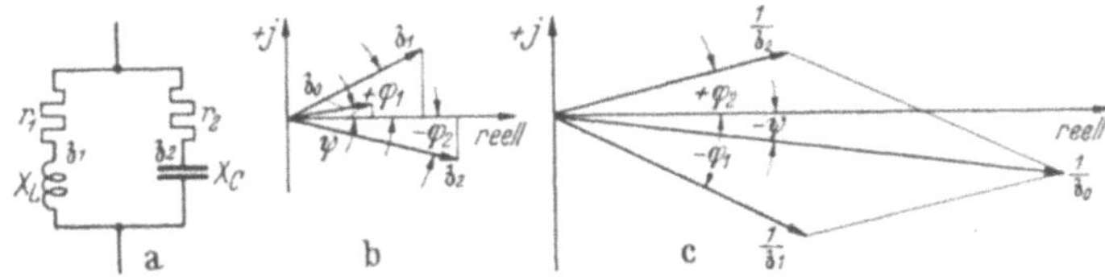

Abb. 452 a—c. Ermittlung der Impedanz einer Stromverzweigung.

übersetzt. Beispielsweise gilt für den Ersatzwiderstand r_0 von zwei Widerständen r_1 und r_2

$$\frac{1}{r_0} = \frac{1}{r_1} + \frac{1}{r_2}.$$

Sinngemäß berechnet sich die Ersatzimpedanz $\mathfrak{z}_0$ zweier parallel geschalteter Impedanzen (Abb. 452a) $\mathfrak{z}_1 = r_1 + jX_L$ und $\mathfrak{z}_2 = r_2 - jX_c$ aus

$$\frac{1}{\mathfrak{z}_0} = \frac{1}{\mathfrak{z}_1} + \frac{1}{\mathfrak{z}_2}.$$

Wir wollen $\mathfrak{z}_0$ graphisch ermitteln und bilden zunächst $1/\mathfrak{z}_1$. Da $\mathfrak{z}_1 = z_1 e^{j\varphi_1}$ ist (Abb. 452b), wird $\dfrac{1}{\mathfrak{z}_1} = \dfrac{1}{z_1} e^{j(-\varphi_1)}$. Man ersieht hieraus, daß die Richtung des Vektors $1/\mathfrak{z}_1$ durch den Winkel $-\varphi_1$ bestimmt ist, also durch Spiegelung von $\mathfrak{z}_1$ in bezug auf die reelle Achse erhalten wird (s. Abb. 452c). Der absolute Betrag von $1/\mathfrak{z}_1$ ist gleich $1/z_1$, kann also berechnet werden. Entsprechendes gilt für $1/\mathfrak{z}_2$. Die geometrische Summe von $\dfrac{1}{\mathfrak{z}_1} + \dfrac{1}{\mathfrak{z}_2}$ ergibt $1/\mathfrak{z}_0$. Um $\mathfrak{z}_0$ zu erhalten, muß $1/\mathfrak{z}_0$ in bezug auf die reelle Achse gespiegelt werden und die absolute Größe $z_0 = \dfrac{1}{(1/z_0)}$ berechnet werden. ($1/z_0$ kann aus Abb. 452c abgegriffen werden.) Der so gebildete Vektor $\mathfrak{z}_0$ ist in der Abb. 452b eingezeichnet. In ähnlicher Weise kann man beliebige Impedanzkombinationen geometrisch ermitteln. Selbstverständlich kann man $\mathfrak{z}_0$ auch rechnerisch ermitteln, indem man für $\mathfrak{z}_1$ und $\mathfrak{z}_2$ die reellen und imaginären Bestandteile einsetzt.

Ein weiteres Beispiel zeige die Anwendung der symbolischen Rechnung auf Netzaufgaben. Es sei ein Impedanzstern (Abb. 453a) mit den

Impedanzen $\mathfrak{z}_1$, $\mathfrak{z}_2$ und $\mathfrak{z}_3$ gegeben, deren Größen und Richtungen aus der Abb. 453 b entnommen werden können. Die Potentiale der Punkte *1, 2* und *3* sind durch das Potentialdreieck *1 2 3* der Abb. 453 c gegeben oder, wenn wir für unsere Betrachtungen das Potential des Punktes *2* willkürlich gleich 0 setzen, sind die Potentiale von *1* und *3* durch die Vektoren $\mathfrak{U}_1$ und $\mathfrak{U}_3$ (Abb. 453 c) gegeben. Die Sternpunktsgleichung

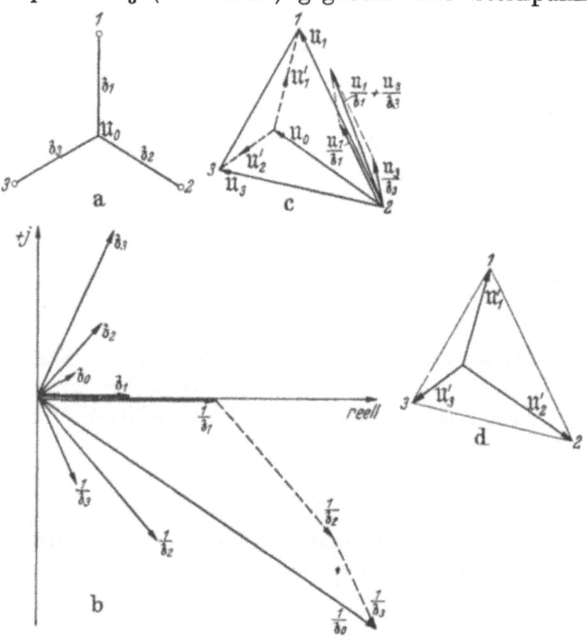

Abb. 453 a—d. Bestimmung der Mittelpunktsspannung eines unsymmetrischen Drehstromsystems.

Gl. (156) geht unter Beachtung, daß $\mathfrak{U}_2 = 0$ gesetzt ist (desgleichen ist die Stromabnahme im Sternpunkt gleich 0), über in

$$\mathfrak{U}_0 = \mathfrak{z}_0 \left(\frac{\mathfrak{U}_1}{\mathfrak{z}_1} + \frac{\mathfrak{U}_3}{\mathfrak{z}_3} \right).$$

Um diesen Ausdruck zu konstruieren, muß zunächst $\mathfrak{z}_0$ auf Grund der Beziehung $\dfrac{1}{\mathfrak{z}_0} = \dfrac{1}{\mathfrak{z}_1} + \dfrac{1}{\mathfrak{z}_2} + \dfrac{1}{\mathfrak{z}_3}$ gebildet werden. Diese Konstruktion ist in Abb. 453 b durchgeführt worden. Man benötigt ferner die Vektoren $\mathfrak{U}_1/\mathfrak{z}_1$ und $\mathfrak{U}_3/\mathfrak{z}_3$, die man addieren muß. Da $\mathfrak{U}_1$, $\mathfrak{U}_3$ und $\mathfrak{z}_1$, $\mathfrak{z}_3$ bekannt sind, kann $\left(\dfrac{\mathfrak{U}_1}{\mathfrak{z}_1} + \dfrac{\mathfrak{U}_3}{\mathfrak{z}_3} \right)$ ermittelt werden (s. Abb. 453 c). Multipliziert man jetzt $\left(\dfrac{\mathfrak{U}_1}{\mathfrak{z}_1} + \dfrac{\mathfrak{U}_3}{\mathfrak{z}_3} \right)$ mit der resultierenden Impedanz $\mathfrak{z}_0$, welche nach Abb. 453 b gebildet wird, dann erhält man das Potential $\mathfrak{U}_0$ des Sternpunktes und damit auch die an den drei Impedanzen $\mathfrak{z}_1$, $\mathfrak{z}_2$ und $\mathfrak{z}_3$ wirkenden Spannungen $\mathfrak{U}_1'$, $\mathfrak{U}_2'$ und $\mathfrak{U}_3'$ (s. Abb. 453 d), so daß die Berechnung der Ströme $\mathfrak{J}_1$, $\mathfrak{J}_2$ und $\mathfrak{J}_3$ möglich ist. Beispielsweise ist $\mathfrak{J}_1 = \mathfrak{U}_1'/\mathfrak{z}_1$.

2. Berechnung der beidseitig gespeisten Strecke.

Es sei die beidseitig gespeiste Strecke nach Abb. 454a betrachtet. Die Wechselstrompotentiale (Abb. 454b) in den Speisepunkten I und II seien gleich. Dieser Fall liegt vor bei einem einseitig gespeisten Ring, den man aus der Abb. 454a erhält, wenn man die Punkte I und II zusammenfallen läßt. Es sind die Stromabnahmen $\mathfrak{J}_1$ und $\mathfrak{J}_2$, sowie die Leitungsimpedanzen $\mathfrak{z}_1$, $\mathfrak{z}_2$, $\mathfrak{z}_3$ nach Abb. 454d und c gegeben. Man kann weiterhin bilden

$$\mathfrak{Z}_1 = \mathfrak{z}_1$$
$$\mathfrak{Z}_2 = \mathfrak{z}_1 + \mathfrak{z}_2$$
$$\mathfrak{Z}_0 = \mathfrak{z}_1 + \mathfrak{z}_2 + \mathfrak{z}_3$$

Es ergibt sich bei sinngemäßer Anwendung der für die gleichstrombelastete Leitung abgeleiteten Gleichungen der von II in die Leitung hineinfließende Strom zu

$$(261) \qquad \mathfrak{J}'' = \frac{\mathfrak{J}_1 \mathfrak{Z}_1 + \mathfrak{J}_2 \mathfrak{Z}_2}{\mathfrak{Z}_0}$$

und der von I in die Leitung fließende Strom zu

$$(262) \qquad \mathfrak{J}' = \mathfrak{J}_1 + \mathfrak{J}_2 - \mathfrak{J}''.$$

Da sämtliche Größen bekannt sind, lassen sich $\mathfrak{J}''$ bzw. $\mathfrak{J}'$ berechnen bzw. geometrisch konstruieren. Ist die Spannung in I und II bekannt, sie sei gleich $\mathfrak{U}_{\lambda 0}$, so läßt sich jetzt bei bekannter Stromverteilung die Spannung im Punkt 1 ermitteln.

$$\mathfrak{U}_{\lambda 1} = \mathfrak{U}_{\lambda 0} - \mathfrak{J}' \mathfrak{z}_1.$$

In gleicher Weise erhält man die Spannung $\mathfrak{U}_{\lambda 2}$

$$\mathfrak{U}_{\lambda 2} = \mathfrak{U}_{\lambda 1} - (\mathfrak{J}' - \mathfrak{J}_1)\mathfrak{z}_2.$$

Im allgemeineren Falle sind $\mathfrak{U}_{\lambda I}$ und $\mathfrak{U}_{\lambda II}$ nicht gleich (Abb. 454e), sondern voneinander verschieden. Dies bedingt einen zusätzlichen Ausgleichsstrom von der Größe

$$(263) \qquad \mathfrak{J}_a = \frac{\mathfrak{U}_{\lambda I} - \mathfrak{U}_{\lambda II}}{\mathfrak{Z}_0},$$

wobei als positive Richtung für den Ausgleichsstrom die Richtung von I nach II gilt. Man erhält jetzt für die einzelnen Spannungen folgende Werte:

$$(264) \qquad \begin{cases} \mathfrak{U}_{\lambda 1} = \mathfrak{U}_{\lambda I} - (\mathfrak{J}' + \mathfrak{J}_a)\mathfrak{z}_1 \\ \mathfrak{U}_{\lambda 2} = \mathfrak{U}_{\lambda 1} - (\mathfrak{J}' + \mathfrak{J}_a - \mathfrak{J}_1)\mathfrak{z}_2. \end{cases}$$

Diese Spannungen können ebenfalls leicht geometrisch gebildet werden.

Da man in Hochspannungsnetzen meistens wesentlich größere Spannungsabfälle hat als in Niederspannungsnetzen, kann man, wenn nicht die Ströme, sondern die Leistungen beim Abnehmer gegeben sind, zur Berechnung der Ströme nicht annehmen, daß die beim Abnehmer vorhandene Spannung und Phasenlage gleich der der Speisestelle ist. Dies geht an und für sich schon nicht, wenn zwei Speisestellen (Abb. 454) mit verschiedenen Spannungen und verschiedenen Phasenlagen vorhanden sind. Man muß sich dann so helfen, daß man die Spannungen an den Abnahmestellen (Abb. 454f) in bezug auf Größe und Phasenlage schätzt und aufzeichnet und hiernach mit den bekannten Leistungen N (in W) und bekannten $\cos\varphi$ die Ströme I berechnet und ebenfalls ins Diagramm einträgt. Mit diesen Strömen konstruiert man in bekannter Weise die Spannungen an den Abnahmestellen und muß nun feststellen, ob dieselben stark von den angenommenen Spannungen abweichen. Sollte dies der Fall sein, so wird man mit den neuen Spannungen aus den

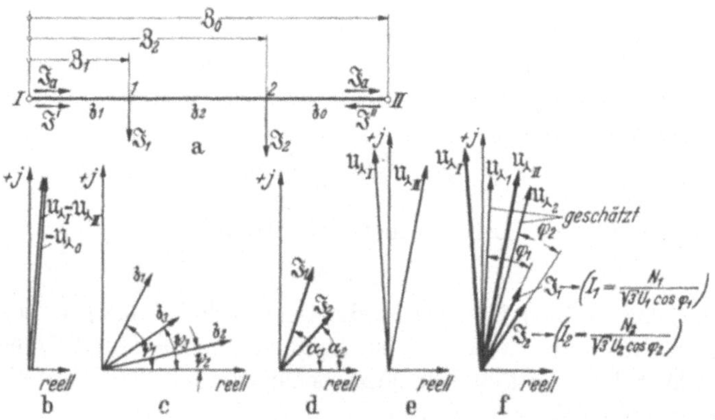

Abb. 454 a—f. Zweiseitig gespeiste Leitung.

bekannten Leistungen nochmals die Abnahmeströme berechnen und mit diesen die Rechnung durchführen. Diese zweite Rechnung ergibt dann meist die Spannungen mit genügender Genauigkeit. In der Mehrzahl der Fälle wird man schon mit der ersten Rechnung genügend genaue Ergebnisse erzielen.

c) Berücksichtigung der Leitungskapazität.

Die Freileitungen, sowie die Kabel besitzen eine über die gesamte Leitungslänge gleichmäßig verteilte Kapazität. Bei symmetrischen Belastungen kann man pro Phase mit einer sog. Betriebskapazität rechnen, die sich nach den Angaben auf S. 350 berechnen läßt. Für die meisten Rechnungen ist es zweckmäßig, nicht mit verteilten, sondern mit konzentrierten Kapazitäten zu rechnen. Es sei beispielsweise eine Leitung von der Länge l km und der auf den km bezogenen Betriebskapazität c vorhanden. Man kann sich nun die längs der Leitung verteilte Kapazität entweder durch eine in der Mitte der Leitung angreifende konzentrierte Kapazität von der Größe $C = lc$ (Abb. 455a) oder auch durch zwei Kapazitäten von je $C/2$, die auf die beiden Enden der Leitung konzentriert sind, ersetzt denken (in Abb. 455a gestrichelt gezeichnet).

Die Annahme einer konzentriert gedachten Leitungskapazität ist zulässig bis zu Entfernungen von 200 bis 250 km (s. S. 388). Hat man eine einseitige oder auch zweiseitig gespeiste Strecke mit einer Reihe von Streckenabschnitten, so kann man sich für jeden Abschnitt (Abb. 455b) die Leitungskapazitäten auf die Enden, also auf die Punkte $1, 2, I$ und II verteilt denken und diese dann dort zusammenfassen (Abb. 455c). Die Phasenspannung an der Abnahme 1 sei gleich $U_{\lambda 1}$. Diese Spannung ruft einen um 90° voreilenden kapazitiven Strom hervor von der Größe

$$I_{C1} = \frac{U_{\lambda 1}}{X_{C1}} = U_{\lambda 1}\,\omega C_1 \quad \text{oder vektoriell geschrieben}$$

(265) $$\mathfrak{J}_C = j\,\omega\,C_1\,\mathfrak{U}_{\lambda 1}.$$

Da man, falls die Leistungen gegeben sind, zur Ermittlung der abgenommenen Verbraucherströme $\mathfrak{J}_{10}$ und $\mathfrak{J}_{20}$ die Spannungen $\mathfrak{U}_1$, $\mathfrak{U}_2$ haben bzw. schätzen muß, kann man auch gleichzeitig die Ladeströme $\mathfrak{J}_C$ der Leitung (s. Abb. 455d) berechnen. Im Punkt 1 greift damit (unter Berücksichtigung der konzentrierten Leitungskapazität) als Gesamtstrom der Strom (Abb. 455e)

(266) $$\mathfrak{J}_1 = \mathfrak{J}_{10} + \mathfrak{J}_{C1}$$

an. Da die Belastungs- und Ladeströme für die übrigen Abnahmestellen genau so bestimmt werden können, kann die Berechnung der Leitung nach den bisherigen Grundsätzen erfolgen.

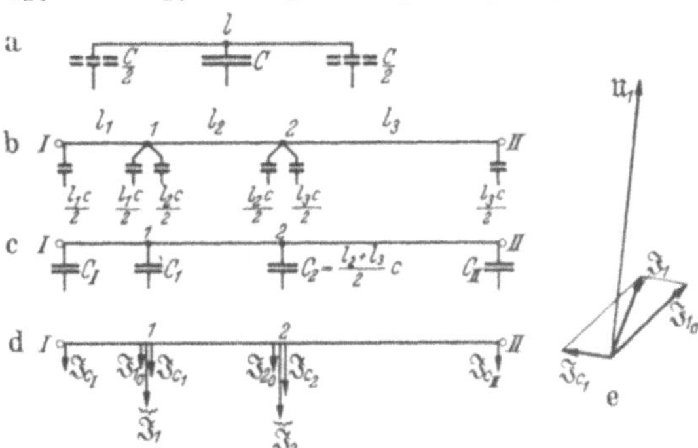

Abb. 455 a—e. Berücksichtigung der Leitungskapazität.

d) Die Berechnung von Leitungen unter Benutzung der Wirk- und Blindströme der Abnehmer.

Es sei eine einseitig gespeiste Leitung (Abb. 456) mit den Impedanzen $\mathfrak{Z}_1$, $\mathfrak{Z}_2$ usw. oder allgemein geschrieben mit den Impedanzen $\mathfrak{Z}$ vorhanden. Der Spannungsabfall auf der Leitung kann unter Benutzung der symbolischen Methode geschrieben werden:

(267) $$\Delta\,\mathfrak{U} = \sum \mathfrak{J}\,\mathfrak{Z}.$$

In unserem speziellen Beispiel, in dem drei Stromabnahmen vorhanden sind, wollen wir vorübergehend annehmen, daß die Spannung am Ende der Leitung $\mathfrak{U}_{\lambda 3}$ und die Spannung am Anfang der Leitung $\mathfrak{U}_{\lambda 0}$ der Größe und Phase nach bekannt (s. Abb. 457) seien. Wir legen unser Koordinatensystem (in der Abb. 457 dünn gezeichnet), so, daß die

imaginäre Achse eine mittlere Richtung zwischen den beiden Span-
nungen $\mathfrak{U}_{\lambda\,0}$ und $\mathfrak{U}_{\lambda\,3}$ einnimmt. Die vorhandenen Ströme $\mathfrak{J}_1$, $\mathfrak{J}_2$ und $\mathfrak{J}_3$
oder ganz allgemein geschrieben $\mathfrak{J}$, zerlegen wir in je eine Blindkompo-
nente I_b, welche in Richtung der reellen und in eine Wirkkomponente I_w,

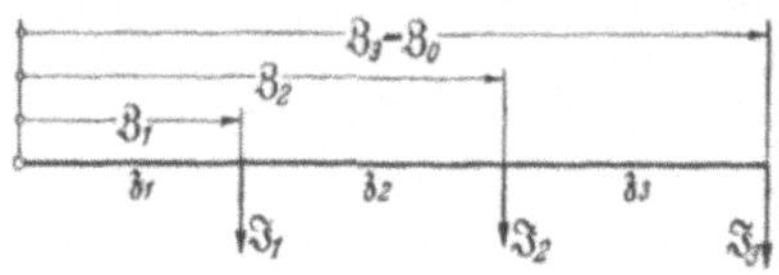

Abb. 456. Leitung mit mehreren
Stromverbrauchern.

welche in Richtung der imaginären
Achse fällt. Ferner zerlegen wir den
Spannungsabfall $\varDelta\,\mathfrak{U}$ ebenfalls (s.
Abb. 457) in zwei Komponente $\varDelta\,U_b$
und $\varDelta\,U_w$. Wir können jetzt die
Gleichung (267), da $\mathfrak{Z} = r + j\,X$ ist,
auch schreiben:

$$(268)\qquad \begin{cases} j\varDelta\,U_w + \varDelta\,U_b = \sum (j\,I_w + I_b)\,(r + j\,X), \\ j\varDelta\,U_w + \varDelta\,U_b = j\sum (I_w\,r + I_b\,X) + \sum (I_b\,r - I_w\,X). \end{cases}$$

Der reelle Teil und der imaginäre Teil dieser Gleichung müssen übereinstimmen, also gilt:

$$(269)\qquad \varDelta\,U_w = \sum (I_w\,r + I_b\,X),$$

$$(270)\qquad \varDelta\,U_b = \sum (I_b\,r - I_w\,X).$$

Nun ist $\varDelta\,U_w$ mit ziemlicher Annäherung gleich dem
Spannungsabfall $\varDelta\,U = U_{\lambda\,0} - U_{\lambda\,3}$, so daß wir für
diesen auch schreiben können:

$$(271)\qquad \varDelta\,u = \sum I_w\,r + \sum I_b\,X.$$

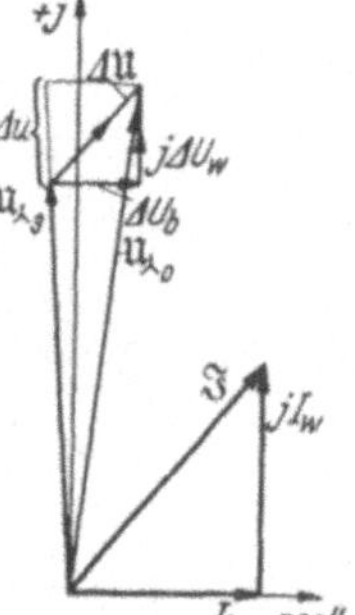

Abb. 457. Diagramm.

Die Ströme I_w und I_b sind die Wirk- bzw. Blindströme
für eine Spannung, die mit der j-Achse zusammenfällt.
Da die tatsächlich vorhandenen Spannungen in ihrer
Richtung von dieser mittleren Spannungslage meist
nicht sehr abweichen, kann man I_w und I_b auch als Wirk- und Blindströme bezogen auf diese tatsächlichen Spannungen betrachten. Man
hat dann das Gesetz, daß der Spannungsabfall der Leitung gleich ist
der Summe der Strommomente gebildet aus den Wirkströmen mal
den Widerständen (gemessen von der Speisestelle aus) plus der Summe
der Strommomente, gebildet aus den Blindströmen mal den Reaktanzen.
Sind nicht die Ströme, sondern die Leistungen gegeben, dann müssen
die Spannungen zunächst angenommen und hieraus die Ströme berechnet
werden, die dann in die Gl. (271) eingesetzt werden.

Diese oft angewandte Näherungsmethode zur Berechnung des
Spannungsabfalls in einer Leitung, welche auch auf einseitig gespeiste
Strahlennetze übertragen werden kann, ist sehr einfach und man
mag geneigt sein, das Verfahren bei beliebig vermaschten Netzen
anzuwenden, da man dann den Vorteil hätte, daß, nachdem einmal
sämtliche Ströme in Wirk- und Blindströme zerlegt sind, man die

Wirk- und Blindströme je für sich betrachtet und die Spannungsabfälle am Schluß ähnlich Gl. (271) superponiert. Leider ist unser Gesetz allgemein nur für einseitig gespeiste Leitungen gültig. Schon für die zweiseitig gespeiste Strecke gilt es nur, wie wir sehen werden, unter einschränkenden Voraussetzungen.

Es sei die zweiseitig gespeiste Strecke nach Abb. 458a gegeben. Die Spannungen in den Punkten I und II seien gleich. Der von II in die Leitung hineinfließende Strom läßt sich berechnen zu:

$$\mathfrak{J}'' = \frac{\sum \mathfrak{J}\mathfrak{Z}}{\mathfrak{Z}_0}, \text{ wobei } \mathfrak{Z}_0 = \mathfrak{z}_1 + \mathfrak{z}_2 + \cdots$$

Spalten wir sämtliche Ströme in Wirk- und Blindströme auf, dann geht unsere Gleichung über in:

$$(272) \qquad \mathfrak{J}'' = j\,I_w'' + I_b'' = j\sum \frac{I_w\,\mathfrak{Z}}{\mathfrak{Z}_0} + \sum \frac{I_b\,\mathfrak{Z}}{\mathfrak{Z}_0}.$$

Nehmen wir an, daß die einzelnen Impedanzen der Leitung $\mathfrak{Z}_1$, $\mathfrak{Z}_2$, $\mathfrak{Z}$, $\mathfrak{Z}_0$ (s. Abb. 458b) gleiche Richtung haben, dann wird:

$$\frac{\mathfrak{Z}}{\mathfrak{Z}_0} = \frac{r}{R_0} = \frac{X}{X_0} \text{ oder auch } \frac{X}{r} = \frac{X_0}{R_0}.$$

Man kann also Gl. (272) in diesem angenommenen Falle auch schreiben:

$$j\,I_w'' + I_b'' = j\,\frac{\sum I_w\,r}{R_0} + \frac{\sum I_b \cdot X}{X_0}.$$

Hieraus folgt:

$$(273) \qquad I_w'' = \frac{\sum I_w\,r}{R_0} \quad \text{und} \quad I_b'' = \frac{\sum I_b\,X}{X_0}$$

Weiter ist:

$$I_w' = \sum I_w - I_w'' \quad \text{und} \quad I_b' = \sum I_b - I_b''.$$

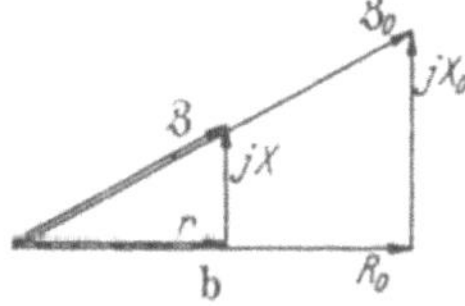

Abb. 458 a u. b.
Zweiseitig
gespeiste Leitung.

Nach diesen Formeln können wir also Wirk- und Blindströme für sich getrennt betrachten und auch die Wirk- und Blindströme auf die Leitungsenden überführen. Voraussetzung für die getrennte Betrachtung der Wirk- und Blindströme, welche auch auf ganze Netze übertragen werden kann, ist allerdings, daß auf den Leitungen die Größe X/r konstant ist, was normalerweise gleichbedeutend mit konstantem Querschnitt der Leitungen ist. Oft wird man um obiges Rechenverfahren, ausführen zu können, näherungsweise annehmen können, daß X/r konstant ist. Prinzipiell ist obiges Rechenverfahren identisch mit dem auf S. 331 gebrachten, so daß die jetzt bewiesenen Einschränkungen auch dort gelten.

e) Verluste in einer Fernleitung.

Bis jetzt handelte es sich stets um die Ermittlung des Spannungsabfalles in einer Fernleitung. Von wesentlichem Einfluß auf die Auslegung einer Leitung sind jedoch auch die Leistungsverluste, die, damit der Wirkungsgrad der Übertragung nicht zu schlecht wird, bestimmte Werte nicht überschreiten sollen. Die auftretenden Verluste sind gleich $I^2 r = \dfrac{I^2 l}{\varkappa q}$ pro Phase, also ergeben sich die Gesamtverluste N_v für das Drehstromsystem zu:

$$(274) \qquad\qquad N_v = \frac{3\,I^2\,l}{\varkappa\,q}\,.$$

Ist die abgenommene Leistung N in Watt, die verkettete Spannung U in Volt, sowie der $\cos\varphi$ gegeben, dann läßt sich der abgenommene Strom I ermitteln zu:

$$I = \frac{N}{\sqrt{3}\,U\,\cos\varphi}\,.$$

Diesen Wert in die Gl. (274) eingesetzt ergibt:

$$(275) \qquad\qquad N_v = \frac{N^2\,l}{U^2\,\varkappa\,q\,\cos^2\varphi}\,.$$

Sollen die Verluste nur α-mal der abgegebenen Leistung sein, also

$$(276) \qquad\qquad N_v = \alpha\,N,$$

dann geht die Gl. (275) über in die Form:

$$\alpha = \frac{N\,l}{U^2\,\varkappa\,q\,\cos^2\varphi}\,.$$

Wir können also nachrechnen, wieviel Prozent der übertragenen Leistung die Verluste in einer Fernleitung ausmachen bzw. umgekehrt, wenn die Verluste und die Spannung U gegeben sind, wie groß der Querschnitt q der Leitung zu wählen ist. Die Größe der in Hochspannungsleitungen auftretenden Verluste unterliegt starken Schwankungen. Größenordnungsmäßig sind die Verluste einer Leitung 5 bis 10% der übertragenen Leistung.

f) Beeinflussung der Verluste durch geeignete Belastungsverteilung bei zweiseitig gespeisten Strecken.

Es sei die zweiseitig gespeiste Strecke nach Abb. 459 betrachtet. Die Stromabnahmen I_1, I_2 seien nach Größe und Phasenlage bekannt. Man denkt sich diese Ströme in Wirkströme I_w und in Blindströme I_b aufgeteilt. Zunächst seien die Blindströme betrachtet. Die abgenommenen Blindströme müssen von den beiden Kraftwerken geliefert werden und es fragt sich, welche Verteilungsart ergibt die geringsten

Leitungsverluste. Der vom rechten Kraftwerk gelieferte Blindstrom sei I_b'', der vom linken Kraftwerk gelieferte I_b'. Wie groß I_b'' ist, sei zunächst unbekannt. Beachten wir, daß der Widerstand ϱ_3 vom Strom I_b'', der Widerstand ϱ_2 von $(I_b'' - I_{b2})$ und der Widerstand ϱ_1 vom Strom $(I_b'' - I_{b2} - I_{b1})$ durchflossen wird, dann ergibt sich für die gesamten Leitungsverluste, wenn k eine Konstante ist,

$$(277) \qquad N_v = k\,[(I_b'' - I_{b2} - I_{b1})^2\,\varrho_1 + (I_b'' - I_{b2})^2\,\varrho_2 + I_b''^{\,2}\,\varrho_3].$$

Um das Minimum zu erhalten, wird $\dfrac{d\,N_v}{d\,I_b''}$ gebildet und gleich Null gesetzt.

$$(278) \qquad \frac{d\,N_v}{d\,I_b''} = 0 = k\,2\,[(I_b'' - I_{b2} - I_{b1})\,\varrho_1 + (I_b'' - I_{b2})\,\varrho_2 + I_b''\,\varrho_3].$$

Beachtet man, daß

$$\begin{aligned} r_1 &= \varrho_1 \\ r_2 &= \varrho_1 + \varrho_2 \\ R &= \varrho_1 + \varrho_2 + \varrho_3 \end{aligned}$$

ist, so ergibt sich nach kleiner Umrechnung

$$(279) \qquad I_b'' = \frac{I_{b1}\,r_1 + I_{b2}\,r_2}{R} = \frac{\Sigma\,I_b\,r}{R}.$$

I_b' erhält man aus der Beziehung $I_b' = \Sigma\,I_b - I_b''$.

Wir erhalten also die geringsten Verluste, falls die von den Kraftwerken zu liefernden Blindströme nach diesen Gleichungen, die dem gleichen Gesetz gehorchen wie die Beziehungen zur Bestimmung der Kom-
ponentenströme, aufgeteilt werden.

Das Optimum der Verluste ändert sich nicht, falls wir jetzt noch die ab-
genommenen Wirkströme betrachten und annehmen, daß die zufließenden Wirkströme von vornherein fest ge-

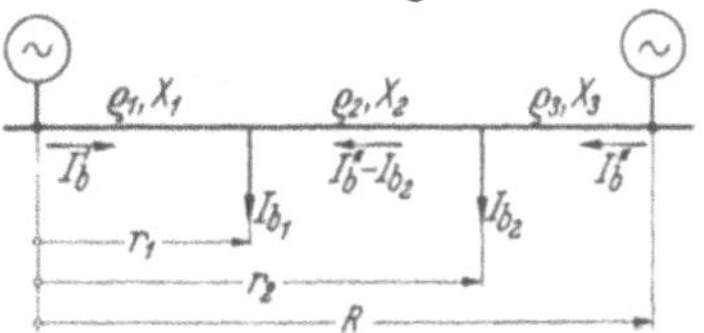

Abb. 459. Leitung mit eingezeichneter Blindstromverteilung.

geben sind und entsprechend der Leistung der beiden Kraftwerke ermittelt wurden. Die Verluste der Wirkströme überlagern sich den Verlusten der Blindströme, da, falls I der durch eine Leitung fließende Strom ist, die Beziehung gilt

$$I_w^2 + I_b^2 = I^2.$$

Sollte man auch die Verteilung der Wirkströme auf die beiden Kraftwerke beliebig vornehmen können, dann ergeben sich günstigste Verluste, falls der vom Kraftwerk II zufließende Wirkstrom I_w''

$$(280) \qquad I_w'' = \frac{\Sigma\,I_w\,r}{R}$$

und der von I zufließende Wirkstrom

$$(281) \qquad I_w' = \Sigma\,I_w - I_w''$$

ist. Ob die gewünschte Verteilung der Wirk- und Blindströme auf die einzelnen Kraftwerke möglich ist, muß von Fall zu Fall geprüft werden.

g) Die Verwendung von Kondensatoren bzw. von Phasenschiebern zur Kleinhaltung des Spannungsabfalls und der Leitungsverluste.

Der Spannungsabfall am Ende der Leitung der einseitig gespeisten Strecke der Abb. 460 kann nach Gl. (271) näherungsweise berechnet werden zu:

$$\Delta u = \sum I_w\, r + \sum I_b\, X .$$

Eine am Ende der Leitung vorgesehene Kapazität bzw. vorgesehener Phasenschieber nimmt voreilenden Blindstrom auf, bzw. liefert nach-

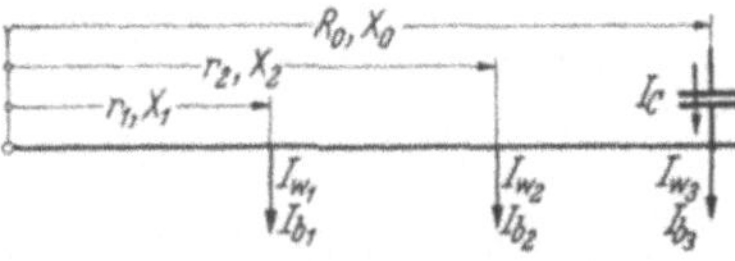

Abb. 460. Leitung mit angeschlossener Kapazität.

eilenden Blindstrom I_C in die Leitung, wirkt also als ein Blindstromerzeuger. Die Gleichung gilt auch für diesen Fall, nur muß der von der Kapazität (bzw. Phasenschieber) erzeugte Blindstrom I_C mit Minuszeichen zusätzlich in die Gleichung eingeführt werden. Der Spannungsabfall am Ende der Leitung ist also

$$(282) \qquad \Delta u = \sum I_w\, r + \sum I_b\, X - I_C\, X_0 .$$

Bei passender Wahl von I_C kann der Spannungsabfall am Ende der

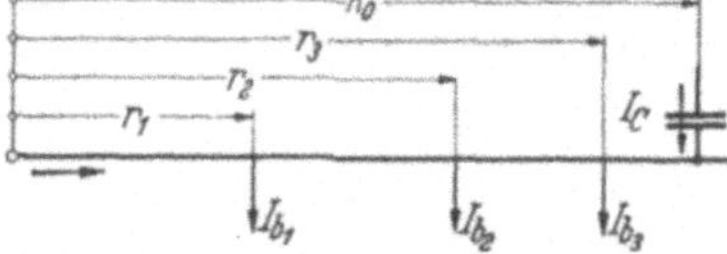

Abb. 461. Leitung mit angeschlossener Kapazität.

Leitung Null werden. In diesem Falle gilt:

$$I_C\, X_0 = \sum I_w\, r + \sum I_b\, X$$

und

$$(283) \qquad I_C = \frac{\sum I_w\, r + \sum I_b\, X}{X_0} .$$

Statt die Kapazität am Ende der Leitung vorzusehen, kann man sie auch bei einem Zwischenverbraucher anbringen. Es ist dann in Gl. (283) für X_0 die von der Speisestelle bis zum Ort der Kapazität vorhandene Reaktanz einzusetzen.

Durch Verwendung einer Kapazität (bzw. eines Phasenschiebers) können auch die Verluste in einer Leitung verkleinert werden. Abb. 461 zeigt nochmals die einseitig gespeiste Strecke. In der Abbildung sind nur die Blindströme eingetragen. Denken wir uns am Ende der Strecke eine Kapazität, die wie erwähnt als Blindstromerzeuger wirkt, so kann für den Blindstrom die Leitung als zweiseitig gespeist aufgefaßt werden. Auf S. 367 war gezeigt worden, daß die Leitungsverluste durch den Blindstrom am kleinsten werden, wenn I_b'', welches in unserem Falle dem I_C entspricht, gleich wird:

$$(284) \qquad I_b'' = I_C = \frac{\sum I_b\, r}{R_0} .$$

Bemißt man also die Kapazität derart, daß dieser Blindstrom abgegeben wird, so herrschen in der Leitung kleinste Verluste. Die erforderliche Kapazität pro Phase kann leicht auf Grund der Beziehungen

$$(285) \qquad I_C = U_\lambda \, \omega \, C \quad \text{und} \quad C = \frac{I_C \sqrt{3}}{\omega \, U} \; (\text{Farad})$$

berechnet werden. Wird die Kapazität nicht unmittelbar an die Leitung angeschlossen, sondern über einen Transformator, dann ist zu beachten, daß die unterspannungsseitig vorhandene Kapazität C_u auf die Oberspannungsseite so wirkt, als ob sie um den Betrag des Übersetzungsverhältnisses verkleinert wäre. Es gilt also für die auf die Oberspannungsseite bezogene Kapazität

$$(286) \qquad C_0 = C_u \, \frac{1}{\ddot{u}^2} \, .$$

Wenn auch nach Gl. (284) die Leitungsverluste durch eine Kapazität bzw. einen Phasenschieber verkleinert werden können, so sind die Verluste trotz allem immer noch größer, als wenn überhaupt keine Blindströme in den Leitungen vorhanden wären. Man muß deshalb bestrebt sein, die Blindströme möglichst ganz von der Leitung fernzuhalten und sie unter Umständen an Ort und Stelle des Blindstrombedarfes durch

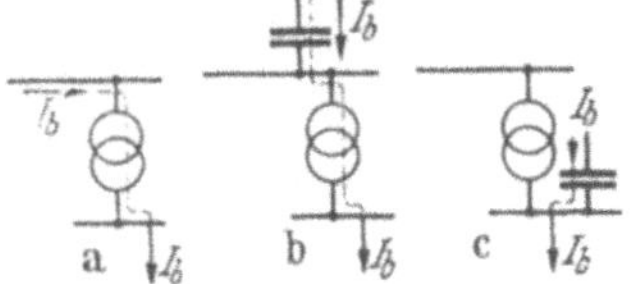

Abb. 462 a—c. Verschiedene Möglichkeiten der Blindstromzuführung.

Kondensatoren oder Phasenschieber zu kompensieren. Abb. 462a zeigt eine Umspannstation (Verbraucher), welche den benötigten Blindstrom über die Leitung bezieht. Die Hochspannungsleitung kann vom Blindstrom entlastet werden, wenn der Blindstrom auf der Hochspannungsseite des Abnehmers durch Kapazitäten oder Phasenschieber erzeugt wird (Abb. 462b). Bei dieser Anordnung ist zu beachten, daß der Blindstrom durch den Transformator hindurchfließen muß und diesen nach wie vor erwärmt. Erfolgt die Blindstromerzeugung auf der Unterspannungsseite des Transformators (s. Abb. 462c), dann wird auch der Transformator von den Blindströmen entlastet, so daß er nur Wirkströme zu übertragen hat, er somit weniger erwärmt wird bzw. man ihn stärker mit Wirkleistung belasten kann. Da der Blindstrombedarf zeitlich meist nicht konstant ist, sondern starken Schwankungen unterliegt, muß in einem solchen Falle die Kapazität regelbar sein.

Die heute in Netzen zur Anwendung kommenden Kondensatoren sind Papierkondensatoren. Zum Aufbau dieser Kondensatoren verwendet man ein dünnes, aus Sicherheitsgründen aus mehreren Lagen bestehendes Papierband, welches beidseitig von einer dünnen Aluminiumfolie umgeben ist. Dieses Band wird über einen Dorn gewickelt und nach Entfernen desselben zusammengepreßt. Eine Reihe solcher Wickel werden in einem Metallkasten bzw. Kessel parallelgeschaltet. Um hohe elektrische Festigkeit des Papieres zu erhalten, wird dieses z. B. mit Öl, welches den ganzen Kessel ausfüllt, getränkt. Man kann die Kondensatoren sehr günstig für einen Spannungsbereich von etwa 500 V bis etwa 6 kV bauen. In dem obengenannten Spannungsbereich ist der Raumbedarf pro kVA Blindleistung praktisch gleich. Bei kleineren Spannungen, z. B. 220 V, benötigt man mehr Raum, weil man mit der Papierdicke der Kondensatoren unter bestimmte Beträge nicht heruntergehen kann. Hat man höhere Spannungen, so wird man eine Reihe von Kondensatoren, z. B. solche von 6 kV in Reihe schalten. Um zu vermeiden, daß dabei zu hohe Spannungen der Kondensatorbeläge gegenüber dem Kasten auftreten, werden die einzelnen Kästen gegeneinander und

Abb. 463. Kondensatorenbatterie für 100 kV (SSW).

gegen Erde durch Isolatoren isoliert. Damit kann man Kondensatoren für 100 kV und noch höhere Spannungen bauen. Abb. 463 zeigt eine Kondensatorenbatterie für 100 kV.

Um die Größe der Kapazität der vom Netz benötigten Blindleistung anzupassen, wird man diese in etwa 5 bis 7 Stufen regelbar ausführen. Beim Zuschalten einer Kapazität an eine Spannungsquelle mit unendlich großer Ergiebigkeit würde theoretisch der Kondensator seine Ladeleistung in unendlich kurzer Zeit aufnehmen. Dies würde einen unendlich großen Strom bedingen. Wegen der im Netz vorhandenen Widerstände und der beschränkten Ergiebigkeit der Spannungsquelle kann ein unendlich großer Strom nicht fließen. Immerhin vermögen jedoch kurzzeitig sehr hohe Stromstöße und hierdurch bedingte Spannungsabsenkungen des Netzes aufzutreten. Deshalb schaltet man die Kondensatoren über einen Dämpfungswiderstand an das Netz, wobei dieser anschließend kurzgeschlossen wird. Das Zu- und Abschalten der Kondensatoren erfolgt durch Leistungsschalter. Um jedoch mit zwei Leistungsschaltern eine beliebige Zahl von Kondensatoren an- und abschalten zu können, sieht man man zu den einzelnen Kondensatoren Trennmesser vor, welche die Schaltung vorbereiten, während die eigentliche Ab- und Zuschaltung von den Leistungsschaltern vorgenommen wird.

Statt Kondensatoren können Phasenschieber (leerlaufende Synchronmaschinen) gewählt werden. Die Verluste der Kondensatoren sind etwa 0,2 bis 0,3%, während die der Phasenschieber bei größeren Leistungen (10000 bis 30000 kVA) etwa 2 bis 1,3% betragen, also wesentlich größer sind. Unterhalb von 10000 kVA dürften meist die Kondensatoren die wirtschaftlicheren sein. Oberhalb von 10000 kVA können Phasenschieber günstiger sein, falls die jährliche Betriebszeit klein ist, die höheren Verluste also nicht viel ausmachen. Bei höheren Spannungen (>10 kV) für welche sich Phasenschieber nicht bauen lassen, müßte man noch besondere Transformatoren verwenden, so daß ein wirtschaftlicher Vergleich zugunsten der Kondensatoren ausfällt.

L. Berechnung
des wirtschaftlichen Leitungsquerschnitts.

Ein Kraftwerk speise eine Leitung von der Länge l km mit der Spannung U, am Ende der Leitung werde die Leistung N kW abgenommen. Berücksichtigt man zunächst nicht den Spannungsabfall, so gelten folgende Überlegungen für die Gestaltung der Leitung. Baut man die Leitung mit kleinem Querschnitt, dann wird die Leitung billig und die jährlichen Kosten, die man für Verzinsung und

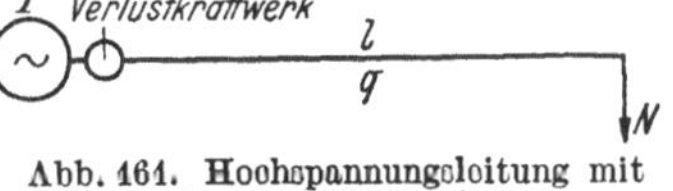

Abb. 464. Hochspannungsleitung mit gedachtem Verlustkraftwerk.

Abschreibung des Anlagekapitals aufwenden muß, bleiben klein. Die in der Leitung auftretenden Verluste werden dagegen hoch, außerdem muß das Kraftwerk um den Betrag der Verluste größer gebaut werden, was beides Kosten mit sich bringt. Man kann sich die Vergrößerung des Kraftwerkes idealisiert so vorstellen, daß ein besonderes Verlustkraftwerk gebaut werden muß (s. Abb. 464). Legt man umgekehrt die Leitung mit großem Querschnitt aus, so werden die Kosten für den Kapitalzins, für Abschreibungen der Leitung usw. groß, die Kosten für die Verluste, sowie für das Verlustkraftwerk jedoch klein. Es gibt also sicher einen Querschnitt, bei dem die jährlichen Gesamtkosten am günstigsten sind. Dieser Querschnitt soll im folgenden ermittelt werden.

Sind die Verluste, welche in der Leitung auftreten gleich N_v kW, dann muß das Verlustkraftwerk für N_v kW ausgebaut werden. Betragen die Ausbaukosten pro kW a RM., so kostet die Vergrößerung des Kraftwerkes $N_v a$ RM. Die Kosten für die Verzinsung des Kapitals, für die Abschreibungen usw. seien durch den Faktor p_1 erfaßt. Die jährlich

24*

aufzubringenden Kosten für das Verlustkraftwerk belaufen sich dann auf $N_v a\, p_1$ RM. oder auf $N_v k_K$ RM., falls $k_K = a\, p_1$ ist. Wir müssen in diese Beziehung für N_v die Verluste einsetzen, die bei größter abzugebender Leistung N_m auftreten.

Bei Ermittlung der Leitungsverluste innerhalb eines Jahres ist zu beachten, daß die Leistungsabnahme Schwankungen unterliegt. Auf S. 37 wurde gezeigt, daß durch die geordnete Jahresbelastungskurve ein Überblick über die während eines Jahres abgegebene Leistung N in kW erreicht wird. Eine ähnliche Kurve kann man für die abgegebenen kVA bzw. für den abgegebenen Strom I aufstellen. Diese geordnete Jahreskurve für den Strom I ist in Abb. 465 aufgezeichnet, desgleichen die I^2-Kurve. Der Flächeninhalt der Kurve $I^2 = f(t)$ ist proportional den Leitungsverlusten im Jahr.

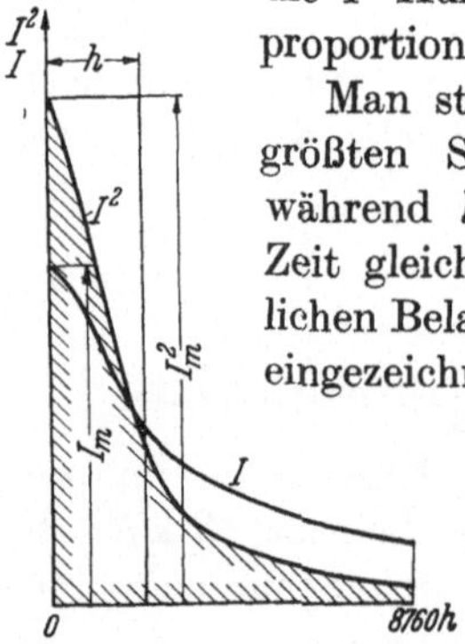

Man stellt sich jetzt vor, die Leitung werde mit dem größten Strom I_m (entsprechend größter Leistung N_m) während h Stunden im Jahr betrieben, wobei in dieser Zeit gleiche Verluste auftreten sollen wie bei der tatsächlichen Belastung pro Jahr. In der Abb. 465 ist ein Rechteck eingezeichnet mit der Höhe I_m^2 und der Breite h. Der Inhalt des Rechteckes $I_m^2 h$ muß gleich dem Inhalt der schraffierten Fläche $\sum I^2 \Delta t$ sein. Es gilt also

$$(287) \qquad h = \frac{\sum I^2 \Delta t}{I_m^2}.$$

Abb. 465. Geordnete Jahreskurve für I^2.

Die jährlichen Leitungsverluste sind also $N_v \cdot h$ kWh. Kostet die kWh b RM., so sind die jährlichen Kosten K_v, die für die Vergrößerung des Kraftwerkes und für die Verluste in der Leitung aufzubringen sind, gleich

$$(288) \qquad K_v = N_v k_K + N_v h\, b.$$

Trägt man die Anlagekosten pro km Fernleitung bei gegebener Spannung in Abhängigkeit vom Querschnitt auf, so erhält man als Ergebnis, wenn als Abszisse der Querschnitt und als Ordinate der Preis aufgetragen wird, eine gerade Linie. Man kann daher für die Kosten von 1 km Leitung setzen

$$(289) \qquad K_L = A + B\, q.$$

Beträgt der Kapitalfaktor p_2, so sind die jährlichen Kosten für die Leitung

$$(290) \qquad K_L' = A_L + B_L\, q,$$

wobei man zur Abkürzung $A_L = p_2 A$ und $B_L = p_2 B$ gesetzt hat.

Die Gesamtkosten der Leitung pro Jahr belaufen sich damit auf:

$$(291) \qquad K = N_v (k_K + h\, b) + l (A_L + B_L\, q).$$

Setzt man für N_v den Wert aus Gl. (275) ein, dann ist

$$(292) \qquad K = \frac{N^2 l}{U^2 \cos^2 \varphi \, \varkappa \, q} (k_K + h\,b) + l\,(A_L + B_L\,q).$$

Differenziert man diese Gleichung nach q und setzt den Differential-quotienten gleich Null, so erhält man

$$\frac{dK}{dq} = 0 = - \frac{N^2 l}{U^2 \cos^2 \varphi \, \varkappa \, q^2} (k_K + h\,b) + l\,B_L$$

oder

$$(293) \qquad q = \frac{N}{U \cos \varphi} \sqrt{\frac{k_K + h\,b}{\varkappa \, B_L}} \qquad \text{bzw.} \qquad q = I \sqrt{3} \sqrt{\frac{k_K + h\,b}{\varkappa \, B_L}}.$$

Der wirtschaftliche Querschnitt kann damit berechnet werden. Beachtet man, daß die Stromdichte gleich ist

$$j = I/q$$

und setzt man diesen Wert in die Gl. (293) ein, so findet sich für die wirtschaftliche Stromdichte j der Wert

$$(294) \qquad j = \sqrt{\frac{\varkappa \, B_L}{3\,(k_K + h\,b)}}.$$

Handelt es sich bei dem Kraftwerk um ein Wasserkraftwerk, bei dem die Energiekosten gleich Null sind, so muß in den gefundenen Gleichungen b, die Energiekosten für die kWh, gleich Null gesetzt werden. Handelt es sich andererseits um den Anschluß einer Leitung an ein vorhandenes Kraftwerk, so kann man unter Umständen k_K gleich Null setzen. In den Formeln muß N und U (verkettete Spannung) in W und in V bzw. in kW und in kV eingesetzt werden. k_K sind die jähr-lichen festen Kosten für 1 kW installierte Kraftwerkleistung in RM. ($k_K = a\,p_1$), b ist der Preis pro kWh in RM. (reine Energiekosten) und $B_L = B\,p_2$ sind die jährlichen festen Kosten pro km Freileitung für den querschnittabhängigen Anteil. $\varkappa$ ist die Leitfähigkeit des Leiter-materials.

In den Formeln für den wirtschaftlichen Querschnitt und für die wirtschaftliche Stromdichte ist die Leitungslänge l nicht enthalten. Man kommt also, je länger die Leitung gewählt wird, zu immer größeren Verlusten, so daß, da diese bestimmte Werte nicht überschreiten sollen, die Übertragungsspannung erhöht werden muß. Die Gesichtspunkte, die für die Wahl der Spannung maßgebend sind, seien später erörtert. Zur Orientierung diene, daß die wirtschaftliche Stromdichte bei Kupfer-freileitungen 1,8 A/mm², bei Aluminiumfreileitungen etwa 1 A/mm² beträgt. Bei Kabeln aus Kupfer beträgt sie etwa 2 bis 3 A/mm².

Unsere Überlegungen bezüglich der wirtschaftlichen Stromdichte oder bezüglich des wirtschaftlichen Querschnittes lassen sich auch, konstanten Querschnitt vorausgesetzt, auf eine Leitung mit mehreren Strom-abnahmen, die einseitig (s. z. B. Abb. 466a) oder auch zweiseitig gespeist sei übertragen. Die in der Abb. 466a den Leistungen N_1 und N_2 entsprechenden Ströme i_1 und i_2 verursachen in der Leitung im Laufe eines Jahres Verluste. Die Leitungsströme seien mit I_1 und I_2 bezeichnet (s. Abb. 466a). Um die Gesamtverluste im Jahr berechnen zu können, müssen die Ströme in ihrem zeitlichen Verlauf während eines Jahres bekannt sein. Zu einem gegebenen Zeitpunkt, und zwar bei den Leitungsströmen I_1' und I_2' werden die Verluste am größten sein. Denkt man sich diese größten Verluste durch einen Strom I, der die ganze Leitung L durchfließen soll (s. Abb. 466b), erzeugt, dann gilt

$$I^2 L = I_1'^2 l_1 + I_2'^2 l_2$$

oder

$$(295) \qquad I = \frac{I_1'^2 l_1 + I_2'^2 l_2}{L}.$$

Abb. 466a u. b. Leitung mit zwei Stromverbrauchern.

Die Verluste in der Leitung pro Jahr sind proportional

$$l_1 \sum I_1^2 \Delta t + l_2 \sum I_2^2 \Delta t,$$

wobei Δt kleine Zeitabschnitte seien.

Denkt man sich diese Verluste durch den konstanten, die Leitung L während h Stunden durchfließenden Strom I erzeugt, dann gilt

$$I^2 L h = l_1 \sum I_1^2 \Delta t + l_2 \sum I_2^2 \Delta t$$

$$(296) \qquad h = \frac{l_1 \sum I_1^2 \Delta t + l_2 \sum I_2^2 \Delta t}{L I^2}.$$

Da I und h somit bekannt sind, kann wiederum Gl. (293) zur Ermittlung des wirtschaftlichen Querschnittes

$$q = I \sqrt{3} \sqrt{\frac{k_K + h B}{\varkappa B_L}}$$

angewandt werden.

M. Berechnung der Übertragungsspannung einer Fernleitung.

Bei Berechnung des wirtschaftlichen Querschnittes bzw. der wirtschaftlichen Stromdichte war die Übertragungsspannung als bekannt vorausgesetzt worden. In der Formel für die Stromdichte kommt die Spannung nicht vor, jedoch ist die Größe B_L etwas von der Spannung abhängig. Wenn wir jedoch den zugrundezulegenden Spannungsbereich nicht zu groß wählen, können wir in erster Annäherung j als unabhängig von der Spannung ansehen. Bei Kupferfreileitungen liegt j etwa bei 1,8 A/mm², bei Aluminiumleitungen ist j etwa 1 A/mm². Setzen wir fest, daß die Verluste α-mal der abgegebenen Leistung betragen dürfen, dann läßt sich die Übertragungsspannung für eine einseitig gespeiste Fernleitung bestimmen. Die Verluste sind

$$N_v = \frac{3\,I^2\,l}{\varkappa\,q} = \alpha\,\sqrt{3}\,U\,I\,\cos\varphi.$$

Da $j = I/q$ ist, ergibt sich weiterhin

$$(297) \qquad U = \frac{\sqrt{3}}{\varkappa\,\alpha}\,\frac{l\,j}{\cos\varphi}.$$

Berechnet man nach dieser Gleichung die verkettete Spannung U für eine Aluminiumleitung unter Zugrundelegung folgender Größen

$$\varkappa = 34{,}8, \qquad j = 1\,\text{A/mm}^2, \qquad \alpha = 7\% \quad \text{und} \quad \cos\varphi = 0{,}72,$$

so erhält man bei einseitiger Speisung

$$(298) \qquad U_{\text{kV}} = l_{\text{km}} \qquad \text{bzw.} \qquad U_{\text{V}} = l_{\text{m}}.$$

Bei einer Leitung von 100 km Länge müßte also die Spannung zu 100 kV gewählt werden.

Nach Gl. (297) ist die Übertragungsspannung proportional der Leitungslänge und umgekehrt proportional dem zugelassenen Leitungsverlust. Die Größe der übertragenen Leistung spielt keine Rolle. Bei großer Leistung ist, da die Stromdichte gegeben ist, ein großer Querschnitt zu verwenden. Dieser Querschnitt kann, besonders wenn große Leistungen auf kleine Entfernungen zu übertragen sind, so groß werden, daß er sich in einer Leitung schlecht unterbringen läßt. Man muß dann eine größere Übertragungsspannung zugrunde legen, wodurch die Verluste abnehmen.

Die Berechnung der Übertragungsspannung nach Gl. (297) befriedigt nicht ganz, da Annahmen über die Größe der auftretenden Verluste gemacht werden müssen. Man kann die günstigste Spannung auch exakt ohne die Annahme von α berechnen. Meist weiß man, in welcher Größenordnung die zu erwartende Spannung liegt. Man wählt dann diese Spannung, außerdem noch eine Spannung oberhalb und eine Spannung unterhalb, wobei man natürlich genormte Spannungen zugrunde legt. Für diese Spannungen berechnet man die jährlichen Kosten für die Leitung, die Verluste und die Kraftwerksvergrößerung unter Zugrundelegung des wirtschaftlichen Querschnittes. Da die Leitung mit höherer Spannung als der Generatorspannung gespeist wird, sind zum Hoch- und Abwärtsspannen je eine Schaltstation mit Transformatoren notwendig. Die Schaltanlage und die Transformatoren werden bei gleicher Leistung mit wachsender Spannung teurer. Demgemäß steigen auch die jährlichen hierfür aufzuwendenden Kapitalkosten. Umgekehrt werden mit wachsender Spannung die jährlichen Leitungs- und Verlustkosten, sowie die Kosten für die Kraftwerksvergrößerung geringer. (Die Verluste in den Transformatoren werden nicht berücksichtigt, da sie ziemlich unabhängig von der Spannung sind.) Es gibt also sicher bei einer bestimmten Spannung ein Minimum der Kosten. Diese Spannung ist dann die günstigste Übertragungsspannung. Diese genaueren Rechnungen sind nicht notwendig, wenn eine Leitung gebaut wird, die an eine vorhandene Hochspannungsleitung angeschlossen werden muß oder wenn ein solcher Anschluß in Kürze zu erwarten ist.

N. Ringleitungen.

Oft arbeiten eine Reihe von Kraftwerken auf eine Hochspannungsleitung, an der außerdem Abnehmer angeschlossen sein können. Es besteht so die Möglichkeit, daß zu Zeiten geringen Elektrizitätsbedarfes ungünstig arbeitende Kraftwerke abgeschaltet werden und der Strom

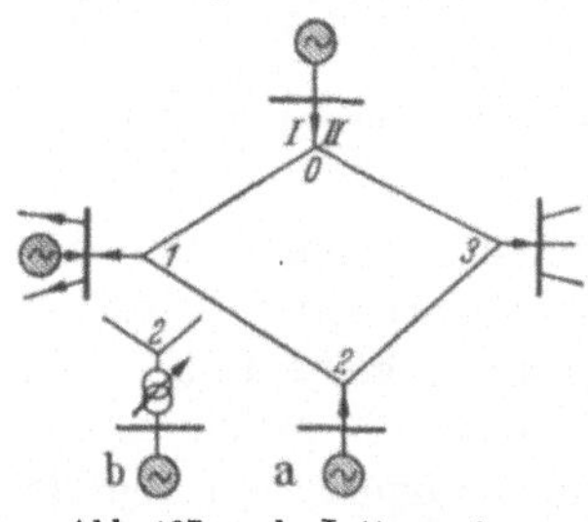
Abb. 467 a u. b. Leitungsring.

von den restlichen Kraftwerken geliefert wird. Auch kann auf diese Weise ein Wasserkraftwerk bei Wassermangel über die Hochspannungsleitung den für das eigene Versorgungsgebiet benötigten Strom von den anderen angeschlossenen Kraftwerken beziehen. Oft wird eine solche Hochspannungsleitung, sofern die örtlichen Verhältnisse es gestatten, zu einem Ring zusammengeschlossen (s. Abb. 467a). Man hat dann als weiteren Vorteil, daß nach Abschalten einer gestörten Leitung der Strom dem beziehenden Werk von der anderen Seite geliefert werden kann.

Von Interesse sind die Strom- und Spannungsverhältnisse in einem solchen Ring. Die abgenommenen und die dem Ring zugeführten Ströme seien gegeben. Da nirgends Strom verloren gehen kann, müssen die in den Ring hineinfließenden Ströme gleich den abgenommenen sein. Man kann die Strom- und Spannungsverteilung in einem solchen Ring nach dem auf S. 361 gebrachten Verfahren genau ermitteln. Man braucht sich nur an einer Stelle den Ring aufgeschnitten zu denken, z. B. in der Abb. 467a am oberen Kraftwerk. Denkt man sich nun die Leitung ausgebreitet, so entsteht die zweiseitig gespeiste Strecke der Abb. 468, deren Endpunkte gleiches Potential haben. Man kann, da die Leitungsimpedanzen bekannt sind, den von links und den von rechts zufließenden Strom I' und I'' ermitteln. Damit kennt man auch die in den übrigen Leitungen fließenden Ströme und man kann die Spannungen in den einzelnen Punkten berechnen. Man muß nur beachten, daß die in die Leitung hineingespeisten Ströme (in Abb. 468 der Strom I_2) als negative Abnehmer in die Gl. (261) eingesetzt werden müssen.

Wenn die Ströme I_1, I_2, I_3 tatsächlich geliefert bzw. entnommen werden sollen, müssen die einzelnen Kraftwerke genau die Spannung halten, die sich für die Punkte *1, 2* und *3* ergeben. Die Phasenlage und die Größe dieser Spannungen stellt sich richtig ein, wenn jedes Kraftwerk die ihm zukommende Wirkleistung abgibt und wenn die absolute Höhe der Spannung durch Veränderung der Erregung auf den verlangten Wert gebracht wird. Die einzelnen Kraftwerke bzw. Abnehmer müssen also um die gewünschte Leistungsabgabe bzw. Leistungsentnahme zu erzwingen, ihre Spannungen um gewisse Beträge gegenüber der Sollspannung verändern. Da jedoch die Kraftwerke meistens noch ein eigenes Netz zu versorgen haben, würden diese Spannungsabweichungen unmittelbar auf dasselbe gelangen, was jedoch unerwünscht ist. Es ist deswegen besser, wenn

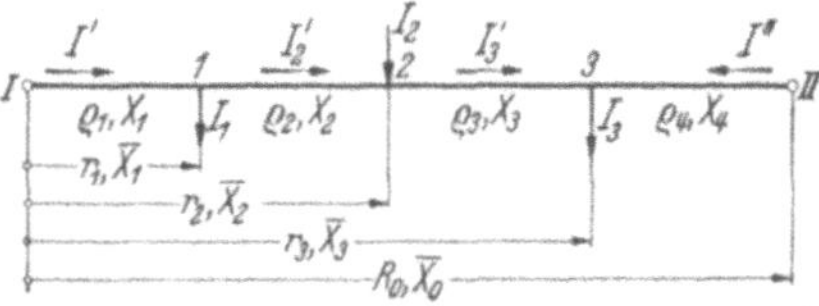

Abb. 468. Leitungsring geschnitten.

die Sammelschienenspannung der Kraftwerke annähernd konstant gehalten wird und daß die für den Ring notwendigen Transformatoren (s. Abb. 467 b) als Reguliertransformatoren ausgebildet sind. Diese werden dann derart geregelt, daß die notwendige Spannung im Ring erreicht wird.

Auf die Stromverteilung innerhalb des Ringes hat man keinen Einfluß. Je nach den Widerstands- und Induktivitätsverhältnissen wird sich diese einstellen.

Sollte aus irgendwelchen Gründen in der Ringleitung eine andere, natürlich mit den Kirchhoffschen Gesetzen verträgliche Stromverteilung erwünscht sein, dann wird damit auch I' und I'' entsprechend fest-

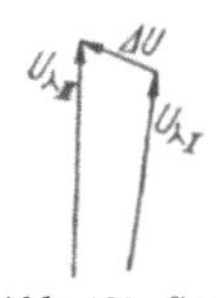

Abb. 469. Spannungsdiagramm.

gelegt. Man kann dann wieder vom Punkt I mit der Spannung $\mathfrak{U}_{\lambda I}$ (Abb. 468) ausgehend, berechnen, welche Spannungsabfälle in den Punkten *1, 2, 3* und *II* vorhanden sind. Die Spannung $\mathfrak{U}_{\lambda II}$ im Punkt *II* wird jetzt mit der Spannung $\mathfrak{U}_{\lambda I}$ in I nicht mehr übereinstimmen, sondern die in der Abb. 469 gezeichnete Lage haben. $\mathfrak{U}_{\lambda I}$ und $\mathfrak{U}_{\lambda II}$ unterscheiden sich um die Spannung $\varDelta\,\mathfrak{U}$. Sollen jetzt die Punkte I und II zum Ring zusammengeschlossen werden, dann muß, wenn die gewünschte Stromverteilung bleiben soll, in den Ring eine EMK eingebracht werden, welche $\varDelta\,\mathfrak{U}$ nach Größe und Phase kompensiert. Da diese EMK (nach Abb. 469) annähernd um 90° gegen $\mathfrak{U}_{\lambda I}$ phasenverschoben ist, kann sie durch einen normalen Transformator nicht erzeugt werden, sondern muß durch einen Quertransformator gebildet werden (s. S. 117).

Prinzipiell sind sämtliche Aufgaben über die Strom- und Spannungsverteilung in einem Ring lösbar. Es sei jedoch die Aufgabe noch von einem anderen Gesichtspunkt aus behandelt, um einen besseren physikalischen Einblick zu gewinnen. Wir nehmen wieder an, die abgenommenen bzw. zugeführten Ströme seien der Größe und Phasenlage nach gegeben. Wir denken uns sämtliche Ströme in Wirk- und Blindströme zerlegt. Wir wollen, um die Verhältnisse ganz klar zu gestalten, zunächst annehmen, es seien nur Wirkströme I_w vorhanden und die Leitung besitze nur Induktivität. Da die Punkte I und II gleiches Potential haben, müssen die Spannungsabfälle auf der Leitung (Abb. 468) addiert Null ergeben. Abb. 470a zeigt die Spannungsabfälle. Den von links in die Leitung zufließenden Strom I_w' und den von rechts zufließenden Strom I_w'' kann man nach der Beziehung

$$(299) \qquad I_w'' = \frac{\sum I_w \, \overline{X}}{X_0}, \qquad I_w' = \sum I_w - I_w''$$

berechnen. (Der Strich über der Größe X soll darauf hinweisen, daß die Reaktanz von I bis zur Abnahme von I_w gemessen wird.) Die Ableitung obiger Gleichung, die auf S. 315 nur für ohmsche Widerstände durchgeführt ist, läßt sich in gleicher Weise auch für Induktivitäten durchführen. Wir wollen mit der so ermittelten Stromverteilung jetzt auch

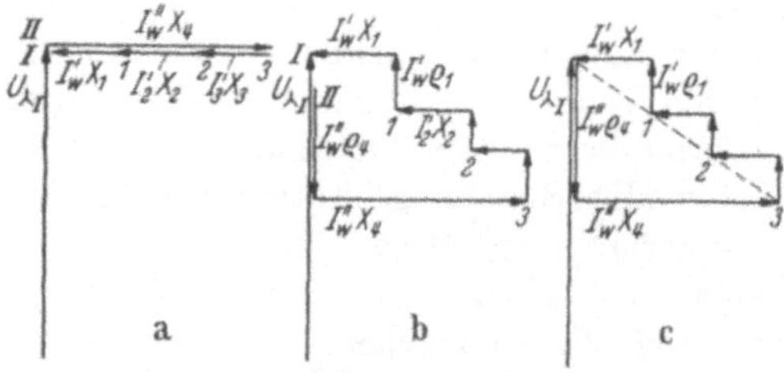

die ohmschen Spannungsabfälle berücksichtigen. Es entsteht dann das Bild der Abb. 470b. Der Linienzug wird sich im allgemeinen nicht mehr schließen, da die Ströme gegeben sind und die Widerstände beliebige Werte haben können. In diesem Fall

Abb. 470a—c. Spannungsdiagramm für Ringleitung.

kann die ursprünglich angenommene Stromverteilung nicht stimmen, denn wenn wir die Punkte I und II in Abb. 470b miteinander verbinden, wird durch die Restspannung vom Betrage der Strecke $I—II$ ein Ausgleichsstrom erzeugt werden, der eine Phasenverschiebung gegen die Spannung $U_{\lambda I}$ besitzt und der sich dem in die Leitung fließenden Strome überlagert. Unser Linienzug schließt sich jedoch immer, wenn die ohmschen Widerstände proportional den induktiven sind, was z. B. bei einer Leitung, die mit konstantem Querschnitt und konstanten Phasenabständen ausgeführt wird, zutrifft. In einem solchen Falle hat der Linienzug den Verlauf der Abb. 470c. Dieser Fall ist sehr wichtig und sollte, wie aus den folgenden Gründen hervorgeht, möglichst angestrebt werden. Da die ohmschen Widerstände, wie angenommen, proportional den induktiven sein sollen, kann man für die Berechnung von I_w' und I_w'' statt Gl. (299) auch folgende Formel anwenden:

$$(300) \qquad I_w'' = \frac{\sum I_w \, r}{R_0}, \qquad I_w' = \sum I_w - I_w''.$$

Auf S. 367 wurde gezeigt, daß bei obiger Stromverteilung die Gesamtverluste in der Leitung am kleinsten sind. Es ergibt sich also das interessante Ergebnis, daß in einem Ring, in welchem in allen Teilen die ohmschen Widerstände proportional den induktiven sind, die Stromverteilung sich so einstellt, daß die Kupferverluste ein Minimum werden.

Ist die Bedingung, daß die ohmschen Widerstände proportional den induktiven sind nicht erfüllt, dann ergibt sich eine andere Stromverteilung und es treten erhöhte Kupferverluste auf. Selbstverständlich kann in einem solchen Falle jederzeit durch eine in den Ring hineingebrachte Zusatz-EMK, die für die Verluste günstigste Verteilung nach Gl. (300) erzwungen werden.

Wir haben bis jetzt nur die Wirkströme betrachtet. Sind jedoch auch Blindströme im Ring vorhanden, so lassen sich die für die Wirkströme aufgestellten Ergebnisse genau auf die Blindströme übertragen. Zeichnet man für die Blindströme ein Polygon entsprechend Abb. 470 c auf, so wird sich dieses ebenfalls schließen, falls die induktiven Widerstände den ohmschen proportional sind. Die Stromverteilung ergibt sich dann entsprechend der Beziehung:

$$(301) \qquad I_b'' = \frac{\Sigma\, I_b\, r}{R_0}\,, \quad I_b' = \Sigma\, I_b - I_b''.$$

O. Zusammenschluß von verschiedenen Großversorgungen zur Verbundwirtschaft.

Es hat sich als zweckmäßig erwiesen, wenn Großversorgungen, die je eine Reihe von Kraftwerken besitzen, ihre Netze miteinander durch Kuppelleitungen verbinden. Die Gründe eines solchen Zusammenschlusses sind wirtschaftlicher und betrieblicher Art. So kann folgender Fall vorliegen: Das eine Netz habe sehr viel Wasserkräfte. Es besteht die Möglichkeit, daß in wasserreichen Zeiten mehr Energie erzeugt wird als verbraucht werden kann, in wasserarmen Zeiten dagegen ein Mangel an Energie vorhanden ist, so daß man gezwungen wäre, hierfür ein besonderes Dampfkraftwerk zu bauen. Ein anderes Netz habe dagegen Dampfkraftwerke genügender Größe. Man wird dann zweckmäßig zwischen beiden Großversorgungen ein Übereinkommen treffen, daß in wasserreichen Zeiten das Netz mit vorwiegender Dampfkraft die durch Wasserkraft erzeugte Überschußenergie, die ja sehr billig ist, bezieht, während zu Zeiten des Wassermangels das Dampfkraftwerk die fehlende Energie für das Netz mit den Wasserkraftwerken liefert, dieses also kein zusätzliches Dampfkraftwerk zu haben braucht. Ein Vorteil ist auch, daß man in zusammengeschlossenen Netzen der Großversorgung die Maschinenreserve kleiner halten kann, da beim Ausfall eines Maschinensatzes in einem Kraftwerk oder sogar eines ganzen Kraftwerkes die anderen Werke einspringen können.

Man muß den Zusammenschluß zweier derartiger Großversorgungen so vornehmen, daß Störungen in dem einen Netz möglichst nicht auf das andere übertragen werden. Sind beide Netze unmittelbar miteinander verbunden, so wird ein Erdschluß in dem einen Netz sich voll auf das

andere auswirken. Dies kann man vermeiden, falls man einen Kuppeltransformator mit dem Übersetzungsverhältnis 1 : 1 (falls die Spannungen
beider Netze gleich sind) in der Kuppelleitung vorsieht (Abb. 471). Um
Kurzschlüsse in einem Netz möglichst wenig auf das andere Netz zu
übertragen, wird man die Kupplungstransformatoren (meist als Regel

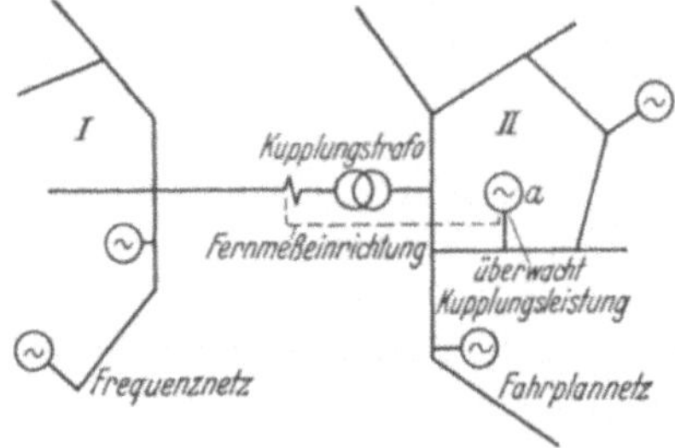

Abb. 471. Zwei Netze mit Kupplungsleitung
und Kupplungstrafo.

transformatoren ausgeführt) mit
großer Streuung ausführen. Um
eine geregelte Zusammenarbeit zwischen zwei solchen im Gemeinschaftsbetrieb arbeitenden Netzen
zu erzielen, kann vereinbart werden, daß ein Netz die Frequenz
genau einhält (Frequenznetz), während das andere Netz durch
entsprechende Regelung seiner
Maschinen dafür sorgt, daß die

vereinbarte Übertragungsleistung eingehalten wird (Fahrplannetz F).
Es muß ferner im Fahrplannetz F ein Kraftwerk a beauftragt werden,
seine Maschinen so zu regeln, daß die gewünschte Kupplungsleistung
stets vorhanden ist. Die übrigen Werke dieses Netzes fahren nach dem
ihnen im voraus angegebenen Plan die zugeteilte Leistung.

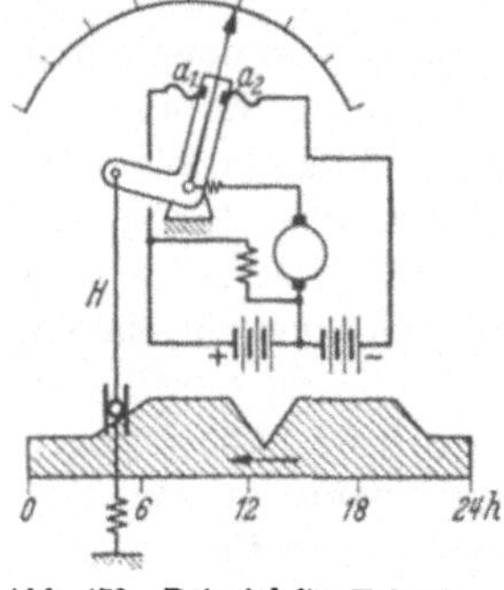

Abb. 472. Beispiel für Fahrplansteuerung (schematisch).

Es ist notwendig, daß in der Kupplungsleitung Meßinstrumente eingebaut sind,
welche mittels Fernmeßeinrichtungen dem
die Kupplungsleitung überwachenden Kraftwerk genau anzeigen, welche Kupplungsleistung übertragen wird. Die Überwachung
der Kupplungsleistung kann auch automatisch
erfolgen mittels einer Fahrplansteuerung
(Abb. 472). Diese besteht z. B. aus einer
Schablone, welche durch ein Uhrwerk fortbewegt wird. Durch die Schablone wird ein

Kontakthebel gesteuert, der als Anschläge zwei Kontakte a_1 und a_2
besitzt. Zwischen diesen beiden befindet sich der Zeiger eines Wattmeters, welcher die übertragene Kupplungsleistung angibt. Wird der
Hebel H durch die Schablone nach oben bewegt, was gleichbedeutend
ist, daß mehr Leistung über die Kupplungsleitung geliefert werden soll,
dann berührt der Zeiger des Wattmeters den Kontakt a_1 und der Verstellmotor an den Turbinen wird derart beeinflußt, daß mehr Leistung
abgegeben wird bis schließlich der Zeiger wieder die Mittellage zwischen
den Kontakten a_1 und a_2 einnimmt. Sollte zuviel Leistung über die Kupplungsleitung übertragen werden, dann wird der Kontakt a_2 geschlossen
und die Regelmotoren arbeiten im Sinne einer Leistungsverminderung.

Es können auch mehrere Netze miteinander arbeiten, wobei zwischen je zwei Netzen ein Übertragungsfahrplan eingehalten werden kann, sofern die Netze strahlenförmig oder in Reihenschaltung miteinander verbunden sind (s. Abb. 473a und b). Etwas komplizierter werden die Verhältnisse, wenn ein Netz mit einem anderen Netz über zwei Leitungen in Verbindung steht (s. Abb. 474). Man kann es im Fahrplannetz durch Beeinflussung der Maschinen erreichen, daß die an das Frequenznetz gelieferte bzw. entnommene Leistung dem gewünschten Wert entspricht, hat es jedoch nicht in der Hand, die Leistungsübertragung über die beiden Leitungen willkürlich vorzunehmen. Eine willkürliche Leistungsübertragung über die beiden Kuppelleitungen ist nur möglich, wenn ein Quertransformator eingebaut ist. Im Fahrplankraftwerk wird jetzt die Summenleistung der beiden Kuppelleitungen gemessen.

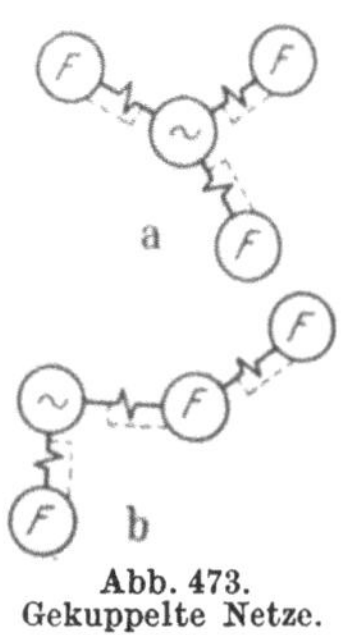

Abb. 473.
Gekuppelte Netze.

Schwierigkeiten treten auf, wenn drei Netze durch einen Ring miteinander verbunden sind (Abb. 475) und zwischen Werk A und B eine bestimmte Übertragungsleistung eingehalten werden muß und weiter das Werk C vom Werk A und vom Werk B je einen bestimmten Betrag beziehen soll. Will man hier die an das Werk C zu liefernde Leistung zwingen in gewünschter Weise die Leitungen $A—C$ und $B—C$ zu durchfließen, so muß in einer dieser Leitungen ein Quertransformator eingebaut werden[1].

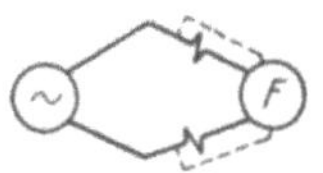

Abb. 474.
Zwei Netze mit
doppelter Kupplung.

Man wird im allgemeinen versuchen, überbestimmte Kupplungen nach Abb. 474 und Abb. 475 zu vermeiden und Anordnungen nach Abb. 473 wählen, bei denen die Zahl der Kupplungen um eins kleiner ist als die Zahl der Netze. Die geschilderte Zusammenarbeit von Netzen und deren Unterteilung in ein Frequenz- und in Fahrplannetze erfolgt nur zufriedenstellend, falls das Frequenznetz groß im Vergleich zu den übrigen Netzen ist. Dies geht aus folgenden Überlegungen, welche für zwei Netze durchgeführt werden, hervor: Man kann einem jeden Netz (s. auch Abb. 476) eine Charakteristik zuordnen, aus welcher die Abhängigkeit der Frequenz von der abgegebenen Leistung zu

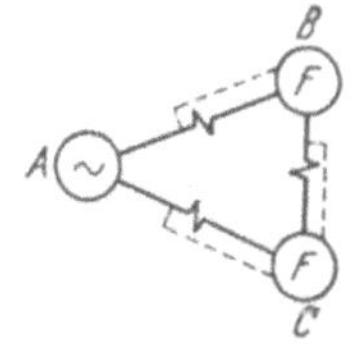

Abb. 475. Drei Netze
durch Ringleitung
verbunden.

ersehen ist. In der Abb. 476 sind solche Charakteristiken, die als gradlinig angenommen wurden, aufgezeichnet. Die Charakteristik des frequenzhaltenden Werkes sei durch I gegeben. In der Abb. 476 ist im Gegensatz zu den früheren Abbildungen nicht die Frequenz, sondern die Frequenz-

---

[1] Siehe Adolf Schmolz: Betrieb von vermaschten Höchstspannungs-Drehstromnetzen zur einheitlichen Versorgung von großen Gebieten. Dissertation München 1933.

änderung Δf mit der Sollfrequenz f_0 als Nullinie eingezeichnet. Im Abstande $N_I + N_{II}$, welches der Gesamtleistung beider Netze entsprechen soll, ist eine Vertikale aufgetragen und von dieser nach links die Frequenzcharakteristik des Werkes II eingezeichnet. Die Charakteristiken I und II sind so gelegt, daß sie ihren Schnittpunkt A bei der Sollfrequenz f_0 haben und das Werk I die Leistung N_I, das Werk II die Leistung N_{II} abgibt. Das Werk I verbraucht selbst für seine Abnehmer die Leistung N_{I0} und möge an das Werk II die Übergabeleistung $N_{Iü}$ liefern. Diese Übergabeleistung werde jetzt auf den Wert $N'_{Iü}$ verkleinert, ohne daß dabei die Gesamtleistung beider Werke sich

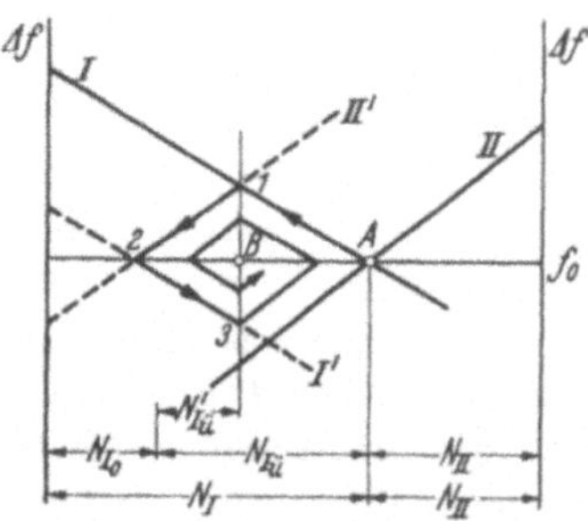

Abb. 476. Frequenzlinien für zwei Netze.

ändern soll. Die Regelung kann nur so erfolgen, daß das Fahrplanwerk welches die Übergabeleistung überwacht, auf eine kleinere Übergabeleistung regelt, d. h. seine Charakteristik II parallel verschiebt, bis die Lage II' erreicht ist, in welcher die verlangte Übergabeleistung $N'_{Iü}$ vorhanden ist (Punkt 1). Da im Punkt 1 die Frequenz zu hoch geworden ist, wird das Frequenzwerk zu regeln beginnen und seine Charakteristik parallel in die Lage I' verschieben, so

daß im Punkt 2 die Frequenz wieder stimmt. Die Übergabeleistung ist jedoch jetzt zu klein geworden, so daß das Fahrplanwerk nach dem Punkt 3 regelt, wobei allerdings die Frequenz zu tief ist. Man erkennt aus der Abbildung, daß der endgültige Gleichgewichtspunkt B in Form einer eckigen Spirale erreicht wird. Tatsächlich werden die Regelvorgänge des Fahrplan- und des Frequenzwerkes nicht hintereinander, sondern gleichzeitig erfolgen, so daß die Spirale nicht eckig, sondern abgerundet sein wird. Auf jeden Fall treten beim Ausregeln Leistungs- und Frequenzpendelungen ein, die unerwünscht sind. Man kann durch Aufzeichnen der Spiralendiagramme zeigen, daß der Gleichgewichtszustand B nur erreicht wird, wenn die Charakteristik II eine größere Neigung als die Charakteristik I hat. Im umgekehrten Falle wird die Spirale sogar divergieren. Ist jedoch die Charakteristik des frequenzhaltenden Werkes sehr flach, dann erfolgt das Einregeln sehr rasch. Da zwei Netze durch dauernde Lastschwankungen immer etwas in Unruhe sind, wird die Übergabeleistung, die ja festgelegt ist, dauernd nachgeregelt werden müssen. Diese Nachregelung soll jedoch möglichst rasch und ohne große Pendelungen erfolgen und letzteres ist, wie gezeigt, nur möglich, wenn die Charakteristik des frequenzhaltenden Werkes flach im Vergleich zu der des fahrplanfahrenden Netzes ist. Eine solche flache Charakteristik ist (gleiche dauernde Drehzahländerung der einzelnen Maschinen im Mittel vorausgesetzt) nur vorhanden, wenn das frequenzhaltende Netz wesentlich größer als das Fahrplannetz ist.

Es sei jetzt der Fall untersucht, daß das Netz I an das Netz II die Übergabeleistung $N_{I\ddot{u}}$ liefere (Punkt A in Abb. 477), und daß plötzlich im Netz II eine zusätzliche Leistung ΔN gebraucht werde, wobei jedoch die Übergabeleistung sich im ausgeregelten Zustand nicht ändern soll. Zunächst wird ein Absinken der Frequenz erfolgen und der neue Gleichgewichtszustand im Punkt A' wird erhalten, indem wir die Charakteristik II um den Betrag ΔN horizontal in die Lage II' verschieben. Das Netz I hat dabei die Übergabeleistung um den Betrag $\Delta N_{\ddot{u}}$ erhöht. Der wiederherzustellende Gleichgewichtspunkt A wird jedoch ähnlich wie bei der Abb. 476 erläutert, spiralig erreicht, da vom Punkt A' ausgehend sowohl das Frequenzwerk als auch das Fahrplanwerk sofort zu regeln beginnen. Obwohl der im Netz II aufgetretene Laststoß am günstigsten nur vom Werk II aus geregelt werden würde, beginnen die Regler des Werkes I ebenfalls zu arbeiten und es finden überflüssige Leistungs- und Frequenzpendelungen statt. Sind eine Reihe von Netzen miteinander ver-

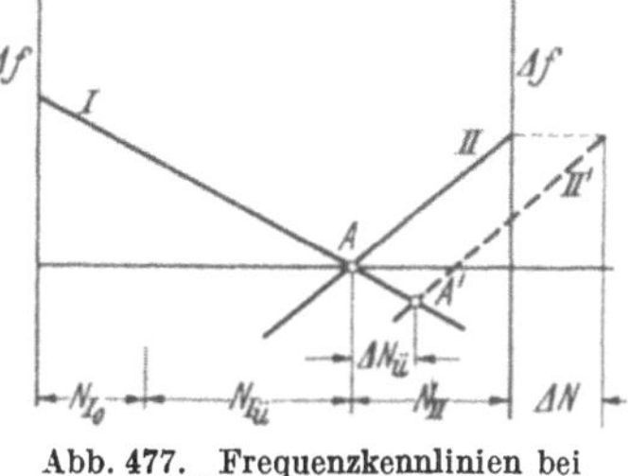

Abb. 477. Frequenzkennlinien bei plötzlicher Laständerung.

bunden, so kann es auftreten, daß in einem Werk ein Laststoß erfolgt und im entferntesten Netz die Regler zum Arbeiten kommen. Eine solche Unruhe ist jedoch störend und es fragt sich, durch welche Mittel sie beseitigt werden kann.

Wenn man zwei Netze etwa gleicher Größe hat, die man miteinander kuppeln will, so sind zunächst beide Netze vollkommen gleichberechtigt und eine Unterscheidung in Frequenz- und Fahrplannetz ist nicht gerechtfertigt. Wir wollen die Regelung so ausbilden, daß bei irgendwelchen Laststößen die Frequenz stets nur dort geregelt werden soll, wo der Laststoß auftritt. Betrachten wir zwei Netze I und II (s. Abb. 478a) und nehmen wir an, vom Netz I zum Netz II werde die Leistung $N_{\ddot{u}}$ als Übergabeleistung abgegeben. Erfolgt im Netz II ein Laststoß ΔN, so wird im Netz I und im Netz II die Frequenz um den Betrag $-\Delta f$ absinken, wobei die Übergabeleistung um den Betrag $\Delta N_{\ddot{u}}$ zunimmt (s. Abb. 477), wobei wir, bezogen auf das Werk II, dieser Leistung, als einer aufgenommenen Leistung, das negative Vorzeichen geben wollen.

$\Delta N_{\ddot{u}}$ wird erhalten, indem meßtechnisch die Übergabeleistung mit der Sollübergabeleistung verglichen wird. Wir wünschen, daß nur das Werk II seinen eigenen Belastungsstoß ausregelt, der Frequenzregler des Werkes I dagegen gesperrt ist. Diese Sperre ist schaltungstechnisch möglich auf Grund der Tatsache, daß das Produkt aus Δf und $\Delta N_{\ddot{u}}$ im Netz I negativ ist, während es im Werk II positiv ist. Betrachten wir jetzt den Fall, daß im Netz II eine Lastabnahme auftritt (Abb. 478b), so steigt die Frequenz und die aufgenommene Übergabeleistung wird um $\Delta N_{\ddot{u}}$ kleiner; mit anderen Worten: $\Delta N_{\ddot{u}}$ wird für Werk *II* positiv, für Werk *I* dagegen negativ. Wir wünschen, daß auch diesmal der Regler des Werkes *I* gesperrt ist, wobei als Kennzeichen dienen kann, daß auch hier das Produkt aus Δf und $\Delta N_{\ddot{u}}$ negativ ist. Betrachten wir jetzt den Fall, daß im Werk *I* eine Lastzunahme erfolgt, dann läßt sich, genau wie oben erläutert, zeigen, daß diesmal der Regler des Netzes *II* gesperrt ist und nur der Regler des Werkes *I* arbeitet. Auf diese Weise wird erreicht, daß Belastungsschwankungen nur dort ausgeregelt werden, wo sie auftreten. Die Regler werden durch Frequenzmesser und Leistungsmesser, welche die Übergabeleistung messen, beeinflußt.

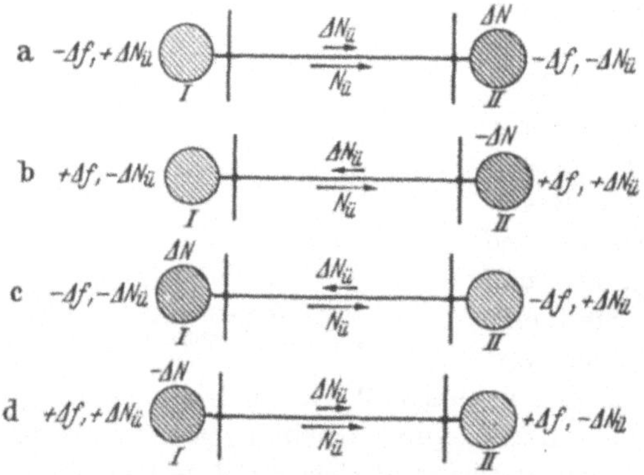

Abb. 478. Zwei gekuppelte Netze bei Lastschwankungen.

Während für die Verteilung der Wirkströme in den Netzen vorwiegend die Energiezufuhr in den Kraftwerken maßgebend ist, ist für die Verteilung der Blindleistung die Spannungshaltung in den Netzen bestimmend. Will man z. B. Blindstrom von A nach B übertragen, so muß die Spannung in A höher als in B sein. Dies erkennt man am besten aus dem zweiten Glied der Gl. (271).

P. Die unbelastete Hochspannungsleitung bei gleichmäßig verteilter Induktivität und Kapazität.

Es sei eine unbelastete Hochspannungsleitung (s. Abb. 479a) mit gleichmäßig verteilter Induktivität und Kapazität untersucht. Es interessiert der Strom- und Spannungsverlauf einer solchen Leitung. Die Entfernungen l seien vom Ende der Leitung aus gemessen. An der Stelle *1* (hier sind Induktivität und Kapazität der Leitung eingezeichnet) sei die Spannung U_λ und der im Leiterelement dl fließende Strom gleich I. Wegen der Kapazitäten wird der Strom I der Spannung U_λ um 90° voreilen (s. Abb. 479b). In dem Leiterabschnitt *1—2* von der Länge dl (gemessen in km) wird, wenn die Induktivität pro km Länge L_0 ist, ein Spannungsabfall

$$-dU_\lambda = I\,\omega\,L_0\,dl$$

oder

$$(302) \qquad -\frac{dU_\lambda}{dl} = I\,\omega\,L_0$$

auftreten. Das Minuszeichen ergibt sich unter Beachtung der Abb. 479 b. Der ohmsche Widerstand der Leitung sei bei der Betrachtung vernachlässigt.

In dem links vom Punkt *2* anstoßenden Leiterelement *2—3* muß der Strom gleich $(I + dI)$ sein, weil dI in die Leitungskapazität $C_0 dl$

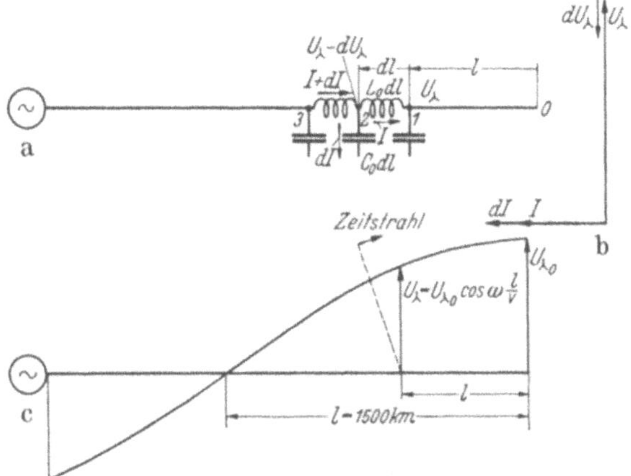

Abb. 479 a—c. Unbelastete Hochspannungsleitung.

hineinfließt (C_0 Kapazität pro km Leitungslänge). Für dI gilt die Beziehung:

$$dI = (U_\lambda - d U_\lambda)\, \omega\, C_0 dl$$

oder da $d U_\lambda$ unendlich klein ist

$$(303) \qquad \frac{dI}{dl} = U_\lambda\, \omega\, C_0 .$$

Wir haben damit die beiden Differentialgleichungen

$$- \frac{dU_\lambda}{dl} = I\, \omega\, L_0 \quad \text{und} \quad \frac{dI}{dl} = U_\lambda\, \omega\, C_0 .$$

Diese Differentialgleichungen werden, wie man durch Einsetzen feststellen kann, erfüllt durch die beiden Ausdrücke

$$(304) \qquad U_\lambda = U_{\lambda 0} \cos \omega\, \frac{l}{v} ,$$

$$(305) \qquad I = \frac{U_\lambda}{Z} \sin \omega\, \frac{l}{v} .$$

Dabei bedeutet $U_{\lambda 0}$ die Spannung am Leitungsende bei $l = 0$. Zur Abkürzung wurde in obigen Gleichungen eingeführt

$$(306) \qquad v = \frac{1}{\sqrt{L_0 C_0}} .$$

und

$$(307) \qquad Z = \sqrt{\frac{L_0}{C_0}} .$$

Der Spannungsvektor $U_\curlywedge$ nimmt also, von Ende der Leitung an gemessen, mit wachsendem l kosinusförmig ab (s. Abb. 479 c). Der Spannungsvektor $U_\curlywedge$ erreicht bei einer Länge l_0 (Wellenlänge) seinen Ausgangswert $U_{\curlywedge 0}$. Es gilt hierfür $\dfrac{\omega\, l_0}{v} = 2\,\pi$ oder da $\omega = 2\,\pi\, f$ ist, ergibt sich

$$\frac{2\,\pi\, f\, l_0}{v} = 2\,\pi$$

bzw.

$$(308) \qquad\qquad l_0 = v \cdot \frac{1}{f}\,.$$

Da $\dfrac{1}{f} = T$, gleich der Periodendauer ist $\left(T = \dfrac{1}{50}\,\text{sec}\right)$, gilt für die Wellenlänge l_0 auch

$$(309) \qquad\qquad l_0 = v\,T.$$

v hat, da es mit der Zeit T multipliziert die Wellenlänge l_0 ergibt, den Charakter einer Geschwindigkeit.

Es sei im folgenden v berechnet. Für die Betriebsinduktivität einer Drehstromleitung gilt nach S. 342

$$L_0 = 2 \cdot 10^{-4} \left(\ln \frac{d}{r} + 0{,}25\right)\ \text{H/km}.$$

Verzichtet man auf den Summanden 0,25, der gegenüber $\ln d/r$ klein ist, so ergibt sich

$$L_0 = 2 \cdot 10^{-4} \ln \frac{d}{r}\,.$$

Die Betriebskapazität hat nach S. 350 die Größe

$$C_0 = \frac{1}{a_{11} - a_{12}} = \frac{1}{2\ln \dfrac{2\,h}{r} - \ln\left(\dfrac{4\,h^2}{d^2} + 1\right)} \cdot \frac{1}{9 \cdot 10^6}\ \text{F/km}\,.$$

Vernachlässigt man den Summanden 1 unter dem 2. Logarithmus im Nenner (1 ist klein gegen $4\,h^2/d^2$), so erhält man

$$C_0 = \frac{1}{2\ln \dfrac{d}{r}} \frac{1}{9 \cdot 10^6}\,.$$

Setzt man L_0 und C_0 in die Gl. (306) für v ein, so ergibt sich

$$(310) \qquad\qquad v = \frac{1}{\sqrt{2 \cdot 10^{-4} \ln \dfrac{d}{r}\ \dfrac{1}{2\ln \dfrac{d}{r} \cdot 9 \cdot 10^6}}}$$

oder

$$(311) \qquad\qquad v = 300\,000\ \text{km/sec}.$$

v ist also gleich der Lichtgeschwindigkeit und unabhängig von der besonderen Ausbildung der Freileitung. Bei Kabeln spielt die Dielektrizitätskonstante des Isoliermaterials für die Kapazität des Kabels eine besondere

Rolle, deswegen ist hier v keine Konstante. v liegt bei Kabel etwa in der Größenordnung von

$$(312) \qquad v = 150\,000 \text{ km/sec.}$$

In der Formel (305) kommt als Abkürzung der Wert $Z = \sqrt{L_0/C_0}$ vor. Z ist in der Hochspannungstechnik als Wellenwiderstand bekannt. Setzt man die Werte für L_0 und C_0 in die Gleichung für Z sein, dann erhält man

$$(313\,\mathrm{a}) \qquad Z = \sqrt{2 \cdot 10^{-4} \ln \frac{d}{r} \cdot 2 \ln \frac{d}{r} \cdot 9 \cdot 10^6}$$

oder

$$(313\,\mathrm{b}) \qquad Z = 60 \ln \frac{d}{r}.$$

Wählt man z. B. $d = 300$ cm und $r = 0{,}6$ cm, dann ergibt sich Z zu $375\,\Omega$. Dieser Wert ist für die meisten Hochspannungsleitungen annähernd eine Konstante, da d und r unter dem Logarithmus vorkommen. Für Kabel ist der Wellenwiderstand wesentlich kleiner und liegt größenordnungsmäßig etwa bei 35 bis $40\,\Omega$.

Aus der Gl. (308) ergibt sich, daß dem Winkel $2\,\pi$ bei Freileitungen eine Wellenlänge $l_0 = 300\,000 \cdot \frac{1}{50} = 6000$ km entspricht. Einem Winkel von 90° entspricht also eine Länge von 1500 km. Wenn wir eine sehr lange Leitung betrachten, etwa die Leitung entsprechend der Abb. 479 c, dann können wir feststellen, daß längs der Leitung der Spannungsvektor U_λ von verschiedener Größe ist, jedoch alle Vektoren gleichphasig sind. Um an der Stelle l die vorhandenen Augenblickswerte der Spannung zu erhalten, muß man sich hier einen Zeitstrahl (s. Abb. 479 c) rotieren denken und den Spannungsvektor U_λ auf diesen projizieren. An der Stelle $l = 1500$ km ist der Spannungsvektor $U_\lambda = 0$.

Da Leitungen auch bei Leerlauf in ihrer Spannung nur innerhalb geringer Grenzen schwanken dürfen, sind sehr lange Leitungen ohne spannungshaltende Zwischenstationen nicht möglich. Wir wollen deshalb noch kürzere (und praktisch nur vorkommende) Leitungslängen, die nur einige 100 km lang sind, genauer untersuchen. Für die Spannung gilt nach Gl. (304) die Beziehung

$$U_\lambda = U_{\lambda 0} \cos \omega \frac{l}{v}.$$

Entwickelt man den Kosinus in einer Reihe und berücksichtigt unter Annahme kleiner Winkel $\left(\dfrac{\omega l}{v}\right)$ nur das 1. und 2. Glied, dann ergibt sich

$$(314) \qquad U_\lambda = U_{\lambda 0} \left(1 - \frac{1}{2!}\left(\frac{\omega l}{v}\right)^2\right)$$

oder umgewandelt unter Beachtung, daß $v = \dfrac{1}{\sqrt{L_0 C_0}}$

$$(315) \qquad U_{\lambda 0} - U_\lambda = \frac{1}{2}\frac{\omega^2 l^2}{v^2} U_{\lambda 0} = \left(\frac{l\,C_0}{2}\omega U_{\lambda 0}\right)(\omega l L_0).$$

In der letzten Gleichung ist $\left(\dfrac{l\,C_0}{2}\,\omega\,U_{\lambda\,0}\right)$ der kapazitive Strom, der durch die Leitungsinduktivität $l\,L_0$ fließt, falls wir uns nach Abb. 480 die gleichmäßig verteilte Leitungskapazität in den beiden Leitungsenden zu je $\dfrac{l\,C_0}{2}$ konzentriert denken. Man kann also, sofern $\dfrac{\omega\,l}{v}$ ein kleiner Bruch ist, mit genügender Genauigkeit die gleichmäßig verteilte Kapazität der Leitung auf die beiden Enden überführen. Wählt man z. B. $l = 250$ km, dann entspricht dem (weil 6000 km $\hat{=}$ 360°) 15° oder $\dfrac{2\,\pi}{24} = 0,262$ und der Klammerausdruck der Gl. (314) wird $\left(1 - \dfrac{0,262^2}{2}\right) = 0,9658$.

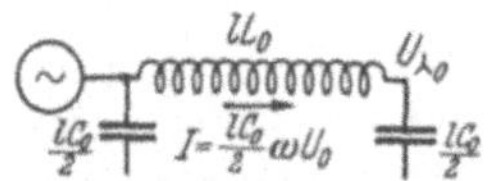

Abb. 480. Hochspannungsleitung, Kapazität auf die Enden überführt.

Der tatsächliche Wert des Kosinus von 15° ist 0,966, so daß die Übereinstimmung mit der Näherungslösung sehr genau ist. Bei geringeren Ansprüchen an die Genauigkeit kann dieses Verfahren auch auf Leitungen mit Längen größer als 250 km angewandt werden. Die Überführung der Leitungskapazität auf die Enden gilt auch, falls die Leitung belastet ist.

Es sei eine beidseitig gespeiste leerlaufende Leitung betrachtet (Abb. 481). Sind die Spannungen an beiden Enden gleich, so wird in der Mitte der Leitung der Ladestrom von beiden Seiten zufließen und der

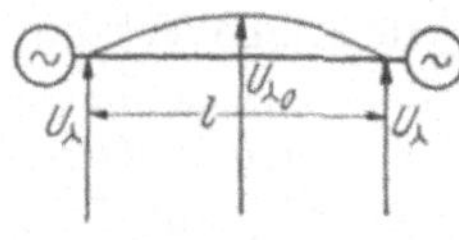

Abb. 481.
Spannungsverlauf einer zweiseitig gespeisten leerlaufenden Hochspannungsleitung.

Strom hier gleich Null sein. Wenn man sich an dieser Stelle einen Schnitt durch die Leitung denkt, erhält man zwei einseitig gespeiste Leitungen. Betrachtet man wieder eine Gesamtlänge von $l = 250$ km, so entspricht der halben Entfernung, die für unsere einseitig gedachte Speisung in Frage kommt, eine Länge von 125 km oder ein Winkel von 7,5°. Es ist cos 7,5° gleich 0,9915, d. h. daß die Spannung U_λ an den beiden Speisestellen um nicht ganz 1% kleiner als die Spannung $U_{\lambda\,0}$ in der Mitte der Leitung ist. Man kann daher in diesem Fall annehmen, daß in der Leitung durch die Kapazität praktisch keine Spannungserhöhung eintritt. Man kann damit im Falle der zweiseitig gespeisten Leitung sich ebenfalls die gleichmäßig verteilte Kapazität der ganzen Leitung auf die beiden Enden verteilt denken.

Von besonderem Interesse ist der Fall einer leerlaufenden Leitung, die über eine Induktivität gespeist wird (Abb. 482a). Dieser Fall ist praktisch immer gegeben, denn zwischen Generator und Leitung sind Transformatoren eingeschaltet, die genau so wie die Generatoren Induktivität besitzen. Leerlaufende Leitungen entstehen, wenn z. B. die Belastung einer Leitung infolge Kurzschluß abgeschaltet werden muß. Durch den in die Leitung fließenden kapazitiven Strom I wird an dem induktiven Widerstand X ein Spannungsabfall erzeugt, der bewirkt, daß U_{λ_1} größer als U_λ wird. Auf der Leitung selbst tritt dann eine weitere Spannungserhöhung auf U_{λ_0} ein (s. Abb. 482 b). Man muß ferner beachten, daß die von den Generatoren bei Speisung einer leerlaufenden Leitung gelieferten voreilenden Ströme die Generatoren stärker erregen, also eine höhere Spannung U_λ bewirken. Die Schnellregler müssen daher raschestens die Erregung herabsetzen. Hat man z. B. eine Leitung von 100 km Länge, dann ergibt sich, wenn $X = 0$ ist, $U_{\lambda_0}/U_\lambda = 1{,}01$; ist dagegen der induktive Widerstand X gleich dem Wellenwiderstand der Leitung, ein Fall, der praktisch auftreten kann, dann ergibt

sich bei 100 km Länge bereits ein Wert von $U_{\lambda_0}/U_\lambda = 1{,}12$. Bei 200 km Länge sind die entsprechenden Werte 1,02 und 1,3 und bei 400 km Länge bereits 1,09 und 1,97. Man erkennt also, daß man bei einseitiger Speisung

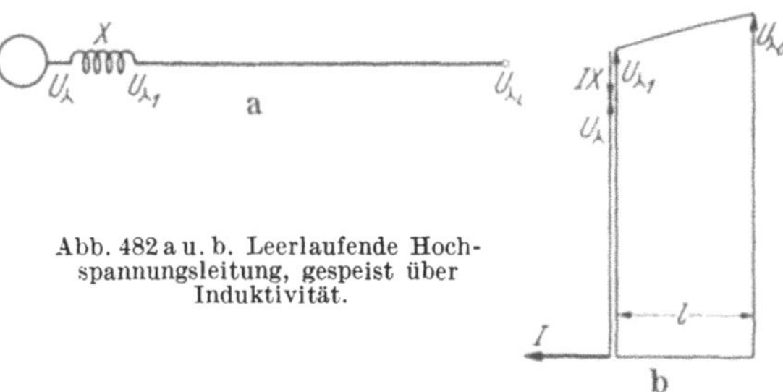

Abb. 482 a u. b. Leerlaufende Hochspannungsleitung, gespeist über Induktivität.

kaum über 200 km Leitungslänge hinausgehen kann, ohne daß spannungshaltende Mittel am Ende vorzusehen sind.

Q. Die Hochspannungsleitung ohne Spannungsabfall.

a) Unter Vernachlässigung des Leitungswiderstandes.

Bei einer vollkommenen Leitung sollte bei der Leistungsübertragung kein Spannungsabfall auftreten. Es soll im folgenden untersucht werden, ob solche Leitungen möglich sind. Dabei sei zunächst der ohmsche Widerstand der Leitung gleich Null gesetzt.

Es sei ein Leitungsabschnitt nach Abb. 483 a betrachtet, dessen Induktivität L ist und der vom Strom I_0 durchflossen wird. An den Punkten 1 und 2 der Leitung seien die Spannungen ihrer Größe nach gleich, sie müssen jedoch, um einen Strom durch die Induktivität zu treiben, gegeneinander phasenverschoben sein. Die Differenzspannung ist $I_0\,\omega L$. Der Strom I_0 eilt der Spannung $I_0\,\omega L$ um 90° nach und hat die in der Abb. 483 b dargestellte Phasenlage. Es sei die Forderung gestellt, daß im Punkte 1 der Leitung nur Wirkstrom zugeführt wird und daß bei 2 Wirkstrom entnommen wird. Führen wir der Leitung bei 1 den Wirkstrom I zu, dann muß man, um den Leitungsstrom I_0 zu erhalten, zu I noch einen Stromwert ΔI_1 (s. Abb. 483 b) hinzufügen. ΔI_1 eilt der Spannung U um $90°$ nach, ist also ein Blindstrom, der durch eine Kapazität $C/2$ geliefert werden kann, da Kapazitäten voreilende Ströme aufnehmen bzw. nacheilende Ströme abgeben.

Im Punkte 2 soll wie vorausgesetzt ein Wirkstrom I abgenommen werden. Wir erhalten den Wirkstrom I, indem wir den Strom ΔI_2 zu I_0 addieren. ΔI_2, welches der Größe nach gleich ΔI_1 oder allgemein gleich ΔI ist, kann ebenfalls durch eine passend bemessene Kapazität $C/2$ geliefert werden (auf das gesamte Leitungsstück L entfällt also insgesamt die Kapazität C). Dabei ist

$$(316) \qquad \Delta I = U_\lambda\, \omega\, \frac{C}{2}\,.$$

Wir erkennen, daß wir durch eine Leitung, die Induktivität besitzt, bei konstanter Spannung Wirkstrom zuführen und Wirkstrom abnehmen können. Auf Grund ähnlicher Dreiecke ergibt sich nach Abb. 483 b die Beziehung

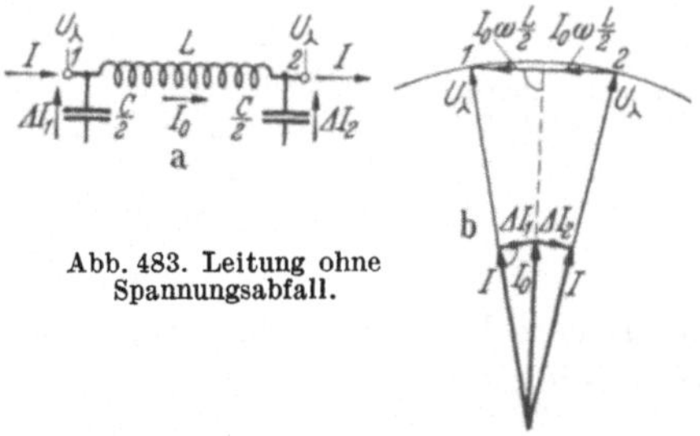

$$\frac{I_0\,\omega\,\dfrac{L}{2}}{U_\lambda} = \frac{\Delta I}{I_0} = \frac{U_\lambda\,\omega\,\dfrac{C}{2}}{I_0}$$

oder

$$(317)\quad I_0\,(I_0\,\omega\,L) = U_\lambda\,(U_\lambda\,\omega\,C)\,.$$

Abb. 483. Leitung ohne Spannungsabfall.

Diese Gleichung sagt aus, daß die induktive Blindleistung der Leitung gleich der kapazitiven sein muß. Führt man die Maximalwerte $U_{\lambda m}$ und I_{0m} in die Gl. (317) ein, dann erhält man

$$(318) \qquad \frac{1}{2}\,L\,I_{0m}^2 = \frac{1}{2}\,C\,U_{\lambda m}^2\,.$$

Diese Gleichung besagt, daß die maximal in der Kapazität aufgespeicherte Energie gleich der maximal in der Induktivität aufgespeicherten Energie sein muß. Umgeschrieben lautet die Gleichung

$$(319) \qquad \frac{U_\lambda}{I_0} = \sqrt{\frac{L}{C}}\,.$$

Bis jetzt haben wir an den Leitungsenden die benötigten Kapazitäten zusätzlich angebracht. Es fragt sich, da ja eine Leitung verteilte Kapazitäten besitzt und man sich diese bei nicht zu großen Leitungslängen auf die Enden gebracht denken kann, ob diese Leitungskapazitäten unter Umständen die erforderliche Größe besitzen, um die Leistung ohne Spannungsabfall über die Leitung zu schicken. Setzen wir in Gl. (319) $L = L_0 l$ und $C = C_0 l$, dann ergibt sich

$$(320) \qquad \frac{U_\lambda}{I_0} = \sqrt{\frac{L_0}{C_0}} = Z$$

d. h. konstante Spannung ist in den beiden Punkten 1 und 2 vorhanden, wenn der durch die Leitung fließende Strom eine solche Größe besitzt, daß $I_0 = U_\lambda/Z$ ist. Ist die betrachtete Leitungslänge genügend klein, dann ist I_0 gleich dem Wirkstrom I und es gilt $I = U_\lambda/Z$. Man kann sich jetzt beliebig viele kurze Leitungslängen zu einer großen Leitungslänge l aneinandergereiht denken. Die Spannung und der Strom wird dann längs der Leitung konstant bleiben, jedoch wird der Phasenwinkel ϑ für Strom und Spannung immer mehr nacheilend (s. Abb. 484b). Der durch die Leitung fließende Strom muß am Ende der Leitung abgenommen werden (s. Abb. 484a). Dies bedingt, daß die Verbraucher einem ohmschen Widerstand R gleichwertig sein müssen, der gleich dem Wellenwiderstand Z der Leitung ist. Es gilt also

$$(321) \qquad R = Z.$$

In diesem Falle kann der Strom über beliebig lange Leitungen ohne Spannungsabfall übertragen werden. Der Strom I hat dabei stets gleiche Phasenlage wie die Spannung, ist also stets Wirkstrom (s. Abb. 484b).

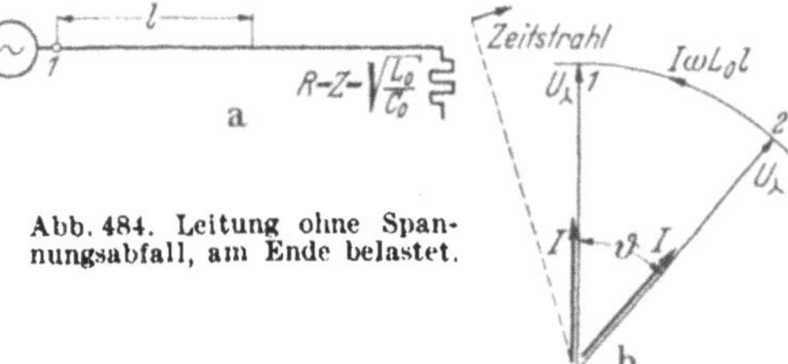

Abb. 484. Leitung ohne Spannungsabfall, am Ende belastet.

Es sei noch berechnet, wie groß der Winkel ϑ ist, den die Spannung im Abstande l gegen die Spannung am Leitungsanfang hat. Der Bogen, welcher die beiden Spannungsvektoren miteinander verbindet, hat die Größe $I\omega L_0 l$. Teilt man diesen Wert durch die Spannung U_λ, dann erhält man den Winkel zu $\vartheta = \dfrac{I\omega L_0 l}{U_\lambda}$ oder da $\dfrac{I}{U_\lambda} = \dfrac{1}{Z} = \dfrac{1}{\sqrt{L_0/C_0}}$ ist $\vartheta = \dfrac{\omega l}{1/\sqrt{L_0 C_0}}$. Beachtet man, daß $\dfrac{1}{\sqrt{L_0 C_0}} = v$ ist, so kann man auch schreiben

$$(322) \qquad \vartheta = \frac{\omega l}{v}.$$

Bei einer Freileitung und $f = 50$ Hz entspricht nach dieser Formel, da $v = 300\,000$ km/sec ist, einem Winkel 2π eine Leitungslänge l von 6000 km. Betrachtet man die Momentanwerte, indem man den Zeitstrahl in die Abb. 484b einführt, so ersieht man, daß die Augenblickswerte der Spannungen und Ströme an den verschiedenen Stellen der Leitungen verschiedene Größe haben. Wesentlich für die Konstanz der Spannung ist die Bedingung

$$U_\lambda/I = Z = R.$$

Bei einem Drehstromsystem ist die abgenommene Leistung gleich

$$N = 3\left(\frac{U}{\sqrt{3}}\right)^2 \frac{1}{R}.$$

Setzt man $R = Z$, so folgt

$$(323) \qquad N_n = \frac{U^2}{Z}.$$

Die dieser Formel entsprechende Leistung heißt die „natürliche" Leistung N_n der Leitung. Rechnet man für verschiedene Spannungen diese natürliche Leistung für $Z = 375\ \Omega$ aus, dann ergibt sich

Tabelle 19.

Verkettete Spannung in kV	Natürliche Leistung in kW	Verkettete Spannung in kV	Natürliche Leistung in kV
15	600	150	60 000
30	2 400	200	110 000
60	9 600	300	240 000
100	27 000	400	430 000

Bei Hochspannungsleitungen ist es nicht möglich immer die natürliche Leistung zu übertragen. Ist die Leistung kleiner als die natürliche, so werden Spannungserhöhungen oder, falls die übertragene Leistung größer als die natürliche ist, Spannungsabsenkungen längs der Leitung auftreten. Die Bedingung der konstanten Spannung muß jedoch auch bei variabler Leistung aufrechterhalten werden und es fragt sich, durch welche Maßnahmen dies erreicht wird. Die Gl. (323) umgeschrieben ergibt:

$$(324) \qquad Z = \sqrt{\frac{L_0}{C_0}} = \frac{U^2}{N_n}.$$

Wird N kleiner als die natürliche Leistung N_n, dann müßte der Wellenwiderstand der Leitung größer werden. Man kann ihn jedoch nur dadurch veränderlich machen, daß man Zusatzinduktivitäten bzw. Zusatzkapazitäten einschaltet. Um den Wellenwiderstand zu vergrößern, müßte man beispielsweise die Kapazität C verkleinern. Die Leitungskapazität C_0 ist jedoch gegeben und eine Verkleinerung ist nur möglich, indem man Drosselspulen ΔL parallel zur Leitung schaltet, da diese dann einen Teil des von den Leitungskapazitäten abgegebenen Stromes kompensieren (s. Abb. 485 a). Der Wellenwiderstand kann auch vergrößert werden, indem man die Induktivität vergrößert, d. h. zur Leitungsinduktivität L_0 noch besondere Induktivitäten ΔL_0 hinzufügt (s. Abb. 485 b). Strenggenommen müßten diese Kompensierungsmittel unendlich fein verteilt in die Leitung eingeführt werden. Praktisch genügt es jedoch, wenn die Zusatzkapazitäten bzw. -Induktivitäten in Abständen von größenordnungsmäßig 200 km eingeschaltet werden. Bei den größeren Fernleitungen in Deutschland, etwa bei den 220 kV-Fernleitungen der RWE, arbeitet man meist unterhalb der natürlichen Leistung der Leitung. In diesem Falle erfolgt die Kompensierung der Leitung durch parallel geschaltete Drosselspulen, die veränderlich sein müssen, um dem jeweiligen Belastungszustand angepaßt werden zu können. Bei Leitungen niederer Spannung überträgt man meist Leistungen, die über der natürlichen Leistung liegen.

Ist die zu übertragende Leistung größer als die natürliche, dann muß der Wellenwiderstand verkleinert werden. Dies kann erreicht werden, indem zusätzliche Parallelkapazitäten vorgesehen werden (s. Abb. 485c) oder indem man die Induktivität der Leitung verkleinert, indem man im Zuge der Leitung Kapazitäten einschaltet (s. Abb. 485d). Hat man eine Leitung, die teils unterhalb, teils oberhalb der natürlichen Leistung arbeitet, dann müssen die Kompensierungsmittel teils induktiver, teils kapazitiver Art sein. In einem solchen Fall kann man auch parallel geschaltete Synchronphasenschieber verwenden, die bei Unter-erregung die Eigenschaft von Drosselspulen, bei Über-erregung die Eigenschaft von Kapazitäten haben.

Es besteht die Möglichkeit, wenigstens theoretisch, die Leitung so zu kompensieren, daß unabhängig von der Belastung die Spannung ohne Nachrege-lung längs der Leitung konstant bleibt. Hierzu ist erforderlich, daß man im Zuge der Leitung Zusatzkapazitäten ΔC und parallel zur Leitung Zusatzinduktivitäten ΔL schaltet (Abb. 485e). ΔC wird dabei so gewählt, daß es die Induktivität des zugehörigen Leitungsabschnittes gerade kompensiert. Es gilt also die Bedingungsgleichung:

Abb. 485 a—e. Verschiedene Möglichkeiten der Kompensierung einer Hochspannungsleitung.

$$(325) \qquad \frac{1}{\omega \Delta C} = \omega L_0\, l\,.$$

ΔL wird derart gewählt, daß es die Leitungskapazität kompensiert:

$$(326) \qquad \omega \Delta L = \frac{1}{\omega\, l\, C_0}\,.$$

So ideal die letzte Kompensierungsart erscheinen mag, so groß ist jedoch der Auf-wand an Kapazitäten und Drosselspulen, so daß aus wirtschaftlichen Gründen diese Lösung ausschaltet.

b) Unter Berücksichtigung des Leitungswiderstandes.

Es sei jetzt der Widerstand der Leitung berücksichtigt und unter-sucht, ob auch dann die Forderung nach konstanter Übertragungs-spannung erfüllt werden kann. Der zu untersuchende Leitungsabschnitt (Abb. 486a) von der Länge l besitze die Induktivität L und den ohm-schen Widerstand r. Die Spannungen an den Punkten 1 und 2 seien der Größe nach gleich und durch das Vektordiagramm der Abb. 486b gegeben. Die Differenz der Spannungen $U_{\lambda 1}$ und $U_{\lambda 2}$ muß den ohmschen Spannungsabfall und den induktiven Spannungsabfall überwinden. Die Lage des durch die Leitung fließenden Stromes I_0 muß parallel dem ohmschen Spannungsabfall sein und ergibt eine Phasenlage, die gegenüber der Mittellinie unseres Diagramms eine Verschiebung δ aufweist. Es ist

$$(327) \qquad \operatorname{tg} \delta = \frac{r}{\omega L}.$$

Es sei ebenfalls die Forderung gestellt, daß der der Leitung zugeführte Strom I_1 und der der Leitung abgenommene Strom I_2 Wirkströme sein sollen. Man projiziert I_0 zunächst auf $U_{\curlywedge 1}$ und findet, da man den Wirkstrom I_1 zuführt, daß der Leitung noch der Strom ΔI_1 zugeführt werden muß, um I_0 zu erhalten. Entsprechend findet man, daß, wenn am Ende der Leitung der Strom I_2 abgenommen werden

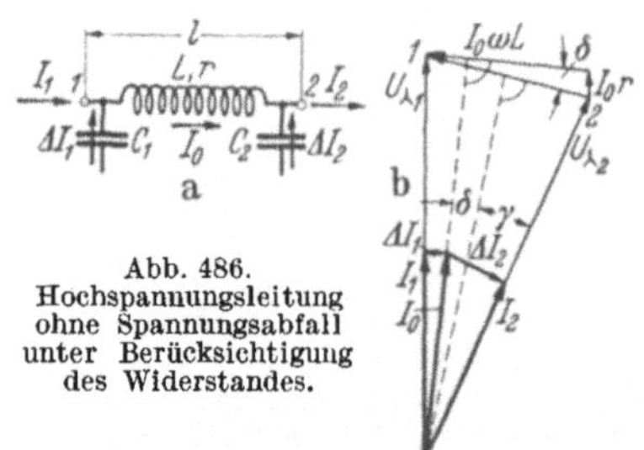

Abb. 486.
Hochspannungsleitung
ohne Spannungsabfall
unter Berücksichtigung
des Widerstandes.

soll, zum ankommenden Strom I_0 der Blindstrom ΔI_2 hinzugezählt werden muß. Aus dem Diagramm kann man ablesen, daß I_1 größer als I_2 ist. Das hat seinen Grund darin, daß infolge der ohmschen Verluste die abgegebene Leistung kleiner als die zugeführte sein muß. ΔI_1 und ΔI_2 sind Ströme, welche ihren zugehörigen Spannungen um 90° nacheilen, sie können also durch Kapazitäten C_1 und C_2 erzeugt werden, die aus folgenden Formeln berechnet werden können:

$$(328) \qquad \left\{ \begin{aligned} \Delta I_1 &= U_{\curlywedge} \omega C_1, \quad C_1 = \frac{\Delta I_1}{\omega U_{\curlywedge}} \\ \Delta I_2 &= U_{\curlywedge} \omega C_2, \quad C_2 = \frac{\Delta I_2}{\omega U_{\curlywedge}}. \end{aligned} \right.$$

Berücksichtigen wir die an und für sich vorhandene Leitungskapazität, die wir zur Hälfte je auf die beiden Leitungsenden konzentriert denken können, dann sind je nach der Größe von $\frac{l C_0}{2}$ die noch zusätzlich erforderlichen Kapazitäten positiv oder negativ. Negative Kapazitäten bedeuten jedoch Induktivitäten.

Wenn man eine lange Leitung hat, kann man sich beliebig viele solcher betrachteter Abschnitte nebeneinandergesetzt denken und kann stets erreichen, daß die Spannung konstant bleibt. Der durch die Leitung fließende Strom wird allerdings, je länger die Leitung ist, immer kleiner.

Meistens hat man Leitungen, die abschnittsweise unterteilt sind, sei es, daß Leistung entnommen oder Leistung zugeführt wird. Wir betrachten in der Abb. 487a eine Leitung, die aus zwei Abschnitten besteht. Im ersten Abschnitt werde der Wirkstrom I_1 zugeführt, am Ende dieses Abschnittes steht der Wirkstrom I_2' zur Verfügung. Führen wir hier durch ein Kraftwerk noch den Wirkstrom I_w zu, dann ist der in den zweiten Abschnitt eingeführte Wirkstrom $I_2'' = I_2' + I_w$. Für den zweiten

Abschnitt gilt ein entsprechendes Bild wie für den ersten Abschnitt. Dem Ende der ersten und dem Anfang der zweiten Leitung muß ein Blindstrom insgesamt von der Größe $\Delta I_2' + \Delta I_2''$ zugeführt werden (Abb. 487 b). Wir haben jedoch, falls wir die Leitungskapazitäten auf die Enden überführen, im Punkt 2 die Kapazität $\left(\dfrac{l_1 + l_2}{2}\right) C_0$ zur Verfügung. Die erforderliche Blindleistung pro Phase ist

$$(329) \qquad U_\lambda \left(\Delta I_2' + \Delta I_2''\right).$$

Die durch die Leitungskapazität zur Verfügung stehende Blindleistung beträgt

$$(330) \qquad U_\lambda^2 \, \omega \left(\frac{l_1 + l_2}{2}\right) C_0.$$

Die noch zuzuführende Blindleistung ist demnach

$$(331) \qquad U_\lambda \cdot I_B = U_\lambda \left(\Delta I_2' + \Delta I_2''\right) - U_\lambda^2 \, \omega \left(\frac{l_1 + l_2}{2}\right) C_0.$$

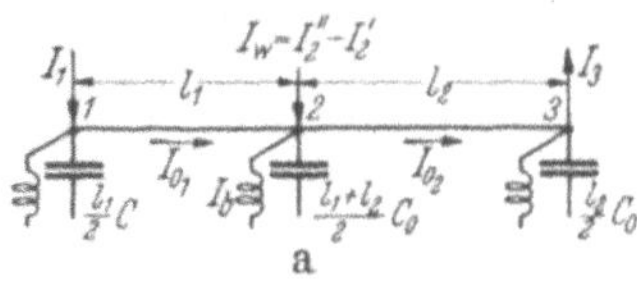
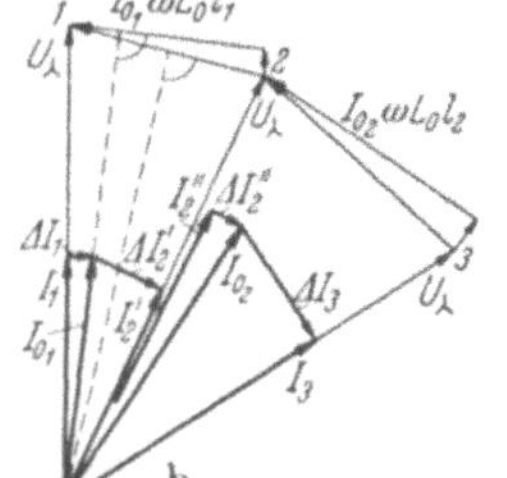

Abb. 487 a u. b. Hochspannungsleitung ohne Spannungsabfall mit mehrfacher Abnahme.

Abb. 488. Dreiwicklungstransformator mit angeschlossener Regeldrossel.

In der Mehrzahl der Fälle wird diese Blindleistung negativ sein, d. h. wir müssen zusätzliche Drosselspulen vorsehen, wie in der Abb. 487 a aufgezeichnet ist. In ähnlicher Weise können die Punkte 1 und 3 behandelt werden. Statt zwei Abschnitte kann die Leitung beliebig viel Abschnitte haben, ohne daß in der prinzipiellen Behandlung sich etwas ändert. Sollen Drosselspulen in den Stationen vorgesehen werden, so schließt man sie am besten mit Dreiwicklungstransformatoren nach Abb. 488 an die Leitung. Ein Transformator ist sowieso notwendig, um Leistung zu- bzw. abzuführen. Sieht man an dem Transformator noch eine dritte Wicklung vor, so kann über diese die veränderliche Drosselspule eingeschaltet werden.

Ist an einer Station eine Leistungsabnahme mit einem gewissen Blindleistungsbedarf vorhanden, so kann dieser Blindstrombedarf, falls er nicht zu groß ist, durch die Leitung gedeckt werden. Es muß dann die einzuschaltende Drossel kleiner gewählt werden, denn der Blindstrombedarf des Abnehmers wirkt an und für sich schon wie eine Drosselspule. Genügt die von den Leitungskapazitäten gelieferte Blindleistung nicht, so muß man zusätzliche Kapazitäten oder Phasenschieber vorsehen bzw. die Blindleistung muß von einem angeschlossenen Kraftwerk geliefert werden.

R. Die Stabilität der Hochspannungsleitungen.

Es sei eine Hochspannungsübertragung nach Abb. 489a betrachtet. Denken wir uns die Transformatoren T durch ihre Induktivitäten X_T und die Leitung durch X_L ersetzt, so entsteht das Ersatzbild Abb. 489b.

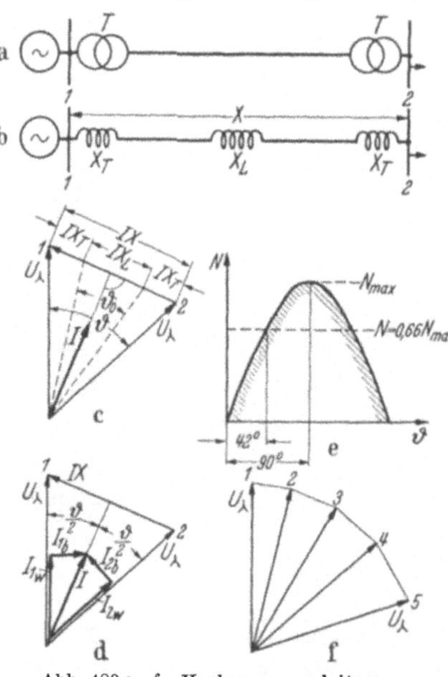

Abb. 489 a—f. Hochspannungsleitung
mit zugehörigem Diagramm.

Es sei angenommen, daß an den Sammelschienen *1* und *2* gleiche Spannung herrsche, so daß das Diagramm der Abb. 489c gilt. Der Spannungsabfall zwischen den Sammelschienen *1* und *2* ergibt sich, falls man $X = X_L + 2 X_T$ setzt, zu $I X$. (Der Leitungswiderstand sei vernachlässigt.) Bezeichnet man den Winkel zwischen den Sammelschienenspannungen $U_\curlywedge$ mit ϑ (s. Abb. 489 c), so gelten folgende Beziehungen:

$$(332) \qquad \sin \frac{\vartheta}{2} = \frac{I X}{2 U_\curlywedge}$$

bzw.

$$(333) \qquad I = \frac{2 U_\curlywedge}{X} \sin \frac{\vartheta}{2} .$$

Der von der Sammelschiene *1* abgehende Strom I läßt sich zerlegen in einen Wirkstrom I_{1w} und in einen nacheilenden Blindstrom I_{1b}. In der Station *2* kann man ebenfalls den Strom I in einen Wirkstrom I_{2w} und in einen, allerdings voreilenden Blindstrom I_{2b} zerlegen. Wir wollen voraussetzen, daß in der Station *2* nicht nur der Wirkstrom, sondern auch der Blindstrom verarbeitet werden kann. Das bedeutet allerdings, daß eine Kapazität bzw. ein Phasenschieber (evtl. ein vorhandenes Kraftwerk) aufgestellt werden müßte, welcher außerdem die von den Verbrauchern benötigte nacheilende Blindleistung zu liefern hätte.

Berücksichtigt man allerdings die Leitungskapazität, welche man sich, solange die Entfernungen nicht gar zu groß sind, auf die Enden der Leitung überführt denken kann, dann kann es bei sehr hohen Spannungen, z. B. 200 kV, sein, daß die Kapazität schon so groß ist, daß sogar noch regelbare Drosselspulen notwendig sind bzw. ein Phasenschieber untererregt arbeiten muß.

Wir wollen die Größe der Wirkleistung berechnen. Sie ergibt sich, bezogen auf eine Phase zu

$$N_{\mathrm{Ph}} = U_{\curlywedge}\, I_w = U_{\curlywedge}\, I \cos \frac{\vartheta}{2}$$

oder unter Benutzung von Gl. (333)

$$N_{\mathrm{Ph}} = U_{\curlywedge}\, \frac{2\,U_{\curlywedge}}{X} \sin \frac{\vartheta}{2} \cos \frac{\vartheta}{2} = \frac{U_{\curlywedge}^2}{X} \sin \vartheta$$

oder für drei Phasen

$$(334) \qquad\qquad N = \frac{U^2}{X} \sin \vartheta .$$

Man erkennt, daß (s. Abb. 489e) die Wirkleistung sinusförmig zunimmt und einen maximalen Wert $N_{\max}$ bei $\vartheta = 90°$ erreicht. Denkt man sich in der Station *2* z. B. ein Kraftwerk angeschlossen, das konstante Spannung hält und versucht man die von *1* nach *2* geschickte Leistung immer mehr und mehr zu steigern, so ist dies theoretisch nur bis zu einer Leistung $N_{\max}$ möglich. Oberhalb dieser Leistung würde die Stabilität verlorengehen. Praktisch darf man jedoch nicht bis zu dieser Grenzleistung gehen, denn man muß, wie auf S. 83 gezeigt, beachten, daß die Generatoren Schwungmaße besitzen, wodurch bei plötzlichen Belastungsschwankungen Pendelungen der Generatoren stattfinden und man, falls man zu dicht am Maximalwert arbeitet, diesen dann dynamisch überschreitet (s. Abb. 96). Man wird deshalb praktisch nur eine Leistung N zulassen, die etwa zwei Drittel der Maximalleistung beträgt. Das entspricht jedoch (s. Abb. 489e) einem Winkel $\vartheta = 42°$. Nach Gl. (332) kann man dann berechnen, daß der induktive Spannungsabfall $I X$, bezogen auf die Phasenspannung $U_{\curlywedge}$ 72% beträgt. Nimmt man für jeden der Kraftwerkstransformatoren einen Spannungsabfall von je 10% an, dann bleiben 52% Spannungsabfall für die Leitung übrig.

Mit diesem Wert darf jedoch noch nicht gerechnet werden, da in den Generatoren ebenfalls ein induktiver Spannungsabfall (Querfeldstreuung und Ständerstreuung) vorhanden ist, der bei plötzlichen Belastungsschwankungen trotz vorhandener Schnellregler nicht augenblicklich ausgeregelt werden kann. Genau so wenig ist es möglich, in der Station *2* die Drosselspulen bzw. die Kapazitäten oder Generatoren so schnell zu regeln, daß die Spannung nicht vorübergehende Abweichungen erfährt. Um diese Einflüsse, welche rechnungsmäßig kaum zu erfassen sind, zu berücksichtigen, wollen wir deshalb, ohne jedoch für jeden Fall eine Regel aufstellen zu wollen, statt 52% nur $^2/_3$ dieses Wertes, also 35% Spannungsabfall in der Leitung zulassen. Dies entspricht einem Winkel ϑ_0 (s. Abb. 489e) von rd. 20°.

Da obige Betrachtungsweise wissenschaftlich nicht ganz befriedigt, sei das Problem noch von einer anderen Seite aus behandelt. Bei unseren bisherigen Betrachtungen war der ohmsche Widerstand klein im

Vergleich zum induktiven angenommen, so daß er in der Rechnung vernachlässigt wurde. Dies rechtfertigt jedoch nicht, daß wir uns um die Verluste der Leitung überhaupt nicht kümmern, da diese trotz kleinen Widerstandes sehr erheblich sein können und die Wirtschaftlichkeit der Übertragung bestimmen, besonders wenn man große Leistungen über große Entfernungen übertragen will. Untersuchen wir den Fall maximaler Leistungsübertragung (Widerstand klein gegen den induktiven), der nach Gl. (334) bei einem Winkel ϑ von 90° vorhanden ist, so ist der durch die Leitung fließende Strom I, wenn wir den abgenommenen Wirkstrom mit I_w bezeichnen, gleich

$$I = \frac{I_w}{\cos\dfrac{\vartheta}{2}} = \frac{I_w}{\cos 45°} = \sqrt{2}\, I_w$$

Daraus folgt, daß die Verluste doppelt so hoch sind gegenüber dem Fall, daß reiner Wirkstrom durch die Leitung fließt. Wir müssen also, wenn wir eine solche unangenehme Vergrößerung der Verluste vermeiden wollen, den Winkel ϑ wesentlich kleiner als 90° wählen. Lassen wir beispielsweise 10% höhere Verluste als bei Übertragung reinen Wirkstromes zu, dann ergibt sich der durch die Leitung fließende Strom zu $I = \sqrt{1{,}1} \cdot I_w = 1{,}05\, I_w$. Nach obiger Beziehung ist jetzt $\cos\dfrac{\vartheta}{2} = \dfrac{1}{1{,}05}$. Hieraus folgt $\vartheta = 36°$. Aus Gl. (332) folgt $\dfrac{IX}{U_\lambda} = 2\sin\dfrac{\vartheta}{2} = 2\sin 18 = 0{,}62$. Ziehen wir hiervon für die Streuung beider Tranformatoren 0,2 ab, so bleibt 0,42. Der auf die Leitung entfallende Winkel ϑ_0 ergibt sich aus

$$\sin\frac{\vartheta_0}{2} = \frac{0{,}42}{2} \quad \text{zu} \quad \vartheta_0 = 24°.$$

Wir erhalten also kein wesentlich anderes Resultat als oben.

Betrachten wir bei 200 kV eine Leistung von 110000 kVA (natürliche Leistung), so findet man, daß diese falls man ϑ_0 zu 20° wählt nur auf etwa 300 km stabil übertragen werden kann. Hat man größere Entfernungen zu überwinden, so wird man in Abständen von höchstens 300 km Zwischenstationen vorsehen, in denen Blindleistungserzeuger (Drosselspulen, Kapazitäten, Phasenschieber) vorhanden sind, so daß die Spannung dort annähernd konstant gehalten werden kann. Selbstverständlich erfüllen Kraftwerke, welche an den Zwischenstationen angeschlossen sind, den gleichen Zweck. Man erhält dann für eine Kraftübertragung auf weite Entfernungen ein Diagramm nach Abb. 489f.

Zur Blindleistungserzeugung sind mit Schnellregler ausgestattete Phasenschieber am idealsten, da sie eine schnelle und vollkommen stetige Regelung erlauben. Sie sind jedoch teuer, ihre Inbetriebsetzung ist umständlicher und ihre Verluste sind größer als bei Drosselspulen und Kapazitäten, welche allerdings nur stufenweise geregelt werden können.

XIX. Berechnung der Kurzschlußströme.

In unseren Netzen ist mit gelegentlichen Kurzschlüssen zu rechnen. Die Größe der hierbei auftretenden Kurzschlußströme ist für die Bemessung des Selektivschutzes der Leitungen, der Apparate, der Wandler und der Schalter von größter Bedeutung, da erhöhte Beanspruchungen in bezug auf Erwärmung, mechanische Festigkeit und auf Abschaltvermögen auftreten. Im ersten Augenblick des Kurzschlusses entsteht ein sehr hoher Stoßstrom (Amplitude etwa das 15fache des Effektivwertes des Nennstromes), der in einigen Sekunden auf den Wert des Dauerkurzschlußstromes abklingt. Von Interesse ist der gesamte Verlauf des Kurzschlußstromes. Während früher bei den großen Eigenzeiten der Schalter und den reichlichen Auslösezeiten der Netze vor allem die Größe des Dauerkurzschlußstromes interessierte, ist heute die Größe des abklingenden Stoßstromes meist wichtiger, da die Schaltereigenzeiten und die Auslösezeiten wesentlich kleiner geworden sind.

A. Die Berechnung des Dauerkurzschlußstromes.

a) Dreipoliger Kurzschluß.

Es werde ein Drehstromgenerator unmittelbar an den Klemmen dreipolig kurzgeschlossen. Die ohmschen Widerstände in der Kurzschlußbahn seien vernachlässigt, da ihr Einfluß (abgesehen von Kabeln) auf die Kurzschlußströme in den Hochspannungsnetzen meistens nicht groß ist. Bei unmittelbarem Klemmenkurzschluß gilt das in der Abb. 490 aufgezeichnete Diagramm. Die im Generator durch die resultierende Erregung F_r

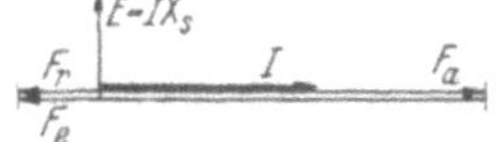

Abb. 490. Diagramm für dreipoligen Kurzschluß.

erzeugte EMK E wirkt allein auf die Streureaktanz des Generators ($X_S =$ Streureaktanz). Der auftretende Kurzschlußstrom I eilt der EMK E bzw. dem induktiven Spannungsabfall $I X_S$ um 90° nach. Der Strom I ruft ein dem Strom gleichgerichtetes und proportionales Feld F_a hervor. Das im Generator notwendige Erregerfeld F_e muß eine solche Größe haben, daß es zu dem Ankerfeld F_a geometrisch addiert F_r ergibt (F_r ruft einen Fluß Φ hervor, der die EMK induziert). Legt man das Diagramm nach Abb. 490 in ein Koordinatensystem (Abb. 491), so kommt der EMK-Vektor auf der Leerlaufkennlinie des Generators zu liegen, falls auf der Abszisse die Erregung F aufgetragen ist. Solange der EMK-Vektor sich im geradlinigen Teil der Charakteristik befindet, besteht Proportionalität zwischen dem Kurzschlußstrom I und der Erregung F_e (s. S. 63).

Zur Berechnung des Dauerkurzschlußstromes ist, wie schon die Abb. 491 zeigt, die Kenntnis der Leerlaufcharakteristik notwendig.

Wenn diese von den in Frage kommenden Generatoren nicht zur Hand ist, kann man mit einer in den VDE-Vorschriften niedergelegten Einheitskennlinie arbeiten und annehmen, daß die tatsächliche Charakteristik nicht wesentlich von dieser abweicht. Es ist zweckmäßig bei dieser Einheitscharakteristik mit relativen Werten zu rechnen, und zwar wird als Spannung $u = 1$ der Wert genommen, welcher der Nennspannung der Maschine entspricht. Die zu dieser Nennspannung $u = 1$ gehörende Leerlauferregung v wird ebenfalls gleich 1 gesetzt. Es ergibt sich dann die in der Abb. 492 gezeichnete relative Leerlaufcharakteristik. Es sei in diesem Zusammenhang erwähnt, daß die Nennspannung der Generatoren 5% höher liegt als die des zugehörigen Netzes.

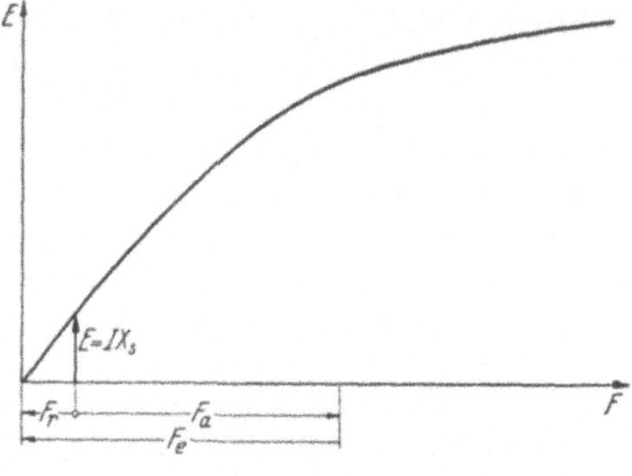

Abb. 491. Leerlaufkennlinie.

Zur Berechnung des Dauerkurzschlußstromes muß man ferner die Größe der Streureaktanz des Generators oder besser die relative

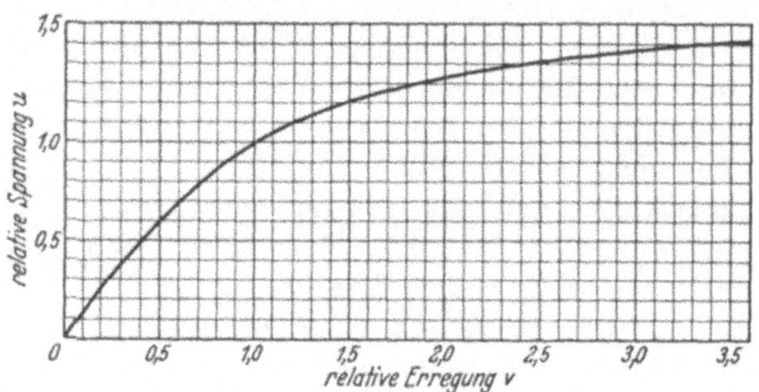

Abb. 492. Einheitskennlinie.

Streuspannung ε_s kennen. ε_s ist, wenn der Nennstrom I_n und U die verkettete Spannung ist, gleich

$$(335) \qquad \varepsilon_s = \frac{I_n X_s}{U_\curlywedge} = \frac{I_n X_s \sqrt{3}}{U}.$$

ε_s beträgt bei modernen Turbogeneratoren etwa 0,24. Es gibt jedoch sehr viele Maschinen, z. B. die Schenkelpolläufer, die kleinere Streuspannung, z. B. nur 0,15, haben. Notwendig zur Ermittlung des Dauerkurzschlußstromes ist weiterhin die Kenntnis des Kurzschlußstromes I_K bei der Erregung $v = 1$. Es ist meistens I_K nicht unmittelbar gegeben, sondern das Kurzschlußverhältnis I_K/I_n. Dieses Kurzschlußverhältnis hat bei modernen Turbogeneratoren etwa die Größe $I_K/I_n = \sim 0{,}7$, bei Schenkelpolläufern ist $I_K/I_n = \sim 0{,}8$.

Diese Zahlen zeigen, daß eine leerlaufende Synchronmaschine, die dreipolig kurzgeschlossen wird, einen Dauerkurzschlußstrom erzeugt, der kleiner als der Nennstrom ist, ein Ergebnis, welches für manche Kurzschlußschutzsysteme von großer Wichtigkeit ist.

Zur Berechnung des Kurzschlußstromes werde zunächst die Erregung v_0 ermittelt, bei welcher beim dreipoligen Klemmenkurzschluß der Normalstrom I_n zum Fließen kommt. Der Kurzschlußstrom I_K tritt,

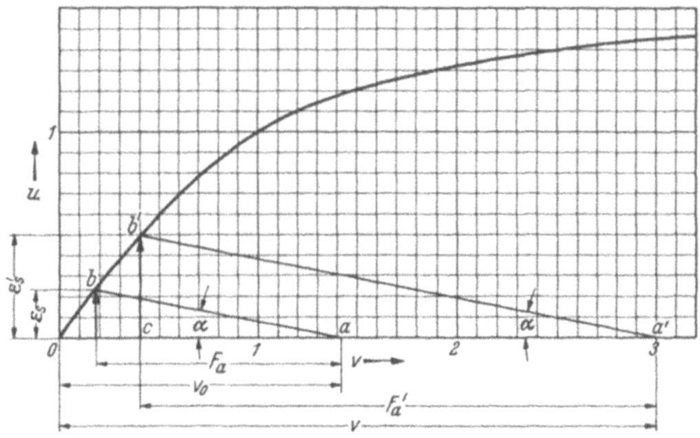

Abb. 493. Diagramm zur Ermittlung des dreipoligen Dauerkurzschlußstromes bei Klemmenkurzschluß.

wie oben erwähnt, bei der Erregung $v = 1$ auf. Also wird der Kurzschlußstrom I_n wegen des proportionalen Zusammenhangs bei der Erregung

$$(336) \qquad v_0 = \frac{I_n}{I_K} = \frac{1}{(I_K/I_n)}$$

auftreten. v_0 ist in Abb. 493 eingezeichnet.

Für den Nennstrom I_n ist die relative Streuspannung ε_s bekannt, welche somit in unsere Leerlaufcharakteristik (s. Abb. 493) eingetragen werden kann. Damit erhält man die Größe der dem Strome I_n proportionalen Ankerrückwirkung F_a (s. Abb. 493). ε_s und F_a bilden ein Dreieck mit dem Winkel α. Es ist $\operatorname{tg} \alpha = \varepsilon_s/F_a$. Ist ein größerer Strom I_d, dem die Größen ε_s' und F_a' entsprechen, vorhanden, dann gilt entsprechend

$$(337) \qquad \operatorname{tg} \alpha = \frac{\varepsilon_s}{F_a} = \frac{\varepsilon_s'}{F_a'} .$$

Ist die Erregung des Generators nicht v_0, sondern allgemein v (Punkt a'), so hat man daher parallel zu der Geraden a—b durch den Punkt a', der der Erregung v entspricht, eine Parallele zu zeichnen, welche die Leerlaufcharakteristik im Punkte b' schneidet. Fällt man ein Lot auf die Abszisse, so ist die Strecke b'—c gleich der auftretenden EMK bzw.

Streuspannung ε'_s der Maschine, $0-c$ ist das hierfür erforderliche Restfeld F'_r und die Strecke $c-a'$ entspricht der jetzt vorhandenen Ankerrückwirkung F_a. Da die Ankerrückwirkungen den zugehörigen Strömen proportional sind, erhalten wir den bei einer Erregung v auftretenden Dauerkurzschlußstrom I_d auf Grund der Beziehung

$$(338) \qquad\qquad I_d = I_n \frac{F'_a}{F_a}.$$

Der bei dreipoligem Klemmenkurzschluß und Vollasterregung sich einstellende Dauerkurzschlußstrom beträgt bei Turbogeneratoren etwa das Zweifache, bei Schenkelpolgeneratoren etwa das 2,5fache des Normalstromes.

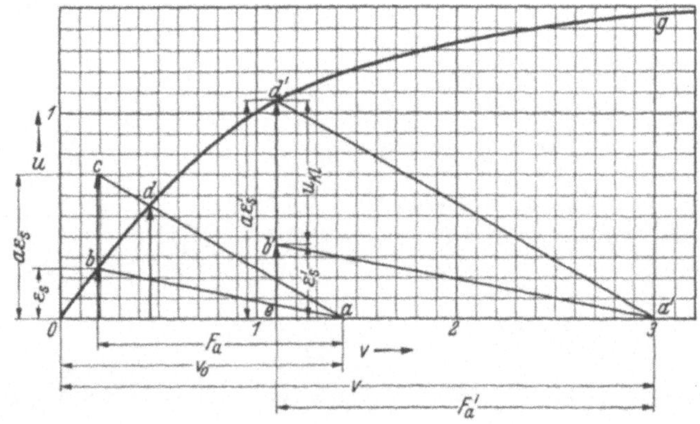

Abb. 494. Diagramm zur Ermittlung des dreipoligen Dauerkurzschlußstromes bei Kurzschluß im Netz.

Der Kurzschluß erfolge jetzt nicht unmittelbar am Generator, sondern im Netz. Je Phase ist dann die Streureaktanz $X_s + X_n$ vorhanden ($X_n =$ Netzreaktanz). Führt man den Begriff der numerischen Kurzschlußentfernung a ein,

$$(339) \qquad\qquad a = \frac{X_s + X_n}{X_s},$$

dann muß bei einem Kurzschlußstrom, der gleich dem Normalstrom I_n ist, eine EMK von der Größe $a \cdot \varepsilon_s$ vorhanden sein.

In der Abb. 494 ist in ähnlicher Weise wie in Abb. 493 zunächst der Punkt v_0 bestimmt, ε_s in die Leerlaufcharakteristik eingetragen und dann die beim Strom I_n vorhandene Gesamtstreuspannung $a\varepsilon_s$ eingezeichnet. Bei der Erregung v_0 kann der Kurzschlußstrom I_n bei der vergrößerten Reaktanz jetzt nicht bestehen, da c außerhalb der Leerlaufkennlinie liegt. Der Strom muß daher solange verkleinert werden bis die Streuspannung im Punkt d die Kennlinie schneidet. Ist eine beliebige Erregung v z. B. $v = 3$, am Generator eingestellt (s. Abb. 494), dann ist zur Bestimmung des Dauerkurzschlußstromes parallel zur Strecke $a-c$

die Gerade $a'—d'$ zu zeichnen, welche die Leerlaufcharakteristik im Punkt d' schneidet. Wird von diesem Punkt d' aus das Lot auf die Abszisse gefällt, dann erhält man durch die Strecke $d'—e$ die EMK bzw. die vorhandene Streuspannung $a\varepsilon'_s$, $0—e$ ist das hierfür nötige Restfeld. Die Strecke $e—a'$ ist gleich der vorhandenen Ankerrückwirkung F'_a. Der Kurzschlußstrom I_a ergibt sich auf Grund der Beziehung

$$(340) \qquad I_d = I_n \frac{F'_a}{F_a}.$$

Gelegentlich interessiert die Klemmenspannung, welche beim Kurzschluß im Netz am Generator vorhanden ist. Im Generator wird eine EMK von der Größe $e—d'$ erzeugt (Abb. 494). Zieht man parallel zu $a—b$ die Gerade $a'—b'$ dann entspricht der Abschnitt $b'—e$ der Streuspannung ε'_s in der Maschine selbst, während durch die Strecke $b'—d'$ die Streuspannung im Netz gegeben ist, welche gleich der Klemmenspannung ist. Strenggenommen sind sämtliche aus der Abbildung herausgreifbaren Spannungen nur relativ. Man muß deshalb z. B. $b'—d'$ mit der verketteten Nennspannung multiplizieren, um die tatsächliche an den Maschinenklemmen vorhandene verkettete Spannung zu erhalten[1].

Ist die numerische Kurzschlußentfernung groß, so sind die Kurzschlußströme für den erzeugenden Generator klein, können jedoch, sofern sie einen schwachen Abzweig durchfließen, für diesen immer noch von beträchtlicher Größe sein, so daß die Kenntnis der Größe des Kurzschlußstromes wesentlich ist. In Fällen, in denen durch den entstehenden Kurzschlußstrom keine nennenswerte Spannungsabsenkung im Kraftwerk stattfindet, kann man annehmen, daß eine konstante Klemmenspannung U auf den Kurzschlußkreis arbeitet. Der Kurzschlußstrom ist dann

$$(341) \qquad I_K = \frac{U}{\sqrt{3}\,\sqrt{R^2 + X^2}},$$

wobei R der Gesamtwiderstand und X die Gesamtreaktanz des Kurzschlußkreises, gemessen vom Kraftwerk ab, sind. Ein Wechselstromausgleichstrom (s. Gl. 353) ist in diesem Falle nicht vorhanden, jedoch vermag ein Stoßkurzschlußstrom (s. S. 408) zu fließen.

b) Zweipoliger Kurzschluß.

Beim zweipoligen Kurzschluß ist das Ankerfeld zunächst ein reines Wechselfeld. Dieses kann jedoch zerlegt werden in ein gleichsinnig drehendes Drehfeld und in ein invers umlaufendes Drehfeld von je halber Größe des Wechselfeldes (Abb. 495). Das inverse Drehfeld wird ziemlich

---

[1] Statt durch geometrische Konstruktion kann man die Kurzschlußströme auch rechnerisch ermitteln; s. z. B. R.E.H. 1929 und M. Walter: Kurzschlußströme in Drehstromnetzen. München u. Berlin: R. Oldenbourg 1937.

ausgelöscht, besonders wenn eine Dämpferwicklung im Generator vorhanden ist. Es soll ermittelt werden, wie groß das durch den zweiphasigen Strom I_n (ebenfalls Nennstrom) erzeugte verbleibende Drehfeld F_{aII} im Vergleich zum Drehfeld F_a beim dreipoligen Kurzschluß ist. Es sei vom dreipoligen Kurzschluß ausgegangen, dessen Ströme in der Abb. 496 aufgezeichnet sind. Es werde ein solcher Zeitpunkt gewählt, daß nur Phase *1* und Phase *2* stromdurchflossen sind. Auch hier besitzt das Drehfeld seine Größe F_a, während die Momentanströme die Größe $\dfrac{\sqrt{3}}{2} I_n$ haben. Da die Phase *3* stromlos ist, folgt, daß das von einem zweiphasigen Strom $I_n \dfrac{\sqrt{3}}{2}$ erzeugte Wechselfeld gleiche Größe wie das Drehfeld F_a hat. Ist jedoch der zweiphasige Strom I_n vorhanden, dann wird das durch ihn erzeugte Wechselfeld die Größe $F_a \dfrac{2}{\sqrt{3}}$ haben. Zerlegt man dieses Wechselfeld in zwei entgegengesetzt rotierende Drehfelder von je halber Größe, so besitzt das gleichsinnig rotierende und verbleibende Drehfeld F_{aII} die Größe

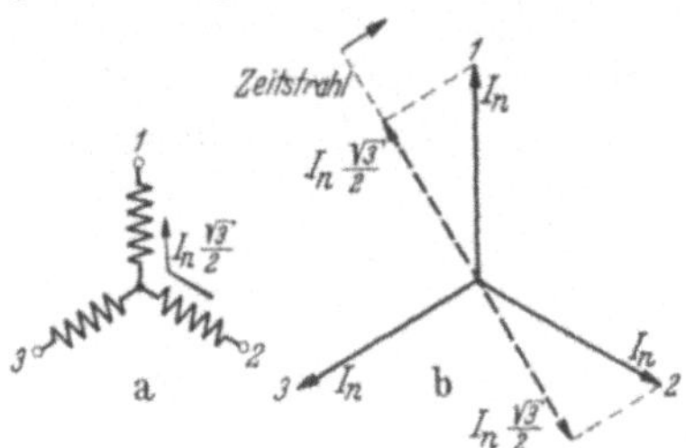

Abb. 495. Wechselfeld des zweipoligen Kurzschlusses in zwei Drehfelder zerlegt.

$$(342) \qquad F_{aII} = \frac{F_a}{\sqrt{3}},$$

d. h. daß beim zweiphasigen Kurzschluß das vom Strom I_n erzeugte gleichsinnig rotierende Drehfeld, also die wirksame Ankerrückwirkung nur $1/\sqrt{3}$-mal so groß ist wie das vom gleichen Strom erzeugte Drehfeld beim dreipoligen Kurzschluß.

Es sei noch ermittelt, in welcher Weise sich beim zweiphasigen Kurzschluß die Streuspannung gegenüber dem dreiphasigen Kurzschluß ändert. Ist beim dreipoligen Kurzschluß der Strom I_n, dann ist die erzeugte Streuspannung pro Phase

Abb. 496a u. b. Stromdiagramm.

$I_n X_s$ oder bezogen auf die verkettete Spannung gleich $\sqrt{3}\, I_n X_s$. Beim zweipoligen Kurzschluß, bei dem die Streuspannungen der beiden Phasen sich addieren, ergibt sich beim Nennstrom I_n die Streuspannung zu $2\, I_n X_s$. Die Streuspannung ist also, bezogen auf gleichen Nennstrom, im Falle des zweiphasigen Kurzschlusses $2/\sqrt{3}$-mal so groß geworden, hat also die Größe

$$(343) \qquad \varepsilon_{sII} = \varepsilon_s \frac{2}{\sqrt{3}}.$$

Unser Ziel ist, zur Ermittlung des zweipoligen Kurzschlußstromes, möglichst die für den dreipoligen Kurzschlußstrom gefundene Konstruktion verwenden zu können. Dies ist möglich, wenn wir uns die Ströme beim zweipoligen Kurzschluß $\sqrt{3}$-mal so groß gewählt denken wie beim dreipoligen. Die Ankerfelder sind dann gleich, während die Streuspannung doppelt so groß wird, also $2\,\varepsilon_s$ bzw. im Falle des Netzkurzschlusses $2\,a\varepsilon_s$. Die bisherige Konstruktion zur Ermittlung des dreipoligen Kurzschlußstromes kann dann auf den zweipoligen Kurzschluß übertragen werden, nur muß beachtet werden, wenn vom Ankerfeld auf den zweipoligen Strom geschlossen wird, daß der Faktor $\sqrt{3}$ hinzukommt. Für den zweipoligen Kurzschlußstrom gilt also nach Abb. 497 (Kurzschluß im Netz!)

$$(344) \qquad I_{d\,II} = I_n \frac{F_a'}{F_a} \sqrt{3}\,.$$

Im Generator tritt eine relative Streuspannung von der Größe der Strecke $e-b'$ auf, während an den Klemmen des Generators eine

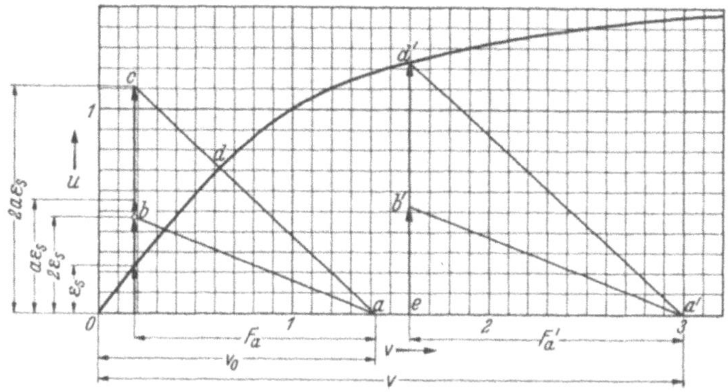

Abb. 497. Diagramm zur Ermittlung des zweipoligen Kurzschlußstromes.

Spannung von der Größe $b'-d'$ (multipliziert mit der verketteten Nennspannung) erscheint. Der bei zweiphasigem Klemmenkurzschluß und Vollasterregung sich einstellende Dauerkurzschlußstrom beläuft sich bei Turbogeneratoren auf etwa das Dreifache, bei Schenkelpolgeneratoren auf etwa das 3,75fache des Nennstromes des Generators.

Ist die numerische Kurzschlußentfernung a groß, so kann, da pro Phase $U/2$ entfällt, der Kurzschlußstrom ähnlich der Gl. (341) berechnet werden.

$$(345) \qquad I_K = \frac{U}{2\,\sqrt{R^2 + X^2}}\,.$$

c) Bestimmung der Erregung.

Bei der Ermittlung der Größe des Kurzschlußstromes ist die Kenntnis der tatsächlich vorhandenen Erregung v des Generators notwendig. Im Betriebsfalle ist die Erregung des Generators um so größer, je größer der abgegebene Strom und je ungünstiger (induktiver) der $\cos \varphi$ ist. Man kann für jeden Belastungsfall, indem man das Generatordiagramm aufstellt, die erforderliche Erregung ermitteln. Zur Bestimmung der Erregung gibt es aber auch folgende einfache empirische Formel[1]:

$$(346) \qquad v = 1{,}08 + \left(4{,}45\,\varepsilon_s + \frac{1}{I_K/I_n} - 0{,}43\right) F\,(\cos \varphi).$$

In diese Formel setzt man für den Ausdruck $F\,(\cos \varphi)$ folgende der Tabelle zu entnehmende Werte ein:

$\cos \varphi =$	0	0,5	0,6	0,7	0,8	0,9	1,0
$F\,(\cos \varphi) =$	1	0,91	0,86	0,8	0,72	0,6	0,3

Die Formel gilt für Nennstrom der Maschine und eine Maschinenklemmenspannung, die 5% über der Nennspannung der Maschine, also 10% über der Nennspannung des Netzes liegt.

Es ist zu beachten, daß die beim Kurzschluß vorhandene Erregung nicht mit der Maschinenerregung im Normalbetrieb übereinzustimmen braucht. Spannungsschnellregler werden z. B. das Bestreben haben, falls sie nicht beim Kurzschluß gesperrt werden, die absinkende Klemmenspannung zu halten. Die Regler werden also die Erregung verstärken und schließlich die größtmöglichste Erregung, die etwa zwischen $v=3$ bis $v=4$ liegt, einstellen. In einem solchen Falle müßte dieser Wert zur Bestimmung der Größe des Dauerkurzschlußstromes eingesetzt werden. Es gibt auch Regler, welche im Kurzschlußfalle auf einen gegebenen Überstrom einregeln. Man muß also von Fall zu Fall entscheiden, welcher Wert für v im Kurzschlußfalle vorhanden sein wird.

d) Berücksichtigung des Maschinen- und Leitungswiderstandes.

Ist der Widerstand des Generators r und der Widerstand des Netzes r_n, so ist der Gesamtwiderstand $r+r_n$. Bildet man für die Widerstände ebenfalls eine numerische Kurzschlußentfernung

$$(347) \qquad a_r = \frac{r+r_n}{r},$$

dann erhält man beim Strom I_n für den gesamten ohmschen Spannungsabfall den Wert $a_r\,\varepsilon_r$, wobei

$$(348) \qquad \varepsilon_r = \frac{I_n\,r}{U_\lambda} = \frac{I_n\,r\,\sqrt{3}}{U}$$

die relative ohmsche Spannung ist.

Ist u die erzeugte EMK (relativ ausgedrückt), dann muß im dreipoligen Kurzschlußfalle bei Nennstrom nach dem Diagramm (Abb. 498) u gleich der geometrischen Summe aus $a_r\,\varepsilon_r$ und $a\,\varepsilon_s$ sein. $a_r\,\varepsilon_r$ fällt in

---

[1] Nach VDE-REH/1929.

Richtung des Stromes I_n, $a\varepsilon_s$ steht senkrecht dazu. Der Winkel ψ zwischen EMK und Strom ergibt sich zu

$$(349) \qquad \sin \psi = \frac{a\,\varepsilon_s}{\sqrt{(a\,\varepsilon_s)^2 + (a_r\,\varepsilon_r)^2}}.$$

Unser Ziel ist die Berücksichtigung des Widerstandes im normalen, für den dreipoligen widerstandfreien Kurzschluß geltenden Diagramm. Ist

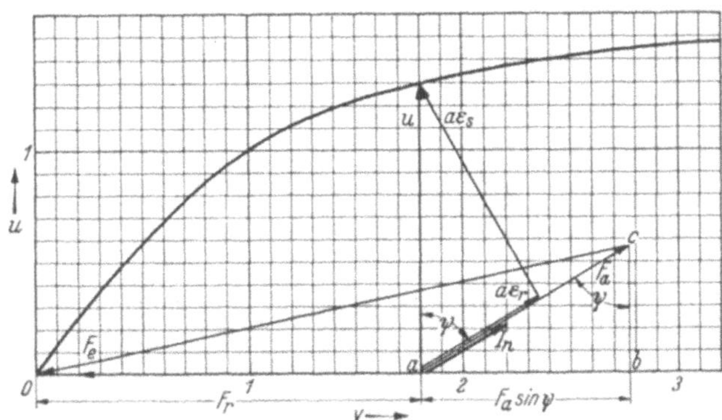

Abb. 498. Kurzschlußdiagramm unter Berücksichtigung des ohmschen Widerstandes.

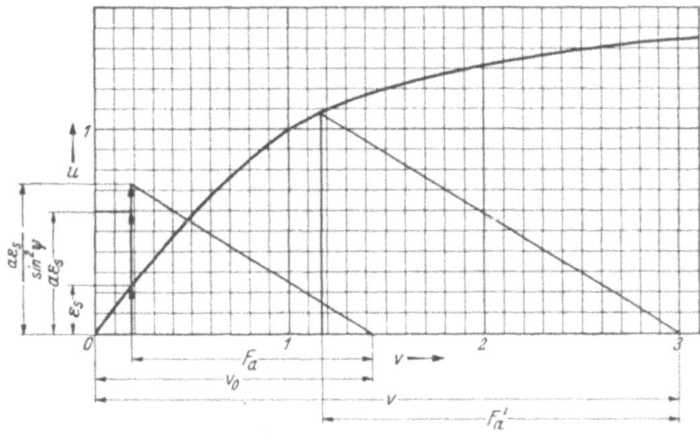

Abb. 499. Diagramm zur Ermittlung des Kurzschlußstromes unter Berücksichtigung des ohmschen Widerstandes.

$a_r\,\varepsilon_r$ nicht gar zu groß gegen $a\,\varepsilon_s$, dann ist F_e (Strecke $0-c$) näherungsweise gleich der Strecke $0-b$, welche auch beim normalen Diagramm (Widerstände alle Null) die Erregung F_e war. Im Gegensatz zum normalen Diagramm ist aber $a-b$ nicht gleich F_a, sondern $F_a \cdot \sin\psi$, außerdem ist u nicht gleich $a\varepsilon_s$ sondern $\dfrac{a\,\varepsilon_s}{\sin\psi}$.

Denken wir uns jedoch den Strom I_n auf den Wert $\dfrac{I_n}{\sin\psi}$ vergrößert, dann ist die Strecke $a-b$ gleich F_a geworden, hat also dieselbe

Größe wie im normalen Diagramm. Bei dieser Stromvergrößerung um $\dfrac{1}{\sin \psi}$ wird die EMK zu $u = \dfrac{a\,\varepsilon_s}{\sin^2 \psi}$. Hieraus folgt, daß man den Einfluß der ohmschen Widerstände der Leitung dadurch berücksichtigen kann, daß man sich die Streuung im Verhältnis $\dfrac{1}{\sin^2 \psi}$ vergrößert denkt. Man muß aber, wenn man von den Ankerrückwirkungen des Diagramms auf die Ströme schließen will, beachten, daß diese um $\dfrac{1}{\sin \psi}$ größer sind. Abb. 499 zeigt die Konstruktion für den dreipoligen Kurzschluß. Der Kurzschlußstrom ist

$$(350) \qquad\qquad I_d = I_n \frac{F_a'}{F_a} \frac{1}{\sin \psi}.$$

Für den zweipoligen Kurzschluß ist die Konstruktion sinngemäß.

B. Berechnung des Stoßkurzschlußstromes[1].

Im ersten Augenblick nach Kurzschlußeintritt treten große Stoßströme auf, die nach einigen Sekunden auf den Wert des Dauerkurz-

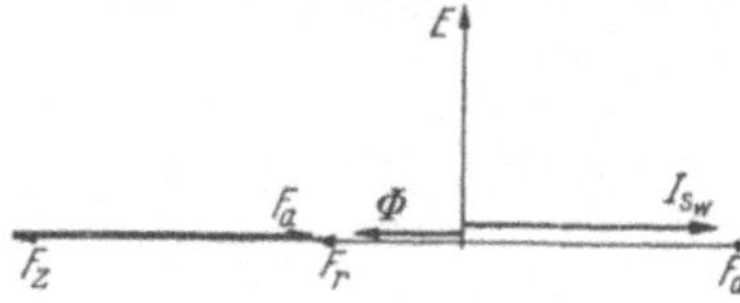

Abb. 500. Vektordiagramm für Stoßkurzschlußstrom.

schlußstromes abklingen. Im folgenden soll die Größe des Kurzschlußstromes unmittelbar nach dem Eintreten des Kurzschlusses ermittelt und der weitere Verlauf des Kurzschlußvorganges untersucht werden. Um klare Verhältnisse zu schaffen, sei dabei vom leerlaufenden Generator ausgegangen, der dreipolig kurzgeschlossen werde. Die vorhandene EMK E wird durch den um 90° voreilenden Fluß Φ erzeugt, der seinerseits durch das Feld F_r hervorgerufen wird. Der entstehende Kurzschlußstrom wird, da die Kurzschlußbahn vorwiegend induktiv ist, der EMK um 90° nacheilen (Abb. 500). Dieser Strom erzeugt gleichphasige Amperewindungen F_a, welche den Fluß Φ auslöschen wollen. Der Fluß Φ kann jedoch nicht plötzlich verschwinden, da durch eine Flußabnahme $(-\,d\Phi/dt)$ Ströme erzeugt werden, welche den Fluß aufrecht zu halten suchen. Diese Ströme fließen teils in der Erregerwicklung oder in der Dämpferwicklung (falls eine solche vorhanden), teils auch in möglicherweise vorhandenen massiven Eisenteilen. Diese hierdurch gebildeten zusätzlichen Amperewindungen F_z, welche im ersten Augenblick die Ankeramperewindungen F_a kompensieren, klingen jedoch allmählich ab. Damit verschwindet auch der Fluß bis auf einen Betrag, der der EMK im Dauerkurzschlußzustand entspricht. Da bei Kurzschlußbeginn der Fluß Φ, damit auch die EMK des Normalzustandes praktisch

---

[1] Siehe auch VDE-Vorschriften.

erhalten bleiben, erhält man für den ersten Augenblick die Größe des Stoßkurzschlußwechselstromes zu

$$(351) \qquad I_{sw} = \frac{E}{X_{st}},$$

wobei X_{st} die Stoßstreuung der Maschine ist. Es ist bekannt, daß, wenn eine Induktivität plötzlich an Spannung gelegt wird, der auftretende Strom außer dem Wechselstromglied noch ein Gleichstromglied, welches gleiche Größe wie das Wechselstromglied hat, falls beim Nulldurchgang der Spannung die Induktivität eingeschaltet wird, aufweisen kann. Ähnliche Verhältnisse liegen auch vor, wenn ein Generator kurzgeschlossen wird. Auch hier vermag theoretisch im ersten Augenblick doppelter Strom zu fließen. Dieser Strom hat die Größe $2\,I_{sw}\sqrt{2}$, wobei der Faktor $\sqrt{2}$ hinzugefügt wird, um den Maximalwert des Stromes zu erhalten. Infolge der Dämpfung wird jedoch nicht der doppelte Wert des Stromes erreicht, sondern nur etwa der 1,8fache Wert, so daß wir für den Stoßkurzschluß-strom (als Maximalwert angegeben), der

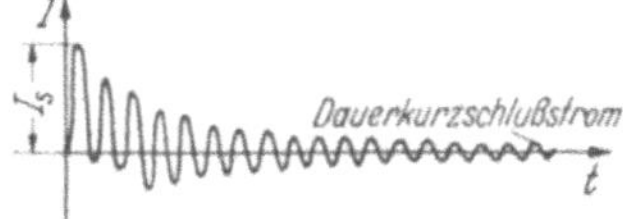

Abb. 501.
Verlauf des Kurzschlußstromes.

das 15- bis 20fache des Nennstromes (effektiver Wert) sein kann, schreiben können

$$(352) \qquad I_s = 1,8 \frac{E}{X_{st}} \sqrt{2} = 1,8\,I_{sw}\sqrt{2}.$$

Der Verlauf des Kurzschlußstromes ist in Abb. 501 wiedergegeben. Der Kurzschlußstrom geht also vom Stoßstrom allmählich in den Dauerkurzschlußstrom über. Man kann sich die Stromkurve des Kurzschlußstromes (für die Amplitude) aus drei Bestandteilen zusammengesetzt denken (Abb. 502):

1. aus dem Dauerkurzschlußstrom $I_d\sqrt{2}$.

2. aus einem bis auf Null abklingenden Wechselstrom vom Anfangswert $I_{w0}\sqrt{2}$. Es gilt die Beziehung, daß

$$(353) \qquad I_{w0} = I_{sw} - I_d, \quad \text{wo} \quad I_{sw} = \frac{E}{X_{st}} \text{ ist.}$$

3. aus dem Gleichstromglied I_{gl}, welches jedoch sehr rasch mit einer Zeitkonstante von etwa $^1/_{10}$ Sekunden abklingt, so daß es nach etwa 0,25 sec keine nennenswerte Größe mehr besitzt.

Zur Berechnung des Stoßstromes wird die Stoßstreuung X_{st} der Maschine benötigt. Es fragt sich, ob die normale Maschinenstreuung, die man bei Aufstellung von Diagrammen und auch bei der Konstruktion des Dauerkurzschlußstromes benutzt hat, in die Formel (351) für den Stoßkurzschluß-Wechselstrom eingesetzt werden darf. Es ist zu beachten, daß die Ständerstreuung im Kurzschlußfalle sicher verkleinert wird, da infolge der hohen Kurzschlußströme starke Zahnsättigungen auf-

treten werden. Andererseits müssen, wenn plötzlich der Kurzschlußstrom
entsteht, in den Dämpferstäben, in der Erregerwicklung usw. sehr
große Ausgleichströme erzeugt werden. Diese Ströme, die ebenfalls ein
Streufeld haben, werden auf die Ständerseite zurückwirken und dort
rechnungsmäßig wie eine zusätzliche Streuung eingehen. Dabei wird
sicher die Stoßstreuung X_{st} bei einer Maschine mit Dämpferwicklung
kleiner sein, als bei Schenkelpolgeneratoren ohne Dämpferwicklung, da
die Dämpferwicklung eine kleinere Streuung hat als die Erregerwicklung
eines Schenkelpolgenerators. Um Klarheit zu gewinnen, hat man eine
Anzahl von Versuchen durchgeführt und herausgefunden, daß man

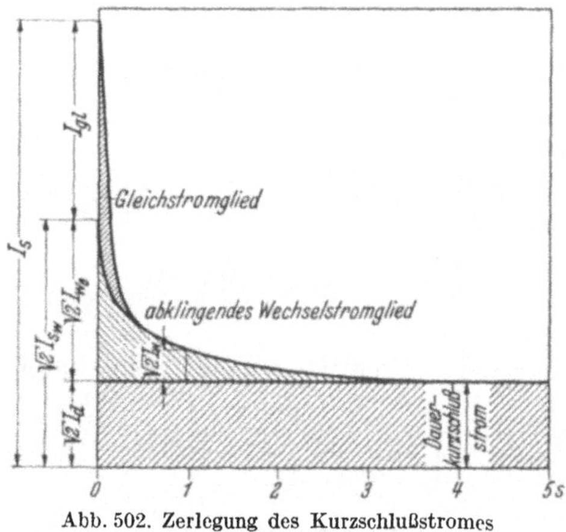

Abb. 502. Zerlegung des Kurzschlußstromes
in seine Komponenten.

befriedigende Werte für I_s und
I_{sw} erhält, falls man bei Turbogeneratoren und bei Schenkelpolgeneratoren mit Dämpferwicklung für die Streuung
die normal vorhandene Ständerstreuung einsetzt, hiervon
jedoch die Bohrungsstreuung
der Maschine abzieht. Letztere berücksichtigt die Streu-
kraftlinien, die innerhalb der
Generatorbohrung auftreten,
falls (im Prüffeld) der Rotor
aus dem Generator entfernt
ist und die Ständerwicklung
des Generators erregt wird.

Die nach obigem Verfahren erhaltene Stoßstreuung liegt für Turbos
etwa bei 0,15. Für Schenkelpolgeneratoren ohne Dämpferwicklung ist
dagegen die normale Streuung einzusetzen. Man darf nicht erwarten,
daß die nach diesem Verfahren errechneten Stoßkurzschlußströme allzu
genau sind. Abweichungen von $\pm$ 25% sind gut möglich. Genauer
ist es auf jeden Fall, wenn man X_{st} auf Grund von Versuchen ermittelt.
Ergibt sich, daß der Stoßkurzschluß-Wechselstrom p-mal größer als
der Nennstrom I_n der Maschine ist $\left(\dfrac{I_{sw}}{I_n} = p\right)$, dann gilt p als das
Stoßkurzschlußverhältnis.

Es gilt, falls U_n die verkettete Nennspannung der Maschine ist,
$$X_{st} = \frac{U_n}{\sqrt{3}\,I_{sw}} \quad \text{oder, da } I_{sw} = p\,I_n \text{ ist,}$$

(354)
$$X_{st} = \frac{U_n}{\sqrt{3}\,p\,I_n}$$

Tritt der Kurzschluß nicht am Generator, sondern im Netz auf und
berücksichtigen wir die Induktivität des Netzes durch X_n und den Widerstand der Kurzschlußbahn durch R, dann gilt, falls wir außerdem

annehmen, daß die EMK 10% größer sei als die Nennspannung U des
Netzes ist,

$$(355) \qquad I_{sw} = \frac{1,1\,U}{\sqrt{3}\,\sqrt{X^2 + R^2}},$$

wobei $X = X_{st} + X_n$ ist.

In obiger Gleichung kann R oft vernachlässigt werden. Es ergibt
sich dann

$$(356) \qquad I_{sw} = \frac{1,1\,U}{\sqrt{3}\,X}.$$

Die Berechnung von I_{sw} gilt bis jetzt nur für den dreipoligen Kurzschluß.
Es hat sich jedoch experimentell gezeigt, daß I_{sw} wie auch I_s sowohl
beim dreipoligen, als auch beim zweipoligen Kurzschluß näherungsweise gleich sind. Wir hatten ge-
sehen, daß bei Kurzschluß an den
Klemmen des Generators der Stoßstrom

$$I_s = 1,8\,\sqrt{2}\,I_{sw}$$

war.

Setzen wir statt 1,8 allgemein
den Faktor $\varkappa$, dann gilt

$$(357) \qquad I_s = \varkappa\,\sqrt{2}\,I_{sw}.$$

Enthält die Kurzschlußbahn den
ohmschen Widerstand R, so wird $\varkappa$

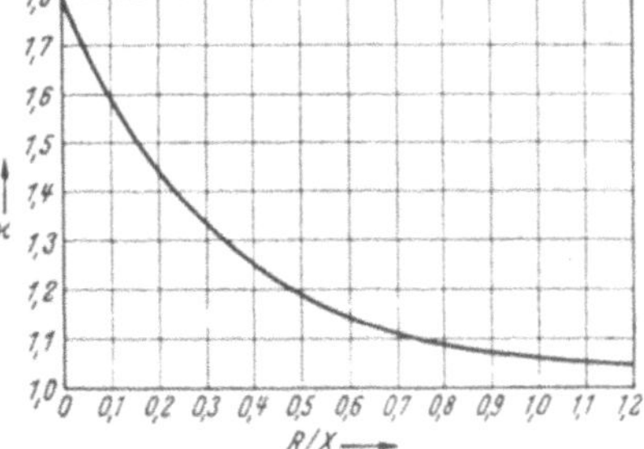

Abb. 503. Verkleinerungsfaktor $\varkappa$
in Abhängigkeit von R/X.

kleiner als 1,8 und kann aus Abb. 503 in Abhängigkeit von X/R entnommen werden.

Um einen Überblick über das zeitliche Abklingen des Wechselstromgliedes I_w (s. Abb. 502) zu gewinnen, hat man an verschiedenen Generatoren Kurzschlußversuche durchgeführt und dabei Kurven erhalten,
die in den Abb. 504a und b wiedergegeben sind. Zweipoliger und
dreipoliger Stoßkurzschluß-Wechselstrom sind gleich, jedoch klingt beim
zweipoligen Kurzschluß der Wechselstromausgleichstrom langsamer
ab, da das dem Felde F_r entgegenwirkende Ankerfeld F_a beim zweipoligen Kurzschluß kleiner ist als im Falle des dreipoligen Kurzschlusses.
Erfolgt der Kurzschluß nicht an den Klemmen des Generators, sondern
im Netz, wobei die Gesamtreaktanz a-mal so groß sei wie die Maschinen-
reaktanz (Streuung), so benötigt das Abklingen des Wechselstromgliedes längere Zeit. Man kann annehmen, daß die Abklingzeiten für
$a = 2$ das 2,5fache, für $a = 3$ das 3,5fache und für $a = 5$ das 4,5fache
und für noch größere a das fünffache derjenigen bei Klemmenkurzschluß
sind.

Der Verlauf des Stromes im Falle eines Kurzschlusses kann nach
diesen Angaben jetzt ermittelt werden. Im folgenden sollen die Maximalwerte (um das Gleichstromglied addieren zu können) betrachtet werden.

Man bestimmt zunächst den Stromstoß I_s nach Gl. (352) bzw. (357). Dieser Wert geteilt durch 1,8 (falls $R/X = 0$) liefert den Maximalwert des Stoßkurzschluß-Wechselstromes, also $\sqrt{2}\,I_{sw}$. Die Differenz $I_s - \sqrt{2}\,I_{sw}$ ergibt das Gleichstromglied, welches etwa mit einer Zeitkonstanten von 1/10 sec abklingt. Der Strom $\sqrt{2}\,I_{sw}$ weniger dem Maximalwert des Dauerstromes $\sqrt{2}\,I_d$ ergibt den abklingenden Wechselstromausgleichstrom I_w. Dieser Ausgleichstrom klingt prozentual entsprechend den in der Abb. 504 aufgezeichneten Kurven ab.

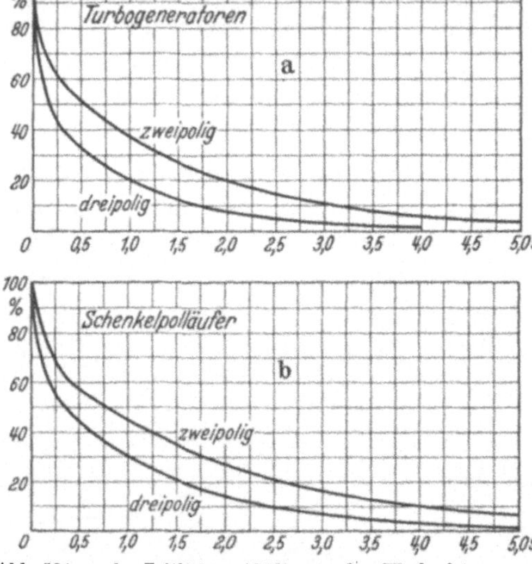

Abb. 504 a u. b. Zeitliches Abklingen des Wechselstromgliedes beim Kurzschluß.

Der tatsächliche Verlauf des Kurzschlußstromes interessiert bei manchen Untersuchungen über den Selektivschutz, falls man die Erwärmung während einer gegebenen Zeit bestimmen will oder man feststellen will, welche Stromgrößen ein Schalter abzuschalten hat, wenn er nach einer bestimmten Zeit auslöst. In diesem Falle ist auch der Wert der wiederkehrenden Spannung, das ist die Spannung, die sich einstellt, wenn der Kurzschluß unterbrochen wird, von Interesse. Diese ist, falls der Dauerkurzschlußstrom schon erreicht ist, gleich der im Generator vorhandenen EMK, die aus der Konstruktion Abb. 494 zu $e - d'$ abgegriffen werden kann. Die zur vorhandenen Erregung v gehörende Leerlauf-EMK $a' - g$ (Abb. 494) darf nicht

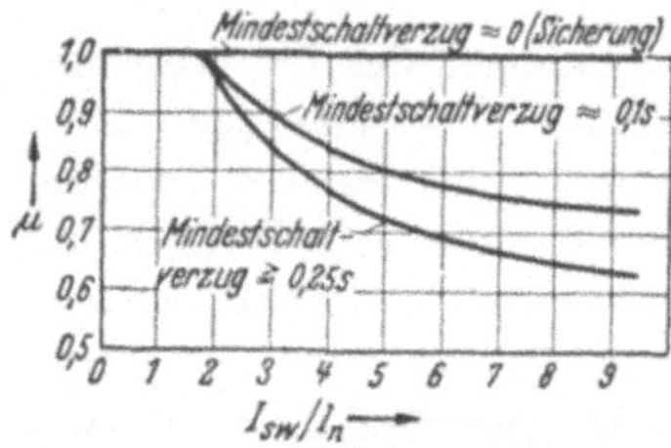

Abb. 505. Diagramm zur Ermittlung des Ausschaltstromes von Schaltern.

genommen werden, da sie nach dem Abschalten nicht sofort vorhanden ist, sondern später erreicht wird. (Der Fluß und damit die EMK können nicht plötzlich ihren Wert ändern.) Wir können annehmen, daß der Übergang von der EMK (etwa Nennspannung) bei Kurzschlußbeginn auf die EMK beim Dauerkurzschlußstrom auch etwa entsprechend den Kurven der Abb. 504 verläuft, so daß für jeden Zeitpunkt die wiederkehrende Spannung bestimmt werden kann.

Um die Abschaltleistung für die Auswahl eines Schalters festzulegen, wendet man heute folgendes vereinfachtes Verfahren an: Man berücksichtigt überhaupt nicht die vorhandene Zeiteinstellung des Schalters, sondern nimmt an, daß der Schalter nach seinem Mindestschaltverzug (Schaltverzug bei der geringstmöglichen Relais- und Auslöseverzögerung, z. B. 0,1 bis 0,25 sec) abschaltet. Bezeichnet man den Ausschaltstrom mit I_a, dann kann man setzen

$$(358) \qquad I_a = \mu \, I_{s\,w}.$$

μ kann dabei aus Abb. 505 entnommen werden, während $I_{s\,w}$ nach Gl. (351) berechnet wird. Als wiederkehrende Spannung nimmt man, da die Abschaltzeiten klein sind, die Nennspannung. Den größtmöglichen Stoßkurzschlußstrom, den der Schalter beim Schalten auf einen Kurzschluß aushalten muß, bestimmt man nach Gl. (357) zu $I_s = \varkappa \sqrt{2}\, I_{s\,w}$.

C. Ersatzschaltungen
bei mehreren parallel geschalteten Generatoren.

Sind mehrere Generatoren, deren Leistungen und charakteristische Daten nicht gleich zu sein brauchen, parallel geschaltet, so ist es für die Ermittlung des Kurzschlußstromes zweckmäßig, einen Ersatzgenerator mit dem Nennstrom I_n anzunehmen. Um die charakteristischen Daten dieses Ersatzgenerators, dessen Nennleistung N_n gleich der Summe der einzelnen Nennleistungen ist, zu finden, stellt man folgende Überlegungen an. Man denkt sich alle Generatoren mit der Erregung $v=1$ betrieben; für die sich dann einstellenden Dauerkurzschlußströme $I_{1\,K}$, $I_{2\,K}$ usw. gilt, wenn der Ersatzgenerator den Strom I_K erzeugt, die Gleichung

$$I_K = I_{K1} + I_{K2} + I_{K3} + \cdots$$

oder

$$(359) \qquad \frac{I_K}{I_n} = \frac{I_{K1}}{I_{n1}}\frac{I_{n1}}{I_n} + \frac{I_{K2}}{I_{n2}}\frac{I_{n2}}{I_n} + \cdots$$

Beachtet man, daß z. B.

$$(360) \qquad \frac{I_{n1}}{I_n} = \frac{I_{n1}\,U}{I_n\,U} = \frac{N_1}{\sum N} = y_1$$

($g_1 =$ Leistungsgewicht des Generators 1) ist, dann ergibt sich

$$(361) \qquad \frac{I_K}{I_n} = g_1 \frac{I_{K1}}{I_{n1}} + g_2 \frac{I_{K2}}{I_{n2}} + g_3 \frac{I_{K3}}{I_{n3}} + \cdots$$

Das Kurzschlußverhältnis des Ersatzgenerators I_K/I_n kann also berechnet werden.

Zur Berechnung der Kurzschlußstreuung des Ersatzgenerators stellt man sich vor, daß die Reaktanz des Ersatzgenerators durch die parallel geschalteten Reaktanzen der einzelnen Generatoren zustande kommt.

Es gilt dann:

$$\frac{1}{X_s} = \frac{1}{X_{s1}} + \frac{1}{X_{s2}} + \frac{1}{X_{s3}} + \cdots$$

$$\frac{1}{\underset{U_\curlywedge}{X_s \cdot I_n}} = \frac{1}{\underset{U_\curlywedge}{X_{s1} I_{n1}}} \cdot \frac{I_{n1}}{I_n} + \frac{1}{\underset{U_\curlywedge}{X_{s2} I_{n2}}} \cdot \frac{I_{n2}}{I_n} + \cdots$$

oder

$$(362) \qquad \frac{1}{\varepsilon_s} = \frac{g_1}{\varepsilon_{s1}} + \frac{g_2}{\varepsilon_{s2}} + \frac{g_3}{\varepsilon_{s3}} + \cdots$$

Die resultierende Streuung ε_s kann also ebenfalls ermittelt werden. Bei dieser Formel muß man beachten, ob die so zu ermittelnde Streuspannung für die Ermittlung des Dauerkurzschlußstromes oder für die Ermittlung des Stoßstromes gebraucht werden soll. Im letzteren Falle sind die relativen Stoßstreuspannungen einzusetzen $\left(\text{z. B. } \varepsilon_{st} = \dfrac{I_n X_{st} \sqrt{3}}{U}\right)$.

Bei über Transformatoren parallel geschalteten Generatoren ist die Transformatorstreuung zur Maschinenstreuung hinzuzuschlagen. Nachdem man den Stoßkurzschlußstrom und den Dauerkurzschlußstrom für den Ersatzgenerator ermittelt hat, kann man diese Ströme auf die einzelnen Generatoren verteilen. Bei den Stoßkurzschlußströmen als auch bei den Stoßkurzschluß-Wechselströmen geht man von der Überlegung aus, daß sie sich auf die einzelnen Generatoren umgekehrt wie die zugehörigen Reaktanzen verteilen. Es gilt somit für $I_{s\nu}$ bzw. $I_{sw\nu}$ des ν-ten Generators, falls I_s und I_{sw} sich auf den Ersatzgenerator beziehen,

$$(363) \qquad \frac{I_{s\nu}}{I_s} = \frac{I_{sw\nu}}{I_{sw}} = \frac{\dfrac{1}{X_{st\nu}}}{\dfrac{1}{X_{st}}} = \frac{I_{n\nu}}{I_n} \cdot \frac{\left(\dfrac{1}{\frac{I_{n\nu} X_{st\nu}}{U_\curlywedge}}\right)}{\left(\dfrac{1}{\frac{I_n X_{st}}{U_\curlywedge}}\right)} = g_\nu \frac{\dfrac{1}{\varepsilon_{st\nu}}}{\dfrac{1}{\varepsilon_{st}}}.$$

Die Größe der Dauerkurzschlußströme der einzelnen Generatoren wird näherungsweise proportional der Größe der zugehörigen Kurzschlußströme bei der Erregung $v = 1$ sein. Es gilt, falls J_d der Dauerkurzschlußstrom des Ersatzgenerators ist:

$$(364) \qquad \frac{I_{d\nu}}{I_d} = \frac{I_{K\nu}}{I_K} = \frac{I_{n\nu}}{I_n} \cdot \frac{I_{K\nu}/I_{n\nu}}{I_K/I_n} = g_\nu \frac{(I_{K\nu}/I_{n\nu})}{(I_K/I_n)}.$$

D. Berechnung der Kurzschlußströme in komplizierteren Netzgebilden.

Zur Berechnung der Größe und der Verteilung der Kurzschlußströme in komplizierteren Netzgebilden ist folgendes Verfahren zweckmäßig: Gegeben ist das Netz der Abb. 506. Im Punkte a trete ein dreipoliger Kurzschluß auf. Ist kein Kurzschluß vorhanden, dann kann man sich an der Stelle a den widerstandslos gedachten Generator A, der die in diesem Punkte herrschende Spannung $+ U_\lambda$ haben muß, angebracht denken, ohne daß sich an der Gesamtstromverteilung des Netzes irgend etwas ändert (Abb. 507). Wird jetzt zusätzlich ein weiterer Generator B mit der Spannung $- U_\lambda$ an der gleichen Stelle hinzugeschaltet, so erhält der Punkt a das Potential Null und die jetzt fließenden Ströme sind die gewünschten Kurzschlußströme. Man muß also, um die im Kurzschluß auftretenden Ströme zu erhalten, die durch den Generator B erzeugten Ströme berechnen, welche

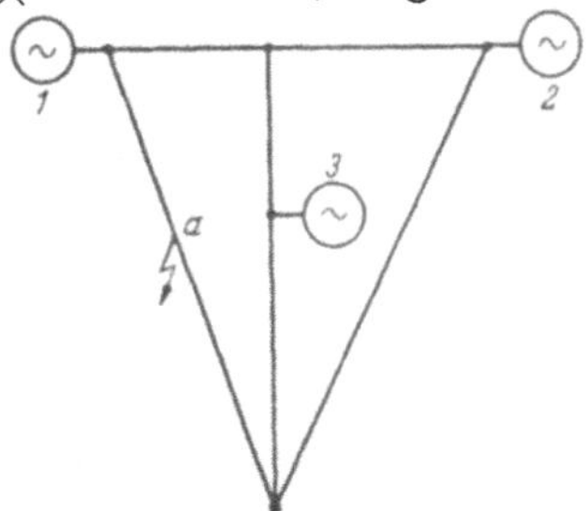

Abb. 506. Mehrfach gespeistes Netz bei Kurzschluß.

sich den ursprünglichen Strömen überlagern (letztere vernachlässigt man oft).   Dabei muß man sich die Generatoren *1, 2* und *3* durch Reaktanzen ersetzt denken (s. Abb. 508). Die Größe dieser Generatorreaktanzen, die außerdem nicht konstant sind, da sie von der Sättigung der Generatoren abhängen, sind vorläufig unbekannt. Für die Berechnung des Stoßkurzschluß-Wechselstromes kann man mit genügender Genauigkeit für die Generatorreaktanzen die Stoßreaktanzen X_{st} einsetzen. Berechnet man jetzt den Ersatzwiderstand Z des ganzen Netzes, so ergibt sich der Strom an der Kurzschlußstelle zu

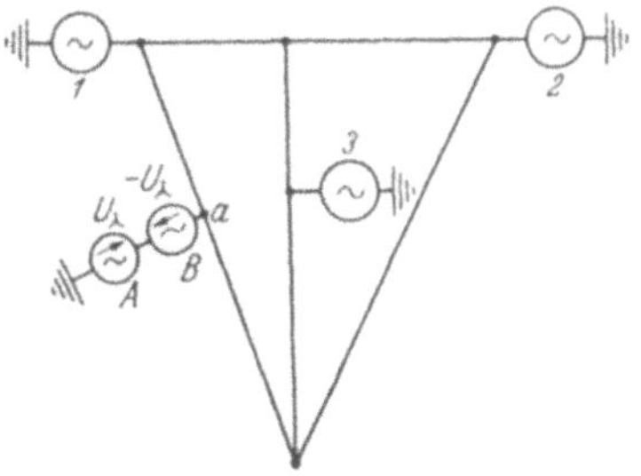

$$(365) \qquad I_{sw} = \frac{U}{\sqrt{3}\,Z}.$$

Die Reaktanzen lassen sich jedoch auch für den Dauerkurzschlußstrom berechnen, sofern man zunächst annimmt, daß im Kurzschlußfalle die Generatoren im ungesättigten Teil der Charakteristik arbeiten.

Der betrachtete Generator habe bei der Erregung $v = 1$ im Leerlauf

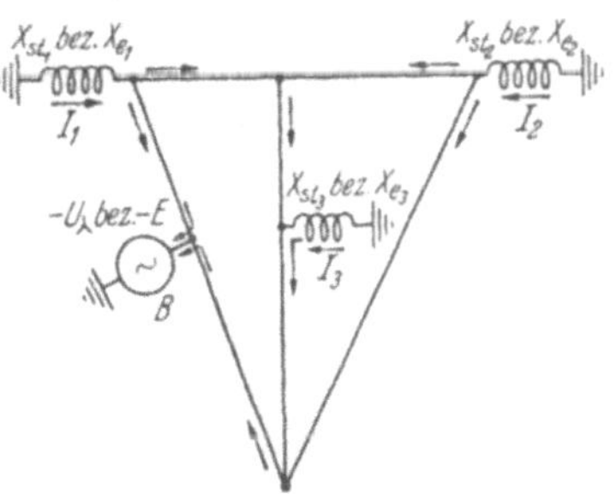

Abb. 507. Mehrfach gespeistes Netz mit zwei gedachten Generatoren A und B.

Abb. 508. Mehrfach gespeistes Netz mit gedachtem Generator A an Kurzschlußstelle und Ersatz der Kraftwerksgeneratoren durch Reaktanzen.

die Klemmenspannung U. Der bei $v = 1$ im Kurzschlußfalle fließende Kurzschlußstrom ist gleich I_K. Stellt man sich vor, daß dieser Strom I_K durch eine EMK U_λ erzeugt wird, so kann man sich den Generator durch eine Ersatzreaktanz X_e ersetzt denken. Es gilt die Beziehung:

$$(366) \qquad \frac{U_\lambda}{I_K} = \frac{U}{\sqrt{3}\,I_K} = X_e.$$

Denkt man sich den Generator B (Kurzschlußfall!) auf die Reaktanzen, die gleich den Ersatzreaktanzen X_e und den Netzreaktanzen sind, wirken, so kommt ein Strom zum fließen, der prinzipiell berechnet werden kann. Ferner lassen sich die aus den einzelnen Generatoren herausfließenden Ströme I_1, I_2 usw. angeben.

Unser Verfahren gilt nur, solange wir im ungesättigten Teil der Generatoren arbeiten, was bei gering erregten Generatoren, etwa bis $v = 1$ (leerlaufendes Netz), der Fall ist. Im allgemeinen sind jedoch im Kurzschlußfall die Generatoren stärker erregt, z. B. mit $v = 3{,}5$. Hierdurch werden die Dauerkurzschlußströme wesentlich größer. Um unser Verfahren auch für diesen Fall, wenigstens als Näherungsrechnung zu verallgemeinern, müssen wir die Ersatzreaktanzen X_e wesentlich kleiner wählen. Wir stellen uns vor, daß im Netz, welches nicht belastet sei, sämtliche Generatoren voll erregt seien ($v = 3{,}5$) und ermitteln, wie groß für jeden Generator bei dieser Erregung v die Leerlauf-EMK E und der zu v gehörende dreipolige Kurzschlußstrom ist. Ist I_k/I_n (bei $v = 1$) gegeben, dann ist der Kurzschlußstrom bei der Erregung v:

$$(367) \qquad I_d = v\,\frac{I_k}{I_n}\,I_n.$$

Wir bilden nun unsere Ersatzreaktanzen, durch welche wir unsere Generatoren ersetzen wollen, zu

$$(368) \qquad X_{e\nu} = \frac{E_\nu}{I_{d\nu}}.$$

Um den Kurzschlußstrom an der Kurzschlußstelle berechnen zu können, denken wir uns (s. Abb. 508) dort einen Generator, der jedoch diesmal nicht die Spannung U, sondern die EMK E (mittlere EMK der E_ν) habe. Unsere Näherungsrechnung kann bei sinngemäßer Anwendung auch für den zweipoligen Kurzschlußstrom durchgeführt werden.

E. Einfluß der Vorbelastung.

Im allgemeinen werden die meisten Netze vor Kurzschlußbeginn in irgendeiner Weise vorbelastet sein, z. B. durch Widerstände wie in der Abb. 509 angedeutet. Erfolgt der Kurzschluß an der Stelle *1*, dann spielt nur die Reaktanz und der Widerstand der Kurzschlußbahn eine Rolle, dagegen nicht der Belastungswiderstand, da dieser ja kurzgeschlossen ist. Liegt dagegen der Kurzschluß an der Stelle *2*, so wird die Klemmenspannung des Generators wohl etwas zusammenbrechen, jedoch wird durch den Widerstand R ebenfalls ein Strom fließen (s. Abb. 509). Man muß also zur Berücksichtigung der Vorbelastung sich aus den Induktivitäten und Widerständen der angeschlossenen Ver-

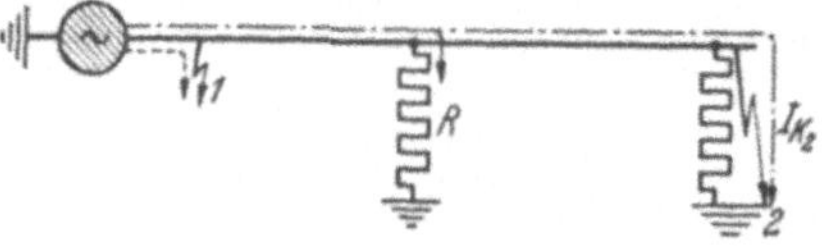

Abb. 509. Verschiedene Lage des Kurzschlusses.

braucher und der Leitungen eine resultierende Kurzschlußimpedanz bilden und nach Gl. (349) den Winkel ψ ermitteln, um den der Strom der erzeugten EMK nacheilt. Man kann dann das Verfahren auf S. 407 zur Anwendung bringen. Es ist jedoch die eine Schwierigkeit vorhanden, daß die Belastungswiderstände mit der Spannung veränderlich sind. So nimmt bei Lichtlast der Widerstand R mit abnehmender Spannung sehr stark ab. Da die Rechnungen oft sehr kompliziert werden, verzichtet man meist auf die Berücksichtigung der Vorbelastung, besonders wenn die Kurzschlüsse in der Nähe des Kraftwerks auftreten, weil dann sowieso der Einfluß der Vorbelastung nicht groß ist.

F. Berechnung der auftretenden Kurzschlußkräfte.

Zwei vom Strom i durchflossene Leiter von der Länge 1 cm (s. Abb. 510), üben aufeinander Kräfte aus. Die auf den rechten Leiter ausgeübte Kraft P beträgt, wenn die vom linken Leiter erzeugte Kraftliniendichte B ist,

$$(369) \qquad P = \frac{B \cdot i}{10 \cdot 981\,000} \cdot \text{kg/cm Leiterlänge.}$$

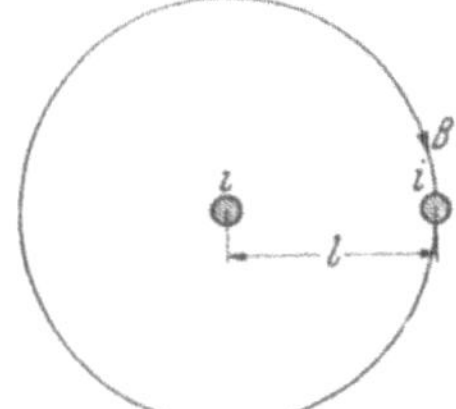

Abb. 510. Kraftwirkung zweier stromdurchflossener Leiter.

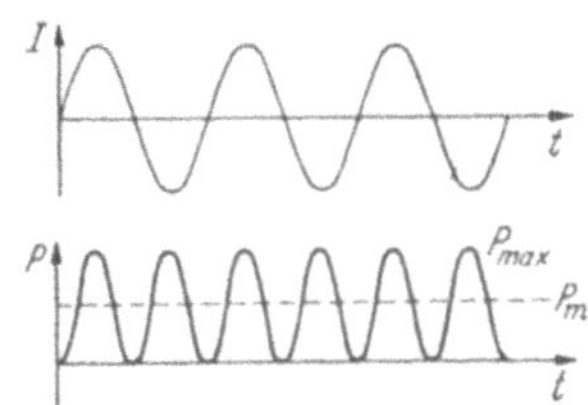

Abb. 511. Zeitlicher Kraftverlauf beim Wechselstrom.

Die Kraftliniendichte B ist im Leiterabstand l cm vom Leiter

$$(370) \qquad B = \frac{2\,i}{10\,l}.$$

Dies in obige Gleichung eingesetzt, ergibt

$$(371) \qquad P = 2{,}04\,\frac{i^2}{l} \cdot 10^{-8} \text{ kg/cm Leiterlänge.}$$

Bei einem Dreiphasensystem bereitet die Berechnung der Kräfte im zweiphasigen Kurzschluß keinerlei Schwierigkeiten. Die größten Kräfte ergeben sich im ersten Moment, wenn der Stoßstrom fließt.

Beim dreiphasigen Kurzschluß ist die Berechnung der Kräfte etwas umständlicher, so daß man meist die Kräfte einsetzt, die beim zweipoligen Kurzschluß entstehen.

Die Kenntnis der beim Kurzschluß auftretenden Kräfte ist wesentlich um Sammelschienensysteme, Stützer und Stromwandler den entstehenden

Kräften gemäß bemessen und auswählen zu können. Die erzeugten Kräfte sind nicht konstant. Im Falle eines die Kräfte hervorrufenden Wechselstromes bestehen sie aus einem konstanten Glied P_m und einer darüber gelagerten Kraft, die gegenüber dem Wechselstrom doppelte Frequenz aufweist (s. Abb. 511). Es ist dafür Sorge zu tragen, daß nicht Resonanz der Sammelschienen mit dieser Frequenz ($f = 100$) vorliegt.

G. Kurzschlußerwärmung.

Es sei zunächst die Erwärmung eines Körpers durch den Dauerstrom berechnet. Ist die Stromdichte $j_d = I_d/q$ und wird ein Leiterelement von 1 mm² Querschnitt und 1 m Länge untersucht, dann ist die in t sec erzeugte Wärmemenge gleich $\varrho j_d^2 t$. Wird angenommen, daß keine Wärmeabstrahlung und Ableitung an die Umgebung stattfindet, dann muß die Wärmemenge $\varrho j_d^2 t$ zur Temperaturerhöhung des Leiters dienen. Ist die spezifische Wärme des Leitermaterials bezogen auf 1 cm³ gleich c (in Wsec/° C, cm³), so stellt sich eine Temperatur ϑ ein.

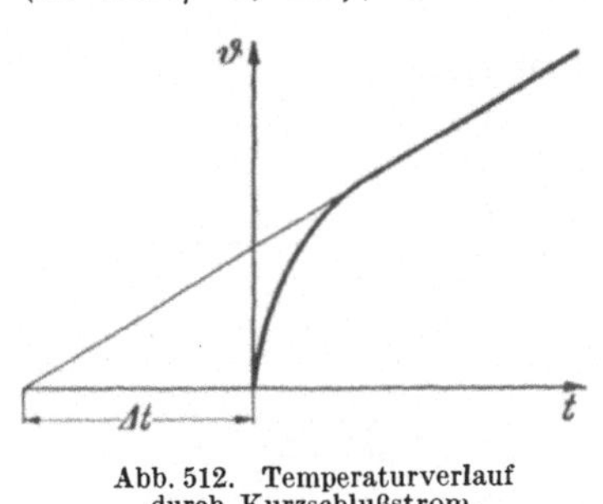

Abb. 512. Temperaturverlauf
durch Kurzschlußstrom.

$$(372) \qquad \vartheta = \frac{\varrho}{c} j_d^2 t.$$

Für sehr warmes Kupfer ist

$$\varrho = 1/45 \quad \text{und} \quad c = 3{,}5.$$

Dies in Gl. (372) eingesetzt, ergibt

$$(373) \qquad \vartheta_{\text{Cu}} = \frac{j_d^2 t}{157}.$$

Für Aluminium findet man

$$(374) \qquad \vartheta_{\text{Al}} = \frac{j_d^2 t}{73}.$$

Es sei noch untersucht, inwieweit der Stoßstrom eine Erhöhung der Erwärmung bedingt. Trägt man die Erwärmung des Leiters im Kurzschluß in Abhängigkeit von der Zeit auf, dann erhält man den in der Abb. 512 aufgezeichneten Verlauf. Die Erwärmung wird nach einiger Zeit, falls der Stoßstrom abgeklungen ist, einen geradlinigen durch den Dauerkurzschlußstrom bedingten Anstieg nehmen (keine Abstrahlung und Ableitung der Wärme vorausgesetzt). Man kann sich nun den Einfluß des Stoßstromes durch die Zeit $\varDelta t$ (Abb. 512) berücksichtigt denken. Es gilt dann z. B. für den Fall von Kupfer als Leitermaterial die Gleichung

$$(375) \qquad \vartheta_{\text{Cu}} = \frac{1}{157} j_d^2 (t + \varDelta t).$$

Für $\varDelta t$ kann man näherungsweise setzen:

$$(376) \qquad \varDelta t = \left(\frac{I_s}{1{,}8 \sqrt{2}\, I_d} \right)^2 T.$$

In dieser Formel wird man beim dreipoligen Klemmenkurzschluß für $T \sim 0{,}3$ sec einsetzen. Dieser Wert nimmt bei entfernteren Kurzschlüssen bis auf 0,1 sec ab. Die entsprechenden Werte beim zweipoligen Kurzschluß sind 0,6 bzw. 0,2 sec[1].

Falls man die Erwärmung eines Leiters genauer ermitteln will, kann man so vorgehen, daß man sich nach S. 412 den Verlauf des Kurzschlußstromes in Abhängigkeit von der Zeit ermittelt und hieraus die entwickelte Wärmemenge und Temperatur bestimmt.

Die im Kurzschlußfalle zulässige, stets nur kurzseitige Erwärmung ist wesentlich höher, als die des normalen Betriebes. Sie liegt etwa bei

150° C bei Kabeln,	300° C bei blanken Leitungen,
130° C bei Freileitungen[2],	200° C bei Stromwandlern.

XX. Erwärmung von Maschinen und Apparaten.

Oft ist es notwendig, sich ein Bild über den Erwärmungsverlauf von Leitungen, Kabeln, Maschinen und Apparaten zu machen. Dies ist nicht immer einfach, da die auftretenden Belastungen meist nicht konstant sind, sondern Schwankungen unterliegen. Um sich Klarheit darüber zu verschaffen, ob diese Schwankungen bzw. Belastungsspitzen für die Maschine oder die Leitung bezüglich der Erwärmung zulässig sind, muß man den Erwärmungsverlauf bestimmen.

Es sei zunächst ein einfacher Körper z. B. ein Draht untersucht, dem sekundlich durch einen elektrischen Strom die Wärmemenge Q Watt zugeführt wird. Ist c die spezifische Wärme des Körpers in (Wsec/kg, °C), G das Gewicht des Körpers in kg, ϑ die Temperatur in °C, ϱ der spezifische Wärmeabgabekoeffizient in (W/cm², °C) und F die Oberfläche des Körpers in cm², dann gilt unter Beachtung, daß die in der kleinen Zeit dt zugeführte Wärmemenge $Q\,dt$ einmal dazu dient, um die Temperatur des Körpers um $d\vartheta$ zu erhöhen, zum anderen um die durch die Temperatur ϑ bedingten Wärmeabgabeverluste an die Umgebung zu decken, die Beziehung

$$(377) \qquad Q\,dt = cG\,d\vartheta + \varrho F \vartheta\,dt$$

oder nach Umformung

$$(378) \qquad \frac{d\vartheta}{dt} = \frac{Q - \varrho F \vartheta}{cG} = \frac{\dfrac{Q}{F\varrho} - \vartheta}{\dfrac{cG}{\varrho F}} .$$

$\dfrac{Q}{\varrho F}$ ist gleich der Endtemperatur ϑ_e, da dann $\dfrac{d\vartheta}{dt} = 0$ ist. Es gilt also

$$(379) \qquad \vartheta_e = \frac{Q}{\varrho F} .$$

---

[1] Jacottet: Arch. Elektrotechn. 1932, S. 679.
[2] Um Entfestigung der hartgezogenen Drähte zu vermeiden.

Setzt man ferner zur Abkürzung

$$(380) \qquad Z = \frac{c\,G}{\varrho\,F},$$

so kann man die Gleichung auch schreiben:

$$(381) \qquad \frac{d\vartheta}{dt} = \frac{\vartheta_e - \vartheta}{Z}.$$

Der Faktor Z wird Zeitkonstante genannt, da er die Dimension einer Zeit hat.

Es sei angenommen, der Temperaturverlauf wäre bekannt und erfolge nach der Kurve I der Abb. 513. Die erreichte Endtemperatur betrage ϑ_e. Errichtet man in einem beliebigen Punkte der Kurve I die Tangente und betrachtet den Abschnitt a—b auf der Horizontalen in Höhe der Endtemperatur, so muß dieser Abstand a—b gleich der Zeitkonstanten sein, denn die Strecke a—c ist gleich ϑ_e—ϑ und

$$(382) \qquad \frac{d\vartheta}{dt} = \operatorname{tg}\alpha = \frac{a\,c}{a\,b} = \frac{\vartheta_e - \vartheta}{a\,b}.$$

Durch Vergleich mit Gl. (381) folgt, daß der Abschnitt $a\,b$ gleich Z sein muß. Unabhängig, in welchem Punkte der Kurve man die Konstruktion durchführt, immer erhält man für $a\,b$ den Betrag Z. Gleiches gilt auch, wenn die Wärmezufuhr, also auch ϑ_e, kleiner ist (s. Kurve II der Abb. 513).

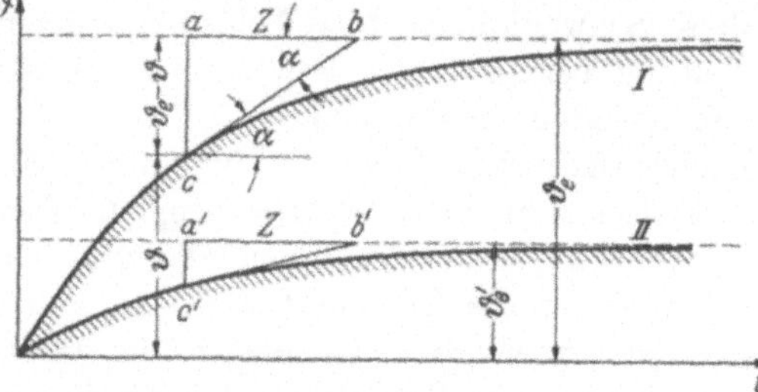

Abb. 513. Temperaturverlauf.

Man kann die Gl. (381) noch integrieren und erhält, wenn die Erwärmung bei der Temperatur Null beginnt und man unter dem Wert e die Exponentialfunktion versteht

$$(383) \qquad \vartheta = \vartheta_e\,(1 - e^{-t/Z})$$

oder wenn man den Fall der Abkühlung betrachtet ($Q = 0$) und die Anfangstemperatur mit ϑ_0 bezeichnet,

$$(384) \qquad \vartheta = \vartheta_0\,e^{-t/Z}.$$

Bei den bisher betrachteten Kurven war angenommen, daß die zugeführte Wärmemenge Q konstant war. Die Gl. (381) gilt jedoch allgemein. Verändert sich die zugeführte Wärmemenge, so ist in der Gl. (381) nur ein anderes ϑ_e einzuführen. Die Gl. (381) gibt die Grundlage für eine sehr einfache geometrische Konstruktion des Erwärmungsverlaufes.

In der Abb. 514 sind links im Abstand der Zeitkonstanten Z zwei Vertikalen I—I und II—II errichtet. Auf I—I wird die jeweils vorhandene Temperatur und auf II—II die Endtemperatur ϑ_e aufgetragen. Rechts von diesen Vertikalen befindet sich ein Koordinatensystem, welches als Abszisse die Zeit t und als Ordinate die Temperatur ϑ enthält. Die Ausgangstemperatur ist ϑ_0. Die zugeführte Wärmemenge sei gleich Q_1. Der Körper erreiche dann eine Endtemperatur ϑ_{e1}. Diese Endtemperatur ist im linken Bild der Abb. 514 aufgetragen. Da die Steigung der Temperaturkurve nach Gl. (382) gleich $\mathrm{tg}\,\alpha = \dfrac{\vartheta_e - \vartheta}{Z}$, bzw. im betrachteten Falle $\mathrm{tg}\,\alpha = \dfrac{\vartheta_{e1} - \vartheta_0}{Z}$ ist, kann man die Steigung leicht bestimmen. Man hat nur in der Abb. 514 links den Punkt ϑ_0 mit der Temperatur ϑ_{e1} zu verbinden. Geht man ins rechte Koordinaten-

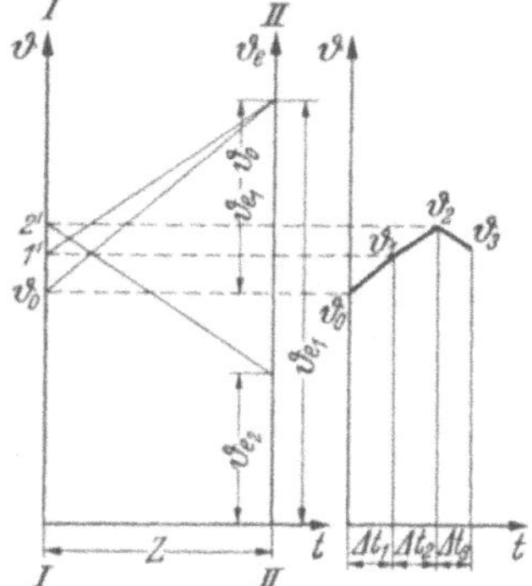

system und zieht zur Geraden ϑ_0—ϑ_{e1} eine Parallele durch ϑ_0, so findet man im Abstand $\varDelta t_1$ von der Ordinate die zur Zeit $\varDelta t_1$ erreichte Temperatur ϑ_1. Voraussetzung ist dabei, um das kleine Kurvenstück der Exponentialkurve $\vartheta = \vartheta_{e1}(1 - e^{-t/Z})$ durch einen Teil der Tangente ersetzen zu können, daß $\varDelta t$ nicht zu groß ist. Projiziert man den Punkt ϑ_1 auf I—I, so erhält man den Punkt $1'$. Der Punkt $1'$ ist neuer Ausgangspunkt. Man erhält die Temperatur ϑ_2, die sich bei der gleichen zugeführten Wärmemenge Q_1 nach weiteren $\varDelta t_2$ sec einstellt, indem man $1'$ mit ϑ_{e1} verbindet

Abb. 514. Diagramm zur Ermittlung des Temperaturverlaufes.

und zu $1'$—ϑ_{e1} eine Parallele durch ϑ_1 (rechtes Koordinatensystem) zieht. Projiziert man ϑ_2 wieder auf I—I, so erhält man $2'$. Die Wärmezufuhr werde nun im folgenden kleiner, so daß eine kleinere Endtemperatur ϑ_{e2} erreicht werden würde. Man muß jetzt den Punkt $2'$ mit ϑ_{e2} verbinden und parallel zur Geraden $2'$—ϑ_{e2} im rechten System eine Parallele ziehen. Nach der weiteren Zeit $\varDelta t_3$ wird die Temperatur ϑ_3 erreicht. In derselben Weise kann der Verlauf der Temperaturkurve bei beliebiger Wärmezufuhr aufgezeichnet werden. Voraussetzung ist nur, daß die Zeitabschnitte $\varDelta t$ nicht zu groß gewählt werden. Da die Temperaturberechnungen wegen meist nicht genügend genauer Unterlagen häufig nur Näherungsrechnungen sind, genügt es in solchen Fällen, wenn $\varDelta t \leqq Z/5$ gewählt wird.

Das Verfahren läßt sich für den Fall, daß die Wärmemenge proportional dem Quadrat des Stromes I ist, noch etwas angenehmer durchführen, wenn man auf der Vertikalen II—II der Abb. 514 Ströme aufträgt. Am besten geht man dabei von der zulässigen Temperatur ϑ_z, zu welcher der Dauerstrom I_d gehört, aus. Bei einem beliebigen Strom I wird dann die Endtemperatur ϑ_e, falls man die Widerstandsänderung des Leiters mit der Temperatur nicht berücksichtigt, sondern mit dem

Widerstand, der bei der Temperatur ϑ_z vorhanden ist, rechnet, den Wert haben

$$\text{(385)} \qquad \vartheta_e = \vartheta_z \, (I/I_d)^2.$$

Man wird also die Vertikale $II—II$, auf der die Endtemperaturen aufgezeichnet sind, mit den Strömen, welche die jeweiligen Endtemperaturen ergeben, beziffern. Die Bezifferung mit den Strömen hat einen quadratischen Charakter (s. Abb. 515). Diese Konstruktion hat den Vorteil, da die Belastungsströme meist bekannt sind, daß man sofort weiß, wohin man die Hilfsgeraden zu zeichnen hat. Oft weiß man nicht wie groß ϑ_z ist. In einem solchen Fall setzt man die zu I_d gehörige Temperatur $\vartheta_z = 100\%$ und führt die Rechnung prozentual durch.

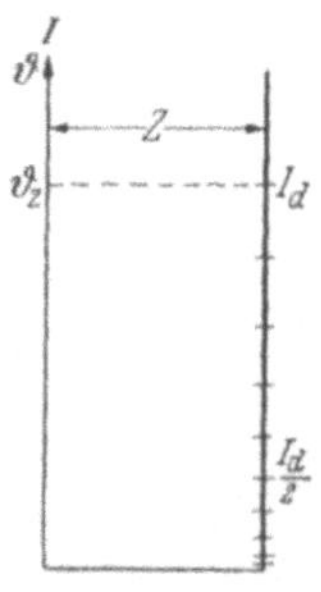

Abb. 515. Hilfsdiagramm mit quadratischer Stromskala.

Bis jetzt war angenommen, daß die Erwärmung in einem homogenen Körper erfolgt, der an allen Stellen gleichmäßige Temperatur annimmt. Unsere Maschinen, Transformatoren, Apparate, Kabel usw. sind jedoch komplizierte Gebilde, die im Innern an verschiedenen Stellen verschiedene Temperaturen besitzen und in denen verwickelte Wärmeströmungen stattfinden. Nimmt man etwa für eine bestimmte Wicklung den Temperaturverlauf auf, so erhält man eine Erwärmungskurve, bei der man, wenn man die Zeitkonstante ermitteln will, verschiedene Werte von Z erhält, je nach dem an welcher Stelle der Kurve man sich befindet (Abb. 516). Dabei ist im allgemeinen die Zeitkonstante zu Erwärmungsbeginn meist viel kleiner als nach längerer Erwärmungsdauer. Um trotzdem einigermaßen den Temperaturverlauf abschätzen zu können, ist man in einem solchen Fall gezwungen,

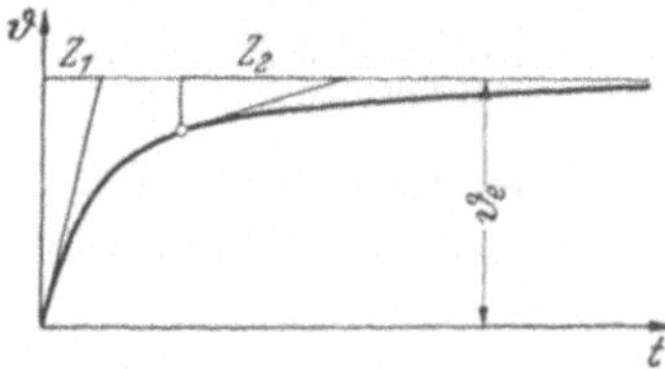

Abb. 516. Temperaturverlauf bei veränderlicher Zeitkonstante.

sich eine mittlere Zeitkonstante zu bestimmen, um die Erwärmungsrechnung durchführen zu können.

Um einen Überblick zu haben, in welcher Größenordnung die so bestimmten Zeitkonstanten liegen, sei Tabelle 20 angegeben[1].

Für genauere Erwärmungsrechnungen ist man unter Umständen gezwungen, zwei Erwärmungsvorgänge zu überlagern. Abb. 517a zeigt beispielsweise, wie die Erwärmung des Öles in einem Transformator erfolgt (Kurve *1*). Für den Verlauf kann man näherungsweise eine Exponentialkurve annehmen. Die Übertemperatur, welche die Wicklung für sich gegen das Öl annimmt, ist durch die Exponentialkurve *2* nähe-

---

[1] Siehe E. Krohne: Die wirtschaftliche Erzeugung der elektrischen Spitzenkraft in Großstädten. Berlin: Julius Springer 1929.

Tabelle 20.

	Zeitkonstante Z in min
Generator 20 000—50 000 kVA	25
Transformator 12 500 kVA (30/6 kV) mit Fremdbelüftung . . .	75
Transformator 250 kVA (6/0,38 kV) mit Eigenlüftung	250
Kabel 30 kV für 70—150 mm²	120
Kabel 6 kV für 70—150 mm²	90
Kabel 1 kV für 70—240 mm²	60
Gummikabel NGA usw.	10—20
Motoren mittlerer Größe eigenventiliert	etwa 60

rungsweise dargestellt. Die tatsächliche Temperatur als näherungsweise Überlagerung der Kurve *1* und *2* zeigt die Abb. 517 b. Erfolgt jetzt plötzlich eine starke Zunahme der Belastung, die kurz darauf wieder verschwindet, so wird das Öl infolge seiner

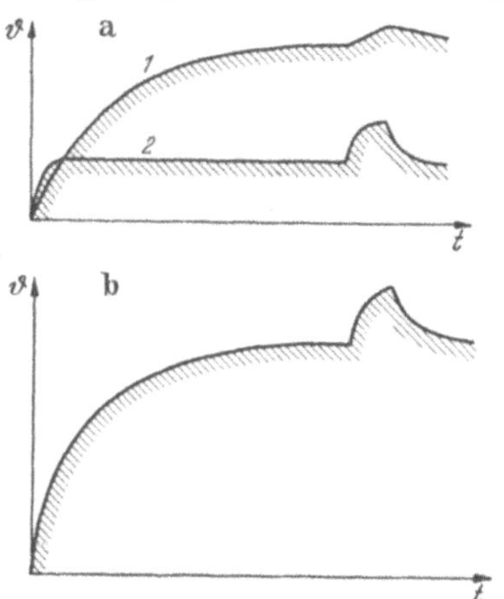

Abb. 517 a u. b. Temperaturverlauf eines Öltransformators.

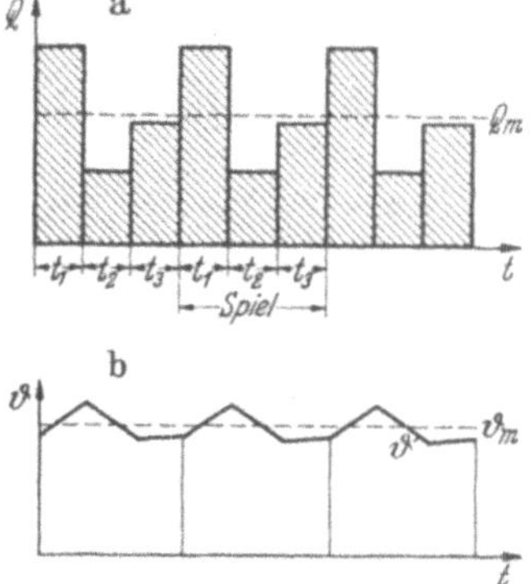

Abb. 518 a u. b. Belastungsspiel und Temperaturverlauf.

großen Zeitkonstanten sich kaum zusätzlich erwärmen, anders jedoch die Wicklung, welche infolge einer kleinen Zeitkonstante eine starke Temperaturzunahme erfährt. Die wirkliche Erwärmungskurve wird also etwa den Verlauf der Abb. 517 b haben. Man erkennt hieraus, daß es nicht genügt, die Öltemperatur eines Transformators zu messen, da trotz mäßiger Öltemperatur bei kurzzeitigen Belastungen hohe Temperaturen im Kupfer auftreten können.

Oft hat man es mit periodisch sich wiederholenden Belastungsänderungen zu tun. Ist z. B. die in einem Körper erzeugte Verlustwärme durch die Flächen der Abb. 518a gegeben, so kann man eine mittlere gleichmäßig zugeführte sekundliche Verlustwärme Q_m annehmen, bei der, bezogen auf die Gesamtzeit, gleiche Verluste wie in Wirklichkeit vorhanden sind. Bei den mittleren Verlusten Q_m würde nach längerer

Zeit eine konstante Endtemperatur ϑ_m erreicht werden (s. Abb. 518b). In Wirklichkeit wird jedoch wegen der intermittierenden Belastung die Temperatur Schwankungen unterworfen sein. Wenn jedoch die Spieldauer, das ist die Zeit, in der die Belastungswechsel sich wiederholen, klein ist im Vergleich zur Zeitkonstante, dann sind die Abweichungen von der mittleren Temperatur ϑ_m klein. Die mittlere Temperatur ϑ_m kann man leicht ermitteln, wenn man die mittleren Verluste kennt. Nimmt man an, daß die Verluste Q_m proportional dem Quadrat des Stromes sind, dann gilt für den Mittelwert des Stromes, dessen Verluste, bezogen auf die Gesamtspieldauer, gleich den tatsächlichen Verlusten sind, die Beziehung

$$I_m^2 (t_1 + t_2 + t_3)\, r = (I_1^2 t_1 + I_2^2 t_2 + I_3^2 t_3) \cdot r$$

$$(386) \qquad I_m = \sqrt{\frac{I_1^2 t_1 + I_2^2 t_2 + I_3^2 t_3}{t_1 + t_2 + t_3}}$$

oder allgemein

$$I_m = \sqrt{\frac{\Sigma\, I^2 t}{\Sigma\, t}}\,.$$

Ist der Dauerstrom I_d, bei dem die zulässige Temperatur ϑ_z etwa eines Motors erreicht wird, bekannt, dann ist die sich einstellende mittlere Temperatur gleich

$$(387) \qquad \vartheta_m = \left(\frac{I_m}{I_d}\right)^2 \vartheta_z\,.$$

Man nennt dieses Verfahren die Methode des quadratischen Strommittels. Sie wird sehr viel angewandt, wenn schwankende, sich wiederholende Belastungen auftreten. Bei starkschwankenden Belastungsstößen ist das Verfahren genügend genau, wenn die Spieldauer kleiner als $^1/_5$ der Zeitkonstanten ist. Sind jedoch die Belastungsschwankungen während des Spieles weniger stark, dann kann man mit dem Verhältnis Spieldauer zur Zeitkonstante wesentlich höher gehen. Die Zulässigkeit muß jedoch immer von Fall zu Fall beurteilt werden.

Zur Orientierung diene, daß die zulässigen Temperaturerhöhungen etwa wie folgt liegen:

Wicklungen je nach Verwendung und Art der Isolierung	60—90° C
Eisen bei Transformatoren	60—70° C
Transformatorenöl in oberster Schicht	60° C
Kabel	25—35° C
Schaltstücke aus geblätterten Bürsten	35° C
Schaltstücke mit massiven Kontakten	70° C
Kontaktstücke von Sicherungen	85° C

Verzeichnis der Formelzeichen.

a Anlagekosten pro kW.
a Feld-Koeffizient.
a Numerische Kurzschlußentfernung.
a Potential-Koeffizient.
a Spannweite.
A Installierte Leistung.
A Potential-Koeffizient.
A_0 Inbetriebsetzungsarbeit.
b Energiekosten pro kWh.
B Kraftliniendichte in Gauß.
c Federkonstante.
c Spezifische Wärme.
C Kapazität.
C Konstante.
d Dauernde Drehzahländerung.
d Durchmesser.
d Leiterabstand.
$\mathfrak{D}$ Verschiebungsdichte in Amp. sec/cm².
D Leiterabstand.
E Elastizitätsmodul.
$\mathfrak{E}$ Elektrische Feldstärke in Volt/cm.
E Elektromotorische Kraft.
f Durchhang.
f Fehler.
f Frequenz.
F Fläche.
F Erregung, Feld.
F_a Ankerfeld.
F_e Erregerfeld.
F_r Resultierendes Feld.
g Erdbeschleunigung.
g Leistungsgewicht.
g Seilgewicht pro m Länge und mm².
$\varDelta g$ Zusatzlast, bzw. Eislast pro m Länge und mm².
G Gewicht, bzw. Seilgewicht pro m.
$\varDelta G$ Zusatzlast, bzw. Eislast pro m.
h Benutzungsdauer.
H Höhe.
i Strom in Amp.
I Strom.
I_d Dauerkurzschlußstrom.

I_{dyn} Dynamischer Grenzstrom.
I_{gl} Gleichstromglied.
I_K Kurzschlußstrom.
I_n Nennstrom.
I_s Stoß-Kurzschlußstrom.
I_{sw} Stoß-Kurzschluß-Wechselstrom.
I_{therm} Thermischer Grenzstrom.
j Stromdichte.
$j = \sqrt{-1}$.
J Wärmeinhalt in Cal.
k Kosten pro kWh.
k Vergrößerungsfaktor.
k_K Jährliche Kosten pro kW Kraftwerksleistung.
K Kapazität.
K Kosten.
l Länge bzw. Leitungslänge.
L Länge bzw. Leitungslänge.
L Induktivität.
L Leistungszahl.
L Zugeführte Leistung.
m Masse.
m Belastungsfaktor.
M Drehmoment.
M_s Synchronisierendes Moment.
n Ausnutzungsfaktor.
n Drehzahl pro min.
N Leistung in Watt bzw. kW.
N_a Ausbauleistung.
N_m Mittlere Leistung.
N_n Natürliche Leistung.
N_s Synchronisierende Leistung.
N_v Verlustleistung.
p Kapitalfaktor.
p Polpaarzahl.
p Spezifische Zugspannung in kg/mm².
p Stoßkurzschlußverhältnis.
p_d Spezifische Dauerfestigkeit in kg/mm².
p_z Zulässige Zugbeanspruchung in kg/mm².
P Kraft, Zugspannung.
q Elektrische Ladung in Amp. sec.
Q Wärmemenge.
Q Wassermenge in m³/sec.

r	Radius.		X_s	Streu-Reaktanz.
r	Reservefaktor.		X_{st}	Stoß-Reaktanz.
r	Widerstand in Ohm.		y	Ordinate.
R	Widerstand.		z	Impedanz.
S	Entropie.		Z	Impedanz.
S	Leistungsspitze.		Z	Wellenwiderstand.
t	Temperatur.		Z	Zeitkonstante.
t	Zeit.			
T	Betriebszeit.		α	Wärmeausdehnungs-Koeffizient.
T	Schwingungsdauer.		α	Verlust-Koeffizient.
T	Zeitkonstante.		ε_q	Relative Querfeld-Streu-
T	Temperatur absolut.			spannung.
u	Spannung, Potential in Volt.		ε_r	Relative ohmsche Spannung.
Δu	Spannungsabfall für Hinleitung.		ε_s	Relative Streuspannung.
$\ddot{u}$	Übersetzungsverhältnis.		η	Wirkungsgrad.
U	Verkettete Spannung, Dreieck-		ϑ	Übertemperatur.
	spannung.		Θ	Trägheitsmoment.
$U_\curlywedge$	Phasenspannung, Stern-		$\varkappa$	Leitfähigkeit.
	spannung.		$\varkappa$	Verkleinerungsfaktor.
v	Geschwindigkeit.		λ	Fiktive Länge.
v	Relative Erregung.		μ	Koeffizient.
V	Volumen.		ν	Kreisfrequenz.
w	Windungszahl.		ϱ	Leitungswiderstand.
W	Windkraft.		ϱ	Spezifischer Widerstand.
x	Abszisse.		φ	Phasenwinkel.
X	Reaktanz.		Φ	Fluß.
X_e	Ersatz-Reaktanz.		ω	Winkelgeschwindigkeit, Kreis-
X_q	Quer-Reaktanz.			frequenz.

Sachverzeichnis.

Starkstrommeßtechnik. Ein Handbuch für Laboratorium und Praxis unter Mitarbeit zahlreicher Fachgelehrter herausgegeben von Professor Dr. **G. Brion,** Freiberg, und Oberregierungsrat Dipl.-Ing. **V. Vieweg,** Berlin. Mit 530 Abbildungen im Text und zahlreichen Tabellen. XII, 458 Seiten. 1933. Gebunden RM 37.50

Berechnung von Gleichstrom - Kraftübertragungen. Von Oberingenieur **Oswald Burger.** Mit 24 Abbildungen im Text. VIII, 82 Seiten. 1932. RM 6.40

Berechnung von Drehstrom-Kraftübertragungen. Von Oberingenieur **Oswald Burger.** Zweite, verbesserte Auflage. Mit 55 Abbildungen im Text. VI, 183 Seiten. 1931. RM 12.—; gebunden RM 13.50

Die elektrische Fernüberwachung und Fernbedienung für Starkstromanlagen und Kraftbetriebe. Von Dr.-Ing. **Manfred Schleicher.** Mit 155 Textabbildungen. V, 238 Seiten. 1932. RM 19.50; gebunden RM 21.—

Die moderne Selektivschutztechnik und die Methoden zur Fehlerortung in Hochspannungsanlagen. Unter Mitarbeit von Dipl.-Ing. **Hermann Neugebauer,** Dr.-Ing. **Hans Poleck,** Dr.-Ing. **Robert Schimpf** und Dr. phil. **Joachim Sorge** herausgegeben von Dr.-Ing. **Manfred Schleicher,** Berlin. Mit 320 Textabbildungen. VIII, 418 Seiten. 1936. Gebunden RM 36.—

Elektrische Starkstromanlagen. Maschinen, Apparate, Schaltungen, Betrieb. Kurzgefaßtes Hilfsbuch für Ingenieure und Techniker sowie zum Gebrauch an technischen Lehranstalten. Von Oberstudiendirektor Dipl.-Ing. **Emil Kosack,** Hagen i. W. Achte, durchgesehene und erweiterte Auflage. Mit 318 Textabbildungen. XI, 355 Seiten. 1937. RM 9.—; gebunden RM 10.50

Elektrische Maschinen. Von Professor Dr.-Ing. **Rudolf Richter,** Karlsruhe.

Erster Band: Allgemeine Berechnungselemente. Die Gleichstrommaschinen. Mit 453 Textabbildungen. X, 630 Seiten. 1924. Gebunden RM 28.80

Zweiter Band: Synchronmaschinen und Einankerumformer. Mit Beiträgen von Professor Dr.-Ing. **Robert Brüderlink,** Karlsruhe. Mit 519 Textabbildungen. XIV, 707 Seiten. 1930. Gebunden RM 35.10

Dritter Band: Die Transformatoren. Mit 230 Textabbildungen. VIII, 321 Seiten. 1932. Gebunden RM 19.50

Vierter Band: Die Induktionsmaschinen. Mit 263 Textabbildungen. X, 440 Seiten. 1936. Gebunden RM 30.—

Fünfter Band: Die Kommutatormaschinen: In Vorbereitung.

Die elektrischen Ausrüstungen der Gleichstrombahnen einschließlich der Fahrleitungen. Von Dr.-Ing. **Th. Buchhold** und Dipl.-Ing. **F. Trawnik,** Oberingenieure. Mit 267 Abbildungen. VIII, 312 Seiten. 1931. Gebunden RM 28.80